W0327189

ELEMENTE DER MATHEMATIK

Gymnasium HESSEN

8. Schuljahr

Herausgegeben von

Heinz Griesel

Helmut Postel

Friedrich Suhr

Schroedel

ELEMENTE DER MATHEMATIK 8
Gymnasium Hessen

Herausgegeben von
Prof. Dr. Heinz Griesel, Prof. Helmut Postel, Friedrich Suhr

Bearbeitet von
Christine Fiedler, Reinhard Kind, Werner Ladenthin, Prof. Dr. Matthias Ludwig,
Prof. Helmut Postel, Heinz Klaus Strick, Friedrich Suhr

Für Hessen bearbeitet von
Eugen Ancke, Prof. Dr. Regina Bruder, Gabriele Dybowski, Anke Horn, Nicole Roth-Sonnen

Abgestimmt auf dieses Unterrichtswerk sind umfangreiche Unterrichtsmaterialien entwickelt worden:
Band 2 Best.-Nr. 87002; Band 3 Best.-Nr. 87003; Band 4 Best.-Nr. 87004

Zum Schülerband erscheint: Lösungen Best.-Nr. 87258

© 2008 Bildungshaus Schulbuchverlage
Westermann Schroedel Diesterweg
Schöningh Winklers GmbH, Braunschweig
www.schroedel.de

Das Werk und seine Teile sind urheberrechtlich geschützt. Jede Nutzung in anderen als den gesetzlich zugelassenen Fällen bedarf der vorherigen schriftlichen Einwilligung des Verlages. Hinweis zu § 52a UrhG: Weder das Werk noch seine Teile dürfen ohne eine solche Einwilligung gescannt und in ein Netzwerk eingestellt werden. Dies gilt auch für Intranets von Schulen und sonstigen Bildungseinrichtungen.
Auf verschiedenen Seiten dieses Buches befinden sich Verweise (Links) auf Internet-Adressen.
Haftungshinweis: Trotz sorgfältiger inhaltlicher Kontrolle wird die Haftung für die Inhalte der externen Seiten ausgeschlossen. Für den Inhalt dieser externen Seiten sind ausschließlich deren Betreiber verantwortlich. Sollten Sie bei dem angegebenen Inhalt des Anbieters dieser Seite auf kostenpflichtige, illegale oder anstößige Inhalte treffen, so bedauern wir dies ausdrücklich und bitten Sie, uns umgehend per E-Mail davon in Kenntnis zu setzen, damit beim Nachdruck der Verweis gelöscht wird.

Druck A ^{3} / Jahr 2011
Alle Drucke der Serie A sind im Unterricht parallel verwendbar.

Redaktion: Claus Peter Witt
Herstellung: Udo Sauter
Umschlagentwurf: Loeper & Wulf, Hannover
Illustrationen: Dietmar Griese
Zeichnungen: Günter Schlierf; Langner & Partner
Satz: Triltsch, Print und digitale Medien GmbH, Ochsenfurt
Druck und Bindung: westermann druck GmbH, Braunschweig

ISBN 978-3-507-**87248**-6

Inhaltsverzeichnis

Symbole

3. Das Unterlegen einer Aufgabennummer mit einem grünen Zettel kennzeichnet eine Übungsaufgabe, die auch als **alternativer Einstieg** geeignet ist.

5. Rote Aufgabennummern kennzeichnen Aufgaben, die die Selbstständigkeit und Problemlösefähigkeit der Schülerinnen und Schüler in besonderer Weise herausfordern.

7. Blaue Aufgabennummern (und Überschriften) kennzeichnen Zusatzstoffe.

DGS Hier bietet sich der Einsatz eines dynamischen Geometrie-Systems an.

TAB Hier bietet sich der Einsatz eines Tabellenkalkulations-Programmes an.

CAS Hier bietet sich der Einsatz eines Computer-Algebra-Systems an.

Bildquellenverzeichnis

Umschlagfoto: Scott Markewitz – Getty Images, München
Seite 8, 81, 108, 126 (Ziegelstein), 140 (Fotoabzüge), 165, 197 (Fliesenleger), 210, 224, 225, 234, 243 (Frau am Kopierer) Torsten Warmuth, Berlin; Seite 12 (Stromzähler), 12 (Brückenlager), 13, 33, 64, 69, 74, 83, 88, 97, 113, 120, 122, 123, 126 (Ziegelfabrik), 135, 140 (Taxameter), 146, 149, 154, 160, 166, 187, 211 (Tetrapack), 212 (Kinder mit Getränkedose), 213, 243 (Hefte), 251, 276, 278, 279 Michael Fabian, Hannover; Seite 12 (Transrapid) Frerichs – IFA-Bilderteam, Ottobrunn; Seite 12 (Flaschenzug), 96, 104 H. Tegen, Hambühren; Seite 18, 50, 150 (Adam Riese), 152, 190, 194, 197 (Pythagoras von Samos), 216, 236 (Pythagoreer) AKG, Berlin; Seite 23 Hunter – IFA-Bilderteam, Ottobrunn; Seite 53 Senf – Nord LB, Hannover; Seite 57 Fichtel – Mauritius, Mittenwald; Seite 63 dpa/dpa web – picture-alliance, Frankufurt; Seite 66 Das Luftbild – Archiv, Wennigsen; Seite 79 Pega – Mauritius, Mittenwald; Seite 85 Siemens AG, München; Seite 86 (Litfaßsäule) Fuehler – dpa, Frankfurt; Seite 86 (Bohrturm) Dr. Zwez – Mauritius, Mittenwald; Seite 87 Damm – Corbis, Düsseldorf; Seite 111 (Dehnungsfuge) van Eupen, Hemmingen; Seite 111 (Taucher) Frei – Mauritius, Mittenwald; Seite 115 Hänel – Mauritius, Mittenwald; Seite 117 Vidler – Mauritius, Mittenwald; Seite 121 Fujitsu-Siemens, Augsburg; Seite 124 Bordis – Mauritius, Mittenwald; Seite 150 (Dampfer der Mainschifffahrt) FPS – Fränkische PersonenSchiffahrt, Kitzingen; Seite 153 Aigner – IFA-Bilderteam, Ottobrunn; Seite 157 Eye-Press – Mauritius, Mittenwald; Seite 158 Arthur – Mauritius, Mittenwald; Seite 159 Hubatka – Mauritius, Mittenwald; Seite 204 (Dachziegel) Arge Ziegeldach, Bonn; Seite 204 (Kirche) dpa, Frankfurt; Seite 207 AGE – Mauritius, Mittenwald; Seite 208 Vidler – Mauritius, Mittenwald; Seite 209 Sony, Köln; Seite 211 (Wasserburg Heidenreichstein) Geiersperger – Mauritius, Mittenwald; Seite 212 (Walmdach) Rose – Corbis, Düsseldorf; Seite 222 Hackenberg – Mauritius, Mittenwald; Seite 236 (Platon) Alfredo Dagli Orti – Bildarchiv Preussischer Kulturbesitz, Berlin; Seite 239 (Zwei Frauen) Stephanie Degenhardt, Hannover; Seite 239 M. C. Escher's „Circle Limit I" © 2008 The M. C. Escher Company-Holland. All rights reserved. www.mcescher.com; Seite 245 Vidler – Mauritius, Mittenwald; Seite 262 Haff, Pfronten; Seite 263 aus: Jules Vernes, DIE GEHEIMNISVOLLE INSEL, Verlag Bärmeier & Nikel, Seite 91–93; Seite 274 Ullstein, Berlin

Es war nicht in allen Fällen möglich, die Inhaber der Bildrechte ausfindig zu machen und um Abdruckgenehmigung zu bitten. Berechtigte Ansprüche werden selbstverständlich im Rahmen der üblichen Konditionen abgegolten.

Zur allgemeinen Zielsetzung des Buches

Elemente der Mathematik ist auf die Bedürfnisse und Anforderungen eines gymnasialen Mathematikunterrichts am Anfang des 21. Jahrhundert auf der Basis der Bildungsstandards für einen Bildungsgang mit dem Abitur nach 12 Schuljahren zugeschnitten. Insbesondere wurden auch Ergebnisse und Schlussfolgerungen aus der TIMS- und der PISA-Studie angemessen berücksichtigt. Daher werden den Unterrichtenden konkrete Hilfen an die Hand gegeben, um problem- und handlungsorientierte Lernsituationen zu schaffen, in denen die Schüler und Schülerinnen ihr mathematisches Wissen möglichst eigenständig entwickeln und strukturieren können. Beim gemeinsamen Entdecken, Erforschen, Beschreiben und Erklären erfahren die Schüler, dass nicht nur die Lösung eines Problems, sondern auch der Lösungsweg wichtig ist und dass dabei insbesondere die Analyse von Fehlern hilfreich ist. Besonderer Wert wird so auf den Kompetenzerwerb in den für den Mathematikunterricht relevanten überfachlichen Kompetenzbereichen gelegt: Lernen, Begründen, Problemlösen und Kommunizieren. Daraus ergibt sich auch eine gleichgewichtige Betonung aller drei Aspekte „Mathematik als Hilfe zum Verstehen der Umwelt", „Mathematik als Geistesschulung" und „Mathematik als deduktives Gedankengebäude".

Zu den Lerninhalten

Die im Lehrplan für Klasse 8 vorgesehenen Sachgebiete wurden in folgende Kapitel aufgeteilt:

Kapitel 1: Terme und Gleichungen mit Klammern – Leitidee „Zahl"

Terme mit einer und mehreren Variablen mit Klammern werden zum Beschreiben von Sachsituationen aufgestellt. Die erarbeiteten Termumformungsregeln werden stets auch geometrisch verdeutlicht. Das Verständnis für die Umformungsregeln für Gleichungen wird mit Veranschaulichungen an der Waage erarbeitet. Mathematisches Modellieren erfolgt gestuft an Sachaufgaben zu linearen Gleichungen und Ungleichungen. An geeigneten Stellen werden Möglichkeiten zur Verwendung von GTR, Tabellenkalkulation und CAS aufgezeigt.

Kapitel 2: Prismen und Zylinder – Leitideen „Raum und Form" und „Messen"

Prisma und Zylinder werden mithilfe von Netz und Schrägbild dargestellt. Die Größe der Oberfläche und das Volumens werden berechnet. Naturgemäß spielt auch in diesem Kapitel das Modellieren von Anwendungssituationen eine große Rolle.

Kapitel 3: Lineare Funktionen – Leitidee „Funktionaler Zusammenhang"

Nach einer allgemeinen Beschreibung funktionaler Abhängigkeiten durch Vorschriften, Gleichungen, Terme, Tabellen und Schaubilder werden proportionale und lineare Funktionen systematisch behandelt. Dabei wird Wert gelegt auf die Behandlung realitätsnaher Fragestellungen; dabei werden durchgängig Möglichkeiten zum Einsatz des GTR aufgezeigt.

Kapitel 4: Lineare Gleichungen mit zwei Variablen – Systeme linearer Gleichungen – Leitideen „Zahl" und „Funktionaler Zusammenhang"

Lineare Gleichungen mit zwei Variablen stellen insofern für die Schüler(innen) etwas grundsätzlich Neues dar, als die Lösungen nicht Zahlen, sondern Zahlenpaare sind. Dementsprechend wird die Lösungsmenge als Gerade grafisch dargestellt. Systeme aus zwei linearen Gleichungen mit zwei Variablen werden zunächst grafisch und dann mit den verschiedenen rechnerischen Verfahren gelöst.

Kapitel 5: Quadratwurzeln – Reelle Zahlen – Leitidee „Zahl"

Am geometrischen Problem der Bestimmung der Seitenlänge eines Quadrates mit vorgegebenem Flächeninhalt erfahren die Schüler die Unvollständigkeit der rationalen Zahlen; hier wird die Notwendigkeit einer erneuten Zahlbereichserweiterung deutlich. Für Quadratwurzeln werden iterativ Näherungswerte bestimmt und Regeln für Termumformungen mit ihnen erarbeitet. Zum Abschluss des Kapitels wird das Lösen von Wurzelgleichungen erarbeitet.

Kapitel 6: Satz des Pythagoras – Leitideen „Raum und Form" und „Messen"

Der Satz des Pythagoras wird aus einem Berechnungsproblem gewonnen und mithilfe eines Zerlegungsbeweises begründet. Im Vordergrund stehen die vielfältigen Anwendungen in ebenen und räumlichen Figuren. Zum Abschluss des Kapitels werden der Höhensatz und der Kathetensatz sowie deren Zusammenhang zum Satz des Pythagoras behandelt.

Kapitel 7: Zentrische Streckung – Ähnlichkeit – Leitideen „Raum und Form" und „Messen"

Ausgehend vom maßstäblichen Verkleinern und Vergrößern wird die Ähnlichkeit zunächst für Vielecke definiert und auf ihre Eigenschaften hin untersucht. Die zentrische Streckung wird als Abbildung eingeführt, mit der zu einer beliebigen Figur eine dazu ähnliche konstruiert werden kann. Ähnlichkeitssätze für Dreiecke werden beim Konstruieren und Beweisen angewendet. Die Strahlensätze gestatten dann die Berechnung von Steckenlängen in vielfältigen Anwendungssituationen.

Zum methodischen Aufbau

1. Jedes Kapitel beginnt mit einer Einstiegsseite, die an die Erfahrungen der Schüler(innen) anknüpft und Aktivitäten ermöglicht. Diese Seite eignet sich für einen offenen Einstieg und gibt einen Ausblick auf das Thema des Kapitels.
2. Die Erarbeitung des Lernstoffes erfolgt in den einzelnen Lerneinheiten, die jeweils in einen Theorieteil und einen Übungsteil untergliedert sind.
   Zum Theorieteil:
   Der Theorieteil beginnt häufig mit einer **Aufgabe** und deren vollständiger **Lösung**. Ist der mathematische Inhalt jedoch so, dass die Schülerinnen und Schüler kaum eine Chance haben, selbstständig die Lösung des zu behandelnden Problems zu finden, so beginnt der Theorieteil mit einer **Einführung**, die Schüleraktivitäten zur Auseinandersetzung mit dem Problem stimuliert. Um alle Theorieanteile übersichtlich beieinander zu haben, folgen schon hier **weiterführende Aufgaben**, die im Unterricht in aller Regel erst nach einer erfolgten Festigung der zuerst behandelten Inhalte an einigen Übungsaufgaben thematisiert werden sollten. Sie dienen der Abrundung und Weiterführung der Theorie. Ihr Thema wird den Unterrichtenden in einer Überschrift genannt. In aller Regel sollten weiterführende Aufgaben im Unterricht bearbeitet werden und nicht als Hausaufgaben gestellt werden.
   Der Theorieteil enthält häufig eine **Information**, in der Begriffe eingeführt werden, Rückblicke und Ausblicke gegeben werden. Wesentliche Inhalte werden dabei optisch deutlich in einem Kasten mit einem roten Rahmen hervorgehoben. Hier wird großer Wert gelegt auf prägnante, altersgemäße Formulierungen, die auch beispielgebunden sein können.
   Zum Übungsteil:
   Der Übungsteil beginnt in aller Regel mit einer Übungsaufgabe, die einen **alternativen Einstieg** zu dem im Theorieteil ermöglicht. Da seine Lösung im Buch nicht dargestellt ist, kann er oftmals auch offener angelegt sein. Der alternative Einstieg wird im Layout durch eine mit einem Zettel unterlegte Aufgabennummer hervorgehoben. Die folgenden Übungen sind unter besonderer Berücksichtigung des Erwerbs sowohl inhaltsbezogener als auch prozessbezogener Kompetenzen konzipiert worden. Sie dienen zur Festigung des Gelernten, der operativen Durcharbeitung und der Vernetzung der Lerninhalte mit denen früherer Themen; dabei sind überall offene Aufgaben integriert. Zur soliden Durcharbeitung wird konsequent das Analysieren typischer Schülerfehler und entsprechendes Argumentieren gefordert. Auch die Übungsaufgaben ermöglichen Unterricht in vielfältigen schülerbezogenen Aktivitäten, bis hin zu **Partnerarbeit** und **Teamarbeit** sowie **Spielen**.
   Einige Aufgaben enthalten in einem blauen Rahmen Musterbeispiele für Schreibweisen und Lösungswege. Manche Aufgaben enthalten Selbstkontroll-Möglichkeiten für die Schüler(innen). Aufgaben, die die Selbstständigkeit und Problemlösefähigkeit in besonderer Weise herausfordern, sind durch eine rote Aufgabennummer gekennzeichnet.
3. Abschnitte mit der Überschrift **Vermischte Übungen** finden sich an den Stellen eines Kapitels, an denen eine besonders starke Vermischung der bisher erworbenen Qualifikationen angebracht ist.
4. Am Kapitelende folgt dann der Abschnitt **Aufgaben zur Vertiefung**, der neben einer Vernetzung auch eine Ergänzung des Lehrstoffes auf einem erhöhten Niveau zum Ziel hat.
5. Den Abschluss eines jeden Kapitels bildet der Abschnitt **Bist du fit?**, in dem in besonderer Weise die erworbenen Grundqualifikationen getestet werden. Die Lösungen dieser Aufgaben sind im Anhang des Buches angegeben, so dass sie von den Schülerinnen und Schüler gut zum eigenständigen Üben für eine Klassenarbeit verwendet werden können.
   Zwischen den Kapiteln befinden sich Abschnitte **Bleib fit in ...**, in denen ausgewählte Inhalte früherer Schuljahre sowohl bezüglich der Grundvorstellungen als auch der Grundfähigkeiten wiederholt werden.
6. Unter der Überschrift **Im Blickpunkt** werden innermathematische, aber insbesondere auch fachübergreifende, komplexere Themen, die von besonderem Interesse sind und in engem Zusammenhang mit dem Lerninhalt des Kapitels stehen, als Ganzes behandelt. Diese Abschnitte eignen sich auch zur Differenzierung und Förderung von eigenständigen Schüleraktivitäten über einen etwas größeren Zeitraum.
7. Um Schüler und Schülerinnen im eigenständigen Erarbeiten mathematischer Themen zu schulen, enthält jedes Kapitel eine Lerneinheit **Zum Selbstlernen**, in der das Thema so aufbereitet ist, dass es von den Lernenden ganz selbstständig bearbeitet werden kann.
8. Am Ende des Buches befinden sich Vorschläge für **Projekte**. Diese können zu verschiedenen Zeitpunkten im Unterricht eingesetzt werden und ermöglichen auch einen offenen Einstieg in das entsprechende Kapitel. Diese Projekte sind für die eigenständige Arbeit der Schüler mehrfach erprobt und erfahren zudem eine Unterstützung mit Zusatzmaterialien, die kostenlos über das Internet abgerufen werden können: www.elemente-der-mathematik.de
9. Der Abschnitt **Teste dich – Vermischte Übungen** enthält Übungen, die sich auch auf Themen früherer Schuljahre beziehen. Sie sind besonders geeignet für die eigenständige Vorbereitung der Schüler(innen) auf Abschlussarbeiten. Daher sind ihre Lösungen im Anhang angegeben.

1. TERME, GLEICHUNGEN UND UNGLEICHUNGEN

In Klasse 7 hast du das Aufstellen und Umformen von Termen mit einer Variablen, in denen keine Klammern vorkommen, geübt.
Du kennst aber auch schon Formeln zur Berechnung von Größen aus der Geometrie, die von mehreren Variablen abhängen und auch Klammern enthalten können.

- Erkläre die Bedeutung der Formeln und Variablen in ihnen.
- Kannst du zu den beiden Termen mit Klammern wertgleiche Terme angeben, die keine Klammern enthalten?

In diesem Kapitel wirst du das Arbeiten mit Termen erlernen, die Klammern enthalten, sowie Gleichungen und Ungleichungen lösen.

1.1 Terme mit mehreren Variablen

Aufgabe 1

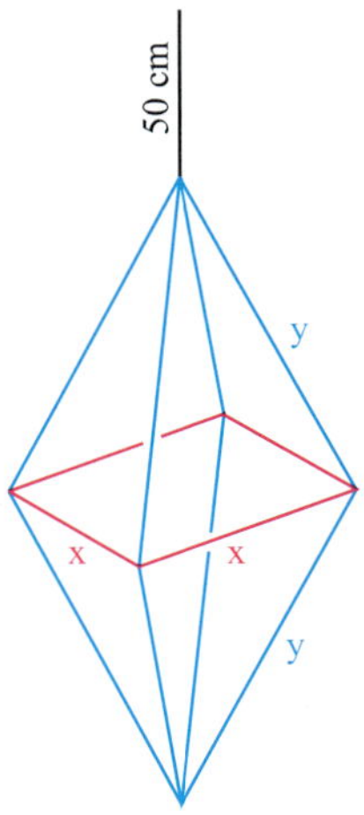

Die Teilnehmer einer Arbeitsgemeinschaft wollen den Körper links als Mobile aus Draht basteln. Die einzelnen Gruppen beschließen, unterschiedlich große Körper herzustellen.
Um einen Überblick zu bekommen, wollen sie zunächst den Drahtverbrauch für die Körper bei verschiedenen Kantenlängen berechnen. Sabine macht dazu den Vorschlag, Formeln aufzustellen, damit für jede Kantenlänge schnell der Drahtverbrauch berechnet werden kann.

a) Führe das durch.

b) Berechne für jeden der Körper mit den folgenden Kantenlängen die benötigte Drahtlänge (in cm).
(1) $x = 5;\ y = 7$ (2) $x = 10{,}4;\ y = 12{,}5$ (3) $x = 6;\ y = 6$

Lösung

a) *Aufstellen von Formeln*

Drahtlänge für die quadratische Mittelfläche (in cm): $4 \cdot x$
Drahtlänge für *eine* Pyramide ohne Mittelfläche (in cm): $4 \cdot y$
Gesamtlänge für die Doppelpyramide mit Aufhänger (in cm): $s = 4 \cdot y + 4 \cdot x + 4 \cdot y + 50$
oder:
$s = 4 \cdot x + 2 \cdot (4 \cdot y) + 50$
oder auch:
$s = 4x + 8y + 50$

Malpunkte dürfen fortgelassen werden, wenn keine Missverständnisse entstehen.
$4a = 4 \cdot a$

Es dürfen auch gleiche Zahlen eingesetzt werden

b) *Berechnen der Drahtlängen*

(1) $x = 5;\ y = 7$
$s = 4 \cdot x + 8 \cdot y + 50$
$s = 4 \cdot 5 + 8 \cdot 7 + 50$
$= 20 + 56 + 50$
$= 126$

(2) $x = 10{,}4;\ y = 12{,}5$
$s = 4 \cdot x + 8 \cdot y + 50$
$s = 4 \cdot 10{,}4 + 8 \cdot 12{,}5 + 50$
$= 41{,}6 + 100 + 50$
$= 191{,}6$

(3) $x = 6;\ y = 6$
$s = 4x + 8y + 50$
$s = 4 \cdot 6 + 8 \cdot 6 + 50$
$= 24 + 48 + 50$
$= 122$

Information

(1) Terme – Berechnungsregeln für Terme

In den bisher betrachteten Formeln kommen rechts vom Gleichheitszeichen folgende Terme vor:
$4 \cdot y + 4 \cdot x + 4 \cdot y + 50$; $4 \cdot x + 2 \cdot (4 \cdot y) + 50$; $4x + 8y + 50$

Sie enthalten die Variablen x und y. Setzt man anstelle der Variablen Zahlen ein, so kann man den Wert des Terms berechnen.
Auch $3 \cdot 5 + 4$, $(7 + 2 \cdot 9)^2$, $(8 + 2 \cdot 4) \cdot 5$ sind Terme. Sie enthalten keine Variable.

terminare ⟨lat.⟩
bestimmen, festsetzen

Ein **Term** gibt einen Rechenweg an. Setzt man anstelle einer jeden Variablen Zahlen ein, so entsteht wieder ein Term mit Zahlen. Als Ergebnis der Rechnung erhält man dann eine Zahl, den Wert des Terms.

Vorrangregeln für die Berechnung von Termen

(1) Wenn nichts anderes geregelt ist, rechnet man von links nach rechts.
(2) Das Innere einer Klammer wird zuerst berechnet.
(3) Wo keine Klammer steht, geht Punktrechnung vor Strichrechnung und Potenzrechnung noch vor Punktrechnung und vor Strichrechnung.

(2) Einsetzungen bei mehrfach vorkommenden Variablen

In dem Term $4y + 4x + 4y + 50$ kommt die Variable y an zwei verschiedenen Stellen vor. Dann muss für y jedes Mal dieselbe Zahl eingesetzt werden.

Kommt in einem Term eine Variable mehrmals vor, dann muss überall dieselbe Zahl eingesetzt werden.
Bei verschiedenen Variablen darf auch dieselbe Zahl eingesetzt werden.

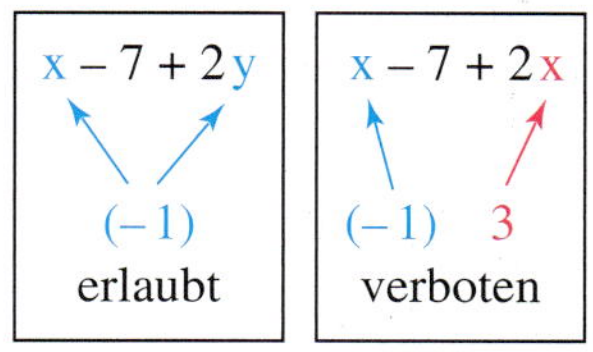

(3) Typ eines Terms, Rechenbaum – Wiederholung

Die Reihenfolge der Rechenschritte in einem Term kann man in einem *Rechenbaum* darstellen. Die letzte Rechenart, die bei der Berechnung eines Terms an die Reihe kommt, entscheidet über den Typ des Terms.

Beispiele:

(1) $7x + 8y$ ist eine Summe.
(2) $4x^2 - 9z$ ist eine Differenz.
(3) $4u \cdot (8 + z)$ ist ein Produkt.
(4) $4a : (3x + 2)$ ist ein Quotient.
(5) $(4y - 3z)^3$ ist eine Potenz.

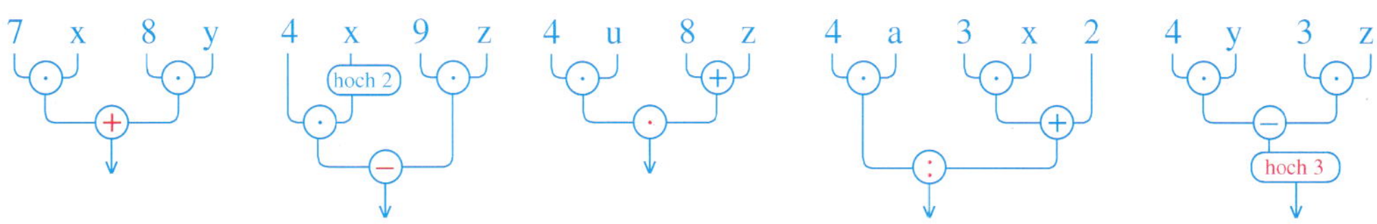

Übungsaufgaben

2. Die Klasse 8a möchte aus Metalldraht Kantenmodelle von verschieden großen Quadern mit quadratischer Grundfläche herstellen.

a) Erstelle zunächst eine Formel für die benötigte Drahtlänge (in cm).

b) Berechne dann mithilfe dieser Formel die benötigte Drahtlänge für die Quader mit folgenden Kantenlängen (in cm):
(1) $x = 5;\ y = 8$ (2) $x = 7;\ y = 7$ (3) $x = 10{,}7;\ y = 5{,}2$

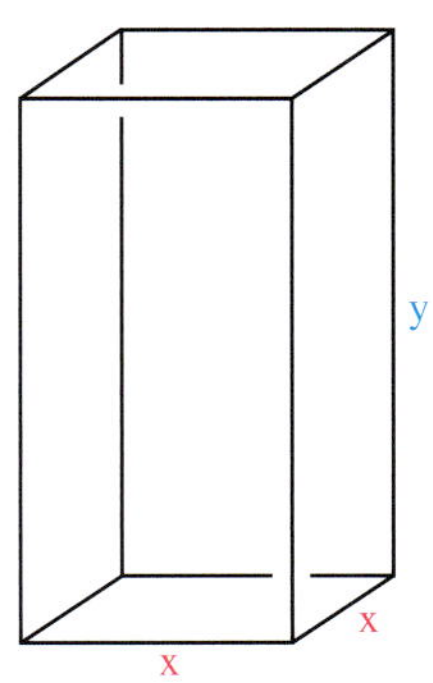

Längen in cm

3. Verschiedene quaderförmige Schachteln sollen mit buntem Papier als Geschenkpackungen beklebt werden.

a) Stelle eine Formel für den Oberflächeninhalt des Quaders auf sowie eine Formel für die Länge s des Geschenkbandes. Rechne dabei 20 cm für die Schleife.

b) Berechne mithilfe dieser Formel die Gesamtlänge s des Geschenkbandes und den Oberflächeninhalt für:
(1) $a = 7;\ b = 4;\ c = 3$ (Maße in cm) (2) $a = 3{,}5;\ b = 7{,}5;\ c = 2{,}4$ (Maße in cm)

4. Welche Malzeichen darfst du weglassen, ohne Fehler zu machen? Schreibe wie im Beispiel.

$5 \cdot x - 7 \cdot \frac{3}{4} = 5x - 7 \cdot \frac{3}{4}$

a) $3 \cdot a \cdot b$ **c)** $7 \cdot (a - 8 \cdot 6)$ **e)** $3 \cdot 5^2 - 1 \cdot x$ **g)** $5 \cdot x^2 \cdot 3 \cdot y$

b) $4 \cdot 5 \cdot x$ **d)** $2 \cdot \frac{1}{2} + \frac{3 \cdot x}{2}$ **f)** $(4 + x) \cdot (4 - x)$ **h)** $-2 \cdot p^3 - 3 \cdot (p - q)$

5. Mehrere Schüler(innen) haben in den Term $7 - ab - c$ Zahlen eingesetzt: $a = 2,\ b = -3$ und $c = -4$. Was meinst du dazu?

Anna: 7-2-3-4
Bastian: 7-2·-3--4
Christian: 7-2·(-3)-(-4)

6. Berechne den Wert des Terms $2 \cdot x - x \cdot y$ für

(1) $x = 2;\ y = 1$ (4) $x = 1;\ y = 0$ (7) $x = \frac{1}{2};\ y = -\frac{2}{3}$
(2) $x = 1;\ y = 2$ (5) $x = -1;\ y = 1$ (8) $x = 0{,}7;\ y = -1{,}1$
(3) $x = 0;\ y = 1$ (6) $x = 1;\ y = -1$ (9) $x = \frac{3}{4};\ y = -1{,}4$

x	y	$2 \cdot x - x \cdot y$
0	1	
1	0	

Stelle deine Ergebnisse in einer Tabelle zusammen. Ergänze diese um drei weitere Einsetzungen für x und y.

TAB **7.** Berechne die Werte der Terme mithilfe einer Tabellenkalkulation.
(1) $a - b \cdot c + d$ (2) $a - b \cdot (c + d)$ (3) $(a - b) \cdot c + d$ (4) $(a - b) \cdot (c + d)$ für:

a) $a = 2;\ b = 4;\ c = 1;\ d = 3$
b) $a = 5;\ b = -1;\ c = 6;\ d = 10$
c) $a = \frac{1}{2};\ b = \frac{2}{3};\ c = \frac{1}{3};\ d = -\frac{3}{4}$
d) $a = 0{,}4;\ b = 0{,}4;\ c = -1;\ d = \frac{1}{2}$
e) $a = 1;\ b = -9;\ c = 0;\ d = 0$
f) $a = -5;\ b = -\frac{1}{4};\ c = -1{,}2;\ d = -2$

	A	B	C	D	E
1	a	b	c	d	a-b*c+d
2	2	4	1	3	
3					

8. Zeichne den Rechenbaum zum Term und gib den Typ an.

a) $(8 + x)^2 - 3$ **c)** $(x - y) \cdot z^3$ **e)** $a : b - 4 \cdot a$ **g)** $x + (3^2 - x) \cdot 5$ **i)** $a + (b - 4)^2$

b) $8 + (x^2 - 3)$ **d)** $(x - y \cdot z)^3$ **f)** $a : (b - 4 \cdot a)$ **h)** $(x + 3)^2 - x \cdot 5$ **j)** $(a + b) - 4^2$

9. Gib den Term in Wortform an.

a) $x + 2 \cdot 8$ **b)** $(x + 2) \cdot 8$ **c)** $x \cdot y - 14$ **d)** $(1 - x) : y$ **e)** $(x - 7)^2 \cdot z$

10. a) Gib alle Teilterme an. Welchen Typ haben sie?

(1) $8 \cdot (7 - 3 \cdot x) + 5$ (4) $3 \cdot x + (y - 7 \cdot 2) : 5$

(2) $5 - (a + 3 \cdot b) \cdot 2$ (5) $4^2 - x^2 \cdot y^2$

(3) $(5 + 7 \cdot a)^2 + 2 \cdot a$ (6) $(4 - x \cdot y)^2$

b) Warum ist $7u - 5v$ kein Teilterm von $7u - 5v \cdot 3$?

Term: $(4 - 3 \cdot x)^2 + 5 \cdot y$	
Teilterme	Typ des Teilterms
$3 \cdot x$; $5 \cdot y$	Produkte
$4 - 3 \cdot x$	Differenz
$(4 - 3 \cdot x)^2$	Potenz
ganzer Term	Summe

11. Stelle einen Term auf für

a) den Flächeninhalt des gelben Rechtecks;

b) den Umfang des gelben Rechtecks;

c) den Flächeninhalt der grünen Fläche;

d) den Umfang der grünen Fläche;

e) den Flächeninhalt der roten Fläche;

f) den Umfang der roten Fläche.

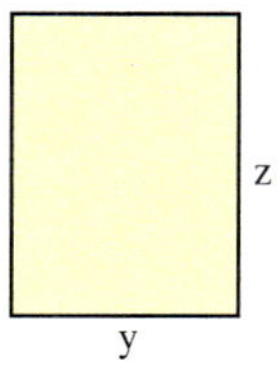

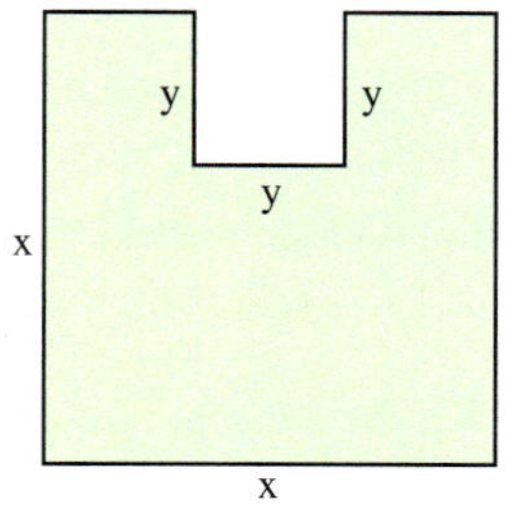

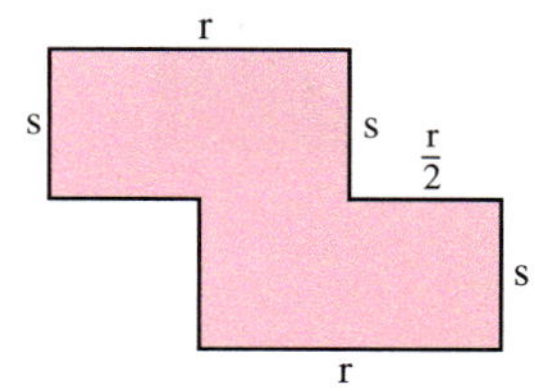

12. Es werden c kg Cox Orange und d kg Golden Delicious gekauft.
Erstelle einen Term für den Gesamtpreis in Euro.

13. Frau Börges hat für ihr Handy folgenden Tarifvertrag abgeschlossen: monatliche Grundgebühr 10 €, für alle Gespräche 25 Cent pro Minute und 10 Cent für jede SMS.

a) Erstelle einen Term für die monatlichen Kosten.

b) Wie hoch ist die Rechnung in einem Monat, in dem Frau Börges 43 Minuten telefoniert und 12 SMS verschickt?

TAB **c)** Stelle selbst geeignete Fragen und beantworte sie. Du kannst auch eine Tabellenkalkulation verwenden.

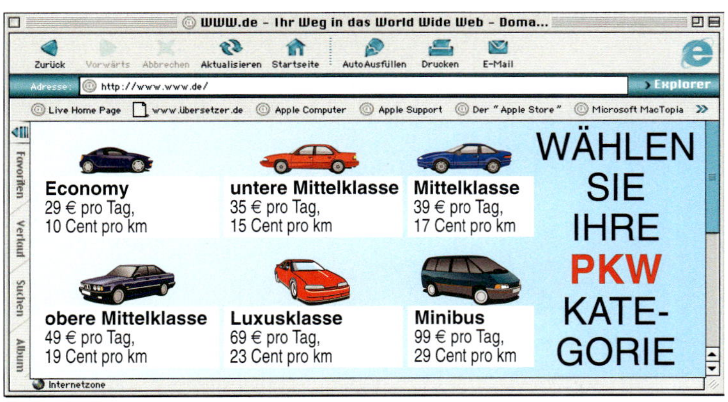

14. Stelle aus der Web-Seite der Autovermietung für jede Wagenklasse den Term auf, mit dem man die Mietkosten berechnen kann. Setze dabei x für die Anzahl der Tage und y für die Anzahl der gefahrenen Kilometer.

TAB

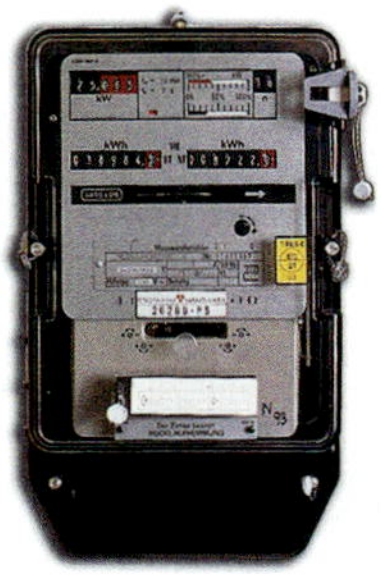

15. a) Frau Müller will ihre Stromkosten berechnen. Eine Kilowattstunde kostet y €. Hinzu kommt die monatliche Grundgebühr von z €. Sie verbraucht im Monat x Kilowattstunden. Stelle eine Formel auf für die monatlichen Stromkosten P.

b) Frau Müller hat mehrere Verträge zur Auswahl:

Tarif	Single	Couple	Family
Grundgebühr im Jahr	25 €	54 €	132 €
Preis pro kWh	0,13 €	0,12 €	0,10 €

Erstelle mit einem Tabellenkalkulationsprogramm eine Übersicht über die Stromkosten der verschiedenen Tarife bei einem Verbrauch von 100 kWh bis 4 000 kWh.

16. Ein Hochgeschwindigkeitszug fährt auf einer Teststrecke mit einer gleich bleibenden Geschwindigkeit von 360 km pro Stunde.

a) Erstelle eine Formel, mit der man berechnen kann, welchen Weg s (in m) der Zug in der Zeitspanne t (in s) zurücklegt.

b) Berechne mithilfe dieser Formel die zurückgelegten Wege für die Zeitspannen 10 s, 20 s, …, 60 s.

17. Körper dehnen sich bei Temperaturerhöhung aus und ziehen sich bei Abkühlung wieder zusammen. Diese Ausdehnung ist umso größer, je länger der Körper ist und je größer die Temperaturänderung ist. Daher sind bei großen Bauwerken, wie z. B. Brücken, Dehnungsfugen angebracht.
Für die Länge L (in m) eines festen Körpers gilt: $L = L_0(1 + \alpha\vartheta)$, wobei L_0 die Länge (in m) bei 0 °C und ϑ die Temperatur (in °C) bedeutet und α eine materialabhängige Konstante ist. Für eine Stahlbetonbrücke hat α den Zahlenwert 0,0012.

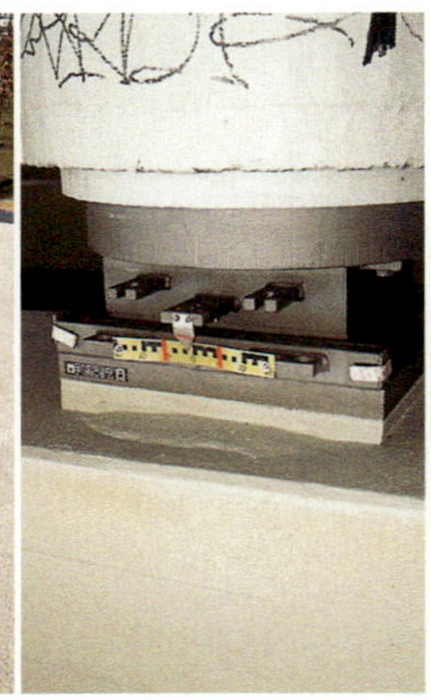

a) Berechne die Länge einer Brücke, die bei 0 °C 30 m lang ist, bei den Temperaturen –20 °C, –15 °C, …, 30 °C.

b) In Deutschland geht man davon aus, dass die Temperaturen an dieser Brücke nicht unter –25 °C absinken und nicht über 35 °C ansteigen. Wie breit muss die Dehnungsfuge sein?

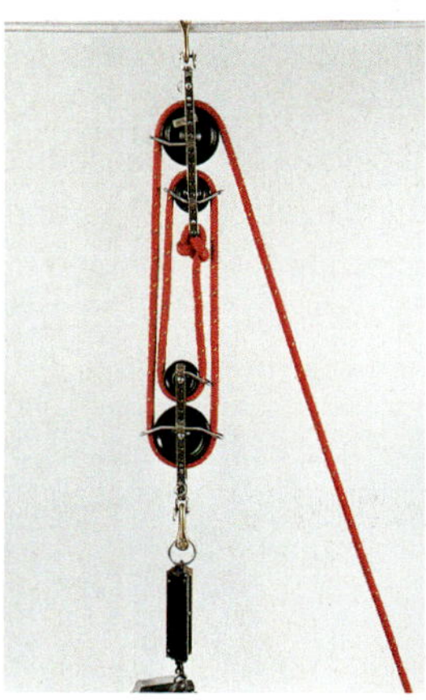

18. Mit einem Flaschenzug kann man sich das Anheben schwerer Lasten erleichtern. Flaschenzüge gibt es in unterschiedlichen Ausführungen mit mehr oder weniger Rollen. Bezeichne die Anzahl der Rollen mit k, jede der Rollen habe die Gewichtskraft 10 N. Die Kraft F (in N), die man zum Heben einer Last mit der Gewichtskraft L (in N) benötigt, beträgt dann:

$$F = \frac{L + \frac{k}{2} \cdot 10}{k}$$

a) Kannst du eine Last finden, bei der es günstiger ist, einen Flaschenzug mit 4 als mit 6 Rollen zu verwenden?

b) Kannst du eine Last finden, bei der es günstiger ist, einen Flaschenzug mit 6 als mit 4 Rollen zu verwenden?

Im Blickpunkt

Im Blickpunkt

CAS Umgang mit Termen bei einem Computer-Algebra-System (CAS)

Algebra
vom arabischen „al'gabr": Einrenkung gebrochener Teile

Rechnungen mit Zahlen kannst du mit einem Taschenrechner durchführen. Auch das Rechnen mit Termen kann man von Computern oder etwas größeren Taschenrechnern erledigen lassen. Programme, die dieses können, nennt man Computer-Algebra-Systeme (CAS).

1. Rechts wurde mit einem Computer-Algebra-System der Wert verschiedener Terme für x = 5 und y = –7 berechnet.
Untersuche, wie das CAS auf das Weglassen von Malpunkten reagiert. Wie ist das bei deinem System?

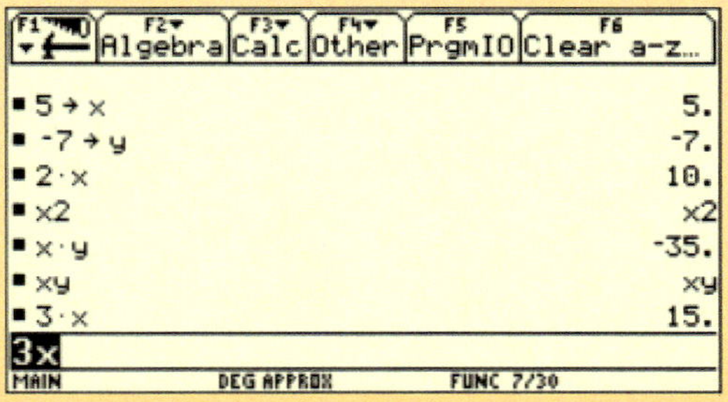

2. Auch das Umformen von Termen kannst du von einem Computer-Algebra-System durchführen lassen. Probiere das mit deinem CAS für das Zusammenfassen gleichartiger Glieder aus. Kontrolliere per Hand.

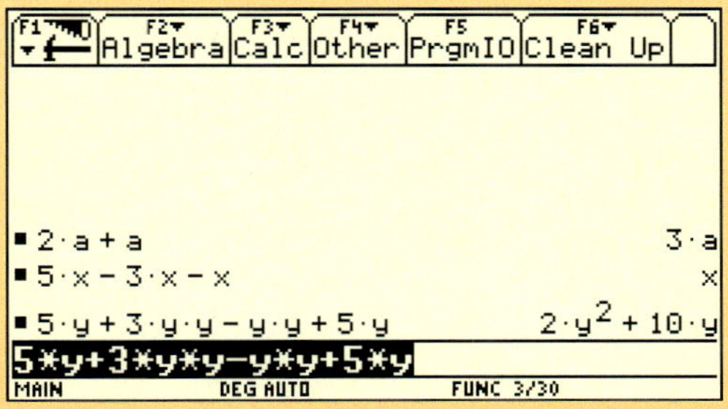

3. Rechts wurden mit einem Computer-Algebra-System gleichartige Glieder mit Brüchen als Koeffizienten zusammengefasst. Die Schreibweise überrascht zunächst etwas. Erläutere sie.

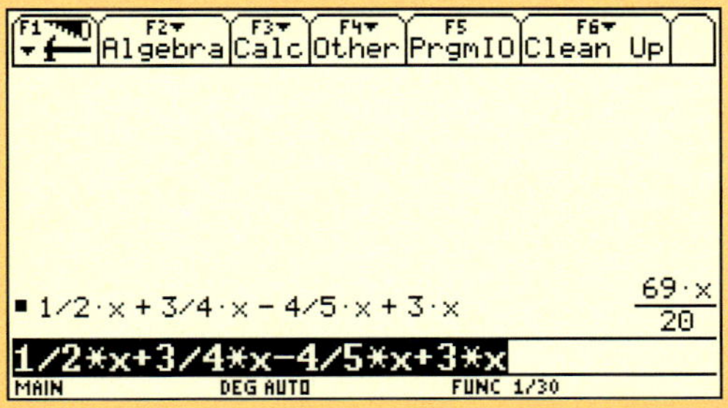

1.2 Termumformungen – Addieren und Subtrahieren

Aufgabe 1

Marc und Lena haben eine Plastik aus Quadern entworfen. Diese sollen aus Gips gegossen werden.
Da die Maße noch nicht genau feststehen, erstellen sie zunächst einen Term für das Volumen der Plastik, um den Gipsbedarf zu ermitteln.
Marcs Term: $x^2y + xy^2 + x^2y$
Lenas Term: $2x^2y + xy^2$

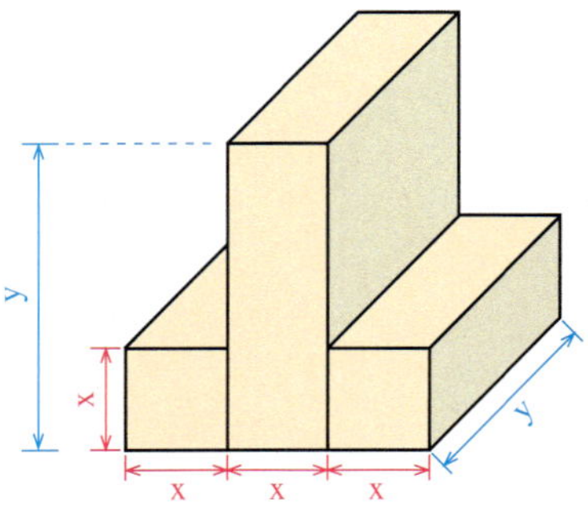

a) Erkläre, wie die beiden ihre Terme gefunden haben.

b) Setzt man positive Zahlen für die Variablen ein, so ist an dem Sachverhalt unmittelbar klar, dass beide Terme jeweils übereinstimmende Werte liefern.
Begründe mithilfe von Rechengesetzen für rationale Zahlen, dass beide Terme für alle rationalen Zahlen, also auch für negative, übereinstimmende Werte ergeben, also wertgleich sind.

c) Ihr Freund Tobias überlegt, ob man den Term $2x^2y + xy^2$ nicht noch weiter zusammenfassen kann. Mögliche Ergebnisse, die ihm einfallen sind:

(1) $3x^2y$; (2) $3xy^2$; (3) $3x^2y^2$; (4) $3x^3y^3$

Überprüfe mithilfe von Zahlenbeispielen, ob einer dieser vier Terme wertgleich mit dem Term $2x^2y + xy^2$ sein kann.

Lösung

a) Der linke Quader hat die Seitenlängen x, x und y. Sein Volumen beträgt also $x \cdot x \cdot y = x^2y$.
Der mittlere Quader hat die Seitenlängen x, y und y. Sein Volumen beträgt also $x \cdot y \cdot y = xy^2$.
Der rechte Quader stimmt mit dem linken überein; sein Volumen beträgt also auch xy^2.
Marc hat diese drei Volumina addiert, um das Gesamtvolumen zu erhalten: $x^2y + xy^2 + x^2y$.
Anstatt das Volumen der beiden äußeren Quader zu addieren, hat Lena das Volumen des linken Quaders verdoppelt, da beide Teilkörper dasselbe Volumen haben. Anschließend hat sie das Volumen des mittleren Quaders dazu addiert: $2x^2y + xy^2$.

b) Wir formen Marcs Term so um, dass wir den von Lena erhalten:

$$\begin{aligned} & x^2y + xy^2 + x^2y && \text{Kommutativgesetz der Addition} \\ &= x^2y + x^2y + xy^2 && \text{Distributivgesetz} \\ &= x^2(y + y) + xy^2 && \text{Zusammenfassen (von Termen mit einer Variablen)} \\ &= x^2 \cdot 2y + xy^2 && \text{Kommutativgesetz der Multiplikation} \\ &= 2x^2y + xy^2 \end{aligned}$$

c) Wir stellen Zahlenbeispiele für Einsetzungen in einer Tabelle zusammen:

x	y	$2x^2y + xy^2$	$3x^2y$	$3xy^2$	$3x^2y^2$	$3x^3y^3$
1	1	3	3	3	3	3
1	2	8	6	12	12	24

Für die erste Einsetzung liefern alle Terme übereinstimmende Werte.
Die untere Zeile der Tabelle zeigt aber, dass keiner der von Tobias vorgeschlagenen Terme wertgleich mit Lenas Term ist.

Information

(1) Wertgleiche Terme – Termumformung

Die Terme $x^2y + xy^2 + x^2y$ und $2x^2y + xy^2$ liefern bei allen Einsetzungen für x und y jeweils übereinstimmende Werte. Das bedeutet:
Für alle rationalen Zahlen für x und y gilt:
$x^2y + xy^2 + x^2y = 2x^2y + xy^2$

Die Terme links und rechts vom Gleichheitszeichen sind *wertgleich.*
Geht man von dem Term $x^2y + xy^2 + x^2y$ zu dem Term $2x^2y + xy^2$ über, so nennt man diesen Übergang *Termumformung*. Man sagt: Der Term $x^2y + xy^2 + x^2y$ ist in den Term $2x^2y + xy^2$ umgeformt worden.
Termumformungen kann man mithilfe von Rechengesetzen begründen. Solche Termumformungen werden häufig zur Vereinfachung von Termen durchgeführt.

Definition

Zwei Terme heißen **wertgleich**, wenn sich bei *jeder* beliebigen Einsetzung übereinstimmende Werte ergeben.
Bei einer **Termumformung** wird ein Term in einen anders aufgebauten, aber wertgleichen Term umgeformt.
Man verbindet beide Terme durch ein Gleichheitszeichen.

(2) Begründen der Wertgleichheit von Termen – Zielsetzung

Gilt $x \cdot (y - x) - y \cdot (x - y) = y^2 - x^2$?

In der nachstehenden Tabelle wird dies an Beispielen überprüft.

x	y	$x \cdot (y - x) - y \cdot (x - y)$	Wert	$y^2 - x^2$	Wert
0	1	$0 \cdot (1 - 0) - 1 \cdot (0 - 1)$	1	$1^2 - 0^2$	1
1	2	$1 \cdot (2 - 1) - 2 \cdot (1 - 2)$	3	$2^2 - 1^2$	3
−2	3	$-2 \cdot (3 - (-2)) - 3 \cdot (-2 - 3)$	5	$3^2 - (-2)^2$	5
5	−2	$5 \cdot (-2 - 5) - (-2) \cdot (5 - (-2))$	−21	$(-2)^2 - 5^2$	−21

Auch noch so viele Beispiele liefern keinen Beweis für Wertgleichheit.

Dies liefert die **Vermutung:** Beide Terme können wertgleich sein. Wir können aber nicht sicher sein.
Dass man auch aus vielen Einsetzungen, die übereinstimmende Werte ergeben, kein sicheres Ergebnis folgern kann, zeigt folgendes Beispiel:

Gilt $2 \cdot x + y = 2 \cdot (x + y)$? Dazu wird folgende Tabelle angelegt.

x	y	$2 \cdot x + y$	Wert	$2 \cdot (x + y)$	Wert
−2	0	$2 \cdot (-2) + 0$	−4	$2 \cdot (-2 + 0)$	−4
0	0	$2 \cdot 0 + 0$	0	$2 \cdot (0 + 0)$	0
1	0	$2 \cdot 1 + 0$	2	$2 \cdot (1 + 0)$	2
1	3	$2 \cdot 1 + 3$	5	$2 \cdot (1 + 3)$	8

Eine Einsetzung, die verschiedene Werte liefert, reicht.

Die beiden Terme $2 \cdot x + y$ und $2 \cdot (x + y)$ sind also nicht wertgleich. Trotzdem kannst du auch noch weitere Einsetzungen finden, bei denen sie übereinstimmende Werte liefern.
Unser Ziel ist daher, Regeln aufzustellen, mit deren Hilfe man begründet einen Term in einen wertgleichen umformen kann.

(3) Addition und Subtraktion gleichartiger Glieder als Termumformung

Die Terme $4c$ und $2c$ unterscheiden sich nur in den **Zahlfaktoren** (*Koeffizienten*). Man nennt sie **gleichartig.** Entsprechend sind auch die Terme $3a^2$ und $4a^2$ sowie $8y^2z$ und $12y^2z$ gleichartig.

$4xy$ und $7xy^2$ und entsprechend $9x$ und $12y$ sowie $8x^2y$ und $8xy^2$ sind dagegen *nicht* gleichartig.
Verwechsle nicht gleichartig und wertgleich. Beides bedeutet etwas Verschiedenes:
$3xy$ und $4xy$ sind gleichartig, weil sie sich nur in den Zahlfaktoren unterscheiden. Sie sind aber nicht wertgleich, denn es gilt z. B. für $x = 7$ und $y = 4$:
$3xy$ ergibt 84, aber $4xy$ ergibt 112.

$x = 1 \cdot x$

Regel über das Zusammenfassen gleichartiger Glieder

Man addiert (subtrahiert) gleichartige Glieder, indem man die Zahlfaktoren (Koeffizienten) addiert (subtrahiert).

Beispiele:

(1) $7a + 5a = 12a$

(2) $8x - x = 7x$ (Zahlfaktor 1 denken)

(3) $-5xy^2 + 3xy^2 = -2xy^2$

(4) $\frac{3}{4}pr + \frac{4}{5}pr = \frac{31}{20}pr$

Distributivgesetz
$a \cdot (b + c) = a \cdot b + a \cdot c$

Begründung von Beispiel (3):

Wir verwenden das Distributivgesetz (Verteilungsgesetz) in der Form $(b + c) \cdot a = b \cdot a + c \cdot a$ und schreiben es von rechts nach links: $b \cdot a + c \cdot a = (b + c) \cdot a$

$-5\, xy^2 + 3\, xy^2 = (-5 + 3) \cdot xy^2 = -2xy^2$

$b \cdot a \quad + c \cdot a \quad = \quad (b + c) \cdot a$ (Hier ist $b = -5$; $c = 3$; $a = xy^2$.)

Weiterführende Aufgaben

Kommutativgesetz der Addition
$a + b = b + a$

Assoziativgesetz der Addition
$a + (b + c)$
$= (a + b) + c$

2. *Anwenden des Kommutativgesetzes und des Assoziativgesetzes der Addition*

a) Erkläre an dem Beispiel rechts die Anwendung des Kommutativgesetzes der Addition und des Assoziativgesetzes der Addition.

$12y^2 + 48y + 19y^2$
$= 12y^2 + (48y + 19y^2)$ — Assoziativgesetz der Addition
$= 12y^2 + (19y^2 + 48y)$ — Kommutativgesetz der Addition
$= (12y^2 + 19y^2) + 48y$ — Assoziativgesetz der Addition
$= 31y^2 + 48y$ — Zusammenfassen gleichartiger Glieder

b) Vereinfache den Term.
(1) $72a + 8 + 19a$ (2) $34z^2 + 16x + 62z^2$ (3) $1{,}4s + 7t^2 + 0{,}6s$

3. *Additions- und Subtraktionsschritte in einem Term*

a) Der Term $x + 3x^2 - 4x$ ist eine Differenz, denn nach den Vorrangregeln muss von links nach rechts gerechnet werden. Daher kommt das Subtrahieren zuletzt an die Reihe. Rechts ist der Term umgeformt worden. Erläutere die einzelnen Schritte. Vereinfache dann den Term weiter.

$x^2 + 5x - 4x^2$
$= x^2 + 5x + (-4x^2)$
$= x^2 + (-4x^2) + 5x$
$= x^2 - 4x^2 + 5x$
$= -3x^2 + 5x$

b) Vereinfache: (1) $a + 7 - a^2 + 3a$ (2) $7 - u + u^2 - 2u + 5$

Das Zeichen vor den Teiltermen muss mit ihnen zusammen vertauscht werden.

Aufeinander folgende Additions- und Subtraktionsschritte darf man beliebig vertauschen:
Beispiel: $-x^2 + 3x - 5 = 3x - x^2 - 5 = -5 + 3x - x^2 = \ldots$

Übungsaufgaben

4. Einige der Terme rechts liefern bei allen Einsetzungen übereinstimmende Werte. Finde heraus, welche. Versuche, eine Begründung dafür anzugeben.

5. Berechne für (1) $x = 15;\ y = 3$ (2) $x = 1{,}5;\ y = 1{,}5$ (3) $x = -\frac{3}{4};\ y = \frac{1}{3}$
die Werte der drei Terme $4 \cdot x - 6 + 6 \cdot (1 - y)$; $2 \cdot (2 \cdot x - 3 \cdot y)$; $3 \cdot (1 - 2 \cdot y) - (3 - 4 \cdot x)$.
Was fällt dir auf?

6. Zeige, dass die Terme nicht wertgleich sind.
a) $(a + x)^2$ und $(a + x) \cdot 2$ **b)** $(u \cdot v)^2$ und $u \cdot v^2$ **c)** $(-x)^2$ und $-x^2$

7. Die Terme $2 \cdot x + y$ und $2 \cdot (8x + y)$ sind nicht wertgleich. Trotzdem können sie bei bestimmten Einsetzungen für x bzw. y denselben Wert haben. Suche solche Einsetzungen.

8. Nils behauptet: „Die Terme $x^2y + xy^2$ und $2xy$ stimmen für unendlich viele Einsetzungen überein: $x = 0,\ y = 1$, sowie $x = 0,\ y = 2$, sowie $x = 0,\ y = 3$, sowie … Also sind sie wertgleich.“
Was meinst du dazu?

9. Für den Umfang u des Rechtecks kannst du zwei Formeln aufstellen:
$u = 2 \cdot a + 2 \cdot b$ und $u = 2 \cdot (a + b)$.

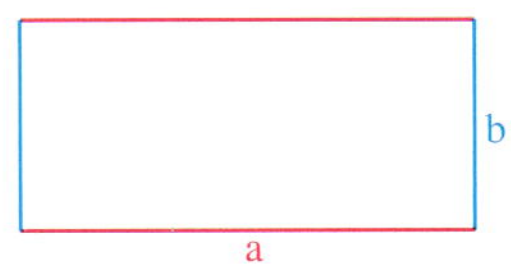

a) Begründe die Formeln.
b) Bestätige durch Einsetzen in beide Formeln, dass sich derselbe Wert für u ergibt.
(1) $a = 7;\ b = 5$ (2) $a = 1{,}7;\ b = 2{,}8$ (3) $a = \frac{5}{6};\ b = \frac{1}{3}$

10. Stelle jeweils den Term auf.
(1) Multipliziere 4 mit a und subtrahiere davon b.
(2) Bilde die Differenz aus dem Vierfachen von a und dem Vierfachen von b.
(3) Subtrahiere die Differenz aus b und a von dem Dreifachen von a.
(4) Multipliziere die Differenz aus a und b mit 4.
Bei welchen Termen erhältst du durch geeignetes Einsetzen jeweils den gleichen Wert?
Welche Terme sind mit Sicherheit nicht wertgleich zueinander?

11. Frau Meier und Frau Müller berechnen die Größe eines Grundstücks der nebenstehenden Form.

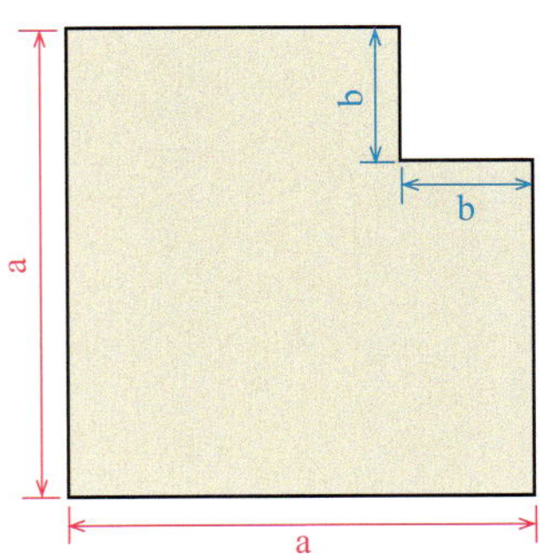

a) Sie stellen zwei unterschiedliche Terme für den Flächeninhalt des Grundstücks auf.
Welche Terme sind möglich?
b) Berechne den Flächeninhalt durch Einsetzen in einen der beiden Terme und prüfe das Ergebnis durch Einsetzen in den anderen Term (Maße in m):
(1) $a = 20;\ b = 5$ (3) $a = 24{,}5;\ b = 4{,}5$
(2) $a = 26;\ b = 7$ (4) $a = 20{,}2;\ b = 6{,}8$

Zusammenfassen gleichartiger Glieder

12. Vereinfache die Terme.

a) $x + x + x + x$ **c)** $a + b + c + a + c + c$ **e)** $a^2 + a + ab + a + ab$

b) $k + t + t + t + t + t + k$ **d)** $ab + ab + ab$ **f)** $x^2y + xy + xy^2 + x^2y$

13. Schreibe ausführlich als Summe.

a) $7x$ **b)** $2a + 3b$ **c)** $3xy + 3y^2 + 3x^2$ **d)** $2x + 3$ **e)** $x^2 + 3y^2$

14. Vereinfache. *Beachte:* $x = 1 \cdot x$.

a) $5x + 3x$; $8a - 4a$; $12r - 3r - 8r$; $-17s + 5s - 29s$; $z - 1z - 10z$

b) $4xy + 3xy$; $5st + 4st$; $14yz - 4yz$; $-28uv - 37uv$; $-9rt + rt$

c) $1{,}9ab - 17ac - ab$; $-0{,}44x^2 + 1x^2 - 3{,}03x^2$; $2{,}2abc - 3{,}1abc + 0{,}2abc$; $2{,}5u^2v - 4{,}3u^2v + 1{,}5u^2v$; $3{,}9a^2b^2 - 5a^2b^2 + 1{,}1a^2b^2$

d) $\frac{3}{4}r^2 - \frac{1}{8}r^2 - \frac{1}{2}r^2$; $\frac{3}{4}xy^2 - xy^2 + \frac{1}{3}xy^2$; $-\frac{2}{3}u + \frac{5}{6}u - \frac{7}{12}u$; $\frac{9}{10}ba - \frac{1}{4}ba + \frac{5}{28}ba$

15. Welcher Term lässt sich durch Zusammenfassen vereinfachen, welcher nicht?

(1) $2xy + 2x$ (2) $12d - d$ (3) $7a^2b - 2ab^2$ (4) $z^2 + 9z$ (5) $2xy - 2yx$

16. Zerlege auf drei verschiedene Weisen in eine Summe aus zwei Summanden.

a) $16x$ **b)** $9h$ **c)** $24ab$ **d)** $6s^2$ **e)** $20yz^2$ **f)** $12b^2x^3$

17. Vereinfache den Term schrittweise. Gib bei jedem Schritt die Regel an, die du anwendest.

a) $12x + 2y + 8x$ **b)** $7y + 5x - 3x$ **c)** $9ab + 4b + a - 2ab$ **d)** $3r^2s^2 + s^2 + 8r^2 - 7s^2$

18. Magische Quadrate haben die Menschen schon lange interessiert. Der Maler Albrecht Dürer hat eines in seinen Kupferstich „Melancholie" eingebaut.
Bei magischen Quadraten hat in jeder Zeile, Spalte und Diagonale die Summe der Zahlen denselben Wert. Das Erstellen von magischen Quadraten ist nicht ganz einfach. Erstellt man ein magisches Quadrat mit Variablen, so erhält man daraus durch Einsetzen von Zahlen beliebig viele magische Quadrate.

a) Weise nach, dass das 3 × 3-Quadrat magisch ist.

b) Vervollständige das 4 × 4-Quadrat so, dass es magisch wird.

c) Gibt es eine Einsetzung für die Variablen, sodass man das magische Quadrat von Dürer erhält?

$x + z$	$x + y - z$	$x - y$
$x - y - z$	x	$x + y + z$
$x + y$	$x - y + z$	$x - z$

u	$v + w$		y
$x - z$	y	u	
	x	v	$u - z$
v		$y + w$	x

19. Michael hat umgeformt. Welche Fehler hat er gemacht?

a) $7x - 7 = x$	c) $6x^3 = 6 + x^3$	e) $9a + 9b = 9ab$	g) $x^2 - x = x$
b) $3x^2 + 2x = 5x^2$	d) $7xy - 5x = 2y$	f) $3a + 2a^2 = 5a^3$	h) $a^2 - 2a = 0$

20. Vereinfache die Terme, soweit möglich.

a) $42u + 57v - 48v$
$75w^2 - 83z - 53w^2$
$62c + 24d - 62c^2$
$59g - 100 + 21g$
$100hg^2 - 32hg - 22h^2g$

b) $42u^2 + 57v^2 - 48v^2$
$59g^2 - 100 + 21g^2$
$100h^3 - 32h - 22h^3$
$1 - a^2 - b^2 - 30a^2$
$x + x^2 + x^3 + x^4$

c) $18a^2b - ab^2 + 3a^2b - 2ab^2$
$15u^2v^3 + 2u^3v^2 - 6u^2v^3 + 4u^3v^2$
$12p^2q + pq^2 - pq + p^2q$
$u^2 - u^2v + 3uv^2 - 17v^2$
$cd + 13cd^2 - 12c^2d + cd$

21. Welchen Wert hat der Term bei $\frac{2}{3}$ für x und 0,3 für y? Rechne möglichst einfach.

a) $5{,}2x^2y - 3{,}9xy^2 + 3{,}7xy + 3{,}8x^2y - 2{,}1xy^2 - 0{,}7xy + 1{,}8x^2$

b) $\frac{1}{2}xy - \frac{3}{4}xy^2 + \frac{3}{5}x^2y + xy - \frac{3}{5}x^2y - \frac{3}{2}xy^2$

22. Tim will sich ein kettenförmiges Armband aus Silberdraht herstellen. Jedes Kettenglied soll rechteckig sein. Er weiß noch nicht genau, wie groß die einzelnen Kettenglieder sein sollen. Er will daher zunächst eine Formel für die benötigte Drahtlänge d aufstellen.

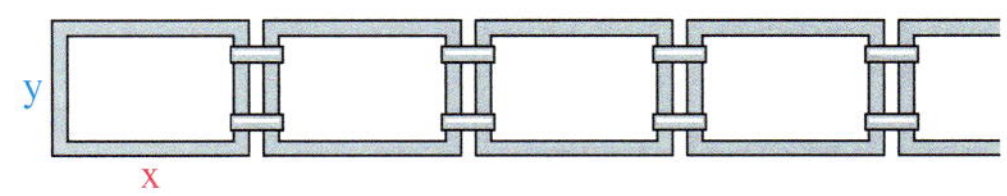

a) Stelle eine Formel für die Drahtlänge d auf. Das Armband soll zunächst 6 Glieder haben. Die kleinen Ösen sollen nicht berücksichtigt werden. Berechne die Drahtlänge nach deiner Formel für $x = 2$; $y = 3$ [$x = 2{,}5$; $y = 0{,}5$]; Maße in cm.

b) Die Kette soll jetzt 20 Kettenglieder haben. Stelle eine Formel für die Drahtlänge d auf. Berechne die Drahtlänge für $x = 7$; $y = 10$ [$x = 9$; $y = 24$]; Maße in mm.

c) Das Armband soll jetzt n Glieder haben. Stelle auch dafür eine Formel auf.

CAS **23.** Rechts wurden mit einem Computeralgebrasystem gleichartige Glieder zusammengefasst. Die Schreibweise überrascht zunächst etwas. Erläutere sie.

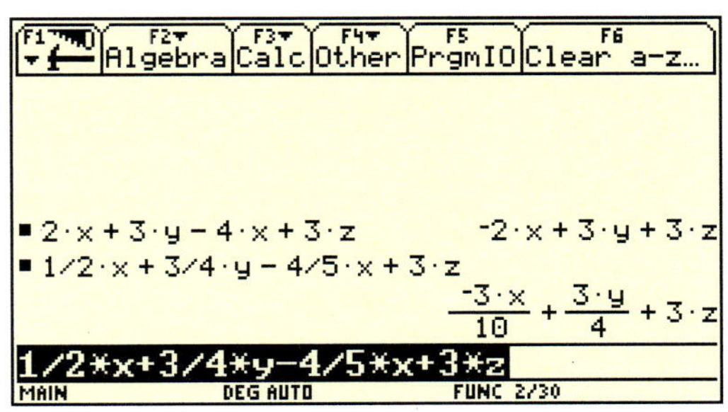

Tipp

Markiere gleichartige Terme gleich, um die Übersicht zu behalten!
$9p^2q - 6pq^2 + 7p^2q^2 - 3p^2q - 4p^2q^2 + 3pq^2$
$= 6p^2q - 3pq^2 + 3p^2q^2$
Ordne die Variablen nach dem Alphabet und nach der Größe der Potenzen. Dann fällt das Vergleichen der Ergebnisse leichter.

24. **a)** $7a^2b - 5ab^2 + 3ab - 7a^2b + 5ab^2 - 6ab + 4a^2$

b) $-5xy + 3y^2 - 3x^2 + 7xy - 5x^2y - 7xy^2 + 3x^2y - 2xy^2$

c) $0{,}9uv^2 + 0{,}3u^2v - 1{,}2uv - 0{,}9v^2 + 0{,}7uv^2 - 0{,}9u^2v + 0{,}3uv$

d) $\frac{1}{3}cd - \frac{2}{3}cd^2 + \frac{1}{6}c^2d - \frac{3}{4}cd - \frac{1}{4}c^2d + \frac{5}{6}c^2d^2 - \frac{2}{3}cd^2$

e) $\frac{2}{5}rs - \frac{1}{2}r^2s^2 + \frac{3}{5}rs^2 - \frac{2}{3}r^2s - \frac{3}{5}rs + \frac{2}{3}rs^2 - \frac{5}{6}r^2s$

f) $-5pq - \frac{2}{3}pq^2 + pq - p^2q^2 + \frac{1}{2}pq^2 + \frac{1}{3}p^2q^2 - pq$

1.3 Multiplizieren und Dividieren von Produkten

Aufgabe 1

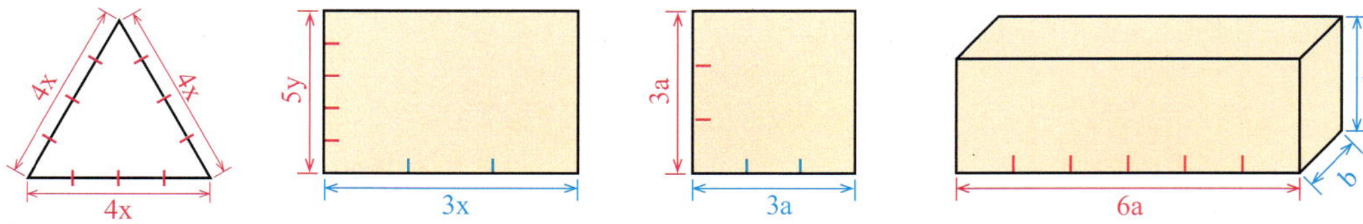

a) Gib einen Term für den Umfang des Dreiecks an und vereinfache ihn.

b) Gib einen Term für den Flächeninhalt des Rechtecks und für den Flächeninhalt des Quadrats an und vereinfache sie.

c) Der Quader soll in 3 gleich große Teile zerlegt werden. Gib einen Term für deren Volumen an und vereinfache ihn.

d) Aus den Aufgaben in a), b) und c) folgen Regeln für Termumformungen. Deren geometrische Begründung gilt nur für positive Werte für die Variablen. Begründe mithilfe von Rechengesetzen, dass diese Umformungen für alle rationalen Zahlen, also auch für negative, gelten.

Lösung

a) Umfang des gleichseitigen Dreiecks: $3 \cdot (4x) = 12x$

b) Flächeninhalt des Rechtecks:
$3x \cdot 5y = 15xy$

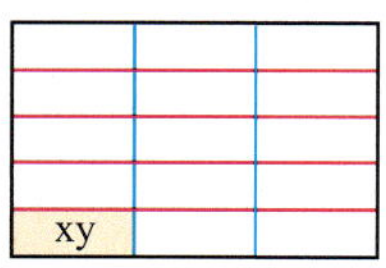

Flächeninhalt des Quadrats:
$(3a)^2 = 3a \cdot 3a = 9a^2$

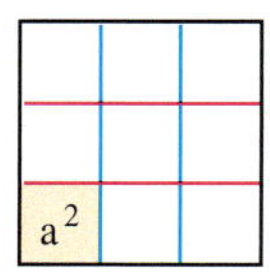

c) Volumen des Quaders: $6a \cdot b \cdot b = 6ab^2$
Volumen eines drittel Quaders: $6ab^2 : 3 = 2ab^2$

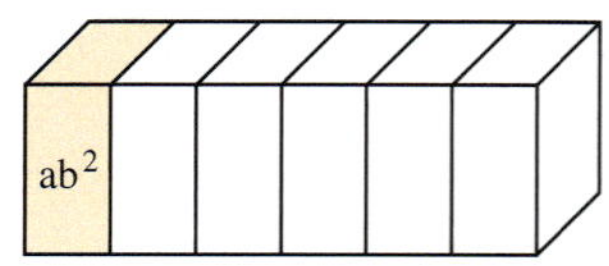

d)
- Das Assoziativgesetz der Multiplikation liefert:
  $3 \cdot (4 \cdot x) = (3 \cdot 4) \cdot x = 12x$
- Das Kommutativ- und das Assoziativgesetz der Multiplikation liefern:
  $3x \cdot 5y = 3 \cdot 5 \cdot x \cdot y = (3 \cdot 5) \cdot (x \cdot y) = 15xy$
  $(3a)^2 = (3a) \cdot (3a) = (3 \cdot 3) \cdot (a \cdot a) = 9a^2$
- Schreiben wir die Division als Multiplikation mit dem Kehrwert, so ergibt sich mit dem Assoziativ- und Kommutativgesetz der Multiplikation:
  $6ab^2 : 3 = 6ab^2 \cdot \frac{1}{3} = 6 \cdot \frac{1}{3}ab^2 = 2ab^2$

Kommutativgesetz der Multiplikation
$a \cdot b = b \cdot a$

Assoziativgesetz der Multiplikation
$a \cdot (b \cdot c) = (a \cdot b) \cdot c$

Information

Die Termumformungen aus Aufgabe 1, die wir am Beispiel eingesehen haben, gelten allgemein.

Multiplizieren eines Produktes mit einer Zahl
Man multipliziert ein Produkt mit einer Zahl, indem man *nur einen* Faktor mit der Zahl multipliziert.

Beispiel: $4 \cdot (3 \cdot xy) = (4 \cdot 3) \cdot xy = 12xy$

Dividieren eines Produktes durch eine Zahl
Man dividiert ein Produkt durch eine Zahl, indem man *nur einen* Faktor durch die Zahl dividiert.

Beispiel: $(14u^2v^2) : 7 = (14 : 7) \cdot u^2v^2 = 2u^2v^2$

Weiterführende Aufgabe

2. *Multiplizieren von Potenzen – Potenzieren von Produkten und Potenzen*

Vereinfache: **a)** $a^3 \cdot a^4$ **b)** $(4a)^2$ **c)** $(x^2)^3$ **d)** $(2a^2b)^3$ **e)** $(-4uv^2w)^2$

> **Multiplizieren von Potenzen**
> Man multipliziert Potenzen mit gleicher Basis, indem man die Exponenten addiert.
> *Beispiel:* $a^2 \cdot a^3 = a^{2+3} = a^5$
>
> **Potenzieren von Produkten**
> Man potenziert ein Produkt, indem man die Potenz als Produkt schreibt und gleiche Faktoren zusammenfasst.
> *Beispiel:* $(3ab^3)^2 = 3ab^3 \cdot 3ab^3 = 3 \cdot 3 \cdot a \cdot a \cdot b^3 \cdot b^3 = 9a^2b^6$

Übungsaufgaben

3. Merle hat umgeformt und ist sich nicht sicher.
Kontrolliere die Termumformungen und berichtige, falls nötig. Begründe.

$4 \cdot 6x \cdot 2 = 8 \cdot 12x$?

$4 \cdot 6x : 2 = 2 \cdot 3x$

4. Vereinfache den Term. Gib an, welche Gesetze du dabei anwendest.

a) $8 \cdot (3x)$ **b)** $(5a) \cdot 7$ **c)** $\frac{1}{3} \cdot (-9u)$ **d)** $(-0{,}2) \cdot (-5y)$ **e)** $8x : 2$ **f)** $(-64r) : (-16)$

5. Vereinfache den Term.

a) $(-a) \cdot 8$ **c)** $(-2x) \cdot (-y)$

b) $5 \cdot (-2s)$ **d)** $(4a) \cdot (-\frac{1}{2})$

> $(-x) \cdot 3 = (-1) \cdot x \cdot 3$
> $= -3x$

6. Vereinfache.

a) $15 \cdot (4a)$	**c)** $48x \cdot \frac{1}{4}$	**e)** $4 \cdot 3x \cdot (-5)$	**g)** $2{,}4u : (-6)$
$4 \cdot (15a)$	$\frac{2}{3}r \cdot \frac{5}{6}$	$(-0{,}2y) \cdot 12 \cdot 1{,}5$	$6{,}9x : 0{,}3$
$4 \cdot (-15a)$	$-10{,}5y \cdot \frac{1}{7}$	$\frac{5}{6} \cdot 14t^2 \cdot \frac{3}{10}$	$-10yz : (-2{,}5)$
b) $0{,}2 \cdot (10x)$	**d)** $44y : 2$	**f)** $9 \cdot (-y) \cdot 5$	**h)** $\frac{5}{6}a : \frac{1}{3}$
$-0{,}2 \cdot (10x)$	$-28t : 7$	$(-11) \cdot (-4r) \cdot (-3)$	$-\frac{9}{20}s : \frac{3}{4}$
$-10x \cdot (-0{,}2)$	$30k^2 : (35)$	$(-8) \cdot (10s^2) \cdot (-1)$	$-\frac{9}{8}xy^2 : (-1{,}5)$

7. Welche Termumformungen sind falsch?

Adrian: $y+y+y = y^3$	Christian: $a \cdot a \cdot a = a^3$	Ellen: $7 \cdot (2u) = 14 \cdot 7u$	Gitte: $(18a \cdot 21) : 3 = 6a \cdot 7$
Barbara: $(-1) \cdot 3a = 3 \cdot (-a)$	Daniel: $(-1) \cdot (-2) \cdot (-u) = 2u$	Frank: $3x^2 : x = 3x$	Hanna: $x^2 : 2 = x$

8. Vereinfache.

a) $5x \cdot 3x$ **b)** $-7p \cdot p$ **c)** $4y \cdot y$

d) $\frac{1}{3}z \cdot \frac{3}{4}z$ **e)** $a \cdot 3a$ **f)** $(-2m) \cdot (-3m)$

g) $(-2w) \cdot 6w$ **h)** $8y \cdot 3y^2$ **i)** $-2z^2 \cdot z$

j) $\frac{1}{2}a \cdot \frac{2}{3}a^2$ **k)** $-\frac{1}{4}u \cdot \frac{4}{5}u$ **l)** $(-\frac{2}{9}x) \cdot (-\frac{3}{4}x)$

9. Vereinfache so weit wie möglich.

a) $3 \cdot 7x + 7 - 4x : 2$

b) $6 \cdot 2a + a^2 + 3 \cdot 5a$

c) $(-2) \cdot 7u + 3u - 11 \cdot (-u)$

d) $4 \cdot 7x - 2x \cdot 3x + 3 \cdot (-5x) + x \cdot 2x$

e) $10b : 5 - b \cdot (-2b) + 6b : (-3) + 2b \cdot (-b)$

f) $-6x \cdot (-3) - 4x \cdot (-2x) - 8x : (-2) + x^2 \cdot (-3)$

10. Erstelle einen Term, der die Preise in der letzten Woche des Sommerschlussverkaufes angibt.

11. **a)** $3 \cdot (2x) + 3 \cdot (5y) + 7 \cdot (3x)$

b) $5 \cdot (4a) - 7 \cdot (3b) + 2 \cdot (4a)$

c) $-2 \cdot (5u) + 3 \cdot (6v) - 4 \cdot (2u)$

d) $(8x) : 2 + (6y) : 3 + (12x) : 2$

e) $(18p) : 3 - (15q) : 5 - (16p) : 2$

f) $(-32a) : 4 + (14a) : 7 - (8a) : 4$

12. Vereinfache.

a) $25a^3 \cdot 4b$
$36x^3 \cdot (-5y)$
$\frac{8}{9}u^2 \cdot \frac{3}{4}t$
$0{,}58t^5 \cdot (-100r)$

b) $15x^2y^3 : 5$
$24xz^4 : (-8)$
$\frac{14}{3}a^2b^2 : \frac{7}{2}$
$6u^2v : (-10)$

c) $6x^3 \cdot 4a^2 \cdot 2$
$12r \cdot 5s \cdot (-3)$
$-\frac{1}{2}k \cdot 8m \cdot 15$
$4{,}8x \cdot (-25y) \cdot t$

d) $18x \cdot 45y : 9$
$22r^2 \cdot 77t^2 : (-11)$
$\frac{12}{5}ab \cdot \frac{18}{7}c : 6$
$0{,}8u \cdot 2{,}4v : (-4)$

CAS **13.** Auch mit einem Computer-Algebra-System kannst du Produkte multiplizieren. Die Schreibweise im 2. Beispiel überrascht zunächst etwas. Erläutere sie.

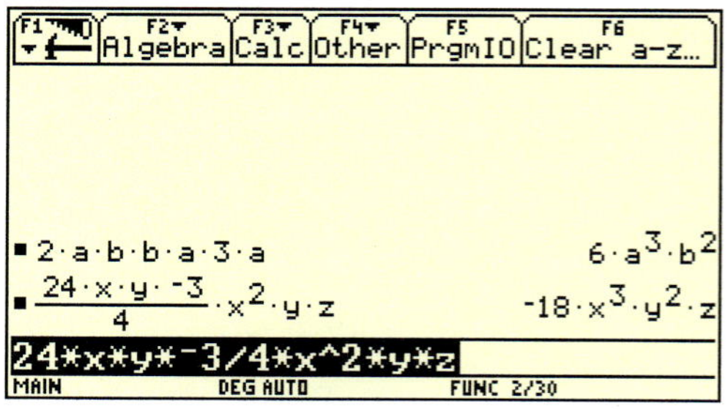

14. **a)** $x^2 \cdot x^3$
$a^3 \cdot (-a)$
$5 \cdot a^2 \cdot a^3$
$(-6b) \cdot b^3$
$5 \cdot a^4 \cdot 3a^2$

b) $7x^5 \cdot (-5x)$
$4a^3 \cdot a^2 \cdot a^4$
$9b \cdot b^4 \cdot b^4$
$0{,}8x^3 \cdot (-1{,}5x^2)$
$(-\frac{3}{4}b) \cdot \frac{2}{9}b^5$

15. **a)** $x^4 \cdot y^5 \cdot x^3$
$(-r) \cdot s^2 \cdot r^4$
$4ab \cdot 3ab$

b) $8a \cdot 5b^2 \cdot (-a^3)$
$(-\frac{1}{2}t^3) \cdot \frac{1}{3}t^5 \cdot (-t^3)$
$(-0{,}4x) \cdot 0{,}3xy \cdot 0{,}5y$

c) $8x^3 \cdot 5xy^2 \cdot 3x^2y$
$9uv \cdot (-88uv) \cdot (-5uv)$
$(-2x^2y^5) \cdot (-3x^2y^2)$

16. Vereinfache die Teilterme, fasse dann zusammen.

a) $5x^3x^4 + 9x^5x^2$
$-12r^4r^5 - 8r^3r^6$
$35t^3 : 5 + t \cdot t^2$

b) $8a^3a^2 + 5a^4a + 9a^5$
$9y^4y^7 - 13y^2y^9 + 4yy^{10}$
$4x^3x^2 : 0{,}5 + x^5 - x^4x : 0{,}1$

c) $7a^3b^2 \cdot 2ab + 3a \cdot 3a^2b^3 - 5a^2b \cdot 2a^2b^2$
$3p^2q^4 : 0{,}5 - 2pq^2 \cdot 0{,}6pq - 4p^2q^3 : 0{,}2$
$-9x^4y \cdot 2y^3 + 3xy^2 \cdot (-2x^3y^2) + 7x^4y^4 : (-0{,}1)$

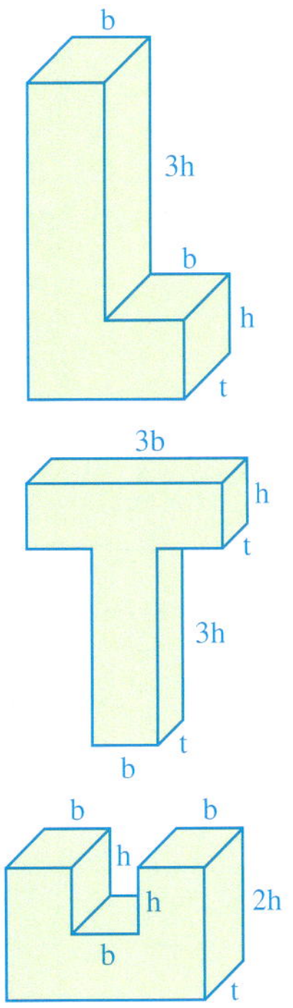

17. Ein Architekt hat Betonplastiken entworfen, die in verschiedenen Größen hergestellt werden sollen. Für den Betonbedarf benötigt man deren Volumen, für den Schutzanstrich die Größe der Oberfläche.

a) Gib für jede Plastik einen Term für das Volumen an.

b) Gib für jede Plastik einen Term für die Größe der Oberfläche an.

c) Die Plastiken sollen in den Größen S, M und L hergestellt werden.
Für Größe S ist h = 15 dm; b = 12 dm; t = 9 dm
Für Größe M ist h = 20 dm; b = 16 dm; t = 12 dm
Für Größe L ist h = 25 dm; b = 20 dm; t = 15 dm
Berechne für jede Plastik in jeder Größe das Volumen und die Größe der Oberfläche.

d) 1 cm^3 Beton wiegt 2,2 g. Berechne das Gewicht aller 3 Plastiken in allen drei Größen.

18. Eis schwimmt so im Wasser, dass 90 % des Volumens unter der Wasseroberfläche sind. Ein Eiswürfel der Kantenlänge a wird in Wasser gegeben.

a) Erstelle einen Term für die Größe der Fläche, die vom Wasser umgeben ist.

b) Wie viel Prozent der Oberfläche des Eiswürfels sind vom Wasser umgeben?

Potenzieren von Produkten und Potenzen

19. Welche Terme sind wertgleich? Begründe.

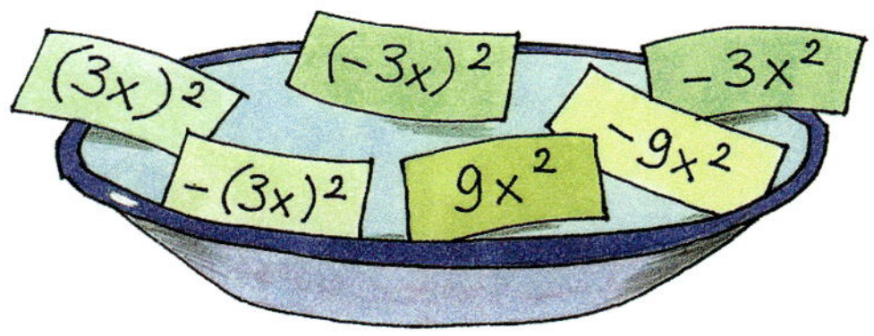

20. Verwandle in ein Produkt und vereinfache.

a)	b)	c)
$(3a)^2$	$(4cd^2)^3$	$(-ab)^2$
$(2uv)^3$	$(2x^2yz)^3$	$(-2x)^3$
$(b^3)^2$	$(3u^2v^3)^2$	$(-2x^2y)^3$

21. Alexanders Hausaufgabe war das Potenzieren von Produkten. Nur bei der ersten Teilaufgabe hat er die Potenz notiert. Finde zu den übrigen Teilaufgaben die gestellten Aufgaben heraus.

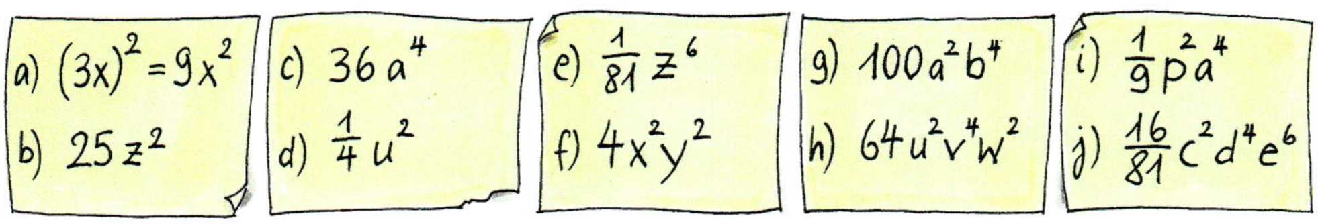

22. Vereinfache so weit wie möglich.

a)	b)	c)	d)
$4x(3xy)^2$	$-3pq \cdot (4pq^2)^3$	$-ab(2ab^2)^3 \cdot (-4a^2b)$	$(1{,}5mn^2)^2 \cdot 0{,}4mn$
$3a^2(2ab^2)^2$	$vw(-2v^2w) \cdot 2w^3$	$yz^2(-y^2z^2)^3 \cdot (-3yz)$	$(\frac{2}{3}ab^2)^3 \cdot a^2b$
$5c^2(-3c^2d)^2$	$p^2q(-pq^2)^3 \cdot 3p^2q$	$(-0{,}4xy)^2 \cdot 0{,}2x^2y$	$(-\frac{3}{4}u^2v) \cdot uv^2$

23.

a) $(3u^3v^6)^2 + (2u^2v^4)^3$ **d)** $3(2ab)^2 + (5a)^2 \cdot (-2b^2)$ **g)** $(6uv^2)^2 + 3u \cdot (-2v)^2 \cdot 2u$

b) $(2xy)^2 + 2x^2 \cdot (4y)^2$ **e)** $8r \cdot (r^2s)^2 - (4rs)^2 \cdot 3r$ **h)** $(-e^2f)^3 \cdot (-ef) + (e^2f)^3 \cdot (-ef)$

c) $(-2u)^2 \cdot 3v^2 - (4uv)^2$ **f)** $(2p \cdot 3q^2)^2 - (5pq^2)^2$ **i)** $4s(s^2t)^2t^2 - (3s^2t)^2 \cdot (-2st)^2$

1.4 Lösen von Gleichungen

Aufgabe 1

Löse die Gleichung $5x + 1 = 3x + 7$. Überlege dir anhand der Waage und des Zahlenstrahls ein Vorgehen zum Bestimmen der Lösungsmenge. Notiere dieses zum Schluss kurz mit zueinander äquivalenten Gleichungen.

Lösung

(1) Vorgehen zur Bestimmung der Lösungsmenge

Veranschaulichen an der Waage:

Wir denken uns 5 gleich große unbekannte Gewichtsstücke links und 3 dieser Gewichtsstücke rechts auf der Waage. Außerdem liegen links noch 1 Einheitsgewichtsstück und rechts 6 Einheitsgewichtsstücke auf der Waage. Die Waage ist im Gleichgewicht.

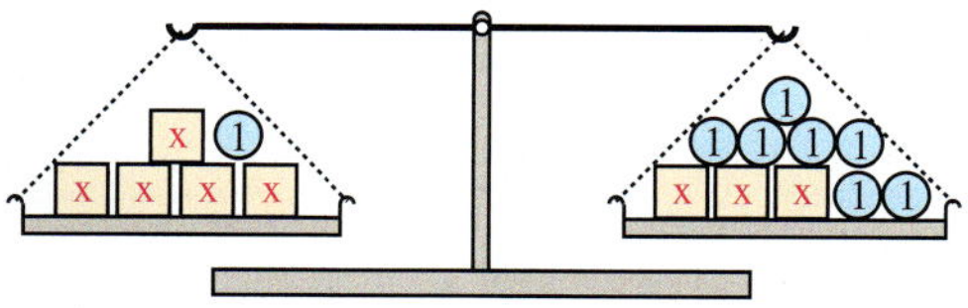

$5x + 1 = 3x + 7$

Veranschaulichen am Zahlenstrahl:

Die gesuchte Zahl x liegt irgendwo auf der Zahlengeraden. Wo, wissen wir zunächst nicht. Doch wissen wir, dass wegen $5x + 1 = 3x + 7$ die Werte von $5x + 1$ und $3x + 7$ an derselben Stelle der Zahlengeraden liegen.

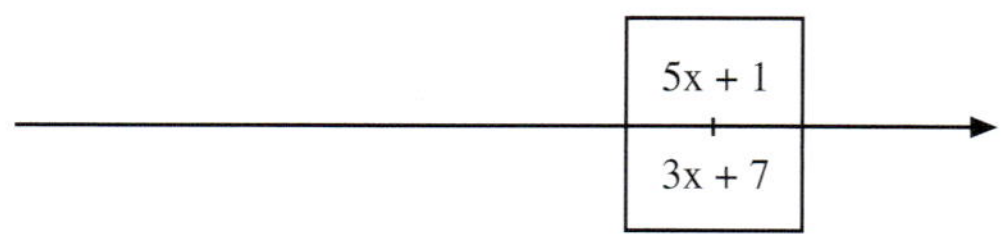

Auf beiden Waagschalen nehmen wir 1 Einheitsgewichtsstück weg. Die Waage bleibt im Gleichgewicht.

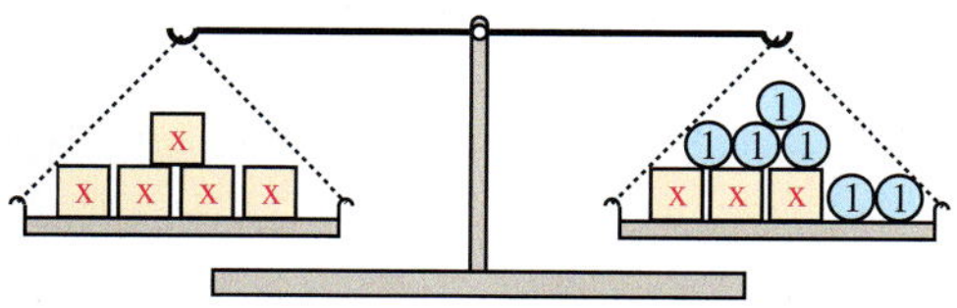

$5x = 3x + 6$

Dann muss aber auch $5x$ mit $3x + 6$ übereinstimmen: Subtrahieren von 1 auf beiden Seiten.

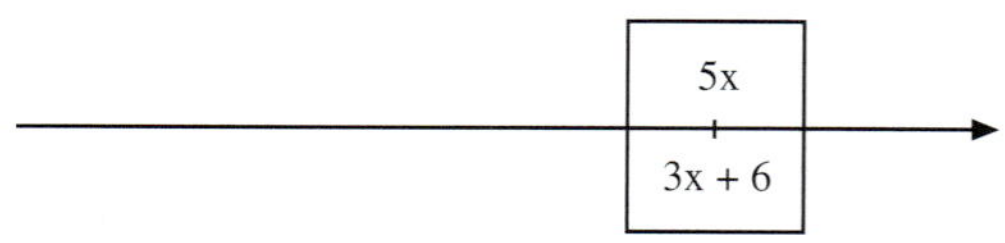

Auf beiden Waagschalen nehmen wir 3 der unbekannten Gewichtsstücke mit x Einheiten fort. Die Waage bleibt im Gleichgewicht.

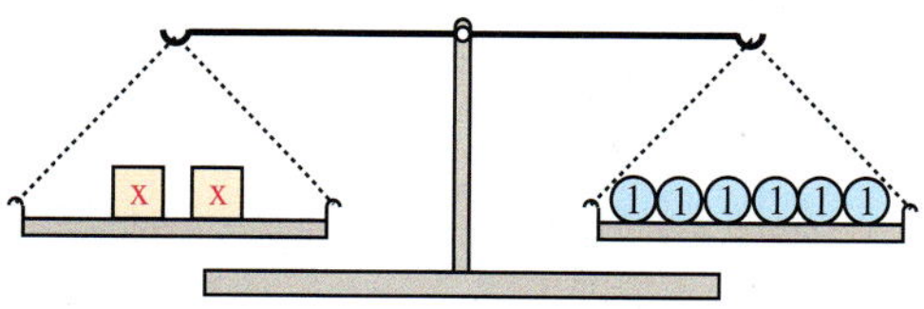

$2x = 6$

Dann muss aber auch $2x = 6$ sein (Rückwärtsrechnen auf beiden Seiten: Subtrahieren von $3x$).

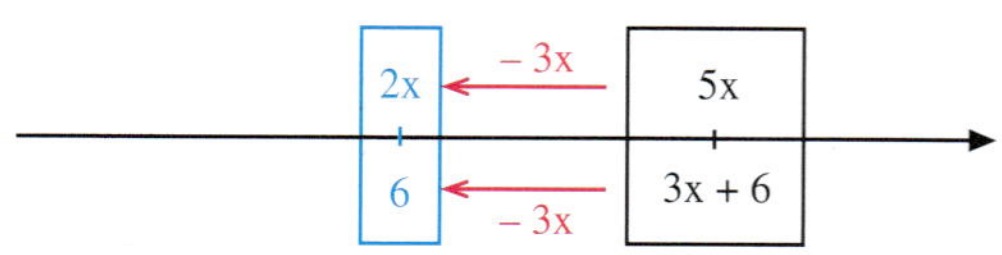

Auf beiden Waagschalen bilden wir die Hälfte. Die Waage bleibt im Gleichgewicht.

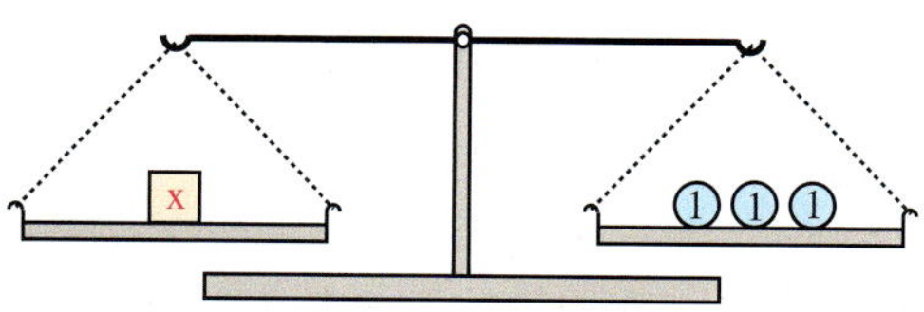

$x = 3$

Wenn aber $2x = 6$, dann muss $x = 3$ sein (Rückwärtsrechnen auf beiden Seiten: Dividieren durch 2).

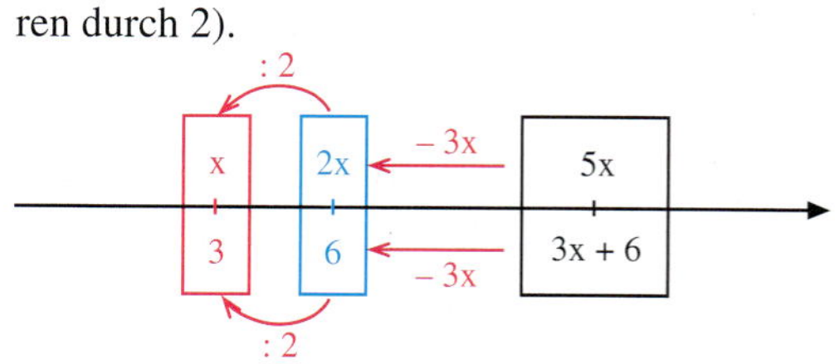

(2) Anwenden der Umformungsregeln

Knapp lässt sich das obige Vorgehen mithilfe zueinander äquivalenter Gleichungen notieren.

$$\begin{aligned} 5x + 1 &= 3x + 7 && \mid -1 \\ 5x + 1 - 1 &= 3x + 7 - 1 \\ 5x &= 3x + 6 && \mid -3x \\ 5x - 3x &= 3x + 6 - 3x \\ 2x &= 6 && \mid :2 \\ 2x : 2 &= 6 : 2 \\ x &= 3 \end{aligned}$$

(3) Ergebnis

Die Lösungsmenge der Gleichung $5x + 1 = 3x + 7$ ist $L = \{3\}$.

Information Durch gezielte Veränderung beider Seiten der Gleichung hast du die Lösungsmenge bestimmt. Dabei wurden folgende Regeln benutzt:

Gleichungen heißen zueinander **äquivalent**, wenn sie dieselbe Lösungsmenge haben. Mithilfe der folgenden Regeln kann man aus einer Gleichung eine dazu äquivalente Gleichung erhalten.

Additions- und Subtraktionsregel

Addiert oder subtrahiert man auf beiden Seiten einer Gleichung denselben Term, so ändert sich die Lösungsmenge nicht. Die Gleichungen sind zueinander äquivalent.

$$\begin{aligned} 3x &= 2x + 7 \\ 3x - 2x &= 2x + 7 - 2x \\ x &= 7 \end{aligned}$$

($-2x$ ↓, $+2x$ ↑)

Multiplikations- und Divisionsregel

Multipliziert (dividiert) man beide Seiten einer Gleichung mit derselben Zahl (durch dieselbe Zahl) ungleich 0, so ändert sich die Lösungsmenge nicht. Die Gleichungen sind zueinander äquivalent.

$$\begin{aligned} 8x &= 24 \\ 8x : 8 &= 24 : 8 \\ 1 \cdot x &= 3 \\ x &= 3 \end{aligned}$$

($:8$ ↓, $\cdot 8$ ↑)

Übungsaufgaben

2. **a)** Das Gewicht von Glaskugeln soll bestimmt werden. Die Waage rechts ist im Gleichgewicht. Nimm Veränderungen am Inhalt der beiden Waagschalen so vor, dass die Waage stets im Gleichgewicht bleibt.

b) Notiere dein Vorgehen in Form zueinander äquivalenter Gleichungen.

3. Bestimme die Lösungsmenge der Gleichung.

a) $7x + 9 = 5x + 3$ **d)** $x + 7 = -x + 5$ **g)** $5x + 7 - x = 3 - x + 7$

b) $4x - 2 = x + 6$ **e)** $5x + 3 = x + 7 + 3x$ **h)** $\frac{1}{2}x + 7 = x - 3$

c) $-2x + 1 = 2x - 5$ **f)** $1 - 3x = 2 - 5x$ **i)** $0{,}8x + 5 = -0{,}7x + 0{,}5$

CAS **4.** Computer-Algebra-Systeme können Gleichungen automatisch mit dem Befehl **SOLVE** lösen.
Betrachte den Bildschirm rechts. Hier wurden einige Gleichungen von einem Computer-Algebra-System gelöst.
Kontrolliere die Lösungen durch Rechnungen von Hand.

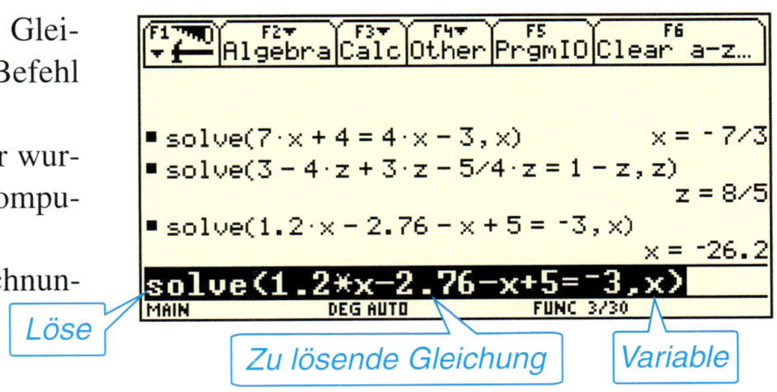

1.5 Lösen von Ungleichungen durch Umformen

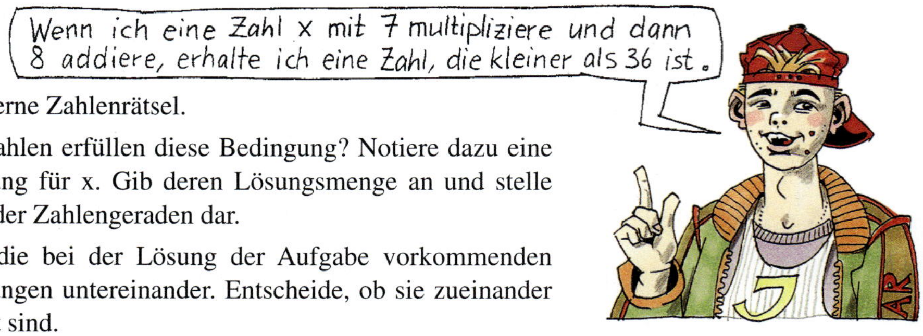

Aufgabe 1

Jonas stellt gerne Zahlenrätsel.

a) Welche Zahlen erfüllen diese Bedingung? Notiere dazu eine Ungleichung für x. Gib deren Lösungsmenge an und stelle diese auf der Zahlengeraden dar.

b) Schreibe die bei der Lösung der Aufgabe vorkommenden Ungleichungen untereinander. Entscheide, ob sie zueinander äquivalent sind.

c) Gib ähnlich wie bei den Gleichungen (Seite 25) Umformungsregeln für Ungleichungen an. Zeige aber anhand der Ungleichungen $-3 \cdot x < 24$ und $x < -8$:
Die Multiplikations- und Divisionsregel gilt bei Ungleichungen nicht für die Multiplikation mit einer *negativen* Zahl (bzw. für die Division durch eine *negative* Zahl).
Wie muss die Regel dann abgeändert werden?

Lösung

a) Die Ungleichung lautet: $7 \cdot x + 8 < 36$.
Dann gilt:

$$7 \cdot x + 8 < 36 \quad | -8$$
$$7 \cdot x < 28 \quad | :7$$
$$x < 4$$

Die Lösungsmenge der Ungleichung besteht aus allen Zahlen, die kleiner als 4 sind.

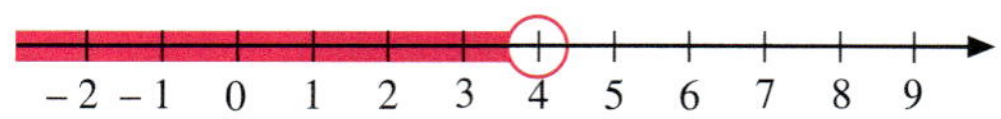

Die Zahl 4 selbst gehört nicht zur Lösungsmenge. Dies zeigt eine Probe; sie führt auf die falsche Aussage $36 < 36$.

b) Die Zahlen, die kleiner als 4 sind, sind auch gerade diejenigen, deren Siebenfaches kleiner als 28 ist. Weiter ist die Forderung, dass das Siebenfache einer Zahl kleiner als 28 sein soll, gleichwertig dazu, dass das Siebenfache einer Zahl vermehrt um 8 kleiner als 36 ist.

$$x < 4 \quad (\cdot 7 \ / \ :7)$$
$$7 \cdot x < 28 \quad (+8 \ / \ -8)$$
$$7 \cdot x + 8 < 36$$

Die Lösungsmengen der drei Ungleichungen stimmen also überein. Die drei Ungleichungen sind untereinander äquivalent.

c) Multipliziert man beide Seiten der Ungleichung $x < -8$ mit der Zahl -3, so erhält man die Ungleichung $-3 \cdot x < 24$. Beide Ungleichungen sind *nicht* zueinander äquivalent.
Die Zahl -1 erfüllt z. B. die Ungleichung $-3 \cdot x < 24$, aber nicht die Ungleichung $x < -8$.

Probe für (–1):

$-3 \cdot (-1) < 24$ (w?)	
LS: $-3 \cdot (-1) = 3$	RS: 24

$-1 < -8$ (w?)	
LS: -1	RS: -8

Die Aussage $3 < 24$ ist wahr. Die Aussage $-1 < -8$ ist falsch.

Die Multiplikations- und Divisionsregel gilt daher nur für *positive* Zahlen.
Offensichtlich muss man bei der Multiplikation mit einer negativen Zahl zusätzlich das Zeichen umdrehen.
Aus < wird > und aus > wird <.

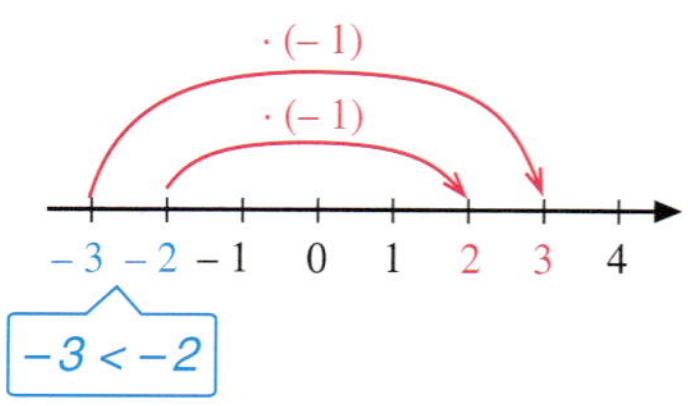

Information

(1) Beschreibende Form zur Vorgabe einer Menge

Die Ungleichung $7x + 8 < 36$ hat so viele Lösungen, dass man ihre Lösungsmenge nicht mehr in aufzählender Form angeben kann. Statt *Menge aller rationalen Zahlen, die kleiner als 4 sind,* schreiben wir daher kurz: $\{x \in \mathbb{Q} \mid x < 4\}$
(gelesen: *Menge aller x aus* $\mathbb{Q}$, *für die gilt: x ist kleiner als 4*).
Diese **beschreibende Form** verwenden wir, um die Lösungsmenge einer Ungleichung anzugeben.

Darstellung auf der Zahlengeraden

(2) Umformungsregeln für Ungleichungen

Ähnlich wie bei Gleichungen erhalten wir Umformungsregeln.

Additions- und Subtraktionsregel

Addiert oder subtrahiert man auf beiden Seiten einer Ungleichung dieselbe Zahl, so ändert sich die Lösungsmenge nicht. Die Ungleichungen sind äquivalent zueinander.

$$x - 4 < 17 \quad (+4)$$
$$x - 4 + 4 < 17 + 4 \quad (-4)$$
$$x < 21$$

Multiplikations- und Divisionsregel

(a) Multipliziert (dividiert) man beide Seiten einer Ungleichung mit derselben *positiven* Zahl (durch dieselbe *positive* Zahl), so ändert sich die Lösungsmenge nicht. Die Ungleichungen sind äquivalent zueinander.

$$3x > 47 \quad (:3)$$
$$3x : 3 > 47 : 3 \quad (\cdot 3)$$
$$1 \cdot x > \tfrac{47}{3}$$
$$x > \tfrac{47}{3}$$

(b) Multipliziert (dividiert) man beide Seiten einer Ungleichung mit derselben *negativen* (durch dieselbe *negative)* Zahl, so muss man das Zeichen < bzw. > umdrehen.

$$-4x < 20 \quad (:(-4))$$
$$-4x : (-4) > 20 : (-4) \quad (\cdot(-4))$$
$$x > -5$$

(3) Strategie beim Bestimmen der Lösungsmenge einer Ungleichung

Wie bei Gleichungen bestimmt man die Lösungsmenge einer Ungleichung, indem man die Variable auf einer Seite isoliert. Dazu verwendet man Termumformungen und Umformungsregeln für Ungleichungen.
Steht die Variable isoliert auf einer Seite, so kann man die Lösungsmenge unmittelbar ablesen.

$$x + 3 + 3x > 7 - 2x + 8$$
$$4x + 3 > 15 - 2x \quad | +2x$$
$$6x + 3 > 15 \quad | -3$$
$$6x > 12 \quad | :6$$
$$x > 2$$
$$L = \{x \in \mathbb{Q} \mid x > 2\}$$

(4) Ungleichungen mit dem Zeichen ≤ bzw. ≥

$a \leq b$ bedeutet $a < b$ oder $a = b$;
$a \geq b$ bedeutet $a > b$ oder $a = b$.

Ungleichungen mit dem Zeichen ≤ (bzw. ≥) sind also Kombinationen von Ungleichungen mit dem Zeichen < (bzw. >) und von Gleichungen. Daher gelten dieselben Umformungsregeln wie für Ungleichungen mit dem Zeichen < (bzw. >).

Beispiel: Zu bestimmen ist die Lösungsmenge von $3x + 7 \le 22$.

$3x + 7 \le 22 \quad | -7$
$3x \le 15 \quad | :3$
$x \le 5$
$L = \{x \in \mathbb{Q} \mid x \le 5\}$

Darstellung der Lösungsmenge auf der Zahlengeraden.

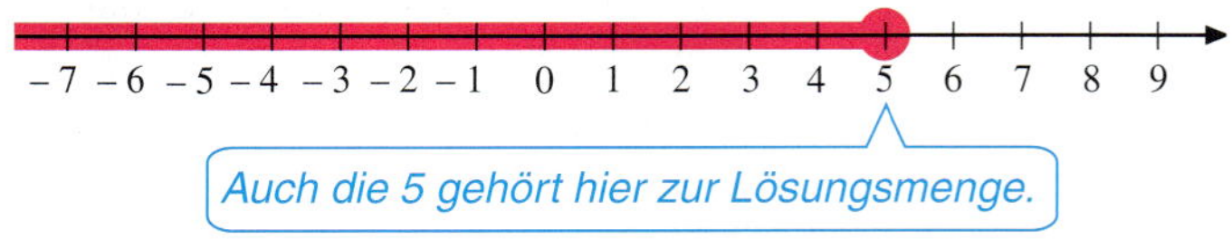

Bei einer Ungleichung kann man die Probe nur für einzelne Beispiele durchführen.

Probe für die Zahl 2:

$3 \cdot 2 + 5 \le 22$ (w?)	
LS: $3 \cdot 2 + 7 = 6 + 7 = 13$	RS: 22

Wegen $13 < 22$ gilt erst recht $13 \le 22$. Also gehört 2 zur Lösungsmenge.

Probe für die Zahl 5:

$3 \cdot 5 + 7 \le 22$ (w?)	
LS: $3 \cdot 5 + 7 = 15 + 7 = 22$	RS: 22

Wegen $22 = 22$ gilt erst recht $22 \le 22$. Also gehört 5 zur Lösungsmenge.

Probe für die Zahl 6:

$3 \cdot 6 + 7 \le 22$ (w?)	
LS: $3 \cdot 6 + 7 = 18 + 7 = 25$	RS: 22

Wegen $25 > 22$ gilt *nicht* $25 \le 22$. Also gehört 6 nicht zur Lösungsmenge.

Weiterführende Aufgabe

2. *Sonderfälle für die Lösungsmenge bei Ungleichungen*
Bestimme die Lösungsmenge.

a) $5 + 3x < x + 8 + 2x$ **b)** $5 - x < 2x + 1 - 3x$

Übungsaufgaben

Leergewicht: Gewicht des Fahrzeuges mit einem zu 90% gefüllten Tank und einem 75 kg schweren Fahrer.

3. a) Notiere eine Ungleichung. Löse sie; du kannst sie dir auch an einer Waage vorstellen.

b) Für welche Zahlen gilt $-2 \cdot x > -4$?

4. Notiere, wie du umformen musst. Fülle die Lücken aus.

a) $x - 9{,}5 > 1{,}2 \quad | \square$
$x > \square$

b) $50x > -10 \quad | \square$
$x > \square$

c) $0{,}3x < 0 \quad | \square$
$x < \square$

d) $\frac{2}{3}x < -1 \quad | \square$
$x < \square$

5. Lies die Mengenangabe. Markiere die Menge auf der Zahlengeraden.

a) $\{x \in \mathbb{Q} \mid x < -1\}$ **b)** $\{x \in \mathbb{Q} \mid x < 3{,}5\}$ **c)** $\{x \in \mathbb{Q} \mid x > -2\}$ **d)** $\{x \in \mathbb{Q} \mid x > 1{,}5\}$

6. Welche Menge wird veranschaulicht? Notiere sie in der beschreibenden Form.

a)
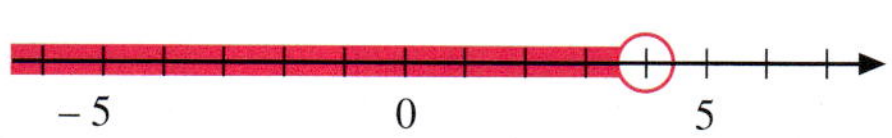

b)
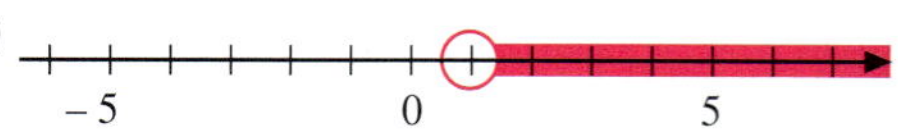

7. Bestimme die Lösungsmenge. Notiere auch jede Art der Umformung.

a) $2x + 8 < 18$
b) $6r - 9 > -3$
c) $13x - 7 < 84$
d) $16x - 1{,}7 > 4{,}7$
e) $2{,}3 + 1{,}4x < 9{,}3$
f) $\frac{1}{8}x - 0{,}2 > -7{,}45$
g) $0 < \frac{2}{5} + \frac{1}{3}x + 0{,}6$
h) $1 > \frac{3}{4}x + \frac{3}{4} - x$
i) $-5x + 3 > -17$
j) $2x - 8x < -42$
k) $9x + 4x > 5x - 1$
l) $0{,}6 - 3x < 3x - 2{,}4$

8. *Der Koeffizient von x ist negativ – verschiedene Lösungswege*

Drei Schüler sind unterschiedlich vorgegangen, um die Lösungswege der Ungleichung $41 - 3x < 35$ zu bestimmen. Erkläre und vergleiche ihre Wege.

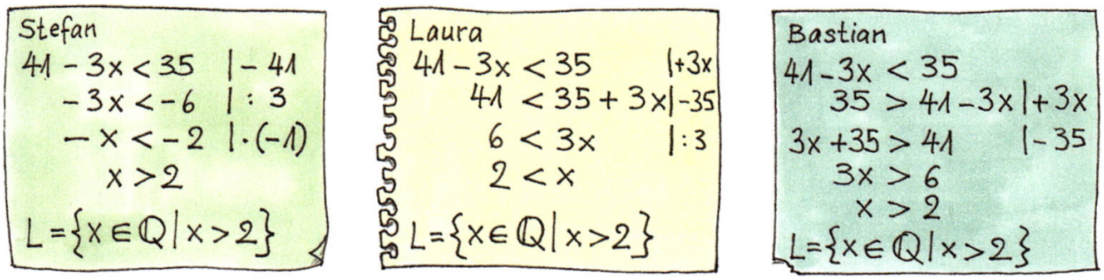

9. Welche Zahlen kommen infrage? Löse mithilfe einer Ungleichung.

a) Wenn man von 30 eine der Zahlen subtrahiert, erhält man mehr als 12.

b) Wenn man zu 12 eine der Zahlen addiert, erhält man weniger als 3.

c) Wenn man eine der Zahlen durch 3 dividiert, erhält man weniger als –10.

d) Wenn man vom Dreifachen einer der Zahlen 18 subtrahiert, erhält man eine negative Zahl.

10. Der Umfang eines Rechtecks ist größer als 20 cm. Die längere Seite ist um 2 cm länger als die kürzere Seite. Was kannst du über die Länge der kürzeren Seite aussagen?

11. Notiere Ungleichungen, deren Lösungsmenge dargestellt wird.

a)

b)

12. Veranschauliche die Menge auf der Zahlengeraden.

a) $\{x \in \mathbb{Q} \mid x \leq -1\}$ **b)** $\{x \in \mathbb{Q} \mid x \geq -1\}$ **c)** $\{x \in \mathbb{Q} \mid x \leq 2{,}5\}$ **d)** $\{x \in \mathbb{Q} \mid x \geq -3\frac{1}{5}\}$

13. Löse die Ungleichung.

a) $2x + 8 \leq 18$ **d)** $4a - 3{,}9 \geq -8{,}7$ **g)** $-\frac{1}{2}x + 3 \leq 5$ **j)** $-\frac{5}{4}a - 1 \leq 0{,}25$

b) $3a - 4 \geq 17$ **e)** $\frac{1}{2}z + 8 \leq 10$ **h)** $7 - \frac{1}{5}a \geq 4$ **k)** $\frac{8}{3} - \frac{7}{3}z \leq 5$

c) $6r - 9 \geq -3$ **f)** $0{,}4r - 1 \leq 0$ **i)** $-2 - \frac{1}{3}y \leq 0$ **l)** $-\frac{1}{8} - \frac{1}{8}u \geq \frac{1}{8}$

14. Bestimme die Lösungsmenge der Ungleichung.

a) $99 + x > 24 - 14x$ **c)** $0{,}4 - 0{,}2x > 8{,}1 - 1{,}3x$ **e)** $38z + 31 \geq 25 + 36z$

b) $10x - 3{,}5 \leq 3x - 28{,}7$ **d)** $5x + 17 < 3 \cdot (3x) + 61$ **f)** $(12g) : 4 + \frac{7}{9} \geq \frac{31}{9} + \frac{1}{3}g$

15. Welche der Ungleichungen hat die leere Menge bzw. die Menge $\mathbb{Q}$ als Lösungsmenge?

(1) $x < x + 1$ (2) $x > x$ (3) $2x \geq x$ (4) $29x - 3 < 29x + 3$ (5) $\frac{3}{4}x + 1 > 0{,}75x$

16. Bestimme die Lösungsmenge. Rechne nur so weit, bis du diese erkennst.

a) $23x + 5 < 17x + 6x + 2$ **d)** $8x + 9 - 14x \geq 4 - 6x + 5$

b) $38x + 5 - 7x < 49x + 16 - 18x$ **e)** $0{,}4x + 3{,}8 - 2{,}9x \leq 5{,}1 - 2{,}5x + 1{,}3$

c) $7x + 5 - 19x < 24x + 12 - 36x$ **f)** $7{,}1x + 4{,}3 - 0{,}5x > 5{,}6 + 6{,}6x - 1{,}3$

1.6 Auflösen einer Klammer

Aufgabe 1

Eine Firma verarbeitet rechteckige Stahlplatten verschiedener Größe.

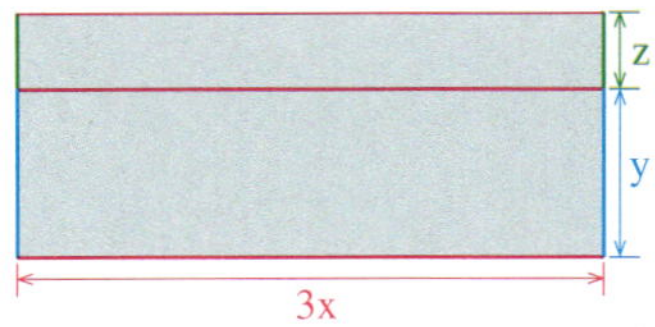

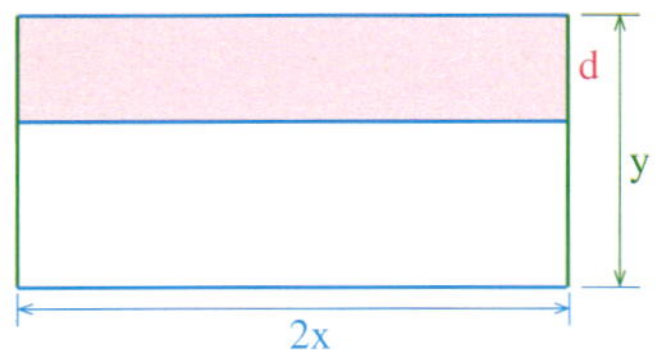

a) Finde verschiedene Rechenwege für folgende Aufgaben:

(1) Eine Platte mit den Seitenlängen $3x$ und z sowie eine Platte mit den Seitenlängen $3x$ und y sollen zusammengeschweißt werden (siehe Bild).
Wie groß ist die entstandene Platte?

(2) Von einer Platte mit den Seitenlängen $2x$ und y soll ein Streifen der Länge $2x$ und der Breite d abgeschnitten werden (siehe Bild).
Wie groß ist die Platte nach dem Abschneiden?

b) Aus den verschiedenen Rechenwegen ergeben sich Regeln für Termumformungen, die geometrisch aber nur für positive Werte für die Variablen begründbar sind. Beweise mithilfe eines Rechengesetzes für rationale Zahlen, dass sie für alle rationalen Zahlen, also auch negative, gelten.

c) Forme entsprechend mithilfe eines Distributivgesetzes um:
(1) $(-4) \cdot (3 + 2d)$ (2) $2u \cdot (2x - 3)$

Lösung

a) (1) *1. Weg:* Die entstandene Platte hat die Seitenlängen $3x$ und $y + z$, also den Flächeninhalt $3x(y + z)$.
2. Weg: Die entstandene Platte setzt sich aus Platten mit den Flächeninhalten $3x \cdot y$ sowie $3x \cdot z$ zusammen, hat also den Flächeninhalt $3xy + 3xz$.
Für positive Werte für die Variablen liefern beide Wege wertgleiche Terme:
$3x(y + z) = 3xy - 3xz$

(2) *1. Weg:* Schneidet man den Streifen ab, so hat die Platte die Seitenlängen $2x$ und $y - d$, also den Flächeninhalt $2x(y - d)$.
2. Weg: Von der gesamten Platte mit dem Flächeninhalt $2x \cdot y$ wird ein Teilstück mit dem Flächeninhalt $2xd$ abgetrennt. Das Reststück hat also den Flächeninhalt $2xy - 2xd$.
Für positive Werte der Variablen sind die Werte der beiden Terme offensichtlich wertgleich:
$3x(y - d) = 2xy - 2xd$

Distributivgesetz
$a \cdot (b + c) = a \cdot b + a \cdot c$

b) (1) Die Termumformung
$3x(y + z) = 3xy + 3xz$
lässt sich für beliebige Werte für die Variablen mithilfe des Distributivgesetzes beweisen:

$$a \cdot (b + c) = a \cdot b + a \cdot c$$
$$3x \cdot (y + z) = 3x \cdot y + 3x \cdot z$$

(2) Entsprechend begründet man die Termumformung
$2x(y - d) = 2xy - 2xd$
mit dem Distributivgesetz für Differenzen:

$$a \cdot (b - c) = a \cdot b - a \cdot c$$
$$2x \cdot (y - d) = 2x \cdot y - 2x \cdot d$$

c) Auch hier verwenden wir das Distributivgesetz:

(1)
$$a \cdot (b + c) = a \cdot b + a \cdot c$$
$$(-4) \cdot (3 + 2d) = (-4) \cdot 3 + (-4) \cdot 2d$$
$$= -12 - 8d$$

(2)
$$a \cdot (b - c) = a \cdot b - a \cdot c$$
$$2u \cdot (2x - 3) = 2u \cdot 2x - 2u \cdot 3$$
$$= 4ux - 6u$$

Information

Man sagt auch: Es wurde ausmultipliziert.

Bei der obigen Termumformung $3x(y+z) = 3xy + 3xz$ ist durch die Anwendung des Distributivgesetzes ein Term ohne Klammer entstanden.
Man sagt: Die Klammer wurde *aufgelöst.*
Aus einem Produkt wurde eine Summe.
Entsprechend wurde bei der Termumformung $2u \cdot (2x-3) = 4ux - 6u$ ein Produkt in eine Differenz umgeformt. Summen und Differenzen sind Sonderfälle algebraischer Summen.

Multiplizieren einer algebraischen Summe (Auflösen einer Klammer in einem Produkt)
Man multipliziert jedes Glied der algebraischen Summe in der Klammer mit dem Faktor. Die Zeichen + und – werden nach den Vorzeichenregeln gesetzt.

Beispiele: (1) $7 \cdot (4x + 3y) = 7 \cdot 4x + 7 \cdot 3y = 28x + 21y$ (2) $-2x \cdot (3y - 6z) = -2x \cdot 3y + 2x \cdot 6z = -6xy + 12xz$

Den Faktor mit jedem Glied der Klammer multiplizieren

Weiterführende Aufgaben

2. *Dividieren von Summen und Differenzen*

a) Erläutere die Division einer Summe im Beispiel rechts.

b) Löse entsprechend die Klammer auf:

(1) $(4a + 6b) : \frac{2}{3}$ (3) $(6x - 9y) : (-3)$

(2) $(8p - 12q) : 4$ (4) $(12r - 9s) : \left(-\frac{3}{4}\right)$

$(6a + 9b) : 3$
$= (6a + 9b) \cdot \frac{1}{3}$
$= 6a \cdot \frac{1}{3} + 9b \cdot \frac{1}{3}$
$= 2a + 3b$

c) Formuliere selber eine Regel für das Dividieren einer algebraischen Summe.

d) Führe das Distributivgesetz $(a + b) : c = a : c + b : c$ auf das Distributivgesetz $(a + b) \cdot c = a \cdot c + b \cdot c$ zurück.

3. *Lösen von Gleichungen mit Klammern*

a) Erläutere das Lösen der Gleichung $6(x-3) - 3x = 12$ im Beispiel rechts.

b) Löse entsprechend:

(1) $2x - 8(x + 12) = 54 - 18x$

(2) $(15x - 5) : (-5) = (-14x - 2) : \frac{1}{2}$

(3) $2x - 3\left(1 + \frac{2}{3}x\right) = -2$

$6(x-3) - 3x = 12$
$6x - 18 - 3x = 12$
$3x - 18 = 12$
$3x = 30$
$x = 10$

Probe: L.S.: $6(10 - 3) - 3 \cdot 10 = 12$ R.S.: 12

Lösungsmenge: $L = \{10\}$

CAS

4. *Auflösen von Klammern mit einem Computer-Algebra-System*

expand ⟨engl.⟩ ausdehnen

Bei einigen Termen löst ein Computer-Algebra-System Klammern sofort nach der Eingabe auf, bei anderen jedoch nicht. Mithilfe des Befehles **expand** kannst du das Ausmultiplizieren dann erreichen.
Untersuche, welche Klammern dein CAS sofort auflöst und welche nicht.

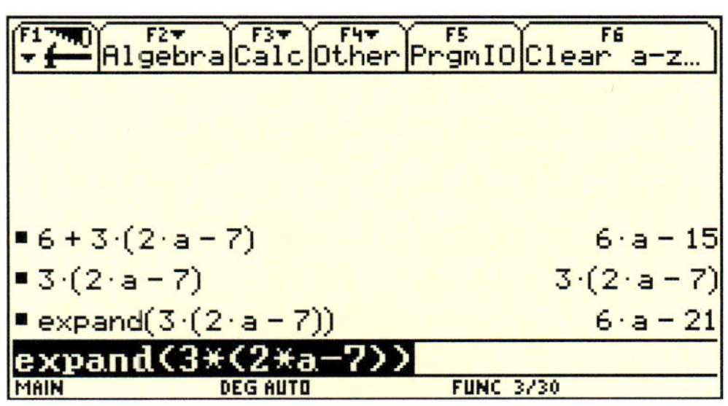

Übungsaufgaben

5. Der Garten der Familie Müller hat die Form eines Rechtecks. Er besteht aus zwei Teilrechtecken. Berechne die Größe des Gartens auf zwei Wegen.

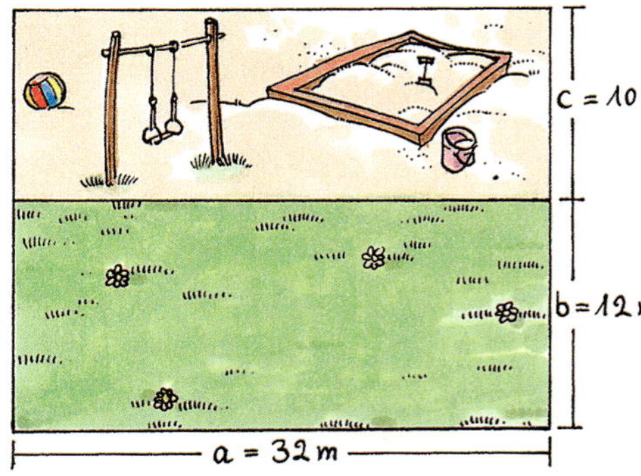

a) Gib für jeden der Berechnungswege einen Term mit den Variablen a, b, c an.

b) Berechne die Gesamtfläche durch Einsetzen der Werte für a, b, c.

c) Welches Rechengesetz kannst du diesem Beispiel entnehmen?
Beachte, dass es auf diese Weise nur für positive Zahlen nachgewiesen werden kann.

6. Löse die Klammer auf. Wende dazu ein Distributivgesetz an.

a) $5 \cdot (x + y)$; $0{,}7 \cdot (3 + x)$; $(-8) \cdot (y + 7)$

b) $(x + y) \cdot 7$; $(x + 4) \cdot 9{,}5$; $(1 + x) \cdot (-3)$

c) $x \cdot (a + b)$; $(x + y) \cdot z$; $(r + s) \cdot t$

d) $(1 + y) \cdot x$; $(-k) \cdot (r + 1)$; $a \cdot (1 + b)$

e) $9 \cdot (x - y)$; $(x - y) \cdot 7$; $(x - y) \cdot (-5)$

f) $x \cdot (1 - y)$; $(x - 1) \cdot y$; $(-3) \cdot (a - b)$

g) $(1 - u^2) \cdot 4$; $r \cdot (r - 1)$; $(1 - t) \cdot (-s)$

h) $4 \cdot (-a - b)$; $(-2) \cdot (-3 + x)$; $(-1 - u) \cdot (-u)$

7. **a)** $7(8x + 5)$; $6(3 + 5r)$; $4(9t + 1)$; $10(8b + 6)$

b) $10(3x - 2y)$; $-9(7a - 4b)$; $12(2r - 6s)$; $-15(4d - 9c)$

c) $a(7x + 5y)$; $t(3r - 14s)$; $w(9u + 12v)$; $(-c) \cdot (8a + 7b)$

d) $c(0{,}5x + 3{,}7y)$; $(2{,}4a - 7{,}6b) \cdot 5$; $\left(\frac{2}{9}u + \frac{7}{9}v\right) \cdot (-18)$; $8\left(\frac{3}{12}p + 0{,}7q\right)$

8. Bilde alle Produkte, bei denen ein Faktor aus dem linken Korb und einer aus dem rechten Korb stammt.

9. **a)** $2x(3a - 4b)$; $5a(7b + c)$; $9r(x + 11y)$; $4z(6x - 7y)$; $(7c + 4y)8z$; $(-5s)(3t + 20u)$

b) $(12q - 1) \cdot 15k$; $(15r + 5s) \cdot (-t)$; $3{,}2(15x - 25y)$; $25(2{,}2a + 6{,}9b)$; $\left(-\frac{2}{5}\right)(20v - 65t)$; $(-48)\left(\frac{5}{6}u + \frac{3}{8}v\right)$

c) $0{,}3a(0{,}5b + 1{,}2c)$; $\frac{x}{2}\left(\frac{x}{3} + \frac{y}{2}\right)$

d) $\left(\frac{3}{5}u + \frac{6}{25}v\right) \cdot \frac{5}{6}t$; $\left(1{,}2r - \frac{3}{2}s\right) \cdot \left(-\frac{s}{3}\right)$

10. Löse die Klammer auf. Wende dazu das Distributivgesetz für drei Summanden an.

a) $a(3x + 8y + 7z)$; $4x(a + 9b + 5c)$; $(-12t)(4u + 5v + w)$; $(20r + 15s + 12t) \cdot (-8q)$

b) $y(2{,}5x + 7{,}1y + 8{,}3z)$; $6{,}3(x - 0{,}2y + 2{,}2z)$; $(70x + 4{,}5y + 0{,}3) \cdot 0{,}2z$; $(-2{,}5)(k + 0{,}4t + 5z) \cdot k$

c) $\frac{3}{4}(12t - 92k - 104q)$; $-35r\left(\frac{4}{5}r + \frac{6}{7} - \frac{8}{35}s\right)$; $\frac{5}{12}a\left(\frac{3}{5}a - \frac{4}{15}b + \frac{9}{10}c\right)$

11. **a)** $3ab \cdot (4a^2 - 5ab + 3b^2)$

b) $4uv \cdot (5u^2v - 6uv - 7uv^2)$

c) $-2pq^2 \cdot (3p^2 - 3pq + 4p^2q + q^2)$

d) $(4x^2y - 2xy^2 + 4x - 7y) \cdot 3x^2y^3$

e) $\frac{1}{2}rs^2(4rs^3 - 2r^2s^2 + 3r^3s + s^4)$

f) $0{,}2xy^3 \cdot (4x^3y - 2x^2y^2 + 3xy^3 - 5y)$

CAS **12.** Tim hat mit einem Computer-Algebra-System eine Summe multipliziert.

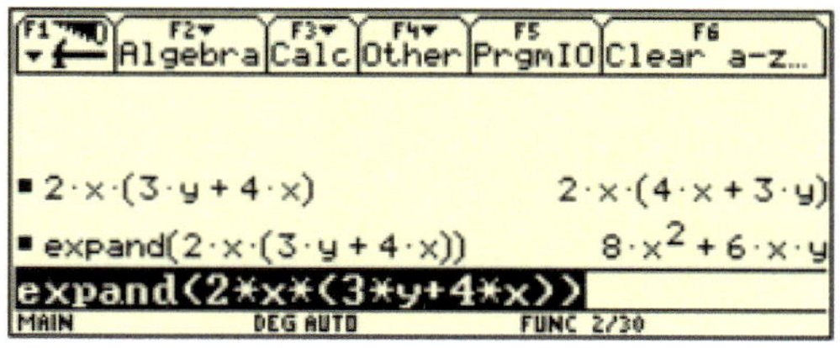

a) Die erste Ausgabe erfüllt nicht seine Erwartungen. Erläutere, welche Umformung das CAS vorgenommen hat.

b) Kontrolliere den 2. Versuch von Tim.

13. **a)** Erläutere die Division einer Summe im Beispiel rechts. Formuliere dann eine Regel.

$(2x + 4y) : 2$
$= 2x : 2 + 4y : 2$
$= x + 2y$

b) Löse entsprechend die Klammer auf.

(1) $(6a - 3b) : 3$ (3) $(14c - 8d^2) : (-4)$

(2) $\left(\frac{1}{2}x + \frac{3}{2}y\right) : \frac{1}{2}$ (4) $\left(8u^2 - \frac{1}{2}\right) : \left(-\frac{3}{4}\right)$

14. Löse jede Klammer auf. Fasse dann zusammen.

a) $5a - 3b + 7(a - b)$
$xy - 9x + x(3 - y)$
$7(x + y) + 3(x - y)$

b) $0{,}8(15x - 25y) - 7x + 11y$
$b + 25(1{,}6a + 3{,}2b) - 40a$
$2(0{,}5r - 1{,}5s) + 7(6r + 8s)$

c) $\frac{1}{3}(9r - 12s) + 5s - 4r$
$7a + \frac{3}{5}b + \frac{1}{2}(22 - b)$
$-\frac{x}{4}(8 - 8x) + \frac{x}{5}(5x + 20)$

15. Herr Hultsch überrascht seine Klasse gerne mit Zahlenzaubereien:

„Denke dir eine Zahl. Multipliziere sie mit der um 2 verminderten Zahl. Addiere dazu das Vierfache der gedachten Zahl.
Subtrahiere davon das Ergebnis der mit sich selbst multiplizierten gedachten Zahl.
Nenne mir dein Ergebnis und ich sage dir deine gedachte Zahl."

Führe die Zahlenzauberei mit verschiedenen Zahlen durch. Wie findet Herr Hultsch die gedachte Zahl? Begründe, indem du einen Term aufstellst.

16. Glühlampen und deren Kartons gibt es in mehreren Größen. Rechts siehst du das Netz.

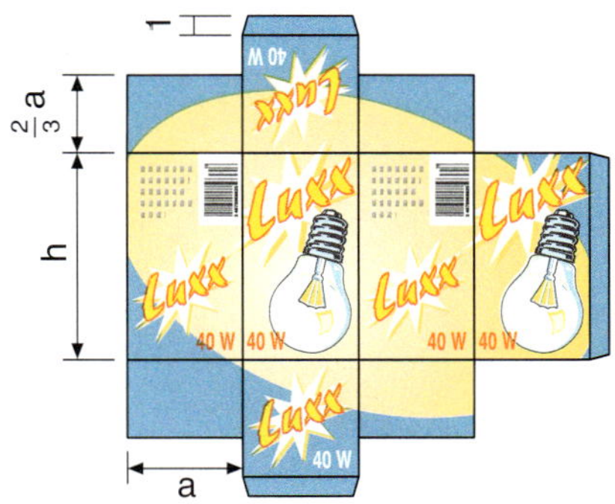

a) Stelle einen Term für die benötigte Papiermenge auf. Vernachlässige dabei die Abschrägungen an den Laschen, d. h. berechne diese auch als Rechtecke.

b) Berechne damit den Papierbedarf für folgende Kartons (Längenangaben in cm):
(1) E 27-Glühbirne: $a = 6$; $h = 10{,}5$
(2) E 14-Kerze: $a = 3{,}5$; $h = 10$

17. Löse Marks Zahlenrätsel rechts.

18. Löse die Klammer auf und fasse zusammen. Bestimme dann die Lösungsmenge.

a) $5(x - 7) - 4x = 11$ **d)** $12x + 20 = 2(3x + 1)$

b) $7(x - 2) - 2x = 6$ **e)** $61x + 4x = 2x + 3(5 - 6x)$

c) $6(1{,}5x - 2{,}5) - 1{,}5x = 0$ **f)** $4 \cdot (7x + 5) - 48x = 10x - 10$

19. a) Erkläre die beiden Lösungswege und vergleiche sie.

b) Bestimme die Lösungsmenge auf einem günstigen Weg.

(1) $4\,(x + 3) = 28$ (4) $2 \cdot (x - 3) = 3 \cdot (x - 7)$ (7) $(x + 1) : 5 \geq -2$

(2) $(x - 2) \cdot 6 = 6$ (5) $3 \cdot (x + 1) = 6 \cdot (x + 2)$ (8) $(4x - 8) : 4 = 1$

(3) $(x + 5) : 2 = 0$ (6) $(x - 2) \cdot 3 < 15$ (9) $(\frac{1}{2}x - \frac{3}{4}) \cdot 4 = -\frac{1}{2}$

20. Bestimme die Lösungsmenge.

a) $3 \cdot (4x) + 7 \cdot (5x) = 2x + 5$ **d)** $9 \cdot (3x) - 4 \cdot (2x) = 28 + 25x$

b) $9 \cdot (3x) + 4 \cdot (3x) = 30x + 5$ **e)** $4 \cdot 12x - 80 \leq 3 \cdot (5x) - 7x$

c) $8 \cdot (2x) - 3 \cdot (3x) = 2x + 25$ **f)** $5x = 9 \cdot (2x) - 3 \cdot (4x) - 1$

21. Für welches x erhält der Term den angegebenen Wert?

a) $8x \cdot (5 - 12) - 23$; Wert: 481 [– 319; – 599] **b)** $12 \cdot (13 - x) + 48$; Wert: – 828 [198; 204] **c)** $3\,(x + 1) + 4x$; Wert: – 1 [0; $-\frac{3}{8}$; 5]

22. a) Sarah und Lukas haben die Lösungsmenge der Gleichung auf zwei Weisen bestimmt. Rechne weiter und vergleiche die Lösungswege.

b) Wie kann man eine Gleichung mit Brüchen geschickt lösen? Formuliere eine Strategie.

23. Bestimme die Lösungsmenge geschickt.

a) $\frac{7x}{8} = \frac{70}{36}$ **c)** $\frac{3}{4} = \frac{x}{9}$ **e)** $\frac{x}{2} + \frac{1}{5}x = 7$ **g)** $\frac{r}{15} + \frac{r}{10} = \frac{r}{6}$

b) $-\frac{3x}{16} = \frac{15}{20}$ **d)** $\frac{3y}{4} - 2 = 1$ **f)** $\frac{3}{5}x + \frac{3}{4}x = \frac{6 \cdot 9}{2}$ **h)** $\frac{1}{2} - \frac{4}{5}t = \frac{1}{4}$

24. Löse das Zahlenrätsel mithilfe einer Gleichung.

a) Wenn man die Differenz von 7 und einer Zahl mit 5 multipliziert, erhält man 15.

b) Wenn man eine Zahl um 1,5 vergrößert und das Ergebnis verdoppelt, erhält man ein Drittel der gesuchten Zahl.

c) Wenn man das Doppelte einer Zahl um 5 vergrößert und die Summe durch 3 dividiert, erhält man 7.

d) Wenn man das Dreifache einer Zahl von 10 subtrahiert und die Differenz mit 1,5 multipliziert, erhält man 6.

25. Ein Quader hat drei verschiedene Kantenlängen. Die Summe der Längen aller 12 Kanten beträgt 144 cm. Die mittlere Kantenlänge ist doppelt so groß wie die kürzeste Kantenlänge. Die längste Kante ist um 12 cm länger als die kürzeste.
Wie lang ist die kürzeste Kante? Berechne auch das Volumen des Quaders.

26. Uwe stellt beim Ausmessen eines Quaders fest: Die Grundfläche ist doppelt so groß wie jede der beiden kleineren Seitenflächen. Eine der größeren Seitenflächen ist um 10 cm^2 kleiner als die Grundfläche. Die Oberfläche hat eine Größe von 280 cm^2.
Wie groß ist die Grundfläche?

27. Ein Vater hat Haselnüsse gepflückt und in seine beiden Jackentaschen verteilt. Darauf sagt er zu seinem Sohn: „Ich habe in der rechten Tasche dreimal so viele Nüsse wie in der linken. Nehme ich aber 30 Nüsse von der rechten Tasche in die linke, so befinden sich in der linken Tasche dreimal so viel wie in der rechten.“
Wie viele Nüsse hat er ursprünglich in jeder Tasche?

28. Eine Großmutter ist 84 Jahre alt, ihre Enkelin ist 8 Jahre alt.

a) In wie viel Jahren wird die Großmutter fünfmal so alt wie die Enkelin sein?

b) Vor wie viel Jahren war sie zwanzigmal so alt?

29. In 16 Jahren wird ein Vater doppelt so alt wie sein Sohn sein. Zusammen sind beide heute 40 Jahre alt. Wie alt ist jeder?

30. Ein Junge ist doppelt so alt wie seine Schwester. Vor 4 Jahren war der Junge viermal so alt wie seine Schwester. Wie alt sind der Junge und seine Schwester jetzt?

31. Ole hat zwei Kusinen, Eva und Ute. Er ist 21 Jahre älter als Eva und 5 Jahre älter als Ute. Die Hälfte des Alters von Eva ist gleich einem Drittel des Alters von Ute. Wie alt sind sie?

32. Aus dem Kapitel „Lîlâvati“ (die Reizende) seines Werkes „Krönung des Systems“ von dem Inder Bhâskara (1150 n. Chr.):
„Von einem Schwarm Bienen lässt $\frac{1}{5}$ sich auf einer Kadombablüte, $\frac{1}{3}$ auf einer Silindhablüte nieder. Der dreifache Unterschied der beiden Zahlen flog nach den Blüten einer Kutaja. Eine Biene blieb übrig, welche in der Luft hin- und herschwebte, gleichzeitig angezogen durch den lieblichen Duft einer Jasmine und eines Pandamus. Sage mir die Anzahl der Bienen.“

33. Aus dem Buch „Die Wunder der Rechenkunst“ von Johann Christoph Schäfer (1857):

Jemand hatte in einem Stall,
Ein Heerdchen Schafe, ein eigner Fall
Fand, wie Du sehen wirst, Statt dabei.
Nahm er davon die Hälft' und drei
Und wenn er den Rest sich achtfach dachte
Oder zu ihnen noch sieben brachte,
So bekommt er stets dieselbe Zahl.
Wieviele Schafe hat er wohl im Stall?

1.7 Minuszeichen vor einer Klammer – Subtrahieren einer Klammer

Aufgabe 1

Betrachte den Term. Vor der Klammer steht ein Minuszeichen. Wir sagen kurz: *Minusklammer.* Löse die Klammer auf.

a) $-(-3x + 5y)$ **b)** $a - (2b + 3c)$ **c)** $7z - (5y - 3z)$ **d)** $3x - 4(2x + 5y)$

Lösung

a)
$$\begin{aligned} -(-3x + 5y) &= (-1) \cdot (-3x + 5y) \\ &= (-1) \cdot (-3x) + (-1) \cdot 5y \\ &= +3x + (-5y) \\ &= 3x - 5y \end{aligned}$$

b)
$$\begin{aligned} a - (2b + 3c) &= a + (-1) \cdot (2b + 3c) \\ &= a + (-2b - 3c) \\ &= a - 2b - 3c \end{aligned}$$

c)
$$\begin{aligned} 7z - (5y - 3z) &= 7z + (-1) \cdot (5y - 3z) \\ &= 7z + (-5y + 3z) \\ &= 7z - 5y + 3z \\ &= 10z - 5y \end{aligned}$$

d)
$$\begin{aligned} 3x - 4(2x + 5y) &= 3x - (8x + 20y) \\ &= 3x + (-1) \cdot (8x + 20y) \\ &= 3x + (-8x - 20y) \\ &= 3x - 8x - 20y \\ &= -5x - 20y \end{aligned}$$

Information

$-x = (-1) \cdot x$

Auflösen einer Minusklammer – Subtrahieren einer Klammer

(1) Steht ein Minuszeichen vor einer Klammer, so heißt die Klammer *Minusklammer.* Das Minuszeichen vor der Klammer kann als Multiplikation mit (–1) aufgefasst werden. Das Multiplizieren mit (–1) liefert die Gegenzahl.
Man löst eine Minusklammer auf, indem man jedes Glied der algebraischen Summe in der Klammer mit (–1) multipliziert.

$$\begin{aligned} -(-3x + 2y) &= (-1) \cdot (-3x + 2y) \\ &= (-1) \cdot (-3x) + (-1) \cdot 2y \\ &= +3x + (-2y) \\ &= 3x - 2y \end{aligned}$$

(2) Subtrahieren bedeutet das Addieren der Gegenzahl.

$$\begin{aligned} 7x - 4 \cdot (2x - 5y) &= 7x - (8x - 20y) \\ &= 7x + (-(8x - 20y)) \\ &= 7x + (-8x + 20y) \\ &= 7x - 8x + 20y \\ &= -x + 20y \end{aligned}$$

Minusklamme[r] auflösen bewi[rkt] Umpolen de[r] Zeichen.

Übungsaufgaben

2. **a)** Anna hat 100 € zum Geburtstag bekommen. Sie möchte davon eine Hose und einen Pullover kaufen. Da sie noch nicht genau ausgesucht hat, bezeichnet sie den Hosenpreis mit h € und den Pulloverpreis mit p €. Schreibe den Term für das Restgeld mit Variablen – einmal mit und einmal ohne Klammern.

b) Herr Pingel hat ebenfalls 100 € und möchte eine Lederjacke kaufen. Er entdeckt stets kleine Mängel an den Waren und versucht, einen Preisnachlass herauszuhandeln. Schreibe auch für sein Restgeld verschiedene Terme mit Variablen.

3. Löse die Minusklammer auf.

a) $-(a+b)$; $-(x-y)$; $-(-3+r)$
b) $-(a-b)$; $-(4x+y)$; $-(-u-7v)$
c) $-(3+x)+2$; $-(x+5y)+3y$; $-(a^2-b^2)-b^2$
d) $-(3x-y)+2(x-y)$; $-(-2a+1{,}8b)+a(2+b)$; $-(r+0{,}9x)+r(1-x)$

4. Subtrahiere die Klammer, indem du die Gegenzahl der Klammer addierst.

a) $x-(y+z)$; $x-(y-z)$; $a-(5+b)$
b) $3x-(x-y)$; $8a-(-a+2b)$; $5r-(-r-s)$
c) $6a-(-3b+4a)$; $4x-(-5x-7z)$; $5u-(7u-4v)$
d) $8-(2-a+b)$; $x-(3x+y-2z)$; $7r-(-s+2r+5)$

5. Von einem Stab der Länge x wird ein Stück der Länge y und eines der Länge 2z abgeschnitten. Stelle verschiedene Terme für die Restlänge des Stabes auf.

6. Auf einem Konto befindet sich ein Guthaben von h Euro. Eine Rechnung der Höhe r Euro wird um einen Treuegutschein von t Euro ermäßigt und von dem Konto bezahlt. Erstelle verschiedene Terme für das Restguthaben auf dem Konto.

7. Löse die Klammer auf. Fasse gleichartige Glieder zusammen.

a) $2{,}5a-(8{,}3a+b)$; $x-(1{,}9y+3{,}6x)$; $0{,}3u-(1{,}1u-4{,}5v)$
b) $7x-15(2x+y)$; $6{,}5a-8(5a+0{,}5b)$; $r-2{,}5(0{,}4r-s)$
c) $a-\frac{5}{6}\left(30b-\frac{12}{5}a\right)$; $\frac{2}{3}x-\frac{1}{4}\left(\frac{8}{3}x-\frac{3}{8}y\right)$; $\frac{4}{5}s-\frac{2}{3}\left(-t^2+\frac{6}{5}s\right)$

8. Kontrolliere Noras Hausaufgaben.

1) $(x^2+y)-(x^2-y)$
$= x^2+y-x^2-y$
$= 0$

2) $u^2-2(v+u^2)$
$= u^2-2v-u^2$
$= -2v$

3) $-(r-(s-r))$
$= -r+(s+r)$
$= -r+s+r$
$= s$

9. **a)** $(a-b)-(a+b)$; $(x^2+y^2)-(x^2-y^2)$; $(r^2-s)-(r^2-s)$
b) $m(m-n)-(m^2-1)$; $a(2a-b)-b(a+b^2)$; $2x(3x-y)-x^2(6+y)$
c) $-(3-a)+(a-5)+(1{,}8a-2{,}3b)-(3{,}6a+1{,}5b)$; $-(x+7)-(4-x)+(11x+7y)-(-4x+2y)$; $-(x+y)-(y-x)-(a-10b)-\left(\frac{1}{3}a+8b\right)$
d) $uv(u-v)-v(-uv-u^2)-v^2(u+v)$; $p^2q(p-q)-2p(p^2-pq^2)+pq(p^2-q)$; $rs(2r^2-3s^2)-4r^2s^2(s-r)+2rs(5r^2+2s^3)$

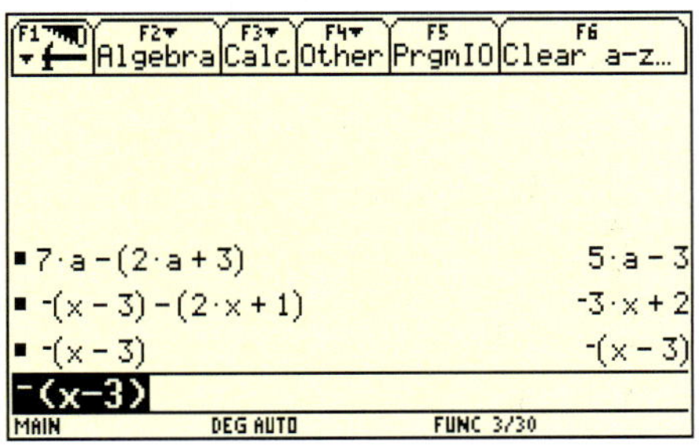

10. Bestimme die Lösungsmenge.

a) $2y-(y+4)=3-(6-3y)$
b) $x-2(x-1)=8-3(2+x)$
c) $(2-3x)\cdot 5-4(8-x)=0$
e) $5(4-3a)-6(2-4a)=1-(8-9a)$
f) $5-\frac{2}{5}(x+24)=-\frac{3}{4}(15+x)$
h) $\frac{1}{5}w=\left(\frac{1}{4}-w\right)-4\left(\frac{1}{2}w-2\right)$

11. CAS In einigen Fällen löst ein CAS Minusklammern sofort nach der Eingabe auf, in anderen jedoch nicht.
Untersuche, wie man mit dem CAS Minusklammern stets auflösen kann.

1.8 Ausklammern

Aufgabe 1

Beim Auflösen einer Klammer entsteht aus einem Produkt eine Summe. Wie kann man umgekehrt aus einer Summe ein Produkt herstellen?

a) Die Summe $3xy + 4xz$ enthält in beiden Summanden den gleichen Faktor x. Verwandle den Term in ein Produkt mit einem Faktor x.

b) Verwandle entsprechend in ein Produkt: (1) $6x + 4y$ (2) $20x + 12xy$

Lösung

a) Wir wenden das Distributivgesetz von rechts nach links an.

$$a \cdot b + a \cdot c = a \cdot (b + c)$$
$$3xy + 4xz = x \cdot 3y + x \cdot 4z = x \cdot (3y + 4z)$$

Distributivgesetz
$a \cdot (b + c) = a \cdot b + a \cdot c$

b) (1) Wir suchen in den Summanden $6x$ und $4y$ einen gemeinsamen Faktor. Das ist die Zahl 2. Dann wenden wir das Distributivgesetz von rechts nach links an.

$$6x + 4y = 2 \cdot 3x + 2 \cdot 2y$$
$$= 2 \cdot (3x + 2y)$$

(2) Wir gehen zunächst schrittweise vor und suchen in $20x$ und $12xy$ einen gleichen Faktor. Wir finden z. B. die Zahl 4, klammern sie aus und wenden das Distributivgesetz von rechts nach links an und erhalten $4 \cdot (5x + 3xy)$.
In der Klammer finden wir dann noch x als gemeinsamen Faktor und klammern auch diesen aus.
Du kannst den Faktor $4x$ auch in einem Schritt ausklammern.

$$20x + 12xy = 4 \cdot 5x + 4 \cdot 3xy$$
$$= 4 \cdot (5x + 3xy)$$
$$= 4 \cdot (x \cdot 5 + x \cdot 3y)$$
$$= 4x(5 + 3y)$$

Mehrere Lösungen sind möglich.

$$20x + 12xy = 4x \cdot 5 + 4x \cdot 3y$$
$$= 4x(5 + 3y)$$

Information

Faktor ⟨lat.⟩
Math. Vervielfältigungszahl

In der Termumformung $4x \cdot 5 + 4x \cdot 3y = 4x \cdot (5 + 3y)$ wurde $4x$ als Faktor vor die Klammer gesetzt. Wir sagen: *4x wurde ausgeklammert.*
Die Summe wurde in ein Produkt umgeformt. Man spricht daher auch vom **Faktorisieren** der Summe.

Weiterführende Aufgabe

2. *Ausklammern einer Summe oder Differenz*

Fasse zusammen.

a) $3(x^2 + y) + 7(x^2 + y)$

b) $9(a + b) - 13(a + b)$

$$7(a + b) + 4(a + b)$$
$$= (7 + 4) \cdot (a + b) = 11(a + b)$$

Übungsaufgaben

3. Susanne hat Klammern aufgelöst. Sie hat die Aufgaben aber nicht notiert.
Wie könnten die Aufgaben geheißen haben?

a) $3x + 3x$
b) $8a + 12b$
c) $4x + ax$
d) $3p^2q + 6pq$
e) $8x^3z - 4x^2z$
f) $7u - 7$

4. Klammere einen gemeinsamen Faktor aus.

a) $5a + 5b$
$13r + 13s$

b) $11x - 11y$
$19u - 19v$

c) $7x + 7yz$
$2rs + 2t^2$

d) $9 - 9x$
$\frac{4}{5}u + \frac{4}{5}$

e) $25a - 15b$
$3r^2 + 18s^2$

5. Klammere eine Variable als Faktor aus.

a) $4b + ab$; $3x - xy$; $rs + rr$
b) $xy - xz$; $uv + vw$; $t + t^2$
c) $a + 5ab$; $x^2 - 2xy$; $r^2 - r$
d) $4ab - 9bc$; $a^2b + zb^2$; $x^2y + x$
e) $4ab + 3a^2$; $5rs - r$; $-8uv^2 - u^2x$

6. Kontrolliere, ob richtig gerechnet wurde. Korrigiere, falls nötig.

Anna: $4xy - 4xz = 4x(y + z)$

Bert: $12ab + 18ab^2 = 3ab(4 + 6b)$

Christian: $-30cd - 24ce = -6c(5d - 4e)$

Dario: $6x^6y + 4x^3z = 2x^3(x^2y + 2z)$

Elke: $15pq + 24pq^2 + 3q = 3q(5p + 8pq)$

Fabian: $-27u^2v + 15uvw = -3v(9u^2 + 5uw)$

7. Suche in den Gliedern der Terme gleiche Faktoren. Klammere dann aus.

a) $3x + 2xy$; $7ab^2 + 2ac$; $5pq - 3nq$
b) $2xy + 2z$; $7rs - 7px$; $-9x + (-9y)$
c) $24x + 12y$; $8ab - 16c^2$; $21ab + 14xy$
d) $2xy + 2xz$; $77ab - 7bc$; $2x + x$
e) $9xy - 3x$; $-9xy - (-9xz)$; $-4ab^2 + (-24ac^2)$
f) $24uv - 36u^2$; $-21rs - (-28st)$; $55h^2 + (-33h)$
g) $100p^2 + 125p^3$; $-39a^2b + 52ab^2$; $75r^2s - (-50r^2s)$
h) $16a^2 - 24a^3b$; $-73x^5 + 146x^4$; $-t^6 - (-293t^3)$

8. Setze für □ eine passende Zahl oder Variable ein, sodass du ausklammern kannst. Sicher findest du mehrere Möglichkeiten.

a) $3x +$ □y **b)** $7ab - 8$□ **c)** $8a + 7$□ **d)** $9x^2y + 2$□y **e)** 4□$z^2 -$ □yz

9. Klammere aus. Du kannst auch schrittweise vorgehen.

a) $8a^2 + 4a$; $27x^4 - 3x$; $2x^5 - 5x^2$; $9u^4 + 10u^3$
b) $9a^2b - 3a^4b$; $10a^5b + 8a^3b^2$; $\frac{3}{4}x + \frac{3}{4}y + \frac{3}{4}z$; $4x^2y + 20x^3y^2$
c) $4ab^2 + 6a^2b + 10ab$; $-12x^2y - 9xy^2 + 5xy$; $10pq + 15p^2q - 20pq^2$; $24x^4y^2 - 30x^2y^2$

$$15x^2y + 20xz^2 = 5(3x^2y + 4xz^2) = 5x(3xy + 4z^2)$$

10. Klammere so aus, dass der Term in der Klammer möglichst einfach wird.

a) $9ab + 9ac$; $5r^2 - 5rs$; $7xy + 7x$
b) $4xy + 4xz$; $17xy^2 - 17y^2z$; $9rq^2 + 7rt^2$
c) $8uv - vw$; $0{,}5ab + abc$; $\frac{1}{12}xy + \frac{1}{12}yz$
d) $a^2b - ac$; $800xy^2 + 24yt^2$; $18u^2v - 999uv$
e) $15uv - 5ut + 20ur - 45uv$; $12rs - 18st - 30s^2 - 42rst$; $\frac{2}{5}ab + \frac{2}{5}a^2c - \frac{4}{5}abc - \frac{1}{5}a$
f) $8ab + 12a^2 + 60ab^2$; $75x^3uv + 125x^2r^2 - 150x^4$; $42rs + 56st - 35s^2 + 91rst$

11.
a) $24x^2z^3 + 18x^4yz^5$
b) $12a^4b^2c + 3a^2bc$
c) $40p^2q^5r^3 - 12pq^6r^4$
d) $-18c^2d^2e^2 - 24cd^4e$
e) $15a^2b^2c^2 - 10a^4b^2c$
f) $\frac{1}{2}u^2vw - \frac{3}{2}uv^2w^3$
g) $-27u^4v^5w - 24u^5v^4w + 3u^4vw$
h) $\frac{3}{8}rst - \frac{5}{8}r^2st + \frac{7}{8}r^3s^3t$
i) $\frac{1}{6}e^4f^5gh - \frac{5}{6}efgh + \frac{1}{2}e^2f^2gh^3$

CAS **12.** a) In der ersten Aufgabe hat das Computer-Algebra-System ohne ausdrücklichen Befehl ausgeklammert. Welches Ziel hat es verfolgt?

b) Ausklammern kann man stets mit dem Befehl **factor** erreichen. Kontrolliere das Ergebnis.

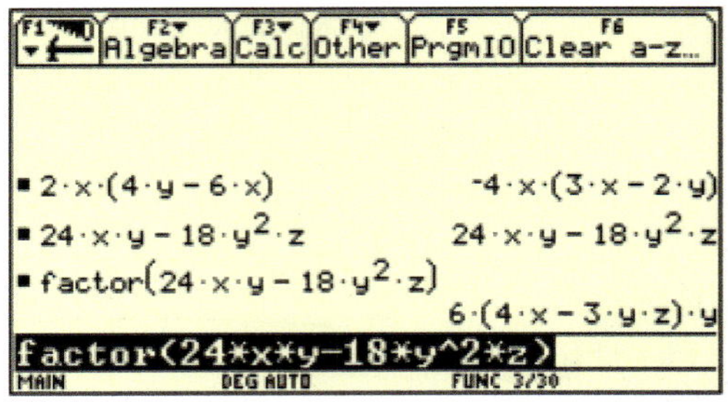

13. Die Formel für den Umfang eines Rechtecks mit der Seitenlänge a und b gibt man häufig so an:

$u = 2a + 2b$.

Klammere aus und verdeutliche dann am Rechteck, dass beide Formeln wertgleiche Terme beinhalten.

14. Fasse zusammen. Klammere dazu eine Klammer, also eine Summe oder eine Differenz, aus.

a) $5(x + y) + 11(x + y)$

b) $17(x - y) + 9(x - y)$

c) $2(5x - 4y) - 8(5x - 4y)$

d) $2{,}5(a + 9b) + 4{,}5(9b + a)$

e) $\frac{2}{3} \cdot (4u - 11v) + 1 \cdot (4u - 11v)$

f) $\frac{5}{8}\left(\frac{r}{11} - \frac{s}{13}\right) - \left(\frac{r}{11} - \frac{s}{13}\right)$

15. Fülle die Lücke aus.

a) $12 - 3x = -3 \cdot (\square + x)$

b) $-x + xy = -x(1 - \square)$

c) $-ab - 8a = -a(\square + 8)$

d) $9x - 12xy = \square \cdot (-3 + 4y)$

e) $a^2 - ab = \square \cdot (-a + b)$

f) $xy - y^2 = \square \cdot (y - x)$

16. Klammere den Faktor (– 1) aus.

a) $-5 - a$; $-x - y$; $-b - 7$

b) $-r^2 - 9$; $-ab + 20$; $-x^2y - 11$

c) $-x + y$; $-4 + q$; $-q + 4$

d) $a - b$; $x^2 - a^3$; $-a - x$

e) $x^2 - y^2 + 1$; $a + b - c$; $r - s^2 + rs$

f) $u - 1{,}7 + v$; $\frac{4}{5} + x + y$; $-a + b - \frac{1}{2}$

17. Setze den Term in eine Minusklammer.

a) $-8x - 3$

b) $3x - 2y$

c) $-8a + 5b$

d) $3x + 4y - 7z$

e) $-2a + 5b - 9c$

f) $-x - 2y - 3z$

$$4x - y = (-1) \cdot (-4x) + (-1) \cdot y$$
$$= (-1) \cdot (-4x + y)$$
$$= -(-4x + y)$$

18. Tobias hat Minusklammern aufgelöst, aber nur die Ergebnisse notiert. Wie könnten die Aufgaben geheißen haben?

1) $5x - y - 7$ 2) $3a - 2b + 4$ 3) $-7x - 14y$ 4) $7a - 2x - 4y + 9$

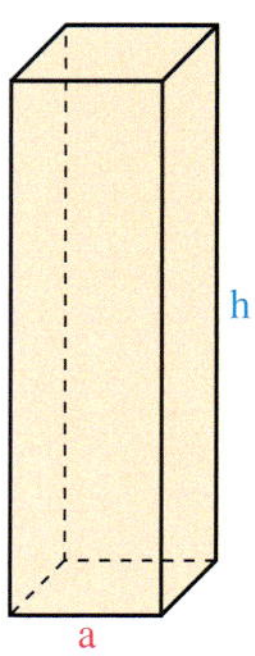

19. a) Skizziere ein Netz eines Quaders mit quadratischer Grundfläche und erstelle einen Term für den Oberflächeninhalt.

b) Klammere in diesem Term so aus, dass der Term in der Klammer möglichst einfach wird. Veranschauliche dann diesen Term durch eine geeignete Fläche.

c) Berechne den Oberflächeninhalt für a = 3,5 und h = 7,5 mit beiden Termen. Wie viele Rechenschritte benötigst du bei dem einen Term, wie viele bei dem anderen?

Im Blickpunkt
Im Blickpunkt

Europäische Artikelnummer EAN

Alle Waren sind mit einem Strichcode versehen. Wenn eine automatische Kasse das auf der Ware aufgedruckte Strichmuster nicht erkennt, kann die darunter aufgedruckte 13-stellige Zahl eingetippt werden, damit die Kasse die Ware erkennt. Diese Nummern gibt es in vielen Ländern Europas auf den Waren. Diese Zahl besteht aus einer Nummer für das Land, in dem die Ware hergestellt wurde, einer Nummer für den Hersteller-Betrieb, einer Nummer für die Ware (den Artikel) und zum Schluss einer Prüfziffer. Deutsche Waren, mit Ausnahme von Büchern, haben die Ländernummern 40 bis 44, Bücher-Artikelnummern beginnen stets mit 97 als Ländernummer.

1. **a)** Wie viele Länder wären höchstens möglich, wenn jedes Land nur eine Ländernummer hätte?
b) Wie viele Betriebe sind in Deutschland vorgesehen?
c) Wie viele verschiedene Waren sind für jeden Betrieb höchstens vorgesehen?

2. Bei so großen Zahlen wie der Europäischen Artikelnummer ist es leicht möglich, dass man sich bei der Eingabe vertippt.
Die Prüfziffer dient dazu, möglichst viele Fehler zu erkennen. Sie wird auf folgende Weise ermittelt: Die ersten 12 Ziffern werden von links nach rechts abwechselnd mit 1 und 3 multipliziert. Die Ergebnisse werden dann addiert. Die Prüfziffer ist dann die Zahl, die die Summe zu einer Zehnerzahl ergänzt.

4 0 3 0 1 1 2 5 1 0 0 1 **8**

·1 ·3 ·1 ·3 ·1 ·3 ·1 ·3 ·1 ·3 ·1 ·3

$4 + 0 + 3 + 0 + 1 + 3 + 2 + 15 + 1 + 0 + 0 + 3 = 32$

$32 + 8 = 40$

Bestimme für folgende Artikelnummern die fehlende Prüfziffer.

a) 4 0 3 4 0 8 7 8 8 9 1 3
b) 4 0 3 8 7 1 0 5 0 4 6 8
c) 4 0 1 5 8 0 0 7 5 1 4 2
d) 4 0 2 9 7 5 8 0 0 1 0 6

3. **a)** Im Alltag kommen oft Zahlendreher vor: Man meint 32 und schreibt 23. Tausche in der Artikelnummer für das Kaugummi oben zwei benachbarte Ziffern. Ist die entstehende Zahl eine korrekte Artikelnummer? Überlege dazu mehrere Beispiele.
b) Warum addiert man nicht einfach alle Ziffern, um eine Prüfziffer zu bestimmen?

4. Marie behauptet: „Man muss nicht so viel multiplizieren, wenn man die EAN so prüft: Addiere die Summe aller Ziffern an geraden Stellen, verdreifache diese Summe und addiere dann alle Ziffern an den ungeraden Stellen sowie die Prüfziffer. Ergibt sich ein Vielfaches von 10, so ist die EAN in Ordnung."
Untersuche, ob dies stimmt. Argumentiere mit einer Termumformung.

1.9 Auflösen von zwei Klammern in einem Produkt

Aufgabe 1

a) Wende zum Auflösen der Klammern zweimal das Distributivgesetz an.
Formuliere dann eine Regel über das Auflösen von zwei Klammern in einem Produkt.
(1) $(a + b) \cdot (p + q)$ (2) $(a - b) \cdot (c + d - e)$

b) Wende diese Regel auf die folgenden Produkte an.
(1) $(3a + 7b) \cdot (4b + 2c)$ (2) $(2a - 4b) \cdot (-7a - 2b + 9)$

Lösung

a) (1) Führe für die Summe p + q eine neue Variable c ein, d. h. setze c = p + q.

$(a + b) \cdot (p + q) = (a + b) \cdot c$

$= a \cdot c + b \cdot c$ *Distributivgesetz einmal angewandt*

$= a \cdot (p + q) + b \cdot (p + q)$

$= a \cdot p + a \cdot q + b \cdot p + b \cdot q$ *Distributivgesetz nochmals angewandt*

(2) $(a - b) \cdot (c + d - e) = a \cdot (c + d - e) - b \cdot (c + d - e)$

$= a \cdot c + a \cdot d - a \cdot e - b \cdot c - b \cdot d + b \cdot e$

Auflösen von zwei Klammern in einem Produkt
Jedes Glied der einen Klammer wird mit jedem Glied der anderen Klammer multipliziert.
Die Zeichen + und – werden nach den Vorzeichenregeln bestimmt.

b)

(1) $(3a + 7b) \cdot (4b + 2c) = 3a \cdot 4b + 3a \cdot 2c + 7b \cdot 4b + 7b \cdot 2c$
$= 12ab + 6ac + 28b^2 + 14bc$

(2) $(2a - 4b) \cdot (-7a - 2b + 9) = -2a \cdot 7a - 2a \cdot 2b + 2a \cdot 9 + 4b \cdot 7a + 4b \cdot 2b - 4b \cdot 9$
$= -14a^2 - 4ab + 18a + 28ab + 8b^2 - 36b$
$= -14a^2 + 24ab + 18a + 8b^2 - 36b$

Übungsaufgaben

2. Der Garten der Familie Meyer hat die Form eines Rechtecks. Rechts ist die Größe der Rasenfläche, der Blumenbeete, der Spielfläche und der anderen Beete mit vier Teilrechtecken veranschaulicht.
Berechne die Größe des Gartens auf zwei Weisen:
(1) Länge mal Breite des ganzen Gartens.
(2) Die Größe jedes der 4 Teile wird bestimmt, die Ergebnisse werden addiert.

a) Gib für jede der Berechnungsweisen einen Term mit den Variablen a, b, c, d an.

b) Berechne die Gesamtfläche durch Einsetzen der Werte für a, b, c, d.

c) Die Gültigkeit von $(a + b) \cdot (c + d) = a \cdot c + a \cdot d + b \cdot c + b \cdot d$ kann so nur für positive Zahlen nachgewiesen werden.
Wie kann man beweisen, dass diese Formel auch für negative Zahlen gilt?

3. **a)** Erkläre am nebenstehenden Bild:
$(a + b) \cdot (c - d) = ac - ad + bc - bd$
Warum ist diese Überlegung nur für positive Zahlen a, b, c, d mit $d < c$ gültig?

b) Entwirf ein ähnliches Bild zu der folgenden Gleichung:
$(a - b)\,(c - d) = ac - ad - bc + bd$

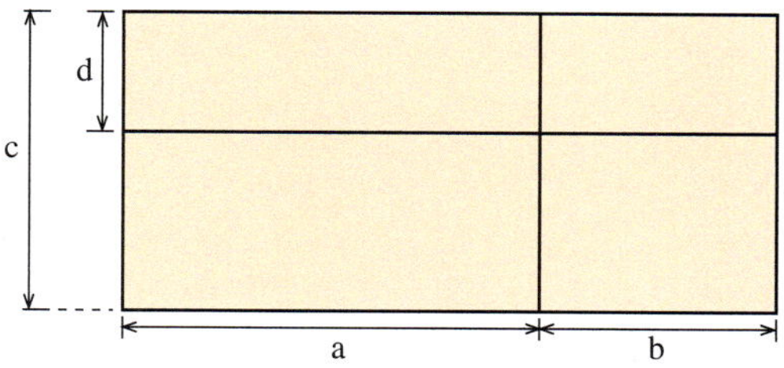

4. Löse die Klammern auf. Wende dabei mehrmals das Distributivgesetz an.

a) $(x + 7)\,(y + 4)$
$(a + 9)\,(b - 3)$
$(a - 1)\,(b - 8)$

b) $(x + y)\,(a + b)$
$(x - y)\,(u + v)$
$(x - y)\,(u - v)$

c) $(-x + y)\,(2 + a)$
$(-a - b)\,(x - y)$
$(-1 - r)\,(u + v)$

d) $(x - 2)\,(y + 1)$
$(x + y)\,(a - b)$
$(-a - b)\,(-c - d)$

$(a + 5) \cdot (b + 2)$
$= (a + 5) \cdot b + (a + 5) \cdot 2$
$= ab + 5b + 2a + 10$

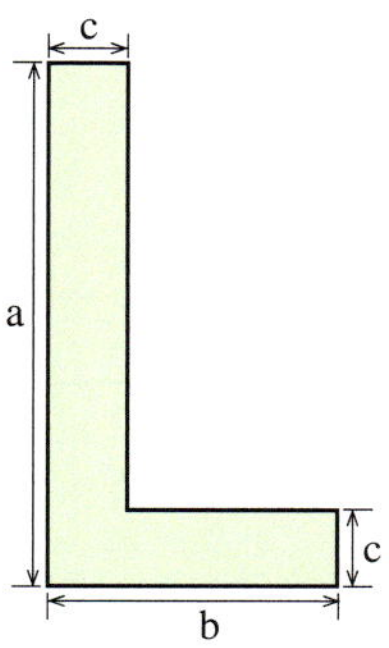

5. Für den Flächeninhalt der abgebildeten Fläche haben Tom und Britta Terme aufgestellt.

a) Erläutere die Überlegungen von Tom und Britta.

b) Zeige auch durch Termumformung, dass beide Terme wertgleich zueinander sind.

6. Löse die Klammern auf und fasse gegebenenfalls zusammen.

a) $(a - b)\,(10 - a)$
$(2a + b)\,(3 - c)$
$(4 - 5x)\,(1 + y)$
$(8r + s)\,(s - 2t)$
$(9x - 4y)\,(6z + 3)$

b) $(8a - 3b)\,(5c - 7d)$
$(8a - 3b)\,(3a - 8b)$
$(3x - y)\,(x - 5y)$
$(-a + 6b)\,(3a - 9)$
$(-a - b^2)\,(a - 3)$

c) $(1 - r)\left(\frac{2}{5} - r\right)$
$\left(\frac{1}{8} - t\right)\left(t + \frac{1}{8}\right)$
$\left(9a - \frac{1}{2}b\right)\left(\frac{1}{3}a + 4b\right)$
$(7x - 3y)\left(\frac{2}{3}x - \frac{3}{7}y\right)$

7. **a)** $(x - 0{,}3)\,(x + 7)$
$(a + 11)\,(a - 8)$
$(9 - x)\,(4 + x)$

b) $(4a - 1{,}5)\,(0{,}3 - 2a)$
$(a - 7x)\,(4x + 1)$
$(a + 2b)\,(a - b)$

c) $(-x - y)\,(x + 2y)$
$(2a + 9b)\,(a + 7b)$
$(-r - 2s)\,(-r + s)$

8. **a)** $(z + 3)\,(7 + z + t)$
$(a^2 - a)\,(c + d - 1)$
$(-r + s^2)\,(r + u - v)$

b) $(-a + b)\,(4 + a - b)$
$(-x - y)\,(r - s - t)$
$(-u + v)\,(-a - b + c)$

c) $(2a + 4b)\,(7a - 2b)$
$(3x - 2y)\,(4x - 7y)$
$(3x^2 - 2x - 1)\,(2x + 5)$

9. **a)** $\left(x - \frac{y}{3}\right)(9x - 15y) + (6x + 3y)\left(\frac{x}{2} - y\right)$ **b)** $(x + y)\,(4y - 4x) + (x - 2y)\,(1{,}5x + y)$

10. Bilde alle Produkte, bei denen ein Faktor aus dem linken Korb und der andere aus dem rechten Korb stammt.

CAS **11.** Computer-Algebra-Systeme multiplizieren mit dem Befehl **expand** auch Summen miteinander.
Kontrolliere das Beispiel rechts. Gib dann eigene Beispiele ein und vergleiche die Form der Ausgabe mit deinen Erwartungen.

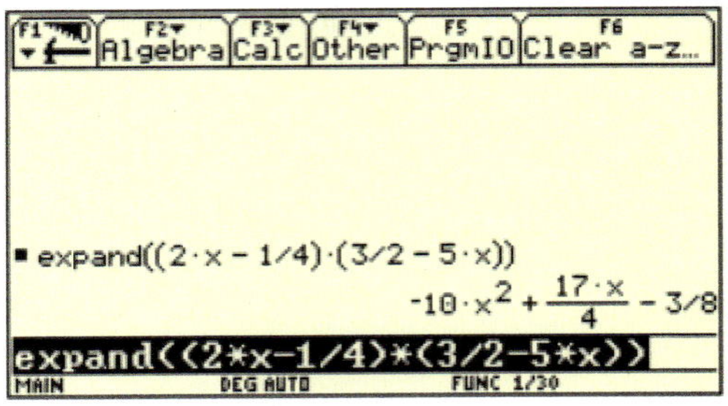

12. Löse die Klammern auf und fasse zusammen.

a) $6y^2 + (2x + 3y)(3x - 2y)$

b) $28a^4 + (5a - 7a^2)(a + 4a^2)$

c) $3xy - (2x - 9y)(x + 6y)$

d) $41 - (11 - 5x)(3 - x^2) + 5x^3 - 15x$

e) $(a - b)(2a + b) - (a + 4b)(3a - 2b)$

f) $\left(\frac{a}{2} + \frac{b}{2}\right)(4a + 6b) - (1{,}2 - 4{,}8b)(5b + 15a)$

g) $8xy - (2x - 5y)(2x - 3y) + 3x^2$

h) $2a^2 - b^2 + (5a - 3b)(9a - 6b)$

i) $4 - (2x^2 - y^2)(x - y) + 3x^3 - 2xy^2$

j) $9pq^2 - (4p - 3q^2)(2p + q) + 8p^2$

$$
\begin{aligned}
&4vw - (2v + w)(v - w)\\
&= 4vw - [2v^2 - 2vw + vw - w^2]\\
&= 4vw - [2v^2 - vw - w^2]\\
&= 4vw - 2v^2 + vw + w^2\\
&= 5vw - 2v^2 + w^2
\end{aligned}
$$

Gleichungen mit zwei Klammern in einem Produkt

13. Bestimme die Lösungsmenge.

a) $(5x - 2)(x + 4) = 5(x^2 + 2)$

b) $(2x - 5)(5x - 2) = 10x^2 - 34x$

c) $(3x - 1)(4x + 2) = (2x + 1)(6x - 2)$

d) $(4x + 3)(6x - 5) = (2x + 3)(12x - 13)$

e) $(x + 7)(x - 4) = x^2 + 2$

f) $(2x + 1)(3x - 1) = 6x^2$

$$
\begin{aligned}
(x - 2)(x - 1) &= x^2 - 7\\
x^2 - x - 2x + 2 &= x^2 - 7\\
x^2 - 3x + 2 &= x^2 - 7 \quad | -x^2\\
-3x + 2 &= -7\\
x &= 3
\end{aligned}
$$

$L = \{3\}$

14. Bestimme die Lösungsmenge.

a) $(x - 2)(x - 5) = x^2 - 3$

b) $(x - 1)(x + 6) > x^2 + 4x + 4$

c) $(2x + 3)(5 - x) = x - 2x^2 + 27$

d) $(3a - 4)(2a + 1) - (6a^2 - 9) = 15$

e) $-10b^2 - (7 - 2b)(5b - 2) \le 287$

f) $(3x - 5)(3x + 2) = (x - 7)(9x + 1) + 50$

g) $(6x + 2)(x - 3) = (3x + 1)(2x - 4) + 4$

h) $(9x + 5)(2x - 8) \ge (6x + 1)(3x - 10)$

i) $(x - 8)(x + 14) - (x + 3)(x + 2) + 1 = 0$

j) $(3x - 4)(4x - 3) - (5 - 2x)(7 - 6x) = 34$

k) $(-c + 6)(4c - 9) < 2 + 61c - 4c^2$

l) $(v - 0{,}2)(v + 0{,}3) = (v - 0{,}3)(v + 0{,}2)$

15. Suche Fehler in Michels Rechnung.
Korrigiere dann.

$$
\begin{aligned}
x^2 - (x + 1)(x - 3) &= 7\\
x^2 - x^2 - 3x + x - 3 &= 7\\
-2x - 3 &= 7\\
-2x &= 4\\
x &= -2
\end{aligned}
$$

Probe:
L.S. $(-2)^2 - (-2 + 1)(-2 + 3) = 2$
R.S. 7

1.10 Binomische Formeln *Zum Selbstlernen*

Ziel

Terme wie $(3x + 5)^2$ oder $(u - 2v)^2$ oder auch $(3a + 3b) \cdot (3a - 3b)$ kannst du inzwischen mit den Regeln zum Auflösen von zwei Klammern in einem Produkt umformen. Die hier genannten Terme stellen insofern Sonderfälle dar, dass eine Summe bzw. eine Differenz mit sich selbst oder eine Summe mit einer entsprechenden Differenz multipliziert wird.
Hier lernst du Formeln kennen, mit deren Anwendung diese besonderen Produkte schneller und damit zeitsparend aufgelöst werden können.

Zum Erarbeiten

Binomische Formeln

A *Verwandle zunächst in ein Produkt. Löse dann die Klammern auf.*
a) $(a + b)^2$ ***b)*** $(a - b)^2$ ***c)*** $(a + b) \cdot (a - b)$

Wir schreiben das Quadrat als Produkt und erhalten durch Ausmultiplizieren:

a) $(a + b)^2 = (a + b) \cdot (a + b) = a^2 + ab + ba + b^2 = a^2 + 2ab + b^2$

b) $(a - b)^2 = (a - b) \cdot (a - b) = a^2 - ab - ba + b^2 = a^2 - 2ab + b^2$

c) $(a + b) \cdot (a - b) = a^2 - ab + ba - b^2 = a^2 - b^2$

binomisch (lat.)
Math. zweigliedrig

Binomische Formeln
Für alle rationalen Zahlen für a und b gilt:
1. Binomische Formel: $\mathbf{(a + b)^2 = a^2 + 2ab + b^2}$
2. Binomische Formel: $\mathbf{(a - b)^2 = a^2 - 2ab + b^2}$
3. Binomische Formel: $\mathbf{(a + b) \cdot (a - b) = a^2 - b^2}$

Man quadriert eine Summe, indem man zum Quadrat des ersten Summanden das doppelte Produkt beider Summanden und das Quadrat des zweiten Summanden addiert.

Anwenden der binomischen Formeln

A *Will man den Term $(3x + 5)^2$ ausrechnen, so könnte man ihn in das Produkt $(3x + 5) \cdot (3x + 5)$ verwandeln und ausmultiplizieren.*

Man spart jedoch Zeit, wenn man die 1. binomische Formel anwendet.

Erkläre zunächst die Rechnung rechts.

Wende eine binomische Formel an:
(1) $(7x + 5)^2$
(2) $(4x - 2)^2$
(3) $(3x + 2)(3x - 2)$

$$(a + b)^2 = a^2 + 2\, a \cdot b + b^2$$
$$(3x + 5)^2 = (3x)^2 + 2 \cdot 3x \cdot 5 + 5^2$$
$$= 3x \cdot 3x + 6x \cdot 5 + 25$$
$$= 9x^2 + 30x + 25$$

Beim Beispiel oben rechts erfolgten folgende Überlegungen: Der erste Summand 3x entspricht der Variablen a in der binomischen Formel, der zweite Summand 5 der Variablen b. Daher wurde an jeder Stelle für a der Term 3x und für b die Zahl 5 eingesetzt. Anschließend werden die Produkte vereinfacht.
Entsprechend kann man bei den folgenden Beispielen binomische Formeln anwenden:

(1) Wir wenden die 1. binomische Formel an:
$(7x + 5)^2$
$= (7x)^2 + 2 \cdot 7x \cdot 5 + 5^2$
$= 49x^2 + 70x + 25$

(2) Wir wenden die 2. binomische Formel an:
$(4x - 2)^2$
$= (4x)^2 - 2 \cdot 4x \cdot 2 + 2^2$
$= 16x^2 - 16x + 4$

(3) Wir wenden die 3. binomische Formel an:
$(3x + 2) \cdot (3x - 2)$
$= (3x)^2 - 2^2$
$= 9x^2 - 4$

Zum Üben

1. **a)** Der Garten der Familie Hansel hat die Form eines Quadrates.
(1) Berechne die Größe des Gartens auf zwei Weisen.
(2) Wieso folgt daraus
$(a + b)^2 = a^2 + 2ab + b^2$
für positive Zahlen a und b?
(3) Beweise, dass für alle rationalen Zahlen, also auch für negative, die Termumformung aus (2) gilt.

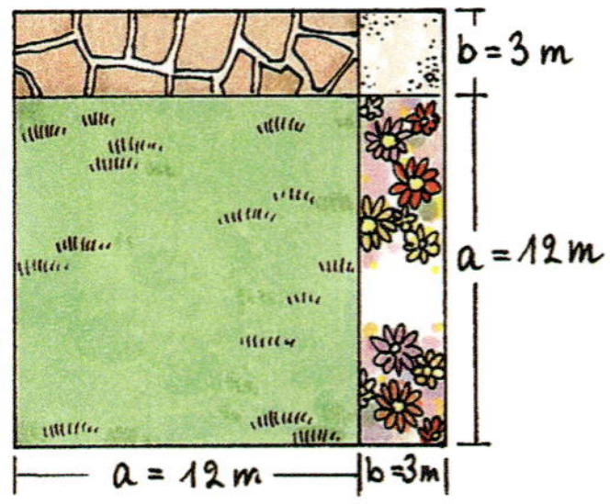

b) Löse die Klammer auf:
$(a - b)^2$
Veranschauliche die Teilterme des Ergebnisses dann an dem nebenstehenden Bild.
Welche einschränkende Bedingung muss bei der Veranschaulichung für die Variablen gelten?

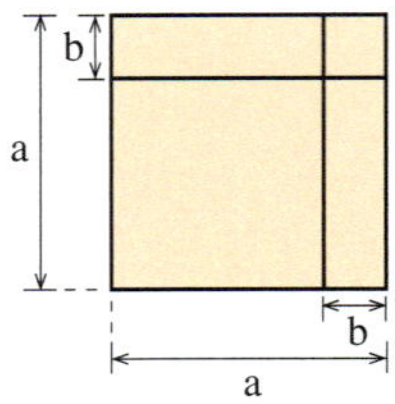

2. Sage die binomischen Formeln auch mit anderen Variablen als a und b auf.

a) $(x + y)^2 = \ldots$
$(x - y)^2 = \ldots$
$(x + y)(x - y) = \ldots$

b) $(p + q)^2 = \ldots$
$(p - q)^2 = \ldots$
$(p + q)(p - q) = \ldots$

c) $(\text{klim} + \text{bim})^2 = \ldots$
⋮

3. Wende die binomischen Formeln an.

a) $(x + 5)^2$
$(7 + x)^2$
$(u + v)^2$
$(p + q)^2$

b) $(x - 6)^2$
$(9 - x)^2$
$(v - w)^2$
$(r - s)^2$

c) $(x + 8)(x - 8)$
$(u + 5)(u - 5)$
$(3 - r)(3 + r)$
$(x - y)(x + y)$

d) $(x - 0{,}8)^2$
$(-3x + 2y)^2$
$(0{,}2x - y)^2$
$(\frac{1}{2}x + \frac{2}{3}y)^2$

4. Die Umformung rechts wurde von einem Mitschüler durchgestrichen. Sie ist falsch. Warum?

~~$(a + b)^2 = a^2 + b^2$~~

5. Sind die linke und die rechte Seite wertgleich? Überprüfe und korrigiere, falls nötig.

a) $(a - b)^2 = a^2 - b^2$
b) $(a - b)^2 = a^2 - ab + b^2$
c) $(a + b)(a - b) = a^2 - b^2$
d) $(q - p)^2 = p^2 - 2pq + q^2$
e) $(q + p)^2 = q^2 + p^2 + 2pq$
f) $(p + q)(p - q) = q^2 - p^2$
g) $(r + s)^2 = r + 2rs + s$
h) $(r - s)^2 = r^2 - s^2 + 2rs$
i) $(r + s)(r - s) = -s^2 + r^2$
j) $(u + v)(v - u) = u^2 - v^2$

6. **a)** $(2x + 3)^2$
$(3x + 2y)^2$
$(0{,}5x - 3)^2$

b) $(1{,}5 + x)^2$
$(x - 0{,}8)^2$
$(a + 3{,}2)(a - 3{,}2)$

c) $(0{,}2x - y)^2$
$(x + 2{,}5y)^2$
$(x - 0{,}1y)(x + 0{,}1y)$

d) $(\frac{4}{5} - y)^2$
$(\frac{1}{2}x + \frac{2}{3}y)^2$
$(\frac{1}{3}x + y)(\frac{1}{3}x - y)$

7. **a)** $(-4 + x)^2$
$(x + (-3))^2$
$(-2 - x)^2$
$(1 - (-x))^2$

b) $(-r + s)^2$
$(-r - s)^2$
$(r + (-s))^2$
$(-r + (-s))^2$

c) $(-6x + y)^2$
$(+4x + (-3y))^2$
$(-5x - 7y)^2$
$(-3x - (-4y))^2$

d) $(-3a + 2b)^2$
$(-a + 4b)(-a - 4b)$
$(8u - 7v)(8u + 7v)$
$(6u + 5v)(-6u + 5v)$

Zum Selbstlernen

8. **a)** $(3x^2 + 4y)^2$ **b)** $(2x - 3xy)^2$ **c)** $\left(\frac{1}{3}a^2b - \frac{1}{4}ab^2\right)^2$

$(4a^3 - 3b)^2$ $(4c^2 + 2cd)^2$ $\left(\frac{u^2}{4} + 3uv\right)^2$

$(p^2 - q^2)(p^2 + q^2)$ $(2rs - 3s^2)(2rs + 3s^2)$ $\left(\frac{c^2d}{3} + \frac{1}{2}cd\right)\left(\frac{c^2d}{3} - \frac{1}{2}cd\right)$

9. Löse die Klammern auf und fasse dann zusammen. Wende dazu eine binomische Formel an, wenn es möglich ist.

a) $(4a - 9)(4a + 9)$ **c)** $(4a - 9)(9a - 4)$ **e)** $(4a + 9)(9 + 4a)$

b) $(4a - 9)(-4a - 9)$ **d)** $(-4a + 9)(4a - 9)$ **f)** $(4a - 9)(-9 + 4a)$

10. Die linke Fläche wird zerschnitten und neu zusammengelegt. Damit lässt sich eine binomische Formel veranschaulichen. Begründe, welche.

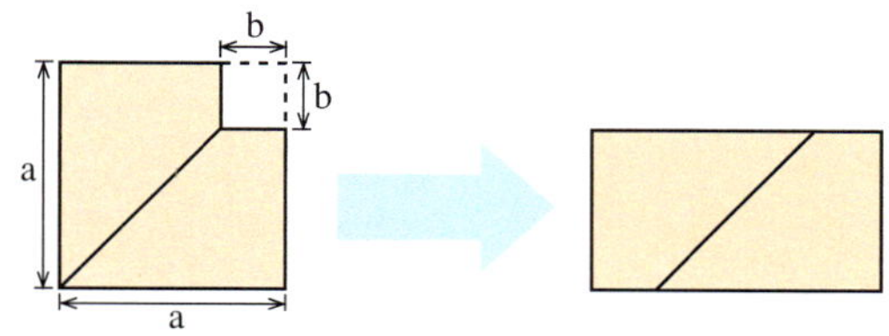

11. Berechne mithilfe der binomischen Formeln.

a) 81^2; 79^2; $81 \cdot 79$

b) 102^2; 98^2; $102 \cdot 98$

c) $1{,}01^2$; $0{,}99^2$; $1{,}01 \cdot 0{,}99$

$71^2 = (70 + 1)^2 = 70^2 + 2 \cdot 70 \cdot 1 + 1^2$
$= 4\,900 + 140 + 1$
$= 5\,041$

CAS **12.** Verwende ein Computer-Algebra-System, um binomische Formeln aufzulösen. Kontrolliere, inwieweit die Ergebnisse deinen Erwartungen entsprechen.

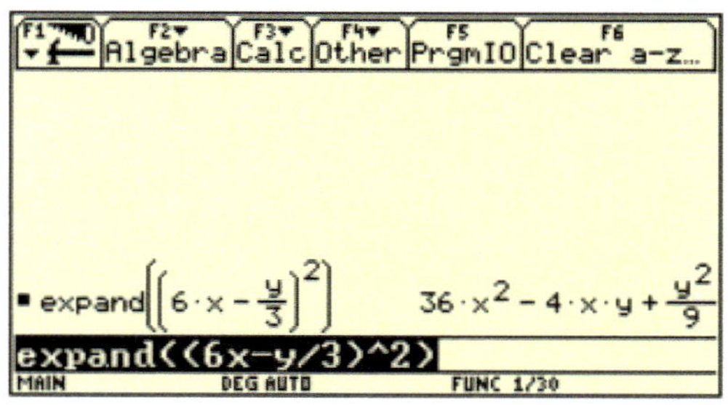

13. Vereinfache.

a) $(a + 3b)^2 + (a + b)(4a + b)$

b) $(a + 4b)^2 + (7a + b)(7a - b)$

c) $(3{,}5a + b)^2 + (a + 1{,}5b)^2$

d) $(4x + y)^2 - (x + y)(3x + y)$

e) $(0{,}5x + 0{,}3y)^2 - (0{,}2x - 0{,}4y)^2$

f) $\left(\frac{a}{2} - 2b\right)^2 + \left(6a - \frac{b}{3}\right)^2$

14. Bestimme die Lösungsmenge.

a) $(x + 5)^2 = (x - 4)^2$ **g)** $(1{,}5x + 2{,}4)^2 = (1{,}5x - 3{,}2)^2 - 38{,}08$

b) $(x - 7)(x + 7) = (x + 8)^2 - 1$ **h)** $\left(\frac{x}{4} + 1\right)\left(\frac{x}{4} - 1\right) - \left(\frac{x}{2} - 2\right)\left(\frac{x}{8} + 5\right) + 9 = 0$

c) $(x - 11)^2 - (x + 9)^2 = 0$ **i)** $(2x - 15)^2 = (1 + 2x)^2 - 30x - 14$

d) $\left(x + \frac{1}{3}\right)^2 - \left(x - \frac{1}{2}\right)\left(x + \frac{1}{2}\right) + \frac{5}{36} = 0$ **j)** $(2 + 3z)^2 = (1 + 3z)^2 + 8z + 1$

e) $(4x - 1)^2 = (2x + 5)(8x - 3) - 5$ **k)** $(x + 2)(3 + x) > (3 - x)^2 + 5x$

f) $(-3x + 8)(3x - 8) - (9x - 5)(-x + 2) = 77$ **l)** $(1 - 4t)(1 + 4t) \geq (3 + 2t)(1 - 8t) + 20$

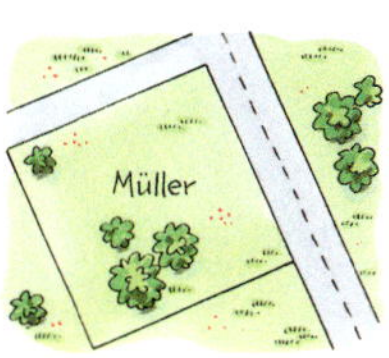

15. Müllers Baugrundstück hat die Form eines Quadrates. Durch eine Änderung des Bebauungsplanes muss an den beiden an die Straße grenzenden Seiten ein 2 m breiter Streifen abgegeben werden. Dadurch wird das Grundstück um 120 m² kleiner.
Stelle eine Frage und beantworte diese.

Zum Selbstlernen

1.11 Faktorisieren einer Summe

Aufgabe 1

Beim Ausklammern entsteht aus einer Summe ein Produkt. Das Umformen einer Summe in ein Produkt nennt man auch *Faktorisieren*. Nicht nur durch einfaches Ausklammern kann man eine Summe in ein Produkt umwandeln. Ausklammern ist nur ein Spezialfall von Faktorisieren.

Faktorisiere: **a)** $4x^2 - 9y^2$ **b)** $49r^2 - 126rs + 81s^2$

Lösung

a) Wende die 3. binomische Formel von rechts nach links an.

$$a^2 - b^2 = (a + b) \cdot (a - b)$$
$$4x^2 - 9y^2 = (2x)^2 - (3y)^2 = (2x + 3y) \cdot (2x - 3y)$$

b) Wende die 2. binomische Formel von rechts nach links an.

$$a^2 - 2 \cdot a \cdot b + b^2 = (a - b)^2$$
$$49r^2 - 126rs + 81s^2 = (7r)^2 - 2 \cdot 7r \cdot 9s + (9s)^2 = (7r - 9s)^2$$

Weiterführende Aufgaben

2. *Quadratisches Ergänzen*

a) Ersetze □ durch einen Term, so dass sich der entstehende Term als Ergebnis einer binomischen Formel schreiben lässt.

(1) $x^2 + 2xy + \square$
(2) $u^2 + 10u + \square$
(3) $4a^2 - 12ab + \square$
(4) $m^2 - 2mn + \square$
(5) $p^2 + 4p + \square$
(6) $9u^2 - 24uv + \square$

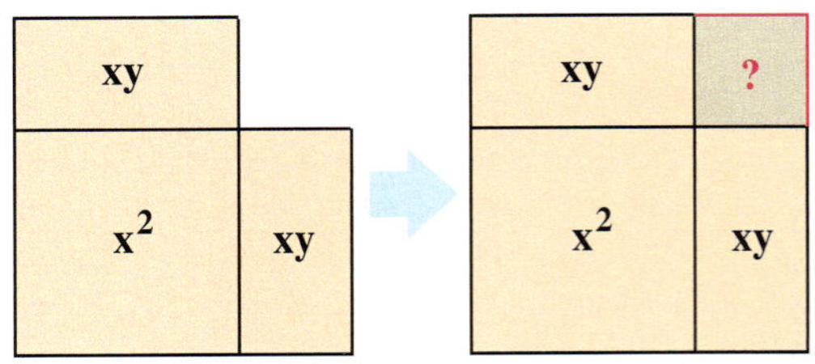

b) Erläutere das Bild rechts.

3. *Umkehrung des Auflösens zweier Klammern in einem Produkt*

Du weißt, wie man Klammern beim Multiplizieren von Summen auflöst. Dieses Verfahren kann man in umgekehrter Richtung durchführen.
Faktorisiere. Gehe dabei schrittweise vor.

a) $3x + ax + 3y + ay$
b) $28xy - 4x + 21y - 3$
c) $4ac + 4ad - 3bc - 3bd$

Aus jeweils zwei Summanden einen gemeinsamen Faktor ausklammern.

$$2a^2b + 2a^3 + 3ab^2 + 3a^2b$$
$$= 2a^2 \cdot (b + a) + 3ab \cdot (b + a)$$
$$= (2a^2 + 3ab) \cdot (b + a)$$

Schrittweises Faktorisieren.

Übungsaufgaben

4. Robert hat seine Hausaufgaben zu den binomischen Formeln erledigt. Er hat aber nur die Ergebnisse notiert. Wie könnten die Aufgaben geheißen haben?

a) $c^2 + 2cd + d^2$ c) $g^2 - h^2$ e) $9z^2 - 24z + 16$
b) $e^2 - 4ef + 4f^2$ d) $4u^2 - 12uv + 9v^2$ f) $\frac{1}{4}x^2 - \frac{1}{9}y^2$

5. Faktorisiere mithilfe der binomischen Formeln.

a) $u^2 - v^2$
$r^2 - 121s^2$
$1 - 16a^2$
$k^2 - 625$

b) $x^2 + 2xy + y^2$
$r^2 - 2rs + s^2$
$x^2 + 2x \cdot 7 + 49$
$u^2 - 2uv + v^2$

c) $a^2 + 20a + 100$
$x^2 - 20x + 100$
$a^2 - 2a + 1$
$x^2 + 14x + 49$

d) $25 - 10x + x^2$
$36 + 12b + b^2$
$100 - 20x + x^2$
$k^2 + k - 625 - k$

6. Kontrolliere Rebeccas Hausaufgaben.

a) $x^2 - a^2 = (x - a)^2$
b) $4a^2 - 12ab + 9b^2 = (2a - 3b)^2$
c) $4u^2 + 16uv + 16v^2 = (2u + 8v)^2$
d) $\left(\frac{1}{4}p^2 - 2pq + 4q^2\right)^2 = \left(\frac{1}{2}p + q\right)^2$

7. Fülle die Lücken aus.

a) $x^2 + \square + y^2 = (x + y)^2$
$a^2 + 12a + \square = (a + 6)^2$
$\square - 2r + r^2 = (1 - r)^2$

b) $a^2 + \square + b^2 = (a + \square)^2$
$x^2 - 8x + \square = (x + \square)^2$
$\square + 36b + b^2 = (\square + b)^2$

c) $a^2 + 6ab + \square = (a + \square)^2$
$x^2 + 5xy + \square = (x + \square)^2$
$r^2 - 2{,}4rs + \square = (r - \square)^2$

d) $4x^2 + \square + 9y^2 = (2x + 3y)^2$
$25a^2 - \square + 49b^2 = (5a - 7b)^2$
$100r^2 + \square + 81s^2 = (\square + 9s)^2$

CAS **8.** Bei einem Computer-Algebra-System dient der Befehl **factor** zum Faktorisieren. Kontrolliere das Beispiel rechts.
Wähle dann eigene Beispiele.

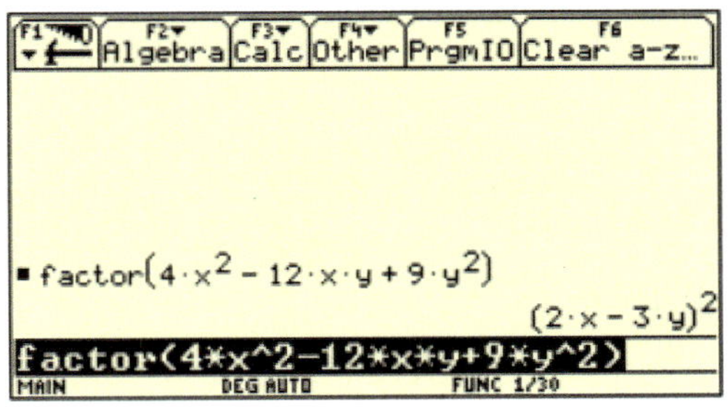

9. Klammere zunächst aus und wende dann eine binomische Formel an.

a) $7a^2 + 14ab + 7b^2$
$8a^2 - 98b^2$
$45x^2 - 30xy + 5y^2$

b) $24a^2 - 120ab + 150b^2$
$108x^2 + 252xy + 147y^2$
$980u^2 - 320v^2$

c) $11a^2 + 44ab + 44b^2$
$1\,600x^2 - 2\,400xy + 900y^2$
$500r^2 - 12\,500s^2$

10. Führe das quadratische Ergänzen durch.

a) $z^2 - 2zw + \square$
$x^2 - 8x + \square$
$16p^2 + 8pq + \square$

b) $4c^2 + 12cd + \square$
$25a^2 + 80ab + \square$
$9w^2 - 20vw + \square$

c) $z^2 + z + \square$
$x^4 + 2x^2 + \square$
$9u^2v^4 - u^2v^2 + \square$

d) $\frac{4}{9}p^2 + \frac{2}{3}p + \square$
$\frac{9}{16}a^2 + b + \square$
$c^4d^2 - \frac{2}{3}c^2d + \square$

11. Nina hat ihre Hausaufgaben zum Auflösen von zwei Klammern in einem Produkt erledigt und nur die Ergebnisse notiert. Kannst du herausfinden, wie die Aufgaben gelautet haben könnten?

a) $pr + ps + qr + qs$ b) $ab + ac - 2b - 2c$ c) $de + 3d + 2e + 6$ d) $2uv - u + 4v - 2$

Im Blickpunkt

Im Blickpunkt

Pascal'sches Dreieck – Potenzieren von Summen

Mithilfe der 1. binomischen Formel kannst du Summen mit dem Exponenten 2 potenzieren (quadrieren). Auch für größere Exponenten als 2 gibt es entsprechende Formeln.

Subtrahieren durch Addieren der Gegenzahl:
$a - b = a + (-b)$

1. a) Zeige, dass gilt: $(a + b)^3 = a^3 + 3a^2b + 3ab^2 + b^3$
Erläutere die Formel auch an der Zeichnung.

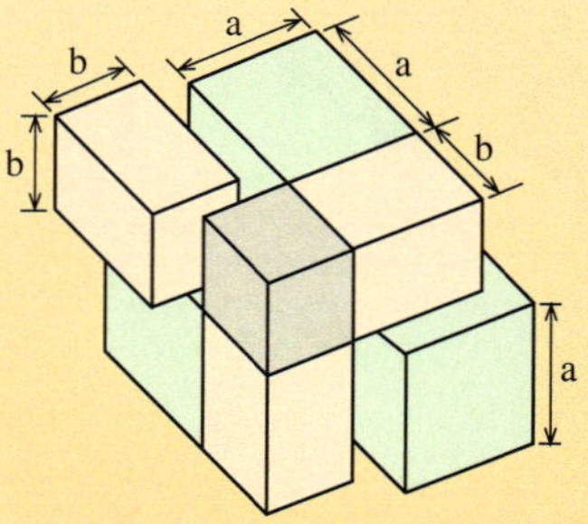

b) Berechne mithilfe der Formel von Teilaufgabe a).

(1) $(p + q)^3$ (4) $(2m + 3n)^3$ (7) $(u - 3)^3$
(2) $(a + 2)^3$ (5) $(3x^2 + 5z)^3$ (8) $(2a - 4)^3$
(3) $(u + 2v)^3$ (6) $(a - b)^3$ (9) $(4p - 3q)^3$

2. Das Zahlendreieck rechts heißt Pascal'sches Dreieck. Obwohl dieses Dreieck schon vor mehr als 1000 Jahren indischen Mathematikern bekannt war, wird es besonders in Europa nach dem französischen Mathematiker und Philosophen Blaise PASCAL (1623–1662) benannt. Pascal hat dieses Zahlendreieck eingehend untersucht.

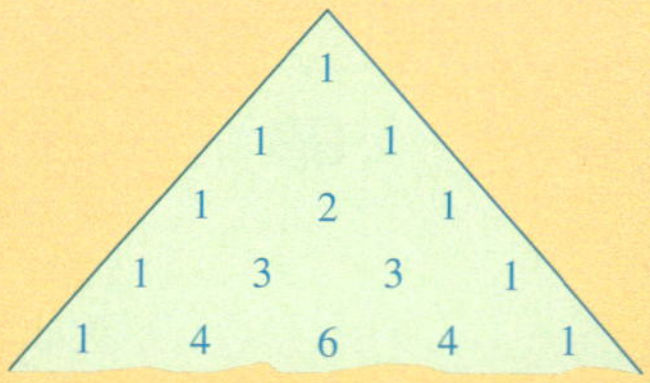

Blaise Pascal war ein mathematisches Wunderkind. Er entdeckte in jungen Jahren, völlig auf sich gestellt, große Teile der Geometrie neu und fand mit 16 Jahren einen Satz, der nach ihm benannt wurde. Auch grundlegende Arbeiten zu Problemen der Wahrscheinlichkeitsrechnung stammen von ihm. Später widmete er sich religiösen und philosophischen Studien und Meditationen.

a) Im Pascal'schen Dreieck findest du die Vorfaktoren der Summanden in den Formeln für $(a + b)^3$, $(a + b)^2$ und auch $(a + b)^1$.
(1) Gib an, wo.
(2) Welchen Wert müsste nach dem Pascal'schen Dreieck $(a + b)^0$ haben?
(3) Welche Vorfaktoren vermutest du aus dem Pascal'schen Dreieck für die Summanden in der Formel für $(a + b)^4$?
Kontrolliere durch Rechnung.

b) Welche Gesetzmäßigkeiten erkennst du an dem Pascal'schen Dreieck? Formuliere sie. Setze dann damit das Zahlendreieck um 6 Zeilen fort.

c) Das Pascal'sche Dreieck liefert die Zahlfaktoren der einzelnen Summanden, wenn man $(a + b)^n$ ausmultipliziert.
Das muss natürlich begründet werden. Betrachte dazu die Rechnung rechts. Erläutere den Zusammenhang mit der Entstehung des Pascal'schen Dreiecks.

$$\begin{aligned}(a + b)^3 &= (a + b)^2 \cdot (a + b)\\ &= (a^2 + 2ab + b^2) \cdot (a + b)\\ &= a^3 + a^2b + 2a^2b + 2ab^2 + ab^2 + b^3\\ &= a^3 + 3a^2b + 3ab^2 + b^3\end{aligned}$$

d) Rechne entsprechend wie in Teilaufgabe c) und erläutere den Zusammenhang mit der Entstehung des Pascal'schen Dreiecks:

(1) $(a + b)^4$ (2) $(a + b)^5$ (3) $(a + b)^6$

3. Berechne mithilfe des Pascal'schen Dreiecks.

a) $(a+b)^6$	**b)** $(a-b)^5$	**c)** $(3a+1)^3$	**d)** $(x-3y)^4$	**e)** $(a+b^2)^3$
$(x+y)^7$	$(x-y)^6$	$(4x+2)^3$	$(4z-w)^5$	$(a^2-b^2)^4$
$(p+q)^9$	$(p-q)^9$	$(2c+3d)^5$	$(2x-3y)^6$	$(2p-3q^2)^5$

Besonderheiten des Pascal'schen Dreiecks

4. In der dritten Zeile des Pascal'schen Dreiecks stehen die Zahlen 1, 2, 1; ihre Summe ist 4. In der vierten Zeile stehen die Zahlen 1, 3, 3, 1 mit der Summe 8. Begründe, dass die Summe aller Zahlen sich von Zeile zu Zeile verdoppelt. Wie groß ist die Summe der Zahlen in der elften Zeile? Kann man ein allgemeines Bildungsgesetz angeben?

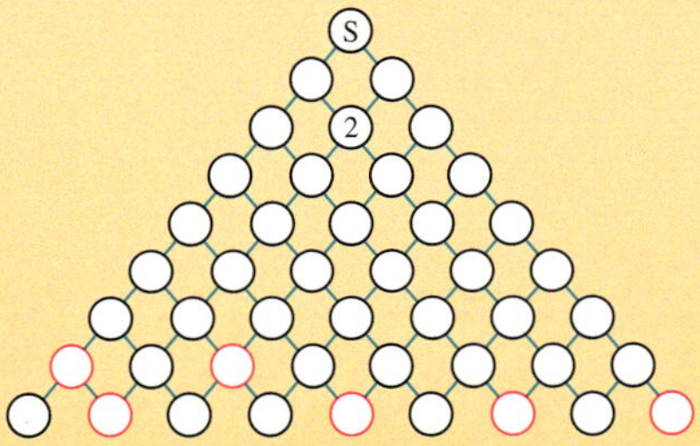

5. Man kann die Struktur des Pascal'schen Dreiecks auch als ein Netz von Wegen auffassen, die von dem Startpunkt S von „oben nach unten" zu den einzelnen Plätzen führen. Zu der Stelle 2 kann man von S aus auf zwei „kürzesten" Wegen kommen. Solche Probleme untersuchte Pascal bei Betrachtungen zu Wahrscheinlichkeiten. Bestimme jeweils die Anzahl der „kürzesten" Wege, die zu den einzelnen Plätzen führen.

6. Wenn man die Kreise als Eckpunkte auffasst, so bilden vier Nachbarpunkte eine Raute. Bis zur dritten Zeile entsteht so eine Raute, bis zur fünften Zeile sind es 6 Rauten. Erstaunlicherweise findet man diese Anzahlen als angeordnete Zahlen im Pascal'schen Dreieck.
Wie kann man das zugehörige Bildungsgesetz ausdrücken? Wie viele solcher Rauten würden in den ersten 102 Zeilen des Pascal'schen Dreiecks erkennbar sein?

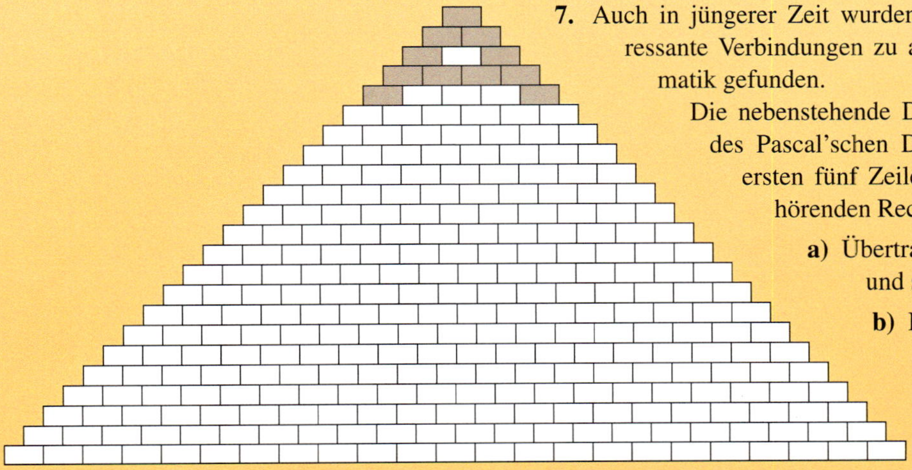

7. Auch in jüngerer Zeit wurden am Pascal'schen Dreieck interessante Verbindungen zu anderen Teilgebieten der Mathematik gefunden.
Die nebenstehende Dreiecksmauer stellt den Aufbau des Pascal'schen Dreiecks dar. Dabei sind in den ersten fünf Zeilen die zu ungeraden Zahlen gehörenden Rechtecke gefärbt.

a) Übertrage das Muster auf Karopapier und setze es bis zur 23. Zeile fort.

b) Dabei kann man gewisse „Färberegeln" erkennen. Formuliere einige dieser Regeln. Versuche auch, sie zu begründen.

c) Gibt es Zeilen, bei denen alle Steine gefärbt bzw. nicht gefärbt sind?

d) Was entsteht aus fünf nebeneinander liegenden Steinen, bei denen die inneren drei ungefärbt und die anderen beiden gefärbt sind?

1.12 Mischungsaufgaben

Einführung

Aus 500 g Haselnüssen zu 6 € pro kg und 700 g Erdnüssen zu 4 € pro kg soll eine Nussmischung hergestellt werden.
Wie viel kostet 1 kg der Nussmischung?

(1) Modellannahme

Wir berücksichtigen den Arbeitsaufwand für das Mischen nicht. Dann ergibt sich der Preis der Mischung als Summe der Preise der Bestandteile.

(2) Aufstellen und Lösen einer Gleichung

Die gegebenen Größen werden in die nebenstehende Tabelle eingetragen.
x soll der Preis (in €) pro kg der Nussmischung sein.
Dann kann man die Tabelle im Feld rechts unten ergänzen und erhält die Gleichung:
$1{,}2 \cdot x = 0{,}5 \cdot 6 + 0{,}7 \cdot 4$

	Gewicht (in kg)	*Preis pro kg (in €)*	*Preis absolut (in €)*
Haselnüsse	0,5	6	$0{,}5 \cdot 6$ } +
Erdnüsse	0,7	4	$0{,}7 \cdot 4$
zusammen	1,2	x	$1{,}2 \cdot x = 0{,}5 \cdot 6 + 0{,}7 \cdot 4$

$$1{,}2x = 0{,}5 \cdot 6 + 0{,}7 \cdot 4$$
$$1{,}2x = 5{,}8$$
$$x = \tfrac{29}{6} \approx 4{,}83$$

Die Rechnung rechts liefert die Lösungsmenge $L = \left\{\frac{29}{6}\right\}$.

(3) Kontrolle der Lösung an der Realität

Der Preis 4,83 € liegt zwischen den Einzelpreisen 4 € und 6 €, und zwar näher an 4 €, da von der preiswerteren Nusssorte mehr genommen wird.

(4) Ergebnis

1 kg der Nussmischung kostet 4,83 €. Diesen Preis müsste man noch aufrunden, um den Arbeitsaufwand für das Mischen zu berücksichtigen, z. B. auf 4,90 €.

Weiterführende Aufgabe

1. *Ein weiterer Typ von Mischungsaufgaben – umgekehrte Fragestellung*

Eine Getränkefirma erhält 50 %igen und 90 %igen Fruchtnektar. Von dem 90 %igen Fruchtnektar erhält sie 5000 *l*. Es soll 75 %iger Fruchtnektar hergestellt werden.
Wie viel muss von dem 50 %igen hinzugegossen werden? Schätze zunächst.

Anleitung: Die Anzahl der Liter des *reinen* Fruchtsafts vor und nach der Mischung ist gleich.

	Volumen (in l)	*Anteil des reinen Saftes als Bruch*	*Volumen des reinen Saftes (in l)*
90 %iger Nektar	5 000	$\frac{90}{100}$	
50 %iger Nektar		$\frac{50}{100}$	
zusammen		$\frac{75}{100}$	

Information

(1) Aufstellen der Gleichung bei Mischungsaufgaben

Die Gleichung zur Lösung der Mischungsaufgaben ergibt sich stets daraus, dass vor und nach der Mischung etwas gleich geblieben ist:
Bei den Nüssen in der Einführung ist das der Preis der Nusssorten zusammen bzw. der Nussmischung, bei den Fruchtsaftgetränken in Aufgabe 1 die Anzahl der Liter (das Volumen) des reinen Fruchtsaftes.

(2) Die Grundgleichung der Mischungsrechnung

Aus beiden aufgestellten Gleichungen erkennt man die Grundgleichung:
$m_1 \cdot p_1 + m_2 \cdot p_2 = (m_1 + m_2) \cdot p$
Hierbei können m_1, m_2, p_1, p_2, p unterschiedliche Bedeutung haben. Als Hilfe für das Aufstellen der Gleichung bietet sich die folgende Tabelle an.

A	m_1	p_1	$m_1 \cdot p_1$ } +
B	m_2	p_2	$m_2 \cdot p_2$
zusammen	$m_1 + m_2$	p	$(m_1 + m_2) \cdot p = m_1 \cdot p_1 + m_2 \cdot p_2$

Was bedeuten jeweils m_1, m_2, p_1, p_2 und p aus der Grundgleichung der Mischungsrechnung in den einführenden Beispielen?

Übungsaufgaben

2. 40 *l* von 30 %igem Alkohol werden mit 60 *l* von 20 %igem Alkohol gemischt.
Wie viel Prozent Alkohol hat die Mischung? Schätze zunächst.

3. 500 *l* eines Getränks besteht zu 70 % aus Fruchtsaft und wird mit 800 *l* einer anderen Getränkesorte gemischt. Die Mischung hat einen Fruchtsaftgehalt von 60 %.
Wie viel Prozent Fruchtsaft enthält die zweite Sorte?

4. Ein Tankwart stellt ein Zweitaktgemisch aus 3 *l* Motoröl und 75 *l* Benzin her. Das Benzin kostet 1,20 € pro *l*. Das Gemisch kostet 1,55 € pro *l*.
Wie viel kostet 1 *l* des Motoröls?

5. Eine Bonbonmischung soll 12 € je kg kosten. 20 kg zu 10,50 € je kg wurden mit 6 kg einer anderen Bonbonsorte gemischt.
Wie teuer darf 1 kg dieser Sorte sein?

6. Aus 400 Gramm 60 %iger Essigsäure soll 50 %ige hergestellt werden.

a) Wie viel g von 15 %iger Essigsäure muss man zugießen?

b) Es werden 600 g von der 50 %igen Essigsäure benötigt. Wievielprozentig muss die Essigsäure sein, die man zugießen muss?

Feingehalt x bedeutet, dass die Legierung zu x ‰ aus Gold besteht.

7. Früher gab es ein Zwanzigmarkstück aus Gold. Dieses wog 0,007964 kg und hatte den Feingehalt 900.
Wie viele solcher Geldstücke müssen mit 500 g Kupfer zusammengeschmolzen werden, damit die Legierung den Feingehalt 700 hat?

1.13 Umformen von Formeln

Aufgabe 1

Für den Flächeninhalt eines Dreiecks gilt die Formel: $A = \frac{g \cdot h}{2}$

Gegeben sind von einem Dreieck der Flächeninhalt A und die Höhe h. Berechne die Seitenlänge g.

Beispiel: $A = 9{,}165\ \text{cm}^2$; $h = 3{,}9\ \text{cm}$

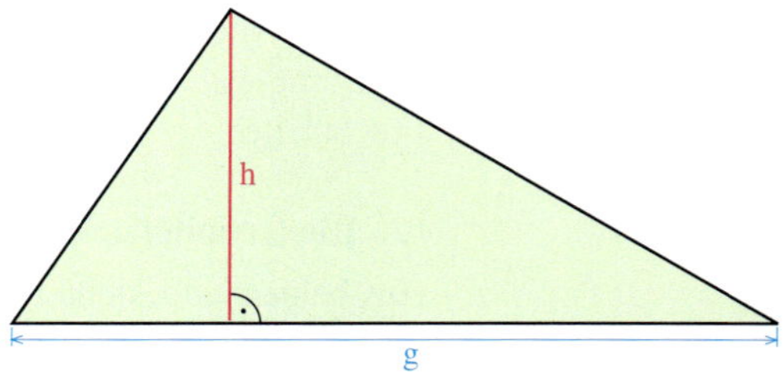

Lösung

Durch Anwenden der Umformungsregeln für Gleichungen isolieren wir in der Formel $A = \frac{g \cdot h}{2}$ die Variable g (z. B. auf der linken Seite).

> Beachte:
> Die Multiplikations- und Divisionsregel für Gleichungen gilt nur, falls mit einer Zahl ungleich 0 multipliziert (durch eine Zahl ungleich 0 dividiert) wird.

$$
\begin{aligned}
A &= \frac{g \cdot h}{2} \\
\frac{g \cdot h}{2} &= A \qquad | \cdot 2 \\
g \cdot h &= 2A \qquad | : h \\
g &= \frac{2A}{h}
\end{aligned}
$$

Zunächst vertauschen wir beide Seiten.

Die Division durch h auf beiden Seiten der Gleichung ist eine Äquivalenzumformung, da h als Höhe positiv und damit ungleich 0 ist.

Beispiel: $A = 9{,}165\ \text{cm}^2$; $h = 3{,}9\ \text{cm}$;

also: $g = \frac{2A}{h} = \frac{2 \cdot 9{,}165\ \text{cm}^2}{3{,}9\ \text{cm}} = \frac{18{,}33\ \text{cm}^2}{3{,}9\ \text{cm}} = 4{,}7\ \text{cm}$

Ergebnis: Die Seitenlänge beträgt 4,7 cm.

Weiterführende Aufgabe

2. *Formel für den Flächeninhalt eines Trapezes – Umformen mit CAS*

a) In Formelsammlungen findest du für den Flächeninhalt eines Trapezes die Formel:

$A = \frac{(a + c) \cdot h}{2}$

Begründe diese Formel. Es sind mehrere Wege möglich.

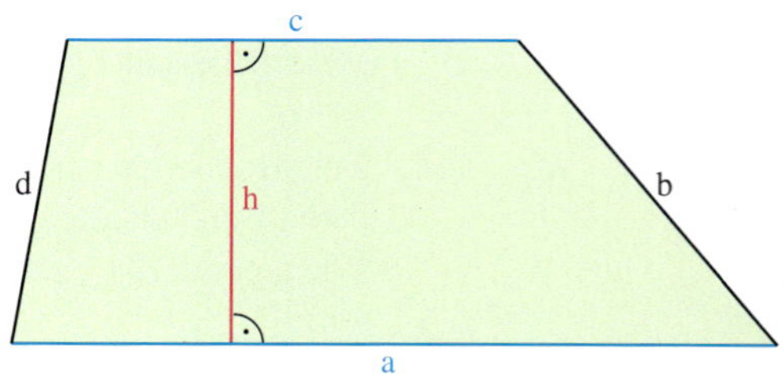

b) Isoliere
(1) die Variable h;
(2) die Variable a.

CAS **c)** Kontrolliere das Ergebnis von Teilaufgabe b) mithilfe eines Computer-Algebra-Systems.

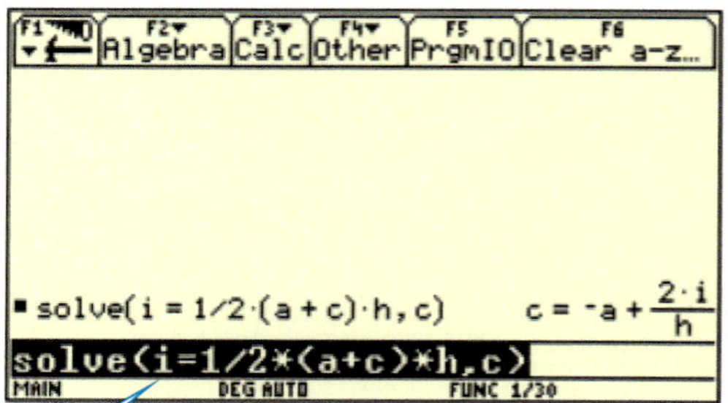

i statt A, da die meisten CAS nicht zwischen Groß- und Kleinbuchstaben unterscheiden.

Übungsaufgaben

3. Von drei Rechtecken sind jeweils der Umfang u und die Seitenlänge b gegeben (Maße in cm):
(1) $u = 17{,}4$; $b = 4{,}6$ (2) $u = 20{,}3$; $b = 5{,}2$ (3) $u = 37{,}8$; $b = 9{,}5$
Berechne die Seitenlänge a. Wie kann man dabei vorgehen?

4. Die Formel für die Oberflächengröße eines Quaders lautet: $O = 2ab + 2ac + 2bc$.
Isoliere die Variable a [die Variable b; die Variable c] auf einer Seite der Gleichung.
Berechne den Wert für die fehlende Variable (Maße bei O in cm^2, bei a, b und c in cm).
a) $O = 69{,}98$; $a = 2{,}9$; $b = 3{,}3$ **b)** $O = 80$; $a = 6{,}0$; $c = 2{,}5$ **c)** $O = 90$; $a = 2{,}5$; $b = 3{,}5$

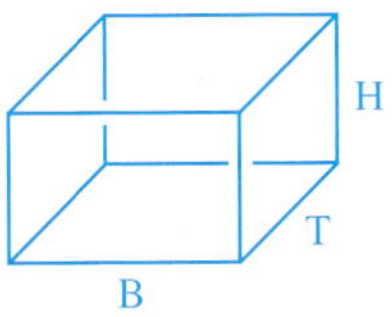

5. Stelle eine Formel für die Gesamtlänge k aller Kanten eines Quaders auf. Isoliere in der Formel die Variable B [die Variable T; die Variable H] auf der einen Seite. Bilde selbst Zahlenbeispiele.

6. Die Formel für das Volumen eines Quaders lautet:
$V = a \cdot b \cdot c$.
Isoliere die Variable a [die Variable b; die Variable c] auf einer Seite der Gleichung.
Beispiele: (1) $V = 900\ m^3$; $b = 3\ m$; $c = 8\ m$ (2) $V = 720\ cm^3$; $a = 3{,}5\ cm$; $c = 4{,}5\ cm$
Berechne die fehlende Seitenlänge.

7. Zum Firmenjubiläum schreibt ein Kaufhaus seinen Kunden in einem Monat für jeden Einkauf 7,5 % der Einkaufssumme als Bonuspunkte gut. Dabei wird auf ganze Bonuspunkte abgerundet.

a) Berechne, wie viele Bonuspunkte es für folgende Einkäufe gibt:
19,95 €; 37,35 €; 259,00 €; 79,53 €.

b) Zur schnellen Berechnung der Anzahl der Bonuspunkte kann eine Tabellenkalkulation verwendet werden. Erstelle zunächst eine Formel, mit der man die (ungerundete) Zahl der Bonuspunkte aus der Einkaufssumme berechnen kann.

TAB **c)** Berechne mithilfe eines Tabellenkalkulations-Programmes die Anzahl der Bonuspunkte für die Einkäufe: 32,56 €; 49,87 €; 197,45 €; 299,00 €; 275,89 €.

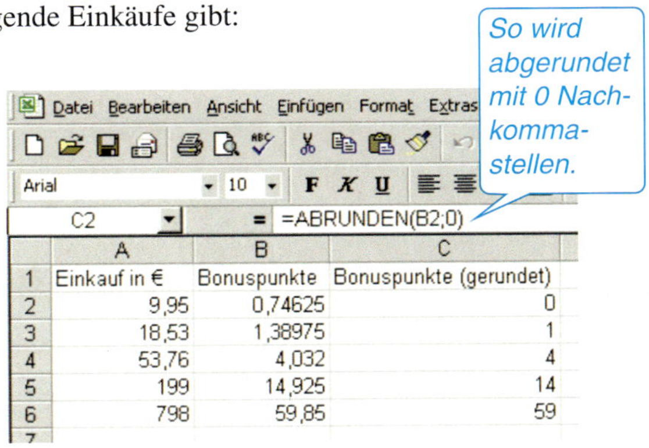

	A	B	C
1	Einkauf in €	Bonuspunkte	Bonuspunkte (gerundet)
2	9,95	0,74625	0
3	18,53	1,38975	1
4	53,76	4,032	4
5	199	14,925	14
6	798	59,85	59
7			

d) Um an der Verlosung des Hauptgewinnes teilnehmen zu können, benötigt Frau Bode noch 13 Bonuspunkte. Für wie viel Euro muss sie noch einkaufen, um diese zu erhalten?

e) Forme die Formel aus Teilaufgabe b) so um, dass man sie zur Berechnung der nötigen Einkaufssumme zu vorgegebener Anzahl von Bonuspunkten verwenden kann.

8. Geschäftsleute und Firmen benötigen für das Finanzamt die Rechnungsbeträge ausschließlich Mehrwertsteuer.

a) Herr Grotjahn hat für seine Bäckerei ein neues Regal für 298 € einschließlich Mehrwertsteuer gekauft. Berechne den Preis ohne Mehrwertsteuer.

b) Erstelle eine Formel, mit der man aus dem Rechnungsbetrag einschließlich Mehrwertsteuer den Rechnungsbetrag ohne Mehrwertsteuer ermitteln kann.

TAB **c)** Berechne mithilfe eines Tabellenkalkulations-Programmes die Beträge ohne Mehrwertsteuer für folgende Rechnungsbeträge einschließlich Mehrwertsteuer:
239 €; 199,95 €; 159,00 €; 395 €; 99,99 €.

Im Blickpunkt

Im Blickpunkt

Verhältnisse

1. Zum Kochen von Konfitüre mit einer besonderen Sorte Gelierzucker sind Früchte und Gelierzucker im Verhältnis 3 : 2 zu mischen. Das bedeutet: Für 3 Gewichtsteile Früchte sind 2 Gewichtsteile Gelierzucker zu verwenden.

a) Für wie viel Früchte reicht eine 500-g-Packung Gelierzucker?

b) Gib andere Früchte- und Gelierzuckermengen an, die zusammen gehören. Vergleiche jeweils die Früchtemenge mit der Gelierzuckermenge.

> Zum Vergleichen zweier gleichartiger Größen a und b kann man den Quotienten a : b bilden. In dieser Form liest man den Quotienten als *a zu b* und bezeichnet ihn als **Verhältnis**. Man kann das Verhältnis a : b auch in Form des Bruches $\frac{a}{b}$ angeben.

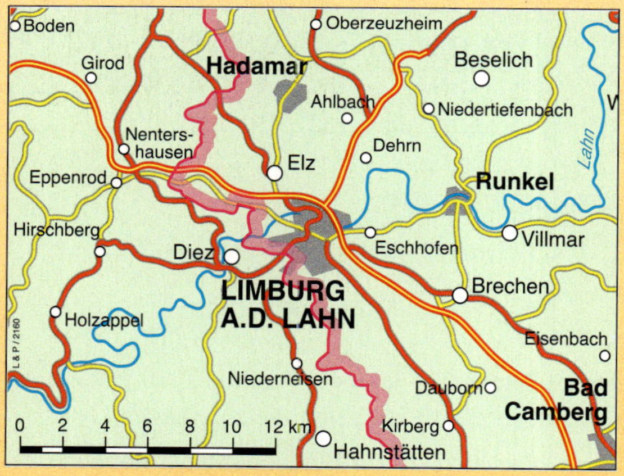

2. a) Die Entfernung zweier Orte beträgt 7 km. Wie lang ist die zugehörige Strecke auf der Karte?

b) Erläutere allgemein die Bedeutung des Maßstabes 1 : 400 000.

3. Aus einem Testament: „Mein Vermögen soll im Verhältnis 3 : 5 zwischen Frau Carolin Stamp und Herrn Manuel Heine aufgeteilt werden."
Wie ist ein Guthaben von 10 000 € aufzuteilen?
Welchen Anteil erhält jeder?

4. Ein Manager behauptet: „Drei Fünftel meiner Arbeitszeit bin ich unterwegs." Schreibe diese Angabe als Verhältnis.

> Mit dem Verhältnis a : b vergleicht man zwei gleichartige Größen a und b miteinander: Wie viel mal so groß wie b ist a?

Sonderfälle sind:	*Beispiele:*
(1) Vergleich zweier Teile eines Ganzen miteinander.	Ein Gewinn wird im Verhältnis 2 : 1 aufgeteilt.
(2) Vergleich eines Teils mit dem Ganzen. Bei diesem Vergleich wird meistens der Anteil als Bruch angegeben.	Ein Viertel der Schülerschaft wünscht sich einen Projekt-Tag $\frac{1}{4} = 1 : 4$
(3) Vergleich zweier Größen, die nicht Teile eines gemeinsamen Ganzen sind.	Maßstab einer Karte 1 : 500 000

5. Die Kosten für einen Prozess betragen 525 €. Sie sollen von den Prozessgegnern im Verhältnis 3 : 4 getragen werden. Wie viel muss jeder zahlen?

6. Für Zweitakt-Motoren benötigt man ein Öl/Benzin-Gemisch im Verhältnis 1 : 50.

a) Ein Tankwart möchte mit 500 ml Öl dieses Gemisch herstellen. Wie viel Benzin benötigt er dafür?

b) Marc hat 7,8 *l* Zweitakt-Gemisch getankt. Wie viel Benzin ist darin enthalten?

7. Die Flüssigkeit für die Scheibenwaschanlage eines Pkw besteht bei einer Frostsicherheit bis – 27° aus 2 Teilen Frostschutzmittel und 3 Teilen Wasser. Das Kühlsystem fasst 2,5 *l*.
Wie viel *l* Frostschutzmittel und wie viel *l* Wasser braucht man?

8. Carina hat im Jahr 2007 für eine Kinokarte 6,80 € bezahlt. Ihr Opa sagt: „Das ist aber teuer. Als ich so alt war wie du, vor vierzig Jahren, hat eine Kinokarte 2 Mark gekostet.“
Vergleiche die Preise.

9. Durch Anzupfen einer Saite kann man einen Ton erzeugen. Verkürzt man die Saite (z.B. durch Fingerdruck), so erhält man einen höheren Ton. Grundton und höhere Töne bilden zusammen ein Tonintervall. Bestimmte Tonintervalle haben eigene Namen: Sekunde (10 : 9), Terz (5 : 4), Quarte (4 : 3), Quinte (3 : 2), Sexte (5 : 3), Septime (15 : 8), Oktave (2 : 1) usw. In Klammern steht jeweils das Längenverhältnis der langen zur verkürzten Saite.

a) Gib den Text mit eigenen Worten wieder.

b) Eine Saite ist 60 cm lang. Wie lang muss jeweils die verkürzte Saite sein, damit man die einzelnen Intervalle erhält?

c) Die verkürzte Saite ist 36 cm lang. Wie lang muss die längere Saite sein, damit man die angegebenen Intervalle erhält?

10. Für den Vergleich der Gänge bei der Gangschaltung von Fahrrädern verwendet man das *Übersetzungsverhältnis*. Informiere dich, was damit gemeint ist und wie man es aus den Eigenschaften der Zahnräder berechnen kann.

Verhältnisse von mehr als zwei Größen

11. **a)** Ein Gewinn von 13 500 € wird unter drei Personen A, B und C im Verhältnis 4 : 3 : 2 verteilt.
Anleitung: Entnimm der Zeichnung, in wie viele gleich große Teile man sich den Gewinn aufgeteilt denken kann. Wie viele Teile erhält jeder? Welche Bruchteile sind das? Wie viel Euro erhält jeder?

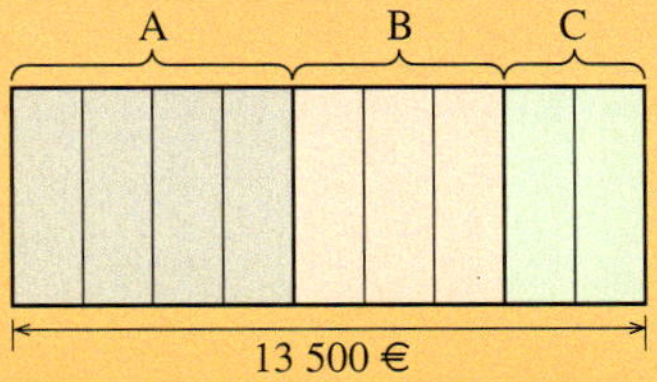

b) Ein Gewinn von 8 700 € wird im Verhältnis 1 : 2 : 3 : 4 verteilt.

12. In einem Mehrfamilienhaus sind drei Eigentumswohnungen der Größe 75 m^2, 100 m^2, 125 m^2. Die Kosten für die Reparatur der Heizung betragen 3 600 €. Sie werden im Verhältnis der Wohnungsgrößen auf die Eigentümer der Wohnungen verteilt.

1.14 Bruchterme und Bruchgleichungen

1.14.1 Bruchterme

Aufgabe 1

a) Berechne den Wert des Terms $\frac{4(x+1)}{2(x+1)x}$ für folgende Einsetzungen. Was stellst du fest?

(1) $x = -2$ (2) $x = -1$ (3) $x = 0$ (4) $x = \frac{1}{2}$ (5) $x = 13$

b) Erkennst du aus den Berechnungen in Teilaufgabe a) einen einfacheren, wertgleichen Term?

Lösung

a) Wir stellen die Ergebnisse in einer Tabelle zusammen. Der Term $\frac{4(x+1)}{2(x+1)x}$ kann für −1 und für 0 nicht berechnet werden, weil sich durch Einsetzen im Nenner der Wert 0 ergibt und man nicht durch 0 dividieren kann.

x	$\frac{4(x+1)}{2(x+1)x}$
−2	$\frac{4\cdot(-2+1)}{2\cdot(-2+1)\cdot(-2)} = \frac{4\cdot(-1)}{2\cdot(-1)\cdot(-2)} = \frac{-4}{4} = -1$
−1	$\frac{4\cdot(-1+1)}{2\cdot(-1+1)\cdot(-1)} = \frac{4\cdot 0}{2\cdot 0\cdot(-1)} = \frac{0}{0}$ nicht berechenbar
0	$\frac{4\cdot(0+1)}{2\cdot(0+1)\cdot 0} = \frac{4\cdot 1}{2\cdot 1\cdot 0} = \frac{4}{0}$ nicht berechenbar
$\frac{1}{2}$	$\frac{4\cdot(\frac{1}{2}+1)}{2\cdot(\frac{1}{2}+1)\cdot\frac{1}{2}} = \frac{4\cdot\frac{3}{2}}{2\cdot\frac{3}{2}\cdot\frac{1}{2}} = \frac{6}{\frac{3}{2}} = 6\cdot\frac{2}{3} = 4$
13	$\frac{4\cdot(13+1)}{2\cdot(13+1)\cdot 13} = \frac{4\cdot 14}{2\cdot 14\cdot 13} = \frac{\cancel{4}^{2}\cdot\cancel{14}^{1}}{\cancel{8}_{1}\cdot\cancel{14}_{1}\cdot 13} = \frac{2}{13}$

Kürzen vor de[m] Ausrechnen

b) Beim Einsetzen von 13 haben wir zum Schluss vor dem Ausrechnen gekürzt, und zwar mit der Kürzungszahl 2 bei den Faktoren 4 und 2 sowie mit der Kürzungszahl 14 (Wert der Klammer). Hieraus erkennt man den einfacheren Term $\frac{2}{x}$, der für $x \neq 1$ wertgleich zum Term $\frac{4\cdot(x+1)}{2\cdot(x+1)\cdot x}$ ist. Für $x \neq -1$ ist dieser jedoch im Gegensatz zum Term $\frac{2}{x}$ nicht berechenbar.

Information

$\frac{x+2}{x-3} = (x+2) : (x-3)$

(1) Bruchterme

Terme wie $\frac{5}{x-2}$, $\frac{x+2}{x\cdot(x+1)}$, $\frac{x+y}{2x-3y}$ und $\frac{3+2}{3\cdot(3+1)}$ heißen **Bruchterme**.

Ein Bruchstrich bedeutet Division. Den Quotienten a : b kann man als Bruchterm $\frac{a}{b}$ schreiben und umgekehrt. Ein Bruchstrich wirkt wie Klammern um den Zähler und um den Nenner.

(2) Definitionsmenge eines Termes mit nur einer Variablen

Wir fassen alle Zahlen x, für die der Term $\frac{3}{x\cdot(x-1)}$ definiert ist, zu einer Menge zusammen:

$D = \{x \in \mathbb{Q} \mid x \neq 0 \text{ und } x \neq 1\}$. Die Menge D heißt **Definitionsmenge** des Terms.

Für die Angabe der Definitionsmenge eines Terms ist der Begriff **Restmenge** günstig. Nimmt man aus der Menge $\mathbb{Q}$ beispielsweise die Menge {0; 1} heraus, so bleibt als Rest die Menge $\mathbb{Q} \setminus \{0; 1\}$ (gelesen: $\mathbb{Q}$ *ohne Menge mit 0 und 1*) übrig.

> Die **Definitionsmenge** (der **Definitionsbereich**) eines Terms ist die Menge aller Zahlen, für die der Term definiert ist.

(3) Regel über das Erweitern und Kürzen

Bruchterme kannst du auf die gleiche Weise kürzen und erweitern wie Brüche.

> **Regel über das Erweitern und Kürzen**
>
> *Erweitern* bedeutet, Zähler und Nenner eines Bruchterms mit demselben von 0 verschiedenen Term zu multiplizieren.
> *Kürzen* bedeutet, Zähler und Nenner eines Bruchterms durch denselben von 0 verschiedenen Term zu dividieren.
> Beim Erweitern und Kürzen ändert sich der Wert des Bruchterms nicht; der gekürzte bzw. erweiterte Bruchterm kann jedoch eine andere Definitionsmenge haben.
>
> *Beispiel:* Für $x \neq 7$:
>
> kürzen
>
> $\frac{3 \cdot (x-7)}{2 \cdot (x-7)} = \frac{3}{2}$
>
> erweitern

Weiterführende Aufgabe

2. *Multiplizieren von Bruchtermen*

Vereinfache folgende Terme.

a) $\frac{2}{x} \cdot \frac{3}{x}$ b) $\frac{2}{x} \cdot \frac{(x+1)}{3}$ c) $\frac{2}{x} \cdot \frac{x}{7}$ d) $\frac{(x+1)}{2} \cdot \frac{7}{(x+1) \cdot x}$ e) $\frac{3}{x(x+1)} \cdot (x+1)$

> Bruchterme werden miteinander multipliziert, indem man Zähler mit Zähler und Nenner mit Nenner multipliziert.
>
> *Beispiel:* Für $x \neq 0$ gilt:
>
> $\frac{(x+1)}{x} \cdot \frac{3x}{7} = \frac{(x+1) \cdot 3x}{x \cdot 7} = \frac{3(x+1)}{7}$

Übungsaufgaben

3. TAB André hat sich den Wert des Terms $\frac{2x-4}{2x-5}$ für einige Einsetzungen von einem Tabellenkalkulationsprogramm berechnen lassen. Er erhält die nebenstehenden Ergebnisse. Was fällt dir auf?

B2 = =(2*A2-4)/(2*A2-5)

	A	B	C
1	x	(2*x-4)/(2*x-5)	
2	0	0,8	
3	0,5	0,75	
4	1	0,66666667	
5	1,5	0,5	
6	2	0	
7	2,5	#DIV/0!	
8	3	2	
9	3,5	1,5	
10	4	1,33333333	

So erhältst du bequem die Werte in der 2. Spalte.

4. Gegeben sind die Terme $\frac{x}{x-2}$ und $\frac{x+2}{x \cdot (x+1)}$.
Setze für x ein: 3; 2; 1,5; 1; 0; −1; −2
Berechne, wenn möglich, den Wert der Bruchterme. Welche Bedingung für x muss erfüllt sein, damit der Term definiert ist?

5. Bestimme die Definitionsmenge des Bruchterms.

a) $\frac{x+5}{x-7}$ b) $\frac{3x}{x+6}$ c) $\frac{x+5}{x}$ d) $\frac{3a}{a+5}$ e) $\frac{4x}{3x-12}$ f) $\frac{x+4}{7x+35}$ g) $\frac{2}{a \cdot (a+4)}$

6. Bringe den Bruchterm durch Kürzen auf die einfachste Form.

a) $\frac{12x}{4x^2}$ b) $\frac{7(x+1)}{x(x+1)}$ c) $\frac{2(x-7)(x+1)}{6(x-7)}$ d) $\frac{15x^2(x+7)^3}{9x(x+7)^2}$ e) $\frac{26x(x-4)(x+1)}{39(x-4)(x+4)}$

Gleichnamige Brüche: Brüche mit gleichem Nenner

7. Mache die Bruchterme gleichnamig.

a) $\frac{2}{x}; \frac{5x}{4}$ b) $\frac{7x}{3}; \frac{4}{5x}$ c) $\frac{2}{x}; \frac{3}{x+1}$ d) $\frac{4}{x+1}; \frac{2}{x-1}$ e) $\frac{x}{x-7}; \frac{3}{x+5}$

8. Multipliziere.

a) $\frac{4}{x} \cdot \frac{3}{x}$ b) $\frac{7x}{3} \cdot \frac{6}{x^2}$ c) $\frac{3}{x} \cdot x^2$ d) $\frac{7}{x+1} \cdot 3(x+1)$ e) $\frac{x}{x+7} \cdot x(x+7)$

1.14.2 Lösen von Bruchgleichungen

Einführung

Bestimme die Lösungsmenge der Gleichung $\frac{3}{x+4} = \frac{1}{x}$. In dieser Gleichung tritt die Variable x im Nenner auf. Die Gleichung enthält also Bruchterme. Solche Gleichungen heißen **Bruchgleichungen.**

Für die Bruchterme gilt die einschränkende Bedingung: $x \neq 0$ und $x \neq -4$.

Wir versuchen nach der Strategie zu verfahren: *Zunächst Brüche beseitigen*. Dazu multiplizieren wir beide Seiten mit dem Produkt der Nennerterme $x \cdot (x + 4)$.

$$\frac{3}{x+4} = \frac{1}{x} \quad | \cdot x(x+4)$$ *Zunächst Brüche beseitigen.*

Das ist aber nur dann eine Äquivalenzumformung, wenn $x \cdot (x + 4) \neq 0$ ist.
Nun wird $x \cdot (x + 4) = 0$, wenn $x = 0$ oder wenn $x = -4$. Das sind aber genau die Zahlen, für die jeweils einer der Nenner der Bruchgleichung 0 wird. Diese Zahlen 0 und -4 scheiden von vornherein als Lösungen aus, weil nach Einsetzen nicht definierte Brüche entstehen. 0 und -4 können die Bruchgleichungen nicht erfüllen.
Es ist daher günstig, die Äquivalenzumformung unter der Voraussetzung durchzuführen, dass $x \neq 0$ und $x \neq -4$ ist.

$$\frac{3}{x+4} = \frac{1}{x}$$

Wir formen um für $x \neq 0$ und $x \neq -4$.

$$\frac{3}{x+4} = \frac{1}{x} \quad | \cdot x(x+4)$$

$$\frac{3 \cdot x \cdot (x+4)}{(x+4)} = \frac{1 \cdot x \cdot (x+4)}{x}$$

$$3x = x + 4 \quad | -x$$

$$2x = 4 \quad | :2$$

$$x = 2$$

$$L = \{2\}$$

Einschränkende Bedingungen, unter denen die Äquivalenzumformungen vorzunehmen sind.

Multipliziere mit einem gemeinsamen Nenner der Bruchterme.

Kürze so, dass überall der Nenner 1 entsteht, der dann fortgelassen werden kann.

Probe:

$\frac{3}{2+4} = \frac{1}{2}$ (w?)	
$\frac{3}{2+4}$ $= \frac{3}{6} = \frac{1}{2}$	$\frac{1}{2}$

Auch beim Kürzen kann der Kürzungsfaktor wegen der allgemeinen Voraussetzung, unter der die Äquivalenzumformung durchgeführt wurde, nicht 0 sein.

Information

Definitionsmenge einer Bruchgleichung

In der Bruchgleichung $\frac{3}{x+4} = \frac{1}{x}$ hat der Term links die *Definitionsmenge* $\mathbb{Q} \setminus \{-4\}$, der Term rechts die Definitionsmenge $\mathbb{Q} \setminus \{0\}$.
Beide Terme zusammen sind in der Menge $\mathbb{Q} \setminus \{-4; 0\}$ definiert. Diese Menge heißt die *Definitionsmenge* der Bruchgleichung.

Die **Definitionsmenge** einer Bruchgleichung ist die Menge, in der alle Terme der Bruchgleichung zugleich definiert sind.
Die Lösungsmenge einer Bruchgleichung ist eine Teilmenge ihrer Definitionsmenge.

Weiterführende Aufgaben

1. *Besonderheiten bei der Lösung einer Bruchgleichung*

a) Erkläre das Bestimmen der Lösungsmenge der Bruchgleichungen.

(1) $\frac{4}{x-2} = \frac{2x}{x-2}$ (2) $\frac{x}{x-1} + \frac{2}{x-2} = \frac{1}{x-1} + \frac{x}{x-2}$

Wir formen um für $x \neq 2$.

$\frac{4}{x-2} = \frac{2x}{x-2} \quad | \cdot (x-2)$

$\frac{4(x-2)}{x-2} = \frac{2x(x-2)}{x-2}$

$4 = 2x$

$x = 2$

Die Zahl 2 scheidet aber als Lösung von vornherein aus. Also ist keine Zahl Lösung der Gleichung.

$L = \{\ \}$

Wir formen um für $x \neq 1$, $x \neq 2$.

$\frac{x}{x-1} + \frac{2}{x-2} = \frac{1}{x-1} + \frac{x}{x-2} \quad | \cdot (x-1)(x-2)$

$\frac{x(x-1)(x-2)}{x-1} + \frac{2(x-1)(x-2)}{x-2} = \frac{(x-1)(x-2)}{x-1} + \frac{x(x-1)(x-2)}{x-2}$

$x(x-2) + 2(x-1) = x-2 + x(x-1)$

$x^2 - 2x + 2x - 2 = x - 2 + x^2 - x$

$-2 = -2$

Zur Lösungsmenge der vorletzten Gleichung gehören alle rationalen Zahlen. Die Zahlen 1 und 2 scheiden aber als Lösung aus.

Daher gilt:

$L = \mathbb{Q} \setminus \{1; 2\}$

b) Bestimme die Lösungsmenge.

(1) $\frac{3 \cdot (x-4)}{x-4} = 3$ (2) $\frac{1}{x} = \frac{1}{x}$ (3) $\frac{x^2-1}{x-1} = x + 1$ (4) $\frac{2x-4}{3x-6} = \frac{2}{3}$

Schritte beim Bestimmen der Lösungsmenge einer Bruchgleichung

1. Schritt: Gib die einschränkenden Bedingungen für die Äquivalenzumformungen bzw. den Definitionsbereich der Bruchgleichung an.

2. Schritt: Multipliziere beide Seiten der Gleichung mit einem gemeinsamen Nenner.

3. Schritt: Kürze so, dass die Nenner entfallen.

4. Schritt: Führe die Rechnung in der üblichen Weise zu Ende.

5. Schritt: Prüfe, ob die Zahlen zur Definitionsmenge gehören und gib die Lösungsmenge an.

CAS

2. *Lösen von Bruchgleichungen mit einem CAS*

a) Marvin hat die Bruchgleichung

$\frac{1}{x} + \frac{1}{3x} = \frac{2}{3}$

zweimal mit einem CAS gelöst und erhält zwei verschiedene Lösungsmengen. Wo steckt der Fehler? Kontrolliere per Hand.

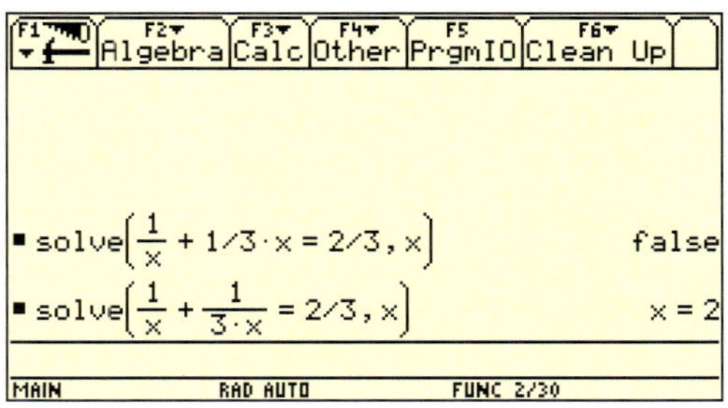

b) Löse die Bruchgleichungen der Aufgabe 1 mit einem CAS. Vergleiche mit der Rechnung per Hand.

Übungsaufgaben

3. Am Heinrich-Böll-Gymnasium entleeren Schülerinnen und Schüler im Rahmen ihres Umweltdienstes alle Abfalleimer in den Müllcontainer. Nimm an, beide Schüler arbeiten gemeinsam und behindern sich gegenseitig nicht dabei sondern ergänzen sich. Wie lange benötigen sie dann?

4. Gib die Zahlen an, die von vornherein *nicht* Lösung der Bruchgleichung sein können. Bestimme dann die Lösungsmenge.

a) $\frac{7}{x} = 5$ b) $\frac{8}{x-1} = 4$ c) $\frac{15}{x+10} = 5$ d) $\frac{12}{5-3x} = 6$ e) $\frac{-12}{2+6x} = 6$

5. a) $\frac{3}{x-1} = \frac{4}{x+1}$ b) $\frac{2}{x} = \frac{7}{x-5}$ c) $\frac{5}{2x+6} = \frac{3}{x}$ d) $\frac{2}{x^2+1} = \frac{4}{2x^2+x}$

6. Warum scheiden bei der Bruchgleichung $\frac{3x}{x^2+1} = \frac{4x+1}{2x^2+2}$ keine Zahlen von vornherein als Lösung aus? Bestimme auch die Lösungsmenge.

7. Gib eine Bruchgleichung an, bei der die angegebenen Zahlen nicht Lösung sein können.

a) 3 b) 7,5 c) – 3; – 2 d) – 3; 2

8. a) $\frac{x-8}{x+16} = \frac{x+16}{x-8}$ b) $\frac{x-7}{3-x} = \frac{7-x}{3+x}$ c) $\frac{2x+4}{x} = \frac{2x+20}{x+6}$ d) $\frac{2x-1}{x+1} = \frac{2x+1}{x-1}$

9. a) Erkläre, wie Jan und Julia vorgegangen sind. Beende ihre Lösungswege. Bestimme die Lösungsmenge.

b) Führe die Rechnung nach den Schritten durch, die auf Seite 61 angegeben sind.

Jan

$$\frac{3}{x(x-2)} = \frac{4}{x} + \frac{7}{x-2}$$
$$\frac{3}{x\cdot(x-2)} = \frac{4(x-2)}{x(x-2)} + \frac{7x}{x\cdot(x-2)}$$
$$\frac{3}{x\cdot(x-2)} = \frac{4(x-2)+7x}{x\cdot(x-2)}$$
$$3 = 4(x-2) + 7x$$

Julia

$$\frac{2x+2}{x-3} = \frac{x+1}{x+4}$$
$$\frac{2(x+1)}{x-3} = \frac{2(x+1)}{2(x+4)}$$
$$x - 3 = 2(x+4)$$

10. a) $\frac{1}{x} + \frac{1}{3x} = \frac{2}{3}$ c) $\frac{2}{z+1} = \frac{6}{2-z}$ e) $\frac{6}{y-8} = \frac{22}{y}$ g) $\frac{15}{x} - 4 = \frac{3}{x}$

b) $\frac{7}{x-4} = 2$ d) $\frac{3}{x-2} = \frac{12}{x+7}$ f) $\frac{7}{x+1} = \frac{5}{x-1}$ h) $\frac{2x+4}{3x-5} = \frac{5}{2}$

11. Beschreibe und vergleiche die Lösungswege. Führe einen der beiden zu Ende.

Michel

$$\frac{6(x+1)}{x+1} = \frac{3x(x+5)}{2(x+5)} \quad \Big| \cdot 2(x+1)(x+5)$$
$$12(x+1)(x+5) = 3x(x+5)(x+1)$$

Rebecca

$$\frac{6x(x+1)}{x+1} = \frac{3x(x+5)}{2(x+5)}$$
$$6 = \frac{3x}{2}$$

1.15 Aufgaben zur Vertiefung

1. **a)** In den Term $2n$ werden nacheinander die Zahlen 1, 2, 3, 4, 5, … eingesetzt. Welche Zahlen erhält man als Wert des Terms?

b) Stelle einen Term auf, der beim Einsetzen von 1, 2, 3, 4, 5, … die ungeraden Zahlen ab 1 [ab 3] liefert.

c) Bilde die Differenz zweier benachbarter Quadratzahlen. Welche Zahlen erhältst du? Begründe dies.
Anleitung: $(n + 1)^2 - n^2 = ?$

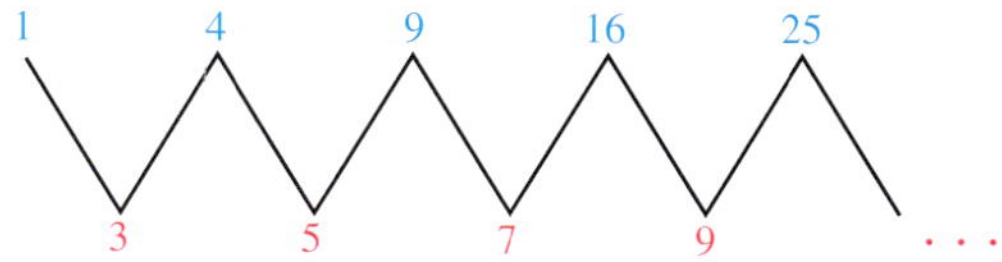

2. **a)** Setze die nebenstehende Folge von Quadraten fort.
(1) Welche Gesetzmäßigkeiten erkennst du über die Anzahl der Punkte?
(2) Das Quadrat soll n Punkte auf einer Seite haben. Wie viele Punkte hat es dann insgesamt?
Erstelle einen Term und begründe damit die in Teilaufgabe (1) gefundene Gesetzmäßigkeit.

b) Führe ähnliche Überlegungen wie in der Teilaufgabe a) mit der Folge von Dreiecken durch.

zu **a)**

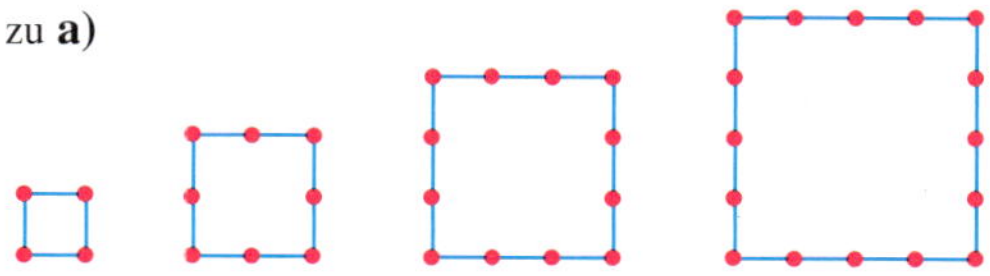

zu **b)**

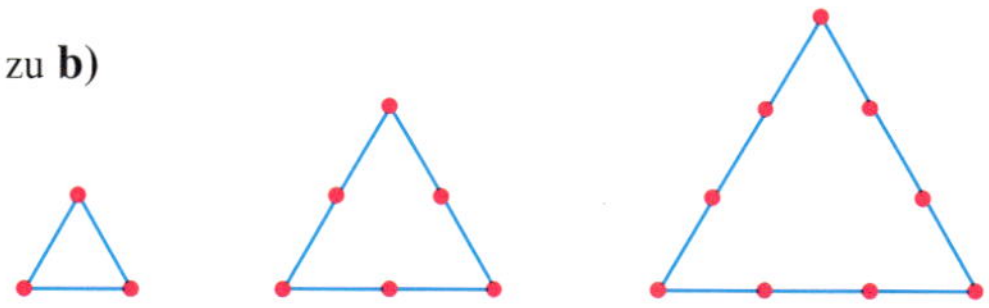

3. **a)** Zeige an der Figur rechts, dass für $a, b, c > 0$ gilt:
$(a + b + c)^2 = a^2 + b^2 + c^2 + 2ab + 2ac + 2bc$

b) Weise nach, dass die Formel aus Teilaufgabe a) auch für negative Zahlen gilt.

c) Berechne mithilfe der Formel von Teilaufgabe a).
(1) $(a - b + c)^2$
(2) $(a + b - c)^2$
(3) $(4a + 2b + 3c)^2$
(4) $(7a - 2b - 8c)^2$
(5) $(p^2 - 3p + 1)^2$
(6) $(2a^2 + b^2 + 3c)^2$

CAS **d)** Stelle selbst Aufgaben, die du mithilfe der Formel aus Teilaufgabe a) bearbeiten kannst. Kontrolliere mit einem CAS.

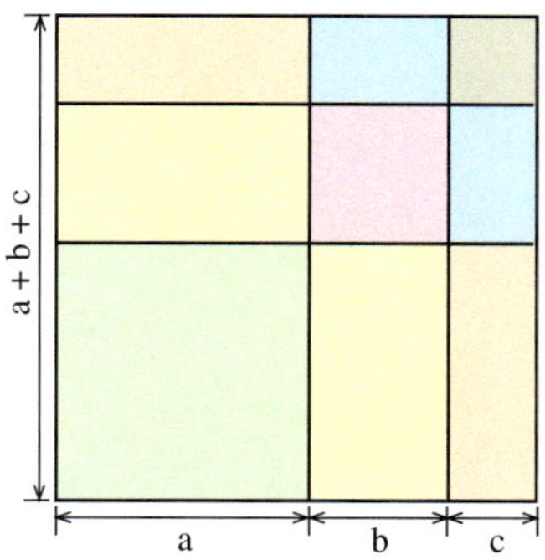

4. Der Entwurf für das Firmen-Logo einer Fluggesellschaft soll in verschiedenen Größen aufgedruckt werden.

a) Erstelle einen Term für die Größe der blauen [silbernen] Fläche.

b) Wie groß sind die Flächen für a = 2 cm [5 cm; 30 cm]?

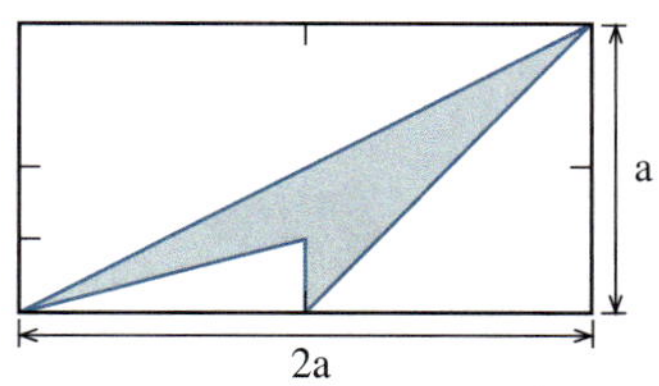

5. Bestimme die Lösungsmenge. Überlege dazu, wann ein Produkt den Wert 0 haben kann.

a) $(x - 4)(x - 9) = 0$
$(x - 5)(x + 3) = 0$

b) $(x - 1{,}5)(x - 2) = 0$
$(x + 4)(x - 3{,}7) = 0$

c) $y(y - 10) = 0$
$y(y + 25) = 0$

d) $y(2y - 5) = 0$
$3z(12 + 5z) = 0$

e) $(3x - 6)(x + 4) = 0$
$(x - 11)(5x - 20) = 0$

f) $(6x + 18)(2x - 14) = 0$
$(24 - 8x)(30 - 6x) = 0$

Bist du fit?

1. Löse die Klammern auf und vereinfache, wenn möglich.

a) $3a(7b + c)$ **d)** $-r(2r - s)$ **g)** $(9a + 2)(3 + b)$ **j)** $(2x + 3)^2$

b) $8x(9y - 12z)$ **e)** $x - (2x - 3)$ **h)** $(7p - q)(2 + q)$ **k)** $(4a - 2b)^2 + 166 \cdot a$

c) $(x^2 + 1) \cdot 2x$ **f)** $7a^2 - a(5 + a)$ **i)** $(3u - 2v)(u - 4v)$ **l)** $(p + 2q)(p - 2q)$

2. **a)** $6(a - 24b) + 3(5b - 2a)$ **c)** $-u(v - 7) - (1 - u)$ **e)** $(4a - 3b)(a + 5b) - (2a + b)^2$

b) $r(4 - 12s) - 4s(3r + 1)$ **d)** $(7x - 5y)^2 - (5y - 7x)^2$ **f)** $9(3x - 5y) + (8x - 3)(5y + 1)$

3. Bestimme die Lösungsmenge.

a) $7(2x - 2) \leq 6(4x + 7)$

b) $(2 - x)^2 = (2 + x)^2$

c) $(8x - 6)(4x - 2) = 32x^2 + 52$

d) $(6 + x)^2 = x(4 + x) + 44$

e) $(2x - 8)(2x + 10) = 4x^2 - 64$

f) $(3x + 9)(4x - 8) = (x - 1)(12x + 60) + 132$

g) $(2x - 2)(3x - 6) - (3x - 6) - (3x - 27)\,2x \geq 0$

h) $(2y - 8)(y + 5) \cdot 2 = (2y + 8)(2y - 8)$

i) $\frac{1}{x + 2} + \frac{1}{x - 1} = \frac{2}{x}$

4. **a)** Stelle auf zwei verschiedene Weisen einen Term auf, der den Flächeninhalt der stark umrandeten Figur angibt.

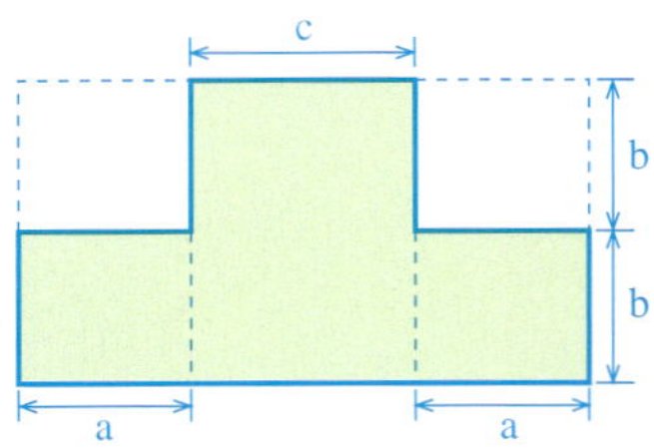

b) Berechne den Wert beider Terme: 6 für a, 3 für b und 8 für c [2,4 für a; 3,5 für b; 7,2 für c]; Maße in cm.

c) Zeige durch Termumformung, dass beide Terme wertgleich sind.

d) Timo hat den Term $2b \cdot (a + b)$ erstellt. Prüfe, ob dies stimmt.

e) Wie lang muss die Seite c sein, wenn $a = 5$, $b = 4$ (Maße in cm) und der Flächeninhalt $104\ cm^2$ beträgt?

f) Stelle einen Term für den Umfang der Figur auf; berechne ihn für die Maße aus Teilaufgabe b).

5. Klammere so aus, dass der Term in der Klammer möglichst einfach wird.

a) $12ab + 7bc$ **b)** $40xy - 25xz$ **c)** $45 - 27ab + 36x^2$ **d)** $0{,}9u - 0{,}9u^2 + 0{,}9u$

$-4x - 4y$ $-5x^2 - 10xy$ $-24a - 30b + 66b$ $\frac{r}{2} + \frac{r^2}{2} - \frac{3}{2}rs$

6. Faktorisiere: **a)** $16x^2 - 25y^2$ **b)** $64x^2 - 192xy + 144y^2$ **c)** $5x^2 + 10xy + 5y^2$

7. Ein quadratisches Eckgrundstück muss an zwei benachbarten Seiten einen 1 m breiten Streifen für die Anlage eines neuen Fahrradweges abgeben. Dadurch verringert sich seine Größe um $57\ m^2$. Berechne die neue Grundstücksgröße.

8. Essigessenz enthält 20 % Essigsäure, gewöhnlicher Essig 5 %. Essigessenz soll mit so viel gewöhnlichem Essig vermischt werden, dass 10%iger Essig für Reinigungszwecke entsteht. In welchem Mengenverhältnis muss man Essigessenz und Essig mischen?
Tipp: Beginne mit einem selbst gewählten Beispiel.

Bleib fit im ...
Umgang mit Flächen- und Rauminhalten

Zum Aufwärmen

1. Bestimme den Flächeninhalt folgender Figuren.

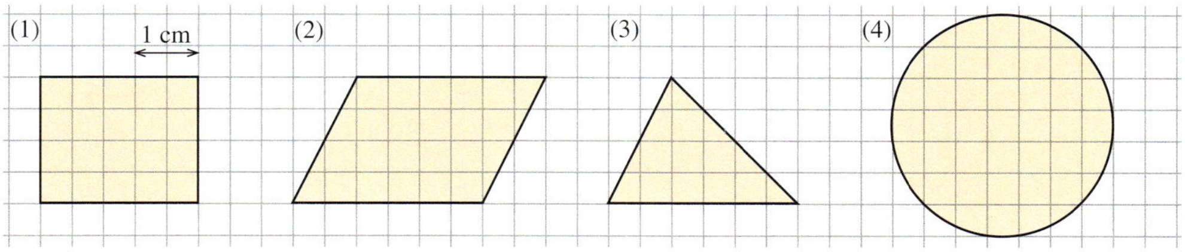

2. Aus Pappe sollen die abgebildeten Quader hergestellt werden.
Für welchen Quader benötigt man mehr Pappe?
In welchen Quader passt mehr hinein?

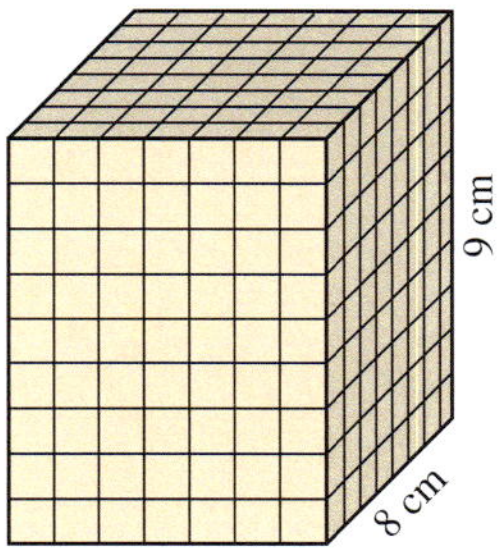

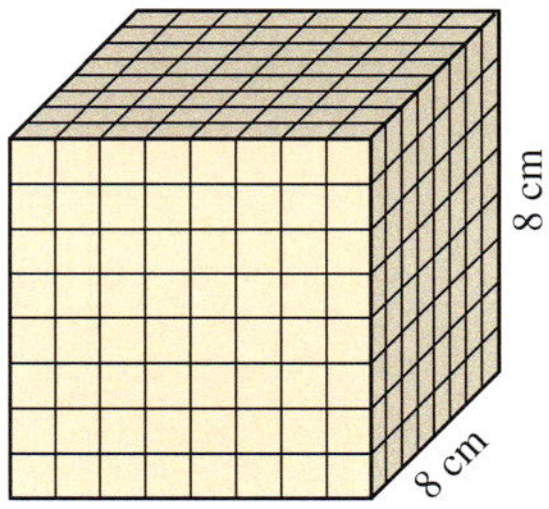

3. a) Erläutere am Quadrat rechts den Zusammenhang zwischen den Flächeninhaltseinheiten mm^2 und cm^2.

b) Erläutere ebenso am Würfel rechts den Zusammenhang zwischen den Volumeneinheiten mm^3 und cm^3.

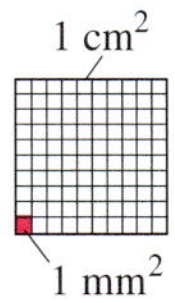

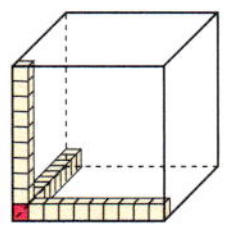

Zum Erinnern

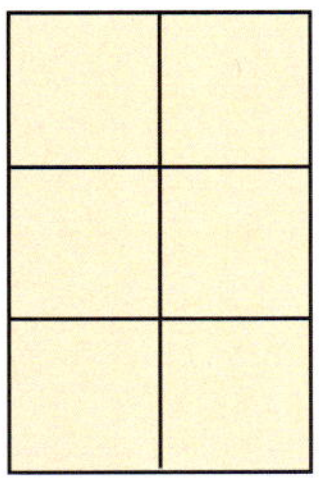

(1) Flächeninhalt von Figuren

Der Flächeninhalt einer Figur gibt an, wie viele Einheitsquadrate in der Figur enthalten sind. Das Rechteck links enthält 6 Quadrate der Seitenlänge 1 cm, sein Flächeninhalt beträgt 6 cm^2. Will man andere Figuren lückenlos überdecken, muss man die Einheitsquadrate geeignet zerteilen. In der 6. und 7. Klasse hast du erfahren, wie man folgende *Berechnungsformeln* begründen kann:

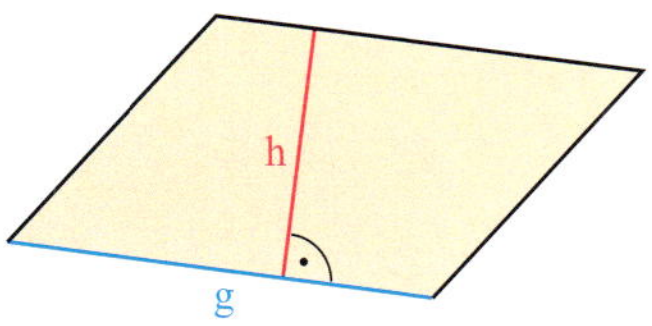

Parallelogramm:
$\mathbf{A = g \cdot h}$

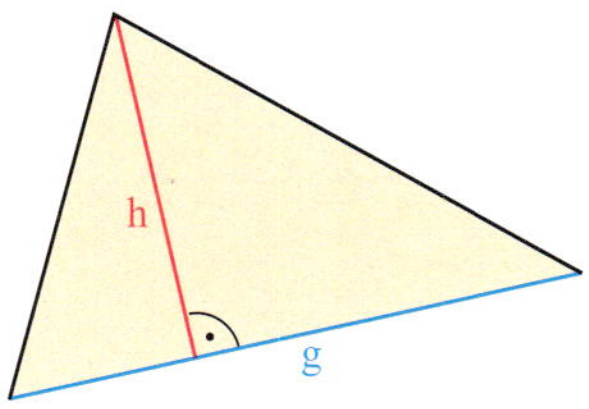

Dreieck:
$\mathbf{A = \frac{1}{2} g \cdot h}$

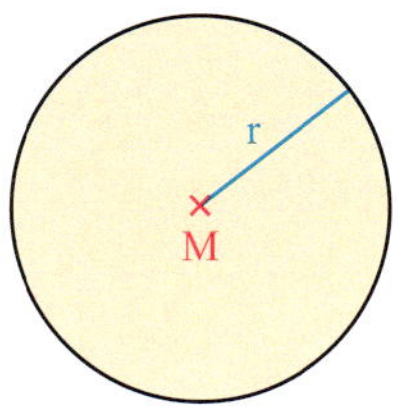

Kreis:
$\mathbf{A = \pi \cdot r^2}$

(2) Oberflächeninhalt und Volumen von Quadern

Die Seitenflächen eines Quaders bilden seine *Oberfläche*. Deren Flächeninhalt ist z. B. ein Maß dafür, wie viel Pappe man zur Herstellung benötigt.
Die Anzahl der Einheitswürfel, die in einen Quader lückenlos passen, gibt sein Volumen (seinen Rauminhalt) an. Wählt man (wie bei Aufgabe 2 dargestellt) Würfel mit der Kantenlänge 1 cm, dann erhält man das Volumen in der Einheit cm^3.

Für das **Volumen V** und dem **Oberflächeninhalt O eines Quaders** mit den Kantenlängen a, b und c gilt:

$$\mathbf{V = a\,b\,c}$$

$$\mathbf{O = 2ab + 2ac + 2bc}$$

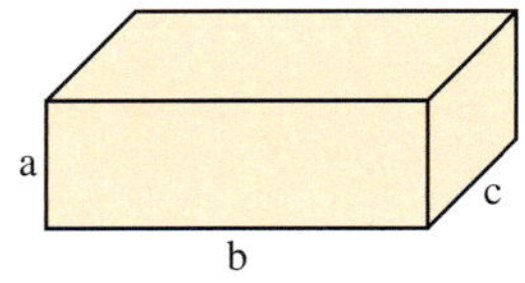

(3) Umwandlung von Flächeninhaltseinheiten

Die Umwandlungszahl der Längeneinheiten ist 10 (z. B. 10 mm = 1 cm; 10 dm = 1 m).
Man benötigt daher z. B. 100 Quadrate der Größe 1 dm^2, um ein 1 m^2 großes Quadrat auszulegen.

$$1\ mm^2 \xrightarrow{\cdot 100} 1\ cm^2 \xrightarrow{\cdot 100} 1\ dm^2 \xrightarrow{\cdot 100} 1\ m^2 \xrightarrow{\cdot 100} 1\ a \xrightarrow{\cdot 100} 1\ ha \xrightarrow{\cdot 100} 1\ km^2$$

$100\ mm^2 = 1\ cm^2$

$100\ cm^2 = 1\ dm^2$

$100\ dm^2 = 1\ m^2$

$100\ m^2 = 1\ a$

$100\ a = 1\ ha$

$100\ ha = 1\ km^2$

Bei Flächeninhaltseinheiten: Umwandlungszahl 100

(4) Umwandlung von Volumeneinheiten

Entsprechend benötigt man 10 · 10 · 10 Würfel der Kantenlänge 1 mm^3, um einen 1 cm^3 Würfel damit zu füllen.

$$1\ mm^3 \xrightarrow{\cdot 1000} 1\ cm^3 \xrightarrow{\cdot 1000} 1\ dm^3 \xrightarrow{\cdot 1000} 1\ m^3$$

$1\,000\ mm^3 = 1\ cm^3$

$1\,000\ cm^3 = 1\ dm^3$

$1\,000\ dm^3 = 1\ m^3$

1 *l* = 1 dm^3

1 ml = 1 cm^3

1 *l* = 1 000 ml

Beim Volumen: Umwandlungszahl 1 000

Zum Trainieren

4. a) Die Insel Borkum ist etwa 30 600 000 m^2 groß. Gib die Seitenlängen eines Rechtecks an, das so groß wie Borkum ist.

b) Hessen ist 21 114 km^2 groß [Frankfurt/Main 24 830 ha]. Gib die Seitenlängen eines Rechtecks an, das etwa so groß ist wie Hessen [wie Frankfurt/Main].

5. Gib in der in Klammern angegebenen Einheit an.

a) 90 a (m^2)	**b)** 8 cm^2 (mm^2)	**c)** 7 km^2 (m^2)	**d)** 560 ha (m^2)
120 ha (a)	900 cm^2 (dm^2)	29 km^2 (a)	56 ha (km^2)
2 400 m^2 (a)	4 500 m^2 (dm^2)	2 400 m^2 (cm^2)	5 600 a (m^2)
3 600 ha (km^2)	3 000 dm^2 (mm^2)	30 000 m^2 (ha)	5 600 a (ha)

6. Verwandle in die nächstkleinere Einheit.

a) 3,75 ha	**b)** 23,5 ha	**c)** 0,85 ha	**d)** 37,09 m^2	**e)** 17,4 km^2
7,52 a	17,05 a	3,75 dm^2	9,4 cm^2	8,04 km^2
16,59 km^2	4,7 km^2	8,04 cm^2	0,07 dm^2	24,05 a
25,38 m^2	13,07 m^2	5,8 cm^2	81,51 ha	31,4 m^2

7. Zeichne das Parallelogramm ABCD und ermittle den Flächeninhalt.

a) A(1|2), B(7|4), C(10|8), D(4|6) **b)** $|AD| = 4{,}5$ cm; $|DC| = 7{,}3$ cm; $\sphericalangle ACD = 100°$

8. Zeichne das Dreieck ABC und ermittle den Flächeninhalt.

a) A(−1,5|2), B(5|−2), C(2|5,5) **b)** a = 5,4 cm; b = 8,7 cm; c = 4,3 cm

9. Berechne den Flächeninhalt eines Kreises mit dem Radius r bzw. Durchmesser d. Gib das Ergebnis auch in der in eckigen Klammern angegebenen Einheit an. Runde sinnvoll.

a) r = 7,4 cm [dm^2] **b)** d = 83 cm [m^2] **c)** d = 12 m [a] **d)** r = 398 m [ha]

10. Ein großer Acker ist parallelogrammförmig.

a) Wie viel ha ist er groß?

b) Wie groß ist der Abstand p?

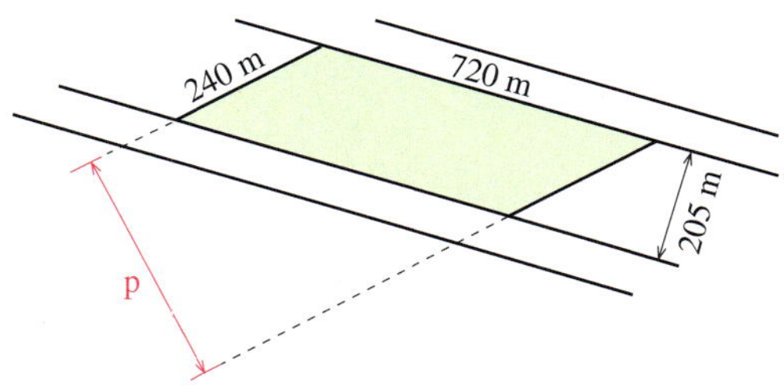

11. Wie groß ist der Flächeninhalt eines 9 cm langen Rechtecks mit dem Umfang 26 cm? Welche Seitenlänge hätte ein flächeninhaltsgleiches Quadrat?

Umfang eines Kreises:
$u = 2\pi \cdot r$

12. Ein quadratisches Gehege wird von einem 48 m langen Zaun eingefasst.

a) Wie groß ist sein Flächeninhalt?

b) Wie ändert sich der Flächeninhalt des Geheges, wenn derselbe Zaun benutzt wird, um ein kreisförmiges Gebiet zu begrenzen?

13. Ein Rechteck hat die Seitenlängen 35 cm und 40 cm. Berechne seinen Flächeninhalt. Wie ändert sich der Flächeninhalt, wenn man

a) die längere Seite um 5 cm verkürzt und die kürzere um 5 cm verlängert,

b) die kürzere Seite um 5 cm verkürzt und die längere um 5 cm verlängert,

c) die längere Seite um 5 % verkürzt und die kürzere um 5 % verlängert,

d) die kürzere Seite um 5 % verkürzt und die längere um 5 % verlängert?

14. Zeige allgemein für ein Rechteck mit den Seitenlängen a und b: Verlängert man die längere Seite um p % und verkürzt die kürzere um p %, dann erhält man denselben Flächeninhalt, wie wenn man die kürzere Seite um p % verlängert und die längere um p % verkürzt.

15. Euro-Münzen bestehen aus zwei unterschiedlichen Metallen, das eine ist silber-, das andere goldfarben. Bestimme durch Messen und Rechnen, wie groß die silbrige Fläche und wie groß die goldfarbene Fläche ist. Wie groß sind die Anteile der Metalle jeweils in Prozent?

a) 1-Euro-Münze **b)** 2-Euro-Münze

16. Schreibe in der in Klammern angegebenen Einheit.

a) 715 cm^3 (mm^3)	**b)** 147 *l* (ml)	**c)** 642 cm^3 (dm^3)	**d)** 0,643 m^3 (dm^3)
3 468 cm^3 (dm^3)	9 000 cm^3 (*l*)	63 dm^3 (ml)	63,4 dm^3 (cm^3)
17 689 dm^3 (m^3)	1 234 *l* (dm^3)	9 mm^3 (cm^3)	4,02 m^3 (dm^3)
93 000 mm^3 (cm^3)	399 ml (*l*)	49 ml (*l*)	92,009 *l* (ml)

17. Kontrolliere Kevins Hausaufgaben.

7,9 m^3 = 79 dm^3	7 cm^3 = 0,07 dm^3	9 m = 9000 dm
0,7 *l* = 7 m*l*	6 cm^2 = 600 mm^2	0,4 *l* = 0,4 dm^3
850 mm^3 = 0,85 cm^3	453,7 m^2 = 45,37 dm^2	0,75 *l* = 750 cm^3

18. Stelle die Formeln für Volumen und Oberfläche eines Würfels der Kantenlänge s auf.

19. Begründe, warum man den Oberflächeninhalt und das Volumen eines Quaders mit den Kantenlängen a, b und c auch mit folgender Formel berechnen kann: $O = 2(ab + ac + bc)$

20. Berechne jeweils den Oberflächeninhalt eines Quaders mit den angegebenen Kantenlängen.

a) 2,4 cm; 1,8 cm; 5,7 cm **b)** 1,30 m; 70 cm; 90 cm **c)** 34 cm; 2,75 m; 3,60 m

21. Der Pappbehälter von 1 *l* H-Milch ist 9 cm lang und 6 cm breit.
Wie viel Pappe wird zu seiner Herstellung mindestens benötigt?

22. Ein Quader mit dem Oberflächeninhalt 249 cm^2 ist 8 cm lang und 5 cm breit.
Welches Volumen hat er?

23. Streichholzschachteln bestehen aus einer Hülle und einem Einschub. Die Kantenlängen a, b und c sind je nach Fabrikat unterschiedlich groß.

a) Wie viel Pappe wird für die Herstellung einer Streichholzschachtel benötigt? Stelle eine Formel auf.

b) In einer Schachtel mit den Maßen a = 3,3 cm, b = 1,3 cm, c = 5,1 cm befinden sich 41 Streichhölzer. Jedes Streichholz ist 4,5 cm lang und hat eine quadratische Querschnittsfläche mit der Seitenlänge 2,5 mm.
Welches Volumen nehmen die Streichhölzer im Vergleich zur Schachtel ein? (Vernachlässige die etwas dickeren Streichholzköpfe.)
Wie viel Prozent der Schachtel ist mit Luft gefüllt?

2. PRISMEN UND ZYLINDER

Süßigkeiten und Knabbereien sind oft in besonderen Schachteln und Dosen verpackt.

- Überlege, warum man solche Verpackungen statt einfacher Quader oder Tüten verwendet.
- Beschreibe die Gemeinsamkeiten und Unterschiede der oben abgebildeten Verpackungen.

In diesem Kapitel beschäftigst du dich mit Körpern, die alle zwei zueinander kongruente Außenflächen aufweisen. Du lernst, Schrägbilder von ihnen zu zeichnen, den Oberflächeninhalt und das Volumen zu berechnen.

2.1 Prismen – Netz und Schrägbild

2.1.1 Netz und Oberflächeninhalt eines Prismas

Einführung

Zerschneiden von Quadern – Prismen

Von einem Quader aus Schaumstoff kann man Stücke abschneiden. Schneidet man parallel zu einer Seitenkante, so entstehen Körper der folgenden Art. Beschreibe die entstandenen Körper; achte auf gemeinsame Eigenschaften.

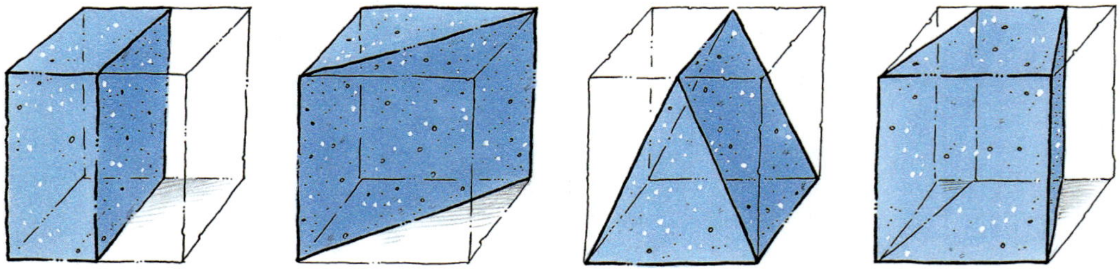

Information

Kongruent (lat.) in Form und Größe übereinstimmend

Ein (gerades) **Prisma** ist ein Körper, der von zwei zueinander parallelen und kongruenten Vielecken sowie von Rechtecken begrenzt wird.

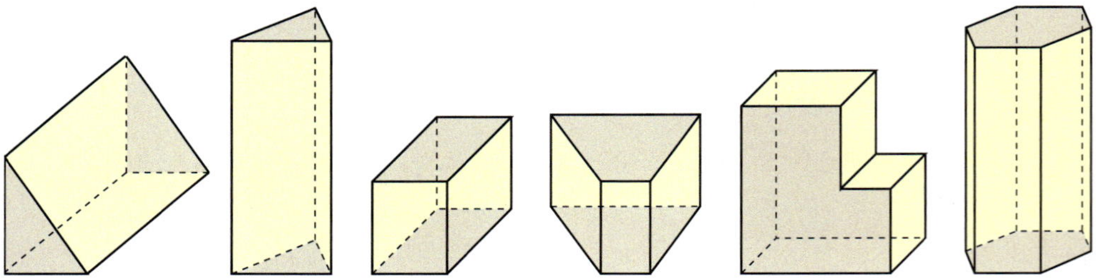

Die beiden zueinander parallelen und kongruenten Vielecke heißen **Grundflächen,** die Rechtecke heißen **Seitenflächen.**
Die Seitenflächen bilden zusammen die **Mantelfläche** des Prismas.
Ist die Grundfläche ein Dreieck (Viereck, ...), so heißt das Prisma dreiseitiges (vierseitiges, ...) Prisma.
Der Abstand der beiden Grundflächen voneinander heißt **Höhe** des Prismas.
Prismen nennt man auch *Säulen.* Man kann sie durch Zerschneiden von Quadern erhalten.
Beachte: Quader sind besondere Prismen.

Aufgabe 1

Netz und Oberflächeninhalt eines Prismas

Der Körper rechts ist ein Prisma mit den Maßen a = 28 cm, b = 23 cm, c = 30 cm, h_c = 20 cm, h = 35 cm.
Ein Kunsthandwerker benötigt für eine Wandverzierung eine größere Zahl von Körpern aus Blech, die die Form dieses Prismas haben.
Wie viel dm^2 Blech benötigt man für ein solches Prisma?

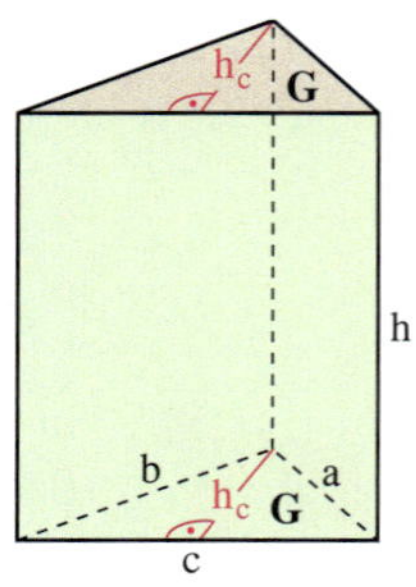

Lösung

(1) Zeichne ein Netz des Prismas. Es besteht aus drei Rechtecken, die die Mantelfläche bilden, und den beiden dreieckigen Grundflächen.

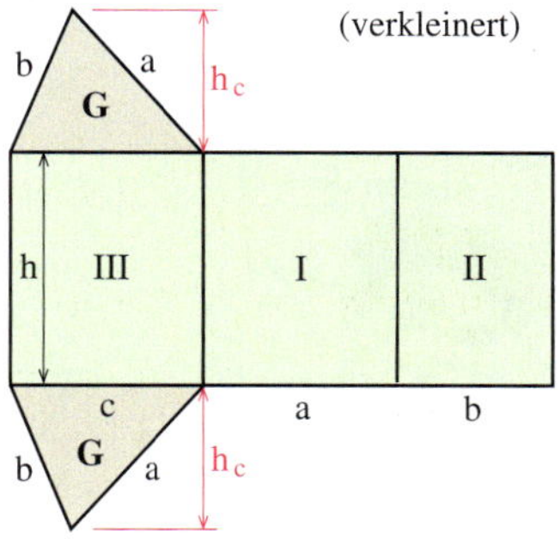

(verkleinert)

(2) Zur Berechnung des Blechbedarfs bestimmst du den Oberflächeninhalt O des Prismas.

Grundflächeninhalt G:

$G = \frac{1}{2} \cdot c \cdot h_c = \frac{1}{2} \cdot 30\text{ cm} \cdot 20\text{ cm} = 300\text{ cm}^2$

Mantelflächeninhalt M:

$A_I = a \cdot h = 28\text{ cm} \cdot 35\text{ cm} = 980\text{ cm}^2$

$A_{II} = b \cdot h = 23\text{ cm} \cdot 35\text{ cm} = 805\text{ cm}^2$

$A_{III} = c \cdot h = 30\text{ cm} \cdot 35\text{ cm} = 1\,050\text{ cm}^2$

$M = A_I + A_{II} + A_{III}$
$= 980\text{ cm}^2 + 805\text{ cm}^2 + 1\,050\text{ cm}^2$
$= 2\,835\text{ cm}^2$

Du kannst auch zunächst den Umfang der Grundfläche berechnen:

$u = 28\text{ cm} + 23\text{ cm} + 30\text{ cm}$
$= 81\text{ cm}$

Damit erhältst du dann sofort für den Mantelflächeninhalt M:

$M = 81\text{ cm} \cdot 35\text{ cm}$
$= 2\,835\text{ cm}^2$

Oberflächeninhalt O des Prismas:

$O = 2 \cdot G + M$

$O = 2 \cdot 300\text{ cm}^2 + 2\,835\text{ cm}^2$
$= 3\,435\text{ cm}^2$
$= 34{,}35\text{ dm}^2$

Ergebnis: Der Kunsthandwerker benötigt für jedes Prisma 35 dm^2 Blech.

Information

Der Oberflächeninhalt ist die Größe der Oberfläche.

Für den **Oberflächeninhalt eines Prismas** mit dem Grundflächeninhalt G, dem Mantelflächeninhalt M, der Höhe h und dem Umfang u der Grundfläche gilt:

$\mathbf{O = 2G + M}$ bzw. $\mathbf{O = 2G + u \cdot h}$

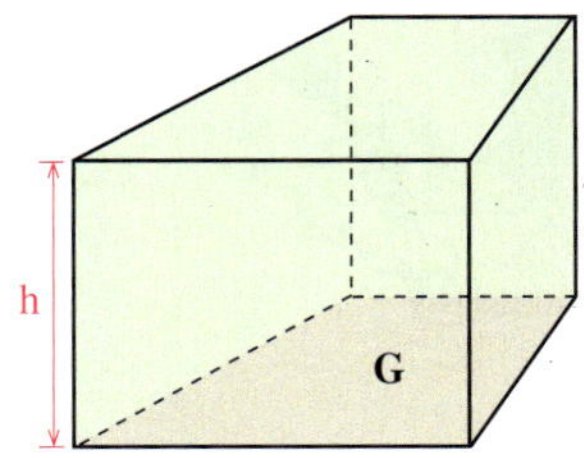

Übungsaufgaben

2. Süßigkeiten und Pralinen werden in unterschiedlichen Verpackungen angeboten. Beschreibe und vergleiche folgende Schachteln.

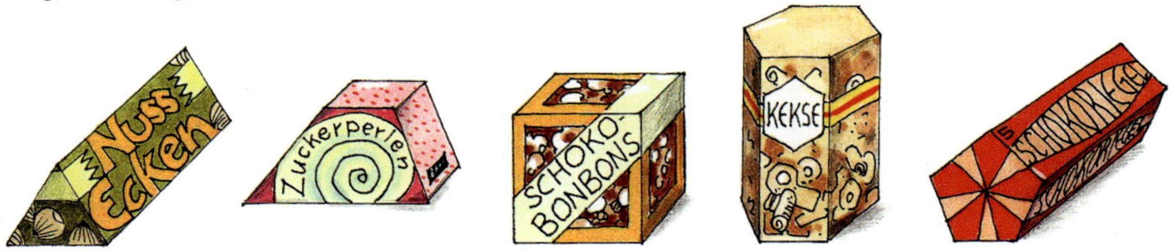

3. *Partnerarbeit:* Nennt Gegenstände aus dem Alltag, die die Form eines Prismas haben.

4. Welche der Körper sind Prismen? Gib bei den Prismen auch die Grundfläche und die Höhe an.

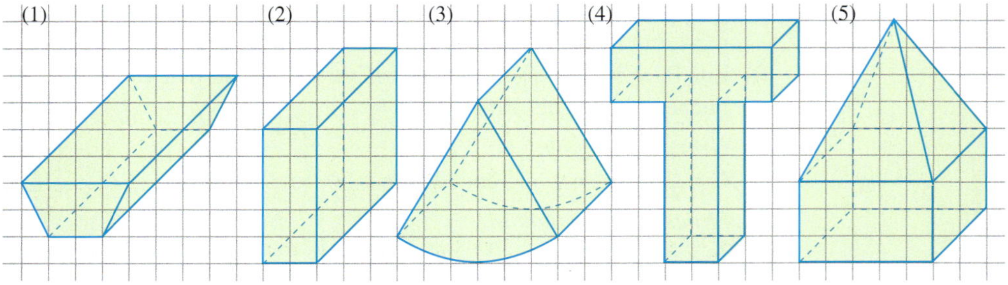

5. Aus dem Quader wird durch Schneiden längs der angegebenen Linien ein Prisma erzeugt. Zeichne ein Netz des Prismas.

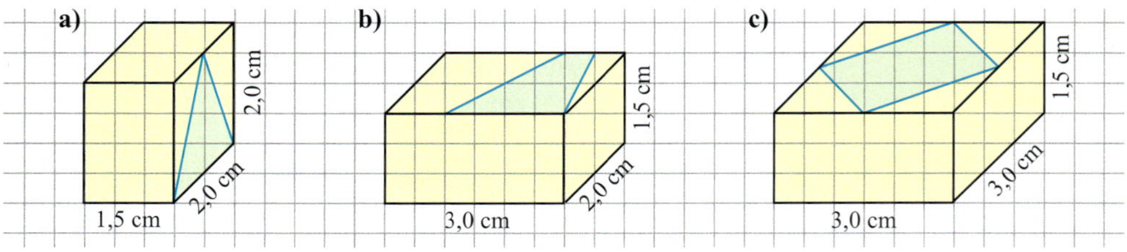

6. Ein Quader soll die Seitenlängen 3 cm, 4 cm und 5 cm haben. Wähle eine Grundfläche als Standfläche aus. Zeichne dann ein Schrägbild und gib die Höhe an. Verfahre ebenso mit den übrigen Möglichkeiten für die Grundfläche.

7. Marie hat für verschiedene Prismen das Netz gezeichnet. Kontrolliere.

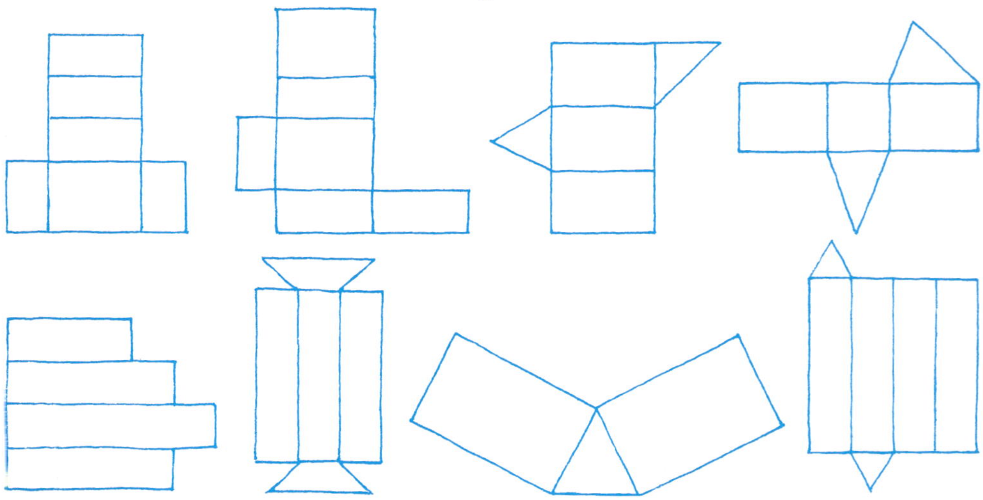

8. **a)** Wie viel cm^2 Karton braucht man für die abgebildete Verpackung von Schokolade (ohne Abfall)?

b) Stelle ein Papiermodell der Verpackung her.

c) Wie viel Draht benötigt man für das Kantenmodell dieses Prismas?

9. Ein Prisma ist 15 cm hoch; eine Grundfläche ist

a) ein Dreieck; **b)** ein Parallelogramm; **c)** ein Trapez; **d)** ein Drachenviereck.

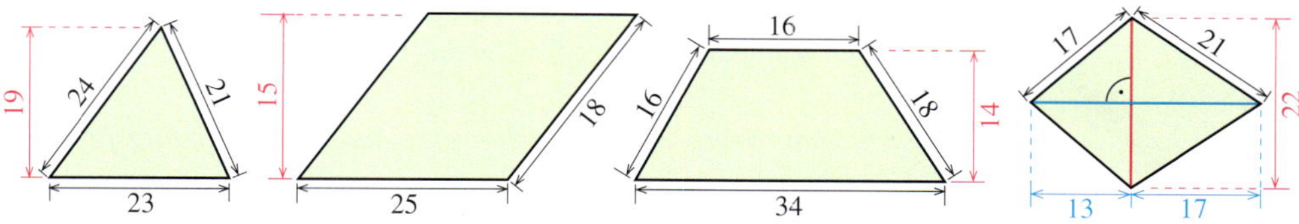

Berechne die Größe der Oberfläche des Prismas (Maße im Bild in mm).

10. Die abgebildeten Kartons werden als Verpackungsmaterial benutzt (Maße in mm). Skizziere ein Netz des Kartons und berechne den Materialbedarf.

11. Der Umfang u der Grundfläche eines Prismas ist 50 cm lang. Das Prisma ist 12 cm hoch. Wie groß ist die Mantelfläche des Prismas?

12. Bei einem Prisma seien u der Umfang, G der Flächeninhalt einer Grundfläche, h die Höhe, M die Größe der Mantelfläche und O die Größe der Oberfläche. Berechne fehlende Größen.

a)	b)	c)	d)
$h = 9{,}5$ dm	$h = 22{,}5$ cm	$u = 6{,}35$ cm	$u = 42$ cm
$G = 94{,}5\ dm^2$	$M = 518{,}75\ cm^2$	$M = 36{,}83\ cm^2$	$h = 23$ cm
$u = 56{,}8$ dm	$G = 63{,}8\ cm^2$	$O = 54{,}63\ cm^2$	$O = 1\,225\ cm^2$

2.1.2 Schrägbild eines Prismas

Einführung

Ein dreiseitiges Prisma ist 1,3 cm hoch und hat nebenstehende Grundfläche. Wir zeichnen ein Schrägbild dieses Prismas mit dem Verzerrungswinkel 45° und dem Verkürzungsfaktor $\frac{1}{2}$.
Das Prisma soll auf einer Grundfläche stehen.

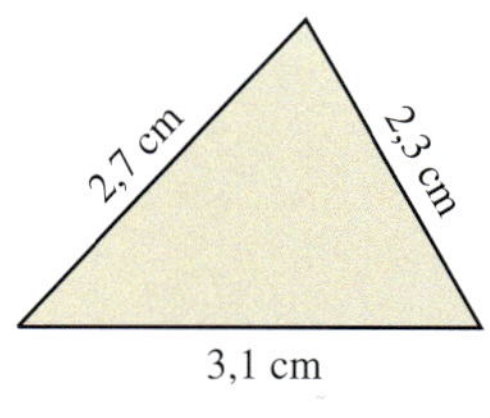

1. Schritt:

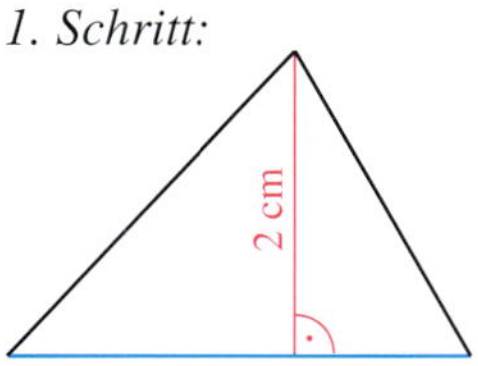

Zeichne in die Grundfläche eine geeignete Hilfslinie als Tiefenstrecke (rot) ein. Tiefenstrecken verlaufen orthogonal zur Vorderkante.

2. Schritt:

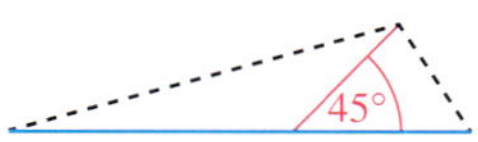

Zeichne die Vorderkante (blau) in wahrer Größe und die Tiefenstrecke (rot) unter einem Winkel von 45° und auf die Hälfte verkürzt. Ergänze fehlende Grundkanten.

3. Schritt:

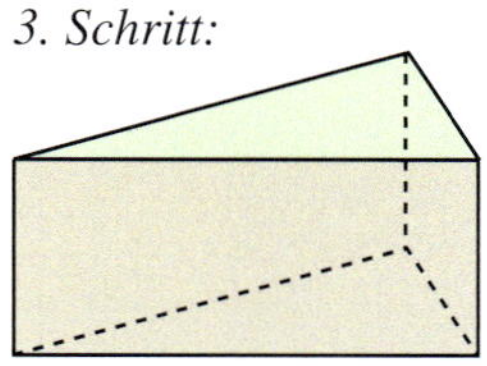

Zeichne die nach oben verlaufenden Seitenkanten in wahrer Länge und ergänze die fehlenden Kanten.

Weiterführende Aufgaben

1. *Schrägbilder von liegenden Prismen*

Ein Prisma kann auch auf einer Seitenfläche liegen. Ein Prisma ist 11 cm hoch und die Seiten der gleichseitigen Dreiecke sind 3 cm lang. Zeichne das Prisma auf einer Seitenfläche liegend.
Beachte: Wähle als vordere Fläche das Dreieck.

2. *Verschiedene Verzerrungswinkel – verschiedene Verkürzungsfaktoren*

In der Einführung wurde 45° als Verzerrungswinkel und $\frac{1}{2}$ als Verkürzungsfaktor gewählt. Dabei erhält man oft, aber nicht in jedem Fall, ein informatives Schrägbild (siehe linken Quader). In solchen Fällen kann man andere Verzerrungswinkel und Verkürzungsfaktoren wählen, um ein besseres Bild zu erhalten (siehe rechten Quader). Zeichne Schrägbilder eines Würfels (4 cm Kantenlänge). Wähle für die Tiefenstrecken

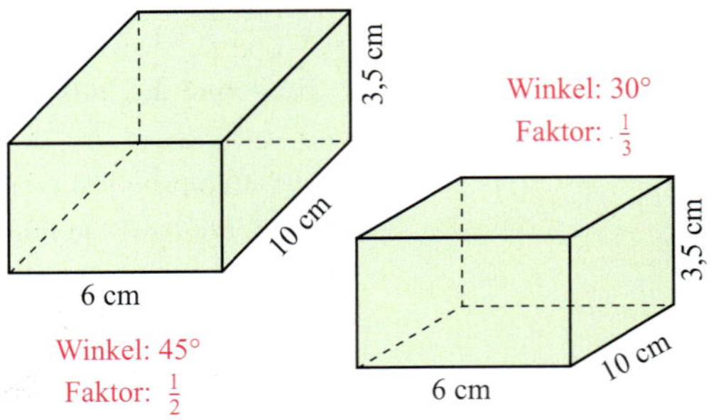

(1) Winkel 45°, Faktor $\frac{1}{2}$; (2) Winkel 30°, Faktor $\frac{1}{3}$; (3) Winkel 60°, Faktor $\frac{2}{3}$.
Beurteile die Bilder.

Übungsaufgaben

3. Ergänze das Schrägbild des Prismas so, dass ein Schrägbild eines Quaders entsteht.

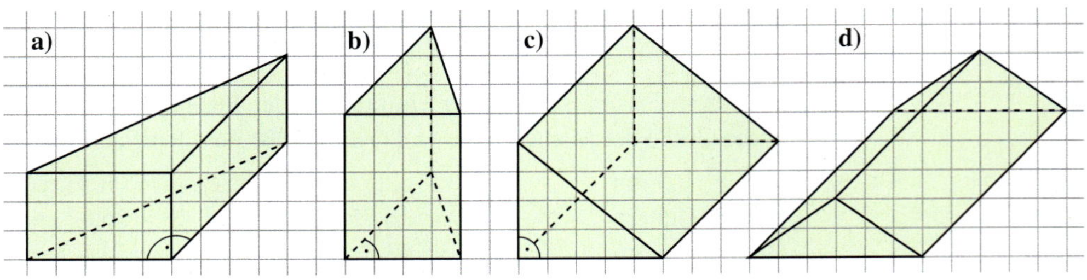

4. Zeichne ein Schrägbild des Prismas (Maße in mm)

a) auf einer Grundfläche stehend; **b)** auf einer Seitenfläche liegend.

	(1)	(2)	(3)	(4)
Grundfläche	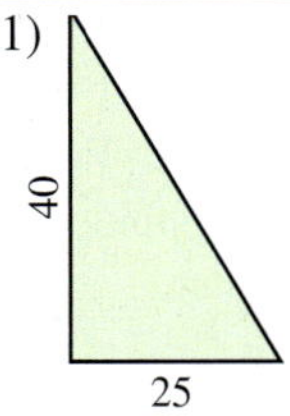 40; 25	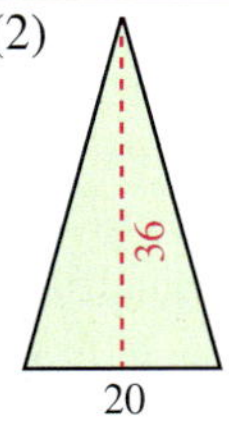 36; 20	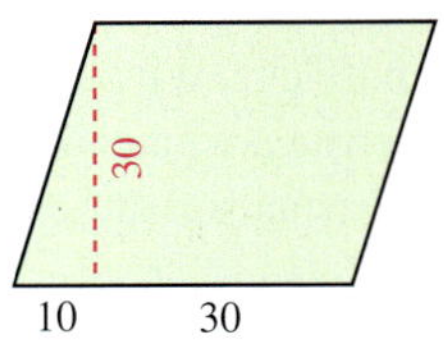 30; 10; 30	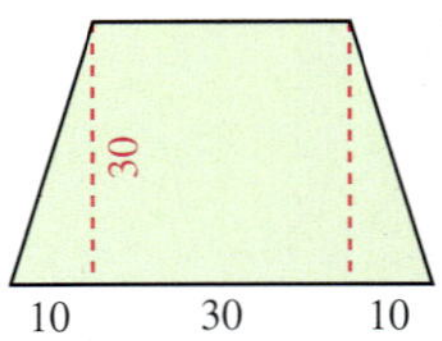 30; 10; 30; 10
Höhe	25	30	35	32
Winkel	45°	30°	60°	60°
Verkürzung	$\frac{1}{2}$	$\frac{2}{3}$	$\frac{2}{3}$	$\frac{1}{2}$

5. Was kannst du über die Länge einer Strecke im Schrägbild eines Körpers im Vergleich zur wirklichen Länge aussagen, wenn die Strecke in Wirklichkeit

a) parallel zur Vorderfläche ist; **b)** orthogonal zur Vorderfläche ist;

c) weder parallel noch orthogonal zur Vorderfläche ist?

2.2 Volumen eines Prismas

Einführung

Verwendete Strategien
- Zerlegen
- Zurückführen auf Bekanntes

Die Baugrube eines Ausstellungspavillons hat die Form eines dreiseitigen Prismas P. Die dreieckige Grundfläche hat a = 30 m als eine Seitenlänge mit der zugehörigen Höhe $h_a = 40$ m. Die Höhe des Prismas beträgt h = 6 m.
Wie viel m^3 Erde müssen ausgebaggert werden?

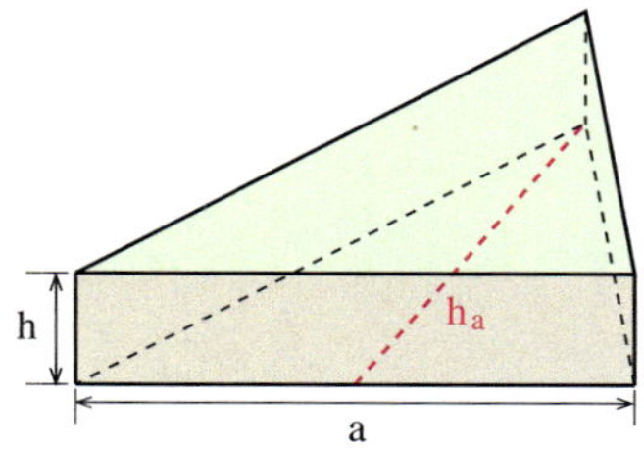

Es ist also das Volumen des Prismas P zu berechnen. Bisher können wir nur das Volumen von Quadern berechnen. Daher versuchen wir, das Prisma P in Teilprismen zu zerlegen, die wir dann zu einem Quader zusammensetzen können:

Prisma P

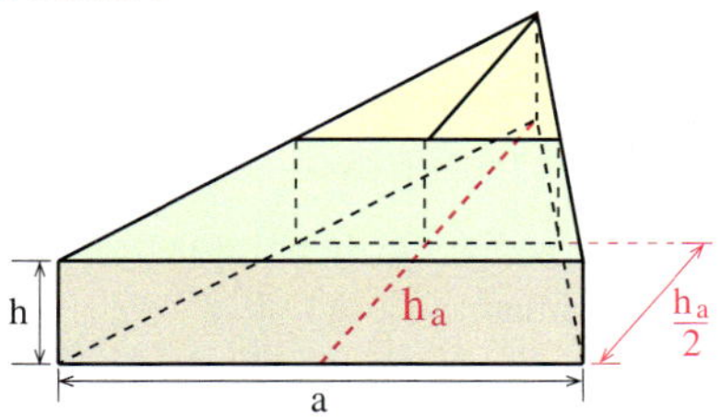

Quader Q

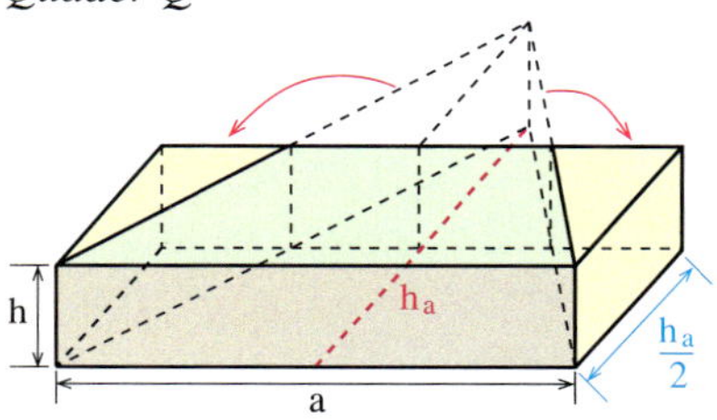

Das dreiseitige Prisma P hat dasselbe Volumen wie der entstandene Quader Q. Der Quader hat die Seitenlängen a, $\frac{h_a}{2}$ und h. Damit ergibt sich für das Volumen des Prismas:

$V_P = V_Q$

$V_P = a \cdot \frac{h_a}{2} \cdot h$

$V_P = 30\text{ m} \cdot \frac{40\text{ m}}{2} \cdot 6\text{ m} = 3\,600\text{ m}^3$

Ergebnis: Es müssen 3 600 m^3 Erde ausgebaggert werden.

Information

Die oben durchgeführte Zerlegung eines dreiseitigen Prismas ist stets möglich. Damit ergibt sich die Volumenformel:

$V = a \cdot \frac{h_a}{2} \cdot h$

Das Produkt der ersten beiden Faktoren ist gerade der Flächeninhalt G einer Grundfläche. Daher kann man das Volumen des dreiseitigen Prismas auch folgendermaßen angeben:

Statt Volumen sagt man auch Rauminhalt.

Für das **Volumen V eines dreiseitigen Prismas** mit dem Grundflächeninhalt G und der Höhe h gilt:

$\mathbf{V = G \cdot h}$

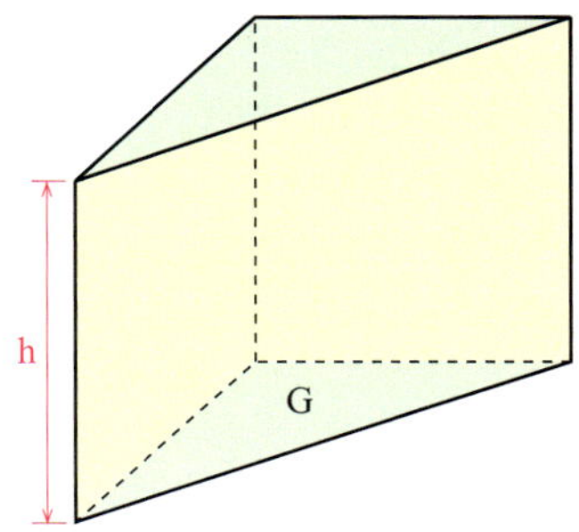

Weiterführende Aufgabe

Strategie: Zerlegen des Körpers

1. *Formel zur Volumenberechnung eines beliebigen Prismas*

a) Folgende Prismen haben alle die gleiche Höhe. Ferner liegen ihre Grundflächen in einem gemeinsamen Streifen.

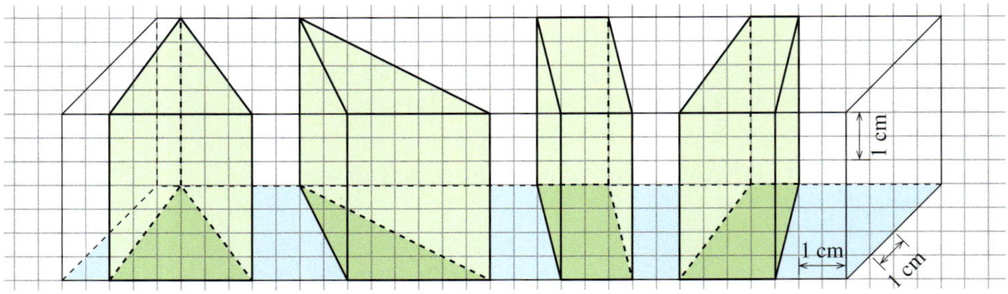

Berechne das Volumen der Prismen. Berechne auch jeweils die Größe der Grundfläche. Was fällt dir auf?

Prismen mit gleich großen Grundflächen und gleicher Höhe haben dasselbe Volumen.

b) Begründe: Ist die Grundfläche eines Prismas ein beliebiges Vieleck, so gilt für das Volumen des Prismas: $V = G \cdot h$.

Größe der Grundfläche mal Höhe

Statt Volumen sagt man auch Rauminhalt.

Für das **Volumen V eines Prismas** mit dem Grundflächeninhalt G und der Höhe h gilt:

$\mathbf{V = G \cdot h}$

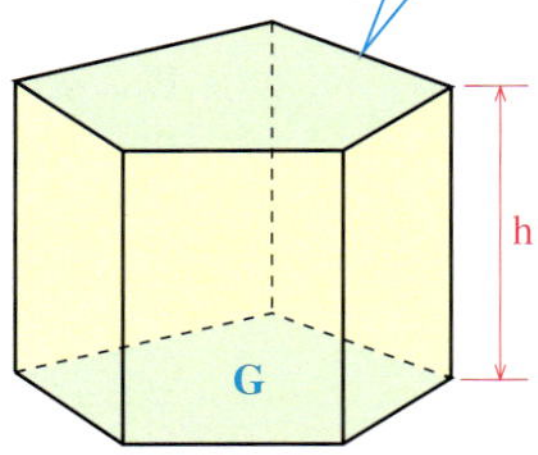

Übungsaufgaben

2. Zerlege das Prisma so, dass du die Teilkörper zu einem Quader zusammensetzen kannst. Skizziere das Schrägbild in deinem Heft und zeichne die Schnittlinien ein. Berechne dann das Volumen.

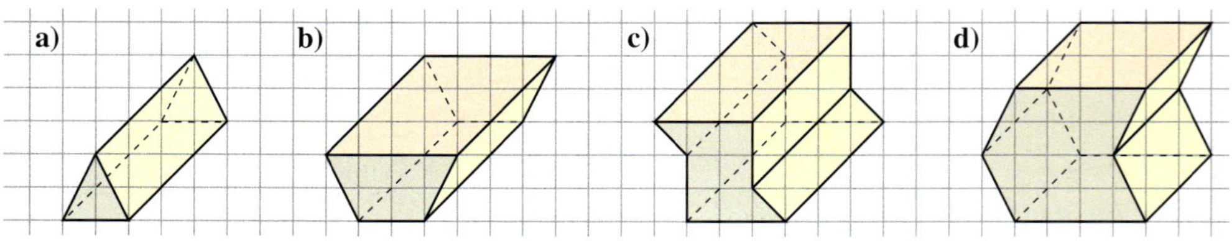

3. a) Durch einen Fehler einer Baufirma wurde die Baugrube in der Einführung (Seite 75) um 1,5 m zu tief ausgebaggert. Wie viel m^3 Erde wurden zu viel ausgebaggert?

b) Die Höhe des Pavillons (ab Oberkante der Baugrube) beträgt 8 m. Berechne den Bruttorauminhalt des ganzen Gebäudes.

Bruttorauminhalt (früher auch *Umbauter Raum*): Volumen eines Gebäudes

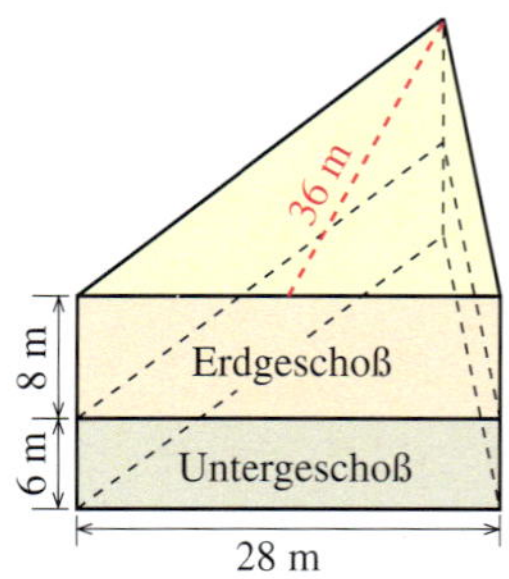

4. Berechne das Volumen des dreiseitigen Prismas.

	a)	b)	c)	d)	e)
Länge der Grundseite	6 cm	12,4 dm	27,3 m	8,7 dm	0,45 m
Höhe der Grundfläche	4 cm	8,6 dm	15,8 m	83 cm	3,8 dm
Höhe des Prismas	5 cm	5,3 dm	8,5 m	4,5 dm	47 cm

5. Entscheide, welche Prismen dasselbe Volumen haben.

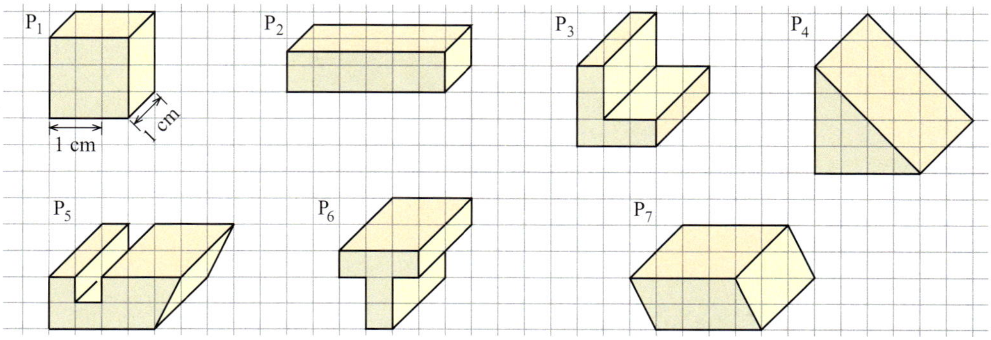

6. Der Flächeninhalt der Grundfläche eines Prismas beträgt 27,8 dm². Das Prisma hat das Volumen 180,7 dm³. Wie hoch ist das Prisma?

7. Berechne das Volumen der Körper.

a)

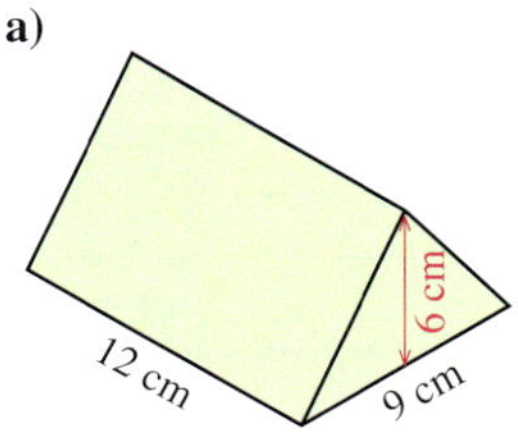

b)

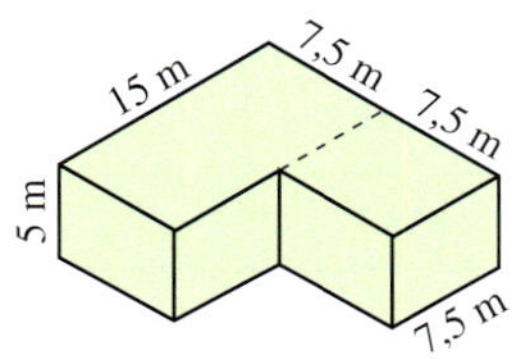

c)

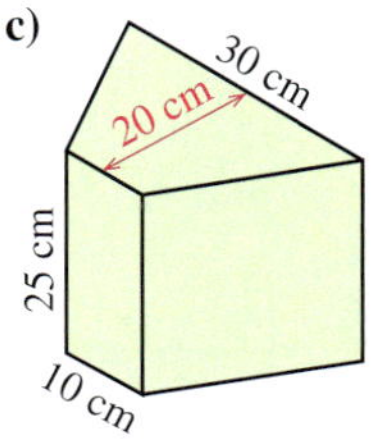

d)

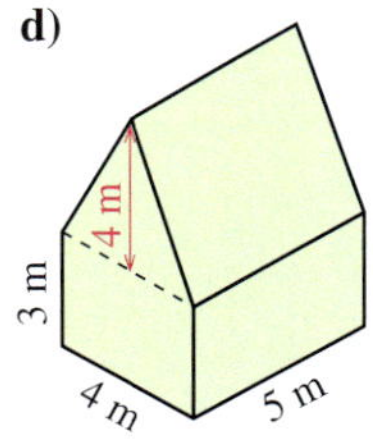

8. Wie verändert sich das Volumen eines Prismas, wenn man die Höhe verdoppelt [verdreifacht; halbiert] und die Größe der Grundfläche nicht verändert?

Vermischte Übungen

9. Die Körper sind oben offen. Wie viel Liter fasst der Körper? Wie viel dm² Blech benötigt man für die Herstellung (Maße in cm)?

a)

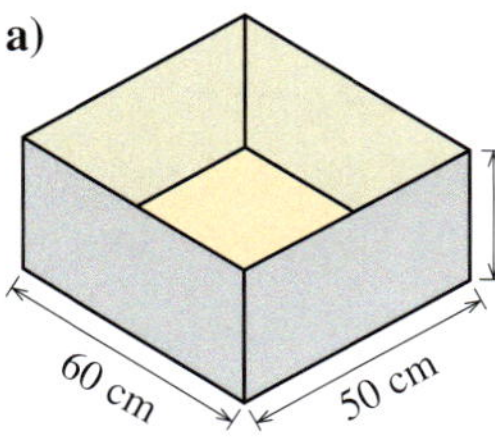

b)

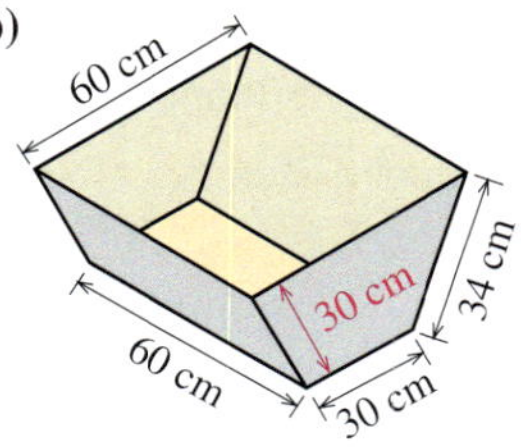

c)

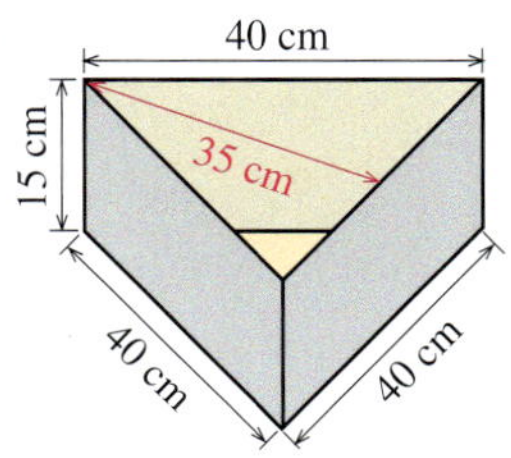

10. Ein Couchtisch hat eine Marmorplatte von 1,38 m Länge, 98 cm Breite und 3 cm Dicke. 1 cm³ Marmor wiegt 2,7 g. Wie viel wiegt die Platte?

Bruttorauminhalt (früher auch *Umbauter Raum*): Volumen eines Gebäudes

11. Berechne den Bruttorauminhalt.

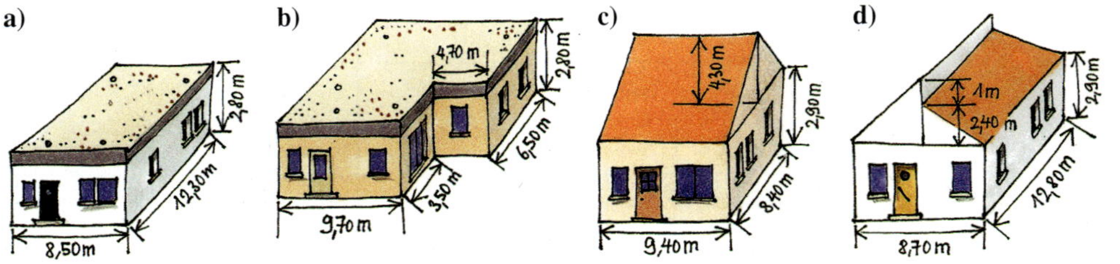

12. Berechne das Volumen und den Oberflächeninhalt des Körpers (Maße in cm).

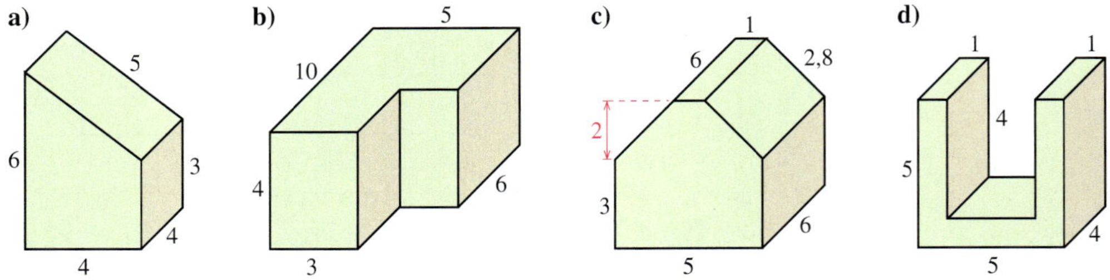

Dichte von Metallen (in $\frac{g}{cm^3}$)

Eisen	7,9
Kupfer	8,9
Silber	10,5
Zinn	7,3

13. Im Bild sind die Querschnitte von Eisenträgern gegeben (Maße in cm). Die Länge jedes Trägers beträgt 3,5 m.
Schätze zunächst: Welcher Eisenträger wiegt am wenigsten, welcher am meisten? Berechne anschließend genau.

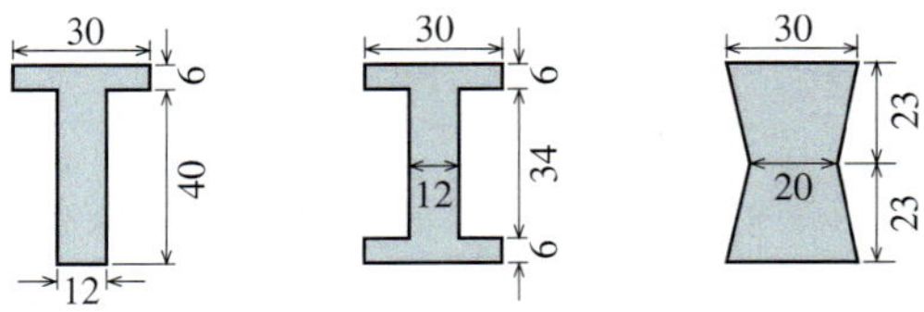

14. Berechne das Volumen, den Oberflächeninhalt und die gesamte Kantenlänge des Prismas (Maße in mm). Entnimm fehlende Kantenlängen oder Höhen aus einer Zeichnung. Zeichne ein Schrägbild des Prismas (Winkel: 45°, Verkürzung auf die Hälfte).

	a)	b)	c)	d)
Grundfläche	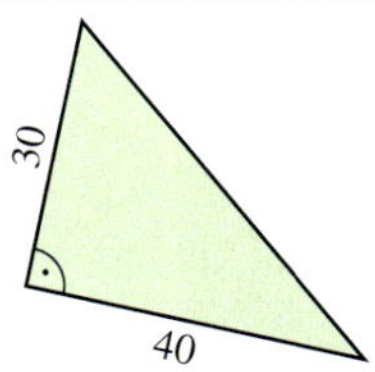	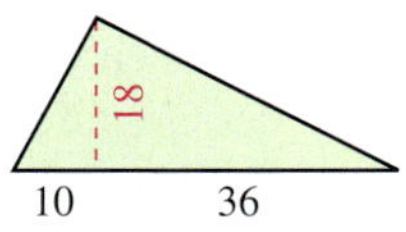	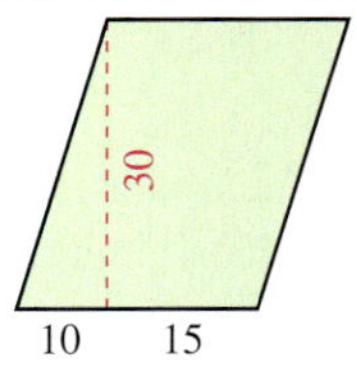	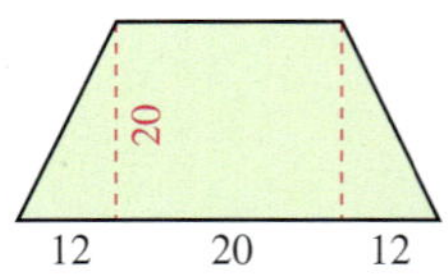
Höhe	32	25	35	36

15. **a)** Wie verändert sich der Oberflächeninhalt bzw. das Volumen eines Würfels, wenn man die Kantenlänge verdoppelt [die Kantenlänge verdreifacht]?

b) Wie verändert sich der Oberflächeninhalt eines Quaders bzw. das Volumen, wenn man die Länge jeder Kante verdoppelt [die Länge jeder Kante verdreifacht]?

c) Von einem dreiseitigen Prisma kennt man den Grundflächeninhalt $G = 25\ cm^2$ und den Mantelflächeninhalt $M = 50\ cm^2$.
Wie verändert sich der Oberflächeninhalt, wenn man die Höhe verdoppelt [die Höhe verdreifacht]?

16. Das Werkstück besteht aus Grauguss (Angaben im Bild in cm). 1 cm^3 Grauguss wiegt 7,3 g. Wie viel wiegt das Werkstück?

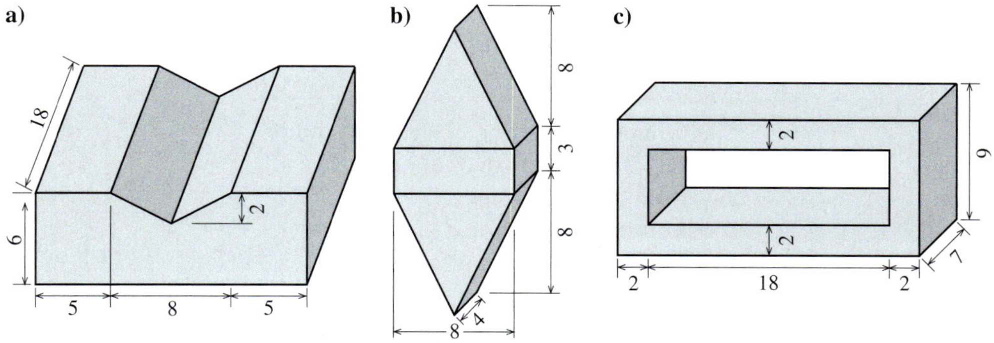

17. Manche Container für Luftfracht sind im Gegensatz zu anderen Containern nicht quaderförmig. Damit der Laderaum eines Flugzeuges besser genutzt werden kann, sind diese Container abgeschrägt (Maße im Bild in m).

a) Wie viel Laderaum nimmt der Container ein (äußeres Volumen V_a)?

b) Berechne den Materialbedarf für die Außenverkleidung des Containers (äußere Oberfläche O_a).

c) Die Wände des Containers sind 5 cm dick. Berechne das innere Volumen V_i und den Materialbedarf für die Innenverkleidung (innere Oberfläche O_i).

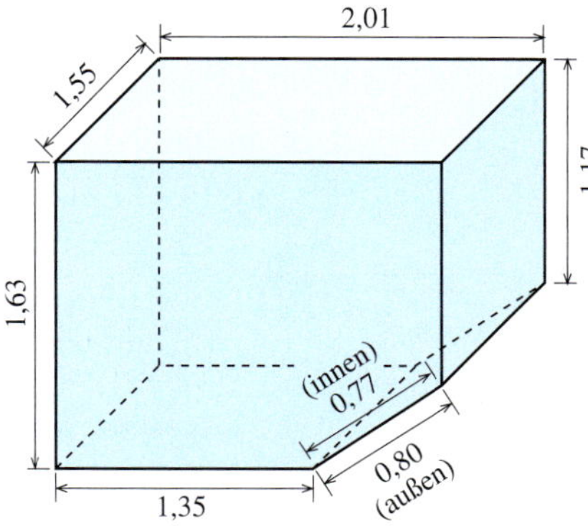

Erkundige dich nach den aktuellen Mehrwertsteuersätzen!

18. a) Wie viel Wasser wird für eine Füllung des Schwimmbeckens bis zum Rand benötigt?

b) Das Becken soll neu gefliest werden. Eine Firma berechnet pro m^2 Fliesen 44,90 €. Dazu kommt die Mehrwertsteuer. Wie hoch ist der Rechnungsbetrag?

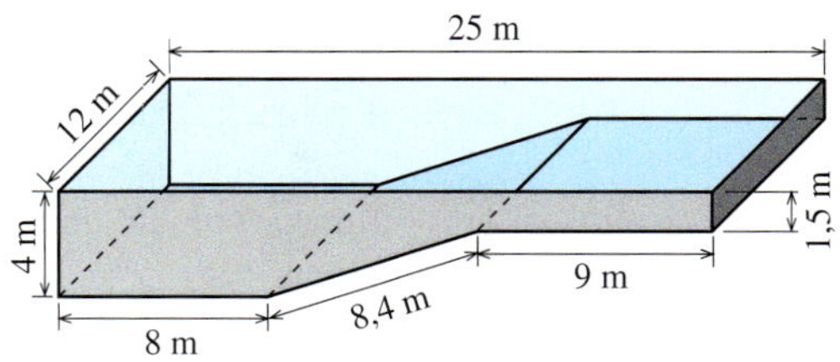

19. Parfüm, Badeöl, Cremes und ähnliche Kosmetikartikel werden in der Regel in Fläschchen oder Dosen verkauft, die zusätzlich in einer Schachtel aus Feinkarton verpackt sind. Dabei wird die Verpackung oft recht großzügig gestaltet. Berechne zu den Artikeln den Anteil des Volumens des Inhalts am Gesamtvolumen der Verpackung. Gib diesen Anteil auch in Prozent an.

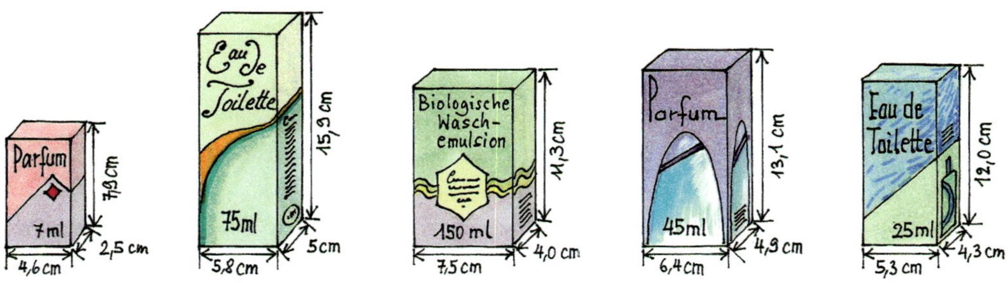

Langzeitaufgabe **20.** Sammelt Verpackungen von aufwändig verpackten Produkten. Berechnet, welchen Anteil der Inhalt an dem Gesamtvolumen der Verpackung einnimmt. Stellt die Ergebnisse in der Klasse aus.

2.3 Zylinder

2.3.1 Oberflächeninhalt des Zylinders

Information

Ein **Zylinder** ist ein Körper, dessen **Grundflächen** Kreisflächen sind, die parallel und kongruent zueinander sind.
Die **Mantelfläche** eines Zylinders ist gewölbt. Der Abstand der beiden Grundflächen ist die **Höhe** des Zylinders.

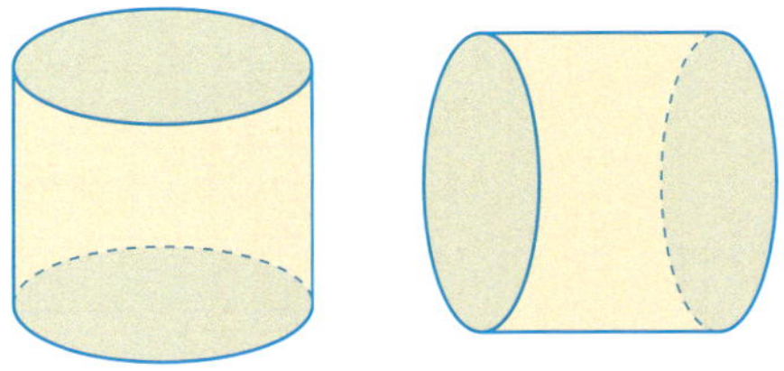

Aufgabe 1

Zur Verpackung von Lebkuchen benutzt eine Firma auch zylinderförmige Blechdosen (Maße im Bild).

a) Es soll ein Papiermodell hergestellt werden. Fertige dazu ein Netz des Zylinders an.

b) Berechne den Materialbedarf (ohne Verschnitt); stelle zunächst eine Formel auf.

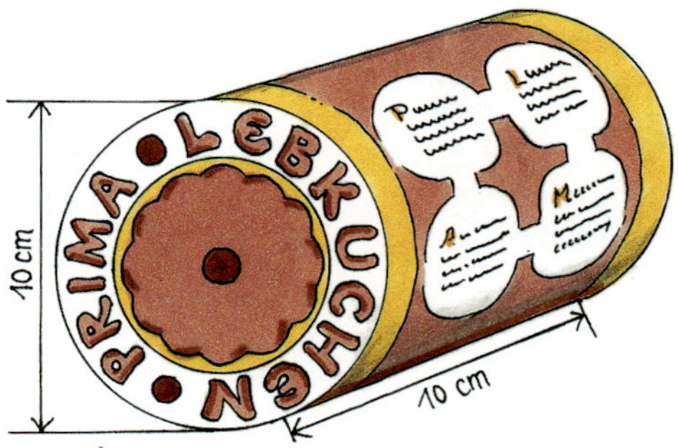

Lösung

Die Dose hat die Form eines Zylinders.

a) Wenn man die Mantelfläche des Zylinders in die Ebene abwickelt, erhält man ein Rechteck. Das Netz des Zylinders besteht aus dem Rechteck und den beiden kreisförmigen Grundflächen.

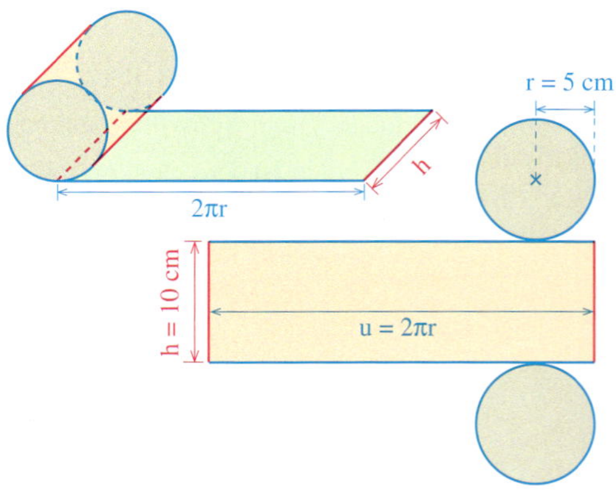

b) (1) *Mantelflächeninhalt M*

$M = u \cdot h = 2\pi r \cdot h$
$M = 2\pi \cdot 5\text{ cm} \cdot 10\text{ cm}$
$M \approx 314{,}2\text{ cm}^2$

(2) *Grundflächeninhalt G*

$G = \pi r^2$
$G = \pi \cdot (5\text{ cm})^2$
$G \approx 78{,}5\text{ cm}^2$

(3) *Oberflächeninhalt O*

$O = 2 \cdot G + M$
$O \approx 2 \cdot 78{,}5\text{ cm}^2 + 314{,}2\text{ cm}^2$
$O \approx 471{,}2\text{ cm}^2$

Ergebnis: Man benötigt ungefähr 472 cm^2 Blech.

Weiterführende Aufgabe

2. *Weitere Formeln zur Oberflächenberechnung eines Zylinders*

In Formelsammlungen findet man für den Oberflächeninhalt O eines Zylinders häufig auch folgende Formeln. Begründe diese Formeln.

(1) $O = 2\pi r \cdot (r + h)$ (2) $O = \frac{\pi}{2} d \cdot (d + 2h)$

Information

Satz

Für den **Oberflächeninhalt O eines Zylinders** mit dem Grundflächeninhalt G, dem Mantelflächeninhalt M, dem Umfang u der Grundfläche und der Höhe h gilt:

$\mathbf{O = 2G + M}$ bzw. $\mathbf{O = 2G + u \cdot h}$

Bezeichnet r den Radius bzw. d den Durchmesser des Grundkreises des Zylinders, so gilt insbesondere:

$\mathbf{O = 2\pi r^2 + 2\pi r \cdot h}$ bzw. $\mathbf{O = \frac{\pi}{2} d^2 + \pi d \cdot h}$

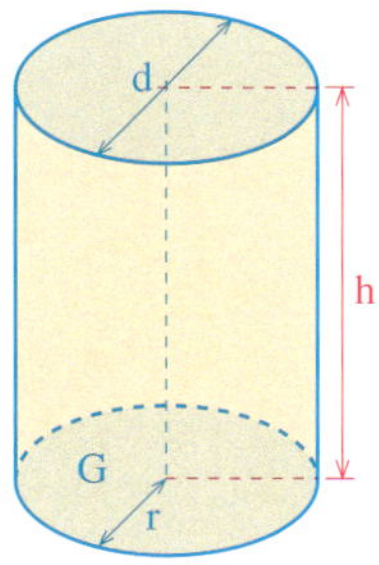

Übungsaufgaben

3. Poster werden zum Versand in zylinderförmigen Rollen verpackt. Der Durchmesser der Grundfläche ist 5,2 cm und die Höhe beträgt 52,0 cm. Wie viel Pappe wird zur Herstellung einer Posterrolle benötigt?

4. Nenne Gegenstände aus deiner Umwelt, die zylinderförmig sind.

5. Berechne die Größe der Mantelfläche und den Oberflächeninhalt des Zylinders.

a) r = 21,3 cm; h = 15,7 cm
b) d = 12,6 cm; h = 4,9 cm
c) d = 3,7 dm; h = 64 cm
d) d = 3,7 cm; h = 14 m
e) r = 9,4 cm; h = d

6. Ein zylindrischer Behälter aus Stahlblech ist oben offen. Er hat einen Durchmesser von 1,40 m und eine Höhe von 2,50 m. 1 m^2 Stahlblech wiegt 36,5 kg. Wie viel wiegt der leere Behälter?

7. Stelle für die gesuchte Größe zunächst eine Formel auf. Gehe dabei von der Formel für den Oberflächeninhalt bzw. den Mantelflächeninhalt aus und isoliere dann die Variable, mit der man die gesuchte Größe berechnen kann. Setze dann ein und berechne.
Ein Zylinder hat den Radius r = 6,5 cm. Der Oberflächeninhalt beträgt O = 551,35 cm^2.
Wie hoch ist der Zylinder?

8. Ein Zylinder hat eine Oberflächengröße von 1 dm^2. Berechne seine Höhe, wenn sein Durchmesser 0,5 cm beträgt.

9. **a)** Ein Zylinder ist 3 cm hoch. Wie verändert sich der Oberflächeninhalt des Zylinders in Abhängigkeit vom Radius der Grundfläche?
Stelle den Zusammenhang in einem Koordinatensystem grafisch dar.

b) Ein Zylinder hat eine Grundfläche mit r = 3 cm. Wie ändert sich der Oberflächeninhalt des Zylinders in Abhängigkeit von der Höhe?
Stelle den Zusammenhang in einem Koordinatensystem grafisch dar.

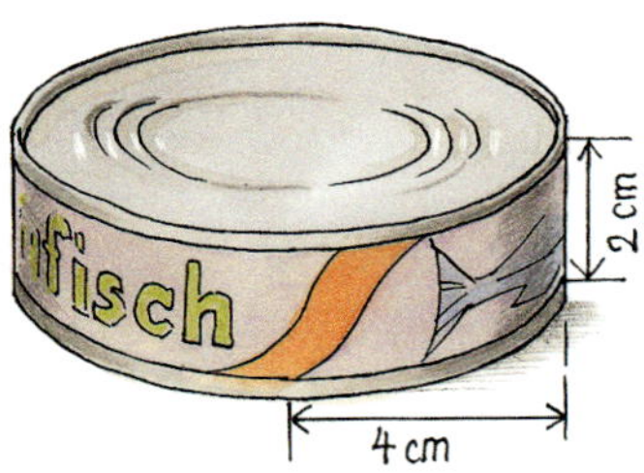

10. **a)** Vergleiche die Größe der rundherum aufgeklebten Etiketten.

b) Vergleiche den Materialverbrauch für beide Konservendosen.

c) Verändere entweder Radius oder Höhe so, dass beide Dosen gleichen Materialverbrauch haben.

2.3.2 Schrägbild des Zylinders

Aufgabe 1

Gegeben ist ein 3 cm hoher Zylinder. Der Radius der Grundfläche beträgt 2 cm.
Zeichne ein Schrägbild des Zylinders mit dem Verzerrungswinkel 45° und dem Verkürzungsfaktor $\frac{1}{2}$. Zeichne geeignete Tiefenstrecken ein.

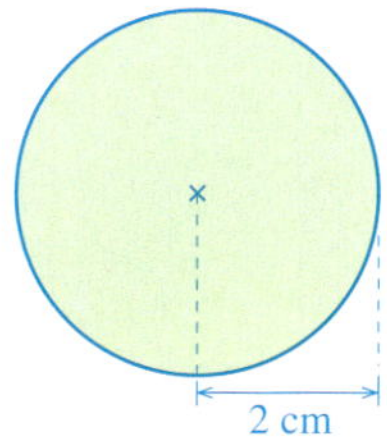

Lösung

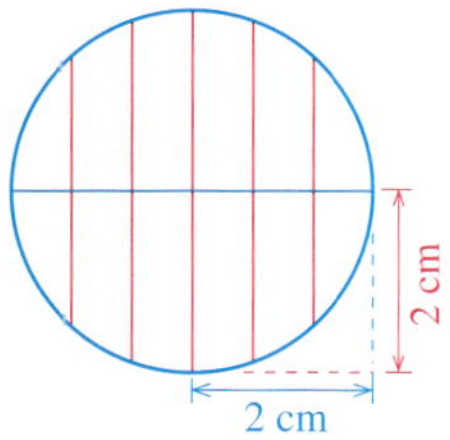

Zeichne geeignete Tiefenstrecken (rot) ein.

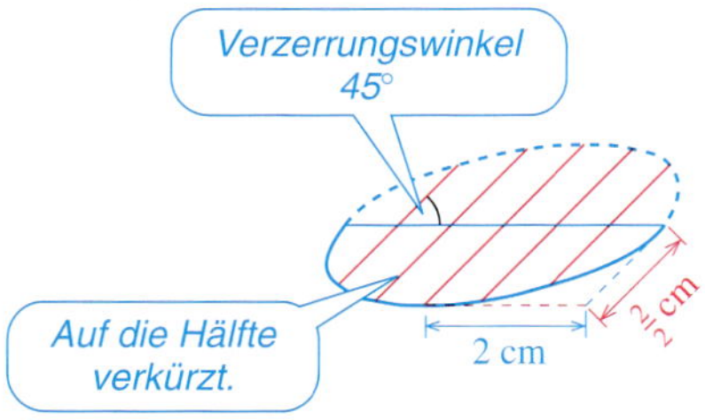

Zeichne den parallel zur Vorderseite verlaufenden Durchmesser (blau) unverkürzt sowie die Tiefenstrecken (rot) unter einem Winkel von 45° und auf die Hälfte verkürzt.

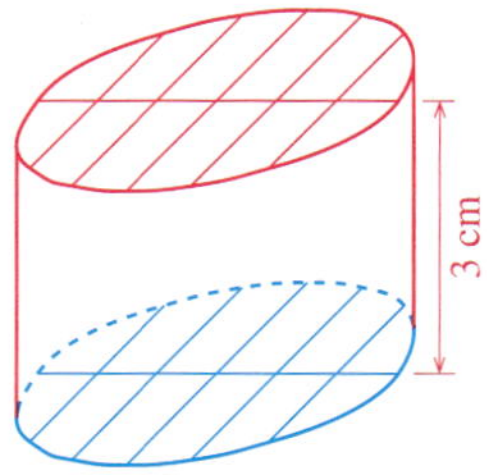

Zeichne senkrecht nach oben verlaufende Strecken unverkürzt. Ergänze die Deckfläche.
Verdeckte Kanten werden gestrichelt gezeichnet.

Weiterführende Aufgaben

2. *Schrägbild mit dem Verzerrungswinkel 90°*

Für das Schrägbild eines Zylinders wählt man oft als Verzerrungswinkel 90°, weil dadurch das Zeichnen erleichtert wird.
Zeichne ein Schrägbild des Zylinders aus Aufgabe 1 mit dem Verzerrungswinkel 90° und dem Verkürzungsfaktor $\frac{1}{2}$.

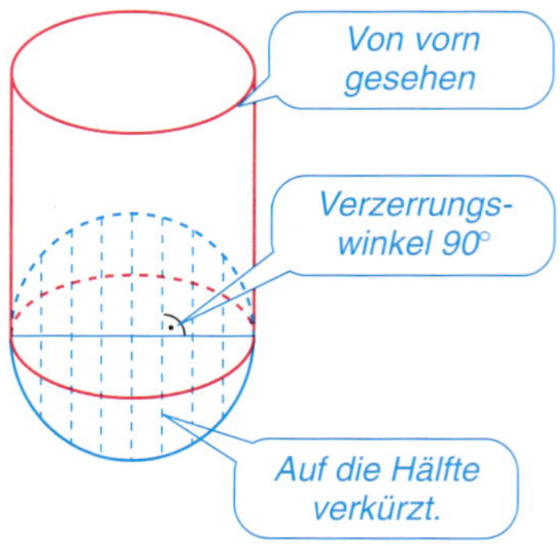

3. *Schrägbild eines liegenden Zylinders*

In den Aufgaben 1 und 2 steht der Zylinder auf einer Grundfläche. Zylinder werden aber häufig auch liegend dargestellt. Man sieht dann die Grundfläche von vorn und es ist einfacher das Schrägbild zu zeichnen.
Zeichne den Zylinder aus Aufgabe 1 liegend.

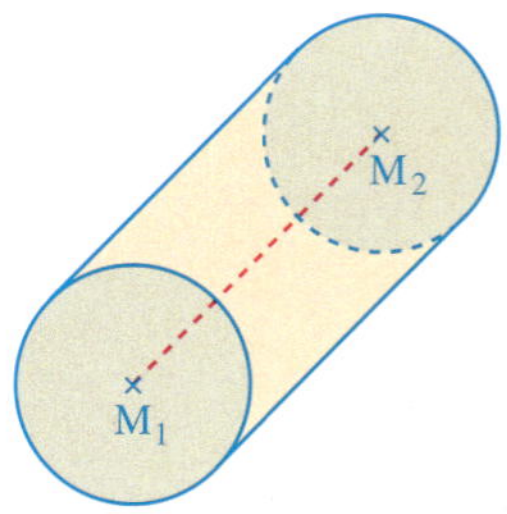

Übungsaufgaben

4. Zeichne ein Schrägbild des Zylinders mit dem Verzerrungswinkel $\alpha = 90°$ und dem Verkürzungsfaktor $q = \frac{1}{2}$.

a) r = 30 mm; h = 45 mm **b)** d = 45 mm; h = 35 mm **c)** d = h = 62 mm

5. Zeichne die Zylinder aus Aufgabe 4 liegend.

6. Die Abbildung zeigt die Grundfläche eines Werkstücks, das aus einem Zylinder mit der Höhe h = 4 cm hergestellt wurde.
Zeichne ein Schrägbild des Werkstücks.

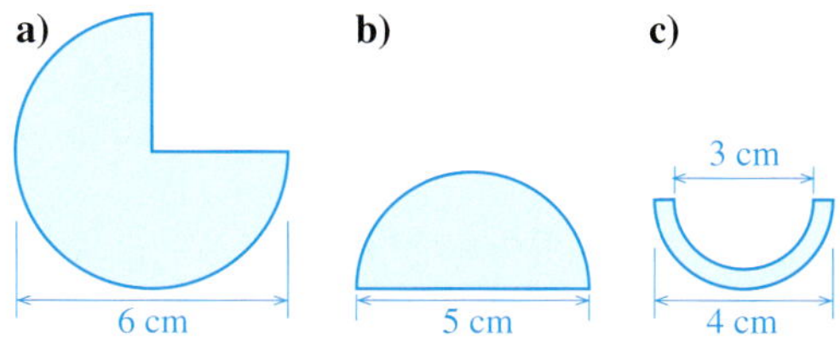

Langzeitaufgabe

7. Rechts siehst du Zylinderdiagramme zu den typischen Skater-Verletzungen und den Lieblingsbrotsorten der Deutschen im Jahr 2005.
Führt in eurer Klasse eine Befragung durch und zeichnet die dazugehörigen Zylinderdiagramme.

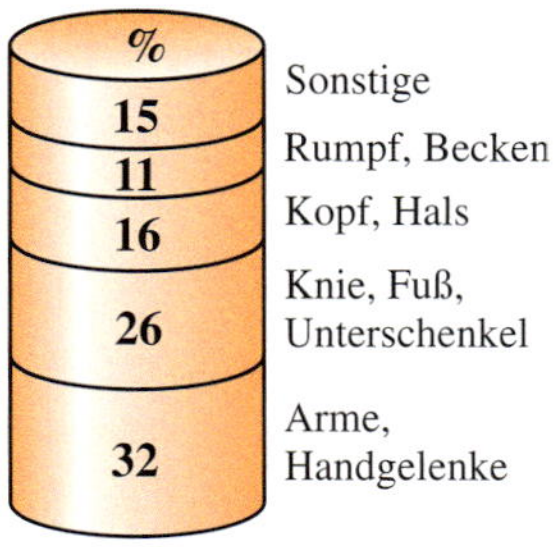

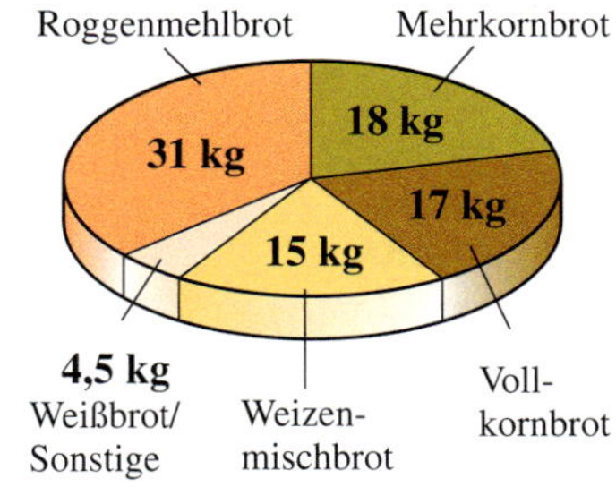

2.3.3 Volumen des Zylinders

Aufgabe 1

Eine zylinderförmige Konservendose hat den Radius r = 5 cm und die Höhe h = 11,5 cm.

a) Begründe, dass für das Volumen des Zylinders gilt:
$V_Z = G \cdot h$,
also $V_Z = \pi r^2 \cdot h$.

b) Berechne das Volumen der Dose.

Lösung

a) Den Flächeninhalt A_K einer Kreisfläche kann man mithilfe von einbeschriebenen bzw. umbeschriebenen regelmäßigen n-Ecken bestimmen. Als Formel für den Inhalt des Kreises kennst du: $A_K = \pi r^2$.
Ist die Kreisfläche die Grundfläche eines Zylinders Z, so kannst du jedes der n-Ecke als Grundfläche eines einbeschriebenen Prismas P_1 bzw. eines umbeschriebenen Prismas P_2 betrachten.

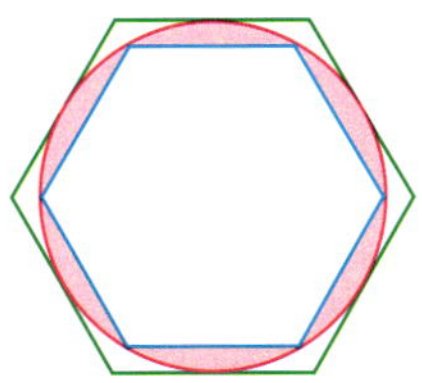

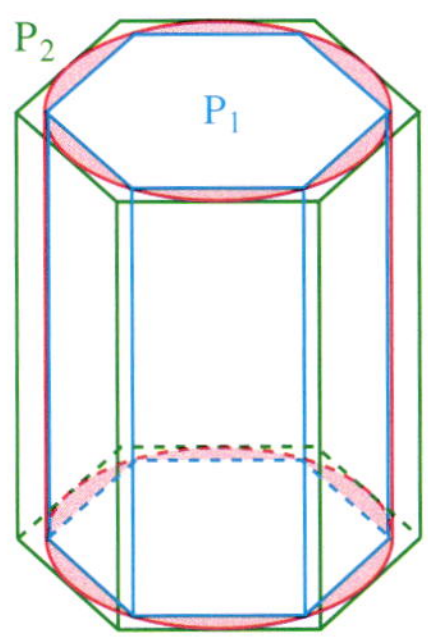

Es gilt: $V_{P_1} < V_Z < V_{P_2}$.
Das Volumen der Prismen kann man mit der Formel $V_P = G \cdot h$ berechnen. Diese Formel gilt auch, wenn die Eckenzahl n beliebig wächst. Mit wachsendem n nähert sich der Flächeninhalt G der n-Ecke beliebig genau dem Kreisflächeninhalt A_K, das Volumen des Prismas nähert sich beliebig genau dem Volumen des Zylinders.
Somit muss auch für den Zylinder gelten: $V_Z = G \cdot h = \pi r^2 \cdot h$.

b) $V = \pi r^2 \cdot h = \pi \cdot (5\text{ cm})^2 \cdot 11{,}5\text{ cm} = \pi \cdot 287{,}5\text{ cm}^3 \approx 903\text{ cm}^3$
Ergebnis: Die Konservendose hat ein Volumen von ungefähr 903 cm^3.

Information

Satz

Für das **Volumen V eines Zylinders** mit der Grundflächengröße G und der Höhe h gilt:

$\mathbf{V = G \cdot h}$

Bezeichnet r den Radius bzw. d den Durchmesser des Grundkreises des Zylinders, so gilt insbesondere:

$\mathbf{V = \pi r^2 \cdot h}$ bzw. $\mathbf{V = \frac{\pi}{4} d^2 \cdot h}$

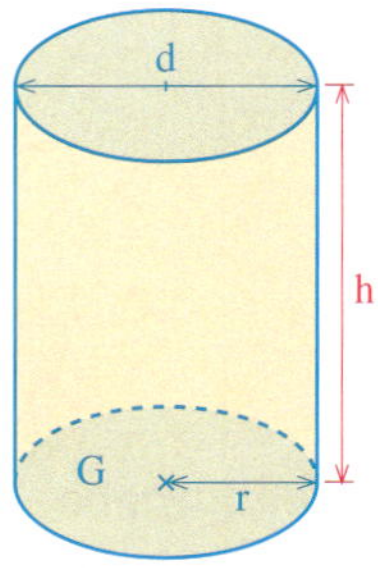

Weiterführende Aufgabe

2. *Volumen eines Hohlzylinders*

Ein Eisenring hat die Form eines Hohlzylinders. Berechne das Volumen des Ringes für $r_1 = 19$ cm; $r_2 = 23$ cm und $h = 8$ cm.
Stelle auch eine Formel für das Volumen eines Hohlzylinders auf.

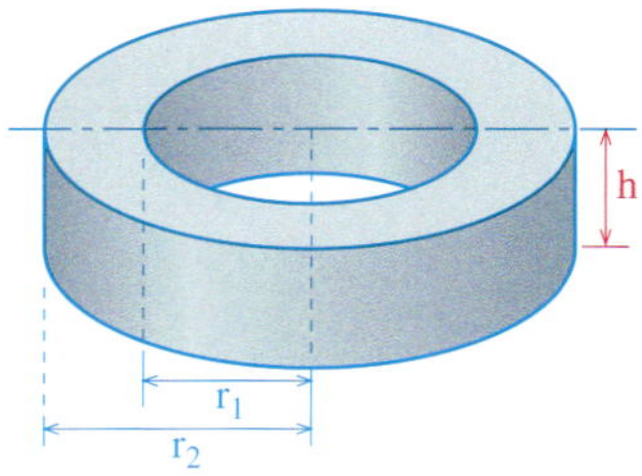

Übungsaufgaben

3. Eine Torte hat den Radius r = 17 cm und die Höhe h = 6 cm.

a) Franziska sagt: Das Volumen einer Torte kann ich ganz leicht bestimmen. Es gilt: $V = G \cdot h$, also $V = \pi r^2 \cdot h$.
Begründe die Formeln.

b) Berechne das Volumen der Torte in *l*.

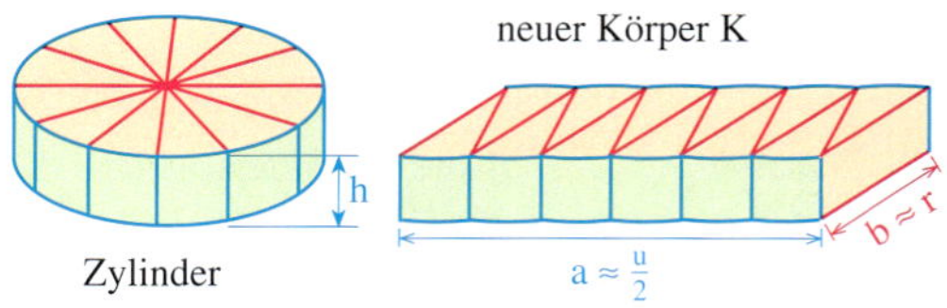

4. Berechne das Volumen des Zylinders.

a) r = 17,2 cm; h = 23,8 cm
b) d = 8,2 cm; h = 11,2 cm
c) r = 25 mm; h = 7,2 m
d) d = 4,8 dm; $h = 2 \cdot d$
e) h = 35 cm; $r = 3 \cdot h$

Dichte-Tabelle $\left(\text{in } \frac{g}{cm^3}\right)$

Kupfer	8,9
Eisen	7,9
Gusseisen	7,3
Stahl	7,9
Dieselöl	0,9

5. Wie schwer sind die Drähte?

a) Kupferdraht: Länge 100 m; d = 1 mm
b) Eisendraht: Länge 50 m; d = 2 mm.

6. Jeder Rundstahl einer bestimmten Sorte ist 4,70 m lang und hat einen Durchmesser von 12 mm. Wie schwer ist ein Bund mit 20 Stück?

7. Der Durchmesser eines 1,40 m langen Fasses für Dieselöl beträgt 90 cm (Innenmaße). Das leere Fass wiegt 26 kg. Wie viel wiegt das Dieselölfass, wenn es halb gefüllt ist?

8. **a)** Wie schwer ist das im Bild dargestellte Rohr aus Gusseisen (Maße in mm)?

b) Wie schwer ist das Rohr, wenn es vollständig mit Wasser gefüllt ist?

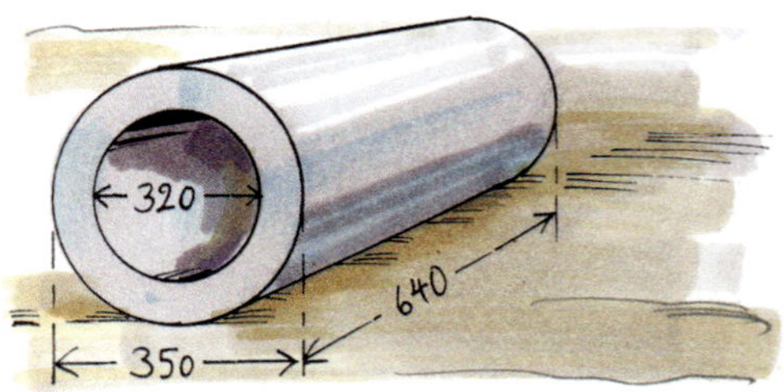

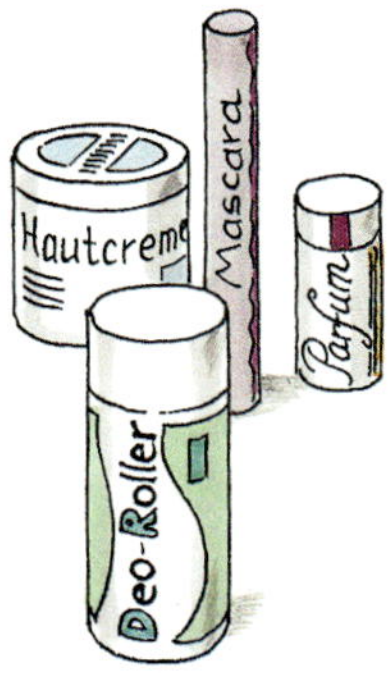

9. Kosmetik wird oft aufwändig verpackt. Welche Verpackung ist am aufwändigsten?

Artikel	Zylinderförmige Verpackung Durchmesser	Höhe	Inhaltsangabe
Hautcreme	5,5 cm	5,0 cm	50 ml
Deo-Roller	3,5 cm	10,0 cm	50 ml
Mascara	1,4 cm	12,0 cm	10 ml
Parfüm	2,6 cm	5,4 cm	5 ml

10. Verschiedene zylinderförmige Verpackungen für Nougatkonfekt sollen alle das Volumen 150 cm³ haben. Stelle für die gesuchte Größe zunächst eine Formel auf; berechne dann.
Der Radius ist 1,5 cm [2 cm; 2,5 cm]. Wie hoch sind die Verpackungen?

11. Janice hat Formeln zum Zylinder umgeformt. Kontrolliere.

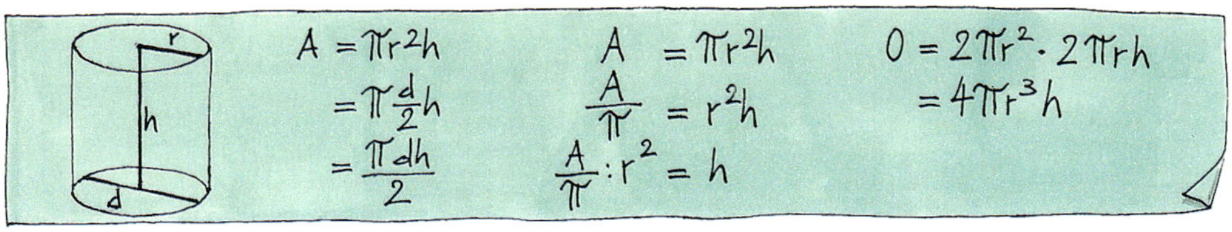

Vermischte Übungen

12. In einen zylinderförmigen Blechbehälter mit dem Durchmesser 60 cm und der Höhe 1 m werden 50 *l* Wasser eingefüllt.

a) Wie viel m² Blech benötigt man für die Herstellung des Behälters (ohne Deckel und ohne Verschnitt)?

b) Wie viel Prozent des Behälters sind gefüllt?

c) Um wie viel wird der Wasserbehälter schwerer, wenn noch weitere 30 *l* Wasser eingefüllt werden?

d) Wie viel 10-*l*-Gießkannen können mit dem Wasser gefüllt werden, wenn es in dem Behälter 20 cm unter dem Rand steht?

13. Für integrierte Schaltungen in Computern werden extrem dünne Drähte verwandt. Ein solcher Draht hat einen Durchmesser von 0,01 mm.

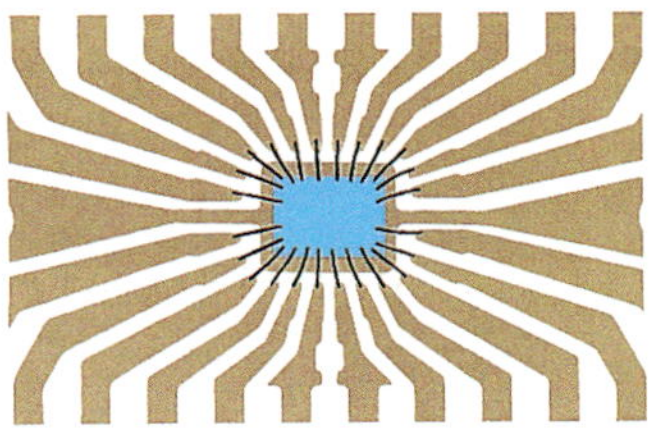

a) Wie lang muss dieser Draht sein, damit er ein Volumen von 1 cm³ besitzt?

b) Der Draht besteht aus fast reinem Gold. 1 cm³ reines Gold wiegt 19,3 g.
Wie viel wiegt der Draht von einem Meter Länge?

14. Die Walze einer Straßenbaumaschine hat den Durchmesser 1,15 m und ist 2,25 m breit. Wie groß ist die Fläche, die die Walze mit einer Umdrehung überfährt?

1 Zoll
1" = 25,4 mm

15. Wie viel *l* Wasser befinden sich in einem 50 m langen Gartenschlauch mit dem Innendurchmesser $\frac{3}{4}$ Zoll?

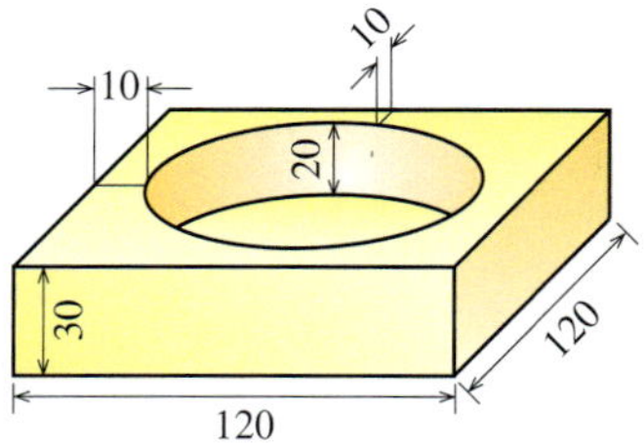

16. Der Aschenbecher im Bild rechts ist aus Messing (Maße in mm). 1 cm^3 Messing wiegt 8,6 g.
Wie viel wiegt der Aschenbecher?

17. Eine Litfaßsäule (Bild links) hat den Durchmesser 1,30 m. Sie ist 3,20 m hoch. Der 50 cm hohe Sockel soll nicht beklebt werden. 1 m^2 Werbefläche kostet 99 € zuzüglich Mehrwertsteuer.

18. Eine über 100 Jahre alte Rotbuche musste gefällt werden. Der annähernd zylinderförmige Stamm war 25 m hoch und hatte einen Umfang von 4,5 m.
Wie viele Lkw-Fahrten waren zum Abtransport des Stammes bei einer Tragfähigkeit von 6 t nötig? 1 dm^3 Buche wiegt etwa 0,7 kg.

19. Wie schwer ist der abgebildete Ring, der zu 70 % aus Gold und zu 30 % aus Silber besteht?
Die Dichte von Gold ist $19{,}3\,\frac{g}{cm^3}$, die von Silber $10{,}5\,\frac{g}{cm^3}$.

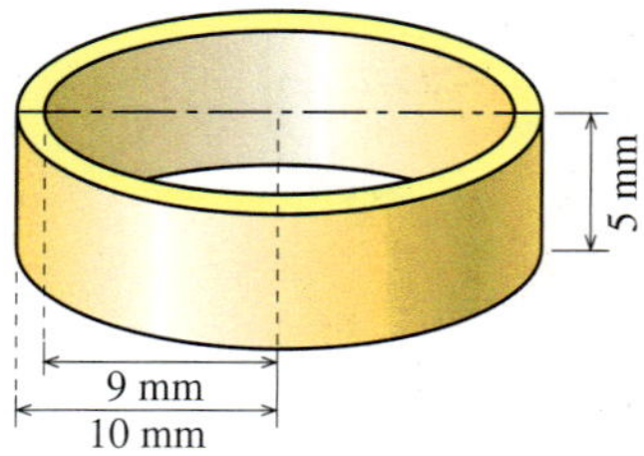

20. Lies die Zeitungsmeldung. Formuliere dann selbst Aufgaben und rechne.

> Ein Taucher reinigt das 6,70 m hohe Meerwasser-Aquarium mit einem Durchmesser von 2,50 m in Osterholz bei Bremen. Das zylinderförmige Aquarium gehört mit 32 000 *l* Meerwasser und einer Glasstärke von 5 cm zu den größten der Welt.

21. Für geowissenschaftliche Untersuchungen wurde in der Oberpfalz eine Tiefbohrung durchgeführt. Die Bohrarbeiten begannen mit einem Anfangsdurchmesser von 72 cm bis zu einer Tiefe von 300 m. Bis zu einer Tiefe von 3 000 m wurde dann mit 44 cm Durchmesser gebohrt und bis 6 000 m mit 37,5 cm. Bis zu einer Tiefe von 9 100 m wurde mit einem Durchmesser von 31 cm weitergebohrt.
1 m^3 Erdreich wiegt etwa 1,5 t.
Formuliere selbst Aufgaben und berechne.

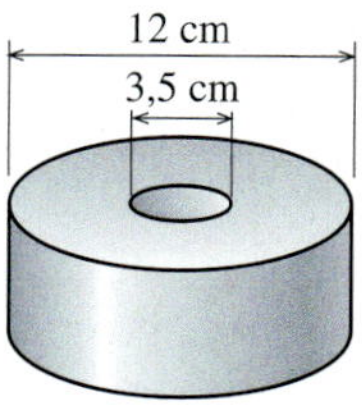

22. Der links abgebildete Eisenring für eine Hantel soll 1,25 kg wiegen. Wie hoch muss er sein, wenn 1 cm^3 Eisen 7,9 g wiegt?

23. Wie viel wiegt das Werkstück aus Stahl (Maße in mm)? 1 cm^3 Stahl wiegt 7,9 g.

a)

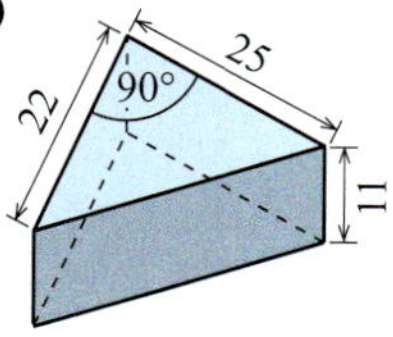

b)

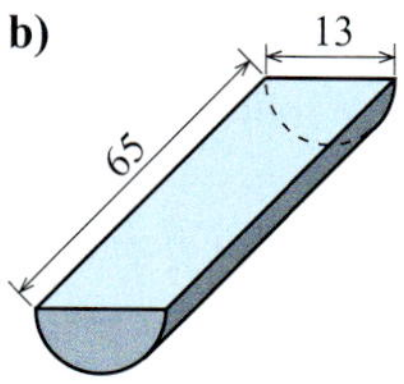

c)

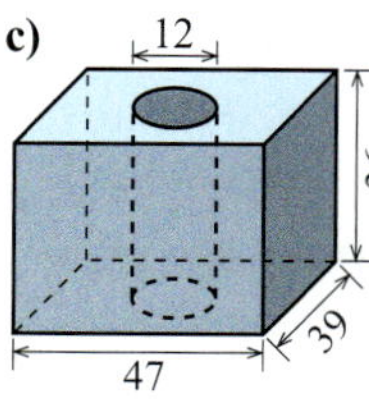

d)

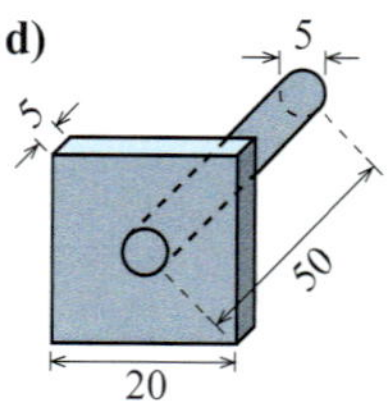

2.4 Aufgaben zur Vertiefung

1. **a)** Wie verändert sich das Volumen des Zylinders, wenn man den Radius verdoppelt [verdreifacht] und die Höhe unverändert bleibt?

b) Wie verändert sich das Volumen eines Zylinders, wenn man den Radius verdoppelt und die Höhe halbiert?

2. **a)** Wie verändert sich der Mantelflächeninhalt eines Zylinders, wenn der Radius der Grundfläche verdoppelt [verdreifacht] wird?

b) Wie verändert sich der Oberflächeninhalt eines Zylinders, wenn Radius *und* Höhe verdoppelt [verdreifacht] werden?

c) Stelle selbst Fragen und untersuche die Veränderung.

3. **a)** Ein Zylinder ist 3 cm hoch. Wie verändert sich der Oberflächeninhalt des Zylinders in Abhängigkeit vom Radius der Grundfläche? Stelle den Zusammenhang in einem Koordinatensystem grafisch dar.

b) Ein Zylinder hat eine Grundfläche mit r = 3 cm. Wie ändert sich der Oberflächeninhalt des Zylinders in Abhängigkeit von der Höhe? Stelle den Zusammenhang in einem Koordinatensystem grafisch dar.

4. Schraubenlinien wirken sehr kompliziert. Auf den ersten Blick erscheint es nicht möglich, ihre Länge zu berechnen.

a) Zeichne auf einem DIN-A4-Blatt eine Diagonale ein und bilde einen Zylinder. Beschreibe den Verlauf der Diagonalen am Zylinder (Bild (1)).

b) Stelle entsprechend einen Zylinder mit zweifach gewundener Schraubenlinie her (Bild (2)).

c) Gib eine Formel für die Berechnung der Länge der Schraubenlinie um einen Zylinder (Radius r, Höhe h) bei ein-, zwei-, …, n-maliger Windung an.

(1)

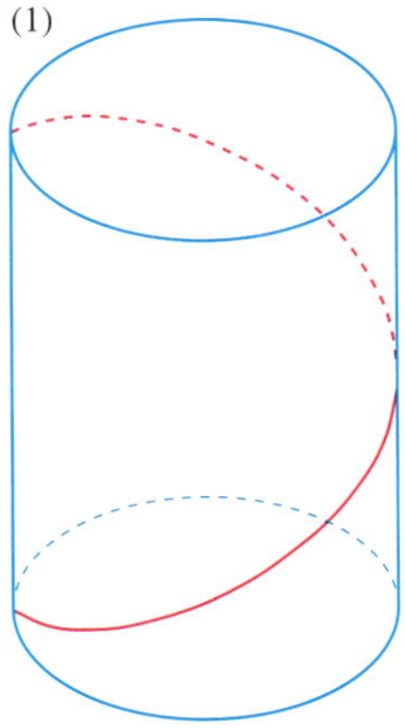

(2)

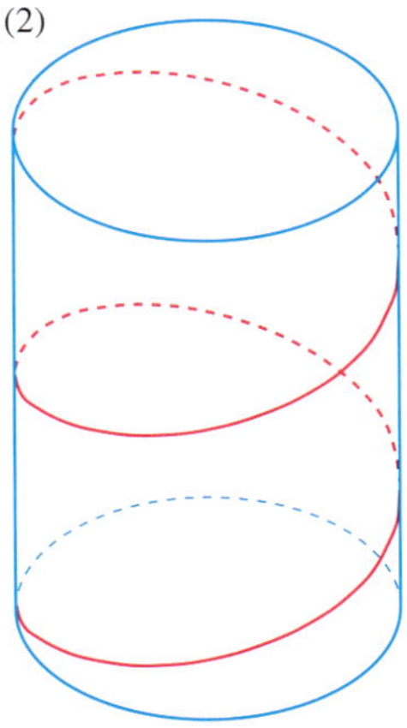

5. **a)** Um einen Zylinder mit dem Grundkreisradius r = 30 cm und der Höhe h = 80 dm windet sich eine Schraubenlinie einmal [zweimal; dreimal; viermal]. Bestimme die Länge der Schraubenlinie.

b) Eine Wendeltreppe hat einen Durchmesser von 2,50 m und eine Höhe von 9 m. Sie windet sich genau dreimal.
Wie lang ist der Handlauf für das Treppengeländer?

Bist du fit?

1. **a)** Betrachte die Verpackung rechts. Zeichne ein Netz der Verpackung und berechne den Materialbedarf (ohne Falze). Berechne auch das Volumen.

b) Zeichne ein Schrägbild der Verpackung aus Teilaufgabe a).

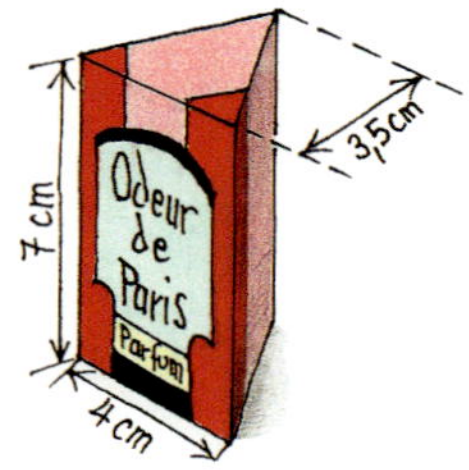

2. Übertrage die Figur in dein Heft. Berechne das Volumen, den Mantelflächeninhalt und den Oberflächeninhalt des Prismas.

a)

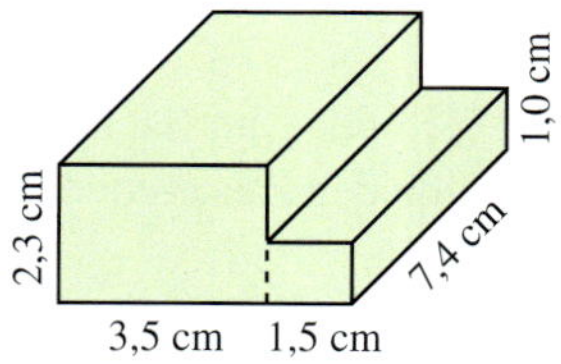

b)

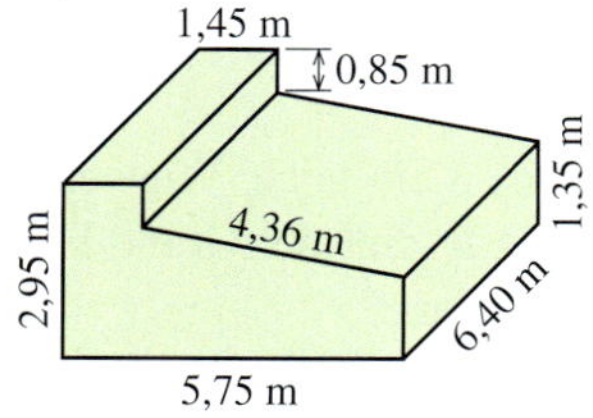

c)

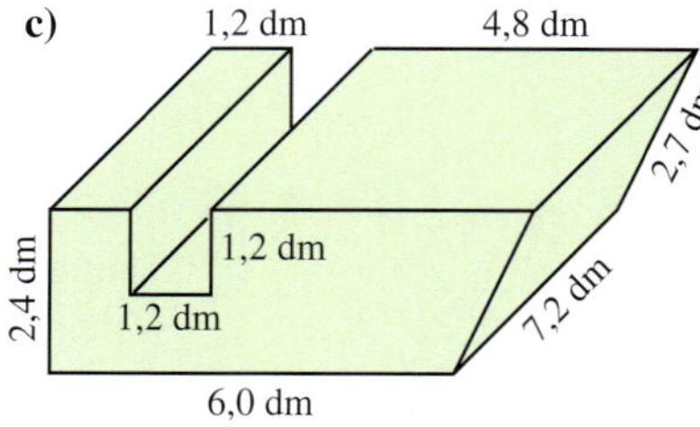

3. Bei einem Prisma ist u der Umfang und G der Grundflächeninhalt, h die Körperhöhe, M der Mantelflächeninhalt und O der Oberflächeninhalt. Berechne die fehlenden Stücke.

a)	b)	c)	d)
$G = 52\ \text{cm}^2$	$M = 2666\ \text{cm}^2$	$u = 120\ \text{m}$	$V = 28310\ \text{cm}^3$
$h = 17\ \text{cm}$	$G = 240\ \text{cm}^2$	$M = 4320\ \text{m}^2$	$M = 969\ \text{cm}^2$
$u = 45\ \text{cm}$	$h = 43\ \text{cm}$	$O = 5500\ \text{m}^2$	$O = 2459\ \text{cm}^2$

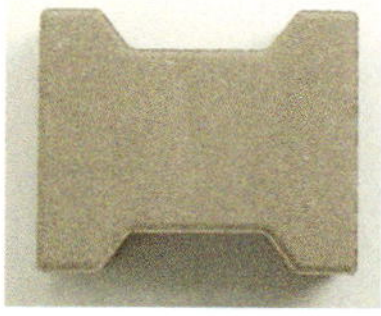

4. Einfahrten werden häufig mit Verbundsteinen gepflastert. Rechts siehst du die Maße eines Steines, der 7 cm hoch ist. Er wird aus Beton hergestellt; $1\ \text{cm}^3$ Beton wiegt 2,5 g.

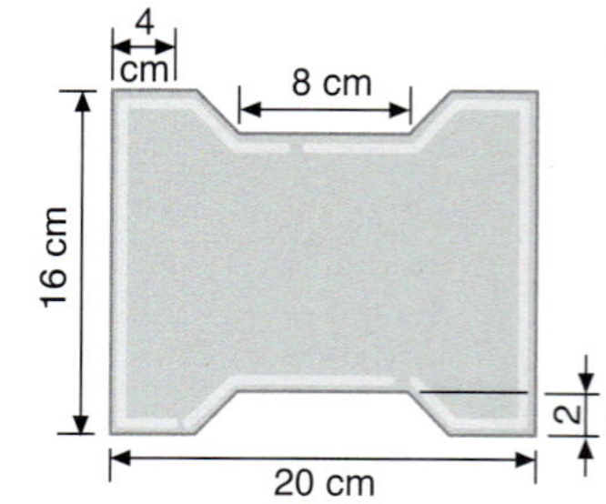

a) Eine $30\ \text{m}^2$ große Einfahrt soll mit diesen Steinen gepflastert werden. Zur Sicherheit und wegen des Verschnittes werden 3 % mehr Steine bestellt als mindestens nötig. Berechne, wie viele Steine bestellt werden müssen.

b) Ein gemieteter Kleinlaster hat eine Zuladung von 3 t. Wie viele Fahrten sind für den Transport der benötigten Steine erforderlich?

5. Eine Tomatenmark-Dose hat die Form eines Zylinders mit Radius 2 cm und Höhe 8 cm. Zeichne ein Schrägbild, berechne den Oberflächeninhalt und das Volumen.

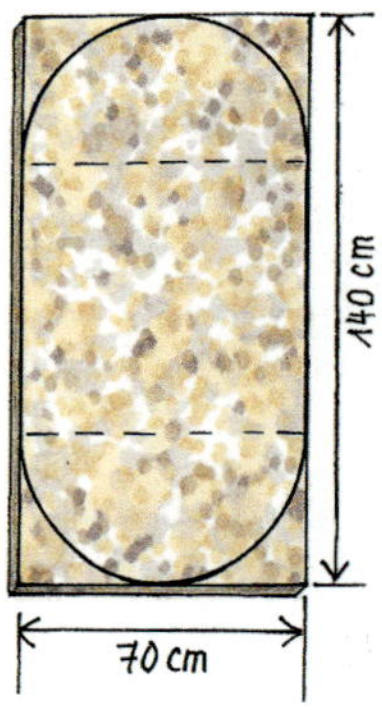

6. Aus einer rechteckigen Granitplatte soll eine Tischplatte wie abgebildet ausgeschnitten werden.

a) Wie viel Prozent der Granitplatte sind Abfall?

b) Die Tischplatte ist 4 cm dick. $1\ \text{cm}^3$ Granit wiegt 2,8 g. Wie viel wiegt sie?

7. Eine Rolle Kupferdraht $\left(\text{Dichte } 8{,}9\ \frac{\text{g}}{\text{cm}^3}\right)$ wiegt 17,5 g. Der Draht hat einen Durchmesser von 2,7 mm. Wie lang ist der Draht?

3. LINEARE FUNKTIONEN

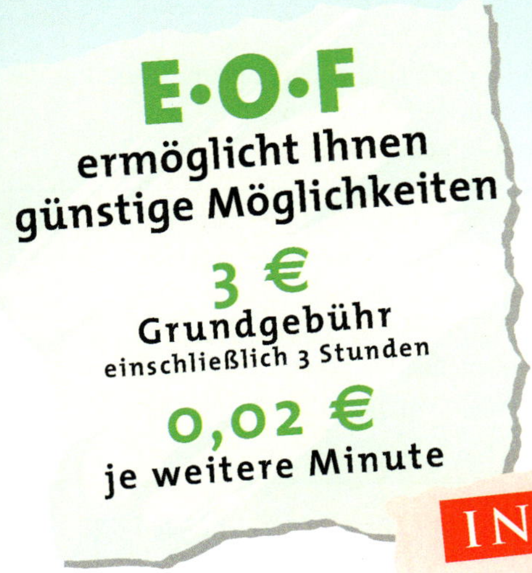

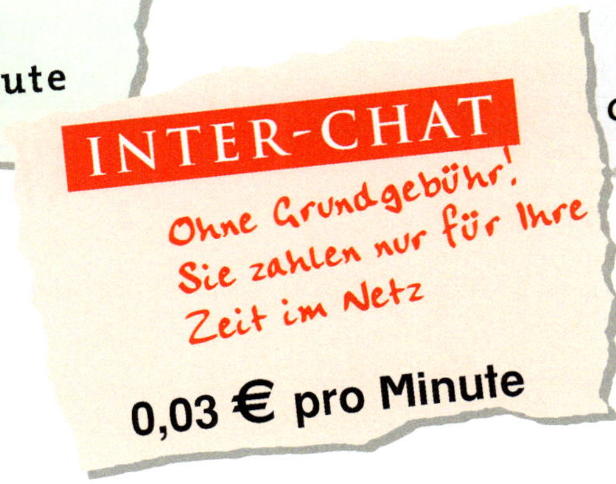

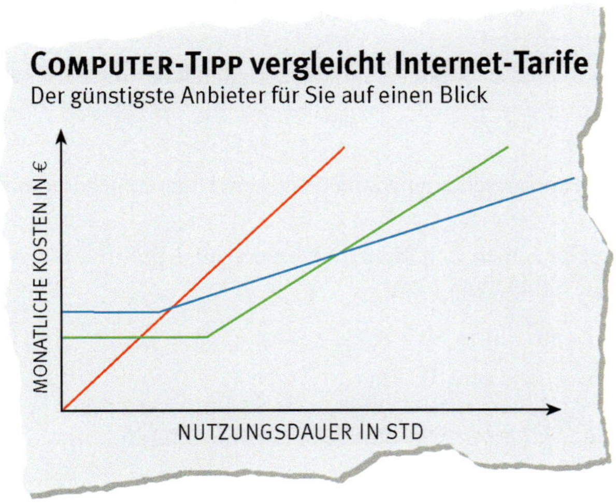

- Überprüfe die Angaben von Computer-Tipp und Net-Praxis für einige Beispiele.

NET-PRAXIS **vergleicht**

Dauer \ Provider	E·O·F	i-online	INTER-CHAT
2h	3,00	4,00	3,60
5h	5,40	5,80	9,00
10h	11,40	8,80	18,00
20h	23,40	14,80	36,00
50h	59,40	32,80	90,00

In den obigen Beispielen werden die Internet-Gebühren als Tarifangaben in Diagrammen und in Tabellen verglichen. Dies sind zwei Darstellungen für die Zuordnung *Nutzungsdauer (in h)* → *Monatliche Kosten (in €)*.
In Klasse 7 hast du auch schon Zuordnungen betrachtet.
In diesem Kapitel wirst du spezielle Zuordnungen genauer untersuchen. Mit ihnen lassen sich auch viele Sachprobleme lösen.

3.1 Funktionen als eindeutige Zuordnungen

Aufgabe 1

Wertetabelle, Graph, Funktionsgleichung

Frau Siede beabsichtigt, ein neues Auto zu kaufen. Drei Modelle sind in der engeren Wahl. Für die Kaufentscheidung ist ihr der Benzinverbrauch dieser Modelle besonders wichtig.

(1) Für das Modell *Rasanti* gibt eine Automobilzeitschrift folgende Tabelle an:

Geschwindigkeit (in $\frac{km}{h}$)	50	70	90	100	120	130	150	180
Benzinverbrauch (in *l* pro 100 km)	6,1	6,4	7,0	7,3	8,0	8,5	10,0	13,8

(2) Für das Modell *Luna* ist im Prospekt das unten links stehende Diagramm abgebildet.

(3) Für das neue Modell *Cargo* gibt es nur eine Information aus der technischen Anleitung des Autohändlers (siehe unten rechts).

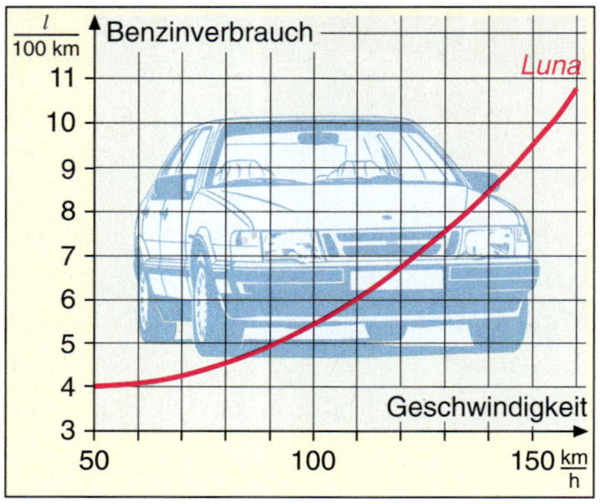

a) Stelle den Benzinverbrauch aller drei Modelle in Abhängigkeit von der Geschwindigkeit in einem gemeinsamen Diagramm dar. Erstelle dazu zunächst für das Modell *Cargo* eine Zuordnungstabelle (Wertetabelle).

b) Welche Informationen für die Kaufentscheidung können diesem Diagramm entnommen werden?

Lösung

a) Für das Modell *Cargo* berechnet man den Benzinverbrauch in *l* pro 100 km bei einer Geschwindigkeit von 50 $\frac{km}{h}$ bzw. 60 $\frac{km}{h}$ wie folgt:

Für 50 $\frac{km}{h}$ erhält man: $0{,}001 \cdot 50^2 - 0{,}1 \cdot 50 + 6{,}3 = 2{,}5 - 5 + 6{,}3 = 3{,}8$,
also einen Benzinverbrauch von 3,8 *l* pro 100 km.

Für 60 $\frac{km}{h}$ erhält man: $0{,}001 \cdot 60^2 - 0{,}1 \cdot 60 + 6{,}3 = 3{,}6 - 6 + 6{,}3 = 3{,}9$,
also einen Benzinverbrauch von 3,9 *l* pro 100 km.

Ebenso berechnet man den Benzinverbrauch auch bei den anderen Geschwindigkeiten:

Geschwindigkeit (in $\frac{km}{h}$)	50	60	70	80	90	100	110	120	130	140
Benzinverbrauch (in *l* pro 100 km)	3,8	3,9	4,2	4,7	5,4	6,3	7,4	8,7	10,2	11,9

Größere Zahlen als 140 dürfen in die angegebene Formel nicht eingesetzt werden, da die Höchstgeschwindigkeit des *Cargo* 140 $\frac{km}{h}$ beträgt.

Den Benzinverbrauch der drei Modelle kann man gut am folgenden Diagramm vergleichen.

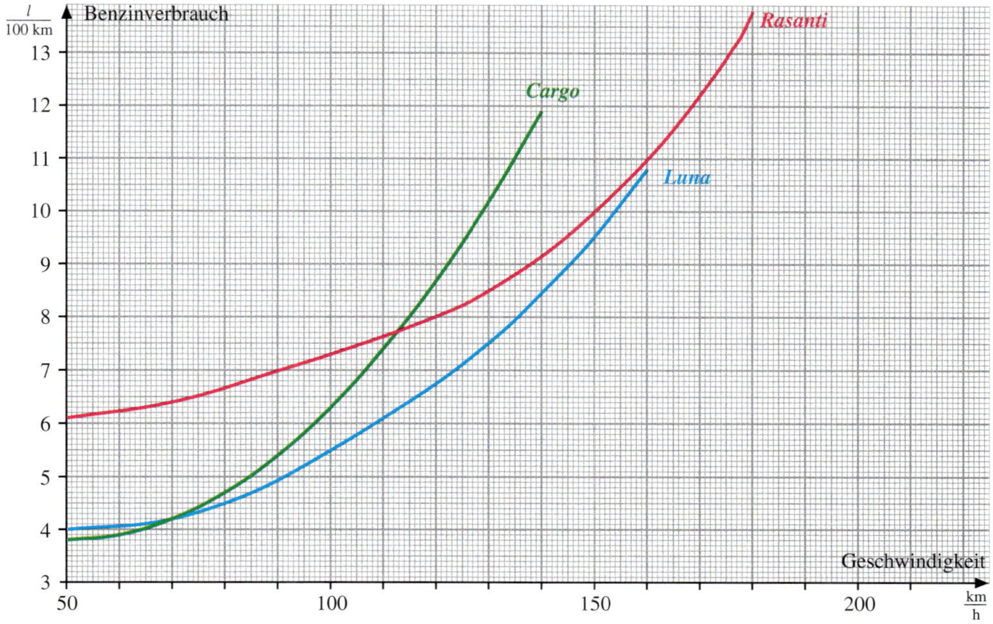

b) Für kleinere Geschwindigkeiten hat das Modell *Cargo* einen besonders günstigen Benzinverbrauch, der aber mit zunehmender Geschwindigkeit steil ansteigt und ungünstig wird.
Das Modell *Rasanti* hat schon bei kleinen Geschwindigkeiten einen recht hohen Benzinverbrauch, der aber bei hohen Geschwindigkeiten kleiner ist als der des *Cargo*.
Das Modell *Luna* hat bei fast allen Geschwindigkeiten den niedrigsten Benzinverbrauch.

Aufgabe 2

Nicht eindeutige Zuordnung

Zur Planung von Überholvorgängen von Zügen und um Auswirkungen von Verspätungen abschätzen zu können, hat die Deutsche Bahn einen *grafischen Fahrplan*. Er ordnet jedem Punkt der Fahrstrecke den Zeitpunkt zu, zu dem sich ein bestimmter Zug dort befindet.

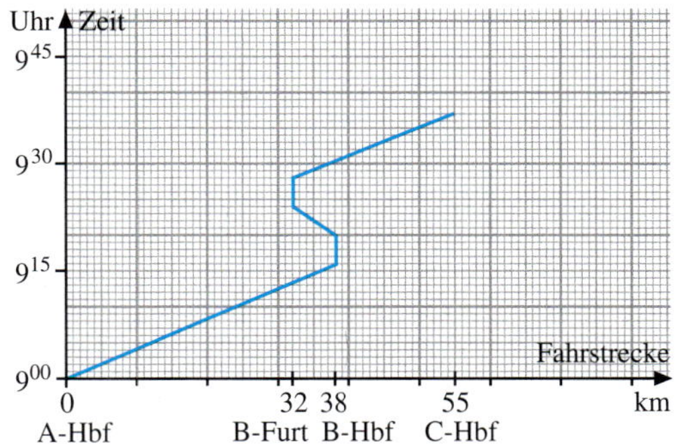

a) Entnimm aus dem nebenstehenden grafischen Fahrplan, wie dieser Zug fährt.

b) Auf dieser Strecke finden Arbeiten am Gleisunterbau statt. Für die Sicherheit der Arbeiter ist zu bestimmen:
(1) Wann ist der Zug 19 km von A-Hbf entfernt?
(2) Wann ist der Zug 35 km von A-Hbf entfernt?

Lösung

a) Der Zug fährt um 9.00 Uhr im A-Hbf ab, durchquert B-Furt ohne dort zu halten und kommt dann um 9.16 Uhr in B-Hbf an. Dort fährt er um 9.20 Uhr ab, zurück nach B-Furt, wo er um 9.24 Uhr ankommt. Um 9.28 Uhr fährt er weiter nach C-Hbf, wo er um 9.37 Uhr ankommt.

b) (1) Der Zug ist um 9.08 Uhr 19 km von A-Hbf entfernt.
(2) Diese Frage lässt sich nicht eindeutig beantworten. Sowohl um 9.15 Uhr als auch um 9.22 Uhr und 9.29 Uhr befindet sich der Zug in 35 km Entfernung von A-Hbf.

Information

(1) Begriff der Funktion – Definitionsmenge

In Aufgabe 1 wird bei einem Automodell jeder Geschwindigkeit ein ganz bestimmter Benzinverbrauch zugeordnet, d. h. die Zuordnung *Geschwindigkeit → Benzinverbrauch* ist eindeutig.
Dagegen ist in Aufgabe 2 die Zuordnung *Streckenpunkt → Uhrzeit* nicht eindeutig.
Eindeutige Zuordnungen nennen wir in der Mathematik **Funktionen.**
Die Automodelle aus Aufgabe 1 haben unterschiedliche Höchstgeschwindigkeiten: Beim Modell *Cargo* kann nur Geschwindigkeiten bis zu 140 $\frac{\text{km}}{\text{h}}$ ein Benzinverbrauch zugeordnet werden, beim Modell *Rasanti* dagegen Geschwindigkeiten bis zu 178 $\frac{\text{km}}{\text{h}}$.
Die Menge der möglichen Ausgangsgrößen bezeichnet man als die *Definitionsmenge* der Funktion.

Definition
Bei einer *eindeutigen Zuordnung* wird *jeder* Zahl (Größe) x aus ihrer **Definitionsmenge** *eine ganz bestimmte* Zahl (Größe) zugeordnet. Eine solche Zuordnung heißt **Funktion.** Die einer Zahl x aus der Definitionsmenge eindeutig zugeordnete Zahl y heißt **Funktionswert** von x oder Funktionswert an der **Stelle** x.

(2) Mehrere Möglichkeiten zur Angabe einer Funktion

$a \leq b$ bedeutet $a < b$ oder $a = b$

$a \geq b$ bedeutet $a > b$ oder $a = b$

Die Funktionen in Aufgabe 1, die den Benzinverbrauch in Abhängigkeit von der Geschwindigkeit angeben, haben wir durch ihren *Graphen* bzw. durch ihre *Wertetabelle* beschrieben. Für das Modell *Cargo* gibt es sogar eine *Formel*, mit der sich der Benzinverbrauch y (in *l* pro 100 km) aus der Geschwindigkeit x $\left(\text{in } \frac{\text{km}}{\text{h}}\right)$ berechnen lässt:

$y = 0{,}001\,x^2 - 0{,}1\,x + 6{,}3$ für x aus der Definitionsmenge $D = \{x \mid 50 \leq x \leq 140\}$.

Diese Funktion lässt sich auch angeben durch ihre *Zuordnungsvorschrift:*

$x \to y$ mit $y = 0{,}001\,x^2 - 0{,}1\,x + 6{,}3$; kurz: $x \to 0{,}001\,x^2 - 0{,}1\,x + 6{,}3$.

Der Term $0{,}001\,x^2 - 0{,}1\,x + 6{,}3$, mit dem man die Funktionswerte berechnet, heißt *Funktionsterm*.

Wertetabellen sind hilfreich für das Zeichnen von Graphen.

Eine Funktion kann auf verschiedene Weisen angegeben werden:
- **algebraisch**
  Hierbei wird festgelegt, wie die Funktionswerte berechnet werden. Dies kann erfolgen mithilfe
  (1) einer **Zuordnungsvorschrift** oder
  (2) einer **Funktionsgleichung** oder
  (3) eines **Funktionsterms** oder auch
  (4) **verbal**.

  In jedem Fall muss die Definitionsmenge vereinbart sein, damit bekannt ist, welchen Stellen Funktionswerte zugeordnet werden.
- **tabellarisch**
  In einer **Wertetabelle** werden die Funktionswerte zu bestimmten Stellen notiert.
- **grafisch**
  Die Zuordnung zwischen den Stellen und den Funktionswerten wird durch einen **Graphen** dargestellt.

Beispiel: Quadratfunktion
Definitionsmenge: $D = \mathbb{Q}$

Zuordnungsvorschrift: $x \to x^2$
Funktionsgleichung: $y = x^2$
Funktionsterm: x^2

verbal: Jeder Zahl ist ihr Quadrat zugeordnet.

Wertetabelle:

x	y
−2	4
−1	1
0	0
1	1
2	4

Graph:

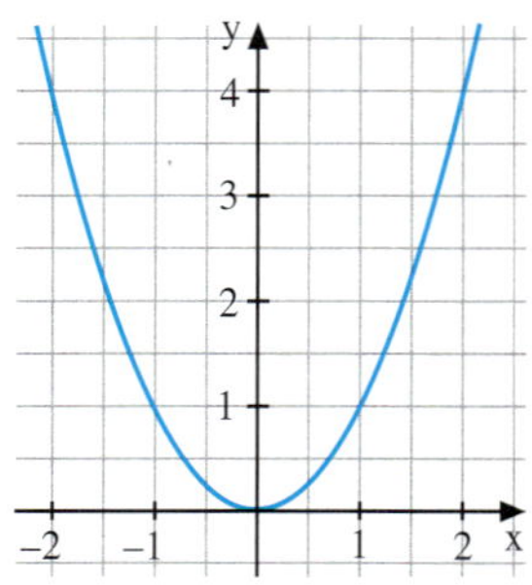

$\mathbb{Q}\setminus\{1\}$, gelesen: $\mathbb{Q}$ ohne 1, ist die Menge aller rationalen Zahlen ungleich 1.

(3) Weitere Beispiele für Funktionen

(1) $x \to 2x$
Definitionsmenge $\mathbb{Q}$

(2) $x \to \frac{1}{x}$
Definitionsmenge $\mathbb{Q}\setminus\{0\}$, da für 0 der Nenner 0 wird

(3) $z \to \frac{z}{z-1}$
Definitionsmenge $\mathbb{Q}\setminus\{1\}$, da für 1 der Nenner 0 wird

Vereinbarung: Wenn die Definitionsmenge einer Funktion nicht angegeben ist, soll die größtmögliche in $\mathbb{Q}$ genommen werden.

Weiterführende Aufgaben

3. *Kurzbezeichnungen für Funktionen und Funktionswerte*

a) Durch die Zuordnungsvorschrift $x \to x \cdot (4 - x)$ mit der Definitionsmenge $\mathbb{Q}$ ist eine Funktion angegeben. Wir wollen diese Funktion kurz mit einem Buchstaben, z. B. f, bezeichnen. f ist also der Name der gegebenen Funktion. Die Funktion f hat an der Stelle 1 den Funktionswert 3. Dafür schreibt man kurz:
$f(1) = 3$, gelesen: *f von 1 gleich 3.*

Funktion f: $x \to x \cdot (4 - x)$
Funktionsterm:
$f(x) = x \cdot (4 - x)$
Es gilt:
$f(1) = 1 \cdot (4 - 1) = 1 \cdot 3 = 3$
$f(2) = 2 \cdot (4 - 2) = 2 \cdot 2 = 4$

Entsprechend schreibt man auch für den Funktionsterm einer Funktion f kurz: $f(x)$, gelesen: *f von x.*
Hier ist $x \cdot (4 - x)$ der Funktionsterm, d.h.: $f(x) = x \cdot (4 - x)$
Bestimme die Funktionswerte $f(0)$, $f(3)$, $f(4)$, $f(\frac{2}{5})$, $f(4{,}5)$, $f(-7)$, $f(-0{,}5)$, $f(-\frac{3}{7})$.

b) g soll der Name der Funktion mit der Zuordnungsvorschrift $z \to \frac{z}{z-1}$ und der Definitionsmenge $\mathbb{Q}\setminus\{1\}$ sein. Gib die Kurzbezeichnung für den Funktionsterm $\frac{z}{z-1}$ an.
Bestimme dann die Funktionswerte $g(2)$, $g(-1)$, $g(0)$, $g(\frac{1}{2})$, $g(-\frac{1}{2})$, $g(1{,}1)$, $g(-99)$.

4. *Nicht jede Gleichung mit zwei Variablen ist eine Funktionsgleichung*

Gegeben ist die Gleichung (1) $y = |x|$; (2) $y = x^2(2 - x)$; (3) $|y| = x$.

a) Setze für x rationale Zahlen ein. Welchen Wert bzw. welche Werte musst du dann jeweils für y einsetzen, damit eine wahre Aussage entsteht?
Bei welcher dieser Gleichungen mit zwei Variablen erhält man zu jedem x genau einen Wert für y?
Eine solche Gleichung heißt dann auch *Funktionsgleichung.*

Funktionsgleichung: $y = |x|$

x	y	
-1	1	denn $y = \lvert -1 \rvert = 1$
$-\frac{1}{2}$	$\frac{1}{2}$	denn $y = \lvert -\frac{1}{2} \rvert = \frac{1}{2}$
0	0	denn $y = \lvert 0 \rvert = 0$
$\frac{1}{2}$	$\frac{1}{2}$	denn $y = \lvert \frac{1}{2} \rvert = \frac{1}{2}$

b) Zeichne den Graphen zu den Gleichungen. Wie kann man an den Graphen feststellen, ob die Zuordnung $x \to y$ eindeutig ist?

5. *Punktprobe*

Eine Funktion f ist gegeben durch ihre Funktionsgleichung:

a) $y = 1 + \frac{x}{2}$ **b)** $y = \frac{1}{2}x^2$ **c)** $y = \frac{4}{x}$

Stelle fest, welche der Punkte $P_1(-2|0)$, $P_2(-1|0{,}5)$, $P_3(1|3)$, $P_4(2|2)$, $P_5(4|1)$ und $P_6(4|3)$ zum Graphen der Funktion gehören. Verfahre wie im Beispiel.

Funktionsgleichung: $y = 2x + 1$
$P_1(4|9)$ gehört zum Graphen von f, denn seine Koordinaten erfüllen die Gleichung $y = 2x + 1$, d.h. die Aussage $9 = 2 \cdot 4 + 1$ ist wahr.
$P_2(3|8)$ gehört *nicht* zum Graphen von f, denn seine Koordinaten erfüllen *nicht* die Funktionsgleichung $y = 2x + 1$, d.h. die Aussage $8 = 2 \cdot 3 + 1$ ist falsch.

Übungsaufgaben

6. Es gibt verschiedene Meinungen darüber, wie schwer man bei einer bestimmten Körpergröße sein sollte. Die folgenden Vorschläge beziehen sich auf einen erwachsenen Mann. Vergleiche die Vorschläge.

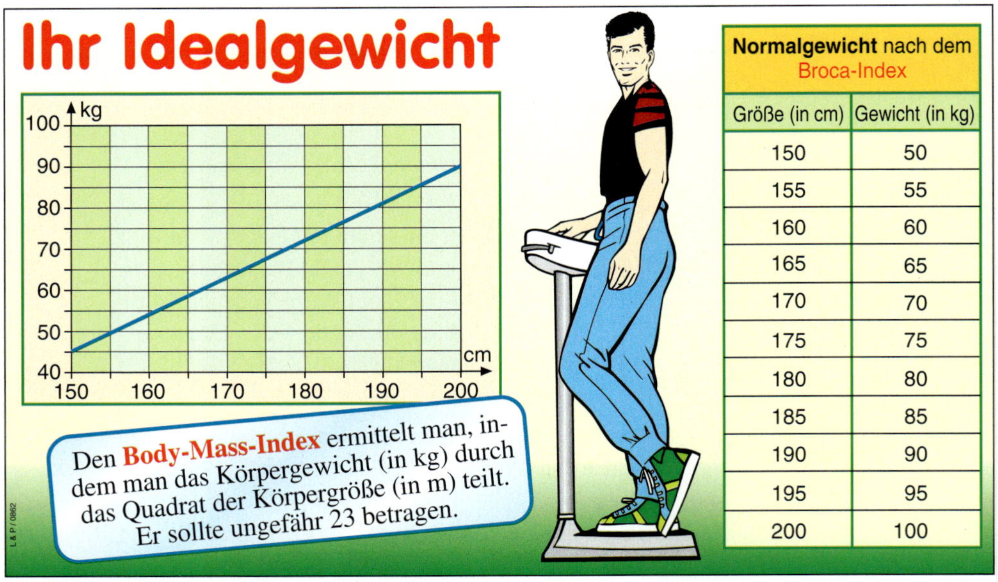

Normalgewicht nach dem Broca-Index

Größe (in cm)	Gewicht (in kg)
150	50
155	55
160	60
165	65
170	70
175	75
180	80
185	85
190	90
195	95
200	100

7. In einer Wetterwarte wurde für den Verlauf eines Tages die Lufttemperatur in Form eines Graphen aufgezeichnet.

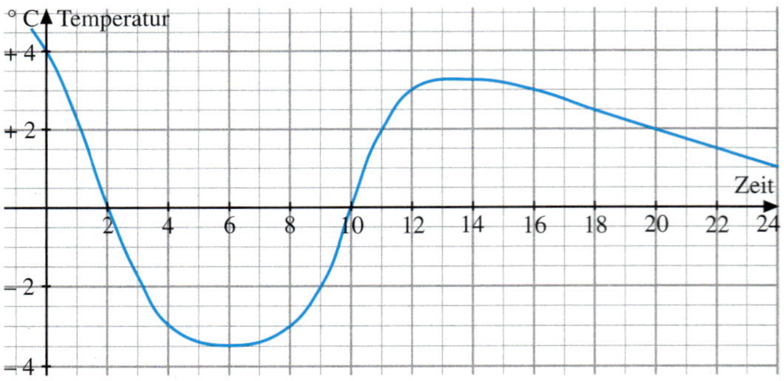

a) Lies aus dem Graphen den jeweiligen Wert der Lufttemperatur zu den Zeitpunkten 0 Uhr, 4 Uhr, 8 Uhr, …, 24 Uhr ab.
Notiere die Ergebnisse in einer Wertetabelle.
Ist die Zuordnung *Zeitpunkt* → *Lufttemperatur* eindeutig, d. h. eine Funktion?

b) Wann hatte die Lufttemperatur den Wert 1 °C?
Ist die Zuordnung *Lufttemperatur* → *Zeitpunkt* eindeutig? Begründe die Antwort.

8. Ist der Graph ein Funktionsgraph? Begründe.

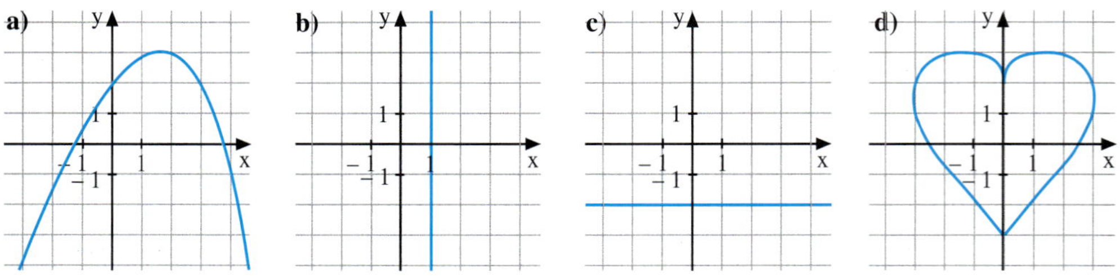

9. Kann der Graph zu einer Funktion gehören?

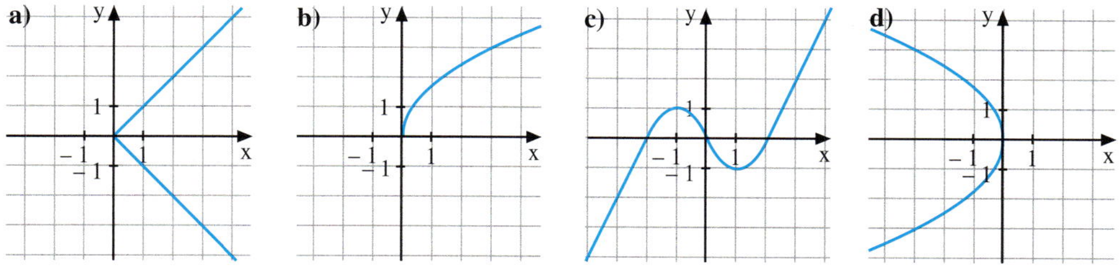

10. **a)** Welchen Flächeninhalt hat jeweils ein Quadrat mit der Seitenlänge 0,5 cm; 1 cm; 1,5 cm; 2 cm; x cm?
Stelle die Ergebnisse in einer Wertetabelle zusammen.
Zeichne den Graphen der Zuordnung
Seitenlänge x (in cm) → Flächeninhalt y (in cm^2).
Wähle dazu auch weitere Seitenlängen. Was für Zahlen darfst du hier für x einsetzen? Liegt eine Funktion vor?

b) Ordne jeder Zahl x ihre Quadratzahl x^2 zu. Setze dabei in den Term x^2 für x auch negative Zahlen ein.
Stelle die Ergebnisse in einer Wertetabelle zusammen und zeichne den Graphen der Zuordnung
Zahl → Quadrat der Zahl. Liegt eine Funktion vor?

11. Die Flasche eines ätzenden Spezialreinigungsmittels soll einen deutlichen Hinweis auf die Gefährlichkeit tragen. Dieser soll in einem 6 cm^2 großen Rechteck stehen.
Betrachte die Zuordnung *Rechtecklänge (in cm) → Rechteckbreite (in cm).*

a) Erstelle eine Formel, mit der man die Werte für die Breite unmittelbar aus denen für die Länge berechnen kann. Liegt eine Funktion vor?

b) Lege eine Wertetabelle an und zeichne den Graphen.

12. Jan ist heute gemütlich zur Schule gegangen, bis er lange an einer Kreuzung warten musste, auf der ein Schwertransporter liegen geblieben war. Danach beeilte er sich so sehr, dass er gerade noch rechtzeitig in der Schule war.

a) Welcher der beiden Graphen beschreibt diese Situation? Begründe deine Meinung.

(1)

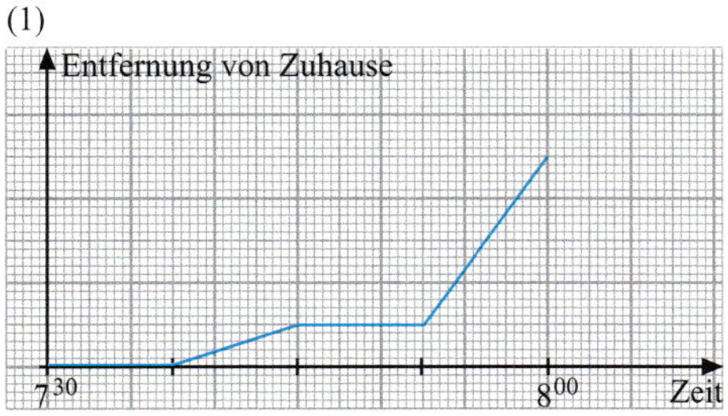

(2)

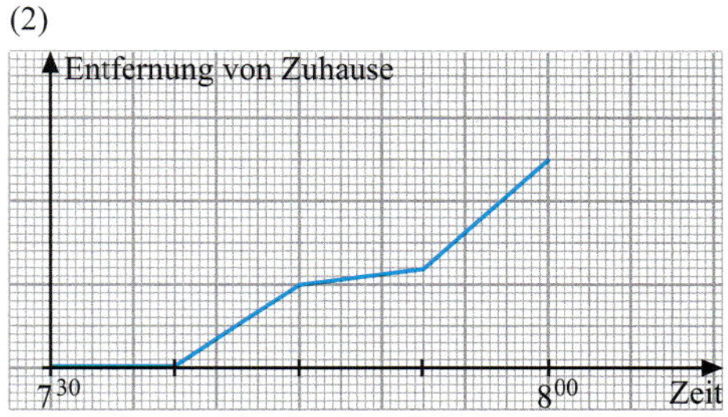

b) Schreibe zu dem nicht zutreffenden Graphen eine eigene passende Schulweggeschichte.

c) *Partnerarbeit:* Arbeite mit einem Partner zusammen. Einer zeichnet einen Graphen für den Schulweg, der andere erzählt eine passende Geschichte. Danach werden die Rollen getauscht.

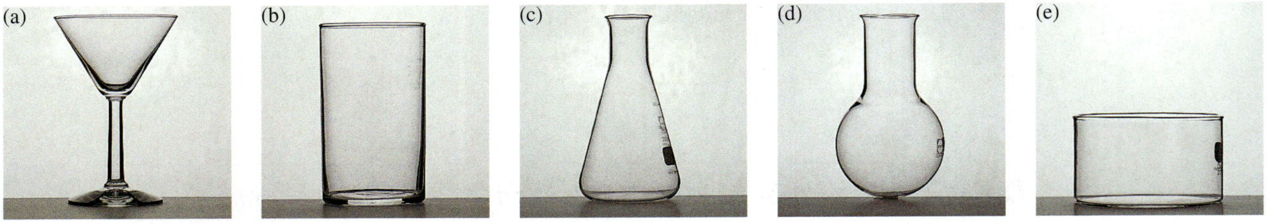

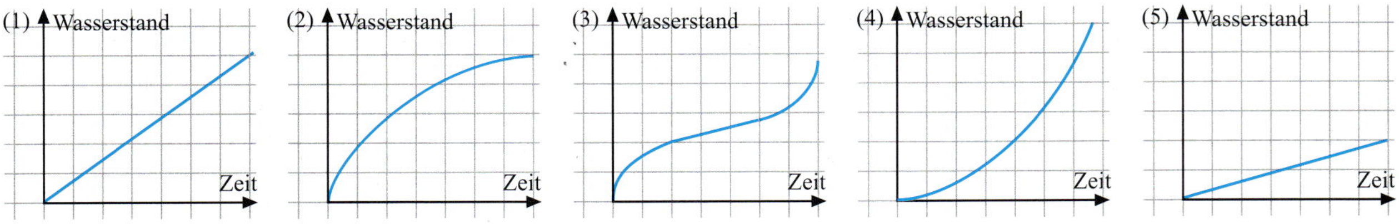

13. Die oben abgebildeten Gefäße werden von einem gleichmäßig laufenden Wasserhahn gefüllt. Dabei wird jeweils der Graph der Funktion *Zeitpunkt* → *Wasserstand* betrachtet. Entscheide, welcher Graph zu welchem Gefäß gehört.

14. Badewannen mit dem unten gezeichneten Querschnitt werden von einem gleichmäßig laufenden Wasserhahn gefüllt. Skizziere den Graph der Funktion *Zeitpunkt* → *Wasserstand*.

(1) (2)

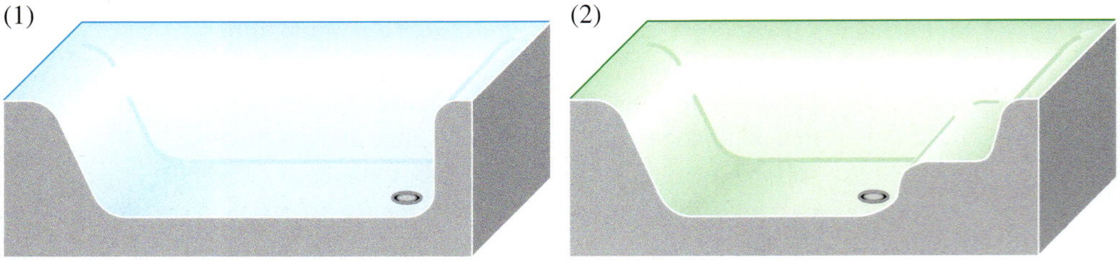

15. Stelle die folgenden beiden Geschichten grafisch dar.

a) Am Vormittag wird es immer wärmer und dann wird es plötzlich gegen Mittag durch einen aufziehenden Gewittersturm kühler. Kurze Zeit nach dem Sturm wird es wieder wärmer bevor es sich nach dem Sonnenuntergang abkühlt.

b) Direkt nachdem ein Patient mit einer hohen Herzschlagfrequenz ein bestimmtes Medikament verabreicht bekam, sank die Frequenz schnell ab. Mit nachlassender Wirkung des Medikamentes stieg die Herzschlagfrequenz dann langsam wieder an.

x	y
−3	
−2	

16. Setze in die Funktionsgleichung **a)** $y = 2x - 1$, **b)** $y = x^2 - 2$, **c)** $y = x \cdot (2 + x)$ für x der Reihe nach $-3, -2, -1, 0, 1, \ldots, 8$ ein. Bestimme die zugehörigen Werte für y. Stelle die Wertepaare zu einer Wertetabelle zusammen und zeichne den Graphen.

17. Eine Funktion f ist gegeben durch den Funktionsterm:

a) $f(x) = 4x$ **b)** $f(x) = 1 + \frac{1}{2}x$ **c)** $f(x) = -x^2$ **d)** $f(z) = (1 - z)^2$

(1) Zeichne den Graphen von f mithilfe einer Wertetabelle.

(2) Lies aus dem Graphen ab: $f(0{,}4)$; $f(-\frac{4}{5})$; $f(1{,}5)$; $f(-1{,}5)$. Kontrolliere rechnerisch.

18. Welche der Punkte $P_1(8|0)$, $P_2(0|0)$, $P_3(-5|2)$, $P_4(-2|5)$, $P_5(0|5)$, $P_6(2|3)$ und $P_7(-1|4)$ liegen auf dem Graphen zu $y = -\frac{2}{5}x$ $[y = 5 - x^2]$?

Im Blickpunkt

Im Blickpunkt

Graphen zeichnen mit Computer und GTR

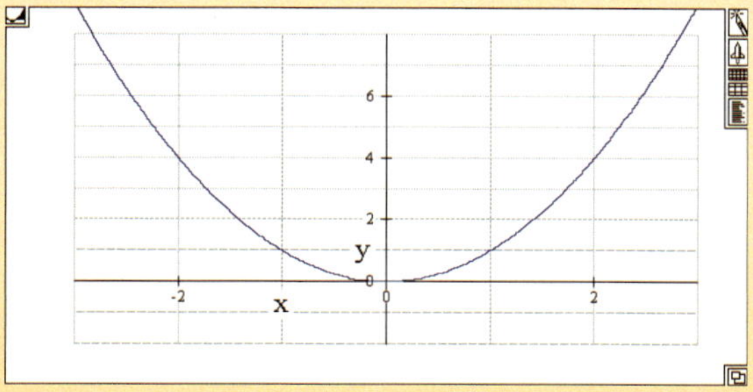

plot ⟨engl.⟩
math.: (Kurve) aufzeichnen

Das Zeichnen von Graphen mithilfe von Wertetabellen kann mühsam und zeitaufwändig sein. Spezielle Computerprogramme und grafikfähige Taschenrechner (GTR) erledigen dies sehr schnell. Man bezeichnet den so angefertigten Graphen auch als **Plot**, den Vorgang als Plotten. Ein solches Programm befindet sich auch auf der CD „Mathematik interaktiv", die Band 7 beigefügt war.

window ⟨engl.⟩
Fenster

1. Der Bereich, in dem der Graph gezeichnet werden soll, kann beim GTR mithilfe des Befehls **WINDOW** festgelegt werden.
Am einfachsten ist es, zu einer gegebenen Gleichung den Graphen zu zeichnen. Die Eingabe der Gleichung erfolgt beim GTR über die Taste **Y =**, das Zeichnen mit dem Befehl **Graph**. Probiere das bei deinem Computerprogramm oder GTR .

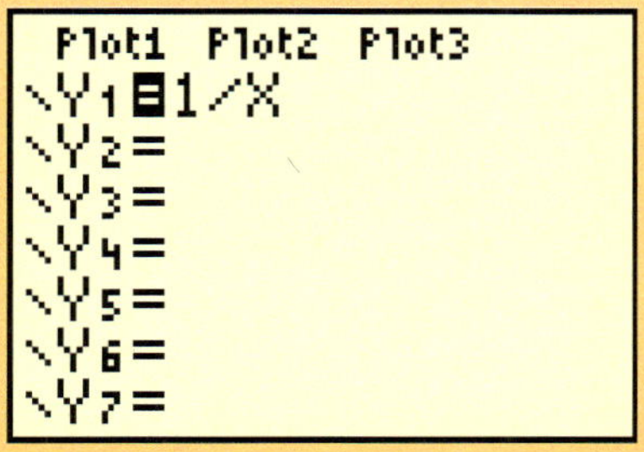

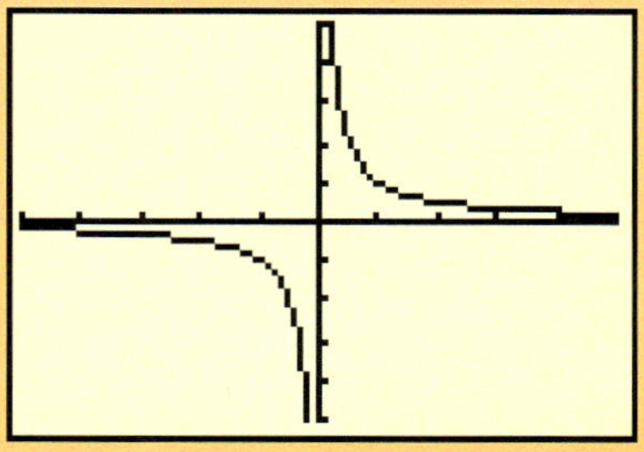

trace ⟨engl.⟩
1. Spur
2. ausfindig machen, aufspüren

2. Mithilfe des Befehls **TRACE** kannst du einzelne Werte genau ablesen.

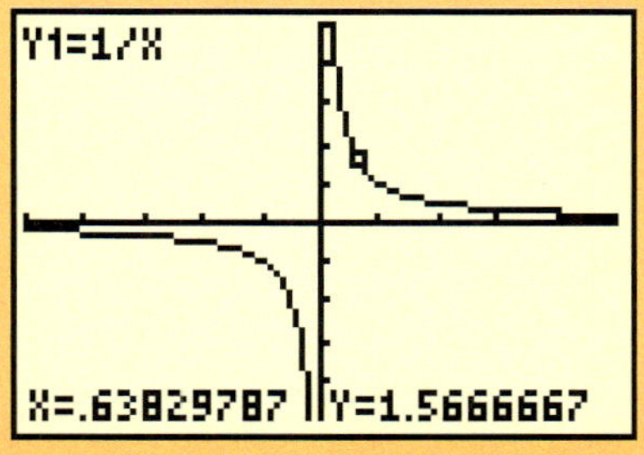

zoom ⟨engl.⟩ nah herangehen, heranholen

3. Der Verlauf des Graphen mit der Funktionsgleichung $y = \frac{1}{x}$ lässt sich in der Nähe der y-Achse nicht so gut erkennen. Du kannst ein anderes Fenster mithilfe des Befehls **WINDOW** eingeben.
Eine andere Möglichkeit ist das Verwenden des Befehls **ZOOM**.
Probiere diese Möglichkeit bei deinem GTR aus.

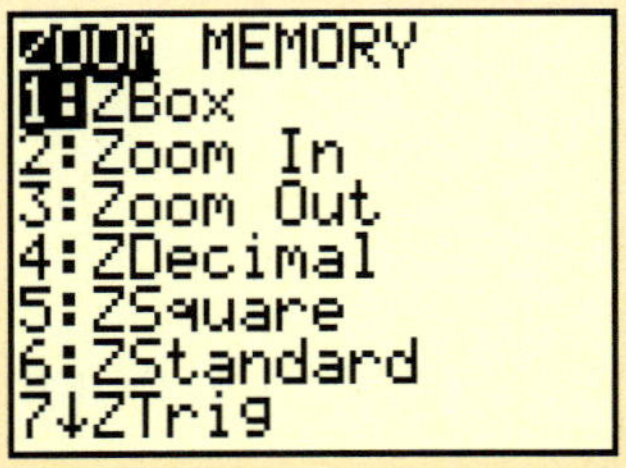

4. Auch GTR und Computerprogramme erstellen eine Wertetabelle. Du kannst sie mithilfe des Befehls **TABLE** ablesen. Mit dem Befehl **TBLSET** kannst du Vorgaben für das Anlegen der Wertetabelle machen. Probiere das aus.

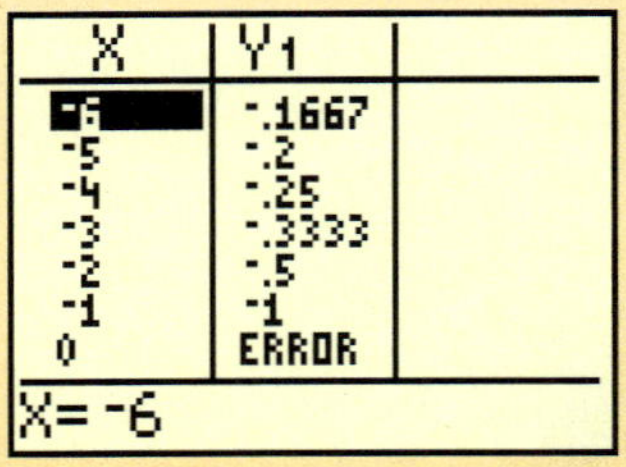

5. Du kannst auch mehrere Graphen in ein gemeinsames Koordinatensystem zeichnen, wenn du nicht nur bei Y_1 im **Y =** -Menü Gleichungen angibst, sondern auch bei Y_2, …
Probiere das aus.

6. Auch wenn du keine Gleichung zur Verfügung hast, sondern nur einzelne Punkte kennst, kannst du mithilfe des Befehls **STAT** den dazugehörigen Graphen plotten lassen.

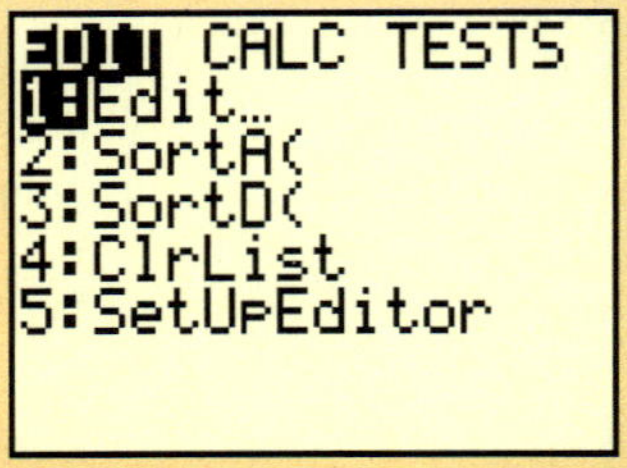

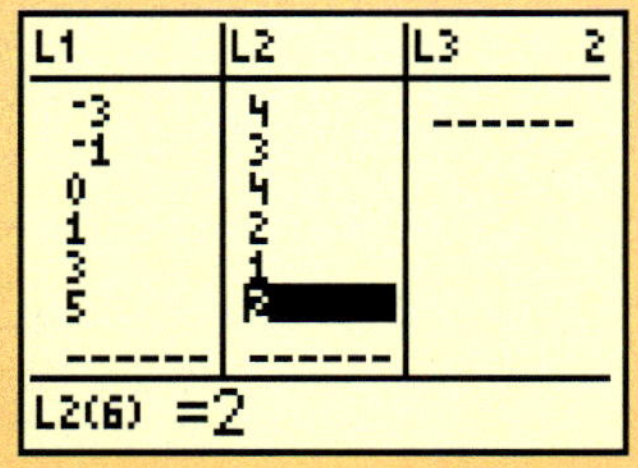

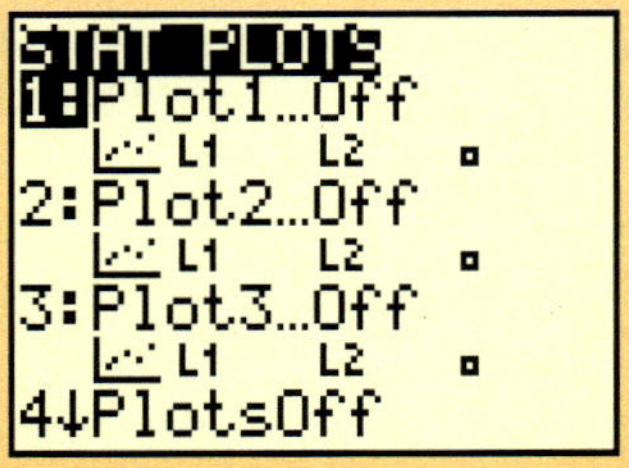

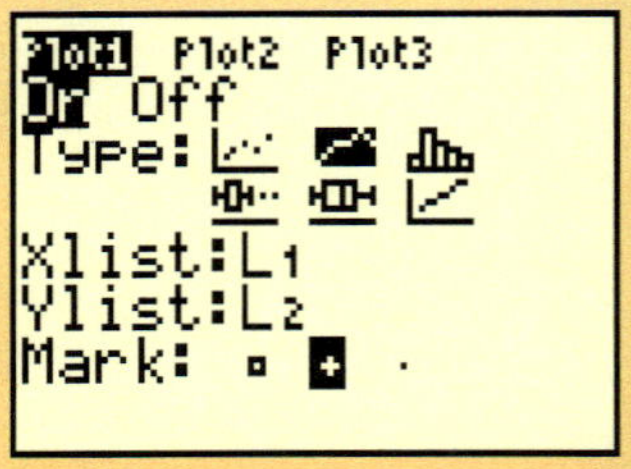

Beim Typ des Graphen kannst du z. B. auswählen, ob einzelne Punkte gezeichnet werden sollen und mit welchem Symbol. Du kannst die Punkte auch verbinden lassen oder ein Stabdiagramm zeichnen. Probiere die verschiedenen Möglichkeiten mit deinem Gerät aus.

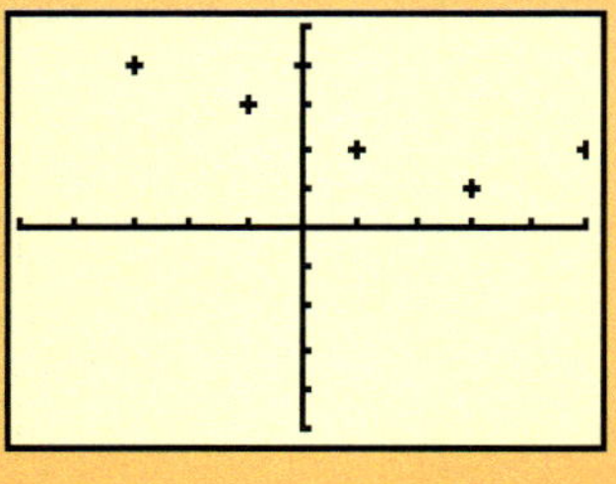

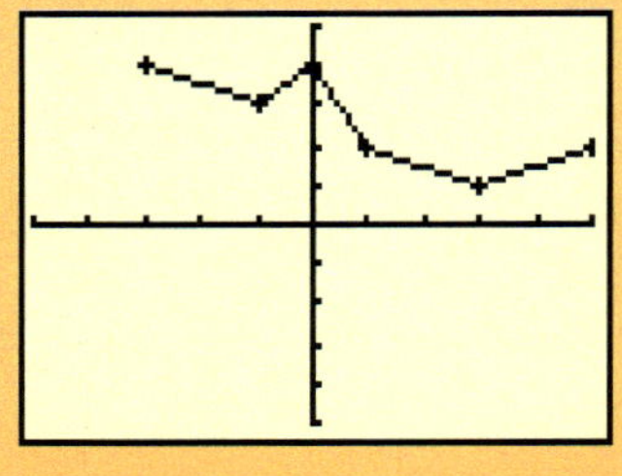

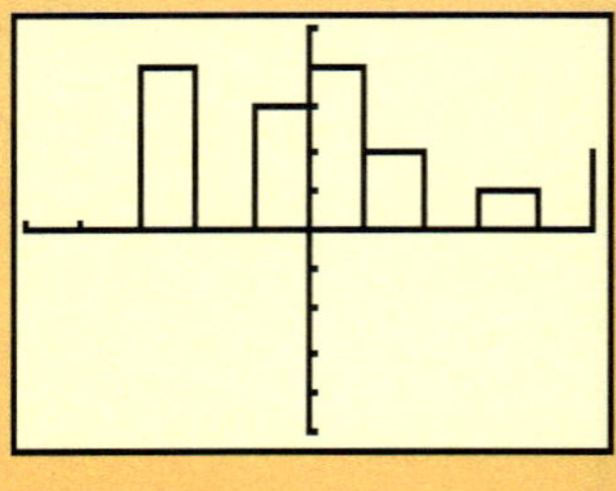

Spiel für 2 Personen

7. *Partnerarbeit:* Ein Spieler denkt sich eine einfache Gleichung für einen Graphen aus und erstellt dazu im Kopf eine kleine Wertetabelle. Diese gibt er mit **STAT** in den GTR ein und lässt den Graphen zeichnen. Der Partner gibt im **Y =** -Menü die von ihm vermutete Gleichung ein und lässt den Graphen zeichnen. Es wird die Anzahl der Versuche gezählt, bis er die richtige Gleichung findet. Danach wird gewechselt.

3.2 Proportionale Funktionen

3.2.1 Graph proportionaler Funktionen

Aufgabe 1

a) Notiere den Preis für 2 kg, 3 kg, 4 kg, 12 kg, x kg Äpfel in einer Wertetabelle für die Funktion *Menge x (in kg) → Preis y (in €)*. Erstelle die Funktionsgleichung. Zeichne den Graphen und beschreibe ihn.
Wie ändert sich der Preis, wenn man die Menge verdoppelt [verdreifacht]? Wie verhalten sich Menge und Preis zueinander?

b) Verwende nun die gleiche Funktionsvorschrift wie in Teilaufgabe a). Wähle aber als Definitionsmenge $\mathbb{Q}$, d.h. auch negative Ausgangswerte sind möglich. Wie ändert sich der Graph? Wie ändert sich der Wert für y, wenn man den Wert für x verdoppelt [verdreifacht]?

Lösung

a) Das Preisschild „1,25 € pro kg" gibt eine Funktion *verbal* an.

Wertetabelle:

Menge (in kg)	Preis (in €)
1	1,25
2	2,50
3	3,75
4	5,00
⋮	⋮
12	15
⋮	⋮
x	1,25 · x

Funktionsgleichung: $y = 1{,}25 \cdot x$

Graph:

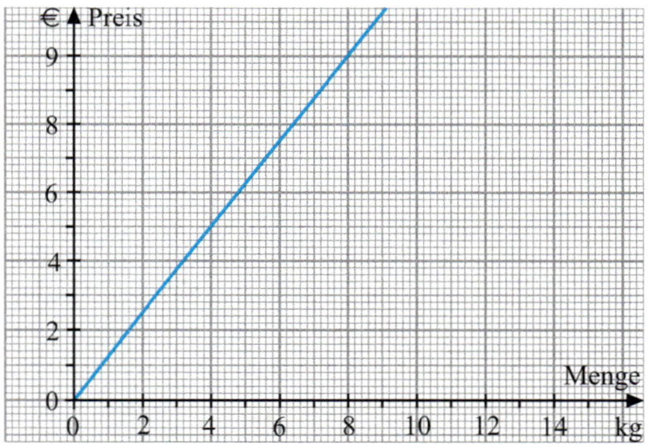

Der Graph ist *geradlinig*. Er ist eine Halbgerade, die im Koordinatenursprung beginnt.

Wenn man die Menge verdoppelt [verdreifacht], wird auch der Preis verdoppelt [verdreifacht]. Der Preis ist also proportional zur Menge.

b)

x	1,25 · x
3	3,75
2	2,5
1	1,25
0	0
− 1	− 1,25
− 2	− 2,5
− 3	− 3,75

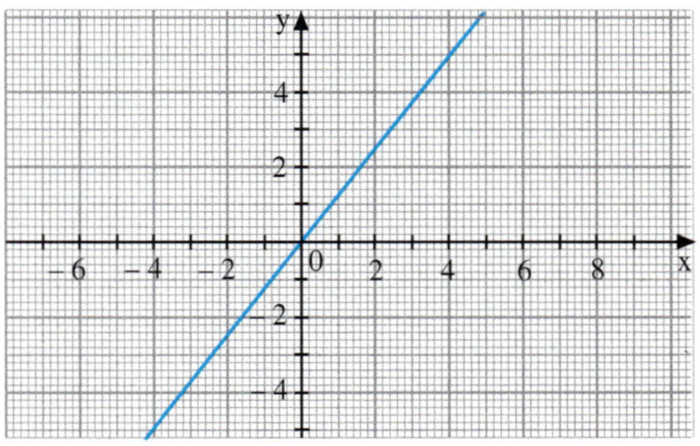

Der Graph ist eine Gerade *durch den Koordinatenursprung.*

Auch hier gilt: Wenn man den Wert für x verdoppelt [verdreifacht], wird auch der Funktionswert y verdoppelt [verdreifacht].

Information

(1) Proportionale Funktion

In Aufgabe 1 ist der Preis der Äpfel proportional zur gekauften Menge. Wir nennen daher die Zuordnung *Menge (in kg) → Preis (in €)* eine proportionale Zuordnung oder auch proportionale Funktion.

Eine Zuordnung mit der Funktionsgleichung $y = m \cdot x$ heißt **proportionale Funktion.**
Die Definitionsmenge ist $\mathbb{Q}$.

(2) Proportionalität von Ausgangswerten und Funktionswerten bei proportionalen Funktionen

An dem Beispiel aus der Aufgabe 1 haben wir gesehen:

Bei *proportionalen Funktionen* gilt:
Verdoppelt, verdreifacht, vervierfacht, ... man einen x-Wert, so verdoppelt, verdreifacht, vervierfacht, ...sich auch der zugehörige y-Wert.
Die x- und y-Werte sind proportional zueinander.

Beweis: Setzt man in den Funktionsterm $f(x) = m \cdot x$ statt x als Ausgangswert 2x ein, so erhält man den Funktionswert $f(2x) = m \cdot (2x) = 2 \cdot (mx) = 2 \cdot f(x)$, der doppelt so groß wie $f(x)$ ist. Entsprechendes gilt für andere Vielfache.

(3) Graph einer proportionalen Funktion

Malpunkte darf man weglassen, wenn keine Missverständnisse möglich sind:
$5x = 5 \cdot x$

In Aufgabe 1 b) haben wir den Graphen zu der proportionalen Funktion f mit dem Term $f(x) = 1{,}25 \cdot x$ und der Definitionsmenge $\mathbb{Q}$ betrachtet. Vergrößert man hier einen Ausgangswert x um 1, so nimmt der Funktionswert um 1,25 zu, denn

$$f(x+1) = 1{,}25\,(x+1) = 1{,}25x + 1{,}25 = f(x) + 1{,}25.$$

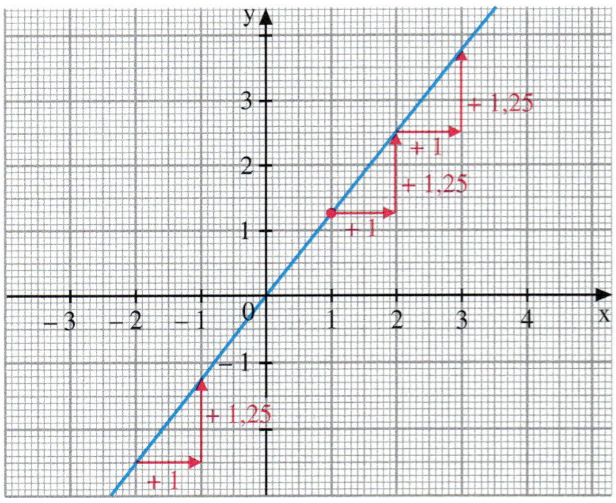

Das bedeutet: Wenn man von einem Punkt des Graphen um 1 nach rechts und dann um 1,25 nach oben geht, erreicht man wieder einen Punkt des Graphen.
Auf dem Graph geht man dabei stets in der gleichen Richtung. Der Graph ist geradlinig.

Der Graph einer proportionalen Funktion ist eine Gerade durch den Ursprung.

Beispiel: $y = \frac{1}{2}x$

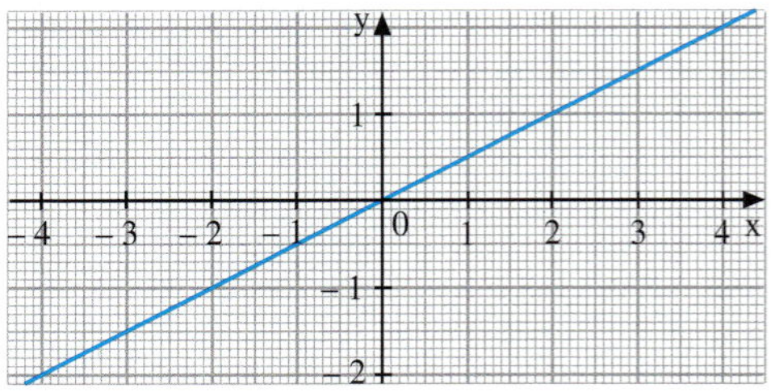

Weiterführende Aufgaben

2. *Proportionale Funktionen mit der Funktionsgleichung y = mx und negativen Werten für m*

Die Funktion f hat $\mathbb{Q}$ als Definitionsmenge und die Funktionsgleichung:

a) $y = -1{,}25x$ **b)** $y = -3x$ **c)** $y = -x$ **d)** $y = mx$ mit $m = -\frac{3}{4}$

Zeichne den Graphen. Überlege, wie viele Punkte du dazu mindestens benötigst.
Untersuche, ob auch hier gilt:
Wenn man einen x-Wert verdoppelt, so verdoppelt sich auch der dazugehörige y-Wert.

3. *Quotientengleichheit*

a) Annes Mutter hat in der letzten Zeit ihre Ausgaben für Benzin in einer Tabelle notiert.

(1) Hat sich der Benzinpreis geändert?

(2) Was folgt aus dem Ergebnis von (1) für die Funktion *Benzinvolumen (in l) → Preis (in €)*?

Benzinmenge (in l)	Preis (in €)
20	22,00
27	29,70
41	45,10
26	28,60

b) Um zu prüfen, ob eine Wertetabelle zu einer proportionalen Funktion gehört, kannst du die Quotienten aus den Funktionswerten und den zugehörigen Ausgangswerten betrachten.
Die proportionale Funktion hat die Funktionsgleichung:

(1) $y = 1{,}8x$

x	y	y : x
2	3,6	1,8
–5	–9	

(2) $y = -0{,}4x$

x	y	y : x
5	–2	–0,4
–4	1,6	

Ergänze die Tabelle durch weitere Zahlenpaare für x und y. Was stellst du fest? Begründe.
Für welches Zahlenpaar kannst du die dritte Spalte nicht ausfüllen? Woran liegt das?

Quotientengleichheit

Bei einer proportionalen Funktion mit der Gleichung $y = mx$ gilt:

Der Quotient y : x ist immer der gleiche, denn $\frac{y}{x} = \frac{mx}{x} = m$.

Dabei muss man $x = 0$ ausschließen, da man durch 0 nicht dividieren kann.

Übungsaufgaben

4. Auf einem Markt werden Erdnüsse lose verkauft.

a) Stelle die Funktion *Menge (in kg) → Preis (in €)* durch einen Graphen dar. Stelle dazu eine Wertetabelle auf. Notiere auch die Funktionsgleichung.

b) Verwende die gleiche Funktionsgleichung wie bei Teilaufgabe a), aber $\mathbb{Q}$ als Definitionsmenge. Zeichne den Graphen.

5. In einem Lehrbuch für Fahrschüler sind Faustregeln für die beiden Funktionen *Geschwindigkeit* → *Reaktionsweg* und *Geschwindigkeit* → *Bremsweg* angegeben.

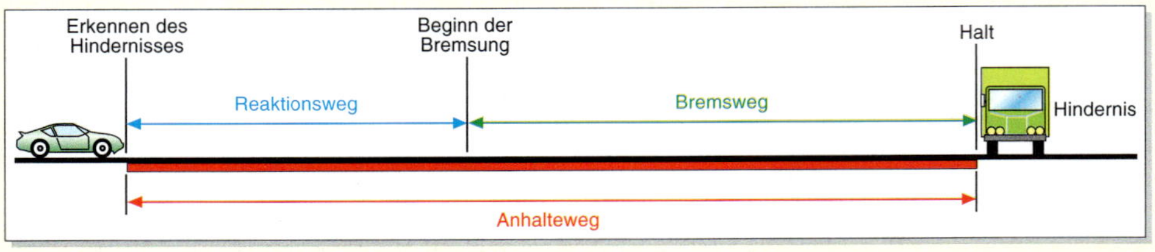

Der Reaktionsweg
Vom Sehen eines Hindernisses bis zum Niedertreten des Bremspedals legt das Fahrzeug einen bestimmten Weg zurück. Dieser Weg wird Reaktionsweg genannt. Für seine Länge gilt die Faustregel:

Reaktionsweg in m = (Geschwindigkeit in $\frac{\text{km}}{\text{h}}$: 10) mal 3

Der Bremsweg
Vom Niedertreten des Bremspedals bis zum Stillstand des Fahrzeugs legt das Fahrzeug einen bestimmten Weg zurück. Dieser Weg wird Bremsweg genannt. Für seine Länge gilt die Faustregel:

Bremsweg in m = (Geschwindigkeit in $\frac{\text{km}}{\text{h}}$: 10) mal (Geschwindigkeit in $\frac{\text{km}}{\text{h}}$: 10)

Betrachte die Geschwindigkeiten $10\,\frac{\text{km}}{\text{h}}$, $20\,\frac{\text{km}}{\text{h}}$, …, $100\,\frac{\text{km}}{\text{h}}$.

a) Lege für die Funktion *Geschwindigkeit* → *Reaktionsweg* eine Tabelle an. Sind die Größen proportional zueinander? Zeichne den Graphen dieser Funktion. Beschreibe ihn.

b) Lege für die Funktion *Geschwindigkeit* → *Bremsweg* eine Tabelle an. Sind diese Größen proportional zueinander? Zeichne den Graphen dieser Funktion. Beschreibe ihn. Vergleiche den Graphen mit dem aus Teilaufgabe a).

$1\ l = 1\ \text{dm}^3$

6. Ein leeres Gefäß wird mit Wasser gefüllt. In jeder Minute fließen 3 Liter [1,2 Liter] Wasser in das Gefäß.

a) Zeichne den Graphen der Funktion *Zeit (in min)* → *Wasservolumen (in l)*. Lege eine Wertetabelle an; notiere auch die Funktionsgleichung.

b) Das Gefäß ist quaderförmig, 30 cm lang, 20 cm breit. Gib Wertetabelle, Graph und Funktionsgleichung für die Funktion *Zeit (in min)* → *Wasserhöhe (in dm)* an.

7. Beim Schlussverkauf setzt ein Händler alle Preise um 20 % herab. Stelle mithilfe einer Wertetabelle die Funktion grafisch dar. Notiere die Funktionsgleichung. Liegt eine proportionale Funktion vor?

a) *alter Preis* → *Preisnachlass* **b)** *alter Preis* → *neuer Preis*

Die Variable muss nicht immer x heißen.

8. Die proportionale Funktion hat den Funktionsterm:

a) $f(x) = 2{,}5x$ **b)** $f(x) = -4x$ **c)** $f(x) = -0{,}6x$ **d)** $g(z) = \frac{z}{10}$ **e)** $h(t) = \frac{5}{2}t$

(1) Notiere die Funktionsgleichung und zeichne den Graphen.

(2) Welcher der Punkte $P_1(-1|\frac{3}{5})$, $P_2(10|4)$, $P_3(-2|-5)$, $P_4(10|1)$, $P_5(\frac{1}{2}|-2)$ liegt auf dem Graphen?

(3) Die folgenden Punkte liegen auf dem Graphen. Bestimme die fehlende Koordinate.
$P_1(2|\square)$; $P_2(-1|\square)$; $P_3(\square|6)$; $P_4(\square|-3)$

(4) An welcher Stelle nimmt die Funktion den Wert 100 [–10; 0,1; $-\frac{1}{2}$] an?

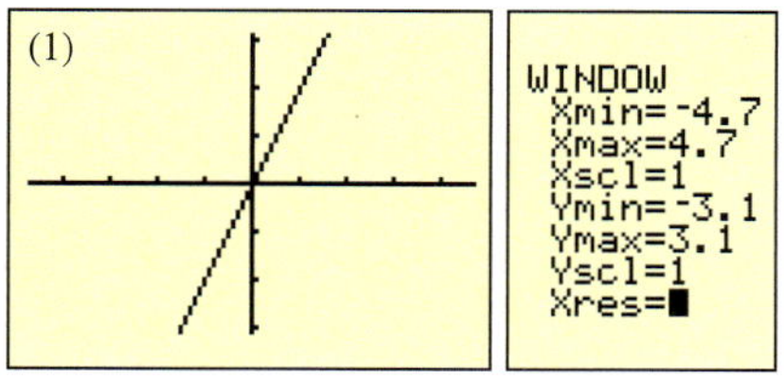

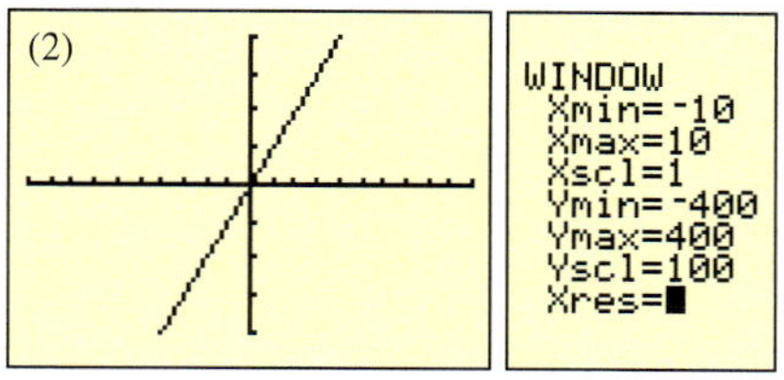

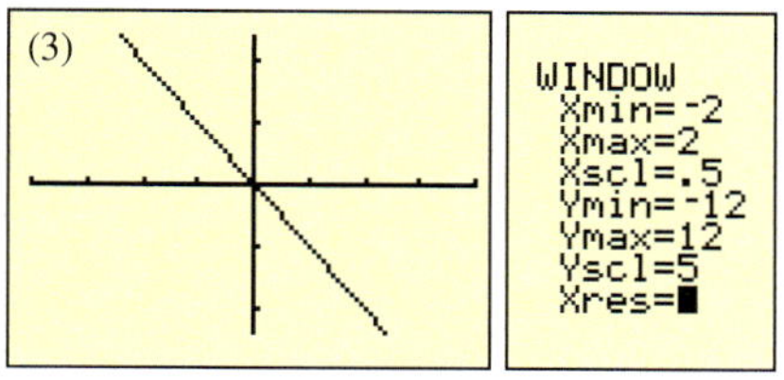

GTR **9.** Berechne den Quotienten $\frac{y}{x}$ für die Graphen oben.

10. Prüfe mithilfe der Quotientengleichheit, ob die Wertetabelle zu einer proportionalen Funktion gehört. Zeichne auch die zugehörigen Punkte in ein Koordinatensystem. Falls eine proportionale Funktion vorliegt: Gib die Funktionsgleichung an.

a)

x	y
3	3,6
4	4,8
5	6
6	7,2

b)

x	y
− 1	3,5
0	0
1	− 3,5
2	− 7

c)

x	y
4	3,2
3	2,4
2	1,6
1	0,4

d)

x	y
− 1	0,5
0	0
1	0,5
2	1

e)

x	y
− 1	1
0	0
1	1
2	4

11. Ergänze die Tabelle so, dass diese zu einer proportionalen Funktion gehört. Gib auch die Funktionsgleichung an.

a)

x	y
− 2	6
1	
4	

b)

x	y
0,5	
	− 6
− 2	− 1

c)

x	y
2,4	3,6
0	
	− 2

d)

x	y
− 0,1	
	0
1	− 0,1

e)

x	y
	− 10
	− 0,5
− 3	− 7,5

12. Erstelle selbst eine Wertetabelle für eine proportionale Funktion f sowie eine, die nicht zu einer proportionalen Funktion gehört. Beschreibe, worauf du geachtet hast.

13. **a)** Berechne 1 %; 2 %; 3 %; 4 %; …; 10 % von 250 €. Lege eine Tabelle an.

b) Wie verändert sich der Prozentwert W (bei festem Grundwert), wenn man den Prozentsatz verdoppelt, verdreifacht, …?

Grundwert G = 250 €		
Prozentsatz p %	1 %	2 %
Prozentwert W		

c) Zeichne den Graphen der Funktion *Prozentsatz* → *Prozentwert* (bei festem Grundwert G = 250 €). Um was für eine Funktion handelt es sich? Begründe.
Gib auch die Funktionsgleichung an; verwende dabei die Variablen p und W.

14. **a)** Berechne 5 % von 10 €; 20 €; 30 €; …; 100 €.
Lege eine Tabelle an.

b) Wie verändert sich der Prozentwert W (bei festem Prozentsatz p % = 5 %), wenn man den Grundwert verdoppelt, verdreifacht, …?

c) Zeichne den Graphen der Funktion *Grundwert* → *Prozentwert* (bei festem Prozentsatz p % = 5 %). Um was für eine Funktion handelt es sich? Begründe.
Gib auch die Funktionsgleichung an; benenne die Variablen sinnvoll.

GTR **15.** Marc hat den Graphen der Funktion zu $y = 2x$ mit dem GTR gezeichnet. Er behauptet: „Der Graph ist keine Gerade. Auch liegt offensichtlich keine Funktion vor.“
Nimm Stellung dazu: Wie kommt er zu dieser Behauptung? Was hältst du von dieser Behauptung?

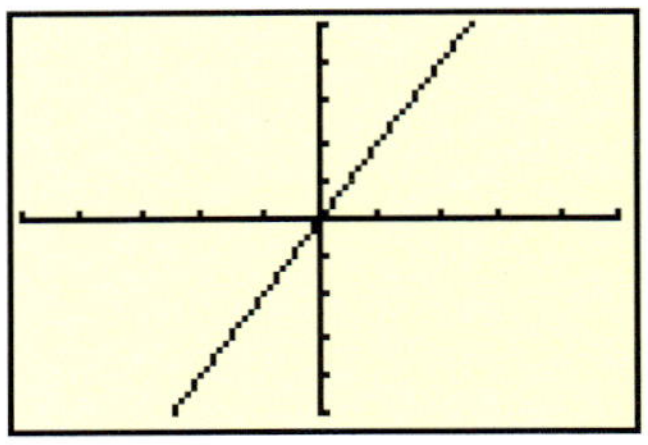

GTR **16.** (1) In einem Versuch werden der Druck p und das Volumen V einer Gasmenge gemessen.

(2) Im Schülerexperiment wurden Messwerte für die Abhängigkeit des Widerstandes R von der Länge *l* des Leiters ermittelt.

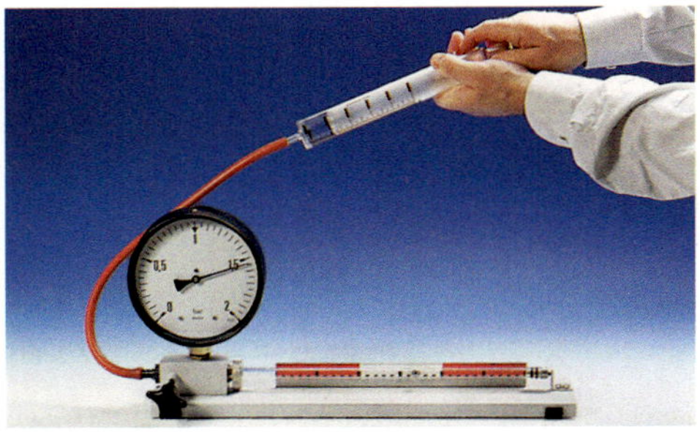

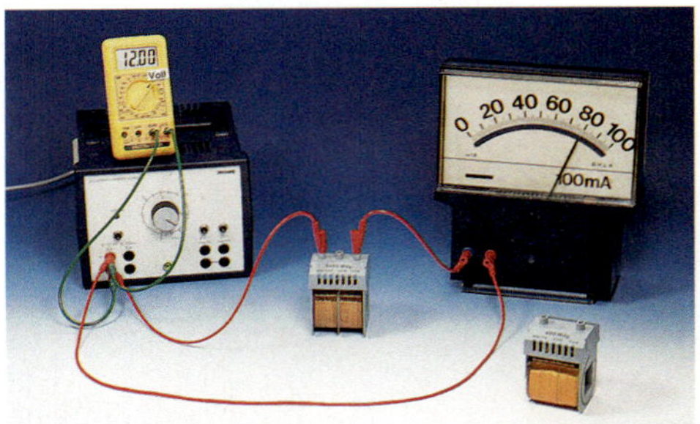

Ohm, Abkürzung Ω vom griechischen Buchstaben Omega, ist die Einheit des Widerstandes.

p (in bar)	0,6	0,8	1,0	1,2	1,4	1,6
V (in cm^3)	19	14,6	11,9	9,5	8,3	7,2

l (in m)	1	1,5	2	2,5	3	3,5
R (in Ω)	10,3	15,5	21	26	31	36

a) Stelle die Messwertpaare mit dem GTR grafisch dar. Beschreibe dein Vorgehen.

b) Skizziere den Graphen im Koordinatensystem und notiere die Window-Werte.

c) Untersuche jeweils, ob die beiden Größen proportional [antiproportional] zueinander sind. Begründe.

3.2.2 Steigung, Steigungsdreieck

Einführung

(1)

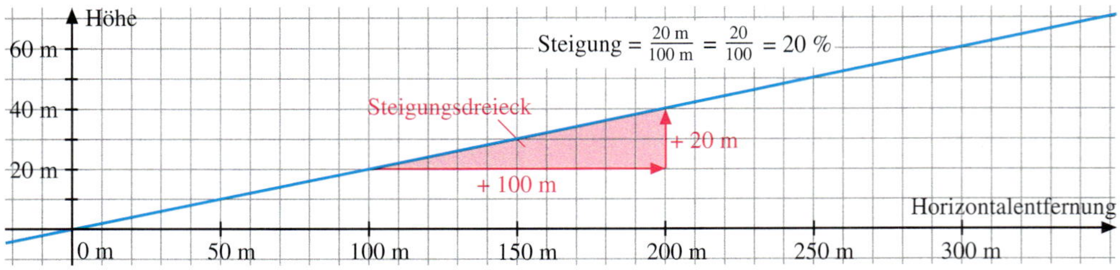

Das Verkehrsschild informiert über die *Steigung* einer Straße. Was bedeutet hier 20 %?
20 % Steigung bedeutet: Auf je 100 m Horizontalentfernung nimmt die Höhe um jeweils 20 m zu (siehe auch das Steigungsdreieck im Bild oben).
Im Koordinatensystem ist die Straße als steigende Gerade dargestellt. Sie ist der Graph der Zuordnung *Horizontalentfernung x (in m) → Höhe y (in m).*
Diese hat die Funktionsgleichung $y = \frac{20}{100}x$.
Es handelt sich hier also um eine proportionale Funktion mit der Gleichung $y = mx$ mit positivem m, nämlich $m = 0{,}2$. Der Faktor m gibt hier die (positive) Steigung der Geraden (der Straße) an.

(2)

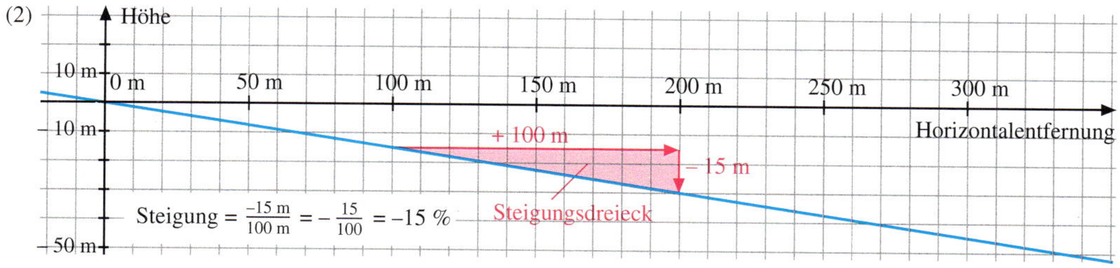

Dieses Verkehrsschild zeigt das Gefälle einer Straße an.

15 % Gefälle bedeutet: Auf je 100 m Horizontalentfernung nimmt die Höhe um jeweils 15 m ab (siehe auch das Steigungsdreieck im Bild oben).

Im Koordinatensystem ist die Straße als fallende Gerade dargestellt. Sie ist Graph der Funktion *Horizontalentfernung x (in m) → Höhe y (in m)*. Diese hat die Funktionsgleichung $y = -\frac{15}{100}x$.

Es handelt sich also um eine proportionale Funktion mit der Gleichung $y = mx$ mit negativem m, nämlich $m = -0{,}15$. Der Faktor m gibt auch hier die (negative) Steigung der Geraden (Straße) an.

Information

Die Gerade zu einer proportionalen Funktion mit $y = mx$

- *steigt* (von links nach rechts), wenn m positiv ist, und
- *fällt* (von links nach rechts), wenn m negativ ist.

Man nennt m die **Steigung** der Geraden.

Die Steigung m lässt sich mithilfe eines *Steigungsdreiecks* berechnen:

$$m = \frac{y_2 - y_1}{x_2 - x_1}$$

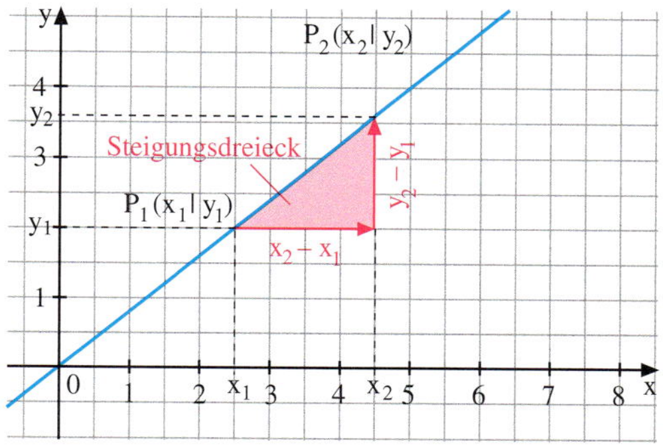

Weiterführende Aufgaben

1. *Unterschiedlich große Steigungsdreiecke bei gleicher Steigung*

Zeichne den Graphen der proportionalen Funktion f mit:

a) $f(x) = 1{,}2x$ **c)** $f(x) = -1{,}5x$

b) $f(x) = 0{,}6x$ **d)** $f(x) = -\frac{3}{4}x$

Wie ändert sich der Funktionswert, wenn man den Wert für x

(1) um 1 vergrößert,
(2) um 2 vergrößert,
(3) um 5 vergrößert,
(4) um 1 vermindert?

Zeichne auch entsprechende Steigungsdreiecke.

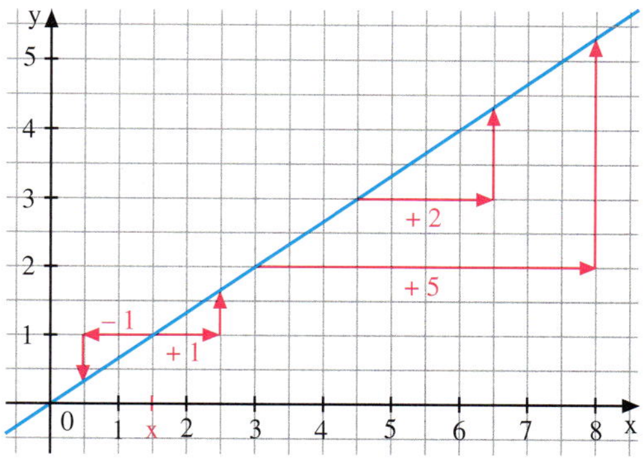

2. *Geeignete Steigungsdreiecke für das Zeichnen des Graphen*

Zeichne – ohne Wertetabellen anzulegen – in dasselbe Koordinatensystem die Graphen der proportionalen Funktionen mit den Steigungen $m = 5$; $m = -0{,}2$; $m = 1$; $m = -1{,}3$; $m = \frac{2}{3}$.

Gehe jeweils vom Ursprung $O(0|0)$ aus. Überlege, ob es günstiger ist, nur einen Schritt oder mehrere Schritte nach rechts oder sogar nach links zu gehen.

Information

Zeichnen des Graphen der proportionalen Funktion mit der Gleichung y = mx

1. Fall: $m > 0$

Beispiel: $m = 2$

Gehe vom Ursprung O(0|0) aus
1 Schritt nach rechts und 2 Schritte nach oben
oder
2 Schritte nach rechts und 2 · 2 Schritte nach oben
oder …
oder auch
1 Schritt nach links und 2 Schritte nach unten
oder …

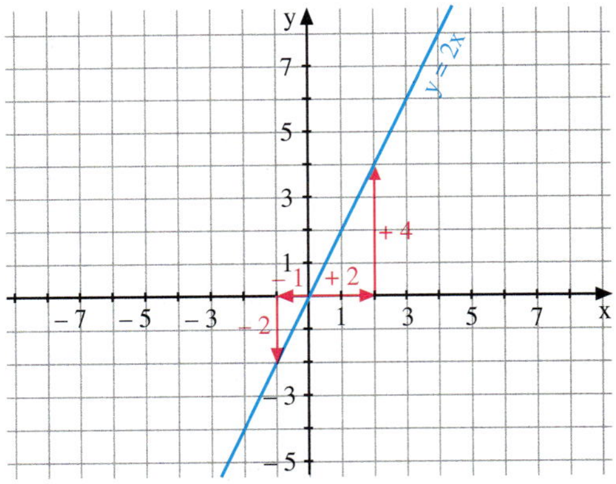

2. Fall:

Beispiel: $m = -3$

Gehe vom Ursprung O(0|0) aus
1 Schritt nach rechts und 3 Schritte nach unten
oder
2 Schritte nach rechts und 2 · 3 Schritte nach unten
oder …
oder auch
1 Schritt nach links und 3 Schritte nach oben
oder …

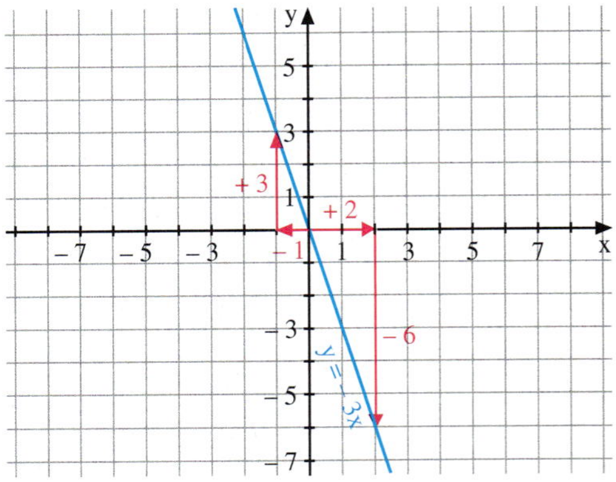

Übungsaufgaben

3. Zeichne für verschiedene Werte von m die Graphen von proportionalen Funktionen mit der Gleichung $y = m \cdot x$ in ein gemeinsames Koordinatensystem.
Wie ändert sich der Graph, wenn man den Faktor m ändert?

4. Zeichne mithilfe eines geeigneten Steigungsdreiecks den Graphen der proportionalen Funktion mit der Gleichung:

a) $y = 3x$ **b)** $y = -2x$ **c)** $y = 1{,}4x$ **d)** $y = -0{,}5x$ **e)** $y = -1{,}2x$

Steigt die Gerade oder fällt die Gerade? Welche Steigung hat die Gerade?

5. Wie ändert sich der Funktionswert, wenn man x um 1 [um 2; um 3] erhöht?
Welchen Wert hat die Steigung m der Geraden?

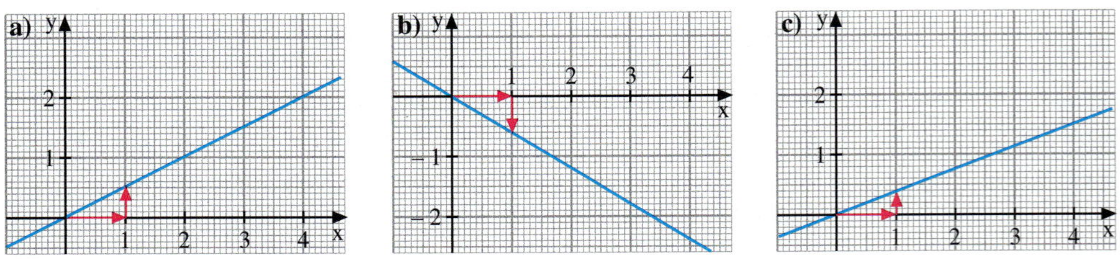

6. Zeichne mithilfe eines Steigungsdreiecks den Graphen der proportionalen Funktion, ohne eine Wertetabelle anzulegen. Überlege, ob es dabei günstiger ist, nur einen Schritt oder mehrere nach rechts oder sogar nach links zu gehen.

a) $f(x) = 2x$ **c)** $f(x) = 0{,}25x$ **e)** $f(x) = -\frac{4}{5}x$ **g)** $g(x) = -0{,}4x$ **i)** $g(x) = -x$

b) $f(x) = 1{,}5x$ **d)** $f(x) = -\frac{x}{4}$ **f)** $f(x) = \frac{x}{7}$ **h)** $g(x) = -\frac{x}{10}$ **j)** $f(t) = \frac{7}{2}t$

Wie ändert sich der Funktionswert, wenn man x um 4 erhöht [um 5 erhöht; um 5 vermindert]?

7. Rechts siehst du Fabians Hausaufgaben. Kontrolliere sie.

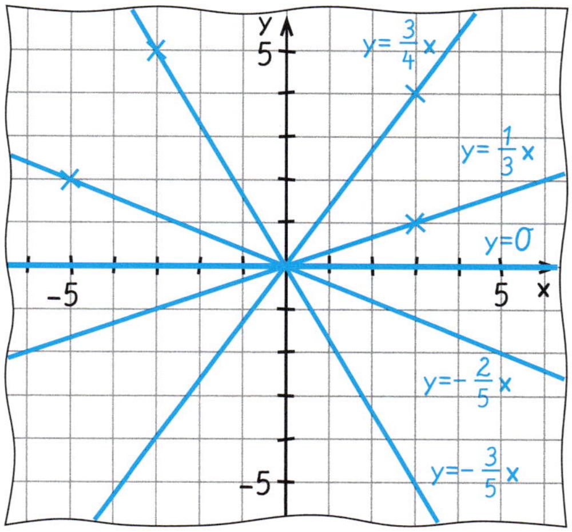

8. Zeichne den Graphen der proportionalen Funktion. Gehe dabei vom Ursprung

a) um 1 nach rechts, um 1,6 nach oben;

b) um 1 nach rechts, um 1,8 nach unten;

c) um 2 nach rechts, um 5,4 nach oben;

d) um 5 nach links, um 6 nach unten;

e) um 3 nach rechts, um 5,4 nach oben;

f) um 4 nach links, um 7,2 nach oben.

Notiere die Steigung m und die Funktionsgleichung [den Funktionsterm].

9. Notiere zu jeder Geraden die Steigung. Gib auch die Funktionsgleichung an.

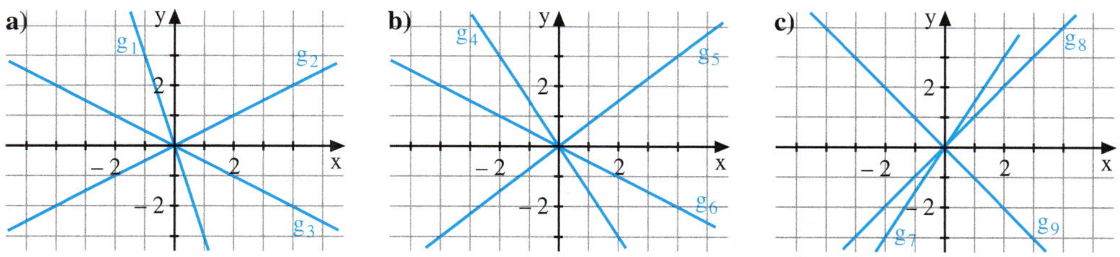

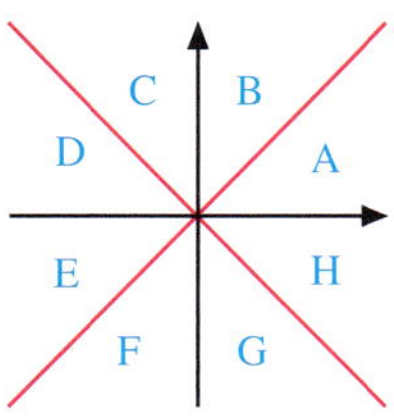

10. Links wurde das Koordinatensystem in 8 Bereiche unterteilt. Die Achsen haben beide gleiche Einteilung. In welchen Bereichen verläuft der Graph zu

a) $y = \frac{1}{2}x$; **b)** $y = -2x$; **c)** $y = 2x$; **d)** $y = -\frac{3}{4}x$?

11. Der Graph einer proportionalen Funktion geht durch den Punkt P:

a) $P(1|5)$ **c)** $P(1|3{,}8)$ **e)** $P(1|-\frac{3}{2})$ **g)** $P(2|6)$ **i)** $P(5|-2)$ **k)** $P(3|-2)$

b) $P(1|-3)$ **d)** $P(1|-0{,}8)$ **f)** $P(1|-\frac{9}{5})$ **h)** $P(2|8{,}4)$ **j)** $P(3|5{,}1)$ **l)** $P(-1|-4)$

Notiere die Steigung m und die Funktionsgleichung.

Spiel für 2 Personen GTR

12. Ein Spieler zeichnet mit dem GTR einen Punkt. Der Partner muss dann den Graphen einer proportionalen Funktion durch diesen Punkt zeichnen lassen. Hat er es geschafft, wird gewechselt.

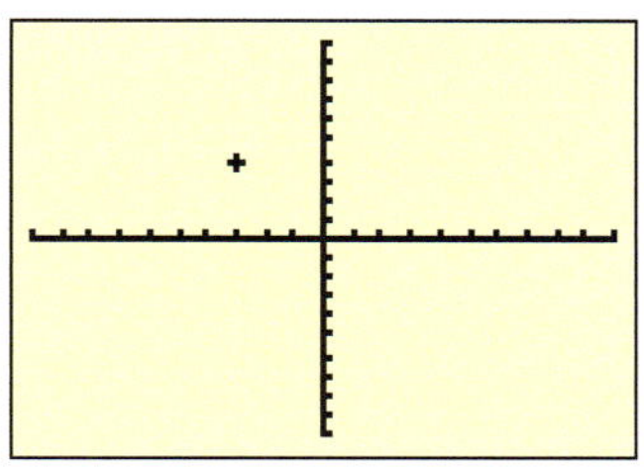

3.3 Lineare Funktionen und ihre Graphen

Aufgabe 1

a) 1 m^3 Kies wiegt 2 Tonnen. Im Folgenden ist das Kiesvolumen jeweils in m^3 angegeben, das Kiesgewicht in t.

(1) Notiere für die Funktion
Kiesvolumen x → Kiesgewicht y
die Funktionsgleichung. Zeichne den Graphen.

(2) Ein Lastwagenanhänger wiegt leer 3 Tonnen und wird mit Kies beladen. Zeichne in dasselbe Koordinatensystem den Graphen für die Funktion
Kiesvolumen x → Gesamtgewicht des Anhängers y.
Notiere die Funktionsgleichung.

b) Wähle als Definitionsmenge $\mathbb{Q}$ und als Funktionsterm: (1) $2x$; (2) $2x + 3$; (3) $2x - 6$.
Zeichne alle drei Graphen in dasselbe Koordinatensystem. Wie kommt man von dem ersten Graphen zu den beiden anderen? Wie kann man das an dem Term erkennen?

Lösung

a) (1) 1 m^3 Kies wiegt 2 Tonnen.
x m^3 Kies wiegen 2x Tonnen.
Funktionsgleichung: $y = 2x$

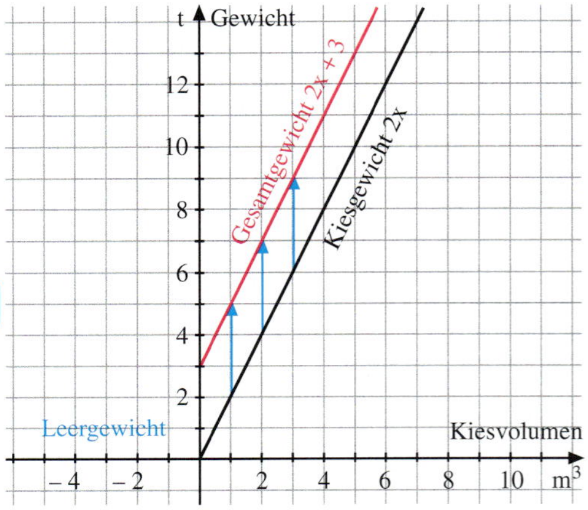

(2) Das Gesamtgewicht setzt sich zusammen aus dem Gewicht der Kiesladung, 2x Tonnen, und dem Gewicht des leeren Anhängers, 3 Tonnen.

Kiesgewicht — Hängergewicht

Funktionsgleichung: $y = 2x + 3$

Das Gesamtgewicht ist immer um 3 Tonnen größer als das Kiesgewicht. Du kommst also vom ersten Graphen (Kiesgewicht) zum zweiten Graphen (Gesamtgewicht), indem du überall um 3 Einheiten nach oben gehst. Das bedeutet: Wenn du den ersten Graphen *um 3 Einheiten nach oben verschiebst*, erhältst du den zweiten.

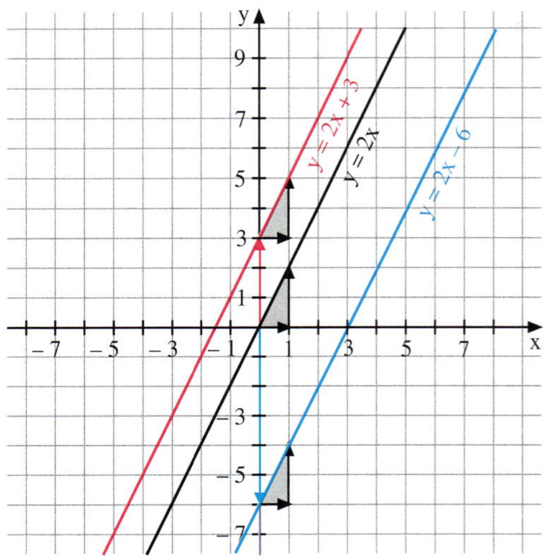

b) Jetzt dürfen auch negative Zahlen für x eingesetzt werden, da die gesamte Menge $\mathbb{Q}$ der rationalen Zahlen Definitionsmenge ist. Die Graphen sind daher nach beiden Seiten unbegrenzt.

Wenn man den Graphen zu $y = 2x$

- *um 3 Einheiten nach oben verschiebt,* erhält man den Graphen zu $y = 2x + 3$;
- *um 6 Einheiten nach unten verschiebt,* erhält man den Graphen zu $y = 2x - 6$.

Information

Eine Funktion mit der Funktionsgleichung $y = mx + b$ heißt **lineare Funktion**.
Der Graph einer linearen Funktion ist *geradlinig*.
m ist die *Steigung* der Geraden.
Die Gerade schneidet die y-Achse im Punkt $P(0|b)$.
b nennt man daher *y-Achsenabschnitt* (oder auch *Ordinatenabschnitt*).

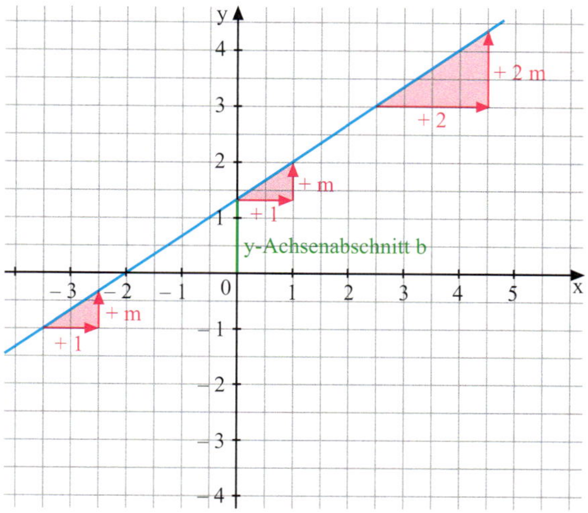

Anmerkung: Die Definitionsmenge einer linearen Funktion ist die Menge $\mathbb{Q}$ aller rationalen Zahlen (falls nichts anderes vereinbart wird).

Weiterführende Aufgaben

2. *Zeichnen des Graphen einer linearen Funktion mithilfe von m und b*

Gegeben ist die Funktionsgleichung einer linearen Funktion. Notiere die Steigung m und den y-Achsenabschnitt b. Zeichne den Graphen.

a) $y = \frac{3}{4}x - 2$ **b)** $y = -\frac{1}{3}x + 1$ **c)** $y = -x + 4{,}5$ **d)** $y = x$ **e)** $y = -3$ **f)** $y = 0$

Anmerkung: Die Gleichung $y = x$ ist eine kurze Schreibweise für $y = 1 \cdot x + 0$.
Die Gleichung $y = -3$ ist eine kurze Schreibweise für $y = 0 \cdot x - 3$.

Anleitung zum Zeichnen des Graphen einer linearen Funktion mithilfe der Steigung m und des y-Achsenabschnitts b

Gegeben ist die Funktionsgleichung $y = mx + b$.

Beispiel: $m = \frac{2}{3}$ und $b = 2$

Der Graph der linearen Funktion ist eine Gerade und daher durch zwei Punkte festgelegt.

(1) Ein Punkt der Geraden ist durch den y-Achsenabschnitt b schon gegeben: $P(0|b)$.

(2) Einen weiteren Punkt kann man mithilfe der Steigung finden:
Gehe von P aus um 1 nach rechts und um m nach oben.
Im Beispiel rechts ist es aber besser, nicht nur um 1 nach rechts zu gehen, sondern z. B. um 3 nach rechts und um 2 nach oben zu gehen.

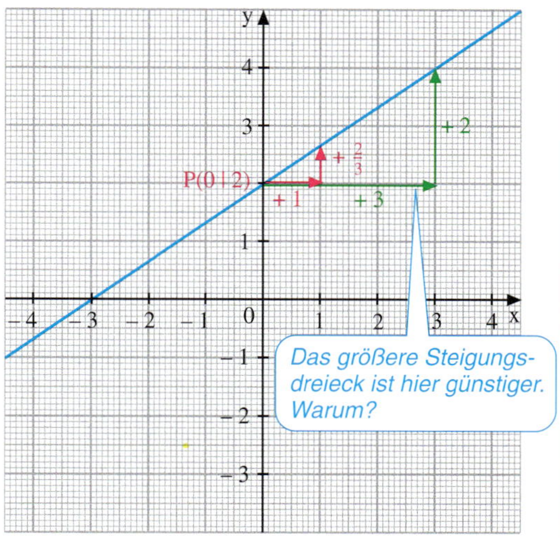

3. *Lage zweier Geraden zueinander*

Zeichne die Graphen der beiden linearen Funktionen in dasselbe Koordinatensystem. Beschreibe ihre Lage zueinander.

(1) $y = 1{,}5x - 3$
$y = \frac{1}{4}x + 4$

(2) $y = \frac{1}{2}x + 4$
$y = \frac{1}{2}x - 2$

(3) $y = -4 - 4x$
$2y + 8x = -8$

zuerst nach y auflösen

Lage zweier Geraden zueinander

(1) Haben zwei Geraden übereinstimmende Steigungen, so sind sie parallel zueinander.

Stimmen auch die y-Achsenabschnitte noch überein, so fallen die Geraden zusammen.

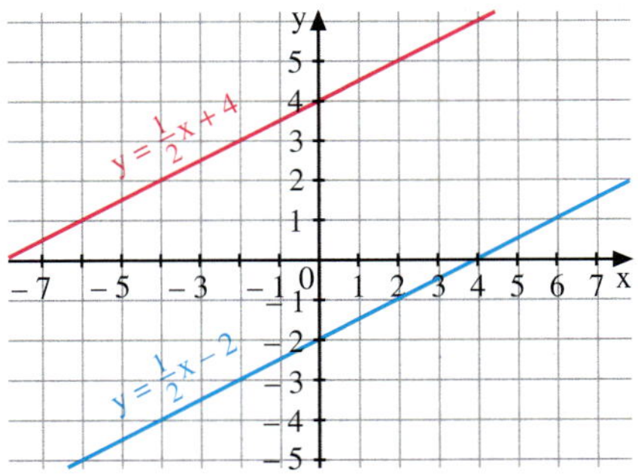

(2) Haben zwei Geraden verschiedene Steigungen, so schneiden sie sich in einem Punkt.

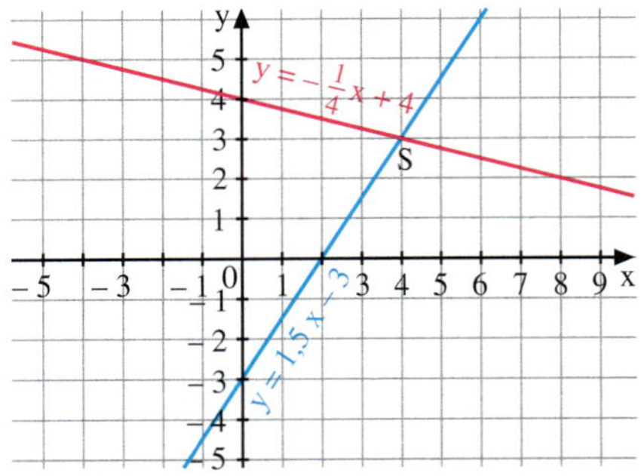

4. *Gerade durch zwei Punkte*

Die Gerade g geht durch die Punkte $P_1(-3\,|\,4)$ und $P_2(2\,|\,1)$. Berechne die Steigung m der Geraden g durch die Punkte P_1 und P_2. Gib auch die Funktionsgleichung an.

Übungsaufgaben

5. Eine Schraubenfeder hat (unbelastet) eine Länge von 6 cm. Die Länge ändert sich, wenn man die Feder mit Wägestücken belastet, und zwar um 0,5 cm je kg Belastung.

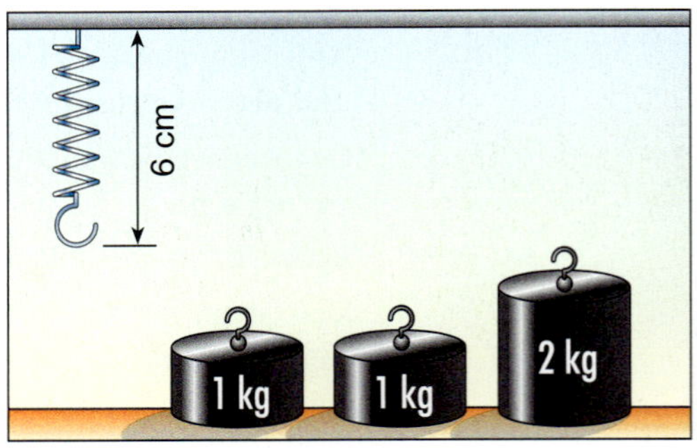

a) Lege für die folgenden Funktionen jeweils eine Wertetabelle an.
Zeichne damit ihre Graphen und vergleiche sie.

(1) *Belastung (in kg) → Verlängerung der Feder (in cm)*
(2) *Belastung (in kg) → Federlänge (in cm)*

b) Notiere die Funktionsgleichung.

c) Wie ändert sich die Länge der Feder, wenn man die Belastung um 2,4 kg erhöht [um 1,8 kg verringert]?

d) Bei welcher Belastung hat die Feder die Länge 8 cm [9,5 cm; 10,2 cm]?

e) Die Feder darf – ohne Schaden zu nehmen – nur bis zu einer Länge von 20 cm ausgezogen werden. Mit wie viel kg darf man die Feder höchstens belasten?

GTR **6.** Zeichne den Graphen zu $y = \frac{3}{4}x$ sowie die Graphen zu $y = \frac{3}{4}x + b$ für verschiedene Werte von b.
Welchen Einfluss hat der Summand b auf den Graphen?

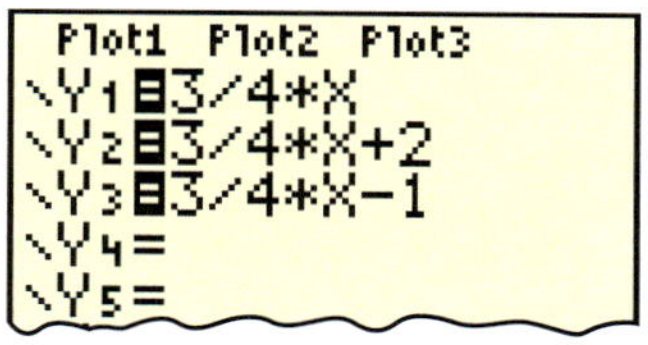

7. Eine Kerze ist anfangs 21 cm lang. Beim Brennen wird sie stündlich um 1,2 cm kürzer.

a) Zeichne den Graphen der Funktion *Brenndauer x (in Stunden) → Länge y (in cm).*

b) Notiere die Funktionsgleichung.

c) Wie lang ist die Kerze nach 5 [7,5; 12,5] Stunden?

d) Nach wie viel Stunden ist die Kerze nur noch 3,8 cm lang?

e) Nach wie viel Stunden ist die Kerze abgebrannt?

ϑ (Theta) griechischer Buchstabe

8. Eisen dehnt sich bei Erwärmung aus. Daher müssen bei Stahlbrücken Dehnungsfugen eingebaut werden. Die Funktion *Temperatur → Breite der Dehnungsfuge* ist eine lineare Funktion.
An einer Stahlbrücke wurde die Dehnungsfuge bei unterschiedlichen Temperaturen ausgemessen (Tabelle rechts).

Temperatur ϑ (in °C)	Fugenbreite b (in mm)
0	48
25	28

a) Bestimme die Funktionsgleichung, zeichne den Graphen.

b) Berechne jeweils die Breite b der Dehnungsfuge für die Temperatur ϑ:
30 °C; 10 °C; −10 °C; −15 °C.

c) Bei welcher Temperatur ist die Dehnungsfuge 54 mm breit?

d) Welche Höchsttemperatur hat man bei der Konstruktion der Brücke angenommen?

9. Beim Tauchen in großer Tiefe ist man einem hohen Wasserdruck ausgesetzt. Das Auftauchen an die Wasseroberfläche darf nur langsam geschehen, damit ein Druckausgleich im Körper des Tauchers stattfinden kann.
Ein Taucher befindet sich in 22 m Tiefe. Pro Minute kann er um 5 m auftauchen.

a) Bestimme die Funktionsgleichung und zeichne den Graphen der Funktion *Auftauchdauer (in min) → Tauchtiefe (in m).*

b) In welcher Tiefe befindet sich der Taucher nach $2\frac{1}{2}$ Minuten Auftauchdauer?

c) Nach welcher Zeit befindet er sich in 3 m Tiefe?

d) Wie lange dauert das Auftauchen?

e) *Partnerarbeit:* Stellt euch gegenseitig geeignete Fragen und beantwortet sie.

10. Zeichne den Graphen der proportionalen Funktion. Verschiebe dann den Graphen um 4 Einheiten nach oben [um 1 Einheit nach unten] und gib für den neuen Graphen die entsprechende Funktionsgleichung an.

a) $y = 1{,}5x$ **b)** $y = -4x$ **c)** $y = -\frac{2}{3}x$ **d)** $s = \frac{5}{4}r$ **e)** $v = -\frac{u}{5}$

11. Zeichne den Graphen der linearen Funktion f. In welchem Punkt schneidet der Graph die y-Achse? Zeichne den Graphen derjenigen proportionalen Funktion g, deren Graph die gleiche Steigung m hat. Notiere die zugehörige Funktionsgleichung $y = g(x)$.

a) $f(x) = 0{,}4x + 1$ **b)** $f(x) = -\frac{1}{2}x + 3{,}5$ **c)** $f(x) = x - \frac{4}{5}$ **d)** $f(x) = -\frac{3}{4}x - \frac{5}{2}$

12. Zeichne in dasselbe Koordinatensystem die Graphen der linearen Funktionen f, g und h. Welche der drei Funktionen ist eine proportionale Funktion? Wie kommt man von dem Graphen dieser proportionalen Funktion zu den Graphen der beiden anderen?

a) $f(x) = 0{,}5x + 4$; $g(x) = 0{,}5x$; $h(x) = 0{,}5x - 2$

b) $f(x) = -1{,}5x + 5$; $g(x) = -1{,}5x - 4$; $h(x) = -1{,}5x$

13. Wie lautet die Funktionsgleichung zu jeder der fünf Geraden? Vergleiche die Funktionsterme. Was haben diese gemeinsam?

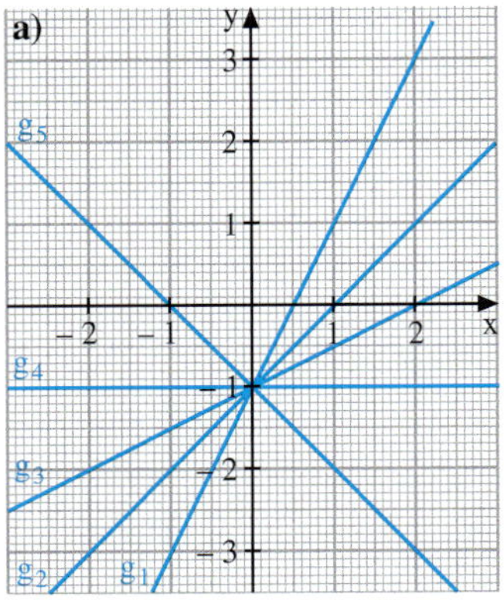

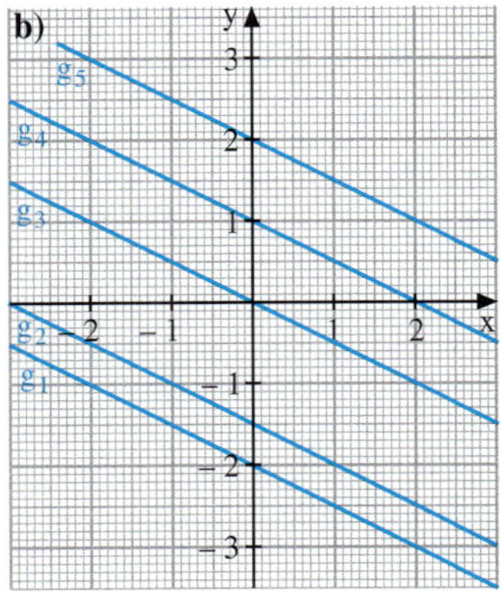

14. Zeichne den Graphen der linearen Funktion mit:

a) $y = 2{,}5x + 1$

b) $y = -3x + 7$

c) $y = -x - 2{,}4$

d) $s = \frac{1}{4}t - \frac{7}{5}$

Welche Steigung hat der Graph? Welche proportionale Funktion hat einen Graphen mit derselben Steigung? Notiere deren Funktionsgleichung.

15. **a)** $f(x) = 0 \cdot x + 4$ **b)** $f(x) = 0 \cdot x - 1$ **c)** $f(x) = 3$ **d)** $f(x) = -3$ **e)** $f(x) = 0$

Zeichne den Graphen der linearen Funktion f. Wie ändert sich der Funktionswert, wenn man den Wert für x um 1 vergrößert? Welche Steigung und welchen y-Achsenabschnitt hat die Gerade?

16. Zeichne den Graphen der linearen Funktion f mithilfe von Steigung und y-Achsenabschnitt.

a) $f(x) = 2x + 1$ **f)** $y = 0{,}5x + 3$ **k)** $f(x) = 3{,}2x - 2$ **p)** $f(x) = \frac{3}{4}x + \frac{1}{4}$

b) $y = 2x - 1$ **g)** $f(x) = 0{,}8x - 3$ **l)** $y = 1{,}8x + 4$ **q)** $f(x) = -\frac{x}{3} - 2$

c) $f(x) = -2x + 1$ **h)** $f(x) = 1{,}6x - 1$ **m)** $y = 2{,}2x - 3{,}6$ **r)** $f(x) = -\frac{5}{6}x + \frac{1}{2}$

d) $f(x) = 2x - 4$ **i)** $y = 4 - 0{,}5x$ **n)** $f(x) = x - 3{,}8$ **s)** $y = \frac{7}{4}x - \frac{3}{2}$

e) $y = -2x - 1$ **j)** $f(x) = 0{,}2x + 3{,}5$ **o)** $f(x) = 5 - x$ **t)** $f(t) = -\frac{1}{8}$

17. Rechts siehst du Sophies Hausaufgaben. Kontrolliere sie.

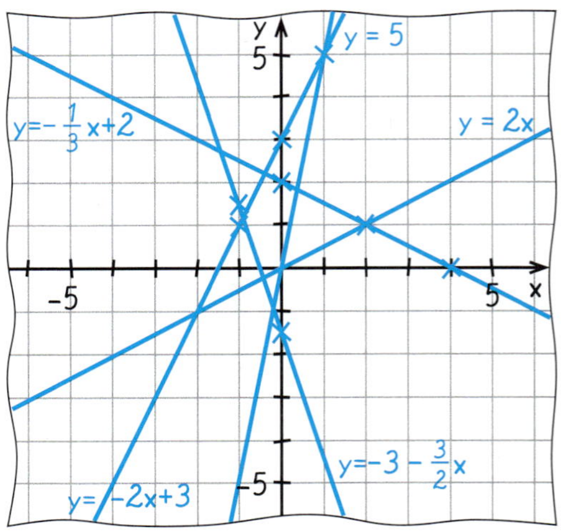

18. Zeichne den Graphen zu $f(x) = mx + b$ mithilfe von Steigung und y-Achsenabschnitt.

a) $m = 1$; $b = -4$ **e)** $m = \frac{1}{3}$; $b = 0$

b) $m = -1$; $b = 3$ **f)** $m = -\frac{7}{3}$; $b = -\frac{1}{2}$

c) $m = 0{,}2$; $b = -1{,}4$ **g)** $m = \frac{2}{7}$; $b = -1$

d) $m = -1{,}2$; $b = 5$ **h)** $m = \frac{3}{8}$; $b = 0$

19. In welchen Punkten schneidet der Graph der linearen Funktion mit der angegebenen Gleichung die Koordinatenachsen? Welche Steigung hat die Gerade? Geht der Graph durch den Punkt $P(2|0)$?

a) $y = 6x - 3{,}5$ **b)** $y = -2{,}6x + 5{,}2$ **c)** $y = -\frac{4}{5}x - \frac{3}{2}$ **d)** $v = 1 - \frac{u}{2}$

20. Bestimme zu jedem Graphen die Funktionsgleichung.

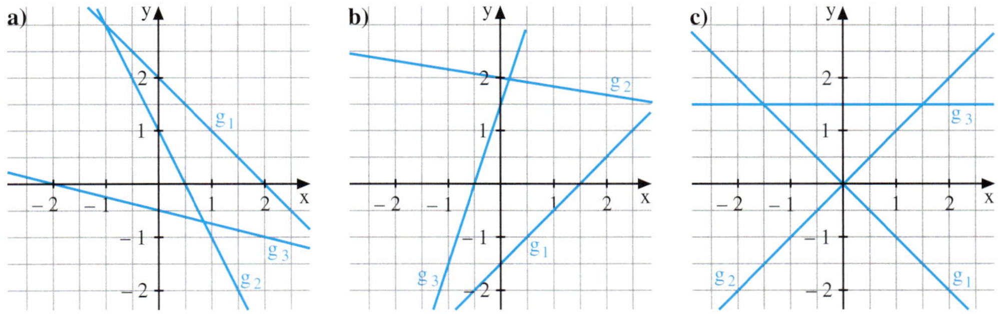

21. Zeichne durch die Punkte P_1 und P_2 den Graphen der linearen Funktion. Notiere den Term.

a) $P_1(0|4)$, $P_2(1|2)$ **b)** $P_1(0|1)$, $P_2(5|-3{,}5)$ **c)** $P_1(0|-2)$, $P_2(3|-5)$ **d)** $P_1(0|3)$, $P_2(-2|0)$

22. Die Gerade g geht durch die Punkte P_1 und P_2. Berechne die Steigung m der Geraden g durch die Punkte P_1 und P_2. Gib auch die Funktionsgleichung an.

a) $P_1(1|2)$, $P_2(2|4)$ **b)** $P_1(2|4)$, $P_2(7|4)$ **c)** $P_1(-2|3)$, $P_2(8|8)$ **d)** $P_1(3|2)$, $P_2(-6|3)$

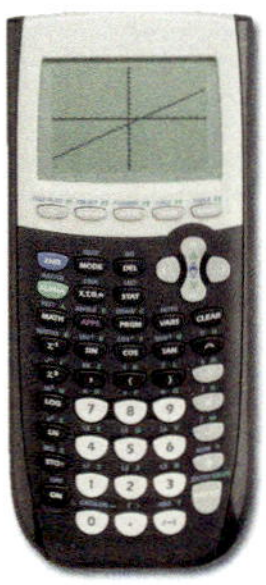

GTR **23.** Untersuche die lineare Funktion f mit dem Term (1) $f(x) = -300x + 25$; (2) $f(x) = 0{,}01x - 22$.

a) Gib y-Achsenabschnitt und Steigung der Funktion an.

b) Stelle den Graphen der Funktion mit dem GTR dar. Wähle die Window-Werte so, dass die Schnittpunkte des Graphen mit den Koordinatenachsen gut ablesbar sind.
Notiere die Window-Werte und gib die Schnittpunkte an.

24. Untersuche den Verlauf einer linearen Funktion.

a) Der Graph einer Funktion hat die Gleichung $y = mx$.
Wähle für m Werte mit (1) $m < 0$, (2) $m = 0$, (3) $m > 0$.
Beschreibe die Lage der Geraden. Welche gemeinsamen Eigenschaften haben sie?

b) Eine Funktion ist durch die Gleichung $y = 2x + b$ gegeben.
Wähle für b Werte mit (1) $b < 0$, (2) $b = 0$, (3) $b > 0$.
Welche gemeinsamen und unterschiedlichen Eigenschaften besitzen die Graphen?

c) Wie verändern sich bei linearen Funktionen mit der Gleichung $y = mx - 1$ in Abhängigkeit von m die Graphen? Notiere die möglichen Fälle für m und skizziere die Graphen.

25. Gib die Gleichung einer Geraden an, für die Folgendes gilt:
(1) Sie verläuft nur durch den 1. und 3. Quadranten.
(2) Sie verläuft durch die ersten drei Quadranten.
(3) Sie verläuft nur durch zwei Quadranten.

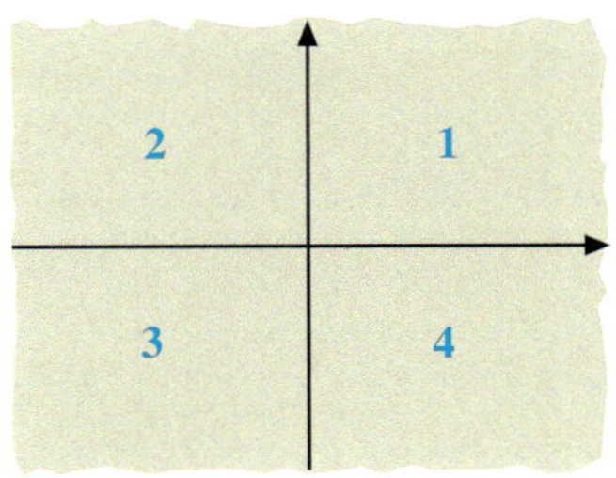

26. Beschreibe den Verlauf der Geraden zu $y = mx + b$ im Koordinatensystem in Abhängigkeit von der Steigung m und dem y-Achsenabschnitt b.

27. Bei gleichschenkligen Dreiecken ergibt sich aus der Größe der Basiswinkel eindeutig die Größe des dritten Winkels. Bestimme die Funktionsgleichung für die Funktion *Größe des Basiswinkels → Größe des dritten Winkels.* Beachte auch, welche Werte für die Größe eines Basiswinkels möglich sind. Zeichne den Graphen.

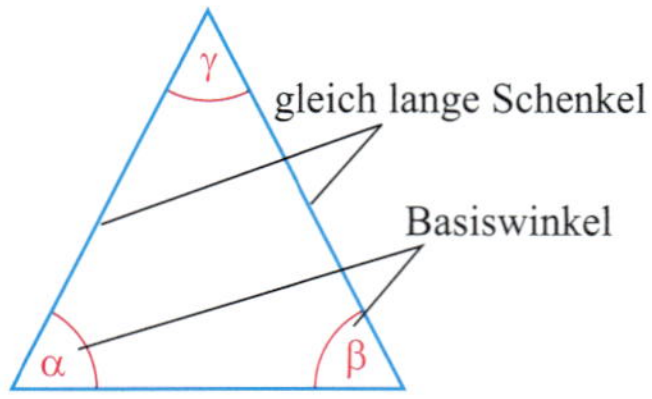

28. Untersuche rechtwinklige Dreiecke auf die Abhängigkeit der beiden übrigen Winkel voneinander. Erstelle eine Funktionsgleichung und zeichne den Graphen.

29. Ein quaderförmiges Schwimmbecken ist mit Wasser gefüllt, die Wasserhöhe beträgt 2,5 m. Das Schwimmbecken wird leer gepumpt. Dabei sinkt der Wasserspiegel um 0,4 m pro Stunde.

a) Zeichne den Graphen der Funktion *Zeit (in Stunden) → Wasserhöhe (in m)* mithilfe einer Wertetabelle. Notiere auch die Funktionsgleichung.

b) Nach wie viel Stunden ist das Becken leer gepumpt?

c) Die Pumpe bewegt stündlich 6 m^3 Wasser. Wie groß ist die Grundfläche des Beckens?

GTR **30.** Zeichne den Graphen der Funktion zu $y = -\frac{1}{2}x + 3$ mit dem GTR so, dass er
(1) sehr flach, (2) etwas steil, (3) sehr steil wirkt.
Notiere deine im Window-Menü eingestellten Werte.

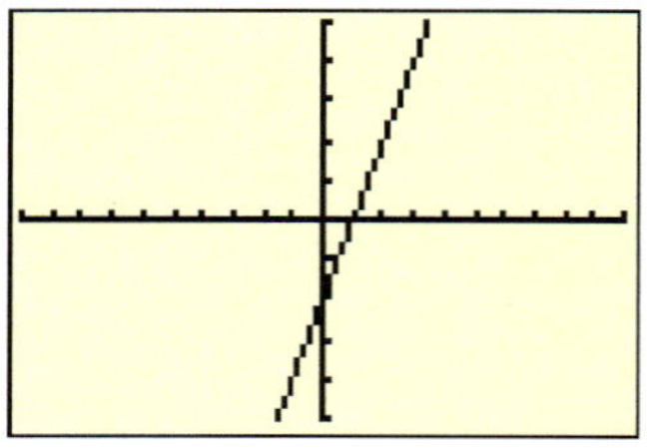

GTR **31.** Kevin hat mit dem GTR den Graphen zu $y = 2x - 2$ gezeichnet. Nachdenklich sagt er: „Das ist doch gar kein Funktionsgraph. Irgend etwas muss falsch sein." Kannst du helfen?

32. Gegeben ist die Gerade g mit der Gleichung $y = 3x - 6$.
Gib die Gleichung einer Geraden an, die

a) parallel zu g ist und durch den Punkt $P(0|2)$ verläuft;

b) denselben y-Achsenabschnitt wie g hat, aber fällt;

c) die x-Achse an derselben Stelle schneidet wie g.

33. Jede der Gleichungen beschreibt eine lineare Funktion. Zeichne jeweils die beiden Graphen in ein Koordinatensystem. Beschreibe ihre Lage zueinander.

a) $y = x - 3$ und $y = -3x - 11$

b) $y = -x + 1$ und $x + y = -1$

c) $x + 3y = 6$ und $6y = 12 - 2x$

d) $x - \frac{3}{2}y - 3 = 0$ und $\frac{3}{2}x - y - 3 = 0$

34. Beschreibe die Lage der Geraden zueinander – ohne die Geraden zu zeichnen.

a) $y = 0{,}5x$ und $y = -x + 6$

b) $2y + 3x = -4$ und $3y + 4{,}5x = 21$

c) $y - x = -19$ und $y - \frac{1}{3}x = 15$

d) $1{,}5y + x = 0{,}5$ und $3y = 1 - 2x$

Spiel für 2 Personen

GTR **35.** Ein Spieler zeichnet mit einem GTR zwei Punkte in ein Koordinatensystem. Der Mitspieler muss dann eine Gerade durch diese Punkte zeichnen. Die Anzahl der Versuche, die er dazu benötigt, wird gezählt. Anschließend wird gewechselt. Wer nach einer zuvor festgelegten Anzahl von Spielrunden die wenigsten Versuche benötigt hat, hat gewonnen.

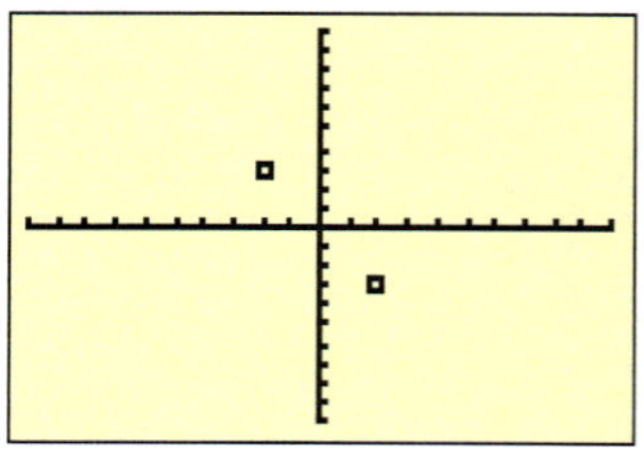

3.4 Nullstellen linearer Funktionen – Grafisches Deuten des Lösens linearer Gleichungen *Zum Selbstlernen*

Ziel

Du kannst schon den Graphen einer linearen Funktion zeichnen, weiter kannst du etliche Gleichungen durch Umformen lösen. Hier lernst du, das Lösen linearer Gleichungen vom Typ $ax + b = c$ am Graphen einer linearen Funktion zu deuten.

Zum Erarbeiten

Nullstelle einer linearen Funktion

A

Heutzutage kann man mit einem Flugzeug fast um die halbe Welt fliegen. Dazu benötigt es große Mengen an Kerosin als Treibstoff. Haben die Flugzeuge erst einmal ihre Flughöhe (ca. 12 000 m) erreicht, so fliegen sie gleichmäßig über weite Strecken. Langstreckenflugzeuge können bis zu 11 000 km am Stück fliegen.

Ein Flugzeug startet mit 21,6 t Kerosin im Tank. Nach 500 km Flug sind noch 20 t im Tank.

Betrachte die Funktion ***Flugstrecke x (in km) → Kerosinmenge y (in t)****; erstelle ihre Funktionsgleichung und zeichne ihren Graphen. Welche Vereinfachungen musst du dazu vornehmen?*

Wie weit kann dieses Flugzeug höchstens fliegen?

Zur Vereinfachung nehmen wir an, dass das Flugzeug bei seinem Flug stets gleichmäßig viel Kerosin verbraucht. Nach 500 km Flug hat sich die Kerosinmenge von 21,6 t auf 20 t verringert, das entspricht einen Verbrauch von 1,6 t auf 500 km, also in t pro km: $\frac{1,6}{500} = 0,0032$

Damit ergibt sich: Kerosinverbrauch (in t) für x km: $0,0032 \cdot x$

Kerosinmenge (in t) nach x km: $21,6 - 0,0032 \cdot x$

Somit lautet die Funktionsgleichung: $y = 21,6 - 0,0032\,x$

Dieses ist die Gleichung einer Geraden. Der y-Achsenabschnitt ist 21,6, die Steigung −0,0032. Das Flugzeug kann höchstens so lange fliegen, bis der Kerosinvorrat verbraucht ist, also den Wert 0 hat. Die zugehörige Flugstrecke kann man auf verschiedene Weise ermitteln:

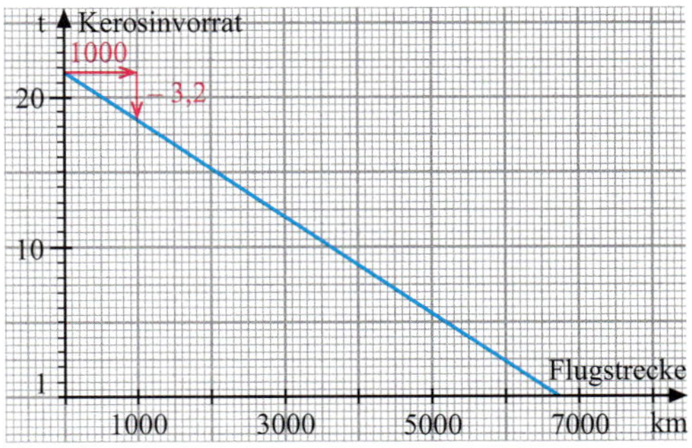

- Am Graphen kannst du sie am Schnittpunkt des Graphen mit der x-Achse ablesen, da hier $y = 0$ gilt. Du erhältst als Flugstrecke ungefähr 6 700 km.
- Du kannst auch mit einer Wertetabelle arbeiten.

x (in km)	0	500	1 000	2 000	3 000	4 000	5 000	6 000	6 500
y (in t)	21,6	20	18,4	15,2	12	8,8	5,6	2,4	0,8

  Einen genaueren Wert erhältst du mit noch kleineren Abständen in der Tabelle.
- Den genauen Wert kannst du durch Lösen einer Gleichung erhalten:
  Gesucht ist die Flugstrecke x (in km), für die der Kerosinvorrat y (in t) den Wert 0 hat, also

$$21,6 - 0,0032 \cdot x = 0 \quad | -21,6$$
$$-0,0032 \cdot x = -21,6 \quad | : (-0,0032)$$
$$x = 6750$$

Ergebnis: Nach 6750 km Flugstrecke ist der Kerosinvorrat aufgebraucht.

Zum Selbstlernen

Information

In dem Auftrag auf Seite 115 haben wir die Flugstrecke gesucht, zu der die Kerosinmenge 0 gehört. Diese Flugstrecke ist im Graphen der Funktion *Flugstrecke x (in km)* → *Kerosinmenge y (in t)* die Stelle, an der die x-Achse geschnitten wird.

Definition

Eine Stelle x_0, an der eine Funktion f den Wert 0 annimmt, heißt **Nullstelle** der Funktion.
Für eine Nullstelle gilt also $f(x_0) = 0$.

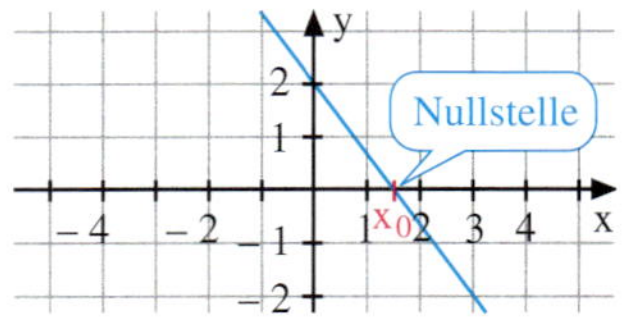

Zum Erarbeiten

Lösen einer linearen Gleichung am Graphen deuten

Aus Sicherheitsgründen darf ein Flugzeug nicht so weit fliegen, bis der Tank leer ist. Bestimme für das auf Seite 115 beschriebene Flugzeug, nach welcher Flugstrecke noch eine Mindestreserve von 3 t im Tank vorhanden ist. Lies zunächst am Graphen ab, rechne dann.

Zum Ablesen am Graphen gehst du vom auf der y-Achse eingetragenen Funktionswert 3 auf der y-Achse parallel zu x-Achse bis zum Graphen und von dort parallel zur y-Achse auf die x-Achse. Du liest ab: $x \approx 5\,800$ km.

Zur exakten Bestimmung setzt du den Kerosinvorrat $y = 21{,}6 - 0{,}0032 \cdot x$ mit 3 gleich:

$$21{,}6 - 0{,}0032 \cdot x = 3 \quad | - 21{,}6$$
$$- 0{,}0032 \cdot x = - 18{,}6 \quad | : (- 0{,}0032)$$
$$x = 5\,812{,}5$$

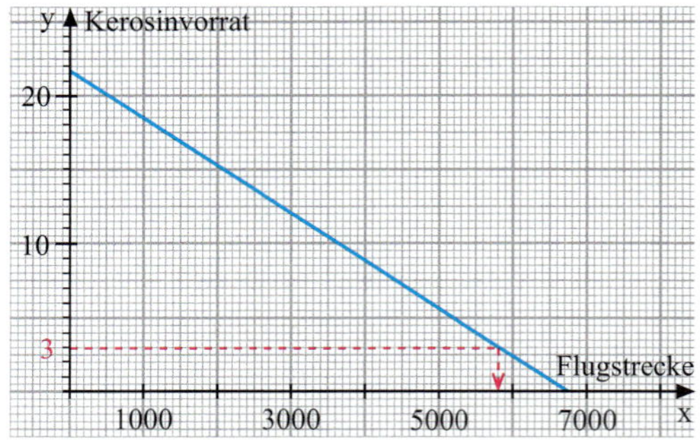

Ergebnis: Nach 5 812,5 km Flugstrecke ist nur noch der Mindestwert von 3 t Kerosin vorhanden.

Information

In dem obigen Auftrag hast du ein Sachproblem auf zwei verschiedene Weisen gelöst: einmal durch Ablesen am Graphen und einmal durch Lösen einer Gleichung. Allgemein gilt:

Das Lösen einer linearen Gleichung der Form

$ax + b = c$

kann am Graphen der linearen Funktion mit der Gleichung $y = ax + b$ gedeutet werden:
An welcher Stelle (x-Wert) nimmt die Funktion den y-Wert c an?

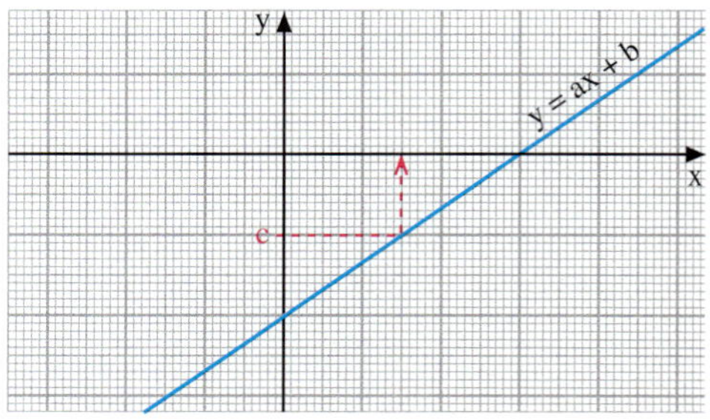

Zum Üben

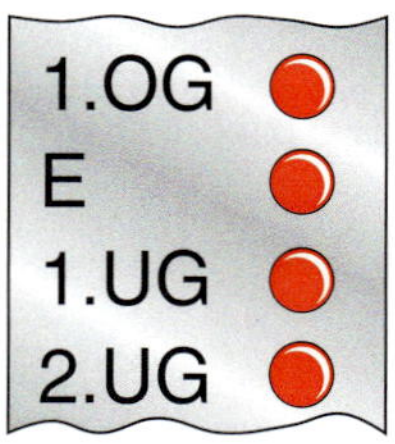

1. In einem Hochhaus befindet sich ein Fahrstuhl 80 m über der Erdoberfläche. In 2 Sekunden kann er über 2 Geschosse, also 6 m hinabfahren. Nimm an, dass er unterwegs in keinem Stockwerk hält.

a) Erstelle die Funktionsgleichung für die Funktion *Fahrdauer (in s)* → *Höhe (in m)* und zeichne deren Graphen.

b) Wie lange dauert es, bis er im Erdgeschoss ankommt?

c) Wie lange dauert es, bis er im 3. Untergeschoss ankommt?

Zum Selbstlernen

2. Zeichne den Graphen der Funktion. Bestimme ihre Nullstelle zeichnerisch und auch rechnerisch.

a) $y = 2x - 5$ **b)** $y = -4x + 7$ **c)** $y = \frac{1}{2}x + 3$ **d)** $y = -\frac{3}{4}x - 2$

3. Berechne die Nullstelle der Funktion mit der angegebenen Gleichung.

a) $y = -3x + 7$ **c)** $y = 0{,}3x + 15$ **e)** $y = \frac{3}{5}x - 7$ **g)** $y = 4x$

b) $y = 2x - 9$ **d)** $y = -1{,}2x - 9$ **f)** $y = -\frac{4}{3}x + 5$ **h)** $y = 3$

4. Ein Heißluftballon befindet sich in 200 m Höhe. Zum Landen verringert er seine Höhe mit der Sinkgeschwindigkeit 1,5 $\frac{m}{s}$.

a) Zeichne den Graphen der Funktion *Zeit → Höhe*.

b) Bestimme, wann der Ballon landet.

c) Ab wann unterschreitet der Ballon eine Mindesthöhe von 10 m?

d) Zum sicheren Landen darf die Sinkgeschwindigkeit bis auf höchstens 2 $\frac{m}{s}$ erhöht werden. Wie viel früher landet der Ballon dann?

5. Berechne die Stelle, an der die Funktion den angegebenen Wert annimmt.

a) $y = -2x + 5$; Wert: 10 **c)** $y = -0{,}2x + 11$; Wert: 2,4 **e)** $y = \frac{3}{5}x - 7$; Wert: 4

b) $y = 3x - 5$; Wert: −4 **d)** $y = 1{,}5x - 7$; Wert: 3 **f)** $y = -\frac{4}{3}x + 5$; Wert: −1

6. Zeichne einen Funktionsgraphen, an dem du das Lösen der angegebenen Gleichung verdeutlichen kannst.

a) $2x - 3 = 4$ **b)** $-\frac{1}{2}x + 2 = 4$ **c)** $x + 2 = 5$ **d)** $4 = -x + 2$

7. Rechts siehst du, wie die Gleichung $3x - 5 = 2$ durch Umformen gelöst wurde. Zeichne zu jeder der drei Zeilen den zugehörigen Graphen.
Wie unterscheiden sich die Darstellungen, was ist gemeinsam?

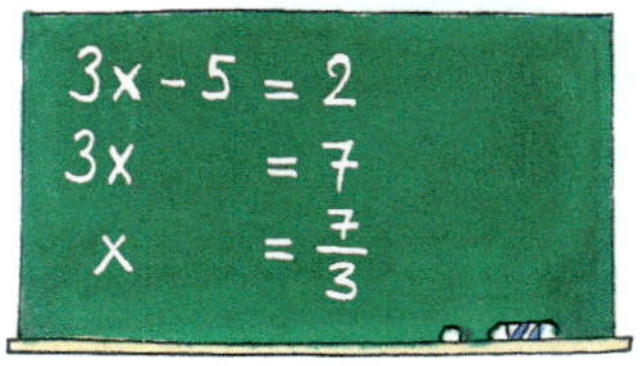

GTR **8.** Versuche die Nullstelle im Kopf zu bestimmen oder zu überschlagen, wo sie ungefähr liegt. Zeichne die Graphen der Funktionen und lies ihre Nullstelle ab.
Kontrolliere mit dem GTR. Achte dabei auf geeignete WINDOW-Einstellungen.

a) $y = 30 - 2x$ **b)** $y = 3{,}2x + 62$ **c)** $y = 0{,}04x - 4$ **d)** $y = 0{,}8x + 54$

GTR **9.** Lasse die Funktionen zeichnen und lies den Schnittpunkt ihrer Graphen ab. Achte auf geeignete WINDOW-Einstellungen.

a) $y = 30 - 2x$; $y = -20 + 3x$ **c)** $y = -4 + 0{,}04x + 5$; $y = 2 + \frac{2}{50}x$

b) $y = -8x + 624$; $y = -4x + 462$; **d)** $y = -3x + 512$; $y = 0{,}03x - 200$

10. Gib drei lineare Funktionen mit der Nullstelle 4 an.

11. Zeichne die lineare Funktion, deren Graph durch die Punkte P(3 | 4) und Q(5 | 3) verläuft und lies ihren y-Achsenabschnitt ab.
Welche Nullstelle hat diese Funktion? Wie lautet ihre Funktionsgleichung?

Zum Selbstlernen

3.5 Vermischte Übungen

1. Mithilfe eines Messbechers kann man für Zucker aus der Einfüllhöhe das Gewicht bestimmen.

Höhe (in cm)	Gewicht (in g)
4	16
6	54
8	128
10	250
12	432
14	686

a) Veranschauliche die Funktion *Höhe x (in cm) → Gewicht y (in g)* durch einen Graphen.

b) Stelle mithilfe des Graphen fest: Welche Höhen haben die Skalenstriche für 50 g, 100 g, 200 g und 500 g?

c) Welche der Funktionsgleichungen $y = x^2$; $y = \frac{5}{2}x^2 - 6x$; $y = \frac{1}{4}x^3$ passt zu dieser Funktion?

d) Berechne mithilfe der richtigen Funktionsgleichung das Zuckergewicht für eine Einfüllhöhe von 15 cm.
Prüfe mithilfe der Funktionsgleichung die Ergebnisse von Teilaufgabe b).

2. Die lineare Funktion hat die Gleichung $y = mx + 3$ $\left[y = \frac{2}{3}x + b\right]$.
Welche Zahl muss man für m [für b] einsetzen, damit der Graph durch den Punkt

a) $P(4|7)$, **b)** $P(-1|0)$, **c)** $P\left(\frac{1}{6}\middle|2\right)$, **d)** $P(2|3)$ geht?

3. Berechne den Funktionswert an der Stelle 10 $\left[-10;\ 0;\ 1;\ -0{,}5;\ \frac{1}{3};\ -\frac{2}{5}\right]$.

a) $y = 6x$ **b)** $y = -x + \frac{1}{2}$ **c)** $y = \frac{3}{4}x - 0{,}1$ **d)** $s = 1 - \frac{r}{5}$ **e)** $y = 4{,}5$

4. An welcher Stelle nimmt die lineare Funktion für y den Wert 1 $\left[-1;\ 0;\ 2;\ -2;\ 2{,}5;\ -\frac{3}{4}\right]$ an?

a) $y = 2x - 5$ **b)** $y = -2x + 5$ **c)** $y = 8x + 1{,}2$ **d)** $y = \frac{5}{6}x - 1$ **e)** $y = 0{,}8t + 0{,}2$

5. Bestimme die Stelle x, an der beide lineare Funktionen den gleichen Wert haben.

a) $f(x) = x + 20$, $g(x) = 6x$ **b)** $f(x) = 1 - x$, $g(x) = \frac{x}{3} + 5$ **c)** $f(x) = x$, $g(x) = 12 - 2x$ **d)** $f(x) = 3$, $g(x) = \frac{x}{2} + 1$

6. Ungleichungen kann man auch grafisch lösen.

a) Bestimme die Lösungsmenge der Ungleichungen rechts am Graphen.

b) Bestimme ebenso die Lösungsmenge der Ungleichungen.
(1) $2x + 1 \geq 7$
(2) $3x + 2 \leq 2x - 1$
(3) $x + 5 > 3x - 1$
(4) $-2x - 3 < x + 6$
(5) $-3x > -3x + 1$

(1) $-2x + 1 \leq -3$

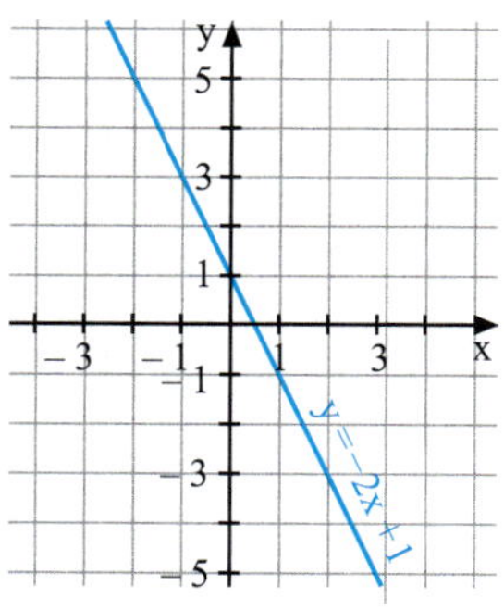

(2) $\frac{1}{2}x - 1 > -\frac{1}{4}x + 2$

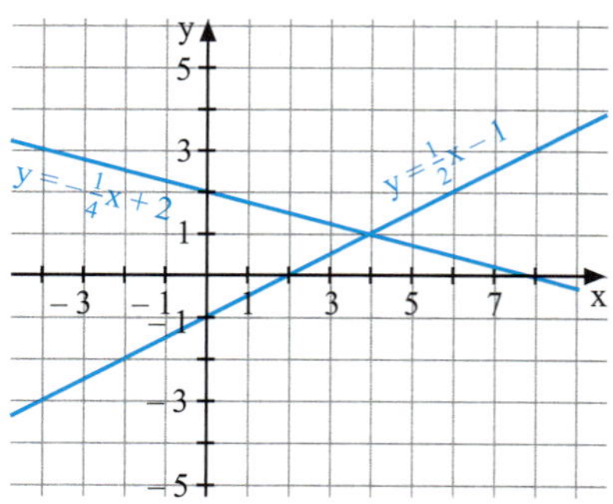

7. Jonas behauptet: „Der Graph jeder linearen Funktion ist eine Gerade. Also gibt es zu jeder Geraden im Koordinatensystem eine lineare Funktion, die diese Gerade als Graphen hat."
Nimm Stellung zu dieser Aussage.

8. In den USA wird die Temperatur im Alltag nicht in °C, sondern in °F (gesprochen: Grad Fahrenheit) gemessen. Der Physiker Daniel Gabriel Fahrenheit (Danzig 1686 – Den Haag 1736) legte die Temperatur des Gefrierpunktes von Wasser mit 32 °F fest, den Siedepunkt mit 212 °F.

a) Zeichne einen Graphen für die Funktion *Temperatur (in °C) → Temperatur (in °F)*. Ermittle daraus die Gleichungen für die Umwandlung von °C in °F und umgekehrt.

b) Gibt es eine Temperatur, die auf der Celsius- und der Fahrenheit-Skala dieselbe Gradzahl hat?

c) Moritz ist im Urlaub in den USA. Er verwendet zur Umrechnung der Temperatur in °F in die Temperatur °C eine Faustformel. Was hältst du von dieser Faustformel?

9. Liegen die folgenden Punkte auf dem Graphen einer linearen Funktion? Falls ja, gib die Funktionsgleichung an. Falls nein, begründe die Antwort.

a) $P_1(0|4)$; $P_2(-1|3)$; $P_3(3|1)$,

b) $P_1(0|-2)$; $P_2(2|0)$; $P_3(4|4)$,

c) $P_1(0|5)$; $P_2(3|3)$; $P_3(-3|7)$,

d) $P_1(0|0)$; $P_2(4|2)$; $P_3(-6|-3)$.

10. Von vier Firmen, die Personenwagen vermieten, werden für den gleichen Wagentyp folgende Mietkosten berechnet:
Firma A verlangt 40 € als Grundpreis und zusätzlich 0,13 € für jeden gefahrenen Kilometer.
Firma B verlangt 50 € als Grundpreis und zusätzlich 0,10 € für jeden gefahrenen Kilometer.
Firma C verlangt keinen Grundpreis, aber 0,40 € für jeden gefahrenen Kilometer.
Firma D hat einen Festpreis von 69 € pro Tag.

a) Notiere jeweils für die Funktion *Länge der Fahrstrecke (in km) → Mietkosten (in €)* die entsprechende Funktionsgleichung.

b) Zeichne die Graphen in ein gemeinsames Koordinatensystem.

c) Welche Firma ist am günstigsten?

11. In der Tabelle ist in jeder Spalte eine lineare Funktion angegeben. Ergänze die freien Felder im Heft.

Sachverhalt	Eine anfangs 8 cm hohe Kerze wird beim Brennen stündlich 1,5 cm kürzer.			
Wertetabelle		x: 0, 2, 4, 6 y: 4, 5, 6, 7		
Funktionsgleichung			y = 2x – 1	
Graph				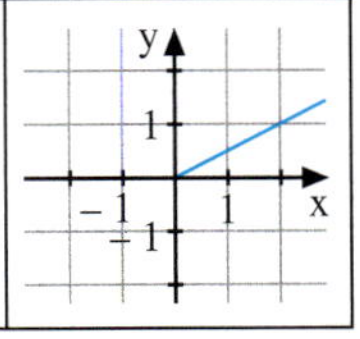

Langzeitaufgabe **12.** *Teamarbeit:* Erkundigt euch nach aktuellen Handy- und Internet-Tarifen. Fertigt zum Vergleich grafische Darstellungen an, die ihr im Klassenraum aushängt.

3.6 Antiproportionale Funktionen

Aufgabe 1

a) Ein Schild mit den Pflegehinweisen in einem T-Shirt soll 6 cm^2 groß sein.
Zeichne den Graphen der Zuordnung *Länge x (in cm) → Breite y (in cm)*.
Welche besondere Zuordnung liegt vor?
Erstelle auch die Funktionsgleichung.

b) Verwende dieselbe Funktionsgleichung wie in Teilaufgabe a). Setze für x auch negative Zahlen ein.
Lege eine entsprechende Wertetabelle an und zeichne den Graphen.

Lösung

a)

Länge (in cm)	Breite (in cm)
1	6
2	3
3	2
4	1,5
6	1

(Länge: 1 → 2 ·2; 1 → 3 ·3; 4 → 6 ·1,5. Breite: 6 → 3 :2; 6 → 2 :3; 1,5 → 1 :1,5)

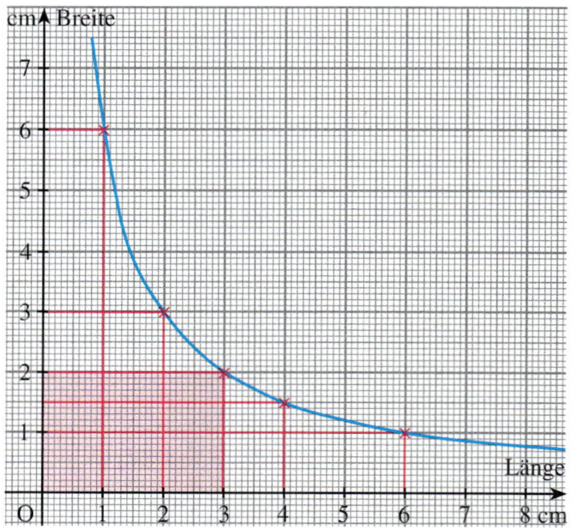

Wenn man bei gleichem Flächeninhalt die Länge verdoppelt (verdreifacht), verändert sich die Breite auf die Hälfte (auf ein Drittel). Die Zuordnung *Länge → Breite* ist also *antiproportional*.
Das Produkt der Maßzahlen aus Länge und Breite hat stets den gleichen Wert:
$x \cdot y = 6$
Daraus ergibt sich die Funktionsgleichung $y = \frac{6}{x}$.

b) Wir erstellen eine Wertetabelle zu der Funktionsgleichung $y = \frac{6}{x}$.

x	y
−6	−1
−3	−2
−2	−3
−1	−6
1	6
2	3
3	2
6	1

Man nennt einen solchen Graphen eine *Hyperbel*. Er besteht aus zwei Teilen.
Beachte:
Zu x = 0 gibt es keinen Funktionswert y, da man durch 0 nicht dividieren kann.

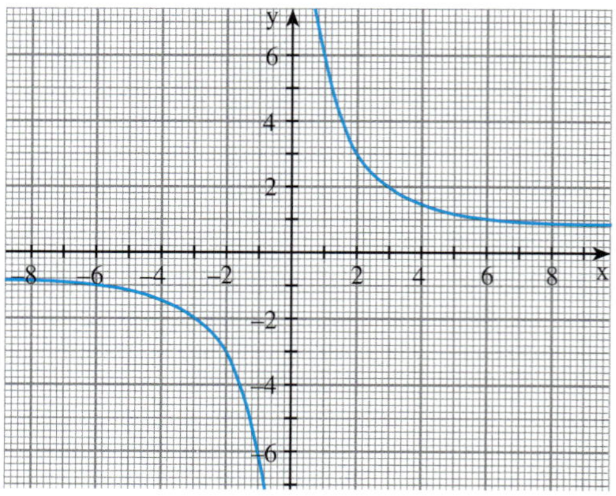

Information

Eine Funktion mit der Gleichung $y = \frac{k}{x}$, wobei $x \neq 0$, heißt **antiproportionale Funktion**.

Ihre Definitionsmenge ist die Menge $\mathbb{Q}$ ohne die Zahl 0. Der Graph einer antiproportionalen Funktion ist eine **Hyperbel**.

Bei antiproportionalen Funktionen liegt **Produktgleichheit** vor. Das Produkt $x \cdot y$ hat stets denselben Wert k ungleich Null.

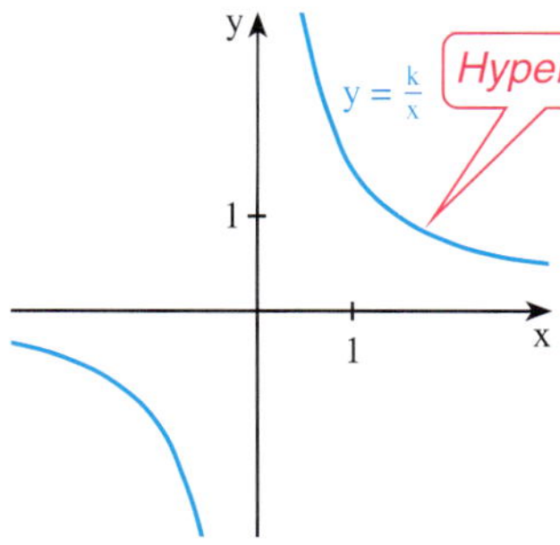

Übungsaufgaben

2. **a)** Ein Warnhinweis auf einer Tabakpackung soll 18 cm² groß sein. Entwirf verschiedene Möglichkeiten. Zeichne anschließend für diese Rechtecke den Graphen der Zuordnung *Länge → Breite*.
Erstelle auch eine Funktionsgleichung.

b) Verwende die Funktionsgleichung aus Teilaufgabe a) für negative Werte. Was stellst du fest?

3. Zeichne den Graphen der antiproportionalen Funktion mit der Gleichung:

a) $y = \frac{1}{x}$ **b)** $y = \frac{2{,}4}{x}$ **c)** $y = \frac{1}{2x}$ **d)** $y = \frac{-8}{x}$ **e)** $y = -\frac{6}{x}$

4. Eine Softwarefirma plant für die Erstellung eines Computerprogramms 12 Programmierer für 15 Arbeitstage ein.

a) Wie viele Arbeitstage müssen eingeplant werden, wenn nur 6; 9; 10 Programmierer eingesetzt werden können?

b) Erstelle für die Zuordnung *Anzahl der Programmierer → Anzahl der Arbeitstage* die Funktionsgleichung. Bestätige mithilfe der Produktgleichheit, dass die Funktion antiproportional ist.

c) Wie viele Programmierer müssen eingesetzt werden, damit der Auftrag in 20 [12; 10; 4] Arbeitstagen erledigt werden kann?

5. Ein Industriebetrieb plant den Bau eines Löschwasserbeckens mit vorgeschriebenem Fassungsvermögen. Bei einem Grundflächeninhalt von 50 m² müsste das Becken 2,40 m hoch sein.

a) Welche Höhe benötigt man bei einer Grundfläche von 60 m², 80 m², 75 m², 125 m²?
Ist die Zuordnung *Grundflächengröße → Höhe* antiproportional?

b) Wie groß muss die Grundfläche bei einer Höhe von 1,20 m [3 m; 0,8 m] sein?

c) Erläutere, warum für jedes Wertepaar (Grundflächengröße x in m²; Höhe y in m) das Produkt $x \cdot y$ stets den gleichen Wert hat. Was gibt dieses Produkt an? Gib die Funktionsgleichung an.

6. Die Funktion hat die Funktionsgleichung $y = \frac{k}{x}$. Für welchen Wert k gehört der Punkt P zum Graphen der Funktion? Bestimme dann die Funktionswerte an den Stellen 1; −1,4; $-\frac{1}{2}$.

a) P(3|4) **b)** P(8|0,5) **c)** P(−5|−1) **d)** P(−2|4,5)

7. Ergänze die fehlenden Koordinaten so, dass alle Punkte auf der gleichen Hyperbel liegen. Notiere auch die Gleichung der zugehörigen Funktion.
$P_1(1{,}2|2)$, $P_2(■|0{,}96)$, $P_3(-4|■)$, $P_4(■|-2{,}4)$, $P_5(■|-5{,}76)$

Im Blickpunkt

Im Blickpunkt

Energie sparen

Energie ist teuer! Außerdem sind viele Verfahren zur Energieerzeugung belastend für unsere Umwelt. Daher werden mittlerweile viele Energie sparende Produkte angeboten. Diese sollen die Umwelt schonen. Wie wirkt sich der Kauf dieser Produkte auf unser Portmonee aus?

kWh = Kilowattstunde
Wh = Wattstunde
1000 Wh = 1 kWh
1 kWh kostet 0,17 €

1. Eine 75-W-Glühlampe kostet 0,80 €. Brennt sie eine Stunde lang, so benötigt man 75 Wh (Wattstunden) elektrische Energie. Ihre Lebensdauer beträgt 1 000 Brennstunden.
Diese Glühlampe leuchtet genauso hell wie eine 15-W-Energiesparlampe. Diese kostet 5 € und hat eine Lebensdauer von 8 000 Brennstunden. Pro Brennstunde benötigt sie 15 Wh.

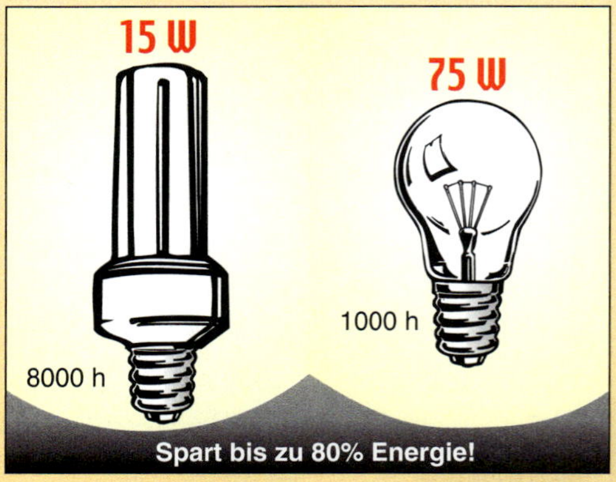

a) Welche Kosten sind nach 1 000 [8 000] Stunden mit einer Energiesparlampe entstanden, welche mit einer gewöhnlichen Glühlampe?

b) Zeichne jeweils den Graphen der Funktion *Brenndauer* → *Kosten* und vergleiche.

2. Für einen MP3-Player wird eine 1,5-Volt-AAA-Mignon-Batterie benötigt. Eine kostet 0,90 €. Ihre Lebensdauer beträgt 18 Spielstunden.
Ein 1,5-V-Akku kostet 4 €, das entsprechende Ladegerät 9 €.
Für das Laden eines Akkus werden 0,9 Wh elektrische Energie benötigt; eine Mignonbatterie liefert 1,8 Wh elektrische Energie.
Nach wie vielen Spielstunden hat sich der Kauf der Akkus auch finanziell gelohnt?

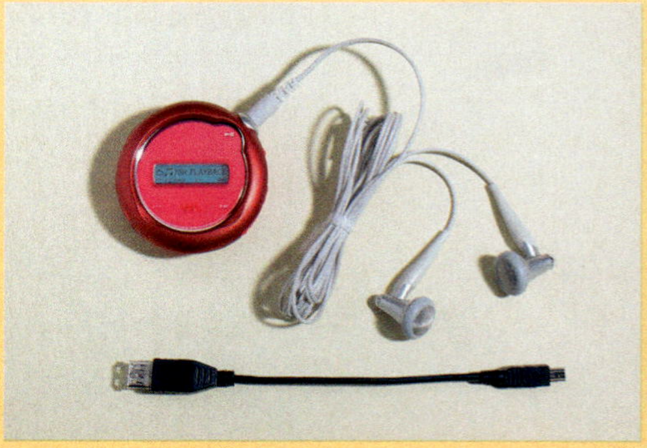

Langzeitaufgabe

3. *Teamarbeit:* Erkundigt euch, wie viel Energie eine Stereo-Anlage, ein Fernseher und andere Geräte im Standby-Betrieb erfordern.
Macht Annahmen über die tägliche Betriebsdauer im Standby-Betrieb.
Wie viel kann man durch Ausschalten im Jahr sparen?
Gestaltet damit Plakate, die ihr in der Klasse aufhängt.

3.7 Aufgaben zur Vertiefung

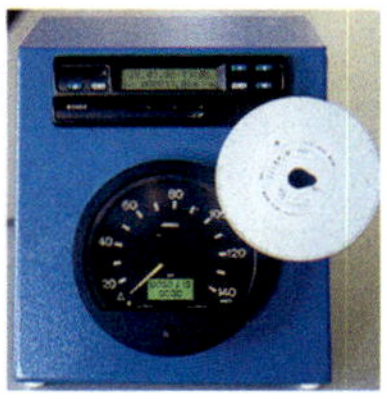

1. In manchen Dienstwagen ist ein Fahrtenschreiber eingebaut. Dieses Gerät zeichnet den Graphen der Funktion
Zeitpunkt → gefahrene Geschwindigkeit
auf ein rundes Stück Papier.
Zeichne den Graphen in ein gewöhnliches Koordinatensystem und entnimm ihm Informationen über die Autofahrt.

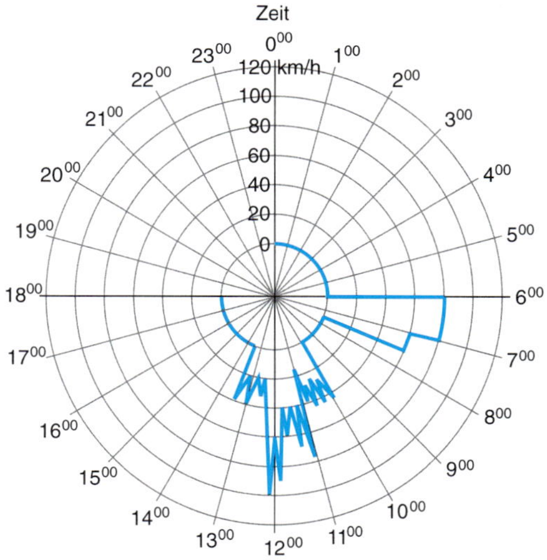

Stückweise lineare Funktionen

2. Manche Firmen verschicken Werbematerial als Infopost an alle Haushalte. Diese Sendungen werden nicht mit Briefmarken versehen und von der Post zu einem besonderen Preis befördert.

a) Zeichne den Graphen. Beachte dabei:
- ○ markiere so einen Punkt, der nicht zum Graphen gehört.
- ● markiere so einen Punkt, der zum Graphen gehört.

b) Notiere die Funktionsgleichung für diese Funktion *Gewicht → Preis.*

Infopost an alle Haushalte in Ballungszentren (Stand 01.01.2007)

Gewicht (in g)	Porto pro 1000 Stück (in €)
bis 20	25,00
über 20 bis 50	39,00
über 50 bis 100	64,00
über 100 bis 500	89,00
über 500 bis 1000	105,00

3. Eine Brennstoff-Firma bietet Heizöl frei Haus zu nebenstehenden Preisen an.

Unsere aktuellen Heizölpreise
(Stand August 2007)

Menge (in l)	Preis pro l (in €)
bis 1000	0,67
über 1000 bis 3000	0,61
über 3000 bis 5000	0,59
über 5000	0,57

L & P / 2794

a) Erstelle für die Funktion
Menge (in l) → Gesamtpreis (in €)
die Funktionsgleichung.

b) Zeichne den Graphen der Funktion auf Millimeterpapier.

c) Erwin Knauser möchte genau 3 000 *l* Heizöl bestellen. Seine Nachbarin Mathilde Pfiffig rät ab. Erläutere, warum.

d) Die Firma erstellt ihre Rechnungen nicht genau nach dieser Tabelle, sondern ist bei bestimmten Abnahmemengen großzügiger, damit die Überlegungen von Frau Pfiffig nicht nötig sind. Zeichne andersfarbig den Graphen für den tatsächlichen Gesamtpreis ein.

e) Erstelle die Funktionsgleichung für den so berechneten tatsächlichen Gesamtpreis.

Bist du fit?

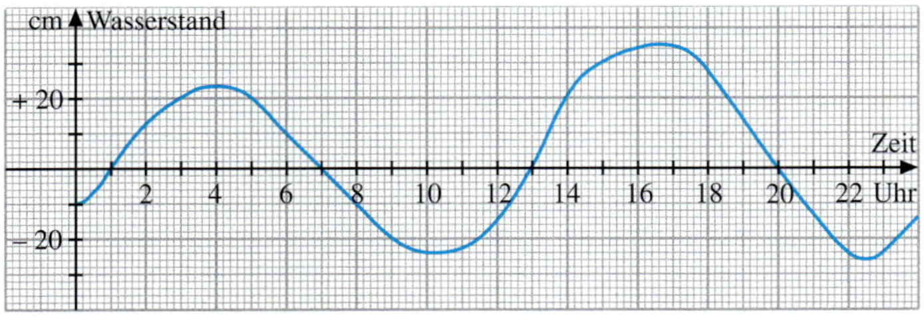

1. Das Diagramm zeigt den Wasserstand in einem Seehafen.

a) Wie hoch ist der Wasserstand um 3.00 Uhr, 5.00 Uhr, 8.00 Uhr, 10.00 Uhr, 14.00 Uhr, 18.00 Uhr, 20.00 Uhr, 24.00 Uhr?

b) Zu welchem Zeitpunkt beträgt der Wasserstand + 20 cm [0 cm; – 20 cm]?

c) Welche der Zuordnungen *Zeit → Wasserstand*, *Wasserstand → Zeit* ist eine Funktion?

2. Zeichne den Graphen der Funktion, ohne eine Wertetabelle anzulegen.

a) $y = 5x$ **c)** $y = 2{,}8x$ **e)** $y = -x + 1$ **g)** $y = 1{,}4x - 2$ **i)** $y = 2 - \frac{1}{2}x$

b) $y = -4x$ **d)** $y = -0{,}9x$ **f)** $y = x + 2{,}5$ **h)** $y = 3 - 3x$ **j)** $y = 2$

3. Gegeben ist die Funktion mit der Gleichung $y = \frac{3}{4}x + 1{,}5$. Gib eine Funktion an, deren Graph

a) steiler verläuft; **b)** flacher verläuft; **c)** parallel verläuft; **d)** denselben y-Achsenabschnitt hat.

4. Welche der Punkte $P_1(1|1)$, $P_2(9|-3)$, $P_3(-3|-7)$, $P_4(2{,}5|4)$ gehören zum Graphen der Funktion?

a) $y = 2x - 1$ **b)** $y = \frac{1}{3}x - 6$

5. Der Graph einer linearen Funktion geht durch die Punkte P_1 und P_2.
Welche Steigung hat die Gerade? Wie weit muss man den Graphen nach oben bzw. nach unten verschieben, damit man den Graphen einer proportionalen Funktion erhält?

a) $P_1(0|-2)$, $P_2(1|1)$ **b)** $P_1(0|-1)$, $P_2(-1|-4)$ **c)** $P_1(-6|0)$, $P_2(-3|1)$

6. Gib zu jeder Geraden die Funktionsgleichung an.

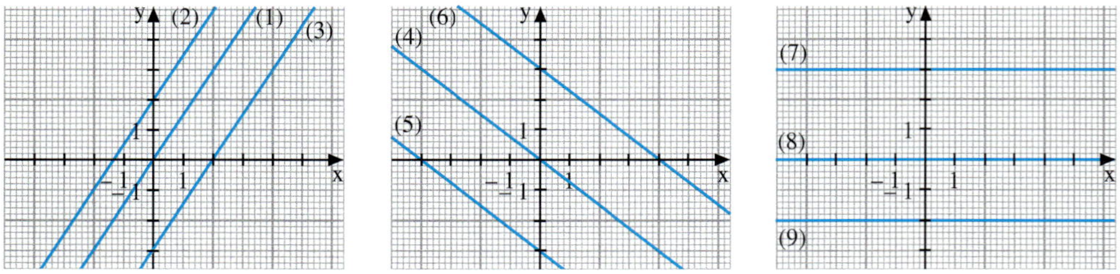

7. Ein Fallschirmspringer hat 20 Sekunden nach dem Öffnen des Fallschirms noch eine Höhe von 250 m über dem Boden. Er sinkt in jeder Sekunde um 5 m.

a) In welcher Höhe wurde der Fallschirm geöffnet?

b) Stelle die Funktionsgleichung auf für die Funktion
Fallzeit bei geöffnetem Fallschirm (in s) → Höhe über dem Boden (in m).
Wie lange dauert das Absinken bei geöffnetem Fallschirm?

8. Bestimme die Nullstellen der Funktion mit: **a)** $y = \frac{5}{6}x - 1$; **b)** $y = 1{,}2x + 3$.

9. Entscheide rechnerisch, ob der Punkt $P(20|380)$ unterhalb oder oberhalb des Graphen zu $y = 21x - 30$ liegt.

4. LINEARE GLEICHUNGEN MIT ZWEI VARIABLEN – SYSTEME LINEARER GLEICHUNGEN

- Kannst du die Knobelaufgabe lösen?
  Es kann hilfreich sein, wenn du dir zu jeder Waage im Gleichgewicht eine Gleichung notierst mit den unbekannten Gewichten des Buches und der Katze.

In diesem Kapitel wirst du lernen, wie man die Lösung von mehreren Gleichungen mit mehreren Variablen bestimmt, wenn alle Gleichungen zugleich erfüllt sein sollen. Du wirst dies zeichnerisch und auch rechnerisch durchführen.

4.1 Lineare Gleichungen der Form $ax + by = c$

4.1.1 Lösungen einer linearen Gleichung mit zwei Variablen – Graph

Aufgabe 1

Eine Baustoff-Firma hat zwei Ziegelwerke, in denen auch besondere Ziegelsteine hergestellt werden können. Das Werk in Xanten kann davon täglich 24 m^3 produzieren, das Werk in Yburg täglich 60 m^3.

Ein Kunde erteilt der Firma einen Auftrag über 300 m^3 Ziegel und schätzt: „Wenn beide Werke daran arbeiten, müsste das doch innerhalb von $3\frac{1}{2}$ Tagen zu schaffen sein.“
Die Produktionsleiterin der Firma dagegen meint: „Das ist Arbeit für 5 Tage in Xanten und 3 Tage in Yburg.“

a) Wer hat Recht?

b) Welche anderen Möglichkeiten gibt es, diesen Auftrag auf die beiden Werke zu verteilen? Nimm dazu an, das Werk in Xanten arbeite an x Tagen für diesen Auftrag und das Werk in Yburg an y Tagen. Stelle eine Bedingung (Gleichung) dafür auf, dass auf diese Weise der Auftrag erledigt wird.
Forme die Gleichung so um, dass du leicht andere Möglichkeiten berechnen kannst. Stelle deine Ergebnisse in einer Tabelle dar. Begründe, dass durch diese Gleichung eine lineare Funktion gegeben ist.

c) Zeichne den Graphen der linearen Funktion, um alle Möglichkeiten der Auftragsaufteilung zu veranschaulichen. Lies weitere ab.

Lösung

a) Wird an dem Auftrag in jedem der beiden Ziegelwerke $3\frac{1}{2}$ Tage gearbeitet, so werden insgesamt $3\frac{1}{2} \cdot 24\ m^3 + 3\frac{1}{2} \cdot 60\ m^3 = 294\ m^3$ Ziegel produziert. Das reicht noch nicht ganz.
Wird an dem Auftrag 5 Tage in Xanten und 3 Tage in Yburg gearbeitet, so erhält man $5 \cdot 24\ m^3 + 3 \cdot 60\ m^3 = 300\ m^3$, also genau die Auftragsmenge.
Die Produktionsleiterin hat folglich Recht.

b) *(1) Erstellen einer Gleichung*
An x Tagen in Xanten und y Tagen in Yburg werden zusammen $x \cdot 24\ m^3 + y \cdot 60\ m^3$ Ziegel gefertigt. Rechnen wir nur mit den Maßzahlen für das Volumen, so muss folgende Gleichung erfüllt sein:
$24x + 60y = 300$

(2) Berechnen anderer Möglichkeiten
Wir lösen die Gleichung nach y auf:

$$24x + 60y = 300$$
$$60y = -24x + 300$$
$$y = -0{,}4x + 5$$

Aus dieser Form der Gleichung lässt sich zu jeder Arbeitszeit x in Xanten sofort genau eine dazu gehörende Arbeitszeit y in Yburg berechnen (siehe Wertetabelle). Durch diese Gleichung der Form $y = mx + b$ ist also eine lineare Funktion gegeben.

x	$y = -0{,}4x + 5$
0	5
1	4,6
2	4,2
3	3,8
4	3,4
5	3

c) Der Graph der linearen Funktion ist eine Gerade. Schneller als mit einer Wertetabelle lässt sich der Graph einer linearen Funktion mithilfe von y-Achsenabschnitt und Steigung zeichnen:
Die Gerade mit $y = -0{,}4x + 5$ hat den y-Achsenabschnitt $b = 5$, sie schneidet die y-Achse also im Punkt $P(0|5)$. Ihre Steigung beträgt $m = -0{,}4 = -\frac{2}{5}$.
Geht man von dem Schnittpunkt P der Geraden mit der y-Achse 5 Schritte nach rechts und 2 nach unten, so erhält man einen weiteren Punkt der Geraden. Die Koordinaten eines jeden Punktes der Geraden liefern eine Lösung unseres Problems:
Der Punkt $P_1(2{,}5|4)$ auf der Geraden bedeutet, dass man 2,5 Tage in Xanten und 4 Tage in Yburg an dem Auftrag arbeiten könnte. Weitere Möglichkeiten ergeben sich aus Punkt $P_2(7{,}5|2)$ auf der Geraden, usw.

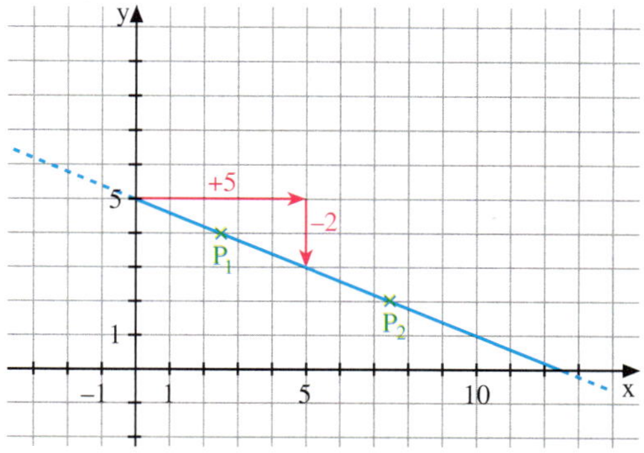

Für diese Aufgabe muss die einschränkende Bedingung beachtet werden, dass x und y nicht negativ sind. Also stellen nur die Punkte der Geraden, die im 1. Quadranten liegen, eine Lösung der Aufgabe dar.

Information

(1) Lineare Gleichung mit zwei Variablen

Eine Gleichung wie $24x + 60y = 300$ nennt man eine *lineare Gleichung mit zwei Variablen.*
Weitere Beispiele für lineare Gleichungen mit zwei Variablen sind:

$0{,}5x + 6y = 8$; $3s - 5t = 20$; $y = \frac{x}{2} - 1$; $-u + \frac{7}{4}v = 0$; $2x + 7 = 3y$.

(2) Geordnetes Zahlenpaar als Lösung einer Gleichung mit zwei Variablen

Lösungen einer Gleichung mit zwei Variablen sind nicht einzelne Zahlen, sondern stets *Paare von Zahlen.*

Beispiele:
Das Zahlenpaar $(5|3)$ ist eine Lösung der Gleichung $24x + 60y = 300$, denn wenn man 5 für x und 3 für y in die Gleichung einsetzt, erhält man die wahre Aussage $24 \cdot 5 + 60 \cdot 3 = 300$.
Man sagt auch: Das Zahlenpaar $(5|3)$ *erfüllt* die Gleichung.
$(-5|7)$ ist ebenfalls eine Lösung der Gleichung, da $24 \cdot (-5) + 60 \cdot 7 = 300$ eine wahre Aussage ist.
$(7|-5)$ ist dagegen keine Lösung der Gleichung, da $24 \cdot 7 + 60 \cdot (-5) = 300$ eine falsche Aussage ist; das Zahlenpaar $(7|-5)$ erfüllt *nicht* die Gleichung. Es kommt also auf die Reihenfolge der Zahlen in dem Zahlenpaar an; man spricht daher von einem *geordneten* Zahlenpaar.
Die Lösungsmenge einer linearen Gleichung mit zwei Variablen ist eine Menge geordneter Paare.
Die Grundmenge einer linearen Gleichung ist dementsprechend nicht $\mathbb{Q}$, sondern die Menge aller Paare, die man aus rationalen Zahlen bilden kann.

Eine Gleichung der Form $a \cdot x + b \cdot y = c$ sowie jede Gleichung, die durch Äquivalenzumformung auf diese Form gebracht werden kann, heißt **lineare Gleichung mit zwei Variablen**.
Für x und für y werden Zahlen aus $\mathbb{Q}$ eingesetzt. Die Grundmenge einer linearen Gleichung mit zwei Variablen ist also die Menge aller Zahlenpaare, die man aus rationalen Zahlen bilden kann.
Damit ist auch jede Lösung einer solchen Gleichung ein Zahlenpaar.

Beispiel: $4x + 3y = 2$
$(-1|2)$ ist eine Lösung der Gleichung, denn $4 \cdot (-1) + 3 \cdot 2 = 2$ ist wahr.
$(2|3)$ ist keine Lösung der Gleichung, denn $4 \cdot 2 + 3 \cdot 3 = 2$ ist falsch.

(3) Graph einer Gleichung mit zwei Variablen

Wir fassen jede Lösung der Gleichung $24x + 60y = 300$ als Koordinatenpaar eines Punktes auf. Um solche Koordinatenpaare zu finden, ist es günstiger, diese Gleichung nach y aufzulösen:

$y = -0{,}4x + 5$

Dies ist die Funktionsgleichung einer linearen Funktion.

x	$-0{,}4x + 5$	*Koordinatenpaar*
−2	5,8	(−2 | 5,8)
0	5	(0 | 5)
2	4,2	(2 | 4,2)

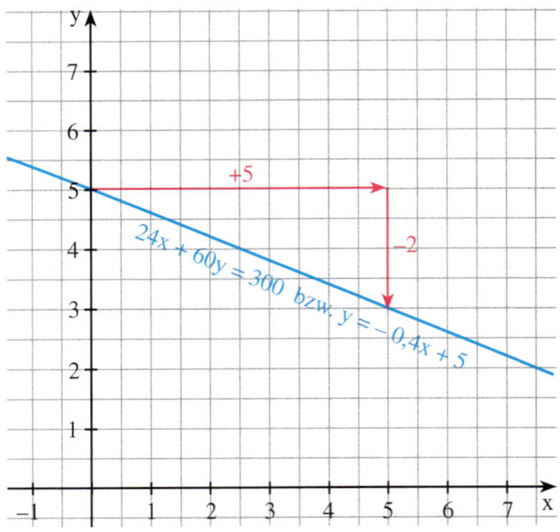

Die Menge aller Punkte, deren Koordinaten die Gleichung erfüllen, bildet den Graphen der Gleichung. Da es sich bei $y = -0{,}4x + 5$ um die Gleichung einer linearen Funktion handelt, ist der Graph eine Gerade.

Weiterführende Aufgabe

2. *Punktprobe*

Welche der Punkte $P_1(2|1)$, $P_2(1|4)$, $P_3(4|2)$, $P_4(2|3)$, $P_5(-2|-1)$, $P_6(-8|10)$ gehören zum Graphen der linearen Gleichung?

a) $2x + 3y = 14$ **b)** $5x - 3y = -7$ **c)** $\frac{x}{4} - \frac{y}{2} = 0$ **d)** $y = -0{,}9x + 2{,}8$

Übungsaufgaben

3. Jan will mit 10 m Maschendrahtzaun einen rechteckigen Auslauf für seine Kaninchen abgrenzen. Der Auslauf soll an das Haus grenzen. Eine Zaunseite soll in Verlängerung der Wand laufen. Finde mehrere Möglichkeiten.
Beschreibe den Zusammenhang zwischen Länge und Breite durch eine Gleichung.

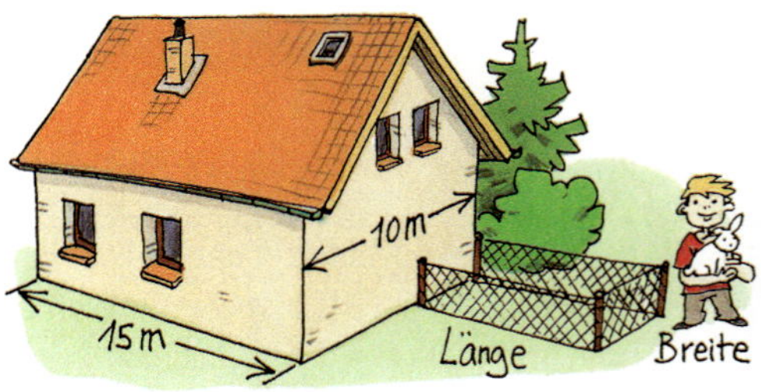

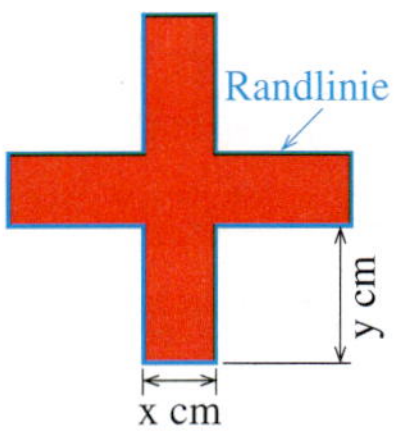

4. Ein Kreuz in der nebenstehenden (symmetrischen) Form soll gezeichnet werden. Dabei soll die gesamte Randlinie genau 40 cm lang sein. Sonst sind Länge und Breite der einzelnen Teile noch nicht festgelegt.

a) Gib die geforderte Bedingung für die Randlinie in Form einer Gleichung mit den beiden Variablen x und y an.

b) Welche der Zahlenpaare $(2|4)$, $(6|2)$, $(8|3)$, $(4{,}5|1)$, $(3|3{,}5)$, $(\frac{1}{2}|\frac{19}{4})$ sind Lösungen dieser Gleichung mit zwei Variablen?

c) Löse die Gleichung nach y auf. Zeichne den Graphen der Funktion $x \to y$.

d) Ermittle die einschränkende Bedingung:
Welcher Zahlenwert darf von x nicht überschritten [nicht unterschritten] werden; welcher y-Wert gehört dazu?
Welcher Zahlenwert darf von y nicht überschritten [nicht unterschritten] werden; welcher x-Wert gehört dazu?

5. Welche der Zahlenpaare $(4|4)$, $(-1|1)$, $(1|-6)$, $(2|0)$, $(-1|9)$, $(0|\frac{1}{4})$ sind Lösungen von
a) $x + y = 8$; **b)** $7x + 8y = 2$; **c)** $-2s + \frac{1}{3}t = -4$; **d)** $2x + 2y = 16$?

6. Nenne drei Zahlenpaare, die Lösung der Gleichung $-2x + 5y = 3$ sind. Nenne auch Zahlenpaare, die keine Lösung sind.

7. Gegeben ist eine Gleichung mit zwei Variablen. Löse die Gleichung nach y auf. Zeichne dann mithilfe der Funktionsgleichung den Graphen. Welche Steigung hat die Gerade?
a) $4x + 2y = 10$ **b)** $3x - 5y = 20$ **c)** $\frac{x}{2} + y = -3{,}5$ **d)** $\frac{x+y}{4} = 1$

8. Zeichne den Graphen der linearen Gleichung $ax + by = c$ mit:
a) $a = 18;\ b = 6;\ c = 9$
b) $a = -1;\ b = 4;\ c = 8{,}8$
c) $a = 5;\ b = -2;\ c = 7$
d) $a = -3;\ b = -1;\ c = 0$

9. Zur linearen Gleichung $3s - 2t = 12$ gehören zwei Funktionen: $s \rightarrow t$ und auch $t \rightarrow s$. Bestimme für beide die Funktionsgleichung. Zeichne die entsprechenden Geraden in zwei Koordinatensysteme nebeneinander. Vergleiche.

10. Welche Steigung hat die Gerade der linearen Gleichung? In welchem Punkt schneidet die Gerade die y-Achse, in welchem die x-Achse?
a) $3y = 12x + 15$ **b)** $4x + 5y = 5$ **c)** $x - 3y = 0$ **d)** $\frac{x}{2} + \frac{y}{4} - \frac{3}{4} = 0$

11. Welche der Punkte $P_1(1|1)$, $P_2(0{,}5|1)$, $P_3(1|-1)$, $P_4(-1|1)$, $P_5(-3|0)$, $P_6(0{,}2|3{,}2)$ und $P_7(3|6)$ gehören zum Graphen der linearen Gleichung?
a) $y - x = 3$ **b)** $2y + 9x = 11$ **c)** $\frac{u}{2} + 0{,}3v = \frac{1}{5}$ **d)** $\frac{2x - y}{7} = 0$

12. Ergänze die Koordinaten der Punkte $P_1(0|\square)$, $P_2(\square|0)$, $P_3(1|\square)$, $P_4(\square|6)$, $P_5(-0{,}2|\square)$ und $P_6(\square|-0{,}6)$ so, dass diese zum Graphen der angegebenen linearen Gleichung gehören.
a) $x + y = 1$ **b)** $2x - 5y = 0$ **c)** $\frac{x}{2} + \frac{y}{3} = 2$ **d)** $-1{,}2x + 0{,}4y = 4{,}8$

13. Das Zahlenpaar $(2|-3)$ ist die Lösung einer linearen Gleichung. Wie könnte diese lauten? Gib mindestens drei verschiedene Möglichkeiten an.

14. Miriam hat für ein Klassenfest Weizen- und Vollkornbrötchen eingekauft. Sie hat insgesamt 24 € bezahlt.

a) Wie viele Brötchen könnte sie von jeder Sorte gekauft haben? Notiere dazu eine Gleichung mit zwei Variablen und gib mehrere Lösungen an.
b) Zeichne den Graphen.

15. **a)** Nenne die fünf kleinsten Geldbeträge, die man mit 20-€- und 50-€-Scheinen zahlen kann.
b) 430 € sollen mit 20-€-Scheinen und 50-€-Scheinen ausgezahlt werden. Erstelle eine Gleichung mit zwei Variablen, um alle Möglichkeiten zu finden.
c) Gibt es Lösungen der Gleichung aus Teilaufgabe b), die für die Auszahlung des Betrages keine Bedeutung haben?

16. Patrick hat Lösungen einer linearen Gleichung grafisch ermittelt.
Kontrolliere seine Ergebnisse.

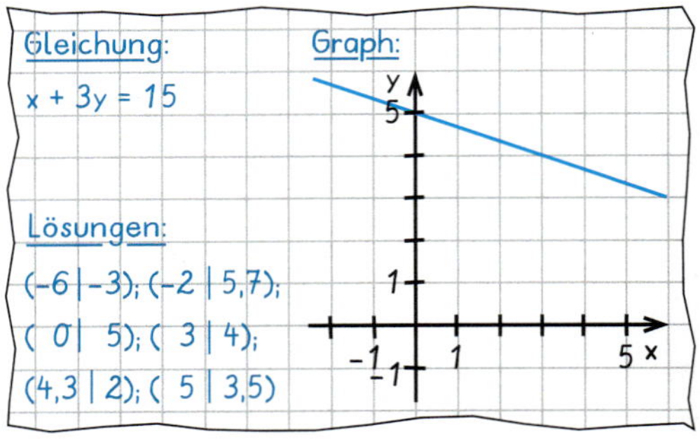

4.1.2 Sonderfälle bei linearen Gleichungen mit zwei Variablen

Aufgabe 1

Zeichne den Graphen der linearen Gleichung **a)** $0 \cdot x + 2 \cdot y = 6$; **b)** $3 \cdot x + 0 \cdot y = 12$.
Lege dazu eine Tabelle für die passenden Einsetzungen für x und für y an. Nach welcher Variablen kannst du die Gleichung auflösen? In welchem Fall liegt eine Funktion vor, in welchem nicht?

Lösung

a)

x	y
−2	3
−1	3
0	3
1	3
2	3

Ein Punkt gehört immer dann zu dem Graphen, wenn seine y-Koordinate 3 ist. Die x-Koordinate kann beliebig sein.

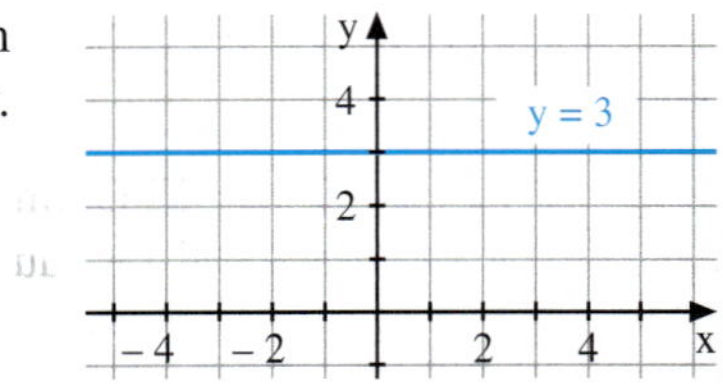

Die Gleichung $0 \cdot x + 2y = 6$ kann nach y aufgelöst werden. Man erhält: $y = 3$.
Da jedem Wert von x genau ein y-Wert zugeordnet ist, liegt eine Funktion vor.

b)

x	y
4	−2
4	−1
4	0
4	1
4	2

Ein Punkt gehört immer dann zu dem Graphen, wenn seine x-Koordinate 4 ist. Die y-Koordinate kann beliebig sein.

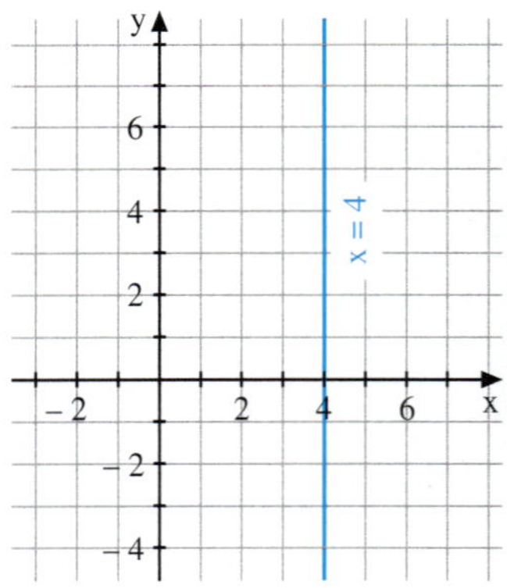

Die Gleichung $3x + 0 \cdot y = 12$ kann *nicht* nach y aufgelöst werden, da man durch 0 nicht dividieren kann. Sie kann aber nach x aufgelöst werden. Man erhält: $x = 4$.
Es liegt keine Funktion vor, weil der Stelle 4 mehrere y-Werte zugeordnet sind. Die Zuordnung $x \rightarrow y$ ist nicht eindeutig.

Weiterführende Aufgabe

2. *Sonderfall $a = 0$ und $b = 0$ bei der Gleichung $ax + by = c$*

Gegeben ist die Gleichung **a)** $0 \cdot x + 0 \cdot y = 1$; **b)** $0 \cdot x + 0 \cdot y = 0$.
Welcher der folgenden Fälle trifft zu?
(1) Es gibt keine Lösung.
(2) Es gibt genau eine Lösung.
(3) Es gibt mehrere, aber nur endlich viele Lösungen.
(4) Jedes beliebige Zahlenpaar ist eine Lösung.
(5) Der Graph ist eine Gerade.

Information

(1) Kurzform einer linearen Gleichung mit zwei Variablen

Eine Gleichung der Form $y = 3$ oder auch $x = 4$ kann man als *Kurzform* einer linearen Gleichung mit zwei Variablen auffassen, wenn man sich die zweite Variable wie folgt ergänzt denkt:

$y = 3$ ergänzt zu $0 \cdot x + y = 3$; $x = 4$ ergänzt zu $x + 0 \cdot y = 4$.

(2) Ausschließen des Sonderfalles a = 0 und b = 0

Damit der Graph einer linearen Gleichung der Form $ax + by = c$ eine Gerade ist, verlangt man häufig, dass bei einer linearen Gleichung $a \neq 0$ *oder* $b \neq 0$ ist. Man schließt also den Sonderfall $a = 0$ *und* $b = 0$ aus (vergleiche Aufgabe 2).

(3) Geraden als Graphen linearer Gleichungen mit zwei Variablen

Koeffizient, Vorfaktor der Variablen

Sind die Koeffizienten einer linearen Gleichung nicht beide zugleich null, so ist ihr Graph eine Gerade.

Eine lineare Gleichung der Form $ax + by = c$ mit $a \neq 0$ und $b \neq 0$ kann durch Auflösen nach y auf die Form $y = mx + b$ gebracht werden. Eine solche Gleichung ist eine Funktionsgleichung.
Der Graph ist eine steigende oder fallende Gerade.

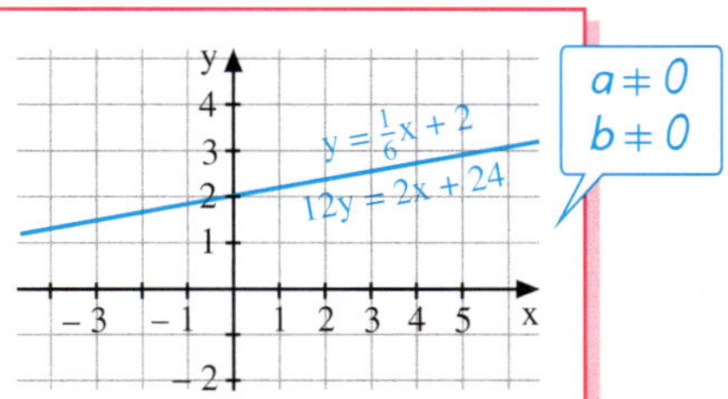

Eine lineare Gleichung der Form $0 \cdot x + by = c$ mit $b \neq 0$ kann durch Auflösen nach y auf die Form $y = r$ gebracht werden. Eine solche Gleichung ist eine Funktionsgleichung.
Der Graph einer Gleichung der Form $y = r$ ist eine Parallele zur x-Achse.

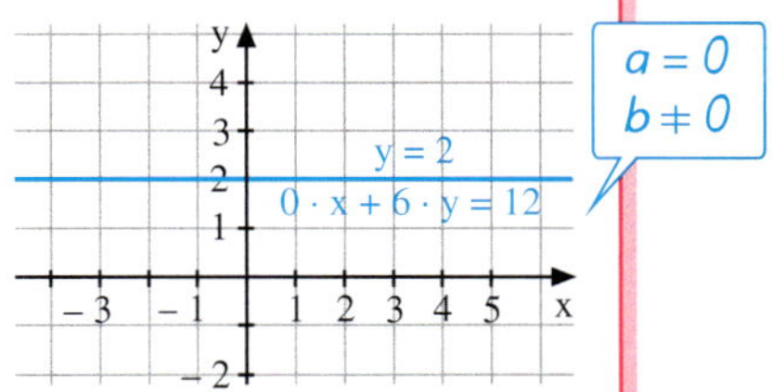

Eine lineare Gleichung der Form $ax + 0 \cdot y = c$ mit $a \neq 0$ kann durch Auflösen nach x auf die Form $x = r$ gebracht werden. Eine solche Gleichung ist *keine* Funktionsgleichung.
Der Graph einer Gleichung der Form $x = r$ ist eine Parallele zur y-Achse.

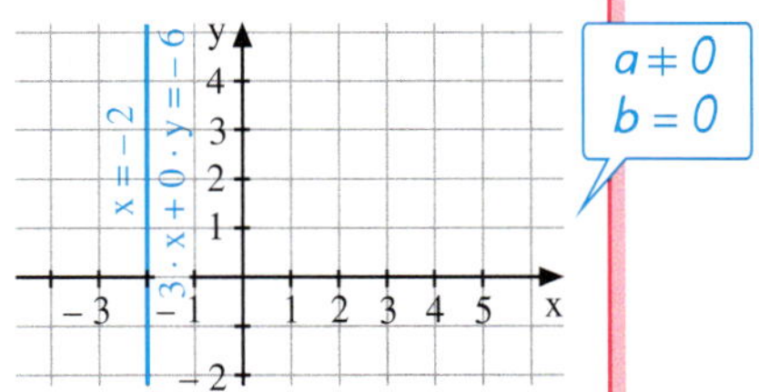

Übungsaufgaben

3. Sind auch folgende Geraden Graphen linearer Gleichungen? Versuche eine lineare Gleichung dafür anzugeben.

a) Parallele zur x-Achse durch $P(2|3)$ **b)** Parallele zur y-Achse durch $P(2|3)$

4. Zeichne mithilfe einer Wertetabelle den Graphen der linearen Gleichung:

a) $0 \cdot x + 5y = 10$ **b)** $4x + 0 \cdot y = 6$ **c)** $0 \cdot x - 2y = 4{,}8$ **d)** $-5x + 0 \cdot y = -4{,}5$

Notiere die Gleichung auch in der Kurzform. Löse dazu nach x oder y auf.

5. Gegeben ist eine lineare Gleichung in der vereinfachten Form (Kurzform).

a) $x = 5$ **b)** $y = -1$ **c)** $x = \frac{1}{2}$ **d)** $y = 5$ **e)** $x = -1$

Welche der Zahlenpaare $(1|5)$, $(\frac{1}{2}|-1)$, $(5|2)$, $(5|-1)$ sind Lösungen der Gleichung?

6. Notiere zunächst die (in Kurzform gegebene) Gleichung in der ausführlichen Form, sodass beide Variablen x und y vorkommen. Zeichne dann den zugehörigen Graphen.

a) $y = 6$ **b)** $x = 2$ **c)** $y = -1{,}5$ **d)** $x = -5{,}5$ **e)** $y = \frac{5}{2}$ **f)** $6x = 3$ **g)** $-2y = 1$

7. Welche der Punkte $P_1(-1|20)$, $P_2(12|-4{,}8)$, $P_3(0|-1)$, $P_4(12|4{,}8)$, $P_5(-3|0)$ und $P_6(0|0)$ gehören zum Graphen der linearen Gleichung?

a) $x = 12$ **b)** $y = 20$ **c)** $x = -1$ **d)** $y = -4{,}8$ **e)** $x = 0$ **f)** $y = 0$ **g)** $7x = 84$

8. Gib zu der Geraden eine passende lineare Gleichung mit zwei Variablen an; notiere diese auch in der Kurzform. Gehört die Gerade zu einer linearen Funktion?

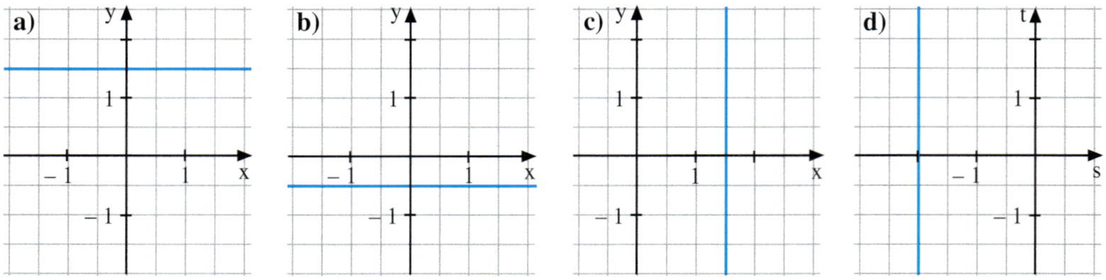

9. Notiere (auch in Kurzform) die Gleichungen der beiden Geraden, die vom Koordinatenursprung 4,2 Einheiten Abstand haben und parallel zur x-Achse [y-Achse] sind.

10. Welche lineare Gleichung hat die Gerade, die durch den Punkt $P(4|-7)$ $[P(-1{,}9|5{,}3)]$ geht und

a) parallel zur x-Achse ist; **b)** parallel zur y-Achse ist?

11. Jede der beiden Koordinatenachsen kannst du als Graph einer linearen Gleichung mit zwei Variablen auffassen. Notiere eine passende lineare Gleichung mit zwei Variablen

a) für die x-Achse; **b)** für die y-Achse.

12. Kontrolliere Kevins Zusammenfassung.

Jede lineare Gleichung mit den Variablen x und y hat als Graph eine Gerade.
Hat eine der beiden Variablen oder beide den Koeffizienten null, so liegt der Sonderfall vor, dass die Gerade keine Steigung hat.

GTR **13.** Lösungen einer linearen Gleichung wie z.B. $7x - 13y = -9$ kannst du auch mithilfe des GTR ermitteln. Dazu musst du zunächst die Gleichung nach y auflösen.

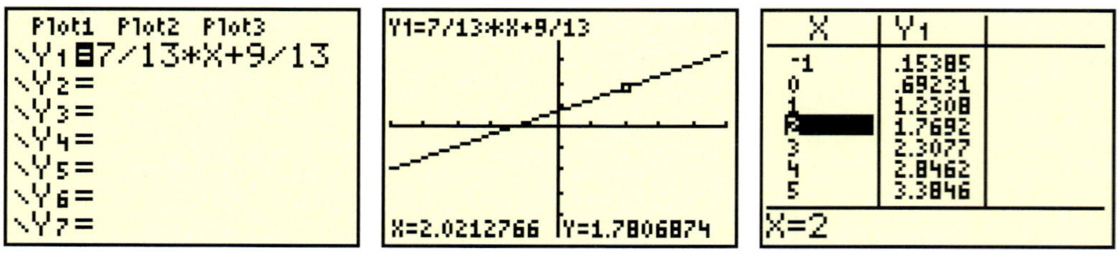

a) Bestimme mit deinem GTR Lösungen der obigen Gleichung. Ist das stets möglich?

b) Verfahre ebenso mit den folgenden Gleichungen.

(1) $7 \cdot x + 9 \cdot y = -5$ (2) $0 \cdot x + 5 \cdot y = -7$ (3) $13 \cdot x + 0 \cdot y = -7$

4.2 Systeme linearer Gleichungen – Grafisches Lösungsverfahren

Aufgabe 1

Elektrische Energie wird in Kilowattstunden (kWh) gemessen. Ein Elektrizitätsunternehmen bietet seinen Kunden zwei Tarife an.
Patricks Mutter stellt fest:
„In diesem Monat habe ich im Wochenendhaus gerade so viel Strom verbraucht, dass ich nach beiden Tarifen gleich viel bezahlt hätte."

ELEKTRON

Tarif	AKZENT	BASIS
Monatlicher Grundpreis	4,00 €	7,50 €
Arbeitspreis je kWh	0,25 €	0,11 €

Wie viel Kilowattstunden hat Patricks Mutter verbraucht? Wie viel Euro hat sie zu zahlen?
Gehe zur Lösung der Aufgabe in zwei Schritten vor:

(1) Erstelle für jeden Tarif eine lineare Gleichung mit zwei Variablen. Welche Bedingung muss erfüllt sein?

(2) Zeichne die Graphen dieser linearen Gleichungen in ein gemeinsames Koordinatensystem. Beantworte die gestellten Fragen anhand der Zeichnung.

Lösung

(1) *(a) Einführen von Variablen für die gesuchten Größen*
Anzahl der monatlich verbrauchten Kilowattstunden: x
Monatliche Kosten in Euro: y

(b) Aufstellen der Gleichung für Tarif AKZENT
Nach Tarif AKZENT ist je kWh 0,25 € zu zahlen, also für x kWh zusammen $0{,}25 \cdot x$.
Zusammen mit dem Grundpreis von 4 € ergibt sich für die monatlichen Kosten in €:
$y = 0{,}25x + 4$

(c) Aufstellen der Gleichung für Tarif BASIS
Für die monatlichen Kosten y nach Tarif BASIS ergibt sich entsprechend: $y = 0{,}11x + 7{,}5$

(d) Verbinden beider Gleichungen
Es muss nun die Anzahl x von Kilowattstunden gefunden werden, für die sowohl Tarif AKZENT als auch Tarif BASIS die gleichen monatlichen Kosten y ergeben. Gesucht sind also Zahlen x und y, für die beide Gleichungen zugleich erfüllt sind:
$y = 0{,}25x + 4$ *und* $y = 0{,}11x + 7{,}5$

(2) *Zeichnen der Graphen*
Zu jeder dieser Gleichungen gehört eine Gerade im Koordinatensystem. Wir zeichnen sie mithilfe von Steigung und y-Achsenabschnitt. Beide Geraden schneiden sich in einem Punkt. Dieser Schnittpunkt ist $S(25 | 10{,}25)$.

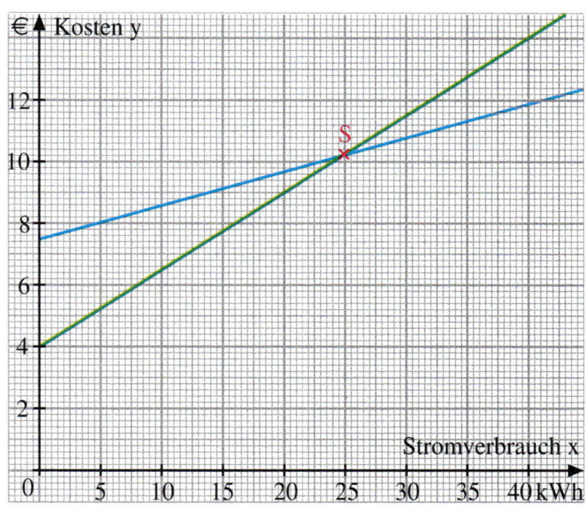

Die Koordinaten des Schnittpunktes, nämlich 25 und 10,25, erfüllen beide lineare Gleichungen zugleich:
$10{,}25 = 0{,}25 \cdot 25 + 4$ *und*
$10{,}25 = 0{,}11 \cdot 25 + 7{,}5$

Ergebnis: Patricks Mutter hat in diesem Monat 25 kWh Strom verbraucht; dafür sind sowohl nach dem Tarif AKZENT als auch nach dem Tarif BASIS 10,25 € zu zahlen.

Information

(1) Lineares Gleichungssystem

Zur Lösung der Aufgabe 1 auf Seite 133 haben wir ein Zahlenpaar $(x|y)$ gesucht, das zugleich die linearen Gleichungen $y = 0{,}25x + 4$ und $y = 0{,}11x + 7{,}5$ erfüllt. Die beiden durch „und" verbundenen Gleichungen

$y = 0{,}25x + 4$ *und* $y = 0{,}11x + 7{,}5$

bilden zusammen ein *lineares Gleichungssystem.* Um zu verdeutlichen, dass beide Gleichungen zusammen gehören, verwenden wir folgende Schreibweise:

$$\left| \begin{array}{l} y = 0{,}25x + 4 \\ y = 0{,}11x + 7{,}5 \end{array} \right|$$

Die Lösung dieses Gleichungssystems ist keine einzelne Zahl, sondern das Zahlenpaar $(25|10{,}25)$.

Verknüpft man zwei lineare Gleichungen mit zwei Variablen durch **und**, so entsteht ein **lineares Gleichungssystem.**
Jedes Zahlenpaar, dessen Zahlen die erste *und* zugleich die zweite Gleichung des Gleichungssystems erfüllen, ist eine Lösung dieses Gleichungssystems.

Beispiel:

$$\left| \begin{array}{r} x + y = 5 \\ 2x - y = 13 \end{array} \right|$$

Beide Gleichungen sind durch „und" verbunden.

Lösung: $(6|-1)$

Probe: $6 + (-1) = 5$ und $2 \cdot 6 - (-1) = 13$

(2) Grafisches Lösen eines Gleichungssystems

In Aufgabe 1 auf Seite 133 wurde die Lösung des linearen Gleichungssystems aus einer grafischen Darstellung im Koordinatensystem abgelesen.

Strategie zur grafischen Lösung eines linearen Gleichungssystems

(a) Forme beide Gleichungen so um, dass du ihre Graphen gut zeichnen kannst. Zeichne die entsprechenden Geraden in ein gemeinsames Koordinatensystem.

(b) Das Koordinatenpaar jedes Punktes, der auf beiden Geraden zugleich liegt, ist eine Lösung des linearen Gleichungssystems.

(c) Führe eine Probe durch.

Anmerkung: Sowohl beim Zeichnen der Geraden als auch beim Ablesen der Koordinaten des Schnittpunktes aus der Zeichnung können Ungenauigkeiten auftreten. Daher ist es möglich, dass es sich bei den abgelesenen Werten nur um Näherungswerte für die Koordinaten des Schnittpunktes handelt. Du weißt also nicht, ob du die Lösung oder nur eine Näherungslösung erhalten hast. Mithilfe der Probe kannst du dies feststellen.
Eine Näherungslösung kannst du in der Form $x \approx \ldots$ und $y \approx \ldots$ schreiben.

Weiterführende Aufgaben

2. *Drei Fälle beim Lösen linearer Gleichungssysteme*

Bestimme die Lösungen folgender Gleichungssysteme grafisch. Was fällt dir auf?

(1) $\left| \begin{array}{r} 2x - 4y = -2 \\ 3x + y = 11 \end{array} \right|$ (2) $\left| \begin{array}{r} -x + 2y = 4 \\ 2x - 4y = 6 \end{array} \right|$ (3) $\left| \begin{array}{r} 2x + y = -4 \\ -6x - 3y = 12 \end{array} \right|$

GTR **3.** *Grafisches Lösen linearer Gleichungssysteme mit dem GTR*

Grafikfähige Taschenrechner können unbequeme Zeichenarbeit übernehmen, um lineare Gleichungssysteme zu lösen. Betrachte z. B.: $\left| \begin{array}{l} y = 0{,}3\,x - 25 \\ y = -0{,}25\,x + 63 \end{array} \right|$.

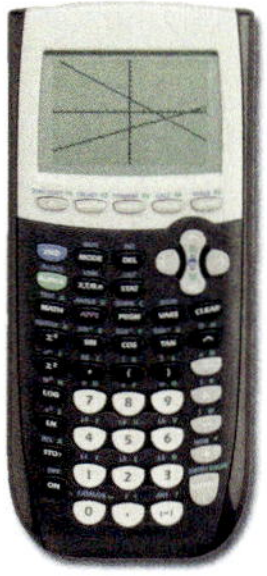

Es ist mühsam, ein geeignetes Koordinatensystem zu finden, sodass der Schnittpunkt der beiden Geraden gut ablesbar ist. Auf der y-Achse ist wegen der Achsenabschnitte ein Ausschnitt ungefähr von –30 bis +70 zu betrachten. Da die erste Gerade mit dem kleineren y-Achsenabschnitt ansteigt und die zweite Gerade mit dem größeren y-Achsenabschnitt ansteigt, liegt der Schnittpunkt sicher rechts von der y-Achse. Durch Probieren findest du ein geeignetes Fenster. Es gibt mehrere Möglichkeiten, die Koordinaten des Schnittpunktes mit dem GTR zu ermitteln. Mithilfe von TRACE kannst du mit dem Cursor auf einer Geraden bis zum Schnittpunkt wandern und dessen Koordinaten ablesen.

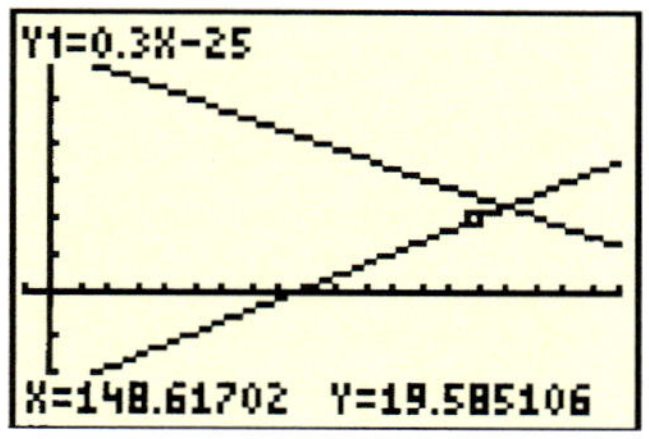

Information

Einteilung linearer Gleichungssysteme mit zwei Variablen

Enthalten beide Gleichungen eines linearen Gleichungssystems zwei Variablen (kein Sonderfall einer Gleichung mit nur einer oder keiner Variablen), so gibt es folgende drei Fälle:

1. Fall: Beide Geraden haben verschiedene Steigungen. Sie schneiden sich dann in einem Punkt. Das Gleichungssystem hat also *genau eine* Lösung.
Die Lösungsmenge besteht aus einem einzigen Zahlenpaar.

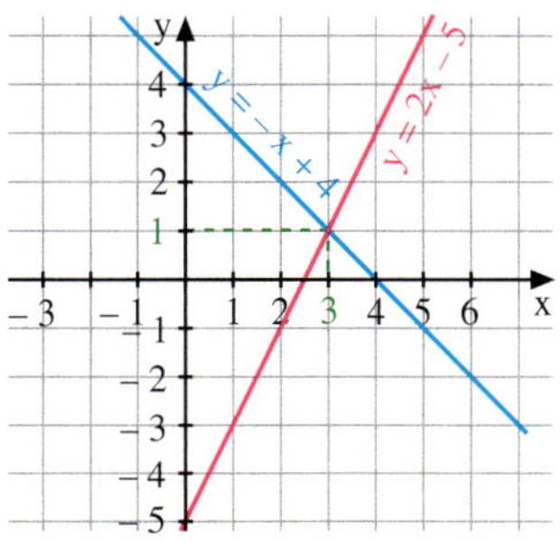

L = {(3 | 1)}

2. Fall: Beide Geraden haben die gleiche Steigung, aber verschiedene y-Achsenabschnitte. Beide Geraden sind dann parallel zueinander und schneiden sich nicht. Das Gleichungssystem hat also *keine* Lösung.
Die Lösungsmenge ist leer.

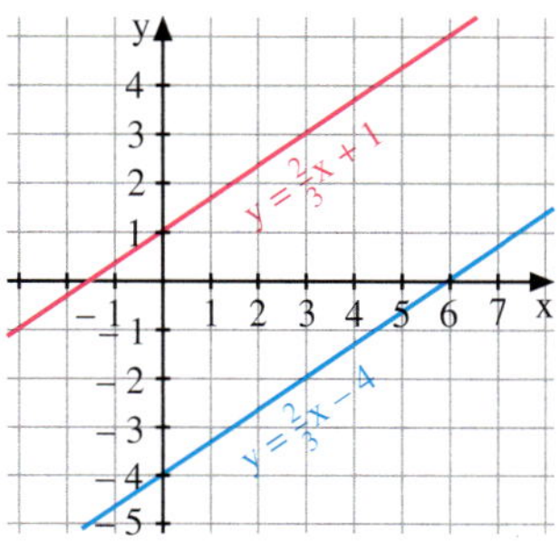

L = { }

3. Fall: Beide Geraden stimmen in der Steigung und im y-Achsenabschnitt überein. Sie fallen dann zusammen. Das Gleichungssystem hat *unendlich viele* Lösungen.
Die Lösungsmenge besteht aus allen Zahlenpaaren, die diese Geradengleichung erfüllen.

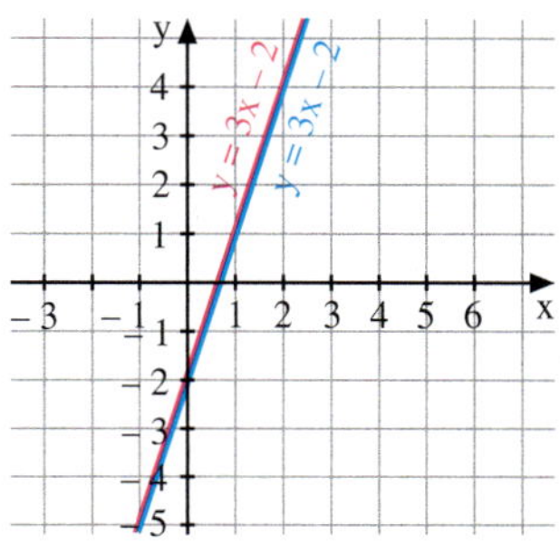

L = {(x | y) | y = 3x – 2}
gelesen:
Menge aller Paare (x | y), für die gilt: y = 3x – 2

Übungsaufgaben

4. Zwei Kerzen sind 12 cm und 7 cm lang und werden gleichzeitig angesteckt. Die größere Kerze wird pro Stunde um 3,5 cm kürzer, die andere um 1,5 cm.
Nach welcher Zeit sind die Kerzen gleich lang? Wie lang sind sie dann?

EUROGASEUROGAS

Tarif	MINI	CLASSIC
Monatlicher Grundpreis	5,00 €	10,00 €
Preis je m³	0,45 €	0,25 €

5. Ein Gaswerk bietet den Kunden zwei Tarife an. Im Monat April hat Familie Siede so viel Gas verbraucht, dass der Gesamtpreis bei beiden Tarifen gleich ist. Wie viel Gas hat sie verbraucht; wie viel muss sie bezahlen? Stelle ein Gleichungssystem auf und löse die Aufgabe zeichnerisch.

6. Für eine Aufführung wurden insgesamt 100 Karten verkauft. Die Karten für Erwachsene kosteten 10 €. Ein Teil der Karten wurde an Jugendliche für 5 € abgegeben. Insgesamt wurden 700 € eingenommen. Wie viele Karten wurden an Jugendliche verkauft, wie viele an Erwachsene?

7. Welches der Zahlenpaare $(2|2)$, $(3|5)$, $(0|1)$, $(1|2)$, $(4|0)$, $(0|2)$, $(-1|1)$ ist Lösung des Gleichungssystems $2x + y = 6$ *und* $3x - y = 4$?

8. Ermittle zeichnerisch die Lösungsmenge des Gleichungssystems. Führe eine Probe durch.

a) $\left|\begin{array}{l} x = 1 - y \\ 6x + 24 = 4y \end{array}\right|$ **b)** $\left|\begin{array}{l} 6x = 2y - 8 \\ 8y - 12 = 4x \end{array}\right|$ **c)** $\left|\begin{array}{l} y + 2 = 1{,}5 \\ 2y = 10 \end{array}\right|$ **d)** $\left|\begin{array}{l} \frac{1}{2}x - \frac{3}{2} = 0 \\ 2y - x = 6 \end{array}\right|$ **e)** $\left|\begin{array}{l} 3p - 4q = 4 \\ 2p + q = 10 \end{array}\right|$

9. Simon löst das Gleichungssystem $y = 2x - 5$ *und* $y = x - 3$. Er schreibt sogar einen Antwortsatz: „Das Gleichungssystem hat die Lösungen 2 und – 1.“ Was sagst du dazu?

10. Kontrolliere Stefans Hausaufgaben.

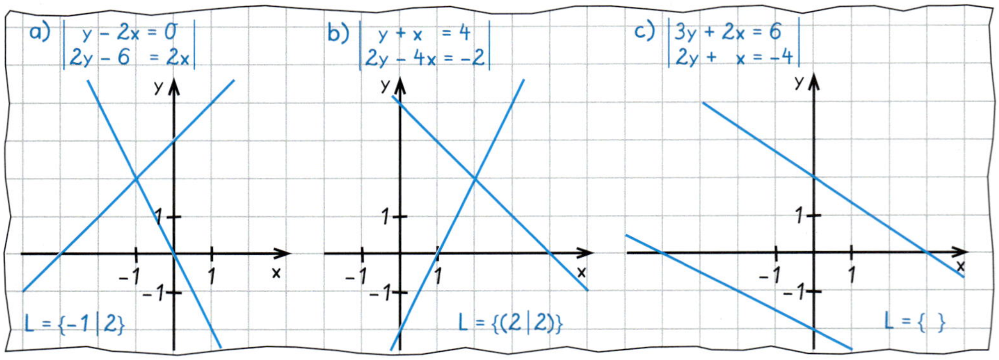

11. Bestimme zeichnerisch die Lösungsmenge des Gleichungssystems. Welcher der 3 Fälle (Seite 135) liegt vor?

a) $\left|\begin{array}{l} 6y - 3x = 9 \\ -8y + 4x = -10 \end{array}\right|$ **b)** $\left|\begin{array}{l} 4x + 2y = 5 \\ -2x - y = -\frac{5}{2} \end{array}\right|$ **c)** $\left|\begin{array}{l} 3x - 6y = 2 \\ -1{,}5x + 3y = 1 \end{array}\right|$ **d)** $\left|\begin{array}{l} 3x - 6y = 9 \\ 4x - 9y = 12 \end{array}\right|$

12. Gib jeweils ein Gleichungssystem und seine Lösungsmenge an.

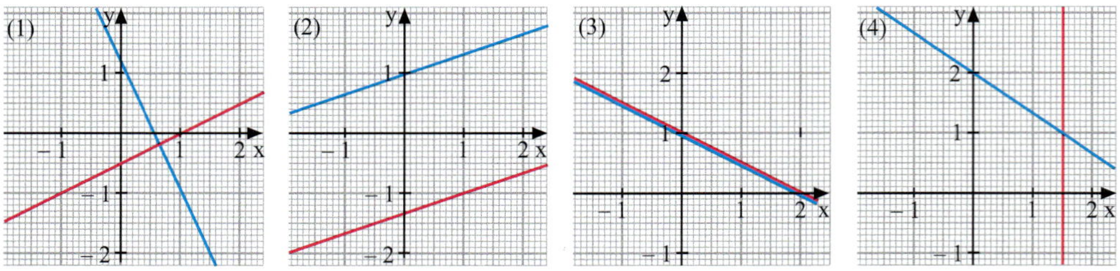

13. Gib zu der Gleichung $2x - 5y = 3$ $[-\frac{1}{2}x + y = -1]$ eine zweite an, sodass das entstehende Gleichungssystem (1) keine Lösung; (2) genau eine Lösung; (3) unendlich viele Lösungen hat.

4.3 Gleichsetzungsverfahren

Die zeichnerische Bestimmung der Lösung eines Gleichungssystems ist ohne Rechner oft ungenau und bei großen Zahlen platzaufwändig oder gar nicht möglich. Daher sollen jetzt Verfahren zur rechnerischen Ermittlung der Lösung entwickelt werden.

Aufgabe 1

Die (zeichnerische) Bestimmung der Lösungsmenge des linearen Gleichungssystems $\left| \begin{aligned} 4x + 4y &= 8 \\ -6x + 3y &= -9 \end{aligned} \right|$

führt auf das Gleichungssystem $\left| \begin{aligned} y &= -x + 2 \\ y &= 2x - 3 \end{aligned} \right|$.

Aus der Zeichnung lässt sich nur eine Näherungslösung ablesen. Bestimme die Koordinaten des Schnittpunktes der beiden Geraden rechnerisch.

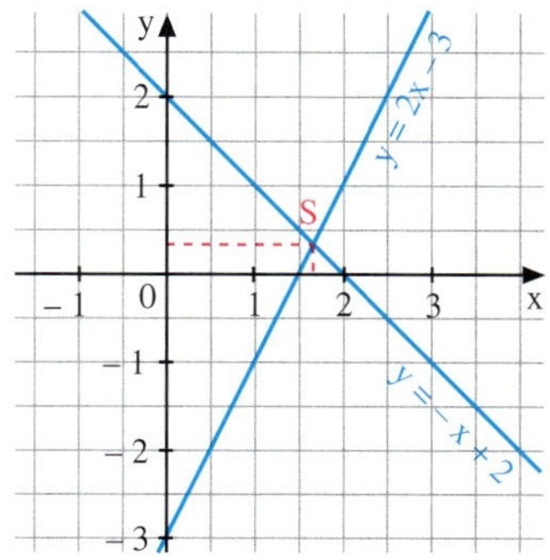

Lösung

Wenn x die erste Koordinate des Schnittpunktes S angibt, dann bezeichnen die rechten Seiten $-x + 2$ und $2x - 3$ des Gleichungssystems die zweite Koordinate des Schnittpunktes S, also dieselbe Zahl. Die rechten Seiten der beiden linearen Gleichungen müssen somit denselben Wert haben. Daraus erhalten wir folgende Gleichung:

$-x + 2 = 2x - 3 \quad \vert -2x$ $-3x + 2 = -3 \quad \vert -2$ $-3x = -5 \quad \vert :(-3)$	Gleichsetzen der rechten Seiten ergibt eine Gleichung, die nur noch eine Variable enthält: die x-Koordinate des gesuchten Lösungspaares.
$x = \frac{5}{3}$	Die x-Koordinate des Lösungspaares ist $\frac{5}{3}$.
$y = -x + 2$ $y = -\frac{5}{3} + 2$	Einsetzen von $\frac{5}{3}$ für x in der ersten Gleichung des Systems liefert eine Gleichung für die y-Koordinate des Lösungspaares.
$y = \frac{1}{3}$	Die y-Koordinate ist $\frac{1}{3}$.
$L = \{(\frac{5}{3} \vert \frac{1}{3})\}$	Lösungsmenge

Statt $\frac{5}{3}$ in die erste Gleichung, hätte man $\frac{5}{3}$ auch in die zweite Gleichung einsetzen können.

Probe: 1. Gleichung: $4 \cdot \frac{5}{3} + 4 \cdot \frac{1}{3} = 8$ (w);
2. Gleichung: $-6 \cdot \frac{5}{3} + 3 \cdot \frac{1}{3} = -9$ (w)

Ergebnis: Die Lösungsmenge des Gleichungssystems enthält nur das Paar $(\frac{5}{3} \mid \frac{1}{3})$.

Information

Dieses Lösungsverfahren für lineare Gleichungssysteme nennt man **Gleichsetzungsverfahren**, da die rechten Seiten der beiden Gleichungen des umgeformten Systems einander gleichgesetzt wurden. In der obigen Lösung haben wir zum Lösen des Gleichungssystems mit zwei Variablen zunächst eine Gleichung mit einer Variablen erzeugt und diese gelöst. Dann haben wir diese Lösung in eine der umgeformten Gleichungen eingesetzt.
Man kann den Lösungsweg so aufschreiben, dass stets Gleichungssysteme mit derselben Lösungsmenge untereinander stehen. Dadurch wird deutlich, dass ein Gleichungssystem als Ganzes zum Lösen umgeformt wird (siehe nächste Seite).

$\left\lvert\begin{array}{r} 4x + 4y = 8 \\ -6x + 3y = -9 \end{array}\right\rvert$	Wir lösen beide Gleichungen nach y auf.
$\left\lvert\begin{array}{l} y = -x + 2 \\ y = 2x - 3 \end{array}\right\rvert$	Wir setzen die rechten Seiten der beiden Gleichungen gleich und behalten die zweite Gleichung bei (für spätere Berechnung von y).
$\left\lvert\begin{array}{r} 2x - 3 = -x + 2 \\ y = 2x - 3 \end{array}\right\rvert$	Wir vereinfachen die erste Gleichung.
$\left\lvert\begin{array}{l} 3x = 5 \\ \quad y = 2x - 3 \end{array}\right\rvert$	Wir lösen die erste Gleichung nach x auf.
$\left\lvert\begin{array}{l} x = \frac{5}{3} \\ y = 2x - 3 \end{array}\right\rvert$	Wir setzen den berechneten Wert in die zweite Gleichung ein.
$\left\lvert\begin{array}{l} x = \frac{5}{3} \\ y = 2 \cdot \frac{5}{3} - 3 \end{array}\right\rvert$	Wir vereinfachen die zweite Gleichung.
$\left\lvert\begin{array}{l} x = \frac{5}{3} \\ y = \frac{1}{3} \end{array}\right\rvert \quad L = \{(\frac{5}{3} \mid \frac{1}{3})\}$	Lösungsmenge

Die untereinander geschriebenen linearen Gleichungssysteme haben alle die gleiche Lösungsmenge. Man sagt auch, dass diese Gleichungssysteme zueinander **äquivalent** sind.

Gleichsetzungsverfahren zur rechnerischen Lösung von Gleichungssystemen

(1) Löse beide Gleichungen nach einer gemeinsamen Variablen auf.
(2) Erzeuge dann durch Gleichsetzen eine Gleichung mit nur noch einer Variablen. Behalte eine der beiden Gleichungen mit zwei Variablen bei.
(3) Berechne aus der Gleichung mit nur einer Variablen eine Koordinate des Lösungspaares.
(4) Setze diesen Wert in die andere Gleichung ein und berechne daraus die andere Koordinate.
(5) Gib die Lösungsmenge an. Du kannst zur Kontrolle auch eine Probe durchführen.

Übungsaufgaben

2. Bestimme die Lösungsmenge mithilfe des Gleichsetzungsverfahrens. Mache die Probe.

a) $\left\lvert\begin{array}{l} y = 2x - 11 \\ y = 3x - 14 \end{array}\right\rvert$ **b)** $\left\lvert\begin{array}{l} x = 3y + 14 \\ x = 5y + 22 \end{array}\right\rvert$ **c)** $\left\lvert\begin{array}{l} x - 10y = 10 \\ 6x + 2y = 32 \end{array}\right\rvert$ **d)** $\left\lvert\begin{array}{l} 3p - 2q = 11 \\ 2p - 6q = -12 \end{array}\right\rvert$

3. Beim Gleichsetzungsverfahren ist es nicht unbedingt erforderlich, die Gleichungen nach x oder y aufzulösen. Bei den folgenden Gleichungssystemen ist es geschickter, für das Gleichsetzen andere Terme zu verwenden.

a) $\left\lvert\begin{array}{l} 5y = 2x - 1 \\ 5y = 3x - 6 \end{array}\right\rvert$ **b)** $\left\lvert\begin{array}{r} 16x = 13 - 21y \\ -16x = 15 + 25y \end{array}\right\rvert$ **c)** $\left\lvert\begin{array}{r} -9y + 2x = 4 \\ 5y = 2x - 4 \end{array}\right\rvert$ **d)** $\left\lvert\begin{array}{r} 2s = -t + 11 \\ s = 2t - 7 \end{array}\right\rvert$

4. Löse das Gleichungssystem möglichst günstig mit dem Gleichsetzungsverfahren.

a) $\left\lvert\begin{array}{l} 4y = 3x - 4 \\ 4y = 5x - 20 \end{array}\right\rvert$ **c)** $\left\lvert\begin{array}{l} 6x - 5y = 42 \\ 2x + 3y = 42 \end{array}\right\rvert$ **e)** $\left\lvert\begin{array}{r} v = 3u - 4 \\ 2v = 5u + 3 \end{array}\right\rvert$ **g)** $\left\lvert\begin{array}{l} 0{,}5x = 0{,}3y - 0{,}19 \\ 0{,}5x = 1{,}1y - 1{,}23 \end{array}\right\rvert$

b) $\left\lvert\begin{array}{r} 1y = 4x - 6 \\ 11y = 9x - 41 \end{array}\right\rvert$ **d)** $\left\lvert\begin{array}{l} 7x + 32y = 13 \\ 9x + 8y = 83 \end{array}\right\rvert$ **f)** $\left\lvert\begin{array}{l} 6y = 3x - 2 \\ 2y = 2x + 2 \end{array}\right\rvert$ **h)** $\left\lvert\begin{array}{l} 5y = \frac{1}{2}x + \frac{1}{3} \\ 5y = \frac{2}{3}x + \frac{1}{6} \end{array}\right\rvert$

4.4 Einsetzungsverfahren *Zum Selbstlernen*

Ziel

Rechts siehst du den Anfang des Lösens eines Gleichungssystems mit dem Gleichsetzungsverfahren. Wegen der Brüche ist das Lösen dieses Gleichungssystems etwas mühsam.
Du wirst in diesem Abschnitt ein weiteres rechnerisches Lösungsverfahren kennen lernen, das bei diesem Gleichungssystem einfacher und schneller zum Ziel führt als das Gleichsetzungsverfahren.

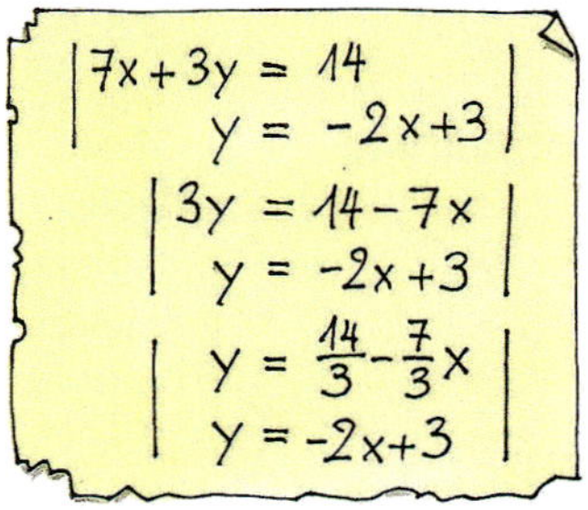

Zum Erarbeiten

Löse das obige Gleichungssystem, indem du für die Variable y der ersten Gleichung die rechte Seite der zweiten Gleichung einsetzt. Erläutere das Verfahren.

$\left| \begin{array}{r} 7x + 3y = 14 \\ y = -2x + 3 \end{array} \right|$

$\left| \begin{array}{r} 7x + 3(-2x + 3) = 14 \\ y = -2x + 3 \end{array} \right|$

$\left| \begin{array}{r} 7x - 6x + 9 = 14 \\ y = -2x + 3 \end{array} \right|$

$\left| \begin{array}{r} x + 9 = 14 \\ y = -2x + 3 \end{array} \right|$

$\left| \begin{array}{l} x = 5 \\ y = -2 \cdot 5 + 3 \end{array} \right|$

$\left| \begin{array}{l} x = 5 \\ y = -7 \end{array} \right|$

$L = \{(5|-7)\}$

Die zweite Gleichung sagt, dass y und $-2x + 3$ denselben Wert haben sollen; deshalb darfst du das y der ersten Gleichung durch den Term $-2x + 3$ ersetzen.
In der ersten Gleichung kommt die Variable y nicht mehr vor. Die erste Gleichung kannst du jetzt wie gewohnt nach x auflösen und den erhaltenen Wert in die zweite Gleichung einsetzen.

Einsetzungsverfahren zur rechnerischen Lösung von Gleichungssystemen

(1) Löse eine der beiden Gleichungen nach einer Variablen auf.
(2) Setze den erhaltenen Term in die andere Gleichung ein und löse die Gleichung.
(3) Setze die berechnete Koordinate in die andere, beibehaltene Gleichung ein und bestimme daraus die andere Koordinate des Lösungspaares.
(4) Gib die Lösungsmenge an.
(5) Du kannst zur Kontrolle auch eine Probe durchführen.

Zum Üben

1. Löse das lineare Gleichungssystem mithilfe des Einsetzungsverfahrens.

a) $\left| \begin{array}{l} 5x + y = 2 \\ y = 7x - 22 \end{array} \right|$ **b)** $\left| \begin{array}{l} x = 5y + 11 \\ 10x - 6y = 0 \end{array} \right|$ **c)** $\left| \begin{array}{l} 7x - 3y = 17 \\ x = 4y + 6 \end{array} \right|$ **d)** $\left| \begin{array}{r} 13x - 9y = -41 \\ x - 5y = -1 \end{array} \right|$

2. Löse vorteilhaft mithilfe des Einsetzungsverfahrens, indem du nicht für eine Variable, sondern für einen Term einsetzt.

a) $\left| \begin{array}{r} -4x + 7y = -1 \\ 7y = -x + 19 \end{array} \right|$ **b)** $\left| \begin{array}{r} 13x - \frac{1}{6}y = -5 \\ \frac{1}{6}y = 5x + 9 \end{array} \right|$ **c)** $\left| \begin{array}{l} 2x + \frac{1}{3}y = -5 \\ -6x + y = 9 \end{array} \right|$ **d)** $\left| \begin{array}{r} -6x + 42y = 0 \\ 13x - 90y = -37 \end{array} \right|$

Zum Selbstlernen

4.5 Additionsverfahren

4.5.1 Subtraktion zweier Gleichungen eines Systems

Einführung

Hanna hat für das Entwickeln von zwei Urlaubsfilmen und die Abzüge von 34 Bildern 13 € bezahlt. Matthias hat in demselben Foto-Shop auch zwei Filme entwickeln lassen, bei ihm sind 46 Bilder geglückt; er hat dafür 16 € bezahlt. Wie viel Euro kostet das Entwickeln eines Filmes, wie viel Euro das Abziehen eines Bildes?

Hanna überlegt so:

2 Entwicklungen und 46 Bilder kosten 16 €.
2 Entwicklungen und 34 Bilder kosten 13 €.

Preisdifferenz: 12 Bilder kosten 3 €.

1 Bild kostet 3 € : 12 = 0,25 €.

2 Entwicklungen kosten 13 € − 34 · 0,25 € = 4,50 €.

1 Entwicklung kostet 4,50 € : 2 = 2,25 €.

Matthias schreibt diese Überlegungen mit Gleichungen auf:

Preis für das Entwickeln je Film (in €): x
Preis für das Abziehen je Bild (in €): y

$$\left|\begin{array}{l} 2x + 46y = 16 \\ 2x + 34y = 13 \end{array}\right| \ominus$$

$$\left|\begin{array}{l} 12y = 3 \\ 2x + 34y = 13 \end{array}\right|$$

$$\left|\begin{array}{l} y = 0{,}25 \\ 2x + 34 \cdot 0{,}25 = 13 \end{array}\right|$$

$$\left|\begin{array}{l} y = 0{,}25 \\ 2x = 13 - 34 \cdot 0{,}25 = 4{,}5 \end{array}\right|$$

$$\left|\begin{array}{l} y = 0{,}25 \\ x = 2{,}25 \end{array}\right|$$

Ergebnis: Das Entwickeln eines Filmes kostet 2,25 €, das Abziehen eines Bildes 0,25 €.

Information

Subtraktionsverfahren

Bei dem obigen Lösungsverfahren werden die beiden Seiten zweier Gleichungen jeweils voneinander subtrahiert. Dafür sagen wir auch kürzer: Die beiden Gleichungen werden voneinander subtrahiert. Dadurch wird das Gleichungssystem gezielt so verändert, dass eine der beiden Gleichungen nur noch eine Variable enthält.

Übungsaufgaben

1. Die Kosten für eine Taxifahrt setzen sich aus einer Grundgebühr und den Kosten für die gefahrenen Kilometer zusammen. Ein Fahrgast bezahlt für eine 7 km lange Taxifahrt 8,40 €. Die Rückfahrt ist wegen eines Umweges 10 km lang und kostet 11,25 €. Berechne die Kosten für 1 km und die Grundgebühr.

2. Bestimme die Lösungsmenge mit dem Subtraktionsverfahren.

a) $\left|\begin{array}{l} 2x + 5y = 23 \\ 2x - 3y = -1 \end{array}\right|$ **b)** $\left|\begin{array}{l} 4x + 3y = 11 \\ 3x + 3y = 9 \end{array}\right|$ **c)** $\left|\begin{array}{l} -5x + 6y = 16 \\ -5x + y = -14 \end{array}\right|$ **d)** $\left|\begin{array}{l} 4x - 5y = 37 \\ 4x + y = 7 \end{array}\right|$

4.5.2 Lösen eines Gleichungssystems mit dem Additionsverfahren

Einführung

Das nebenstehende Gleichungssystem bietet sich nicht für das Subtraktionsverfahren an. Dagegen lässt es sich schnell vereinfachen, wenn man die linken Seiten der beiden Gleichungen und auch die rechten Seiten der beiden Gleichungen addiert:

$$\left| \begin{array}{r} 3x + 7y = 24 \\ -3x + 2y = 3 \end{array} \right|$$

Linke Seiten: $(3x + 7y) + (-3x + 2y) = 9y$ *Rechte Seiten:* $24 + 3 = 27$

Behält man eine der beiden Gleichungen bei, z. B. die zweite, so ergibt sich als neues Gleichungssystem:

$\left| \begin{array}{r} 9y = 27 \\ -3x + 2y = 3 \end{array} \right|$ Aus dieser Gleichung lässt sich y berechnen.

$\left| \begin{array}{r} y = 3 \\ -3x + 2y = 3 \end{array} \right|$

$\left| \begin{array}{r} y = 3 \\ -3x + 2 \cdot 3 = 3 \end{array} \right|$ Der Wert für y wird sofort in die 2. Gleichung eingesetzt.

$\left| \begin{array}{r} y = 3 \\ -3x = -3 \end{array} \right|$ Aus dieser Gleichung lässt sich nun x berechnen.

$\left| \begin{array}{l} y = 3 \\ x = 1 \end{array} \right|$ *Probe:* 1. Gleichung: $3 \cdot 1 + 7 \cdot 3 = 24$ (w)
2. Gleichung: $3 \cdot 1 + 2 \cdot 3 = 3$ (w)

Ergebnis: $L = \{(1|3)\}$

Aufgabe 1

Bestimme die Lösungsmenge des linearen Gleichungssystems $\left| \begin{array}{r} 2x + 9y = -1 \\ 3x + 2y = 10 \end{array} \right|$.

Hinweis: Durch bloßes Addieren oder Subtrahieren der beiden Gleichungen lässt sich keine Gleichung mit nur einer Variablen erhalten. Forme zunächst die beiden Gleichungen des Gleichungssystems so um, dass durch das Additionsverfahren eine der beiden Variablen wegfällt.

Lösung

$\left| \begin{array}{r} 2x + 9y = -1 \\ 3x + 2y = 10 \end{array} \right| \begin{array}{l} | \cdot 3 \\ | \cdot (-2) \end{array}$ Wir multiplizieren beide Gleichungen so, dass die Koeffizienten von x in den beiden Gleichungen Gegenzahlen voneinander sind.

$\left| \begin{array}{r} 6x + 27y = -3 \\ -6x - 4y = -20 \end{array} \right| \oplus$ Wir behalten die zweite Gleichung bei, da sie kleinere Koeffizienten als die erste Gleichung besitzt.

$\left| \begin{array}{r} 23y = -23 \\ 3x + 2y = 10 \end{array} \right|$ *Die Gleichung mit den kleineren Koeffizienten beibehalten.*

$\left| \begin{array}{r} y = -1 \\ 3x + 2y = 10 \end{array} \right|$

$\left| \begin{array}{r} y = -1 \\ 3x + 2 \cdot (-1) = 10 \end{array} \right|$ Der Wert für y wird in die zweite Gleichung eingesetzt.

$\left| \begin{array}{r} y = -1 \\ 3x = 12 \end{array} \right|$

$\left| \begin{array}{l} y = -1 \\ x = 4 \end{array} \right|$ *Probe:* 1. Gleichung: $2 \cdot 4 + 9 \cdot (-1) = -1$ (wahr)
2. Gleichung: $3 \cdot 4 + 2 \cdot (-1) = 10$ (wahr)

$L = \{(4|-1)\}$

Information

Additionsverfahren zur Lösung eines linearen Gleichungssystems

(1) Muliplizière (oder dividiere) eine oder beide Gleichungen mit von 0 verschiedenen Zahlen, sodass die Koeffizienten einer Variablen in den beiden Gleichungen Gegenzahlen voneinander sind.

(2) Addiere die beiden Gleichungen. Behalte als zweite Gleichung eine der beiden Gleichungen des Ausgangssystems bei.

(3) Eine der beiden Gleichungen enthält nur noch eine Variable. Berechne daraus eine Koordinate des Lösungspaares. Setze sie anschließend in die andere Gleichung ein und berechne daraus die andere Koordinate.

(4) Gib die Lösungsmenge an.

(5) Du kannst zur Kontrolle auch eine Probe durchführen.

Übungsaufgaben

2. Bestimme die Lösungsmenge des Gleichungssystems mit dem Additionsverfahren.

a) $\left| \begin{array}{l} -x + 7y = 5 \\ 3x + 5y = 11 \end{array} \right|$ **d)** $\left| \begin{array}{l} x + 7y = -17 \\ 4x + y = 13 \end{array} \right|$ **g)** $\left| \begin{array}{l} -5x + y = 18 \\ 2x - 6y = 4 \end{array} \right|$

b) $\left| \begin{array}{l} -4x + 6y = 14 \\ 4x + 3y = -5 \end{array} \right|$ **e)** $\left| \begin{array}{l} -u + 5v = 0 \\ -3u - 4v = -19 \end{array} \right|$ **h)** $\left| \begin{array}{l} 3x + 5y = 2 \\ -15x + 25y = -10 \end{array} \right|$

c) $\left| \begin{array}{l} -x - 5y = -17 \\ 7x + 5y = -1 \end{array} \right|$ **f)** $\left| \begin{array}{l} -2x + 5y = 19 \\ 3x - 4y = -18 \end{array} \right|$ **i)** $\left| \begin{array}{l} 6x - 3y = 3 \\ -4x + 2y = -2 \end{array} \right|$

3. Bestimme die Lösungsmenge.

a) $\left| \begin{array}{l} 2x - 3y = -13 \\ 5x + 2y = -4 \end{array} \right|$ **c)** $\left| \begin{array}{l} x - 4y = 5 \\ -3x - 4y = 5 \end{array} \right|$ **e)** $\left| \begin{array}{l} \frac{1}{2}x + \frac{1}{2}y = 0 \\ -x - y = 1 \end{array} \right|$

b) $\left| \begin{array}{l} -2p + 7q = 5 \\ 6p - 21q = 10 \end{array} \right|$ **d)** $\left| \begin{array}{l} 6x - 3y = -9 \\ 8x - y = 0 \end{array} \right|$ **f)** $\left| \begin{array}{l} \frac{1}{2}x + \frac{5}{3}y = 11 \\ 5x - \frac{1}{2}y = 7 \end{array} \right|$

4. Benutze das Additionsverfahren. Multipliziere so, dass keine Brüche auftreten.

a) $\left| \begin{array}{l} 2x + 3y = 9 \\ \frac{1}{3}x - \frac{1}{5}y = 12 \end{array} \right|$ **f)** $\left| \begin{array}{l} 2\frac{1}{4}x + 2\frac{1}{5}y = 29 \\ 1\frac{1}{2}x + 1\frac{2}{5}y = 19 \end{array} \right|$

b) $\left| \begin{array}{l} \frac{8}{11}x + \frac{3}{4}y = 14 \\ \frac{6}{11}x - \frac{1}{2}y = 2 \end{array} \right|$ **g)** $\left| \begin{array}{l} \frac{2}{3}w + \frac{1}{6}z = \frac{5}{8} \\ 5w + z = 3 \end{array} \right|$

c) $\left| \begin{array}{l} \frac{3}{2}u - 2v = 9 \\ \frac{2}{5}u + \frac{1}{3}v = 5 \end{array} \right|$ **h)** $\left| \begin{array}{l} \frac{2}{3}p - \frac{5}{7}q = \frac{2}{3} \\ p + q = 10\frac{2}{3} \end{array} \right|$

d) $\left| \begin{array}{l} \frac{3}{2}x + \frac{6}{7}y = 108 \\ \frac{1}{5}x - \frac{1}{8}y = 1 \end{array} \right|$ **i)** $\left| \begin{array}{l} \frac{7x + 4y}{5} = \frac{5x + 1}{2} \\ \frac{5x + 1}{3} = \frac{3y + 10}{8} \end{array} \right|$

e) $\left| \begin{array}{l} 1\frac{1}{5}x - 1\frac{1}{3}y = 5\frac{1}{3} \\ 2\frac{1}{2}x - \frac{1}{4}y = 12\frac{3}{8} \end{array} \right|$ **j)** $\left| \begin{array}{l} \frac{4x - 9y}{7} = \frac{7x + 38}{9} \\ \frac{6x - 5y}{19} = \frac{3x - 2}{11} \end{array} \right|$

$\left| \begin{array}{l} \frac{1}{4}x + \frac{1}{3}y = 3 \\ \frac{1}{8}x + \frac{1}{6}y = \frac{1}{2} \end{array} \right|$

Multipliziere die erste Gleichung mit dem Hauptnenner 12 und die zweite Gleichung mit dem Hauptnenner 24.

$\left| \begin{array}{l} 3x + 4y = 36 \\ 3x - 4y = 12 \end{array} \right|$

⋮

$L = \{(8|3)\}$

5. Beim Additionsverfahren kann man oft die Zwischenschritte im Kopf ausrechnen. Dadurch spart man Zeit und Schreibarbeit.

Beispiel:

$$\left|\begin{array}{r} 2x + y = 4 \\ x - 2y = -3 \end{array}\right| \begin{array}{l} |\cdot 2 \\ \end{array}\Big\}\oplus \quad |\cdot(-2)\Big\}\oplus$$

$$\left|\begin{array}{r} 5x = 5 \\ 5y = 10 \end{array}\right|$$

$$\left|\begin{array}{r} x = 1 \\ y = 2 \end{array}\right|$$

$$\left|\begin{array}{r} 2x + 3y = 9 \\ -3x + 2y = -7 \end{array}\right| \begin{array}{l} |\cdot 2 \\ |\cdot(-3) \end{array}\Big\}\oplus \begin{array}{l} |\cdot 3 \\ |\cdot 2 \end{array}\Big\}\oplus$$

$$\left|\begin{array}{r} 13x = 39 \\ 13y = 13 \end{array}\right|$$

$$\left|\begin{array}{r} x = 3 \\ y = 1 \end{array}\right|$$

Löse entsprechend.

a) $\left|\begin{array}{r} 2x + 3y = 39 \\ 3x + 2y = 41 \end{array}\right|$ **b)** $\left|\begin{array}{r} 7x + 6y = 10 \\ 5x + 2y = 6 \end{array}\right|$ **c)** $\left|\begin{array}{r} 2x - 4y = -64 \\ x + 3y = 73 \end{array}\right|$ **d)** $\left|\begin{array}{r} 2{,}2x + 0{,}9y = 4{,}4 \\ 2{,}6x + 2{,}7y = 8{,}8 \end{array}\right|$

4.5.3 Sonderfälle beim rechnerischen Lösen

Aufgabe 1

Ermittle die Lösung des Gleichungssystems:

a) $\left|\begin{array}{r} 6x + 4y = 4 \\ 9x + 6y = 5 \end{array}\right|$ **b)** $\left|\begin{array}{r} 4x - 2y = 14 \\ 6x - 3y = 21 \end{array}\right|$

Lösung

Wir lösen beide Gleichungssysteme mit dem Additionsverfahren.

a) (1) $\left|\begin{array}{r} 6x + 4y = 4 \\ 9x + 6y = 5 \end{array}\right| \begin{array}{l} |\cdot 3 \\ |\cdot(-2) \end{array}$

(2) $\left|\begin{array}{r} 18x + 12y = 12 \\ -18x - 12y = -10 \end{array}\right|\Big\}\oplus$

(3) $\left|\begin{array}{r} 0 = 2 \\ 9x + 6y = 5 \end{array}\right|$

Die erste Gleichung des Systems (3) ist eine falsche Aussage. Man kann also kein Zahlenpaar $(x|y)$ einsetzen, sodass die erste *und* die zweite Gleichung des Systems zu wahren Aussagen werden.
Folglich ist die Lösungsmenge leer:
$L = \{\ \}$

b) (1) $\left|\begin{array}{r} 4x - 2y = 14 \\ 6x - 3y = 21 \end{array}\right| \begin{array}{l} |\cdot 3 \\ |\cdot(-2) \end{array}$

(2) $\left|\begin{array}{r} 12x - 6y = 42 \\ -12x + 6y = -42 \end{array}\right|\Big\}\oplus$

(3) $\left|\begin{array}{r} 0 = 0 \\ 6x - 3y = 21 \end{array}\right|$

Die erste Gleichung des Systems (3) ist eine wahre Aussage. Bei der Einsetzung von jedem Zahlenpaar $(x|y)$, das die zweite Gleichung erfüllt, sind die erste *und* die zweite Gleichung des Systems wahre Aussagen.
Folglich enthält die Lösungsmenge unendlich viele Zahlenpaare:
$L = \{(x|y) \mid y = 2x - 7\}$ *Obige Gleichung nach y aufgelöst*

Information

Löst man die Aufgabe 1 zeichnerisch, so stellt man fest:
Bei Teilaufgabe a) sind die zugehörigen Geraden parallel zueinander (ohne gemeinsamen Punkt).
Bei Teilaufgabe b) fallen die beiden Geraden zusammen.
Vergleiche dazu auch die Information auf Seite 131.

Entsteht beim Umformen einer Gleichung eines linearen Gleichungssystems eine falsche Aussage wie z. B. $-8 = 4$, so gibt es kein Zahlenpaar, das diese Aussage und die zweite Gleichung zugleich erfüllt. Die Lösungsmenge dieses linearen Gleichungssystems ist also die leere Menge:
$L = \{\ \}$
(Grafisch: Parallele Geraden ohne gemeinsamen Punkt.)

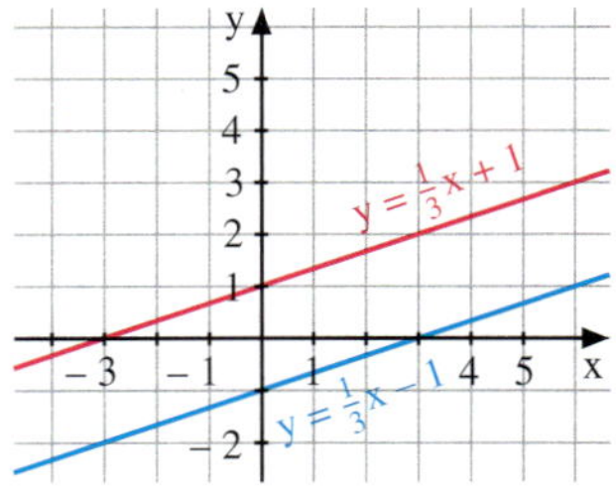

Entsteht beim Umformen einer Gleichung eines linearen Gleichungssystems eine wahre Aussage wie z. B. $12 = 12$, so erfüllen alle Zahlenpaare, die die zweite Gleichung erfüllen, auch das ganze Gleichungssystem. Seine Lösungsmenge enthält dann unendlich viele Elemente:
$L = \{(x|y) \mid y = mx + b\}$
(Grafisch: Zusammenfallende Geraden.)
Für das abgebildete Beispiel gilt:
$L = \{(x|y) \mid y = -x + 1\}$

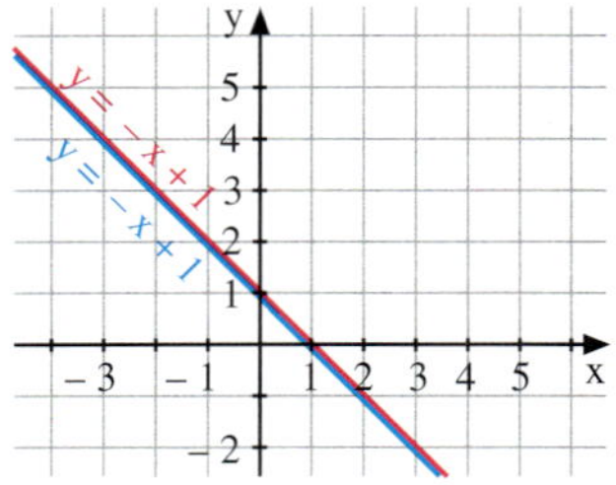

Übungsaufgaben

2. Bestimme die Lösungsmenge der Gleichungssysteme rechts. Zeichne zur Probe auch die zugehörigen Geraden.

(1) $\left| \begin{array}{l} 2y - 3x = 4 \\ -6y + 9x = 15 \end{array} \right|$ (2) $\left| \begin{array}{l} 2x - 4y = 6 \\ -3x + 6y = -9 \end{array} \right|$

3. Löse die Gleichungssysteme mithilfe des Additionsverfahrens. Gib bei unendlichen Lösungsmengen drei verschiedene Lösungspaare an.

(1) $\left| \begin{array}{r} 2x - 4y = -1 \\ -4x + 8y = 2 \end{array} \right|$ (3) $\left| \begin{array}{r} 4x - 6y = 5 \\ -3x + 4{,}5y = 2{,}5 \end{array} \right|$ (5) $\left| \begin{array}{r} \frac{1}{2}x - \frac{1}{3}y = 1 \\ 3x = 6 + 2y \end{array} \right|$

(2) $\left| \begin{array}{r} 2x + 3y = 7 \\ -6x - 9y = 20 \end{array} \right|$ (4) $\left| \begin{array}{r} 48x - 8y = 0 \\ 36x - 6y = 0 \end{array} \right|$ (6) $\left| \begin{array}{r} 3x + 6y = 9 \\ -5x - 10y = -15 \end{array} \right|$

4. Milan hat Gleichungssysteme gelöst. Kontrolliere seine Aufgaben.

a) $\left| \begin{array}{l} 6x - 4y = -3 \\ -9x + 6y = 4{,}5 \end{array} \right| \begin{array}{l} \cdot 3 \\ \cdot 2 \end{array}$
$\left| \begin{array}{l} 0 = 0 \\ -9x + 6y = 4{,}5 \end{array} \right|$
$L = \{-9x + 6y = 4{,}5\}$

b) $\left| \begin{array}{l} 10x - 2y = 4 \\ 5x - y = -2 \end{array} \right| \cdot 2$
$\left| \begin{array}{l} 0 = 0 \\ y = 5x + 2 \end{array} \right|$
$L = \{(x|y) \mid 5x + 2\}$

c) $\left| \begin{array}{l} u + 2v = 0 \\ u - 3v = 0 \end{array} \right|$
$u + 2v \neq u - 3v$
also:
$L = \{\ \}$

5. Welche der Lösungsmengen L_a, L_b, L_c, L_d, L_e gehören zu den Gleichungssystemen (1) bis (5)?

(1) $\left| \begin{array}{l} 7 = 7 \\ y = 5 \end{array} \right|$

$L_b = \{(x|y) \mid x = -3\}$

(5) $\left| \begin{array}{l} 5 = 5 \\ -7 = -7 \end{array} \right|$

$L_e = \{(x|y) \mid x, y \text{ beliebig}\}$

$L_c = \{(x|y) \mid y = 5\}$

(4) $\left| \begin{array}{l} 6x + 2y = 0 \\ -2 = -2 \end{array} \right|$

$L_d = \{\ \}$

(3) $\left| \begin{array}{l} x = -3 \\ 3 = 3 \end{array} \right|$

(2) $\left| \begin{array}{l} 2x - 0{,}4y = 3 \\ -3 = 3 \end{array} \right|$

$L_a = \{(x|y) \mid y = -3x\}$

4.5.4 Vermischte Übungen

1. Löse eines der folgenden Gleichungssysteme nach dem Gleichsetzungs-, eines nach dem Einsetzungs- und eines nach dem Additionsverfahren. Wähle möglichst geschickt.

(1) $\left| \begin{array}{l} \frac{1}{3}y = \frac{1}{2}x - 1 \\ \frac{1}{4}y = \frac{2}{5}x - 1 \end{array} \right|$ (2) $\left| \begin{array}{l} 8x - 8y + 4 = 0 \\ 2y = 2x + 1 \end{array} \right|$ (3) $\left| \begin{array}{l} 2x - 3y = -13 \\ 5x + 2y = -4 \end{array} \right|$

2. Julia hat lineare Gleichungssysteme gelöst. Kontrolliere ihre Aufgaben.

a) $\left| \begin{array}{r} 4x - 2y = 3 \\ y = 2x \end{array} \right|$ $\left| \begin{array}{r} 4x - 4x = 3 \\ y = 2x \end{array} \right|$ $L = \{ \}$

b) $\left| \begin{array}{r} 6x + y = 3x \\ y = -2x \end{array} \right|$ $\left| \begin{array}{r} 6x - 2x = 3x \\ y = -2x \end{array} \right|$ $L = \{ \}$

c) $\left| \begin{array}{r} x - 4y = 3 \\ x = 3 + 4y \end{array} \right|$ $\left| \begin{array}{r} 3 + 4y - 4y = 3 \\ x = 3 + 4y \end{array} \right|$ $L = \{(x|y) \mid x = 3 + 4y\}$

3. Bestimme die Lösungsmenge mit einem geeigneten Verfahren. Gib nach möglichst wenigen Umformungsschritten an, ob das System eine, keine oder unendlich viele Lösungen hat.

a) $\left| \begin{array}{l} 2x - 3y = 15 \\ 3x - 2y = 15 \end{array} \right|$ **f)** $\left| \begin{array}{r} x = 3 - y \\ 3x + 2y = 5 \end{array} \right|$ **k)** $\left| \begin{array}{r} x = 4y - 5 \\ 5 + 8y = x \end{array} \right|$

b) $\left| \begin{array}{r} 2x + 3y = 5 \\ 2x = -3y + 6 \end{array} \right|$ **g)** $\left| \begin{array}{l} 2y + 8x = 10 \\ 3y + 12x = 15 \end{array} \right|$ **l)** $\left| \begin{array}{r} \frac{y}{3} = \frac{5}{6} - \frac{x}{5} \\ \frac{x}{2} + \frac{y}{3} = 1 \end{array} \right|$

c) $\left| \begin{array}{r} u = 3 - 2v \\ 5u + 10v = 15 \end{array} \right|$ **h)** $\left| \begin{array}{l} 6x + 2y = -10 \\ 6x - 3y = 0 \end{array} \right|$ **m)** $\left| \begin{array}{l} 3x - 2y = 0 \\ 9x - 6y = 0 \end{array} \right|$

d) $\left| \begin{array}{l} y = -4x + 11 \\ y = 3x \end{array} \right|$ **i)** $\left| \begin{array}{r} 2w + 7z = 7z \\ 2w = 3{,}5 \end{array} \right|$ **n)** $\left| \begin{array}{r} 2x - 6y = -8 \\ -3x + 9y = 12 \end{array} \right|$

e) $\left| \begin{array}{r} r = 2s - 6 \\ 3r + 6s = -2 \end{array} \right|$ **j)** $\left| \begin{array}{r} -x + 4y = 5 \\ 2x - 16y = 10 \end{array} \right|$ **o)** $\left| \begin{array}{r} \frac{1}{2}x - 8y = 1 \\ \frac{x}{2} = 8y + 1 \end{array} \right|$

4. Ermittle die Lösungsmenge.

a) $\left| \begin{array}{r} 3x + 5y = 38 \\ y = 6x + 1 \end{array} \right|$ **f)** $\left| \begin{array}{l} q = 2p - 0{,}75 \\ q = 7p - 3{,}25 \end{array} \right|$ **k)** $\left| \begin{array}{l} x + \frac{10}{3}y = 11 \\ 10x - y = 7 \end{array} \right|$

b) $\left| \begin{array}{l} 2x + 5y = 14 \\ 2x - 6y = -30 \end{array} \right|$ **g)** $\left| \begin{array}{l} 2x + 3y = 1 \\ 3x + 4{,}5y = 1{,}5 \end{array} \right|$ **l)** $\left| \begin{array}{l} 2{,}5w - 3{,}5z = 31 \\ 1{,}5w + 4{,}5z = -21 \end{array} \right|$

c) $\left| \begin{array}{l} y = -4x + 23 \\ y = 3x - 12 \end{array} \right|$ **h)** $\left| \begin{array}{r} 15y = 33 - 9x \\ 2x = 14y - 10 \end{array} \right|$ **m)** $\left| \begin{array}{r} \frac{1}{3}x - \frac{2}{9}y = 18 \\ \frac{4}{9}x = \frac{2}{3}x - \frac{1}{3} \end{array} \right|$

d) $\left| \begin{array}{r} 5x - 10y = 20 \\ -3x + 6y = -10 \end{array} \right|$ **i)** $\left| \begin{array}{l} s = 3t - 2 \\ s = 8{,}5 - 4t \end{array} \right|$ **n)** $\left| \begin{array}{l} 1\frac{1}{5}x - 1\frac{1}{3}y = 0 \\ 2\frac{1}{2}x - 1\frac{1}{4}y = 0 \end{array} \right|$

e) $\left| \begin{array}{r} 3x - 5y = -14 \\ x + y = 6 \end{array} \right|$ **j)** $\left| \begin{array}{l} x = -2y + 6\frac{1}{6} \\ y = 2x - \frac{2}{3} \end{array} \right|$ **o)** $\left| \begin{array}{r} -2{,}2x + 5y = -8 \\ 5{,}5x - 12{,}5y = 20 \end{array} \right|$

5. *Partnerarbeit:* Gib ein Gleichungssystem an, das sich besonders geschickt mit dem Gleichsetzungsverfahren, dem Einsetzungsverfahren, dem Subtraktionsverfahren und dem Additionsverfahren lösen lässt. Dein Partner löst die Gleichungssysteme. Hat er jeweils das Verfahren gewählt, an das du gedacht hast?

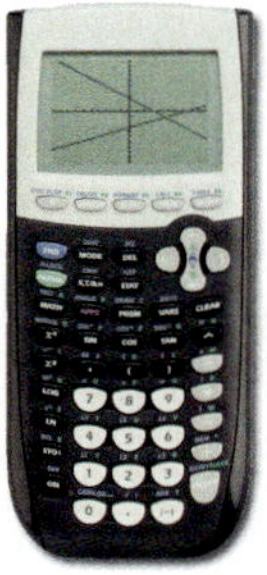

GTR **6.** Löse zeichnerisch. Gib bei den unendlichen Lösungsmengen drei verschiedene Lösungspaare an. Setze den GTR sinnvoll ein.

a) $\left| \begin{array}{r} 2x + y = 0 \\ x - y = -6 \end{array} \right|$ **b)** $\left| \begin{array}{r} y = 0{,}125x + 2 \\ 2x - 16y + 8 = 0 \end{array} \right|$ **c)** $\left| \begin{array}{l} 13{,}8x = 4 + y \\ 27x - 2y = 59 \end{array} \right|$ **d)** $\left| \begin{array}{l} y = 0{,}036x \\ y + 0{,}03 = 0{,}01x \end{array} \right|$

7. Vereinfache und ermittle die Lösung.

a) $\left| \begin{array}{r} 11x - 7y = 3x + 2y + 22 \\ 8x + 3y = 5x + 8y + 5 \end{array} \right|$

b) $\left| \begin{array}{l} 27u - 16 = 15u - 5v + 6 \\ 19u + 11v = u + 4v + 32 \end{array} \right|$

c) $\left| \begin{array}{l} 2(x + 3) + 3(x - 2y) = 6 \\ 6(2y - x) - 4(x + 3) = 12 \end{array} \right|$

d) $\left| \begin{array}{l} 3(y - 4x) + 6(x - 4y) = 0 \\ 9(4x - y) + 18(4y - x) = 0 \end{array} \right|$

e) $\left| \begin{array}{l} -x + 9 = y \\ 4(x - 1) = 3 - 4y \end{array} \right|$

f) $\left| \begin{array}{l} 2(y - 3{,}5x) = 5 - 7x \\ y - 5 = x - 2y \end{array} \right|$

g) $\left| \begin{array}{l} 2(x + 3y) - 6y = -4 \\ 15y - 3(x + 5y) = 6 \end{array} \right|$

h) $\left| \begin{array}{l} \frac{1}{2}y - x = 0{,}5(y - 2x) \\ 4(0{,}5x + y) - y = 3y + 2x \end{array} \right|$

i) $\left| \begin{array}{l} 5(x - 1) + 4(y + 2) = 19 \\ 3(x + 4) + (y - 10) = 6 \end{array} \right|$

j) $\left| \begin{array}{l} 3(2x + 7y + 1) + 4(4x - 5y - 2) = 16 \\ 6(x + y - 5) - 5(3x + 2y - 8) = 5 \end{array} \right|$

k) $\left| \begin{array}{l} \frac{1}{2}(p - 1) + \frac{1}{3}(q + 1) = 2 \\ \frac{3}{4}(p + 1) + \frac{2}{5}(q + 3) = 5 \end{array} \right|$

l) $\left| \begin{array}{l} \frac{3}{8}(x + 4) + \frac{2}{3}(y - 3) = 1 \\ \frac{1}{4}(x - 4) - \frac{5}{6}(y + 6) = -5 \end{array} \right|$

8. Addiert man zu einer Zahl das Doppelte einer zweiten Zahl, so erhält man 142. Dagegen ergibt sich 5, wenn man das Fünffache der ersten Zahl von der zweiten subtrahiert.

9. Eine alte chinesische Aufgabe: In einem Käfig befinden sich insgesamt 35 Hühner und Kaninchen. Zusammen haben sie 94 Beine.
Wie viele Kaninchen, wie viele Hühner sind im Käfig?

10. Gib jeweils ein lineares Gleichungssystem mit der angegebenen Lösungsmenge an.

a) $L = \{(0|4{,}7)\}$ **c)** $L = \{\ \}$ **e)** $L = \{(x|y) \mid y = -\frac{1}{2}x + 3\}$

b) $L = \{(x|y) \mid y = 13{,}7\}$ **d)** $L = \{(x|y) \mid x = -2{,}8\}$ **f)** $L = \{(0|0)\}$

11. Stelle in einer gegliederten Zusammenfassung die verschiedenen Lösungsmethoden für lineare Gleichungssysteme zusammen.
Erläutere, in welchen Fällen du dich für welches Lösungsverfahren entscheidest.
Vergiss nicht, auf die unterschiedlichen Arten von Lösungsmengen hinzuweisen.

12. Ein Stromversorgungsunternehmen bietet nebenstehende Tarife an.
Untersuche, bei welchem monatlichen Verbrauch Tarif A bzw. B bzw. C am günstigsten ist. Fertige eine Zeichnung an.

Tarif	All	Basic	Classic
Monatlicher Grundpreis	2,50 €	4,50 €	10,50 €
Arbeitspreis je kWh	0,10 €	0,09 €	0,07 €

E-TRON

4.6 Modellieren mithilfe linearer Gleichungssysteme

Aufgabe 1

Aus der Geometrie

Bei einem Rechteck ist der Umfang um 10 cm länger als die kürzere Seite und um 8 cm länger als die längere Seite. Bestimme die Seitenlängen dieses Rechtecks.

Lösung

Wir bestimmen die Lösung mithilfe eines linearen Gleichungssystems in folgenden Schritten:

(1) *Anfertigen einer Skizze und Festlegen der Bezeichnungen*

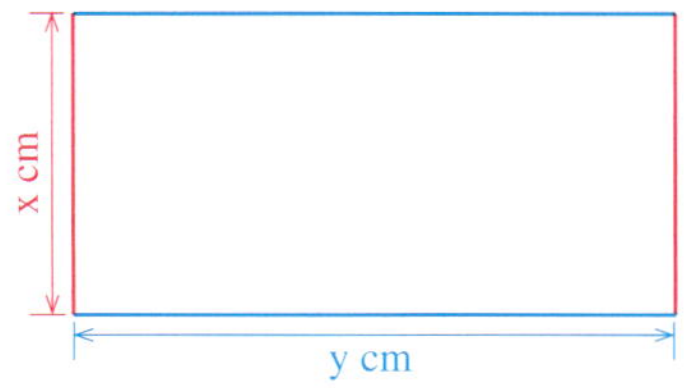

Länge der kürzeren Seite (in cm): x
Länge der längeren Seite (in cm): y

(2) *Aufstellen der Bedingungen*

Umfang (in cm): $2x + 2y$
1. Bedingung: $2x + 2y = x + 10$
2. Bedingung: $2x + 2y = y + 8$

Einschränkende Bedingung: $x > 0$ und $y > 0$, da die Seitenlängen des Rechtecks nur positiv sein können.

(3) *Aufstellen und Lösen des Gleichungssystems*

Zu lösen ist also das lineare Gleichungssystem: $\left| \begin{array}{l} 2x + 2y = x + 10 \\ 2x + 2y = y + 8 \end{array} \right|$

Nach Umformung ergibt sich: $\left| \begin{array}{l} x = 2 \\ y = 4 \end{array} \right|$

Da sowohl x als auch y der einschränkenden Bedingung genügen, ist 2 die Länge der kürzeren Seite in cm und 4 die Länge der anderen Seite in cm.

(4) *Probe am Text:* Der Umfang des Rechtecks ist $2 \cdot 2\text{ cm} + 2 \cdot 4\text{ cm} = 12\text{ cm}$. Das ist 10 cm länger als 2 cm und 8 cm länger als 4 cm.

(5) *Ergebnis:* Das Rechteck hat die Seitenlängen 2 cm und 4 cm.

Aufgabe 2

Aus der Physik

In Frankfurt/Main startet ein Intercity-Express, der ohne Halt mit einer Geschwindigkeit von $110\,\frac{\text{km}}{\text{h}}$ über Hanau nach Fulda fährt. Im 24 km von Frankfurt/Main entfernten Hanau fährt zur gleichen Zeit ein durchgehender Güterzug mit der Geschwindigkeit $50\,\frac{\text{km}}{\text{h}}$ nach Fulda ab.
Wann und in welcher Entfernung von Frankfurt/Main holt der Intercity-Express den Güterzug ein?

Lösung

Wir bestimmen die Lösung mithilfe eines linearen Gleichungssystems in folgenden Schritten:

(1) *Festlegen der Bezeichnungen*

Fahrzeit bis zum Treffpunkt der beiden Züge (in Stunden): f
Entfernung des Treffpunktes von Frankfurt/Main (in Kilometern): e

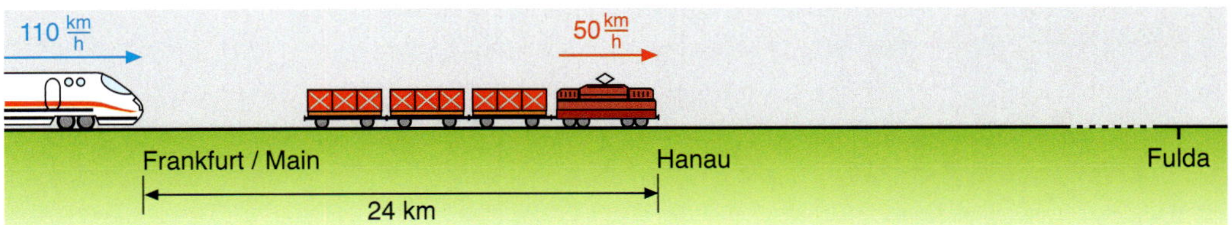

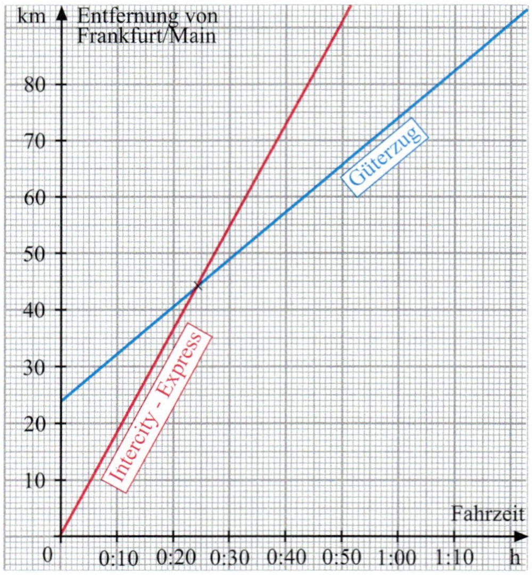

(2) *Aufstellen der Bedingungen*

Die Geschwindigkeit v ist der Quotient aus der zurückgelegten Weglänge s und der dafür benötigten Zeit t, kurz $v = \frac{s}{t}$.

Diese Gleichung lässt sich umformen zu:
$s = v \cdot t$

Da der Intercity-Express f Stunden mit der Geschwindigkeit $110\,\frac{km}{h}$ gefahren ist, ist seine Entfernung von Frankfurt/Main in km:
$e = 110 \cdot f$

Der Güterzug hat nur $50 \cdot f$ km zurückgelegt, hatte aber 24 km Vorsprung:
$e = 50 \cdot f + 24$

Einschränkende Bedingung: $e \geq 0$ und $f \geq 0$.

(3) *Aufstellen und Lösen des Gleichungssystems*

$$\left|\begin{array}{l} e = 110\,f \\ e = 50\,f + 24 \end{array}\right| \quad \text{ergibt umgeformt:} \quad \left|\begin{array}{l} e = 44 \\ f = 0{,}4 \end{array}\right|$$

Die gefundene Lösung genügt der einschränkenden Bedingung.

(4) *Probe:* In 0,4 Stunden legt der Intercity-Express $110\,\frac{km}{h} \cdot 0{,}4\,h = 44$ km zurück. Der Güterzug befindet sich in einer Entfernung von $50\,\frac{km}{h} \cdot 0{,}4\,h + 24\,km = 44$ km von Frankfurt/Main.

(5) *Ergebnis:* Nach 0,4 Stunden (24 Minuten) überholt der Intercity-Express den Güterzug in einer Entfernung von 44 km von Frankfurt/Main.

Information

Strategie beim Modellieren mithilfe linearer Gleichungssysteme

(1) Stelle den Sachverhalt mit allen gegebenen Größen in einer Zeichnung, einem Diagramm, einer Tabelle o. ä. dar.
(2) Führe Variablen für die gesuchten Größen ein und ergänze damit die Zeichnung, …
(3) Stelle aus den Bedingungen Gleichungen auf.
(4) Löse das entstandene lineare Gleichungssystem.
(5) Kontrolliere, ob es noch einschränkende Bedingungen gibt. Lass alle Lösungen weg, die den einschränkenden Bedingungen nicht genügen.
(6) Führe mit den übrigen Lösungen eine Probe am Text durch.
(7) Formuliere einen Ergebnissatz.

Übungsaufgaben

3. Ein Rechteck hat den Umfang 60 cm.
Eine Seite ist 5 cm länger als die benachbarte Seite.
Wie lang sind die Seiten des Rechtecks?

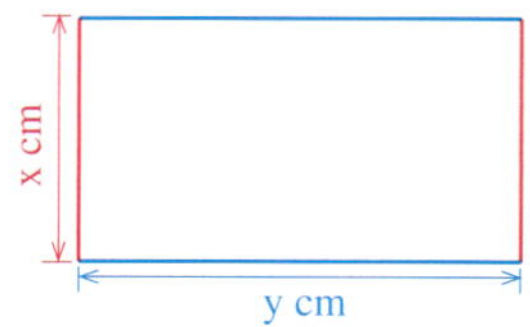

4. Aus einer 3 m langen Aluminiumwinkelleiste soll ein rechteckiger Rahmen angefertigt werden. Die längeren Seiten des Rahmens sollen doppelt [dreimal; viermal] so lang wie die kürzeren Seiten sein. Wie lang und wie breit wird der Rahmen?

5. Ein gleichschenkliges Dreieck hat den Umfang 40 cm.

a) Jeder Schenkel ist 5 cm länger als die Basis. Wie lang ist die Basis? Wie lang sind die Schenkel?

b) Jeder Schenkel ist 5 cm kürzer als die Basis. Bestimme die Länge jeder Seite.

6. Von zwei Strecken ist die eine 24 cm kürzer als die andere, während sie zusammen 44 cm lang sind. Bestimme ein gleichschenkliges Dreieck, dessen Basis die kürzere Strecke und dessen einer Schenkel die längere Strecke ist.

7. Gibt es Rechtecke mit folgenden Eigenschaften?

a) Der Umfang ist um 10 cm länger als die kürzere und um 5 cm länger als die längere Seite.

b) Der Umfang beträgt 20 cm. Verkürzt man die längere Seite um 5 cm, so beträgt der Umfang nur noch 10 cm.

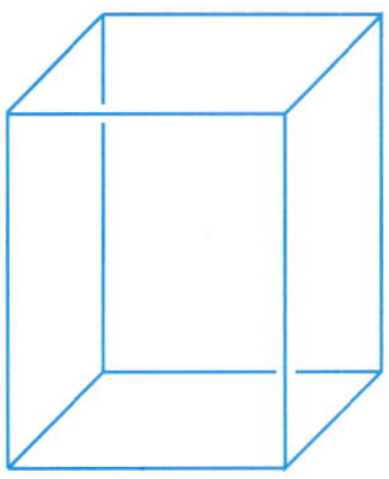

8. Verlängert man bei einem rechtwinkligen Dreieck die dem rechten Winkel anliegenden Seiten um je 2 cm, vergrößert sich der Flächeninhalt um 14 cm^2. Verkürzt man sie dagegen um je 2 cm, so mindert sich der Flächeninhalt um 10 cm^2.
Berechne die Länge der dem rechten Winkel anliegenden Seiten.

9. Zur Herstellung des Kantenmodells eines Quaders mit zwei einander gegenüberliegenden quadratischen Seitenflächen werden 88 cm Draht benötigt. Verdoppelt man die Seitenlänge der Quadrate und halbiert die übrigen Seitenlängen des Quaders, so werden 28 cm mehr Draht benötigt. Welche Kantenlängen haben die Quader?

10. Herr Meyer kauft jeden Tag Brötchen. Gestern kaufte er 6 Weizenbrötchen und 2 Roggenbrötchen und zahlte dafür 3,60 €. Heute zahlt er für 4 Weizenbrötchen und 4 Roggenbrötchen zusammen 4,00 €. Wie teuer ist ein Weizenbrötchen, wie teuer ein Roggenbrötchen?

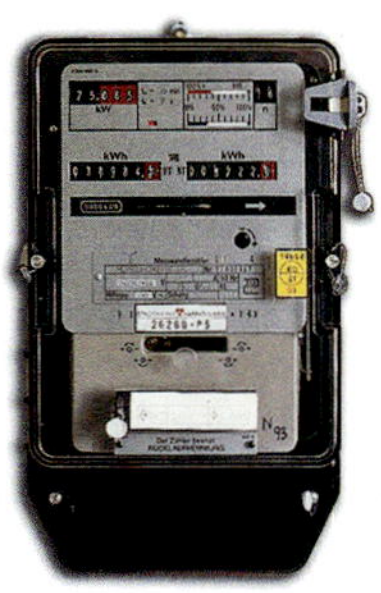

11. Frau Witt hatte im Juli für 426 kWh eine Stromrechnung von 49,83 €; im Mai 52,39 € für 458 kWh. Wie hoch sind Arbeitspreis (kWh-Preis) und Grundgebühr?

12. Frau Schmidt legt zwei Geldbeträge zu 2,75 % bzw. zu 3,6 % an und erhält nach einem Jahr dafür 549 € Zinsen, die sie sofort abhebt. Im folgenden Jahr wird der niedrigere Zinssatz um 0,5 % erhöht, der höhere um 0,4 % gesenkt. Jetzt bekommt sie 14 € mehr an Jahreszinsen. Welche Geldbeträge hat sie angelegt?

13. Herr Soetbeer hat 12 000 € und 8 000 € auf zwei verschiedenen Konten mit verschiedenen Zinssätzen. Er erhält dafür 535 € Jahreszinsen, die er sofort abhebt. Dabei vermindert er gleichzeitig das 12 000-€-Konto um 4 000 € und überträgt diese 4 000 € auf das 8 000-€-Konto. Jetzt erhält er 540 € Jahreszinsen. Welche Zinssätze waren gültig?

14. Frau Ude hat für einen Hauskauf eine Hypothek aufgenommen. Am Ende des ersten Jahres zahlt sie 5 000 € zurück sowie 3 600 € Zinsen. Am Ende des zweiten Jahres zahlt sie nur noch 3 555 € Zinsen. Berechne den anfangs geliehenen Geldbetrag (Kredithöhe) und den Zinssatz.

15. Erkan fährt um 15.00 Uhr mit seinem Fahrrad von Eltville über Oestrich in das 19 km entfernte Rüdesheim, wo er um 16.30 Uhr ankommt.
Dort ist um 15.40 Uhr Neslihan gestartet und um 16.20 Uhr im 9 km entfernten Oestrich angekommen.
Wann und wo haben sich beide getroffen?

16. Hanau, Gelnhausen und Steinau liegen an der Deutschen Märchenstraße. Gelnhausen ist 20 km von Hanau und 33 km von Steinau entfernt. Von Hanau startet um 8.00 Uhr ein Pkw mit $60\,\frac{\text{km}}{\text{h}}$ über Gelnhausen nach Steinau. Um 8.10 Uhr startet in Gelnhausen ein Lkw und fährt mit der Geschwindigkeit $45\,\frac{\text{km}}{\text{h}}$ ebenfalls nach Steinau.

a) Wann und wo holt der Pkw den Lkw ein?

b) Wann und wo holt der Pkw den Lkw ein, wenn der Pkw 5 Minuten später startet?

17. Fährt ein Schiff einen Fluss bergwärts, so ist seine Geschwindigkeit gegenüber dem Ufer die Differenz der Eigengeschwindigkeit des Schiffes in ruhendem Wasser und der Strömungsgeschwindigkeit des fließenden Wassers. Bei der Talfahrt dagegen werden die beiden Geschwindigkeiten addiert.
Die Motorschiffe der Mainschifffahrt benötigen für die 10 km lange Strecke auf dem Main von Rüsselsheim bis zur Mündung in den Rhein 35 Minuten und in umgekehrter Richtung 60 Minuten.

Berechne die Eigengeschwindigkeit der Schiffe und die Strömungsgeschwindigkeit des Rheins.

18. Bei einem Übungsflug benötigt ein Kleinflugzeug um 360 km zurückzulegen bei Gegenwind 1 Stunde 40 Minuten und auf dem Heimflug bei Rückenwind 1 Stunde 30 Minuten.
Bestimme die Eigengeschwindigkeit und die Windgeschwindigkeit.

19. In der Reisezeit wird der Verkehr auf den Autobahnen von Flugzeugen überwacht. Auf einer Autobahn hat sich eine Autoschlange gebildet. Das Flugzeug überfliegt die Schlange in $3\frac{1}{2}$ Minuten in Fahrtrichtung und entgegen der Fahrtrichtung in $2\frac{1}{2}$ Minuten. Die Geschwindigkeit des Flugzeuges beträgt $200\,\frac{\text{km}}{\text{h}}$. Wie lang und wie schnell ist die Autoschlange?

20. Griechisches Epigramm:

SCHWER BEPACKT EIN ESELCHEN GING UND DES ESELEINS MUTTER; UND DIE ESELIN SEUFZTE SEHR; DA SAGTE DAS SÖHNLEIN: MUTTER, WAS KLAGST DU WIE EIN JAMMERNDES MÄGDLEIN? GIB EIN PFUND MIR AB, SO TRAG ICH DOPPELTE BÜRDE; NIMMST DU ES ABER VON MIR, GLEICH VIEL DANN HABEN WIR BEIDE. RECHNE MIR AUS, WENN DU KANNST, MEIN BESTER, WIE VIEL SIE GETRAGEN.

21. Aus Adam Rieses Rechenbüchlein von 1524:

Einer spricht zu dem anderen: Gib mir 1 Pfennig, so habe ich so viel wie du. Darauf spricht der andere zum ersten: Gib mit 1 Pfennig, so habe ich zweimal so viel als dir bleibt. Ich möchte wissen, wie viel jeder gehabt hat.

4.7 Systeme von mehr als zwei linearen Gleichungen mit mehr als zwei Variablen

Einführung

Betrachte das Angebot rechts.
Wie teuer ist ein Radiergummi, ein Bleistift, ein Buntstift aus dem Sortiment?
Zur Beantwortung dieser Frage führen wir Variablen ein:
Preis eines Radiergummis (in €): x
Preis eines Bleistiftes (in €): y
Preis eines Buntstiftes (in €): z

Damit ergibt sich dann folgendes Gleichungssystem:

$$\left|\begin{array}{rcl} x + 2y + 6z &=& 3{,}75 \\ x + y + 4z &=& 2{,}50 \\ 2x + 3y + 12z &=& 7{,}25 \end{array}\right| \quad \ominus \quad | \cdot (-2)$$

$$\left|\begin{array}{rcl} x + 2y + 6z &=& 3{,}75 \\ y + 2z &=& 1{,}25 \\ y + 4z &=& 2{,}25 \end{array}\right| \quad \ominus$$

Dreiecks-gestalt

$$\left|\begin{array}{rcl} x + 2y + 6z &=& 3{,}75 \\ y + 2z &=& 1{,}25 \\ 2z &=& 1{,}00 \end{array}\right| \quad \text{Wert für z berechnen}$$

$$\left|\begin{array}{rcl} x + 2y + 6z &=& 3{,}75 \\ y + 2z &=& 1{,}25 \\ z &=& 0{,}50 \end{array}\right| \quad \text{Wert für z einsetzen und vereinfachen}$$

$$\left|\begin{array}{rcl} x + 2y &=& 0{,}75 \\ y &=& 0{,}25 \\ z &=& 0{,}5 \end{array}\right| \quad \text{Wert für y einsetzen und vereinfachen}$$

$$\left|\begin{array}{rcl} x &=& 0{,}25 \\ y &=& 0{,}25 \\ z &=& 0{,}5 \end{array}\right|$$

Probe: Angebot A kostet: $1 \cdot 0{,}25\,€ + 2 \cdot 0{,}25\,€ + 6 \cdot 0{,}50\,€ = 3{,}75\,€$ (w)
Angebot B kostet: $1 \cdot 0{,}25\,€ + 1 \cdot 0{,}25\,€ + 4 \cdot 0{,}50\,€ = 2{,}50\,€$ (w)
Angebot C kostet: $2 \cdot 0{,}25\,€ + 3 \cdot 0{,}25\,€ + 12 \cdot 0{,}50\,€ = 7{,}25\,€$ (w)

Ergebnis: Ein Radiergummi kostet 0,25 €, ein Bleistift 0,25 €, ein Buntstift 0,50 €.

Weiterführende Aufgabe

1. *Sonderfälle bei Gleichungssystemen mit 3 Variablen*
Bestimme die Lösungsmenge der folgenden Gleichungssysteme.

(1) $\left|\begin{array}{rcl} 3x + y + 2z &=& 0 \\ -x + 3y + z &=& 5 \\ x + y + z &=& 2 \end{array}\right|$

(2) $\left|\begin{array}{rcl} -7x + 4y + 3z &=& 10 \\ -4x + 3y + 2z &=& 7 \\ -x + 2y + z &=& 4 \end{array}\right|$

Information

Ein System von mehr als zwei linearen Gleichungen mit mehr als zwei Variablen sollte man so umformen, dass es *Dreiecksgestalt* aufweist (3. Gleichungssystem der Einführung). Dann enthält die letzte Gleichung nur eine Variable und jede vorherige höchstens eine mehr als die folgende. So kann aus der ersten Gleichung die erste Variable berechnet werden. Diese wird dann in die zweite Gleichung eingesetzt, sodass auch die zweite Variable berechnet werden kann, usw.

Dieser Lösungsweg geht auf den deutschen Mathematiker Carl Friedrich Gauß zurück. Er wird **Gauß-Algorithmus** genannt.

Gauß wurde 1777 in Braunschweig geboren und lehrte von 1807 bis zu seinem Tode 1855 an der Universität Göttingen.

Da sich der Gauß-Algorithmus ganz eindeutig und einfach beschreiben lässt, verwendet man ihn auch bei Berechnungen mit Computern.

Übungsaufgaben

2. Löse die nebenstehende Aufgabe aus dem 1857 erschienenen Buch „Die Wunder der Rechenkunst“ von Johannes Christoph Schäfer.

> Die sonderbare Antwort
>
> Ein bejahrter Mann wurde gefragt: wie alt er, sein Sohn und Enkel seien? Er antwortete: „Ich und mein Sohn sind zusammen 109 Jahre, mein Sohn und mein Enkel zusammen 56 Jahre und ich und mein Enkel zusammen 85 Jahre.“

3. Bestimme die Lösungsmenge.

a) $$\left|\begin{array}{r} 3x - 2y + 5z = 13 \\ -x + 3y + 4z = -1 \\ 5x + 6y - z = 3 \end{array}\right|$$

b) $$\left|\begin{array}{r} 6x + 4y - z = 0 \\ -7x - 8y - 3z = 5 \\ 4x - 2y + z = 22 \end{array}\right|$$

c) $$\left|\begin{array}{r} 4x + 9y + 5z = 13 \\ -5x + 6y + 3z = 17 \\ 6x + 3y - 10z = 23 \end{array}\right|$$

d) $$\left|\begin{array}{r} 4x - 3y + 2z = 16 \\ 8x - 6y + 5z = 37 \\ 2x + 5y - 8z = -24 \end{array}\right|$$

e) $$\left|\begin{array}{r} 4x + 5y + 6z = 32 \\ 2x - 3y + 5z = 11 \\ 4x + y - 6z = -12 \end{array}\right|$$

f) $$\left|\begin{array}{r} -3x + 4y - z = -4 \\ 6x + 5z = 2 \\ 4y - 3z = 6 \end{array}\right|$$

4. a) $$\left|\begin{array}{l} x + y = 1 \\ x + z = 6 \\ z - y = 5 \end{array}\right|$$

b) $$\left|\begin{array}{r} x + y - 3z = 2 \\ 2x + 2y - 6z = 5 \\ 3x + 3y - 9z = 6 \end{array}\right|$$

c) $$\left|\begin{array}{r} x - 2y + 3z = 9 \\ 3x + 8y + 9z = 5 \\ 2x + 3y + 6z = 7 \end{array}\right|$$

d) $$\left|\begin{array}{r} 6x + 4y + 5z = 8 \\ 4x + 2y + 3z = 7 \\ 5x + 3y + 4z = 9 \end{array}\right|$$

5. a) $$\left|\begin{array}{r} u + x + y + z = 10 \\ -x + 2y = 3 \\ -2y + 3z = 5 \\ 4u - 3z = 7 \end{array}\right|$$

b) $$\left|\begin{array}{l} u + y = 5 \\ x - z = -3 \\ y + z = 4 \\ u + z = 7 \end{array}\right|$$

c) $$\left|\begin{array}{r} 3u + 4x - 5y + 6z = 39 \\ 6u + 5x - 6y + 5z = 43 \\ 9u - 4x + 2y + 3z = 6 \\ 2x - 3y + z = 13 \end{array}\right|$$

d) $$\left|\begin{array}{r} x + 4y = 5 \\ 2y - 3z = 2 \\ 6z + 5u = 8 \\ 3x + u = 11 \end{array}\right|$$

6. Die menschliche Nahrung besteht im Wesentlichen aus Kohlenhydraten, Fett und Eiweiß. 1 g Eiweiß liefert dem Körper 17 Kilojoule Energie, 1 g Kohlenhydrate ebenfalls 17 Kilojoule, 1 g Fett liefert 39 Kilojoule.
Bei leichter Arbeit benötigt ein Erwachsener täglich etwa 9 200 Kilojoule. Die tägliche Eiweißmenge soll $\frac{1}{10}$ der täglich umgesetzten Energie liefern. Die Menge des Fettes soll $\frac{1}{5}$ der Menge der Kohlenhydrate betragen.
Welche Mengen an Eiweiß, Fett und Kohlenhydraten sollte ein Erwachsener täglich zu sich nehmen?

7. Eine Kaffeerösterei stellt neue Kaffeemischungen zusammen und verwendet dazu drei Kaffeesorten. „Kaffeestunde" ist eine Mischung aus 65 kg Kenia-Kaffee und 35 kg Costa-Rica-Kaffee. 100 kg von dieser Mischung kosten 721,25 €. „Hanseat" ist eine Mischung aus 90 kg Mexiko-Kaffee und 10 kg Kenia-Kaffee. 100 kg von dieser Mischung kosten 569 €. „Indio" ist eine Mexiko-Costa-Rica-Kenia-Mischung (20 kg, 25 kg und 55 kg). 100 kg von dieser Mischung kosten 675,75 €.
Was kosten 100 kg Kenia-Kaffee, 100 kg Mexiko-Kaffee und 100 kg Costa-Rica-Kaffee?

8. Eine Weinhandlung bietet drei Geschenksortimente mit drei Weinsorten an.
Wie teuer ist eine Flasche jeder der drei Sorten?

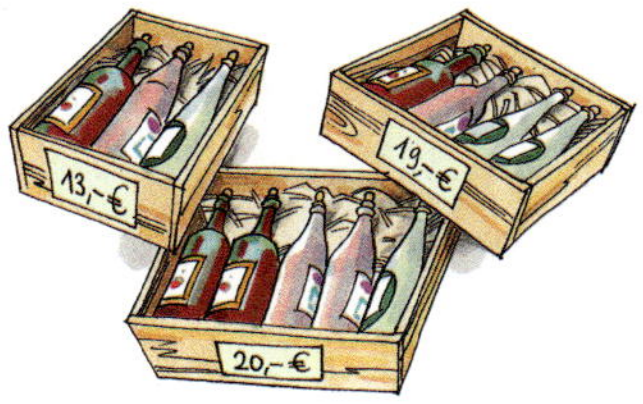

9. Eine Mutter ist zweimal so alt wie ihre beiden Töchter zusammen. Die ältere Tochter ist zweimal so alt wie die jüngere. Nach 9 Jahren beträgt das Alter der Mutter das Dreifache des Alters der jüngsten Tochter.

10. Vater, Mutter, Sophie und Jan sind heute zusammen 96 Jahre alt. Jan und Vater sind heute zusammen genauso alt wie Mutter und Sophie. Dagegen waren Vater und Sophie schon vor drei Jahren zusammen ebenso alt wie heute Mutter und Jan. Vor zwei Jahren waren Vater und Mutter zusammen dreimal so alt wie heute Sophie und Jan.
Wie alt sind die vier heute?

11. Eine dreiziffrige Zahl hat die Quersumme 15. Das Doppelte der mittleren Ziffer ist dreimal so groß wie die Summe der beiden anderen Ziffern. Streicht man die erste Ziffer, so entsteht eine Zahl, die fünfmal so groß ist wie die Zahl, die durch Streichen der letzten Ziffer entsteht.
Welche Zahl ist es?

12. Aus dem Buch „Die Wunder der Rechenkunst" von Johann Christoph Schäfer (1857):

„Die verschiedene Anzahl Schafe."
Ein Landwirth sagt im Gasthof der drei Schellen:
Ich habe 100 Stück Schafe in 5 Ställen,
sie sind in jedem anders jährig,
sind gross und stark und auch gut härig.
Im ersten und zweiten Stalle sind 50 und 2;
im zweiten und dritten stehen 40 und 3;
im dritten und vierten stehen 30 und 4;
im vierten und fünften nur 30. – Sagt mir,
meine Freunde, nun aber gefälligst einmal,
wie viel in jedem Stalle wohl sind an der Zahl?

13. Ein Müsli-Hersteller hat bisher eine Mischung verkauft, die aus 40 % Weizen- und Roggenflocken, 35 % Cornflakes, 15 % Rosinen und Trockenobst sowie 10 % Nüssen und Mandeln besteht. Da der Verkauf zurückgegangen ist, hat er umfangreiche Verbrauchertests durchgeführt und sich entschlossen, die Mischungsverhältnisse zu ändern: Die Anteile sollen in Zukunft 50 %, 20 %, 24 %, 6 % betragen.
Von der alten Mischung sind noch 1 000 kg vorhanden. Diese sollen durch Hinzufügen geeigneter Mengen zur neuen Geschmacksrichtung abgeändert werden.
Bestimme die Mindestmengen, die hinzugefügt werden müssen.

Im Blickpunkt

Im Blickpunkt

GTR Lösen linearer Gleichungssysteme mithilfe des GTR

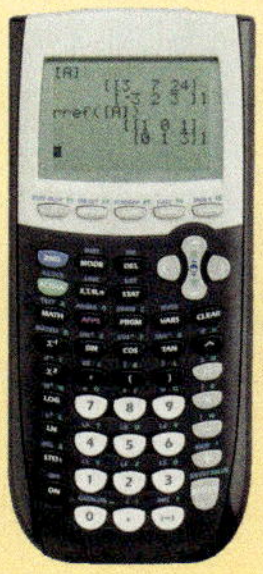

Das Lösen linearer Gleichungssysteme wird bei nicht ganzzahligen Koeffizienten und Lösungen rechenaufwändig. Heutzutage kann man hier bequem GTR- und CAS-Rechner einsetzen, um schnell exakte Lösungen rechnerisch zu erhalten.

Möchte man z. B. das nebenstehende Gleichungssystem lösen, so kann man statt der Gleichungen nur die Koeffizienten der Variablen und die Zahlen der rechten Seiten notieren, um Schreibarbeit zu sparen. Unten siehst du dieses Vorgehen im Vergleich zum Üblichen in der ausführlichen Schreibweise.

$$\left|\begin{array}{l} 3x-9y=27 \\ 2x-\ \ y=\ \ 8 \end{array}\right|$$

Ausführliche Schreibweise:

$$\left|\begin{array}{r} 3x-9y=27 \\ 2x-\ y=\ 8 \end{array}\right| \ |\cdot(-9)$$

$$\left|\begin{array}{r} 3x-9y=27 \\ -18x+9y=-72 \end{array}\right| \ \oplus$$

$$\left|\begin{array}{r} -15x \quad =-45 \\ 2x-y=\ 8 \end{array}\right| \ |:(-15)$$

$$\left|\begin{array}{r} x \quad =3 \\ 2x-y=8 \end{array}\right| \ |\cdot(-2)$$

$$\left|\begin{array}{r} -2x \quad =-6 \\ 2x-y=8 \end{array}\right| \ \oplus$$

$$\left|\begin{array}{r} x=3 \\ -y=2 \end{array}\right| \ |\cdot(-1)$$

$$\left|\begin{array}{r} x=\ 3 \\ y=-2 \end{array}\right|$$

Verkürzte Schreibweise der *Koeffizienten*:

$$\left|\begin{array}{rrr} 3 & -9 & 27 \\ 2 & -1 & 8 \end{array}\right| \ |\cdot(-9)$$

$$\left|\begin{array}{rrr} 3 & -9 & 27 \\ -18 & 9 & -72 \end{array}\right| \ \oplus$$

$$\left|\begin{array}{rrr} -15 & 0 & -45 \\ 2 & -1 & 8 \end{array}\right| \ |:(-15)$$

$$\left|\begin{array}{rrr} 1 & 0 & 3 \\ 2 & -1 & 8 \end{array}\right| \ |\cdot(-2)$$

$$\left|\begin{array}{rrr} -2 & 0 & -6 \\ 2 & -1 & 8 \end{array}\right| \ \oplus$$

$$\left|\begin{array}{rrr} 1 & 0 & 3 \\ 0 & -1 & 2 \end{array}\right| \ |\cdot(-1)$$

$$\left|\begin{array}{rrr} 1 & 0 & 3 \\ 0 & 1 & -2 \end{array}\right|$$

Du siehst, dass man mit der verkürzten Schreibweise in entsprechender Weise mit dem Additionsverfahren arbeiten kann wie mit dem ausführlich geschriebenen Gleichungssystem.

Die verkürzte Schreibweise bezeichnet man auch als *Koeffizientenmatrix* oder kurz nur *Matrix*. Du kannst sie auf folgende Weise in den GTR eingeben:

Matrix ⟨**lat.**⟩, *Plural*: Matrizen, Math: rechteckiges Schema von Zahlen

Wähle im Menü **MATRIX** den Befehl EDIT, um die Matrix [A] (oder [B], [C], usw.) einzugeben.

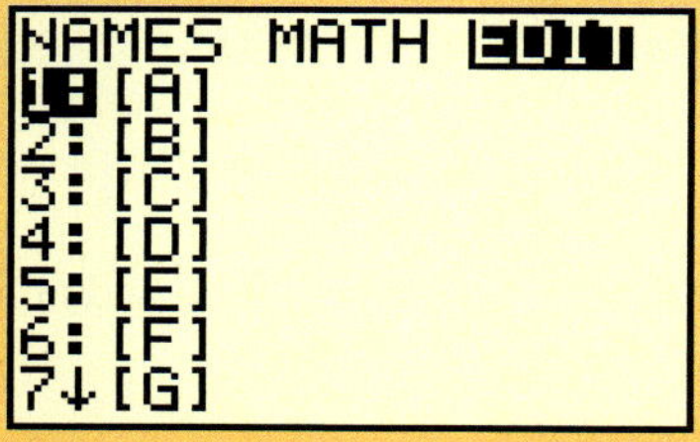

Jetzt musst du angeben, dass die Matrix 2 Zeilen und 3 Spalten haben soll.

In das Tabellenraster gibst du die Koeffizienten des Gleichungssystems ein.

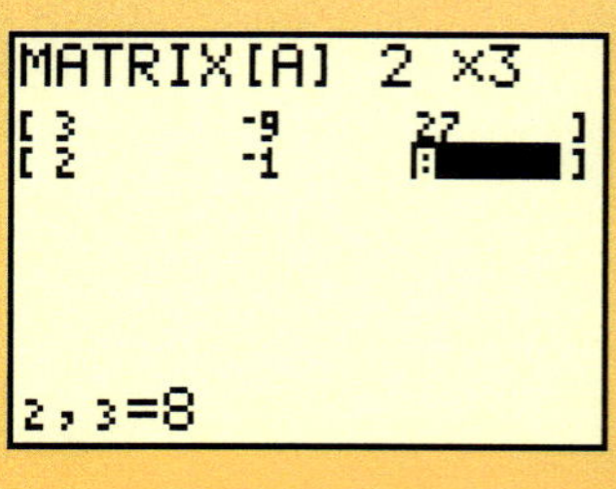

Nachdem du mit der Taste **QUIT** zum normalen Bildschirm zurückgekehrt bist, kannst du dir mit der Tastenkombination **MATRIX/** NAMES die eingegebene Matrix anzeigen lassen.

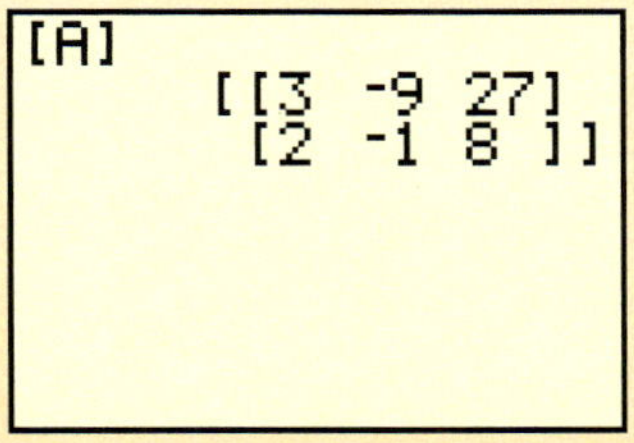

Zugehöriges Gleichungssystem:

$$\left| \begin{array}{l} 3x - 9y = 27 \\ 2x - y = 8 \end{array} \right|$$

Um das Gleichungssystem vom GTR lösen zu lassen, wählst du wieder das Menü **MATRIX**.

rref
Abkürzung für row reduced echolon from (engl).

Wähle das Untermenü MATH und gehe mithilfe der Pfeiltasten zum Befehl **rref(**.

Über die Tastenkombination **MATRIX**/NAMES gibst du [A] ein und bestätigst mit ENTER.

Aus der angezeigten Matrix kannst du die Lösung ablesen:

$$\left| \begin{array}{l} x = 3 \\ y = -2 \end{array} \right|$$

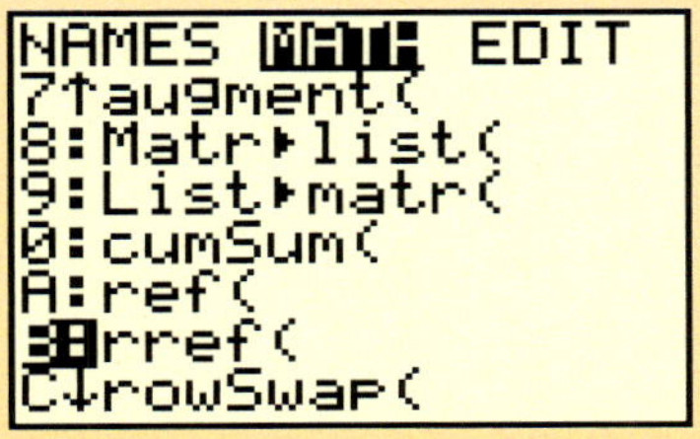

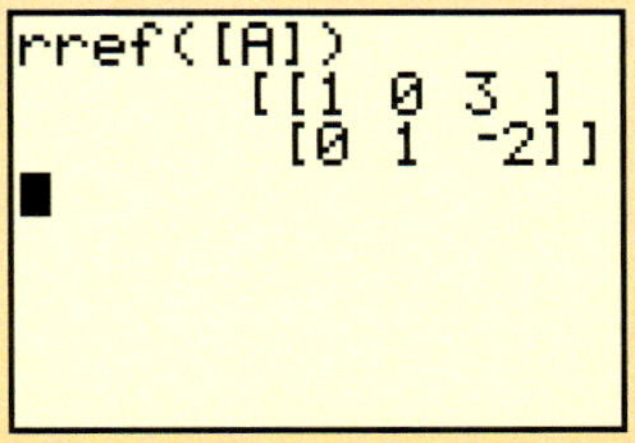

Tipp
Um $\frac{2}{3}$ in den GTR einzugeben, tippe $2 \div 3$.
Mit dem Befehl Frac im Menü MATH kannst du Ergebnisse in Bruchform anzeigen lassen, wenn die Nenner nicht zu groß sind.

1. Löse folgende Gleichungssysteme entsprechend mit dem GTR.

a) $\left| \begin{array}{l} 6x - 5y = 29 \\ 4x - 4y = 24 \end{array} \right|$ **b)** $\left| \begin{array}{l} 7x + 3y = -21 \\ 3x + 2y = 4 \end{array} \right|$ **c)** $\left| \begin{array}{l} \frac{2}{3}x + \frac{5}{6}y = \frac{2}{5} \\ -4x + \frac{4}{7}y = -2 \end{array} \right|$ **d)** $\left| \begin{array}{l} 3{,}7x + 4{,}1y = 20{,}8 \\ 0{,}25x - 7y = 6{,}9 \end{array} \right|$

2. Grafikfähige Taschenrechner können ein lineares Gleichungssystem auch dann lösen, wenn ein Sonderfall vorliegt. Unten siehst du zwei Beispiele.
Notiere die zu den Koeffizientenmatrizen gehörenden Gleichungssysteme in ausführlicher Form und begründe, welcher Sonderfall vorliegt. Kontrolliere deine Behauptung durch händische Berechnung.

a)

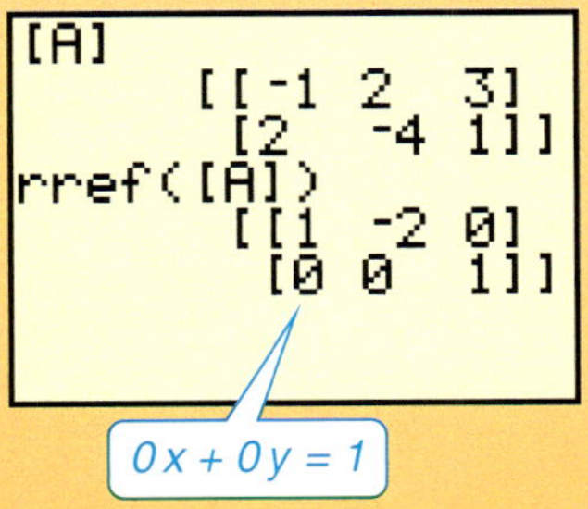

b)

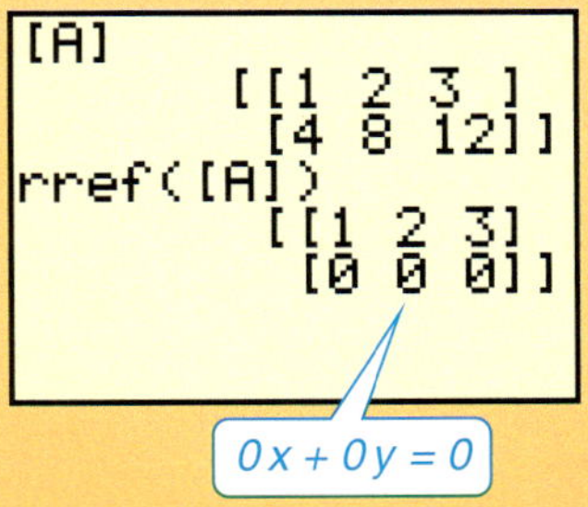

3. a) Löse die Gleichungssysteme rechts mit und ohne den GTR. Woran erkennst du anhand der Lösungsmatrix des GTR, ob die Lösungsmenge leer ist oder unendlich viele Elemente hat?

(1) $\left| \begin{array}{r} x - 4y = 3 \\ -2x + 8y = -2 \end{array} \right|$ (2) $\left| \begin{array}{r} x - 4y = -6 \\ -2x + 8y = 12 \end{array} \right|$

b) Bestimme mit dem GTR die Lösungsmenge:

(1) $\left| \begin{array}{r} 10x - 15y = 25 \\ -12x + 18y = -30 \end{array} \right|$ (2) $\left| \begin{array}{l} -0{,}7x + 2{,}3y = -4 \\ 0{,}84x - 2{,}76y = 3{,}9 \end{array} \right|$ (3) $\left| \begin{array}{l} 0{,}3r - 4{,}7s = 3{,}9 \\ 4{,}2r + 5{,}1s = -1{,}2 \end{array} \right|$

4. Amelie kauft 12 Semmeln und 7 Kornknacker und zahlt 7,37 €. Jens kauft 13 Semmeln und 5 Kornknacker; er zahlt 6,46 €. Wie viel kostet eine Semmel, wie viel kostet ein Kornknacker?

4.8 Aufgaben zur Vertiefung

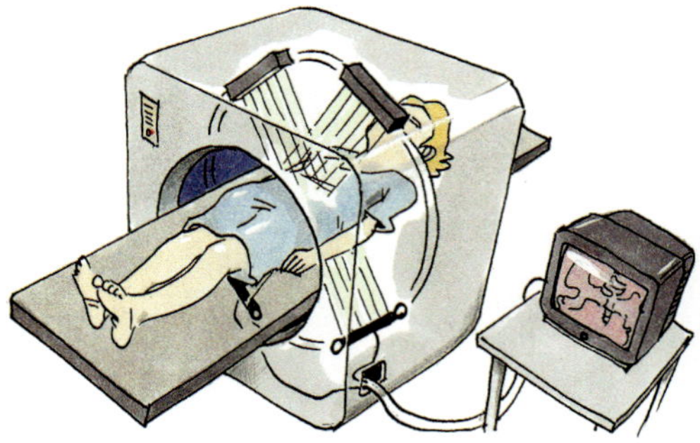

1. Mit einem Computertomographen kann man Bilder einzelner Schichten eines Körpers herstellen. Dazu wird der Körper aus verschiedenen Richtungen mit Röntgenstrahlen durchleuchtet.
Zur Berechnung der Daten einer einzigen Schicht müssen vom Computer Gleichungssysteme mit mehr als 500 000 Variablen und Gleichungen gelöst werden.
An einem stark vereinfachten Modell kannst du untersuchen, wie der Computer die Daten über das Körperinnere gewinnt.

a) Eine Anordnung von fünf Glaszylindern wird durch fünf Lichtstrahlen I, II, III, IV und V durchleuchtet. Die Lichtstrahlen werden verschieden stark gedämpft je nachdem, welche Zylinder sie durchlaufen haben. Die Dämpfung eines Lichtstrahls gibt Auskunft über die Summe der Dämpfungszahlen a, b, c, d oder e der durchlaufenen Zylinder. Begründe, dass sich aus den angegebenen Dämpfungen der Lichtstrahlen das Gleichungssystem rechts ergibt. Bestimme daraus die Werte für a, b, c, d, e.

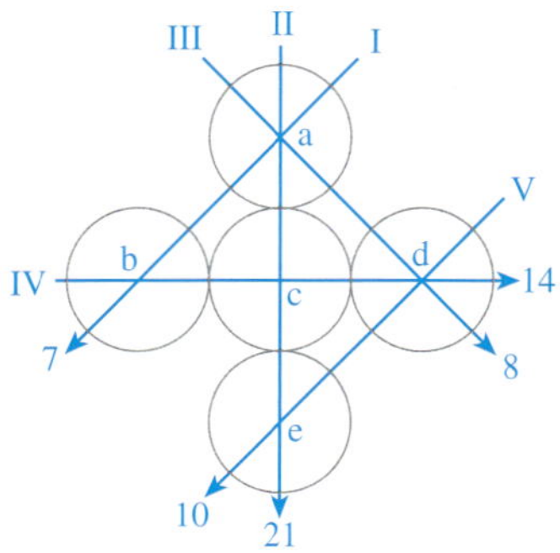

$$\left| \begin{aligned} a + b &= 7 \\ a + c + e &= 21 \\ a + d &= 8 \\ b + c + d &= 14 \\ d + e &= 10 \end{aligned} \right|$$

b) Erstelle jeweils für die dargestellten Anordnungen das Gleichungssystem und löse es.

(1)

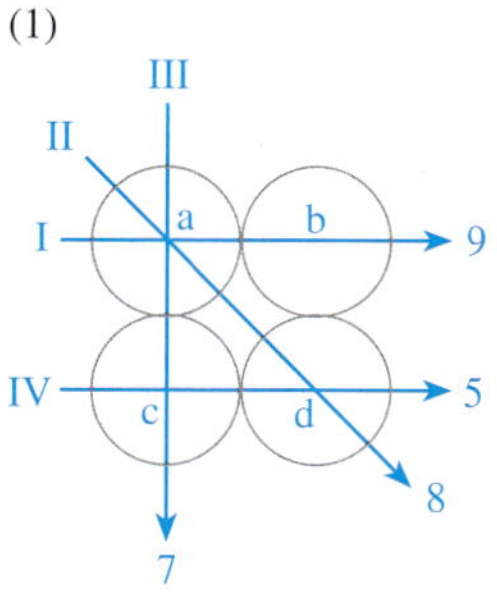

(2)

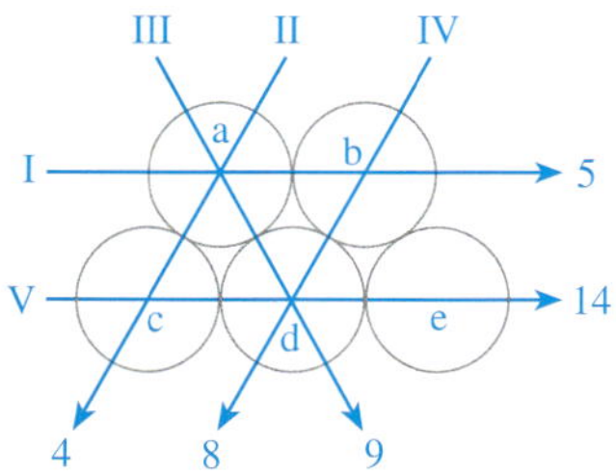

(3)

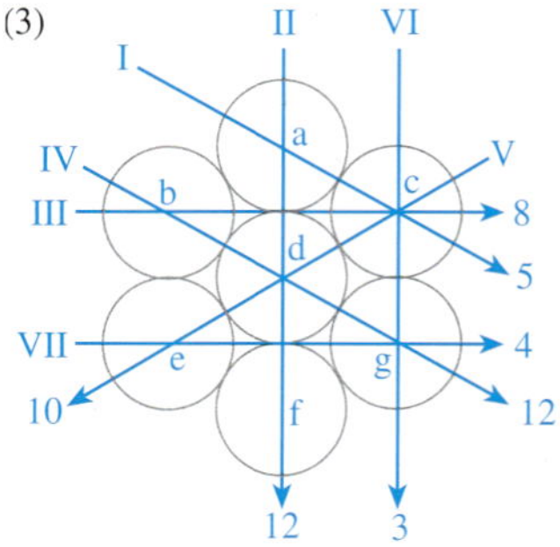

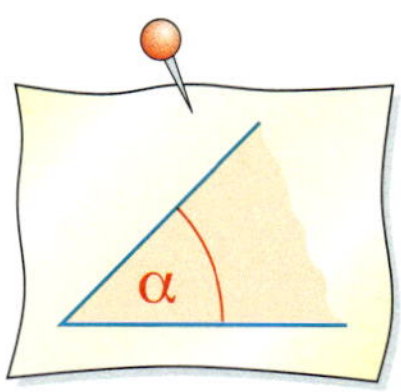

2. a) Zeichne einen 45° großen Winkel in ein Koordinatensystem und beschreibe ihn durch ein System zweier linearer Ungleichungen.

b) Zeichne einen Winkel, der sich nicht durch ein System linearer Ungleichungen beschreiben lässt.

c) Gib an, welche in einem Koordinatensystem gezeichneten Winkel sich durch ein System linearer Ungleichungen beschreiben lassen und welche nicht. Begründe.

Im Blickpunkt

Im Blickpunkt

Lineares Optimieren

1. Eine Fläche von höchstens 90 Ar soll mit Erbsen und Spargel bepflanzt werden, wobei folgende Bedingungen gelten sollen:

1 Ar = 1a = 100 m²

	Kosten pro Ar	Zeitaufwand pro Ar	Gewinn pro Ar
Erbsen	200 €	3 Stunden	80 €
Spargel	100 €	6 Stunden	100 €
Bedingungen	höchstens 16 000 € insgesamt	höchstens 420 Stunden insgesamt	**möglichst groß**

a) Erläutere, dass das markierte Gebiet der nebenstehenden Abbildung alle Punkte enthält, deren Zahlenpaare (x | y) die Bedingungen für die Kosten und für den Zeitaufwand erfüllen.

b) Für den Gewinn z (in €) kannst du eine Gleichung mit den drei Variablen x, y und z aufstellen. Setze z = 5 000 und stelle alle Möglichkeiten für die Kosten und den Zeitaufwand grafisch dar. Verfahre ebenso mit den Gewinnen 6 000 € und 2 500 €. Begründe, warum kein Gewinn von 11 000 € erzielt werden kann.
Welche Eigenschaften haben die Graphen, die zu verschiedenen Gewinnen z gehören?

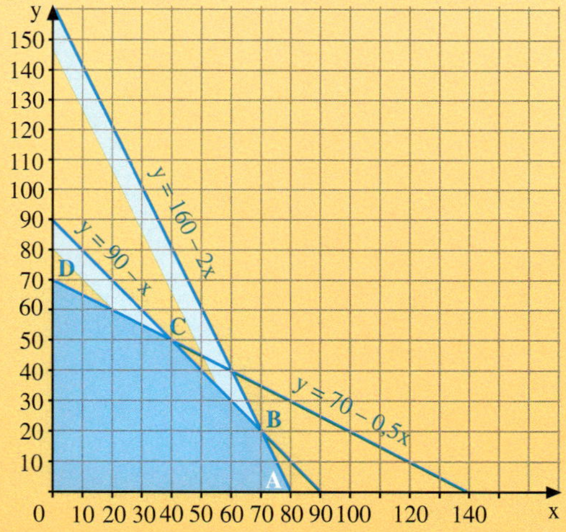

c) Ermittle aus der Überlegung von Teilaufgabe b) die Möglichkeit, die den maximalen Gewinn pro Ar ergibt. Zeichne dazu den entsprechenden Graphen in das Koordinatensystem ein. Bestimme geeignete Koordinaten und daraus den maximalen Gewinn.

d) Bestätige: Es gibt mehrere Lösungen, wenn der Gewinn pro Ar für die Erbsen 100 € (statt 80 €) beträgt. Gib vier Lösungen an.

Information

Das in Aufgabe 1 entwickelte Verfahren zur Lösung von Optimierungsproblemen heißt **lineares Optimieren**. Es lässt sich folgendermaßen zusammenfassen:

(1) Aufstellen des Ungleichungssystems
Führe für die gesuchten Größen die Variablen x und y ein. Beachte die einschränkende Bedingung. Übersetze die Bedingungen in ein lineares Ungleichungssystem.

$$\left| \begin{array}{l} y \le -\frac{1}{5}x + 4 \\ 2y - x \le 18 \\ y \le 5x + 20 \end{array} \right|$$

Einschränkende Bedingung
$x \in \mathbb{Q}_+;\ y \in \mathbb{Q}_+$

(2) Bestimmen des Planungsgebietes
Löse die Ungleichung nach y auf. Zeichne die Randgeraden. Markiere das Planungsgebiet.

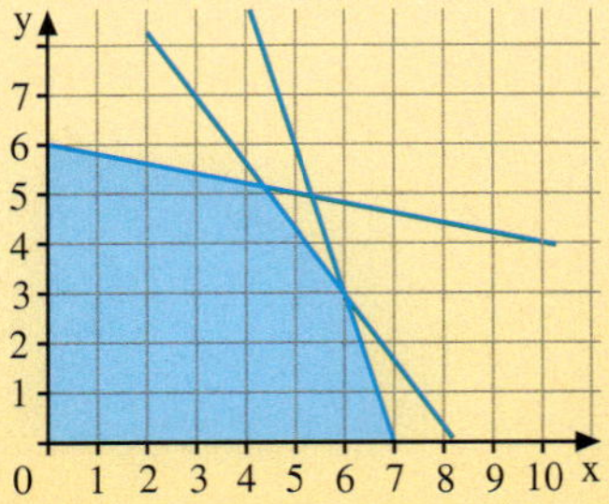

(3) Aufstellen der Zielwertgleichung
Ermittle die Zielwertgleichung für die zu optimierende Größe z. Löse sie nach y auf. Zeichne eine Zielgerade mit der entsprechenden Steigung an.

$$z = 5x + 4y$$
$$y = -\frac{5}{4}x + \frac{z}{4}$$

(4) Bestimmen von Maximum oder Minimum
Verschiebe diese Zielgerade so, dass sie nur noch den Punkt P des Planungsgebietes trifft, der zu dem günstigsten Ordinatenabschnitt gehört (möglichst groß oder möglichst klein).
Manchmal gibt es auch mehrere solcher Punkte.
Bestimme die Koordinaten dieses Punktes (dieser Punkte).
Formuliere einen Antwortsatz.

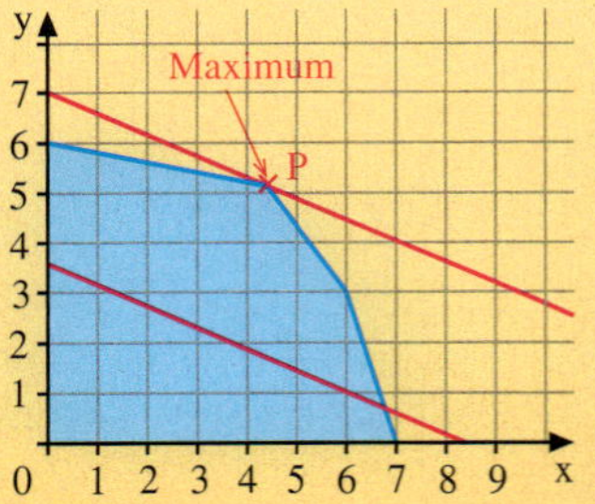

2. Eine Firma kann höchstens 500 CD-Player und 700 DVD-Recorder am Tag herstellen. Wegen des Transportes können täglich nicht mehr als 900 Geräte ausgeliefert werden. An einem CD-Player verdient die Firma 15 €, an einem DVD-Recorder 20 €.
Wie viele Geräte von jeder Sorte sollte die Firma täglich produzieren, damit der Gewinn möglichst groß wird?

3. Eine Hüttengesellschaft betreibt zwei Erzgruben, von denen die eine (mit 50 Arbeitern) täglich 9 t Groberz, 3 t Mittelerz und 6 t Feinerz (insgesamt 18 t) produziert, während die andere entsprechend pro Tag (mit 75 Arbeitern) 3 t, 3 t bzw. 18 t (insgesamt 24 t) fördert. Es bestehen Verhüttungsmöglichkeiten für wöchentlich mindestens 18 t Groberz, 12 t Mittelerz und 36 t Feinerz. Wie viele Tage in jeder Grube lässt die Gesellschaft fördern, wenn die Betriebskosten pro Tag und pro Tonne 300 € in Grube I und 240 € in Grube II betragen und diese so klein wie möglich werden sollen?

CampingShop

	10-Personen-Zelte	8-Personen-Zelte
noch auf Lager	5 Stück	7 Stück
Preis pro Stück	300 €	200 €

4. Die Schülerschaft beschließt, Zelte für die Durchführung von Ferienaufenthalten anzuschaffen. Sie kann höchstens 1 600 € dafür ausgeben. Im Ausverkauf werden zwei Sorten günstig angeboten. Die Angaben kannst du der Tabelle entnehmen. Wie viele Zelte von jeder Sorte müssen gekauft werden, damit möglichst viele Jugendliche darin untergebracht werden können? Wie viele Jugendliche sind das?

5. Ein Unternehmen stellt Benzin und Leichtöl her. Der tägliche Bedarf beträgt mindestens 20 t Benzin und 24 t Leichtöl. Geliefert wird der Rohstoff für diese Produktion von zwei Firmen A und B. Aus jeder Tanklastfüllung von Firma A lassen sich 4 t Benzin und 3 t Leichtöl, von Firma B 2 t Benzin und 6 t Leichtöl herstellen. Die Lieferverträge sehen vor, dass bei jeder Firma täglich mindestens eine Tankfüllung abgenommen werden muss und bei Firma A eine Lieferung 500 €, bei Firma B 700 € kostet. Wie viele Lieferungen der Firmen A und B sollte das Unternehmen bestellen, damit die Kosten möglichst gering sind?

6. Die Schule will einen Basar für Kinder in Entwicklungsländern durchführen. Die Klasse 8b will dazu Kaffee und Tee für die Besucher anbieten und den Gewinn für einen guten Zweck zur Verfügung stellen. Die Herstellungskosten für einen Becher Tee liegen bei 0,20 €, für Kaffee bei 0,30 €. Ein Becher Tee soll genauso wie ein Becher Kaffee für 1 € auf dem Basar verkauft werden.
Von früheren Basaren weiß die Klasse: Sie können während des Basars höchstens 500 Becher insgesamt verkaufen. Es wird mindestens genauso viel, aber höchstens die doppelte Menge Kaffee wie Tee getrunken.
Welche Vorbereitungen sollte die Klasse treffen, damit der Gewinn möglichst groß wird?

7. Eine Firma stellt Fahrräder der Typen Blizzard und Tourado her. In der Schweißabteilung werden für die Herstellung eines Blizzard-Rahmens 50 min und für die Herstellung eines Tourado-Rahmens 20 min benötigt. Insgesamt stehen pro Woche 400 Arbeitsstunden zur Verfügung. Wöchentlich können höchstens 500 Rahmen lackiert werden. Für die Montagearbeiten werden pro Blizzard 30 min und pro Tourado 60 min benötigt. Hierfür stehen pro Woche 500 Stunden zur Verfügung. Der Verdienst an einem Blizzard beträgt 40 €, der an einem Tourado 80 €.
Wie viele Räder sollten von beiden Typen wöchentlich hergestellt werden, damit sich der maximale Verdienst ergibt?

8. Ein landwirtschaftlicher Betrieb mit 14 ha Nutzfläche baut Kartoffeln und Möhren an. Des Bodens wegen können höchstens 6,5 ha Möhren angebaut werden. Für das Bestellen der Äcker sind im Frühjahr bei Kartoffeln 20 Arbeitsstunden und bei Möhren 60 Arbeitsstunden je ha erforderlich; insgesamt stehen dafür 450 Arbeitsstunden zur Verfügung. Die Erntearbeiten dauern bei Kartoffeln 30 und bei Möhren 50 Arbeitsstunden je ha. Es stehen wiederum 450 Arbeitsstunden zur Verfügung. Ein ha Möhren erbringt 20 000 € Einnahmen, ein ha Kartoffeln 11 000 €.
Wie viel ha Ackerland müssen mit Kartoffeln und wie viel mit Möhren bepflanzt werden, um die größtmöglichen Einnahmen zu erzielen?

9. Ermittle ein Ungleichungssystem, das zu dem Planungsgebiet rechts gehört.
Für welche Punkte des Planungsgebietes wird $z = 18x + 10y$ möglichst groß?
Erfinde eine Situation, die zu den Angaben passt.

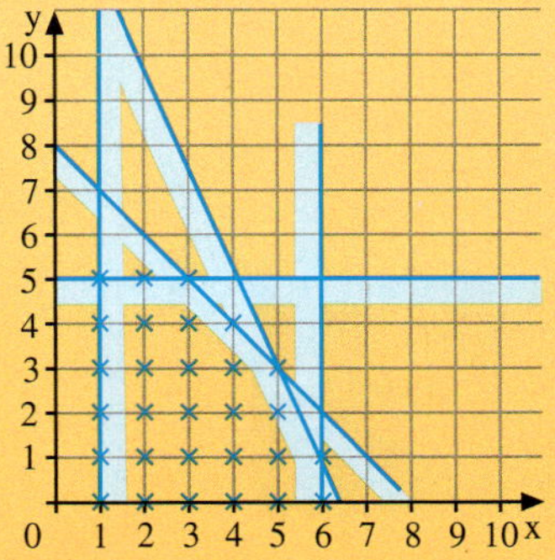

Bist du fit?

1. Welche lineare Gleichung mit den Variablen x und y gehört zu dem Graphen?

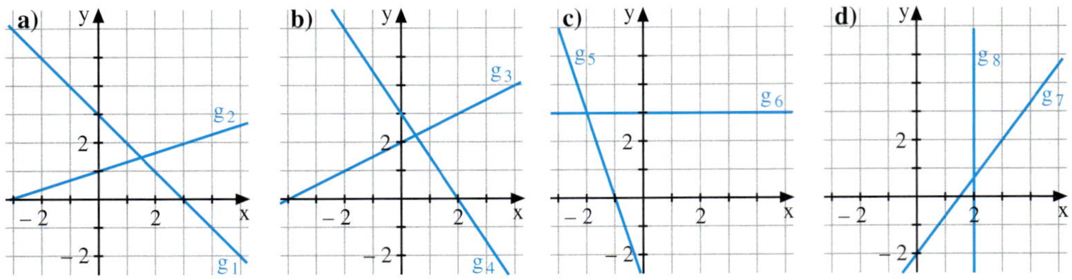

2. Welche der Punkte $P_1(1|-1)$, $P_2(9|-5)$, $P_3(-1|-3)$, $P_4(-0{,}2|-1)$, $P_5(9|8{,}2)$ gehören zu dem Graphen der linearen Gleichung?

a) $x + y = 4$ **b)** $x - y = 0{,}8$ **c)** $2x + 3y = -1$ **d)** $5x - 4y - 7 = 0$ **e)** $y = -3$ **f)** $x = 9$

3. Löse a) und b) nach dem Gleichsetzungsverfahren, c) und d) nach dem Einsetzungsverfahren.

a) $\left| \begin{array}{l} y = -x + 8 \\ y = x - 2 \end{array} \right|$ **b)** $\left| \begin{array}{l} \frac{1}{2}x = 3y + 7 \\ \frac{1}{2}x - 5y = 15 \end{array} \right|$ **c)** $\left| \begin{array}{l} 3x - 2y = 2 \\ 2y = 4x + 2 \end{array} \right|$ **d)** $\left| \begin{array}{l} 11y - 15x = 4 \\ x = 3y - 15 \end{array} \right|$

4. Löse nach dem Additionsverfahren.

a) $\left| \begin{array}{r} 2x - y = 2 \\ y - x = 14 \end{array} \right|$ **b)** $\left| \begin{array}{r} 5u + 9v - 42 = 0 \\ 10u + 3v - 39 = 0 \end{array} \right|$ **c)** $\left| \begin{array}{l} \frac{1}{2}x = \frac{1}{3}y + 1 \\ \frac{1}{4}x = \frac{4}{3}y - 10 \end{array} \right|$ **d)** $\left| \begin{array}{l} 3k - 6m = 15 \\ -\frac{1}{2}k + m = -\frac{5}{2} \end{array} \right|$

5. Löse nach einem möglichst günstigen Verfahren.

a) $\left| \begin{array}{l} 9x + 4y = 37 \\ y = 6x + 1 \end{array} \right|$ **c)** $\left| \begin{array}{l} x = 2y - 4 \\ 4x + 7y = -1 \end{array} \right|$ **e)** $\left| \begin{array}{l} 3r + 2s = 2 \\ 6r - 8s = -2 \end{array} \right|$ **g)** $\left| \begin{array}{l} 3x + 4{,}5y = 1{,}5 \\ -2{,}5x - 3y = -1 \end{array} \right|$

b) $\left| \begin{array}{l} 6x + 4y = 9 \\ 6x - 5y = -18 \end{array} \right|$ **d)** $\left| \begin{array}{l} 3x + 2y = 4 \\ 4x - 5y = -10 \end{array} \right|$ **f)** $\left| \begin{array}{l} 2x = 2y - 4 \\ 3x - 3y = -5 \end{array} \right|$ **h)** $\left| \begin{array}{l} y = 3x - 2 \\ 2y - 6x = -4 \end{array} \right|$

6. **a)** $\left| \begin{array}{l} 2{,}2x + 0{,}9y = 4{,}4 \\ 2{,}6x + 2{,}7y = 8{,}8 \end{array} \right|$ **b)** $\left| \begin{array}{r} -1{,}5x + 2{,}5y = 3{,}5 \\ 2{,}1x - 3{,}5y = -4{,}9 \end{array} \right|$ **c)** $\left| \begin{array}{r} 10(x - 2) - 4(y + 1) = 26 \\ 9(x + 1) - 6(y - 2) = 54 \end{array} \right|$

7. Auf einer Ferienreise suchte die Familie ein Gasthaus zur Übernachtung. Wie viele Einzelzimmer und wie viele Doppelzimmer hat das Gasthaus?

8. Der Umfang eines Rechtecks ist 28,8 cm lang. Der Flächeninhalt wird um 17,35 cm^2 kleiner, wenn die eine Seite um 4,5 cm verlängert und die andere um 3,5 cm verkürzt wird. Zeichne das Rechteck.

9. Ein Kajakfahrer, der eine Durchschnittsgeschwindigkeit von $4{,}5\,\frac{km}{h}$ erreicht, braucht für die Hin- und Rückfahrt einer Trainingsstrecke insgesamt 4 Stunden. Das Wasser hat in Richtung der Hinfahrt eine Strömungsgeschwindigkeit von $1{,}5\,\frac{km}{h}$.
Wie lange dauern Hin- und Rückfahrt einzeln? Wie lang ist die Strecke?

5. QUADRATWURZELN – REELLE ZAHLEN

Familie Müller und Familie Jess haben zwei Grundstücke, die an dieselbe Straße angrenzen. Am Jahresende bekommen beide Familien eine Rechnung vom Reinigungsamt der Stadt; die Kosten für Straßenreinigung sollen bezahlt werden.
Familie Jess wundert sich:
Obwohl ihr Grundstück kleiner ist als das der Familie Müller, soll sie einen höheren Betrag bezahlen!
Wie ist das zu erklären?

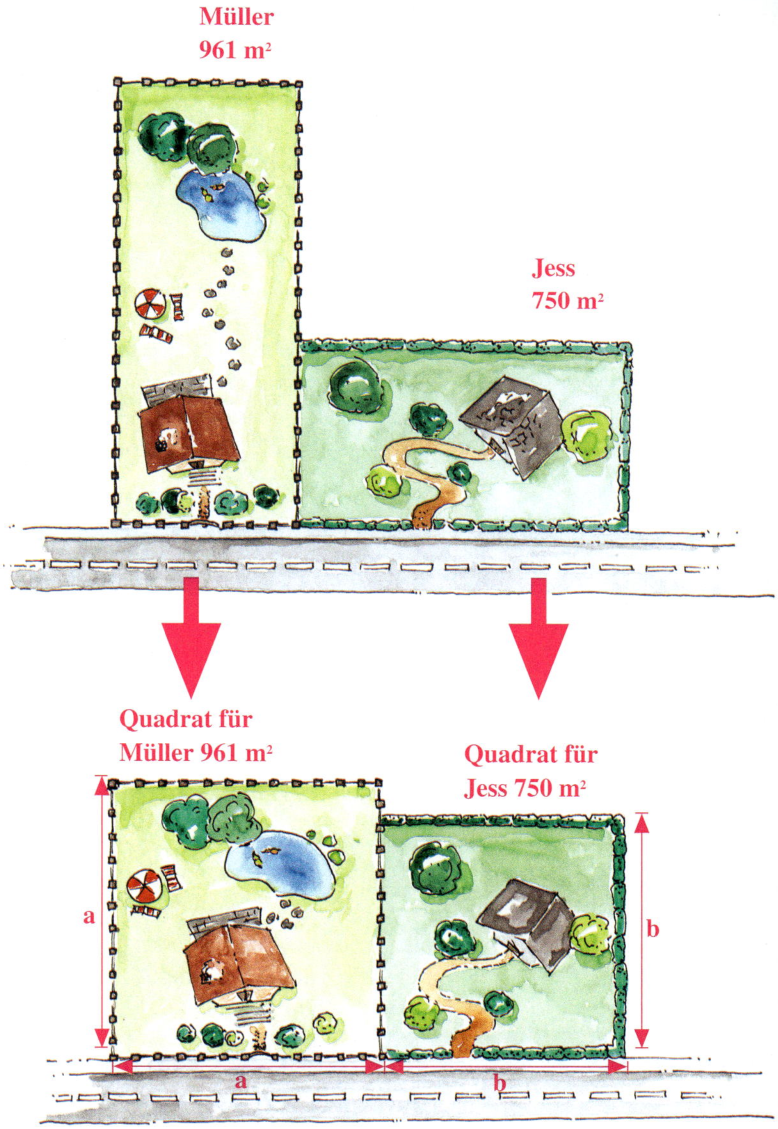

Das Reinigungsamt berechnet die Kosten nach der Länge der Grundstücksseite, die an die Straße angrenzt, also nach der Länge der „Straßenfront“.
Man nennt dieses Abrechnungsverfahren *„Straßenfront-Maßstab“*.
Im nächsten Jahr soll ein neues Berechnungsverfahren eingeführt werden, das für mehr Gerechtigkeit sorgen soll:
Man denkt sich jedes Grundstück in ein quadratisches Grundstück verwandelt, wobei der Flächeninhalt gleich bleiben soll.
Nach der Seitenlänge dieses quadratischen Grundstücks sollen dann die Gebühren berechnet werden.
Das neue Berechnungsverfahren heißt *„Quadratwurzel-Maßstab“*.

- Welches der beiden Verfahren findest du gerechter? Denke z.B. auch an Eckgrundstücke.

Was die Quadratwurzeln mit einem Quadrat zu tun haben und wie man mit Quadratwurzeln rechnet, lernst du in diesem Kapitel.

5.1 Quadratwurzeln

5.1.1 Einführung der Quadratwurzeln

Aufgabe 1

Das Grundstück der Familie Müller aus dem Einführungsbeispiel auf Seite 161 ist 961 m^2 groß. Bestimme die Seitenlänge eines quadratischen Grundstücks gleicher Größe.

Lösung

Man erhält den Flächeninhalt eines Quadrates, indem man die Seitenlänge a quadriert: $A = a^2$
Hier ist der Flächeninhalt 961 m^2 gegeben, gesucht ist die Seitenlänge.
Wir suchen also eine Maßzahl, für die gilt: $961 = a^2 = a \cdot a$
Die gesuchte Maßzahl muss etwas größer als 30 sein, denn $30 \cdot 30 = 900$ ist kleiner als 961.
Wir finden 31, denn $31 \cdot 31 = 961$.

Ergebnis: Die gesuchte Seitenlänge beträgt 31 m.

Information

Radix ⟨lat.⟩
Wurzel, Basis

Definition

Gegeben ist eine nichtnegative Zahl a.
Unter der **Quadratwurzel** aus a (kurz: *Wurzel* aus a) versteht man diejenige nichtnegative Zahl, die mit sich selbst multipliziert die Zahl a ergibt. Für die Quadratwurzel aus a schreibt man $\sqrt{a}$.
Die Zahl a unter dem **Wurzelzeichen** heißt **Radikand.** Das Bestimmen der Quadratwurzel heißt **Wurzelziehen** (**Radizieren**).

Wurzelzeichen
$\sqrt{a}$
Radikand

Beispiele: $\sqrt{961} = 31$, denn $31 \cdot 31 = 961$ und $31 \geq 0$
$\sqrt{0{,}09} = 0{,}3$, denn $0{,}3 \cdot 0{,}3 = 0{,}09$ und $0{,}3 \geq 0$
$\sqrt{\frac{4}{25}} = \frac{2}{5}$, denn $\frac{2}{5} \cdot \frac{2}{5} = \frac{4}{25}$ und $\frac{2}{5} \geq 0$
$\sqrt{0} = 0$, denn $0 \cdot 0 = 0$ und $0 \geq 0$

Beachte:

(1) Eine Quadratwurzel ist stets nichtnegativ. Es ist also z. B. $\sqrt{9} = +3$, obwohl auch $(-3) \cdot (-3) = 9$ ist. Man möchte vermeiden, dass z. B. $\sqrt{9}$ zwei verschiedene Zahlen bezeichnet.
(2) Quadratwurzeln kann man nur aus nichtnegativen Zahlen bilden, denn das Produkt zweier gleicher Zahlen kann niemals negativ sein. $\sqrt{-4}$ ist oben nicht definiert.

Übungsaufgaben

2. Der USA-Staat Wyoming hat eine Größe von ungefähr 250 000 km^2. Seine Fläche kann näherungsweise als Quadrat betrachtet werden.
Wie lang ist die Grenze von Wyoming ungefähr?

3. Berechne die Quadratzahlen 1^2; 2^2; 3^2; …; 24^2; 25^2. Sie helfen dir bei den folgenden Aufgaben.

4. Gib die Seitenlänge eines Quadrates mit dem gegebenen Flächeninhalt an.

a) $36\ cm^2$ **c)** $324\ cm^2$ **e)** $6{,}25\ cm^2$ **g)** $56{,}25\ cm^2$ **i)** $146{,}41\ dm^2$
b) $144\ cm^2$ **d)** $196\ cm^2$ **f)** $12{,}25\ cm^2$ **h)** $7{,}84\ cm^2$ **j)** $182{,}25\ dm^2$

5. Berechne die Wurzeln im Kopf, wenn es sie gibt:

a) $\sqrt{49}$ **d)** $\sqrt{81}$ **g)** $\sqrt{-64}$ **j)** $\sqrt{1}$ **m)** $\sqrt{169}$ **p)** $\sqrt{10\,000}$ **s)** $\sqrt{22\,500}$
b) $\sqrt{225}$ **e)** $\sqrt{0}$ **h)** $\sqrt{289}$ **k)** $\sqrt{-196}$ **n)** $\sqrt{576}$ **q)** $\sqrt{6\,400}$ **t)** $\sqrt{1\,000\,000}$
c) $\sqrt{144}$ **f)** $\sqrt{484}$ **i)** $\sqrt{121}$ **l)** $\sqrt{361}$ **o)** $\sqrt{-900}$ **r)** $\sqrt{14\,400}$ **u)** $\sqrt{1\,225}$

6. **a)** $\sqrt{\frac{1}{4}}$ **c)** $\sqrt{\frac{16}{100}}$ **e)** $\sqrt{\frac{81}{100}}$ **g)** $\sqrt{\frac{169}{196}}$ **i)** $\sqrt{\frac{361}{324}}$ **k)** $\sqrt{-\frac{4}{256}}$ **m)** $\sqrt{\frac{400}{441}}$
b) $\sqrt{\frac{1}{9}}$ **d)** $\sqrt{\frac{81}{225}}$ **f)** $\sqrt{\frac{25}{144}}$ **h)** $\sqrt{\frac{49}{225}}$ **j)** $\sqrt{\frac{36}{289}}$ **l)** $\sqrt{\frac{324}{121}}$ **n)** $\sqrt{\frac{484}{64}}$

7. Nimm Stellung zu den Behauptungen rechts.

8. **a)** $\sqrt{0{,}25}$ **e)** $\sqrt{2{,}56}$ **i)** $\sqrt{0{,}0049}$
b) $\sqrt{0{,}16}$ **f)** $\sqrt{6{,}25}$ **j)** $\sqrt{0{,}0004}$
c) $\sqrt{0{,}01}$ **g)** $\sqrt{-3{,}24}$ **k)** $\sqrt{0{,}0576}$
d) $\sqrt{0{,}09}$ **h)** $\sqrt{0{,}0225}$ **l)** $\sqrt{0{,}0289}$

9. Berechne. Was fällt dir auf?

a) $\sqrt{144}$; $\sqrt{14\,400}$; $\sqrt{1{,}44}$; $\sqrt{0{,}0144}$
b) $\sqrt{324}$; $\sqrt{3{,}24}$; $\sqrt{32\,400}$; $\sqrt{0{,}0324}$

10. Schreibe als Quadratwurzel, wenn es geht.

a) 12 **b)** 17 **c)** −32 **d)** 300 **e)** 0,7 **f)** $\frac{5}{7}$

$4 = \sqrt{16}$

11. Berechne. Was fällt dir auf?

a) $\sqrt{10^6}$; $\sqrt{10^{10}}$; $\sqrt{10^{26}}$; $\sqrt{2^6}$ $\sqrt{2^{10}}$
b) $\sqrt{\frac{1}{10^4}}$; $\sqrt{\frac{1}{10^6}}$; $\sqrt{\frac{1}{10^{14}}}$; $\sqrt{\frac{1}{2^6}}$; $\sqrt{\frac{1}{2^{16}}}$

$\sqrt{3^8} = 3^4$
denn $3^4 \cdot 3^4 = 3^8$

12. **a)** Welche Wurzel ist größer: $\sqrt{25}$ oder $\sqrt{36}$?

b) Begründe an der Figur rechts:
(1) Wenn a größer wird, wird $\sqrt{a}$ auch größer.
Wenn a kleiner wird, wird $\sqrt{a}$ auch kleiner.
(2) Wenn $\sqrt{a}$ größer wird, wird a auch größer.
Wenn $\sqrt{a}$ kleiner wird, wird a auch kleiner.

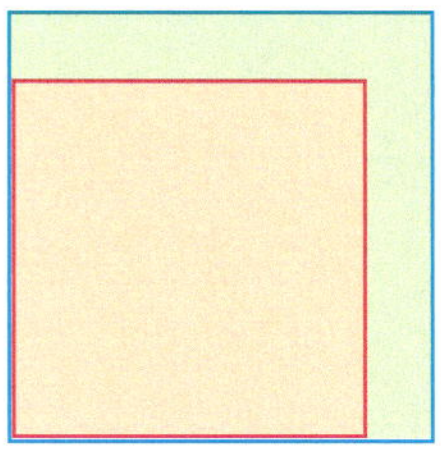

13. Kontrolliere die Hausaufgaben.

a) $\sqrt{256} = 16$ b) $\sqrt{-1024} = 32$ c) $\sqrt{1024} = 32$ d) $\sqrt{1000} = 33{,}4$ e) $\sqrt{0{,}04} = -0{,}2$

14. **a)** $\sqrt{\sqrt{81}}$ **b)** $\sqrt{\sqrt{16}}$ **c)** $\sqrt{\sqrt{256}}$ **d)** $\sqrt{\sqrt{1\,296}}$ **e)** $\sqrt{\sqrt{1}}$

$\sqrt{\sqrt{625}} = \sqrt{25} = 5$

15. Welche der Zahlen sind gleich? Schreibe als Gleichungsketten.

a) 16; 2^2; $4 \cdot 4$; $\sqrt{4}$; 2; $\sqrt{16}$; $2 \cdot 2$; $\sqrt{\sqrt{16}}$

b) 0,1; $\frac{1}{100}$; $\frac{1}{10}$; 0,01; $\sqrt{\frac{1}{100}}$; $(\frac{1}{10})^2$; $\frac{10}{100}$; $\sqrt{0{,}01}$

16. Ein quadratischer Bauplatz ist 841 m^2 groß. Er soll mit einem Bauzaun umgeben werden. Für die Einfahrt sollen 4 m frei bleiben. Wie viel m Zaun benötigt man?

17. Die Oberfläche eines Würfels ist 54 dm^2 [150 dm^2; 16 224 cm^2] groß. Wie groß ist sein Volumen?

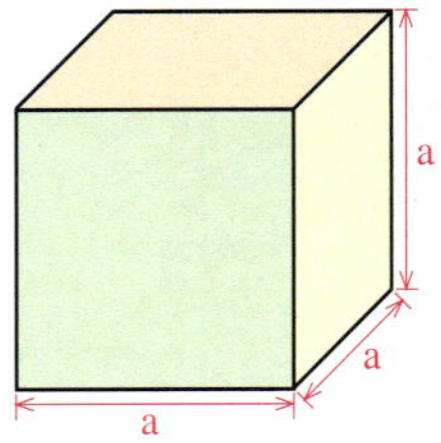

18. Berechne im Kopf.

a) $3 \cdot \sqrt{100}$ **c)** $\sqrt{100 - 51}$ **e)** $\sqrt{9 \cdot \sqrt{16}}$

b) $\sqrt{6 + 19}$ **d)** $\sqrt{30 + \frac{1}{2} \cdot 12}$ **f)** $\sqrt{0{,}1 : \sqrt{\frac{1}{100}}}$

5.1.2 Näherungsweises Berechnen von Quadratwurzeln

Einführung

Für die Straßenreinigungsgebühren nach dem Quadratwurzelmaßstab denkt man sich das 750 m^2 große Grundstück von Familie Jess auf Seite 161 in ein Quadrat verwandelt. Welche Seitenlänge hat dieses Quadrat dann?

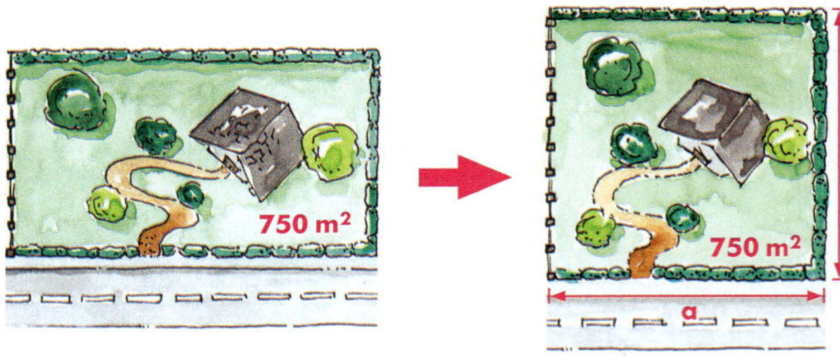

Es ist also $\sqrt{750}$ gesucht.

Durch Probieren finden wir, dass die Seitenlänge a des Quadrates zwischen 27 m und 28 m liegen muss, denn $27^2 = 729$ und $28^2 = 784$.

Um die Seitenlänge in der Einheit dm genau anzugeben, probieren wir, zwischen welchen der Zahlen $27{,}1^2$; $27{,}2^2$; ...; $27{,}9^2$ die Zahl 750 liegt.

Wir finden: $27{,}3 < \sqrt{750} < 27{,}4$, denn $27{,}3^2 = 745{,}29 < 750 < 750{,}76 = 27{,}4^2$.

Auch auf volle cm genau können wir die Seitenlänge angeben:

$27{,}38 < \sqrt{750} < 27{,}39$, denn $27{,}38^2 = 749{,}6644 < 750 < 750{,}2121 = 27{,}39^2$.

Die gesuchte Seitenlänge liegt zwischen 27,38 m und 27,39 m. Der Fehler beträgt höchstens 1 cm. Man könnte die gesuchte Seitenlänge noch genauer bestimmen.

Information

(1) Dezimalbruch-Darstellung von Wurzeln

Bei dem Grundstück von Familie Müller auf Seite 161 konnten wir die Seitenlänge ganz genau angeben. Können wir dies auch bei dem obigen Grundstück der Familie Jess tun? Wir betrachten dazu in jedem Schritt eine weitere Dezimalstelle:

Zu kleine Zahl x	Begründung x^2	Zu große Zahl y	Begründung y^2	Differenz (Genauigkeit)
27,386	749,992996	27,387	750,047769	0,001
27,3861	749,99847321	27,3862	750,00395044	0,0001
27,38612	749,9995 ... 4	27,38613	750,0001 ... 9	0,00001
⋮	⋮	⋮	⋮	⋮

Mit dem in der Tabelle benutzten Verfahren können wir immer weitere Dezimalstellen für $\sqrt{750}$ berechnen. Aber auch der Taschenrechnerwert 27,38612788 ist nicht genau $\sqrt{750}$. Das kann man nachweisen, indem man 27,38612788 mit sich selbst multipliziert. Dabei reicht es aus, die letzte Stelle zu betrachten:

Kann es sein, dass man irgendwann auf einen abbrechenden Dezimalbruch a stößt, dessen Quadrat exakt 750 ergibt?
Da man Endnullen weglässt, sind die möglichen Endziffern von a dann 1, 2, …, 9. Beim Quadrieren erhält man die Endziffern 1, 4, 9, 6, 5, 6, 9, 4, 1. Wir erhalten für a^2 nie 750,0.
Allgemein gilt:

> Die Wurzel aus einer natürlichen Zahl n ist entweder eine natürliche Zahl (falls n eine Quadratzahl ist) oder ein nichtabbrechender Dezimalbruch.

(2) Intervallschachtelung für Wurzeln

Ziel eines Verfahrens wie oben ist es, den Wert für die Wurzel immer genauer zwischen zwei Zahlen einzuschachteln. Auf diese Weise gelingt es, immer weitere Stellen der Dezimalbruchdarstellung für die Wurzel zu ermitteln.
Will man ausdrücken, dass z. B. $\sqrt{750}$ zwischen 27 und 28 liegt, so sagt man:
$\sqrt{750}$ liegt im **Intervall** von 27 bis 28; geschrieben [27; 28].
Ein Intervall ist also eine Zahlenmenge der Form $[27; 28] = \{x \mid 27 \leq x \leq 28\}$.

Zahlengerade	Intervall
27 — 28	[27; 28]
27,3 — 27,4	[27,3; 27,4]
$\sqrt{750}$	[27,38; 27,39]
	⋮

(3) Bestimmen von Wurzeln mit dem Taschenrechner

Bei Taschenrechnern verschiedenen Typs gibt es unterschiedliche Tastenfolgen zum Wurzelziehen. Probiere mit deinem Taschenrechner, wie du Quadratwurzeln ermitteln kannst. Kontrolliere deine Ergebnisse durch Quadrieren.

Weiterführende Aufgabe

1. *Gesicherte Ziffern einer Zahl*

In der Einführung auf Seite 164 hast du ermittelt, dass die gesuchte Seitenlänge des Quadrats zwischen 27,38 m und 27,39 m liegen muss. Die Dezimalbruchdarstellung der Maßzahl muss daher mit 27,38 beginnen. Diese Ziffern sind gesichert.

> $27{,}38 < \sqrt{750} < 27{,}39$
> liefert $\sqrt{750} = 27{,}38\ldots$

Bestimme anhand der Tabelle der Information (1) weitere gesicherte Ziffern für $\sqrt{750}$.

Übungsaufgaben

2. Zeichne ein Quadrat mit der Seitenlänge 1 dm. Zeichne wie im Bild rechts ein Quadrat mit einem doppelt so großen Flächeninhalt 2 dm^2.
Miss die Seitenlänge des neuen Quadrates. Versuche, diese Seitenlänge noch genauer anzugeben.

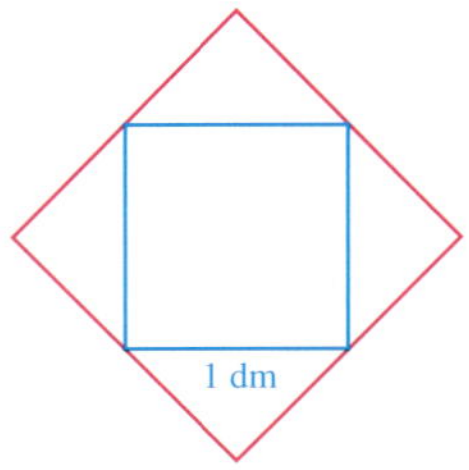

3. Bestimme im Kopf, zwischen welchen natürlichen Zahlen die Quadratwurzel liegt.

a) $\sqrt{10}$ **c)** $\sqrt{60}$ **e)** $\sqrt{102}$ **g)** $\sqrt{143}$
b) $\sqrt{40}$ **d)** $\sqrt{200}$ **f)** $\sqrt{29}$ **h)** $\sqrt{390}$

$4 < \sqrt{20} < 5$

4. Bestimme mit der Wurzeltaste die Quadratwurzeln. Runde auf Tausendstel.
$\sqrt{53}$; $\sqrt{105}$; $\sqrt{363}$; $\sqrt{66{,}4}$; $\sqrt{5{,}396}$; $\sqrt{\frac{56}{13}}$; $\sqrt{82\frac{4}{7}}$; $\sqrt{\frac{6-\frac{1}{3}}{5}}$

5. Bestimme mithilfe des Taschenrechners $\sqrt{2\,000}$. Begründe, warum der angezeigte Wert nicht der exakte Wert sein kann.

Flächeninhalt eines Kreises:
$A = \pi r^2$

Volumen eines Zylinders:
$V = \pi r^2 h$

6. Die Querschnittsfläche eines Kupferdrahtes beträgt 12,8 mm^2 [4,6 mm^2; 47,5 mm^2].
Wie groß sind der Radius r und der Durchmesser d der Querschnittsfläche?

7. Lies den Ausschnitt aus dem nebenstehenden Zeitungsbericht über einen Tankerunfall. Angenommen, die Ölfläche ist kreisförmig.
Wie groß ist dann der Durchmesser des Ölteppichs am ersten Tag, am zweiten Tag?

Tanker verliert weiter Öl

Bei dem Tankerunfall hatte sich nach allen Seiten schnell ein Ölteppich ausgebreitet. Der Ölteppich hatte am ersten Tag die Größe von 4 km^2, am zweiten Tag war er bereits auf 6 km^2 angewachsen.

8. Verschiedene zylinderförmige Verpackungen für Konfekt sollen alle das Volumen 150 cm^3 haben. Die Höhe ist 6 cm [10 cm; 12 cm]. Welchen Radius haben die Grundflächen?

9. **a)** Beweise wie in der Information auf Seite 165, dass kein abbrechender Dezimalbruch gleich $\sqrt{2}$ sein kann.
b) Warum versagt der Beweis aus Teilaufgabe a) bei $\sqrt{4}$?

10. Erläutere den folgenden Satz: Die Quadratwurzel aus einer natürlichen Zahl n ist eine natürliche Zahl, wenn n eine Quadratzahl ist. Andernfalls ist $\sqrt{n}$ kein abbrechender Dezimalbruch.

Primzahl:
Natürliche Zahl mit genau zwei Teilern.

11. Begründe: Die Wurzel aus einer Primzahl ist nie eine natürliche Zahl.

12. Nimm auf deinem Taschenrechner die kleinste verfügbare Zahl größer als 9 (zum Beispiel 9,000000001). Berechne dann deren Wurzel.
Erkläre das Ergebnis und begründe erneut, dass der Taschenrechner nicht alle Quadratwurzeln genau angeben kann.

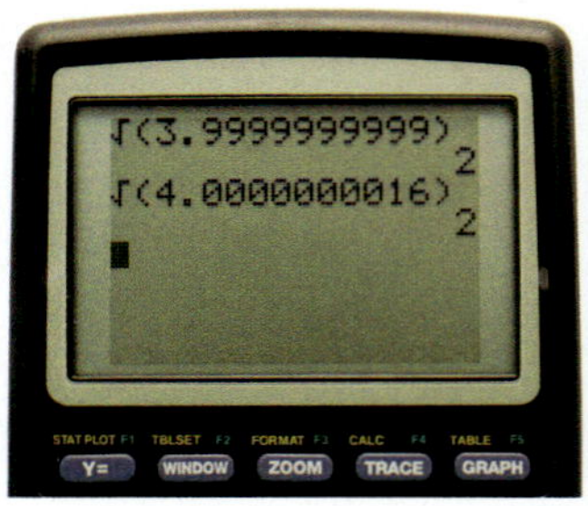

13. *Partnerarbeit:* Findet mehrere verschiedene Zahlen, die auf eurem Taschenrechner die gleiche Anzeige für ihre Wurzel bewirken.

5.1.3 Intervallhalbierungsverfahren

Einführung

Du hast Wurzeln schon durch zielgerichtetes Probieren näherungsweise bestimmt (siehe Seite 164). Jetzt soll ein *systematisches* Verfahren entwickelt werden, das sich so eindeutig beschreiben lässt, dass es gut von einem Computer durchgeführt werden kann.

Für z. B. $\sqrt{3}$ kann man folgendermaßen Näherungswerte systematisch verbessern.

$\sqrt{3}$ liegt offensichtlich zwischen 1 und 2, denn es gilt:
$1^2 = 1 < 3$ und $2^2 = 4 > 3$.

Wir halbieren das Intervall [1; 2], in dem $\sqrt{3}$ liegt und entscheiden, ob die Mitte des Intervalls 1,5 eine untere oder eine obere Näherungszahl für $\sqrt{3}$ ist:
$1{,}5^2 = 2{,}25 < 3$. Also liegt $\sqrt{3}$ zwischen 1,5 und 2.

Wir bilden wieder die Intervallmitte von [1,5; 2] als Mittelwert der beiden Intervallgrenzen:
$(1{,}5 + 2) : 2 = 1{,}75$

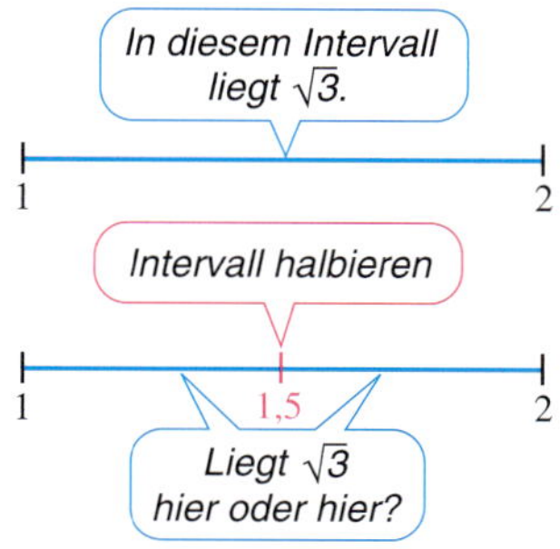

Wegen $1{,}75^2 = 3{,}0625 > 3$ ist 1,75 eine obere Näherungszahl für $\sqrt{3}$; also liegt $\sqrt{3}$ zwischen 1,5 und 1,75.

Diese Überlegungen lassen sich gut in einer Tabelle zusammenfassen:

Untere Näherungszahl	Obere Näherungszahl	Mittelwert	Mittelwert^2	Differenz der Näherungszahlen
1	2	1,5	2,25	$2 - 1 = 1$
1,5	2	1,75	3,0625	$2 - 1{,}5 = 0{,}5$
1,5	1,75	1,625	2,640625	$1{,}75 - 1{,}5 = 0{,}25$
1,625	1,75	1,6875	$\approx 2{,}85$	0,125
1,6875	1,75	1,71875	$\approx 2{,}95$	0,0625
1,71875	1,75	1,734375	$\approx 3{,}01$	0,03125
1,71875	1,734375	1,7265625	$\approx 2{,}98$	0,015625

wird von Schritt zu Schritt halbiert

Also gilt: $1{,}7265625 \le \sqrt{3} \le 1{,}734375$

Dafür schreiben wir auch:

$\sqrt{3} \in [1{,}7265625;\ 1{,}734375]$, gelesen: *$\sqrt{3}$ liegt in dem Intervall von 1,7265625 bis 1,734375.*

Die somit gesicherten Ziffern von $\sqrt{3}$ sind 1,7.

Information

(1) Intervallhalbierungsverfahren

Das obige Verfahren erzeugt bei jedem Schritt aus einem Intervall, in dem die gesuchte Wurzel liegt, ein neues, nur noch halb so langes Intervall, in dem die gesuchte Wurzel liegt. Man nennt es daher **Intervallhalbierungsverfahren**.

Seine Vorgehensweise lässt sich in wenigen Schritten eindeutig formulieren:

1. Schritt: Lege eine untere und eine obere Näherungszahl für die gesuchte Wurzel fest.

2. Schritt: Bilde den Mittelwert aus den beiden Näherungszahlen.

3. Schritt: Ist das Quadrat des Mittelwertes größer als der Radikand, so wähle den Mittelwert als neue obere Grenze und behalte die alte untere Näherungszahl bei.
Andernfalls ist der Mittelwert eine neue untere Näherungszahl und die alte obere wird beibehalten.

4. Schritt: Wiederhole die Schritte 2 und 3, bis die gewünschte Genauigkeit erreicht ist.

(2) Algorithmus für das Intervallhalbierungsverfahren

Al Chwarismi: 780–846

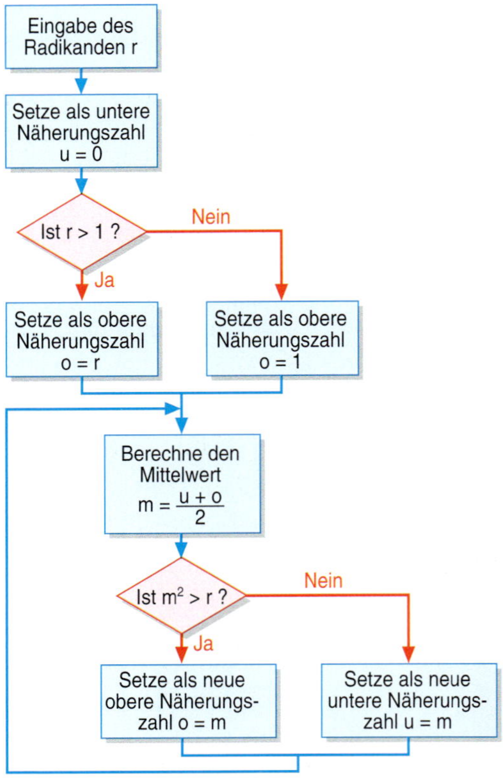

Wir haben das Intervallhalbierungsverfahren Schritt für Schritt genau beschrieben. Eine solche Folge eindeutig formulierter, bis ins Einzelne festgelegter Schritte, die zur Lösung eines Problems führen, bezeichnet man als einen **Algorithmus**, wenn man zusätzlich noch festlegt, wann man die Berechnung beendet.

Diese Bezeichnung geht zurück auf den persisch-arabischen Mathematiker Al Chwarismi, der 820 n. Chr. ein Rechenbuch mit dem Titel „Algorismus" verfasste.

Das Intervallhalbierungsverfahren lässt sich von einem Computer durchführen, wenn man nur noch das Finden der unteren und oberen Näherungszahl im 1. Schritt präzisiert. Betrachte dazu das rechts dargestellte *Ablaufdiagramm* des Intervallhalbierungsverfahrens.

Bei einem Tabellenkalkulations-Programm lässt sich eine Zelle je nach Erfülltsein einer Bedingung mit einem Wert oder im anderen Fall mit einem Alternativwert mit folgender Formel belegen: **WENN**(Bedingung;Wert;Alternativwert). Unten siehst du die entsprechenden Befehle in einem Rechenblatt. Damit erhält man dann durch automatische Berechnung auf einen Schlag beliebig viele Schritte des Intervallhalbierungsverfahrens. Man kann die schrittweise Verbesserung der Näherungszahlen auch grafisch darstellen lassen.

	A	B	C	D	E	F	G
1	Intervallhalbierungsverfahren			Radikand =	0,6		
2							
3	unten	oben	mitte	mitte^2	oben - unten		
4	=0	=WENN($E$1>1;$E$1;1)	=(A4+B4)/2	=C4^2	=B4-A4		
5	=WENN(D4<$E$1;C4;A4)	=WENN(D4<$E$1;B4;C4)	=(A5+B5)/2	=C5^2	=B5-A5		
6							

	A	B	C	D	E
1	Intervallhalbierungsverfahren			Radikand =	0,6
2					
3	unten	oben	mitte	mitte^2	oben - unten
4	0	1	0,5	0,25	1
5	0,5	1	0,75	0,5625	0,5
6	0,75	1	0,875	0,765625	0,25
7	0,75	0,875	0,8125	0,66015625	0,125
8	0,75	0,8125	0,78125	0,61035156	0,0625
9	0,75	0,78125	0,765625	0,58618164	0,03125
10	0,765625	0,78125	0,7734375	0,59820557	0,015625
11	0,7734375	0,78125	0,77734375	0,60426331	0,0078125
12	0,7734375	0,77734375	0,775390625	0,60123062	0,00390625
13	0,7734375	0,775390625	0,77441406	0,59971714	0,00195313
14	0,77441406	0,775390625	0,774902344	0,60047364	0,00097656
15	0,77441406	0,774902344	0,7746582	0,60009533	0,00048828
16	0,77441406	0,7746582	0,77453613	0,59990622	0,00024414
17	0,77453613	0,7746582	0,77459717	0,60000077	0,00012207
18	0,77453613	0,77459717	0,77456665	0,5999535	6,1035E-05
19					

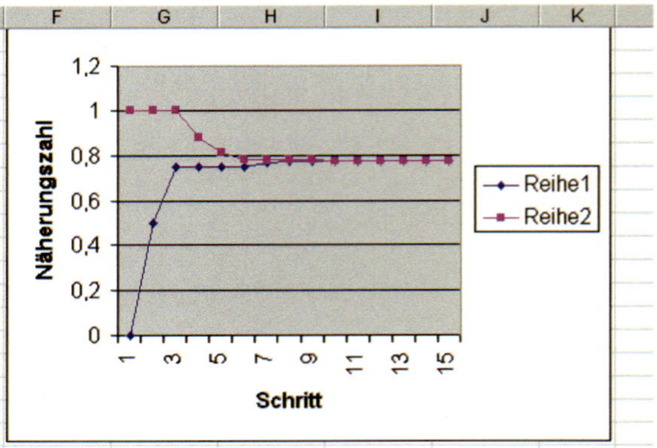

Übungsaufgabe

1. Schließe die Wurzel mit dem Intervallhalbierungsverfahren zwischen zwei Zahlen ein, die sich um weniger als 0,1 unterscheiden.

a) $\sqrt{19}$ b) $\sqrt{27}$ c) $\sqrt{0{,}7}$ d) $\sqrt{50}$ e) $\sqrt{7{,}4}$ f) $\sqrt{100}$

5.1.4 Irrationale Wurzeln

Einführung

Im Abschnitt 5.1.2 haben wir beim näherungsweisen Berechnen von Wurzeln gezeigt, dass $\sqrt{2}$ nicht durch einen abbrechenden Dezimalbruch darstellbar ist. Kann aber irgendwann einmal wie z. B. bei der Umwandlung von $\frac{5}{6}$ in einen Dezimalbruch eine Periode auftreten? Wir versuchen also $\sqrt{2}$ als Bruch $\frac{m}{n}$ zu schreiben, wobei m eine ganze Zahl und n eine von null verschiedene natürliche Zahl ist. Ein vollständig gekürzter Bruch kann nur dann eine ganze Zahl darstellen, wenn der Nenner n gleich 1 ist (z. B. $\frac{51}{17} = \frac{3}{1} = 3$). Quadriert man einen gekürzten Bruch, dann ist das Ergebnis auch nicht weiter kürzbar (z. B. $\left(\frac{5}{18}\right)^2 = \frac{5 \cdot 5}{18 \cdot 18} = \frac{25}{324}$).
Wenn $\sqrt{2}$ eine Bruchzahl ist, dann müsste sie sich als vollständig gekürzter Bruch $\frac{m}{n}$ darstellen lassen. Da $\sqrt{2}$ zwischen 1 und 2 liegt, ist $\sqrt{2}$ sicherlich keine natürliche Zahl. Folglich ist n ungleich 1. Nimmt man $\frac{m}{n} = \sqrt{2}$ an und quadriert beide Seiten der Gleichung, so ergibt sich $\frac{m \cdot m}{n \cdot n} = 2$. Da der Nenner $n \cdot n$ ungleich 1 ist und der Bruch bereits gekürzt ist, kann $\frac{m \cdot m}{n \cdot n}$ nicht gleich der natürlichen Zahl 2 sein. Also ergibt sich:

> $\sqrt{2}$ kann nicht als Bruch dargestellt werden.

Aufgabe 1

Wir wissen einerseits, dass $\sqrt{2}$ nicht als abbrechender Dezimalbruch geschrieben werden kann. Andererseits haben wir auch gezeigt, dass $\sqrt{2}$ nicht als Bruch geschrieben werden kann.
Daher soll im Folgenden der Zusammenhang zwischen Brüchen und Dezimalbrüchen genauer untersucht werden.

a) Verwandle die Brüche $\frac{53}{40}$ und $\frac{20}{7}$ in Dezimalbrüche.

b) Begründe, warum jeder Bruch $\frac{m}{n}$ mit $m, n \in \mathbb{N}^*$ entweder einen abbrechenden oder einen periodischen Dezimalbruch liefert.

c) Verwandle nun umgekehrt den abbrechenden Dezimalbruch 23,68 zurück in einen gewöhnlichen Bruch.

d) Verwandle den periodischen Dezimalbruch $0{,}0\overline{18}$ zurück in einen gewöhnlichen Bruch.
Anleitung: Vergleiche $1\,000 \cdot 0{,}0\overline{18}$ und $10 \cdot 0{,}0\overline{18}$.

Lösung

a) (1) $53 : 40 = 1{,}325$

```
53 : 40 = 1,325
40
130
120
 100
  80
  200
  200
    0
```

Der Rest ist Null.

Ergebnis: $\frac{53}{40} = 1{,}325$. Dies ist ein **abbrechender** Dezimalbruch.

(2) $20 : 7 = 2{,}\overline{857142}$

```
20 : 7 = 2,857142
14
 60
 56
  40
  35
   50
   49
    10
     7
    30
    28
     20
     14
      6
```

Der Rest 6 wiederholt sich. Folglich wiederholt sich auch die Rechnung in dem roten Feld und damit die Ziffernfolge 857142.

Ergebnis: $\frac{20}{7} = 2{,}\overline{857142}$. Dies ist ein **periodischer** (nicht abbrechender) Dezimalbruch.

b) Die möglichen Reste, die bei der Division m : n auftreten können, sind die Zahlen 0, 1, 2, 3, ..., n – 2 und n – 1. Also muss spätestens im n-ten Schritt der Rest 0 erscheinen oder aber es muss ein Rest erscheinen, der schon vorher vorgekommen ist, da es nur n mögliche Reste gibt.
Das bedeutet aber, dass der Dezimalbruch nach spätestens n – 1 Nachkommastellen abbricht oder aber eine Periode hat, die aus höchstens n – 1 Ziffern besteht.

c) An der 1. Stelle nach dem Komma stehen die Zehntel, an der 2. die Hundertstel, usw.
Also gilt:
$23{,}68 = 23 + \frac{6}{10} + \frac{8}{100} = \frac{2300 + 60 + 8}{100} = \frac{2368}{100} = \frac{592}{25}$

d) Es ist $1000 \cdot 0{,}0\overline{18} = 18{,}\overline{18}$
und $10 \cdot 0{,}0\overline{18} = 0{,}\overline{18}$
Diese beiden Ergebnisse stimmen in allen Nachkommastellen überein. Also erhalten wir durch Subtraktion

$$\begin{array}{rl} 1000 \cdot 0{,}0\overline{18} = 18{,}\overline{18} & \\ 10 \cdot 0{,}0\overline{18} = 0{,}\overline{18} & | - \\ \hline 990 \cdot 0{,}0\overline{18} = 18 & \end{array}$$

Daraus ergibt sich $0{,}0\overline{18} = \frac{18}{990} = \frac{1}{55}$.

Information

(1) Charakterisierung rationaler Zahlen

In Aufgabe 1 haben wir an Beispielen gesehen:

(a) Wandelt man einen Bruch in einen Dezimalbruch um, so ist dieser entweder abbrechend, oder er wird periodisch.

(b) Umgekehrt lässt sich jeder abbrechende aber auch jeder periodische Dezimalbruch in einen gewöhnlichen Bruch umwandeln.

Folglich gilt:

Rationale Zahlen sind die Zahlen, die sich mit Brüchen angeben lassen. Gibt man sie mit Dezimalbrüchen an, so sind diese abbrechend oder periodisch.

Beispiele:
$\frac{13}{4} = 3{,}75$ abbrechender Dezimalbruch
$-\frac{2}{3} = -0{,}66666\ldots = -0{,}\overline{6}$ sofortperiodischer Dezimalbruch
$\frac{7}{45} = 0{,}15555\ldots = 0{,}1\overline{5}$ nicht sofortperiodischer Dezimalbruch

(2) Unzulänglichkeit der rationalen Zahlen zum Wurzelziehen

In der Einführung auf Seite 169 haben wir eine erstaunliche Entdeckung gemacht:

$\sqrt{2}$ ist nicht als gewöhnlicher Bruch darstellbar; $\sqrt{2}$ ist keine rationale Zahl.

In der gleichen Weise lässt sich zeigen, dass alle Wurzeln aus natürlichen Zahlen, die keine Quadratzahlen sind, keine rationalen Zahlen sein können (siehe Aufgabe 10 auf Seite 166).
Auf Seite 174 werden wir deshalb einen erweiterten Zahlbereich einführen. Ein derartiges Vorgehen (Zahlbereichserweiterung) hast du schon zweimal kennen gelernt: von den natürlichen Zahlen zu den Bruchzahlen (positiven rationalen Zahlen) und von den positiven rationalen Zahlen zu den rationalen Zahlen.

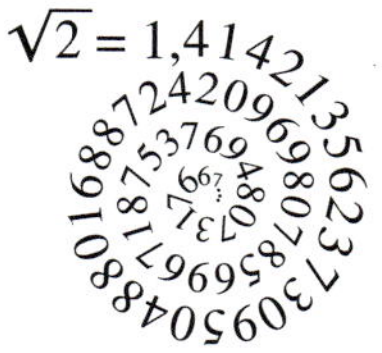

$\sqrt{2}$, $\sqrt{3}$, $\sqrt{5}$ sind Beispiele für **irrationale Zahlen** *(nichtrationale Zahlen)*. Sie lassen sich nicht als Bruch darstellen. Als Dezimalbruch geschrieben sind solche Zahlen nichtabbrechend und auch nichtperiodisch: $\sqrt{2} = 1{,}4142135623\ldots$

Beachte: $\sqrt{4}$ und $\sqrt{\frac{25}{9}}$ sind keine irrationalen Zahlen, sondern rationale, denn $\sqrt{4} = 2$ und $\sqrt{\frac{25}{9}} = \frac{5}{3}$.

Weiterführende Aufgabe

2. *Neunerperioden*

Verwandle den periodischen Dezimalbruch $0{,}\overline{9}$ in einen gewöhnlichen Bruch. Du erhältst ein Ergebnis, das zunächst unglaublich erscheint. Überlege, dass es dennoch korrekt ist.

Übungsaufgaben

3. Beweise: $\sqrt{10}$ ist nicht als Bruch darstellbar.
Tipp: Nimm an: $\sqrt{10} = \frac{m}{n}$; folgere daraus $10 \cdot n \cdot n = m \cdot m$ und überlege, wie viele Endnullen eine Zahl auf den beiden Seiten dieser Gleichung haben kann.

4. Beweise wie in der Einführung, dass es keine Bruchzahl gibt, die genau $\sqrt{8}$ [$\sqrt{18}$; $\sqrt{1\,000}$] ist.

5. Wende die Schritte des Beweises für die Irrationalität von $\sqrt{2}$ aus der Einführung auf Seite 169 auf $\sqrt{25}$ [$\sqrt{100}$; $\sqrt{1\,024}$] an. Was stellst du fest?

6. Bestimme (mit dem Taschenrechner) die Dezimalbruchdarstellung der Zahlen. Gib dann die ersten vier Intervalle einer Schachtelung für die Zahl wie in den Beispielen an.

a) $\sqrt{23}$ **e)** 12,1
b) $\sqrt{110}$ **f)** $\frac{125}{16}$
c) $\sqrt{1{,}3}$ **g)** $0{,}\overline{9}$
d) $\frac{8}{3}$ **h)** $\sqrt{\sqrt{10}}$

$\sqrt{56} = 7{,}48331\ldots$
[7; 8]; [7,4; 7,5]; [7,48; 7,49]; [7,483; 7,484]
$\frac{5}{4} = 1{,}25$
[1; 2]; [1,2; 1,3]; [1,24; 1,25]; [1,249; 1,250]

7. Schreibe als Dezimalbruch: $\frac{2}{22}$; $-\frac{7}{25}$; $\frac{19}{22}$; $\frac{100}{999}$; $-\frac{2}{3}$; $-\frac{5}{14}$

$\frac{8}{11} = 8 : 11 = 0{,}7272\ldots = 0{,}\overline{72}$

8. Schreibe als gewöhnlichen Bruch: 14,75; 0,033; −17,05; −8,290

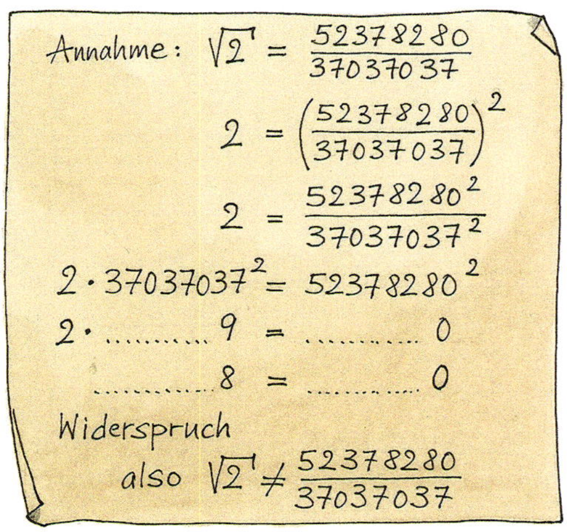

9. Wandle den periodischen Dezimalbruch in einen gewöhnlichen Bruch um; kürze:

a) $2{,}\overline{7}$ **c)** $22{,}3\overline{5}$ **e)** $0{,}\overline{240}$ **g)** $0{,}1\overline{9}$
b) $0{,}\overline{24}$ **d)** $2{,}\overline{07}$ **f)** $19{,}1\overline{91}$ **h)** $7{,}2\overline{49}$

10. a) Tobias betrachtet den vom Taschenrechner angezeigten Wert 1,414213560 für $\sqrt{2}$ und überlegt, ob $\sqrt{2} = 1{,}414213560$ gilt. Erläutere seine Überlegungen links.

b) Nimm an $\sqrt{2}$ könnte als ungekürzter Bruch $\sqrt{2} = \frac{m}{n}$ mit m, n ∈ ℕ* geschrieben werden. Folgere daraus eine Gleichung und beweise deren Unlösbarkeit durch Endziffernbetrachtungen.

Im Blickpunkt

Im Blickpunkt

Schnelle Berechnung von Wurzeln mit dem Heronverfahren

Um Näherungswerte für Wurzeln zu bestimmen, verwenden Taschenrechner und Computer spezielle Rechenverfahren. Ein solches Rechenverfahren geht auf den griechischen Mathematiker *Heron von Alexandria* (ca. 60 n. Chr.) zurück. Wir machen uns das Verfahren an einem Beispiel klar:

	rechnerisch	geometrisch
Problem	Gesucht ist ein Näherungswert für $\sqrt{6}$, also ein Dezimalbruch x, für den gilt: $x \cdot x = 6$	Wir suchen die Seitenlänge eines Quadrats mit dem Flächeninhalt 6. 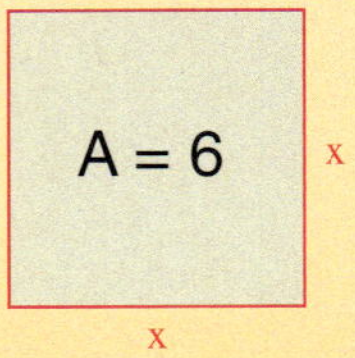
Idee	Wir nehmen zunächst zwei verschiedene Zahlen, deren Produkt 6 ergibt. Diese lassen sich leicht finden, z. B.: $3 \cdot 2 = 6$ Dann nähern wir die beiden Faktoren einander immer mehr an, bis sie fast gleich groß sind.	Wir nehmen zunächst ein Rechteck mit dem Flächeninhalt 6, z. B. mit den Seitenlängen 3 und 2. Wir verwandeln das Rechteck immer mehr in ein Quadrat. 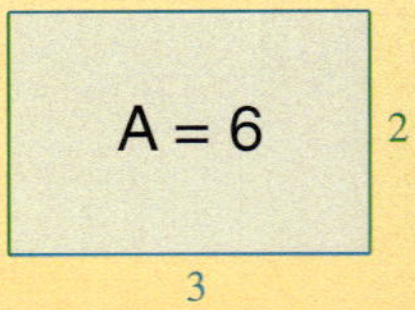
Systematische Durchführung des Verfahrens	*1. Schritt:* (a) Wähle einen Startwert als ersten Faktor, z. B. $a_0 = 3$. (b) Berechne den zweiten Faktor: $b_0 = \frac{6}{a_0} = 2$ *2. Schritt:* (a) Wähle a_1 als Mittelwert von a_0 und b_0: $a_1 = \frac{(a_0 + b_0)}{2} = \frac{(3 + 2)}{2} = 2{,}5$ (b) Berechne den zweiten Faktor: $b_1 = \frac{6}{a_1} = 2{,}4$ *3. Schritt:* (a) Wähle a_2 als Mittelwert von a_1 und b_1: $a_2 = \frac{(a_1 + b_1)}{2} = 2{,}45$ (b) Berechne den zweiten Faktor: $b_2 = \frac{6}{a_2} \approx 2{,}448$	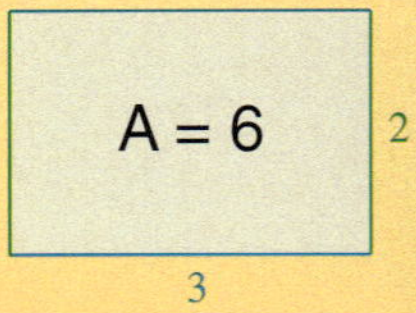 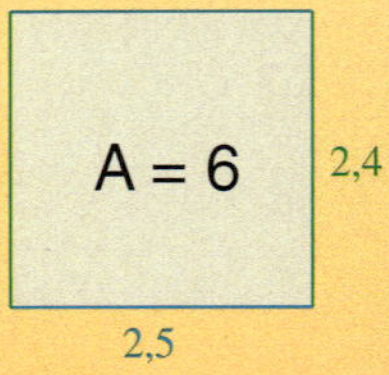 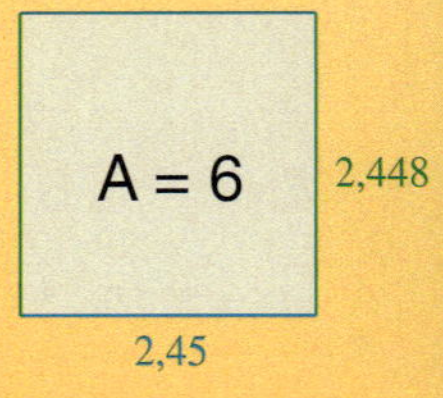

Die Ergebnisse unserer Rechnung fassen wir in einer Tabelle zusammen.

Faktor a	Faktor b = $\frac{6}{a}$	Mittelwert m = $\frac{a+b}{2}$	Kontrolle ($m^2 = 6$?)
3	2	2,5	6,25
2,5	2,4	2,45	6,0025
2,45	2,448979591 …	2,449489795	6,00000026
2,449489795 …	2,449489689 …	2,449489742 …	6,00000000 …

1. Führe die ersten drei Schritte des *Heronverfahrens* mit einem Taschenrechner durch für:
a) $\sqrt{30}$ (Startwert 5); **b)** $\sqrt{13}$ (Startwert 3). Prüfe den Näherungswert durch Quadrieren.

TAB **2.** Das *Heron-Verfahren* lässt sich leicht in ein Kalkulationsprogramm umsetzen. Die linke Abbildung unten zeigt ein solches Programm am Beispiel der Berechnung von $\sqrt{10}$. Die rechte Abbildung unten zeigt die Formeln, die in das Tabellenblatt eingegeben wurden. Vergleiche mit der Berechnung in der Abbildung links.

	A	B	C	D
1	Radikand	10		
2	Startwert	3		
3				
4	Faktor a	Faktor b	Mittelwert m	Kontrolle m²
5	3,0000000	3,3333333	3,1666667	10,0277778
6	3,1666667	3,1578947	3,1622807	10,0000192
7	3,1622807	3,1622746	3,1622777	10,0000000
8	3,1622777	3,1622777	3,1622777	10,0000000
9	3,1622777	3,1622777	3,1622777	10,0000000
10	3,1622777	3,1622777	3,1622777	10,0000000
11	3,1622777	3,1622777	3,1622777	10,0000000
12				
13				

	A	B	C	D
1	Radikand	10		
2	Startwert	3		
3				
4	Faktor a	Faktor b	Mittelwert m	Kontrolle m²
5	=B2	=$B$1/A5	=(A5+B5)/2	=C5^2
6	=C5	=$B$1/A6	=(A6+B6)/2	=C6^2
7	=C6	=$B$1/A7	=(A7+B7)/2	=C7^2
8	=C7	=$B$1/A8	=(A8+B8)/2	=C8^2
9	=C8	=$B$1/A9	=(A9+B9)/2	=C9^2
10	=C9	=$B$1/A10	=(A10+B10)/2	=C10^2
11	=C10	=$B$1/A11	=(A11+B11)/2	=C11^2
12				

Dividiere die Zahl aus Zelle B1 durch die Zahl aus Zelle A11.

Berechne den Mittelwert der Zahlen aus den Zellen A11 und B11.

In wenigen Schritten liefert das Verfahren einen sehr guten Näherungswert für $\sqrt{10}$.

a) Erstelle mit einem Tabellenkalkulationsprogramm ein Rechenblatt zur Berechnung von $\sqrt{10}$ mit dem Startwert 3.

b) Wähle weitere Startwerte (auch die Zahl 1 und die Zahl 2). Vergleiche.

3. Fasst man die ersten beiden Schritte des Heronverfahrens zusammen, so erhält man einen besseren Näherungswert. Begründe die folgende Formel.

> x_0 soll ein Näherungswert für $\sqrt{a}$ sein.
> Dann ist $\frac{1}{2}\left(x_0 + \frac{a}{x_0}\right) = x_1$ ein erheblich besserer Näherungswert.

TAB **4.** **a)** Erstelle mit einem Tabellenkalkulationsprogramm ein Rechenblatt, das die Formel aus Aufgabe 3 verwendet.

b) Gib verschiedene Radikanden ein. Untersuche, wie sich der Startwert auf die Schnelligkeit des Verfahrens auswirkt. Probiere verschiedene Startzahlen aus. Wähle auch einen ganzzahligen Wert, der dicht am Wurzelwert liegt.

5. Vergleiche das Intervallhalbierungsverfahren und das Heronverfahren hinsichtlich der Schnelligkeit zur Bestimmung vor Näherungswerten für eine Wurzel.

5.2 Reelle Zahlen

Aufgabe 1

Erläutere, warum an der markierten Stelle x auf der Zahlengeraden die irrationale Zahl $\sqrt{2}$ liegt.

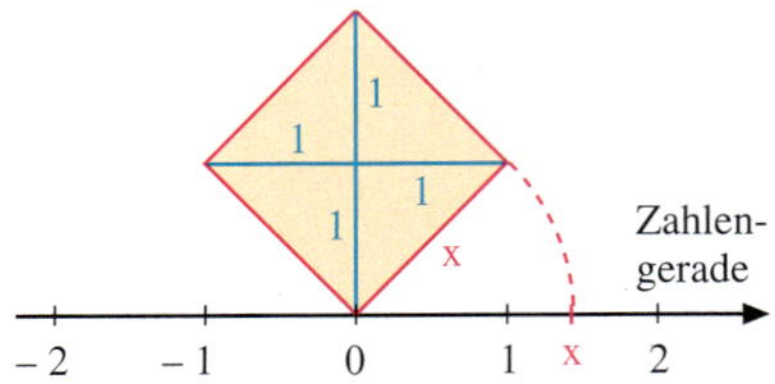

Lösung

Der Flächeninhalt des Quadrates hat die Maßzahl 2, denn es setzt sich zusammen aus vier zueinander kongruenten Dreiecken, die jeweils den Flächeninhalt $\frac{1}{2} \cdot 1 \cdot 1$, also $\frac{1}{2}$ haben.
Die Seitenlänge hat demnach die Maßzahl $\sqrt{2}$.
Sie wurde mithilfe eines Zirkels auf die Zahlengerade übertragen.

Information

(1) Reelle Zahlen

In früheren Schuljahren haben wir nur Punkte auf der Zahlengeraden betrachtet, die rationalen Zahlen zugeordnet waren. In Aufgabe 1 haben wir gesehen, dass man der irrationalen Zahl $\sqrt{2}$ genau einen Punkt auf der Zahlengeraden zuordnen kann. Es gibt also Punkte auf der Zahlengeraden, denen keine rationale Zahl zugeordnet ist. Will man jeden Punkt der Zahlengeraden durch eine Zahl erfassen, so muss man eine neue Zahlenmenge betrachten; die rationalen Zahlen reichen nicht mehr aus.

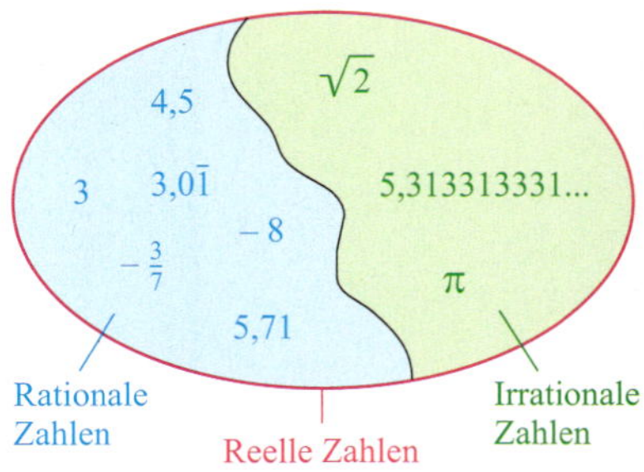

Rationale und irrationale Zahlen fasst man zur **Menge ℝ der reellen Zahlen** zusammen.

Jeder Punkt auf der Zahlengeraden stellt eine reelle Zahl dar. Umgekehrt gehört zu jeder reellen Zahl ein Punkt auf der Zahlengeraden.

(2) Vom Punkt auf der Zahlengeraden zur Dezimalbruchentwicklung

Betrachten wir einen beliebigen Punkt P auf der Zahlengeraden, so können wir zur zugehörigen Zahl x die Dezimalbruchentwicklung angeben. Wir betrachten dazu eine Folge von Intervallen.

Für das erste Intervall wählen wir ganze Zahlen als Grenzen. Fällt x mit einer solchen Grenze zusammen, dann ist x eine ganze Zahl. Andernfalls teilen wir das Intervall in 10 gleiche Teile.

Auch nun kann x mit einem dieser Teilungspunkte übereinstimmen oder nicht. Dieses Verfahren führen wir weiter durch.

Wenn x irgendeinmal mit einem solchen Teilungspunkt übereinstimmt, handelt es sich um den entsprechenden abbrechenden Dezimalbruch. Andernfalls erhält man eine Intervallschachtelung, die sich auf eine bestimmte Zahl mit einer nicht abbrechenden Dezimalbruchentwicklung „zusammenzieht“.

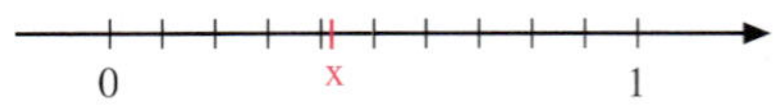

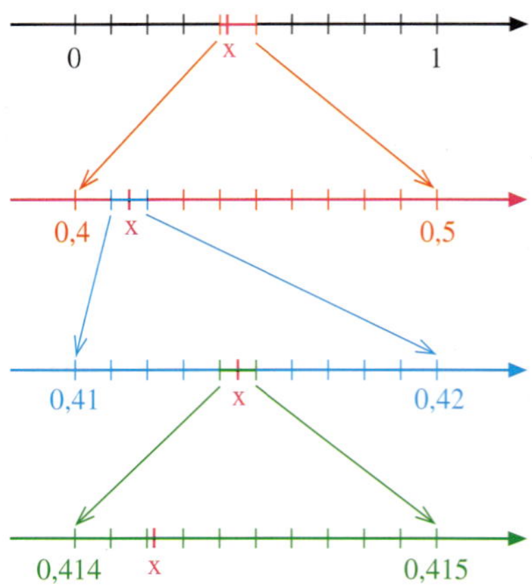

(3) Von der Dezimalbruchentwicklung zum Punkt auf der Zahlengeraden

Auch umgekehrt können wir zu jeder Dezimalbruchentwicklung (z. B. $\sqrt{2}$) einen Punkt auf der Zahlengeraden finden. Bisher kannten wir nur Punkte, die rationalen Zahlen zugeordnet waren. Statt der geometrischen Konstruktion kann man auch eine Intervallschachtelung für die genaue Festlegung des Punktes nutzen. Diese Methode kann man bei jeder Zahl anwenden, deren Dezimalbruchentwicklung bekannt ist, egal ob sie abbrechend, nichtabbrechend, periodisch oder nichtabbrechend und nichtperiodisch ist, wie z. B. 5,313313331 … Die Intervallgrenzen sind rationale Zahlen, die wir markieren können. Da die Intervalle ineinander geschachtelt sind und die Intervallgrenzen beliebig klein werden, ziehen sich diese Intervalle auf einen Punkt zusammen.
Wir können also eine irrationale Zahl beliebig genau durch rationale Zahlen annähern. Wichtig ist, dass durch eine solche Intervallschachtelung die entsprechende Zahl eindeutig bestimmt ist.
Es können nie zwei verschiedene Zahlen a und b zu allen Intervallen einer Intervallschachtelung gehören. Das Intervall zwischen den beiden Zahlen hat immer die Länge b – a. Diese Länge wird aber bei einer Invervallschachtelung irgendwann unterschritten, da die Intervalllängen beliebig klein werden.

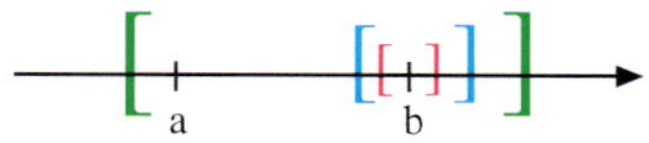

Jede Intervallschachtelung erfasst genau eine reelle Zahl. Diese ist irrational, wenn die Dezimalbruchentwicklung nichtabbrechend und nichtperiodisch ist, oder rational, wenn die Dezimalbruchentwicklung abbrechend oder periodisch ist.

Merke: Du kannst eine irrationale Zahl beliebig genau durch eine Dezimalbruchentwicklung darstellen. Der Taschenrechner zeigt nur den Anfang einer solchen Entwicklung an.

Übungsaufgaben

2. Konstruiere die Zahlen $\sqrt{2}$ und $5 \cdot \sqrt{2}$ sowie $\frac{1}{2} \cdot \sqrt{2}$ auf der Zahlengeraden.

3. **a)** Zeige, dass man mit der Figur rechts $\sqrt{50}$ konstruieren kann.

b) Konstruiere ebenso: $\sqrt{8}$.

c) Gib drei weitere Radikanden an, deren Wurzeln man ebenso ermitteln kann. Konstruiere ebenso.

d) Warum kannst du $\sqrt{14}$ nicht auf diese Weise konstruieren?

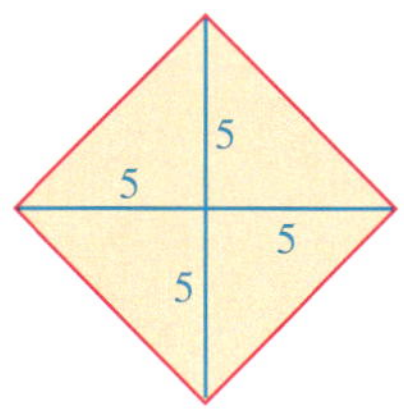

4. **a)** Setze 0,12233344445 … zu einem nichtabbrechenden Dezimalbruch fort, sodass er
(1) eine rationale Zahl darstellt; (2) eine irrationale Zahl darstellt.
Formuliere jeweils mehrere geeignete Anweisungen zur Fortsetzung; gib Begründungen an.

b) Formuliere eine nahe liegende Vorschrift zur Fortsetzung des Dezimalbruchs. Entscheide dann, ob er eine rationale oder eine irrationale Zahl darstellt.
(1) 3,181811111 … (3) 3,1881818181 … (5) 0,5152152152 …
(2) 3,181881888 … (4) 0,414243444546 … (6) 0,1515251525152 …

5. *Teamarbeit:* Die Pythagoreer waren der Meinung, dass man alle Maße mit Verhältnissen natürlicher Zahlen ausdrücken könnte. Der griechische Mathematiker Hipposos widerlegte dies am Fünfeck. Recherchiert im Internet nach der Bedeutung der Irrationalität in der griechischen Mathematik.
Erstellt ein Plakat mit euren Ergebnissen und bereitet einen kleinen Vortrag darüber vor.

5.3 Zusammenhang zwischen Wurzelziehen und Quadrieren

Aufgabe 1

a) Führe für die Zahlen 9; 6,25; 2; $\frac{1}{4}$; 0; −1; −4; $-\frac{25}{4}$ folgende Anweisungsfolge durch, sofern möglich.

(1) Ziehe zuerst die Wurzel aus der Zahl und quadriere dann dieses Ergebnis.

(2) Quadriere zuerst die Zahl und ziehe dann die Wurzel aus dem Ergebnis.

Notiere deine Ergebnisse jeweils in Form einer Tabelle.

b) Was fällt auf? Formuliere sowohl für (1) als auch für (2) eine Regel.

Lösung

a) (1) Wurzelziehen → Quadrieren

a	$\sqrt{a}$	$(\sqrt{a})^2$
9	3	9
6,25	2,5	6,25
2	$\sqrt{2}$	2
$\frac{1}{4}$	$\frac{1}{2}$	$\frac{1}{4}$
0	0	0
−1	nicht möglich	–
−4	nicht möglich	–
$-\frac{25}{4}$	nicht möglich	–

(2) Quadrieren → Wurzelziehen

a	a^2	$\sqrt{a^2}$
9	81	9
6,25	39,0625	6,25
2	4	2
$\frac{1}{4}$	$\frac{1}{16}$	$\frac{1}{4}$
0	0	0
−1	1	1
−4	16	4
$-\frac{25}{4}$	$\frac{625}{16}$	$\frac{25}{4}$

b) (1) Diese Anweisungsfolge ist nur für positive Zahlen und die Zahl 0 durchführbar. Sie liefert als Endergebnis wieder die Ausgangszahl.
Für negative Zahlen ist die Wurzel nicht definiert, daher ist die Anweisungsfolge nicht durchführbar.

(2) Diese Anweisungsfolge ist dagegen für *alle* Zahlen durchführbar. Für nichtnegative Zahlen liefert sie als Endergebnis wieder die Ausgangszahl.
Für negative Zahlen liefert sie deren Gegenzahl.
Zusammengefasst kann man sagen, dass diese Anweisungsfolge als Ergebnis den Betrag der Zahl liefert.

$\sqrt{(-4)^2} = |-4|$

Information

Die Lösung der Aufgabe 1 zeigt:

a ∈ ℝ bedeutet: a ist eine reelle Zahl.

Satz

(1) Für alle $a \in \mathbb{R}$ gilt: $\mathbf{\sqrt{a^2} = |a|}$

(2) Für alle $a \in \mathbb{R}$ mit $a \geq 0$ gilt:

(a) $\mathbf{\sqrt{a^2} = a}$

Das Quadrieren wird durch das Wurzelziehen rückgängig gemacht:

a → Quadrieren → a^2; a^2 → Wurzelziehen → a

(b) $\mathbf{(\sqrt{a})^2 = a}$

Für a < 0 ist $\sqrt{a}$ nicht definiert

Das Wurzelziehen wird durch das Quadrieren rückgängig gemacht:

a → Wurzelziehen → $\sqrt{a}$; $\sqrt{a}$ → Quadrieren → a

Beweis:

(1) $\sqrt{a^2}$ ist definiert als diejenige nichtnegative Zahl, die quadriert a^2 ergibt.
$|a|$ ist nichtnegativ.
Um $\sqrt{a^2} = |a|$ zu beweisen, müssen wir noch zeigen, dass $|a|^2 = a^2$ ist.
Für $a \geq 0$ gilt: $|a| = a$, also $|a|^2 = a^2$.
Für $a < 0$ gilt: $|a| = -a$, also $|a|^2 = (-a)^2 = a^2$.

$|-3| = 3 = -(-3)$

Für $a < 0$ ist $|a| = -a$

(2a) Ist ein Spezialfall von (1): Für alle $a \geq 0$ ist $|a| = a$.

(2b) Für nichtnegative Zahlen a ist $\sqrt{a}$ definiert als die Zahl, die quadriert a ergibt.

Weiterführende Aufgaben

2. *Definitionsmenge von Wurzeltermen*

a) Jonas hat im **y=**-Editor des grafikfähigen Taschenrechners den Term $\sqrt{8x-12}$ eingegeben. Als er sich die Wertetabelle anschaut, wundert er sich. Was meinst du dazu?

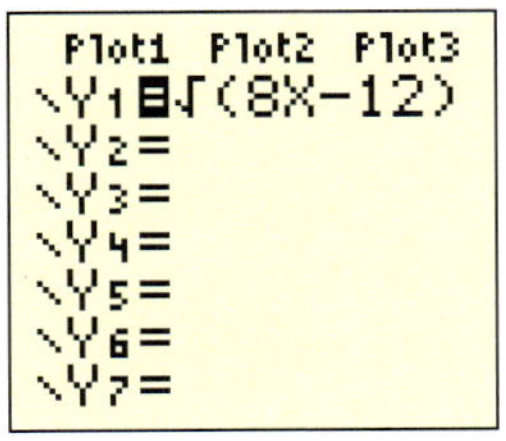

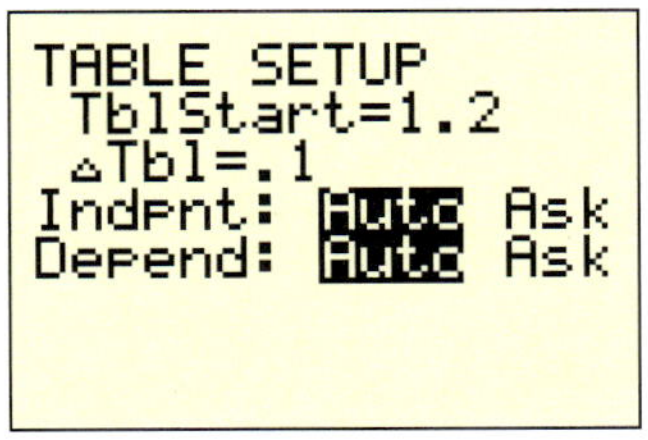

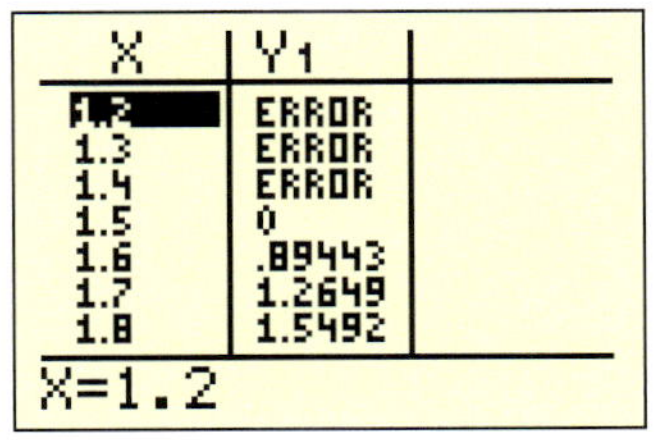

b) Für welche reellen Zahlen x ist die Wurzel definiert?
Bestimme die Definitionsmenge wie im Beispiel.

(1) $\sqrt{3x+12}$ (3) $\sqrt{-|x|}$

(2) $\sqrt{x^2+1}$ (4) $\sqrt{-2-x^2}$

> $\sqrt{5x-12}$ ist nur definiert,
> falls: $5x - 12 \geq 0$
> Umgeformt: $5x \geq 12$
> $x \geq 2{,}4$
> Definitionsmenge:
> $D = \{x \in \mathbb{R} \mid x \geq 2{,}4\}$

3. *Vereinfachen von Wurzeltermen*

Bestimme die Definitionsmenge des Terms. Vereinfache dann den Wurzelterm.

a) $\left(\sqrt{2a+1}\right)^2$ **c)** $\sqrt{4z^2}$

b) $\left(-\sqrt{2x+4}\right)^2$ **d)** $\sqrt{(-(a+1))^2}$

> $\sqrt{25(x+3)^2}$, $D = \mathbb{R}$
> $= \sqrt{(5(x+3))^2}$
> $= |5(x+3)|$
> $= 5|x+3|$, da $5 > 0$

4. *Lösungsmenge der Gleichung $x^2 = a$*

Bestimme die Lösungsmenge der Gleichung.

a) $x^2 = 16$ **c)** $x^2 = 0$

b) $x^2 = 5$ **d)** $x^2 = -25$

> $x^2 = 7$ | Wurzelziehen
> $|x| = \sqrt{7}$
> $x = \sqrt{7}$ *oder* $x = -\sqrt{7}$
> $L = \{-\sqrt{7};\ \sqrt{7}\}$

Information

(1) Lösungsmenge einer Gleichung der Form $x^2 = a$

Die Gleichung $x^2 = 2$ hat in der Grundmenge $\mathbb{Q}$ keine Lösung, da $\sqrt{2}$ irrational ist. In der Grundmenge $\mathbb{R}$ hat die Gleichung $x^2 = 2$ dagegen zwei Lösungen: $\sqrt{2}$ und $-\sqrt{2}$.
Ab jetzt wählen wir $\mathbb{R}$ als Grundmenge für Gleichungen, sofern es nicht anders vereinbart wird.

Satz: *Lösungsmenge der Gleichung $x^2 = a$*

(1) Für $a > 0$ hat diese Gleichung genau zwei Lösungen, die sich nur durch das Vorzeichen unterscheiden, nämlich $\sqrt{a}$ und $-\sqrt{a}$, also $L = \{-\sqrt{a};\ \sqrt{a}\}$.

(2) Für $a = 0$ hat diese Gleichung genau eine Lösung, nämlich 0, also $L = \{0\}$.

(3) Für $a < 0$ hat diese Gleichung keine Lösung, also $L = \{\ \}$.

Beachte: $\sqrt{4} = 2$, aber $\sqrt{4} \neq -2$.

(2) Unterschied zwischen dem Bestimmen der Lösungsmenge einer Gleichung der Form $x^2 = a$ und dem Wurzelziehen

$\sqrt{7}$ ist ein Name für eine Zahl, nämlich für diejenige nichtnegative Zahl, die quadriert 7 ergibt. Bei Bedarf kann man diese irrationale Zahl näherungsweise angeben: $\sqrt{7} \approx 2{,}646$.
Beim Lösen der Gleichung $x^2 = 7$ sucht man alle Zahlen, die diese Gleichung erfüllen.
$\sqrt{7}$ ist eine solche Zahl, denn $(\sqrt{7})^2 = 7$.
Aber auch $-\sqrt{7}$ ist eine solche Zahl, denn auch $(-\sqrt{7})^2 = 7$.
Da dies die beiden einzigen Zahlen sind, die quadriert 7 ergeben, ist die Lösungsmenge der obigen Gleichung $L = \{-\sqrt{7};\ \sqrt{7}\}$.
Das Bestimmen der Lösungsmenge der Gleichung $x^2 = a$ und das Wurzelziehen aus a sind also verschiedene Tätigkeiten, die man nicht verwechseln darf.

Übungsaufgaben

5. Marina hat einen längeren Term mit einem einfachen Taschenrechner berechnet. Nachdem das Ergebnis schon in der Anzeige erschienen war, ist sie versehentlich auf die x^2-Taste gekommen. Muss sie den ganzen Term noch einmal neu berechnen?

6. Bestimme ohne Taschenrechner.

a) $(\sqrt{125})^2$ **d)** $(\sqrt{\frac{1}{168}})^2$ **g)** $-\sqrt{17{,}5^2}$ **j)** $(\sqrt{2^2})^2$ **m)** $\sqrt{\sqrt{2^2}}$

b) $(\sqrt{0{,}0016})^2$ **e)** $\sqrt{325^2}$ **h)** $\sqrt{(-\frac{25}{144})^2}$ **k)** $(\sqrt{(-3)^2})^2$ **n)** $-(\sqrt{\sqrt{3}})^2$

c) $(-\sqrt{33})^2$ **f)** $\sqrt{17{,}5^2}$ **i)** $(\sqrt{2})^2$ **l)** $\sqrt{(\sqrt{2})^2}$ **o)** $\sqrt{(-\sqrt{3})^2}$

7. Bestimme die Definitionsmenge des Wurzelterms.

a) $\sqrt{x+5}$ **d)** $\sqrt{7+p}$ **g)** $\sqrt{2x+18}$ **j)** $\sqrt{(x-3)^2-(x^2+1)}$

b) $\sqrt{a-3}$ **e)** $\sqrt{4+2x}$ **h)** $\sqrt{\frac{3}{4}x-18}$ **k)** $\sqrt{(x-1)\cdot 4+(x+2)\cdot 5}$

c) $\sqrt{5-a}$ **f)** $\sqrt{7-5x}$ **i)** $\sqrt{3v+7-8v}$ **l)** $\sqrt{z^2+1-(z-1)^2}$

8. Bestimme die Definitionsmenge des Wurzelterms.

a) $\sqrt{x^2-4}$ **c)** $\sqrt{x^2+4}$ **e)** $\sqrt{\sqrt{x+3}}$ **g)** $\sqrt{\sqrt{x-3}}$ **i)** $\sqrt{|x|}$

b) $\sqrt{4-x^2}$ **d)** $\sqrt{x^3+1}$ **f)** $\sqrt{\sqrt{x}+3}$ **h)** $\sqrt{3-\sqrt{x}}$ **j)** $\sqrt{|x|-2}$

9. Bestimme zunächst die Definitionsmenge des Terms. Vereinfache dann.

a) $\sqrt{c^2}$ **c)** $-(\sqrt{c})^2$ **e)** $-(\sqrt{(-c)^2})^2$ **g)** $\sqrt{(-3r)^2}$ **i)** $\sqrt{(2-a)^2}$

b) $\sqrt{(-c)^2}$ **d)** $(-\sqrt{c})^2$ **f)** $\sqrt{(3r)^2}$ **h)** $-\sqrt{(3r)^2}$ **j)** $(\sqrt{1-a})^2$

10. Prüfe die folgende Behauptung.
Für alle $x \in \mathbb{R}$ gilt:

a) $\sqrt{x^2} = x$ **c)** $\sqrt{(-x)^2} = x$ **e)** $\sqrt{(-x)^2} = -|x|$ **g)** $\sqrt{x^2} = -x$

b) $\sqrt{(-x)^2} = -x$ **d)** $\sqrt{x^2} = |x|$ **f)** $\sqrt{(-x)^2} = |-x|$ **h)** $\sqrt{x^2} = |-x|$

11. Bestimme die Lösungsmenge (ohne Taschenrechner).

a) $x^2 = 1\,600$ **d)** $x^2 = 196$ **g)** $x^2 = 8\,100$ **j)** $x^2 = 4{,}84$ **m)** $x^2 = 0$

b) $x^2 = -256$ **e)** $x^2 = 3$ **h)** $x^2 = 10\,000$ **k)** $x^2 = -12{,}25$ **n)** $x^2 = \frac{9}{100}$

c) $x^2 = -3$ **f)** $x^2 = 625$ **i)** $x^2 = 6{,}25$ **l)** $x^2 = 2$ **o)** $x^2 = \frac{49}{81}$

12. Kontrolliere folgende Hausaufgaben.

Robert
$x^2 = 2$
$x = 1{,}414$
$L = \{1{,}414\}$

Sarah
$x^2 = -6{,}25$
$x = -2{,}5$
$L = \{-2{,}5\}$

Urs
$x^2 = 7$
$x = \sqrt{7}$
$L = \{\sqrt{7}\}$

Valentina
$x^2 = 10$
$x = \sqrt{10}$ oder $x = -\sqrt{10}$
$L = \{\sqrt{10}; -\sqrt{10}\}$

Tom
$x^2 = 3$
$x = 1{,}73$ oder $x = -1{,}73$
$L = \{1{,}73; -1{,}73\}$

13. Bestimme die Lösungsmenge (ohne Taschenrechner).

a) $x^2 = 3^2$ **c)** $x^2 = -3^2$ **e)** $x^2 = -\sqrt{3}$ **g)** $x^2 = 3^4$

b) $x^2 = (-3)^2$ **d)** $x^2 = \sqrt{3}$ **f)** $x^2 = \left(\sqrt{3}\right)^2$ **h)** $x^2 = 3^3$

14. Bestimme die Lösungsmenge.

a) $\sqrt{x^2} = |x|$ **b)** $\sqrt{x^2} = x$ **c)** $\sqrt{x^2} = -|x|$ **d)** $\sqrt{-x^2} = |x|$

15. Bestimme die Lösungsmenge.

a) $x^2 - 9 = 0$ **c)** $2u^2 - 50 = 0$ **e)** $3x^2 + 12 = 0$ **g)** $3x^2 = 2x^2 + 4$

b) $z^2 + 4 = 0$ **d)** $-3x^2 = -27$ **f)** $2x^2 - 13 = 9$ **h)** $5p^2 = 7p^2 - 18$

16. Gib eine Gleichung der Form $x^2 = a$ an, welche die folgende Lösungsmenge hat.

a) $\{-7;\ 7\}$ **b)** $\{-\sqrt{5};\ \sqrt{5}\}$ **c)** $\{\ \}$ **d)** $\{-\frac{3}{4};\ \frac{3}{4}\}$ **e)** $\{-1{,}2;\ 1{,}2\}$ **f)** $\{0\}$

17. Gibt es eine Gleichung $x^2 = a$ mit $a \in \mathbb{N}$, deren Lösungsmenge aus

a) zwei ganzen Zahlen besteht;

b) zwei nichtganzen rationalen Zahlen besteht;

c) zwei irrationalen Zahlen besteht;

d) einer rationalen und einer irrationalen Zahl besteht;

e) einer reellen Zahl besteht?

Wenn ja, nenne eine solche Gleichung. Wenn nein, begründe dies.

5.4 Rechenregeln für Quadratwurzeln und ihre Anwendung

Einführung

Michael hat die nebenstehenden Aufgaben im Kopf gerechnet, Nora hat mithilfe des Taschenrechners kontrolliert.

Aufgabe	Michael	Nora
$\sqrt{18}+\sqrt{2}$	$\sqrt{20}$	5,656854249
$\sqrt{18}-\sqrt{2}$	$\sqrt{16}=4$	2,828427125
$\sqrt{18}\cdot\sqrt{2}$	$\sqrt{36}=6$	6
$\sqrt{18}:\sqrt{2}$	$\sqrt{9}=3$	3

Nora überlegt: „Die ersten beiden Rechnungen von Michael können gar nicht stimmen: $\sqrt{20}$ ist nämlich kleiner als 5; ebenso ist 4 nicht gleich 2,8…

Die anderen Ergebnisse sind erstaunlich:
Die Faktoren $\sqrt{18}$ und $\sqrt{2}$ haben unendlich viele Stellen nach dem Komma, das Produkt jedoch keine einzige. Ebenso ist es beim Quotienten. Sind diese Ergebnisse genau oder Näherungswerte?“

Michael schlägt vor: „Machen wir doch die Probe bei der dritten Aufgabe. Wenn ihr Ergebnis wirklich $\sqrt{36}$ ist, muss das Quadrat von $\sqrt{18}\cdot\sqrt{2}$ genau 36 sein.

$(\sqrt{18}\cdot\sqrt{2})^2 = (\sqrt{18}\cdot\sqrt{2})\cdot(\sqrt{18}\cdot\sqrt{2}) = \sqrt{18}\cdot\sqrt{18}\cdot\sqrt{2}\cdot\sqrt{2} = 18\cdot 2 = 36$

$\sqrt{18}\cdot\sqrt{2}$ ergibt quadriert 36 und ist auch nichtnegativ.

Daher muss es die Wurzel von 36, also 6 sein.“

Aufgabe 1

a) Begründe, dass $\frac{\sqrt{18}}{\sqrt{2}}$ genau $\sqrt{9}$, also gleich 3 ist.

b) Formuliere einfache Regeln für die Berechnung des Produktes und des Quotienten zweier Wurzeln. Welche Ergebnisse erwartest du für (1) $\sqrt{80}\cdot\sqrt{5}$; (2) $\frac{\sqrt{5}}{\sqrt{80}}$; (3) $\sqrt{80}:\sqrt{5}$?
Kontrolliere anschließend mit dem Taschenrechner.

c) Bestätige an den Beispielen von $\sqrt{9}+\sqrt{16}$ und $\sqrt{100}-\sqrt{36}$, dass keine ähnlich einfachen Regeln für die Summe und die Differenz von Wurzeln gelten.

Lösung

a) Um zu überprüfen, ob $\frac{\sqrt{18}}{\sqrt{2}}$ die Wurzel aus 9 ist, berechnen wir das Quadrat von $\frac{\sqrt{18}}{\sqrt{2}}$:

$\left(\frac{\sqrt{18}}{\sqrt{2}}\right)^2 = \frac{\sqrt{18}}{\sqrt{2}}\cdot\frac{\sqrt{18}}{\sqrt{2}} = \frac{\sqrt{18}\cdot\sqrt{18}}{\sqrt{2}\cdot\sqrt{2}} = \frac{18}{2} = 9$. Das Quadrat von $\frac{\sqrt{18}}{\sqrt{2}}$ ist also 9.

Da $\frac{\sqrt{18}}{\sqrt{2}}$ ferner nichtnegativ ist, ist $\frac{\sqrt{18}}{\sqrt{2}}$ die Wurzel aus 9, also tatsächlich $\frac{\sqrt{18}}{\sqrt{2}} = \sqrt{9} = 3$.

b) Wenn zwei Wurzeln multipliziert werden sollen, kann man zunächst nur die Radikanden multiplizieren und aus diesem Ergebnis die Wurzel ziehen.
Wenn zwei Wurzeln dividiert werden sollen, kann man zunächst nur die Radikanden dividieren und aus diesem Ergebnis die Wurzel ziehen.

(1) $\sqrt{80}\cdot\sqrt{5} = \sqrt{80\cdot 5} = \sqrt{400} = 20$

(2) $\frac{\sqrt{5}}{\sqrt{80}} = \sqrt{\frac{5}{80}} = \sqrt{\frac{1}{16}} = \frac{1}{4}$

(3) $\sqrt{80}:\sqrt{5} = \sqrt{80:5} = \sqrt{16} = 4$

Der Taschenrechner liefert genau diese Ergebnisse.

c) $\sqrt{9}+\sqrt{16} = 3+4 = 7$, aber $\sqrt{9+16} = \sqrt{25} = 5$.

$\sqrt{100}-\sqrt{36} = 10-6 = 4$, aber $\sqrt{100-36} = \sqrt{64} = 8$.

Beachte also: Für die Summe und die Differenz von Wurzeln gelten *keine* einfachen Regeln.

Information

Wurzelgesetze für Produkte und Quotienten

(W1) Man kann zwei Wurzeln multiplizieren, indem man die Radikanden multipliziert und dann die Wurzel zieht.

Für alle $a \geq 0,\ b \geq 0$ gilt: $\sqrt{\mathbf{a}} \cdot \sqrt{\mathbf{b}} = \sqrt{\mathbf{a} \cdot \mathbf{b}}$

(W2) Man kann zwei Wurzeln dividieren, indem man die Radikanden dividiert und dann die Wurzel zieht.

Für alle $a \geq 0,\ b > 0$ gilt: $\frac{\sqrt{\mathbf{a}}}{\sqrt{\mathbf{b}}} = \sqrt{\frac{\mathbf{a}}{\mathbf{b}}}$

Beweis von (W1):

Die Behauptung $\sqrt{a} \cdot \sqrt{b} = \sqrt{a \cdot b}$ bedeutet: $\sqrt{a} \cdot \sqrt{b}$ ist die Wurzel aus dem Produkt $a \cdot b$.

Dazu müssen wir zeigen:

(a) Das Quadrat von $\sqrt{a} \cdot \sqrt{b}$ ist $a \cdot b$.

(b) $\sqrt{a} \cdot \sqrt{b}$ ist nichtnegativ.

Zu (a):

Assoziativ- und Kommutativgesetz angewandt

$$\left(\sqrt{a} \cdot \sqrt{b}\right)^2 = \left(\sqrt{a} \cdot \sqrt{b}\right) \cdot \left(\sqrt{a} \cdot \sqrt{b}\right) = \sqrt{a} \cdot \sqrt{a} \cdot \sqrt{b} \cdot \sqrt{b} = a \cdot b$$

Zu (b):

Da $\sqrt{a}$ und $\sqrt{b}$ nichtnegativ sind, ist auch das Produkt $\sqrt{a} \cdot \sqrt{b}$ nichtnegativ.

Aus (a) und (b) folgt: $\sqrt{a} \cdot \sqrt{b} = \sqrt{ab}$

Beweis von (W2):

Die Behauptung $\frac{\sqrt{a}}{\sqrt{b}} = \sqrt{\frac{a}{b}}$ bedeutet: $\frac{\sqrt{a}}{\sqrt{b}}$ ist die Wurzel aus dem Quotienten $\frac{a}{b}$.

Dazu müssen wir zeigen:

(a) Das Quadrat von $\frac{\sqrt{a}}{\sqrt{b}}$ ist $\frac{a}{b}$.

(b) $\frac{\sqrt{a}}{\sqrt{b}}$ ist nichtnegativ.

Zu (a):

$$\left(\frac{\sqrt{a}}{\sqrt{b}}\right)^2 = \frac{\sqrt{a}}{\sqrt{b}} \cdot \frac{\sqrt{a}}{\sqrt{b}} = \frac{\sqrt{a} \cdot \sqrt{a}}{\sqrt{b} \cdot \sqrt{b}} = \frac{a}{b}.$$

Zu (b):

Da $\sqrt{a}$ und $\sqrt{b}$ nichtnegativ sind, ist auch der Quotient $\frac{\sqrt{a}}{\sqrt{b}}$ nichtnegativ.

Aus (a) und (b) folgt: $\frac{\sqrt{a}}{\sqrt{b}} = \sqrt{\frac{a}{b}}$

Weiterführende Aufgaben

2. *Vereinfachen von Wurzeltermen mit den Wurzelgesetzen*

Bestimme zunächst die Definitionsmenge des Terms. Vereinfache ihn dann.

a) $\sqrt{5a} \cdot \sqrt{20a^3}$

b) $\frac{\sqrt{3b^3}}{\sqrt{27b}}$

c) $\frac{\sqrt{8(x-1)^3}}{\sqrt{2(x-1)}}$

d) $\sqrt{15b} \cdot \frac{\sqrt{5}}{\sqrt{3b^3}}$

$$\begin{aligned}
&\sqrt{3(x-1)} \cdot \sqrt{27 \cdot (x-1)^3} \quad (\text{für } x \geq 1)\\
&= \sqrt{3(x-1) \cdot 27 \cdot (x-1)^3} \quad (\text{W1})\\
&= \sqrt{81(x-1)^4}\\
&= \sqrt{81} \cdot \sqrt{(x-1)^4} \quad (\text{W1})\\
&= 9 \cdot (x-1)^2
\end{aligned}$$

CAS **3.** *Teilweises Wurzelziehen*

a) Die Lehrerin zeigt der Klasse die nebenstehende Anzeige eines CAS-Rechners. Sie meint: „Ihr könnt die vom Computer-Algebra-System vorgenommenen Umformungen sogar beweisen.“

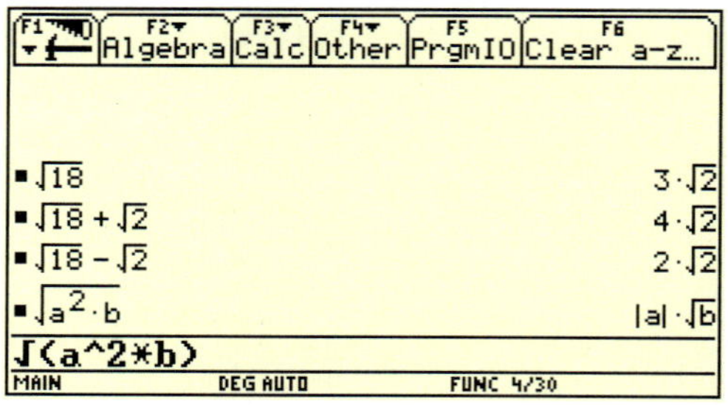

b) Beweise die folgenden Gesetze für teilweises Wurzelziehen.

(1) $\sqrt{a^2 b} = |a| \cdot \sqrt{b}$ (für $b \geq 0$)

(2) $\sqrt{\frac{a}{b^2}} = \frac{\sqrt{a}}{|b|}$ (für $a \geq 0,\ b \neq 0$)

(3) $\sqrt{\frac{a^2}{b}} = \frac{|a|}{\sqrt{b}}$ (für $b > 0$)

c) Ziehe teilweise die Wurzel.

(1) $\sqrt{50}$ (2) $\sqrt{4b}$ (5) $\sqrt{ab^2c^3}$

(2) $\sqrt{\frac{3}{16}}$ (4) $\sqrt{\frac{a}{9}}$ (6) $\sqrt{\frac{2u^2v}{9w^3}}$

$$\sqrt{\frac{2x^2y^3}{9z^4}} = \sqrt{\frac{x^2 \cdot y^2 \cdot 2y}{9z^4}} = \frac{|x| \cdot y}{3z^2}\sqrt{2y}$$

(für $y \geq 0,\ z \neq 0$)

4. *Addition und Subtraktion von Termen mit Wurzeln*

Es gibt keine allgemeinen einfachen Gesetze für die Summe und die Differenz von Wurzeln. In einigen besonderen Fällen kann man aber doch vereinfachen.

a) Erläutere die Rechnungen. Was für eine Umformung wurde vorgenommen?

(1) $5 \cdot \sqrt{6} + 7 \cdot \sqrt{6} = 12 \cdot \sqrt{6}$ (2) $7 \cdot \sqrt{5} - 2 \cdot \sqrt{5} = 5 \cdot \sqrt{5}$ (3) $5 \cdot \sqrt{6} - \sqrt{6} = 4 \cdot \sqrt{6}$

b) Beweise die folgenden Behauptungen durch teilweises Wurzelziehen.

(1) $\sqrt{3} + \sqrt{12} = \sqrt{27}$ (2) $\sqrt{12} - \sqrt{3} = \sqrt{3}$ (3) $|a| \cdot \sqrt{b} - \sqrt{4a^2b} + \sqrt{a^2b} = 0$

Übungsaufgaben

CAS **5.** Lucas hat mit dem CAS-Rechner seiner großen Schwester Marie Aufgaben mit Wurzeln berechnet.
Marie sagt: „Guck doch mal genau hin. Das kannst du doch genauso gut im Kopf!“
Kannst du Regeln für das Rechnen mit Wurzeln erkennen und begründen?

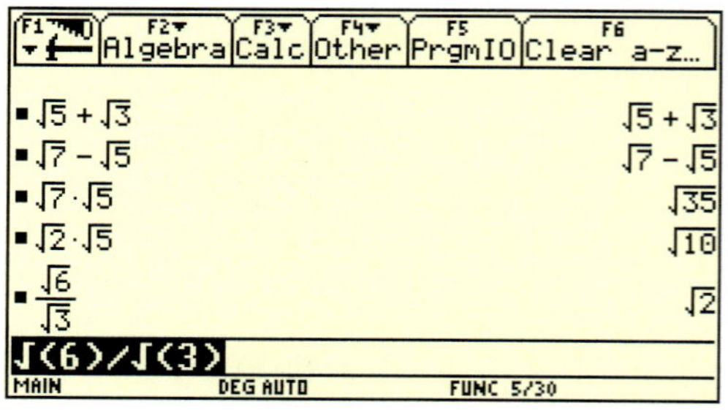

6. Berechne mithilfe des Wurzelgesetzes (W1).

a) $\sqrt{8} \cdot \sqrt{18}$ **d)** $\sqrt{5} \cdot \sqrt{20}$ **g)** $\sqrt{2{,}4} \cdot \sqrt{0{,}6}$

b) $\sqrt{2} \cdot \sqrt{32}$ **e)** $\sqrt{10} \cdot \sqrt{16{,}9}$ **h)** $\sqrt{\frac{1}{3}} \cdot \sqrt{48}$

c) $\sqrt{60} \cdot \sqrt{15}$ **f)** $\sqrt{1{,}6} \cdot \sqrt{1\,000}$ **i)** $\sqrt{\frac{4}{5}} \cdot \sqrt{80}$

$$\sqrt{3} \cdot \sqrt{27} = \sqrt{3 \cdot 27} = \sqrt{81} = 9$$

7. **a)** $\sqrt{25 \cdot 9}$ **d)** $\sqrt{169 \cdot 144}$ **g)** $\sqrt{9 \cdot 16 \cdot 49}$

b) $\sqrt{36 \cdot 16}$ **e)** $\sqrt{0{,}16 \cdot 49}$ **h)** $\sqrt{(-4) \cdot (-16)}$

c) $\sqrt{64 \cdot 225}$ **f)** $\sqrt{0{,}81 \cdot 121}$ **i)** $\sqrt{(-36) \cdot (-81)}$

$$\sqrt{49 \cdot 81} = \sqrt{49} \cdot \sqrt{81} = 7 \cdot 9 = 63$$

8. Zerlege zuerst den Radikanden in kleine Quadratzahlen.

a) $\sqrt{676}$ **c)** $\sqrt{1\,521}$ **e)** $\sqrt{1\,089}$ **g)** $\sqrt{2\,025}$

b) $\sqrt{1\,296}$ **d)** $\sqrt{6\,084}$ **f)** $\sqrt{1\,764}$ **h)** $\sqrt{784}$

$\sqrt{1\,444} = \sqrt{4 \cdot 361} = \ldots$

9. Berechne mithilfe des Wurzelgesetzes (W2).

a) $\sqrt{20} : \sqrt{5}$ **d)** $\sqrt{147} : \sqrt{3}$ **g)** $\sqrt{0{,}8} : \sqrt{0{,}2}$

b) $\sqrt{75} : \sqrt{3}$ **e)** $\sqrt{40} : \sqrt{2{,}5}$ **h)** $\sqrt{7{,}2} : \sqrt{0{,}05}$

c) $\sqrt{360} : \sqrt{10}$ **f)** $\sqrt{30} : \sqrt{1{,}2}$ **i)** $\sqrt{10{,}8} : \sqrt{1{,}2}$

$\sqrt{125} : \sqrt{5} = \sqrt{125 : 5}$
$= \sqrt{25}$
$= 5$

10. Berechne die Wurzel durch Anwenden des Wurzelgesetzes (W2) von rechts nach links.

a) $\sqrt{\frac{49}{9}}$ **c)** $\sqrt{6\frac{1}{4}}$ **e)** $\sqrt{\frac{0{,}25}{0{,}49}}$ **g)** $\sqrt{\frac{1{,}69}{2{,}56}}$

b) $\sqrt{\frac{625}{4}}$ **d)** $\sqrt{\frac{1{,}44}{25}}$ **f)** $\sqrt{\frac{6{,}25}{2{,}25}}$ **h)** $\sqrt{\frac{0{,}0025}{0{,}0049}}$

$\sqrt{\frac{4}{25}} = \frac{\sqrt{4}}{\sqrt{25}} = \frac{2}{5} = 0{,}4$

11. Vereinfache.

a) $\sqrt{y} \cdot \sqrt{y}$ **c)** $\sqrt{x} \cdot \sqrt{x y^2}$ **e)** $\sqrt{3b} \cdot \sqrt{3a^2b}$ **g)** $\sqrt{0{,}2u} \cdot \sqrt{0{,}05u}$

b) $\sqrt{y} \cdot \sqrt{y^3}$ **d)** $\sqrt{5y} \cdot \sqrt{20y}$ **f)** $\sqrt{45z} \cdot \sqrt{\frac{16}{5}z}$ **h)** $\sqrt{0{,}9x^2} \cdot \sqrt{0{,}4x^2}$

12. **a)** $\sqrt{x^3} : \sqrt{x}$ **b)** $\sqrt{x^2y} : \sqrt{y}$ **c)** $\sqrt{a} : \sqrt{ab^2}$ **d)** $\sqrt{uv} : \sqrt{u^3}$

13. **a)** $\sqrt{9x^2}$ **c)** $\sqrt{36a^4}$ **e)** $\sqrt{p^2q^2r^2}$ **g)** $\sqrt{1{,}96x^2y^4}$

b) $\sqrt{x^2y^2}$ **d)** $\sqrt{81m^2n^2}$ **f)** $\sqrt{9m^4n^4}$ **h)** $\sqrt{25u^2v^4w^6}$

14. Für welche Zahlen a und b gilt: (1) $\sqrt{a} - \sqrt{b} = \sqrt{a - b}$; (2) $\sqrt{a} + \sqrt{b} = \sqrt{a + b}$?

15. Vereinfache durch teilweises Wurzelziehen.

a) $\sqrt{12}$ **c)** $\sqrt{72}$ **e)** $\sqrt{125}$ **g)** $\sqrt{360}$ **i)** $\sqrt{720}$ **k)** $\sqrt{1\,331}$ **m)** $\sqrt{\frac{7}{25}}$

b) $\sqrt{32}$ **d)** $\sqrt{180}$ **f)** $\sqrt{192}$ **h)** $\sqrt{525}$ **j)** $\sqrt{980}$ **l)** $\sqrt{\frac{3}{16}}$ **n)** $\sqrt{\frac{3}{400}}$

16. **a)** $\sqrt{7a^2}$ **d)** $\sqrt{12c^2}$ **g)** $\sqrt{z^5}$ **j)** $\sqrt{3a^2b^4}$ **m)** $\sqrt{\frac{30}{a^2}}$ **o)** $\sqrt{\frac{2a^2}{b^2}}$ **q)** $\sqrt{\frac{a^3}{b^4}}$

b) $\sqrt{2b^2}$ **e)** $\sqrt{x^2y}$ **h)** $\sqrt{25x^3}$ **k)** $\sqrt{10a^3b^2}$ **n)** $\sqrt{\frac{a}{49}}$ **p)** $\sqrt{\frac{a}{b^4}}$ **r)** $\sqrt{\frac{8r^4}{s^3}}$

c) $\sqrt{4x}$ **f)** $\sqrt{cd^2}$ **i)** $\sqrt{18ab^2}$ **l)** $\sqrt{0{,}81xz^3}$

17. *Partnerarbeit:* Jeder denkt sich fünf Terme aus, bei denen teilweises Wurzelziehen möglich ist. Der Partner formt die Terme entsprechend um.

18. Bringe den Vorfaktor unter das Wurzelzeichen.

a) $2 \cdot \sqrt{17}$ **c)** $0{,}5 \cdot \sqrt{28}$ **e)** $\frac{11}{6} \cdot \sqrt{\frac{6}{11}}$ **g)** $10 \cdot \sqrt{17{,}33}$

b) $7 \cdot \sqrt{10}$ **d)** $\frac{3}{4} \cdot \sqrt{11}$ **f)** $2 \cdot \sqrt{3{,}25}$ **h)** $2{,}5 \cdot \sqrt{\frac{1}{50}}$

$2 \cdot \sqrt{3} = \sqrt{4} \cdot \sqrt{3} = \sqrt{12}$

19. Bringe den Vorfaktor unter das Wurzelzeichen.

a) $a \cdot \sqrt{b}$ **b)** $2c \cdot \sqrt{d^2}$ **c)** $uv \cdot \sqrt{\frac{u}{v}}$ **d)** $abc \cdot \sqrt{\frac{a}{bc}}$ **e)** $x^2y \cdot \sqrt{\frac{x}{y}}$ **f)** $\frac{p}{q} \cdot \sqrt{\frac{q}{p}}$

20. **a)** Berechne – soweit möglich – ohne Taschenrechner. Was fällt auf?
$\sqrt{0{,}09}$; $\sqrt{0{,}9}$; $\sqrt{9}$; $\sqrt{90}$; $\sqrt{900}$; $\sqrt{9\,000}$; $\sqrt{90\,000}$

b) Begründe: Wird der Radikand verhundertfacht [durch 100 dividiert], so wird die Quadratwurzel verzehnfacht [durch 10 dividiert].

c) Formuliere die Regel aus Teilaufgabe b) als Kommaverschiebungsregel.

21. Berechne im Kopf.

a) $\sqrt{62\,500}$ **d)** $\sqrt{48\,400}$ **g)** $\sqrt{0{,}000036}$
b) $\sqrt{810\,000}$ **e)** $\sqrt{0{,}0025}$ **h)** $\sqrt{0{,}000625}$
c) $\sqrt{49\,000\,000}$ **f)** $\sqrt{0{,}0121}$ **i)** $\sqrt{0{,}000004}$

$\sqrt{14\,400} = \sqrt{144 \cdot 100}$
$= 12 \cdot 10$
$= 120$

22. Setze das Komma so, dass eine wahre Aussage entsteht. Ergänze gegebenenfalls Nullen.

a) $\sqrt{1{,}5129} = 123$ **c)** $\sqrt{980\,100} = 99$ **e)** $\sqrt{200} \approx 14\,142$
b) $\sqrt{605{,}16} = 246$ **d)** $\sqrt{0{,}3025} = 55$ **f)** $\sqrt{0{,}03} \approx 1\,732$

23. Kontrolliere Julians Hausaufgaben.

a) $\sqrt{p^2+q^2}$ $= \sqrt{p^2} + \sqrt{q^2}$ $= |p| + |q|$

b) $\sqrt{p^2 \cdot q^2}$ $= \sqrt{p^2} \cdot \sqrt{q^2}$ $= p \cdot q$

c) $\sqrt{\frac{p^2}{16}}$ $= \frac{\sqrt{p^2}}{\sqrt{16}}$ $= \frac{|p|}{4}$

d) $\sqrt{p^2-1}$ $= \sqrt{p^2} - \sqrt{1}$ $= p - 1$

24. Vereinfache durch Zusammenfassen gleichartiger Glieder.

a) $3\sqrt{5} + 8\sqrt{5}$ **d)** $3{,}5\sqrt{6} - 1{,}4\sqrt{6}$ **g)** $3\sqrt{3} - 6\sqrt{3} + \sqrt{3} + 9\sqrt{3}$
b) $5\sqrt{7} - 9\sqrt{7}$ **e)** $\frac{3}{4}\sqrt{7} + \frac{1}{2}\sqrt{7}$ **h)** $\sqrt{10} - 6\sqrt{10} + 10\sqrt{10}$
c) $6\sqrt{5} - \sqrt{5}$ **f)** $\frac{5}{6}\sqrt{2} - \frac{7}{8}\sqrt{2}$ **i)** $7{,}2\sqrt{2} - 9{,}1\sqrt{3} + 4{,}3\sqrt{2} - 4{,}4\sqrt{3}$

25. Vereinfache wie im Beispiel.

a) $\sqrt{2} + \sqrt{32}$ **d)** $3\sqrt{2} - 2\sqrt{8}$ **g)** $7\sqrt{27} + 4\sqrt{48}$
b) $\sqrt{27} - \sqrt{3}$ **e)** $6\sqrt{3} + \sqrt{12}$ **h)** $8\sqrt{63} - 6\sqrt{28}$
c) $\sqrt{45} - \sqrt{20}$ **f)** $-8\sqrt{5} + 3\sqrt{20}$ **i)** $3\sqrt{44} - 7\sqrt{99}$

$\sqrt{27} + \sqrt{147}$
$= \sqrt{9 \cdot 3} + \sqrt{49 \cdot 3}$
$= 3\sqrt{3} + 7\sqrt{3}$
$= 10\sqrt{3}$

26. Überprüfe die Rechnungen.

a) $\sqrt{3} + \sqrt{27} = \sqrt{48}$ d) $\sqrt{28} - \sqrt{7} = \sqrt{7}$ g) $\sqrt{2} - \sqrt{18} = -\sqrt{2}$
b) $\sqrt{50} - \sqrt{2} = \sqrt{32}$ e) $\sqrt{28} + \sqrt{63} = \sqrt{175}$ h) $\sqrt{3} - \sqrt{27} = -2\sqrt{3}$
c) $\sqrt{5} + \sqrt{20} = \sqrt{45}$ f) $\sqrt{147} - \sqrt{75} = \sqrt{12}$ i) $\sqrt{0{,}5} - \sqrt{2} = -\sqrt{0{,}5}$

27. **a)** $\sqrt{2} - \sqrt{18} + \sqrt{50}$ **c)** $\sqrt{3} + \sqrt{12} + \sqrt{27} + \sqrt{48}$ **e)** $\sqrt{1\,200} - \sqrt{800} + \sqrt{400}$
b) $\sqrt{27} + \sqrt{75} - \sqrt{108}$ **d)** $4\sqrt{28} + 5\sqrt{112} - 9\sqrt{175}$ **f)** $7\sqrt{45} - 8\sqrt{405} + 3\sqrt{605}$

28. **a)** $7\sqrt{x} + 4\sqrt{x}$ **d)** $3{,}5\sqrt{z} - 1{,}3\sqrt{z}$ **g)** $7\sqrt{4y} - 5\sqrt{9y}$
b) $5\sqrt{a} - 7\sqrt{a}$ **e)** $\sqrt{25a} + \sqrt{a}$ **h)** $5\sqrt{r} - 7\sqrt{s} + 4\sqrt{r} + 4\sqrt{s}$
c) $-\sqrt{b} + 3\sqrt{b}$ **f)** $\sqrt{36x} - \sqrt{49x}$ **i)** $\sqrt{121a} - \sqrt{9b} + \sqrt{49b} - \sqrt{25a}$

5.5 Umformen von Wurzeltermen *Zum Selbstlernen*

Ziel

Du kannst schon mithilfe des Distributivgesetzes Terme umformen, in denen Summen multipliziert werden. Hier erweiterst du dein Wissen auf solche Terme, in denen auch Wurzeln vorkommen.

Anwenden des Distributivgesetzes

Distributivgesetz
$a \cdot (b + c) = a \cdot b + a \cdot c$

A *Verwandle folgende Terme in Summen:*

(1) $(10 + \sqrt{2})\sqrt{2}$ *(2)* $\sqrt{a}(\sqrt{a} - b)$ *(3)* $(\sqrt{3x} - \sqrt{x} + 1)\sqrt{x}$

Durch Anwenden des Distributivgesetzes erhältst du:

(1) $(10 + \sqrt{2}) \cdot \sqrt{2} = 10 \cdot \sqrt{2} + \sqrt{2} \cdot \sqrt{2} = 10\sqrt{2} + 2$

(2) $\sqrt{a}(\sqrt{a} - b) = \sqrt{a} \cdot \sqrt{a} - \sqrt{a} \cdot b = a - b\sqrt{a}$

(3) $(\sqrt{3x} - \sqrt{x} + 1) \cdot \sqrt{x} = \sqrt{3x} \cdot \sqrt{x} - \sqrt{x} \cdot \sqrt{x} + 1 \cdot \sqrt{x} = \sqrt{3x^2} - x + \sqrt{x}$
$= \sqrt{3}x - x + \sqrt{x}$
$= (\sqrt{3} - 1)x + \sqrt{x}$

Anwenden der binomischen Formeln

Binomische Formeln
$(a + b)^2 = a^2 + 2ab + b^2$
$(a - b)^2 = a^2 - 2ab + b^2$
$(a + b)(a - b) = a^2 - b^2$

A *Verwandle folgende Terme in Summen:*

(1) $(\sqrt{2} + \sqrt{18})^2$ *(2)* $(\sqrt{a} - \sqrt{b})^2$ *(3)* $(\sqrt{a} + \sqrt{b}) \cdot (\sqrt{a} - \sqrt{b})$

Durch Anwenden der binomischen Formeln erhältst du:

(1) $(\sqrt{2} + \sqrt{18})^2 = \sqrt{2}^2 + 2\sqrt{2}\sqrt{18} + \sqrt{18}^2 = 2 + 2\sqrt{36} + 18 = 2 + 2 \cdot 6 + 18 = 32$

(2) $(\sqrt{a} - \sqrt{b})^2 = \sqrt{a}^2 + 2\sqrt{a}\sqrt{b} + \sqrt{b}^2 = a - 2\sqrt{ab} + b$

(3) $(\sqrt{a} + \sqrt{b})(\sqrt{a} - \sqrt{b}) = \sqrt{a}^2 - \sqrt{b}^2 = a - b$

Beseitigen von Wurzeln im Nenner

A *Marc hat in einen CAS-Rechner Terme mit Wurzeln im Nenner eingegeben (linke Spalte). Die Ausgaben in der rechten Spalte überraschen ihn zunächst.*
Welche Umformungen hat der CAS-Rechner vorgenommen?

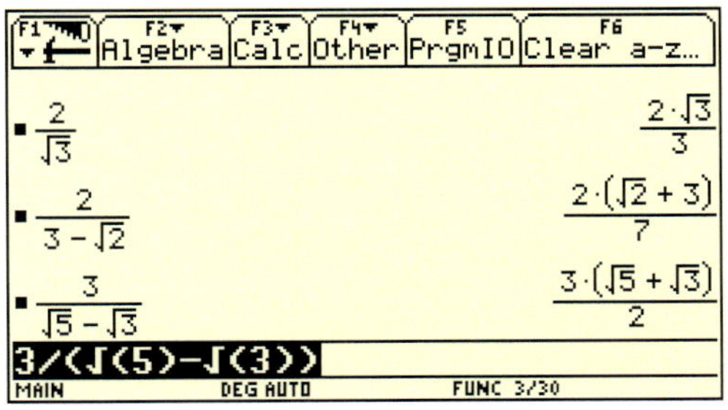

Der CAS-Rechner hat die Brüche so erweitert, dass keine Wurzeln mehr im Nenner erscheinen:

(1) $\frac{2}{\sqrt{3}} = \frac{2 \cdot \sqrt{3}}{\sqrt{3} \cdot \sqrt{3}} = \frac{2\sqrt{3}}{3}$

(2) $\frac{2}{3 - \sqrt{2}} = \frac{2(3 + \sqrt{2})}{(3 - \sqrt{2})(3 + \sqrt{2})} = \frac{2(3 + \sqrt{2})}{3^2 - \sqrt{2}^2} = \frac{2(\sqrt{2} + 3)}{9 - 2} = \frac{2(\sqrt{2} + 3)}{7}$

(3) $\frac{3}{\sqrt{5} - \sqrt{3}} = \frac{3(\sqrt{5} + \sqrt{3})}{(\sqrt{5} - \sqrt{3})(\sqrt{5} + \sqrt{3})} = \frac{3(\sqrt{5} + \sqrt{3})}{\sqrt{5}^2 - \sqrt{3}^2} = \frac{3(\sqrt{5} + \sqrt{3})}{5 - 3} = \frac{3(\sqrt{5} + \sqrt{3})}{2}$

Zum Üben

1. Vereinfache durch Ausmultiplizieren bzw. Dividieren.

a) $\sqrt{7} \cdot (1 + \sqrt{7})$
b) $3 \cdot \sqrt{5} \cdot (3 + \sqrt{20})$
c) $\sqrt{6} \cdot (6 \cdot \sqrt{6} - 5 \cdot \sqrt{24})$
d) $(2 \cdot \sqrt{6} + 0{,}5) \cdot \sqrt{6}$
e) $(0{,}5 \cdot \sqrt{44} - 1{,}5) \cdot 2 \cdot \sqrt{11}$
f) $(\sqrt{5} + \sqrt{7}) \cdot (-\sqrt{7})$
g) $(\sqrt{50} + \sqrt{20}) : \sqrt{2}$
h) $(3 \cdot \sqrt{75} - \sqrt{30}) : (-\sqrt{3})$
i) $(5 \cdot \sqrt{55} + 7 \cdot \sqrt{77}) : \sqrt{11}$

2. Klammere aus.

a) $a\sqrt{5} - b\sqrt{5}$
b) $x\sqrt{7} + y\sqrt{7}$
c) $a\sqrt{b} + 2\sqrt{b}$
d) $x\sqrt{z} - y\sqrt{z}$
e) $5\sqrt{a} - a^2\sqrt{a}$
f) $3\sqrt{x^3} - a\sqrt{x^3}$
g) $\sqrt{7x^3} - \sqrt{28x^5}$
h) $\sqrt{ab^3} - \sqrt{a^3b}$
i) $\sqrt{7a} + \sqrt{4a}$
j) $\sqrt{r} + \sqrt{rs}$
k) $\sqrt{ab^2} - \sqrt{ac^2}$
l) $\sqrt{7xy^2} + \sqrt{7x^2y}$

3.
a) $x\sqrt{5} - 5\sqrt{x} + 3x\sqrt{5} - 7\sqrt{x}$
b) $a\sqrt{b} - 4a\sqrt{b} + b\sqrt{a} + 2a\sqrt{b}$
c) $(x+1)\sqrt{y} - (x-1)\sqrt{y}$
d) $w\sqrt{uv^3} - v\sqrt{u^3v} + u\sqrt{uv}$
e) $\sqrt{u^3vw} - \sqrt{uv^3} - \sqrt{uvw^3}$
f) $a\sqrt{c^5} + bc\sqrt{c^3} + c^2\sqrt{c}$

4. Frau Lindemann verblüfft ihre Klasse mit einem Rechentrick. Sie ist in der Lage, aus dem Ergebnis sofort die gedachte Zahl anzugeben.
Wie geht sie vor? Begründe ihr Vorgehen.

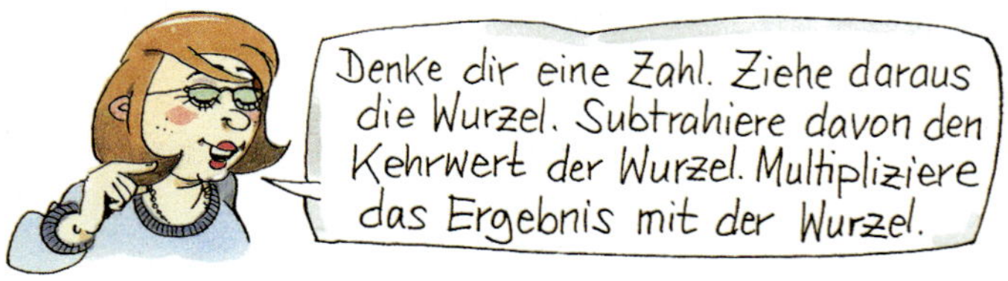

5. Vereinfache durch Ausmultiplizieren.

a) $(\sqrt{4c} + \sqrt{81c}) \cdot \sqrt{c}$
b) $(\sqrt{9a} + 3) \cdot \sqrt{9a}$
c) $\sqrt{x} \cdot (\sqrt{x} + \sqrt{x^3} + \sqrt{x^5})$
d) $(\sqrt{uv} - v) \cdot \sqrt{u}$
e) $\sqrt{x} \cdot (\sqrt{xyz} + \sqrt{xy})$
f) $(3\sqrt{a} - 7\sqrt{b})(5\sqrt{b} + 8\sqrt{a})$

6. Vereinfache.

a) $(\sqrt{25b} + \sqrt{25c}) - (\sqrt{16b} + \sqrt{16c})$
b) $(\sqrt{ab^3} - \sqrt{a^3b}) + (\sqrt{ab^5} - \sqrt{a^5b})$
c) $\sqrt{x} + \sqrt{x^2} + \sqrt{x^3} + \sqrt{x^4} + \sqrt{x^5} + \sqrt{x^6}$
d) $\sqrt{u}(\sqrt{v} - \sqrt{u}) - \sqrt{v}(\sqrt{u} - \sqrt{v})$
e) $\sqrt{ac}(\sqrt{a} - \sqrt{b}) + \sqrt{ac}(\sqrt{b} - \sqrt{a})$
f) $(\sqrt{a} + \sqrt{b})\sqrt{ab^2} + (\sqrt{a} - \sqrt{b})\sqrt{a^2b}$

7. Vereinfache den Term.

a) $5 \cdot \sqrt{a} + 7 \cdot \sqrt{a}$
b) $3 \cdot \sqrt{z-1} - 5 \cdot \sqrt{z-1} + \sqrt{z-1}$
c) $a^2 \cdot \sqrt{c} + ab \cdot \sqrt{c} + ac \cdot \sqrt{c}$
d) $a^2 \cdot \sqrt{b} - \sqrt{b}$
e) $(v + \sqrt{7}) \cdot \sqrt{7}$
f) $(r - \sqrt{rs}) \cdot \sqrt{s}$
g) $(\sqrt{3} + \sqrt{2q}) \cdot \sqrt{2q}$
h) $(\sqrt{uv} + \sqrt{uw}) \cdot \sqrt{u}$
i) $\sqrt{x}(\sqrt{x^3} + \sqrt{x})$

8. Vereinfache zunächst; berechne dann im Kopf.

a) $(5 + \sqrt{13}) \cdot (5 - \sqrt{13})$
b) $(\sqrt{6} - \sqrt{5}) \cdot (\sqrt{6} + \sqrt{5})$
c) $(5\sqrt{7} + \sqrt{10}) \cdot (5\sqrt{7} - \sqrt{10})$
d) $(\sqrt{20} + \sqrt{5})^2$
e) $(\sqrt{6} - \sqrt{24})^2$
f) $(5\sqrt{8} - 3\sqrt{2})^2$

9. Berechne im Kopf.

a) $(\sqrt{3} - \sqrt{27})^2$
b) $(\sqrt{7} - \sqrt{13}) \cdot (\sqrt{7} - \sqrt{13})$
c) $\sqrt{169 - 2 \cdot 13 \cdot 17 + 289}$

Zum Selbstlernen

10. Vereinfache.

a) $\left(\sqrt{a}-\sqrt{b}\right)^2$ **b)** $\left(\sqrt{h+1}+\sqrt{h-1}\right)^2$ **c)** $\left(v+\sqrt{w}\right)\cdot\left(v-\sqrt{w}\right)$ **d)** $\left(\sqrt{a+b}+\sqrt{a-b}\right)^2$

11. **a)** $\left(\frac{\sqrt{t}}{2}+3\right)^2$ **b)** $\left(\sqrt{r}-\frac{1}{\sqrt{r}}\right)^2$ **c)** $\left(\frac{a}{\sqrt{b}}+\frac{b}{\sqrt{a}}\right)^2$ **d)** $\left(\sqrt{s}+\frac{1}{\sqrt{s}}\right)\cdot\left(\sqrt{s}-\frac{1}{\sqrt{s}}\right)$

12. **a)** $\left(\sqrt{p+1}+\sqrt{p-1}\right)\cdot\left(\sqrt{p+1}-\sqrt{p-1}\right)$ **b)** $\left(\sqrt{\sqrt{a}}+\sqrt{\sqrt{b}}\right)\cdot\left(\sqrt{\sqrt{a}}-\sqrt{\sqrt{b}}\right)$

13. **a)** $\sqrt{1+2a+a^2}$ **c)** $\sqrt{4t^2+4tr+r^2}$ **e)** $\sqrt{v+2\sqrt{vw}+w}$ **g)** $\sqrt{x^3z+2x^2z^2+xz^3}$

b) $\sqrt{x^2+14x+49}$ **d)** $\sqrt{u^4+4u^2+4}$ **f)** $\sqrt{e^2-6ec+9c^2}$ **h)** $\sqrt{a^3-2a^2b+ab^2}$

14. Kontrolliere Sarahs Hausaufgaben.

a) $(\sqrt{p}+\sqrt{q})^2 = (\sqrt{p})^2+(\sqrt{q})^2 = p+q$

b) $(\sqrt{r}-\sqrt{s})^2 = (\sqrt{r})^2-\sqrt{r}\sqrt{s}-\sqrt{s}^2 = r-\sqrt{rs}-s^2$

c) $\sqrt{1+2r+r^2} = \sqrt{1}+\sqrt{2r}+\sqrt{r^2} = 1+\sqrt{2}\sqrt{r}+|r|$

15. Beseitige zuerst die Wurzel im Nenner.
Verwende dann $\sqrt{3}\approx 1{,}7$ und $\sqrt{5}\approx 2{,}2$ für die Berechnung von Näherungswerten.
Was ist einfacher, die umgeformten Terme zu berechnen oder die gegebenen?

a) $\frac{10}{\sqrt{5}}$ **b)** $\frac{1}{3+\sqrt{5}}$ **c)** $\frac{1}{\sqrt{3}+\sqrt{5}}$ **d)** $\frac{2}{3-\sqrt{5}}$ **e)** $\frac{1}{\sqrt{5}-\sqrt{3}}$ **f)** $\frac{2}{\sqrt{3}-\sqrt{5}}$

16. **a)** $\frac{7}{\sqrt{30}}$ **c)** $\frac{\sqrt{2}}{\sqrt{10}}$ **e)** $\frac{\sqrt{10}-\sqrt{20}}{\sqrt{2}}$ **g)** $\frac{\sqrt{5}}{3+\sqrt{5}}$ **i)** $\frac{6}{\sqrt{7}+\sqrt{2}}$ **k)** $\frac{\sqrt{7}-\sqrt{2}}{\sqrt{7}+\sqrt{2}}$

b) $\frac{1}{3\sqrt{6}}$ **d)** $\frac{1+\sqrt{20}}{\sqrt{20}}$ **f)** $\frac{2}{3+\sqrt{5}}$ **h)** $\frac{3+\sqrt{5}}{3-\sqrt{5}}$ **j)** $\frac{\sqrt{7}}{\sqrt{7}-\sqrt{2}}$ **l)** $\frac{3}{\sqrt{6}-\sqrt{5}}$

17. Beseitige die Wurzeln im Nenner.

a) $\frac{a}{\sqrt{a}}$ **d)** $\frac{a\sqrt{b}-b\sqrt{a}}{\sqrt{ab}}$ **g)** $\frac{1}{a-\sqrt{b}}$ **j)** $\frac{\sqrt{a}+\sqrt{b}}{\sqrt{a}-\sqrt{b}}$ **m)** $\frac{3\sqrt{a}+5\sqrt{b}}{3\sqrt{a}-5\sqrt{b}}$

b) $\frac{a^2}{\sqrt{a}}$ **e)** $\frac{a^2\sqrt{b}+b^2\sqrt{a}}{\sqrt{ab}}$ **h)** $\frac{1}{\sqrt{a}-\sqrt{b}}$ **k)** $\frac{a-b}{\sqrt{a}-\sqrt{b}}$ **n)** $\frac{a}{\sqrt{3}-\sqrt{a}}$

c) $\frac{a^3}{\sqrt{a}}$ **f)** $\frac{a^3\sqrt{b}-b^3\sqrt{a}}{\sqrt{ab}}$ **i)** $\frac{\sqrt{a}-\sqrt{b}}{\sqrt{a}+\sqrt{b}}$ **l)** $\frac{a-b}{\sqrt{a}+\sqrt{b}}$ **o)** $\sqrt{\frac{a}{\sqrt{a}-\sqrt{b}}}$

18. Untersuche die Wirkung der Umformung $\frac{1}{\sqrt{a}-\sqrt{b}}=\frac{\sqrt{a}+\sqrt{b}}{a-b}$ im Fall $a\approx b$, $a\neq b$ für das Rechnen mit dem Taschenrechner. Setze dazu etwa $a = 456{,}78$; $b = 456{,}77$.
Welche Form des Terms ist für genaues Rechnen günstiger?
Denke an die Ungenauigkeit beim Dividieren durch sehr kleine gerundete Zahlen.

19. Beweise: **a)** $\sqrt{3-2\sqrt{2}}=\sqrt{2}-1$ **b)** $\sqrt{7+4\sqrt{3}}=2+\sqrt{3}$ **c)** $\sqrt{5+2\sqrt{6}}=\sqrt{2}+\sqrt{3}$

20. Bilde alle Produkte, bei denen ein Faktor aus der linken und der andere aus der rechten Schale stammt.

Zum Selbstlernen

5.6 Überblick über die reellen Zahlen

5.6.1 Rechnen mit reellen Zahlen

Aufgabe 1

a) Vereinfache den Term $3 \cdot (\sqrt{8} + 4) + 7 + 5 \cdot \sqrt{8}$. Notiere, welche Rechengesetze du anwendest.

b) Welches Rechengesetz wurde rechts benutzt?

$7 \cdot 0{,}1234.... + 3 \cdot 0{,}1234....$
$= 10 \cdot 0{,}1234.... = 1{,}234....$

Lösung

a) $3 \cdot (\sqrt{8} + 4) + 7 + 5 \cdot \sqrt{8}$

$= 3 \cdot \sqrt{8} + 12 + 7 + 5 \cdot \sqrt{8}$	Distributivgesetz
$= 3 \cdot \sqrt{8} + 19 + 5 \cdot \sqrt{8}$	Assoziativgesetz
$= 3 \cdot \sqrt{8} + 5 \cdot \sqrt{8} + 19$	Kommutativgesetz
$= 8 \cdot \sqrt{8} + 19$	Distributivgesetz

b) Es wurde das Distributivgesetz verwendet.

Information

In der Aufgabe 1 wurde so gerechnet, wie du es bei den **rationalen Zahlen** kennen gelernt hast. Nachstehend sind die Rechengesetze noch einmal aufgeführt.

Rechengesetze: Für alle rationalen Zahlen a, b und c gilt:

Kommutativgesetze:	$\mathbf{a + b = b + a}$	$\mathbf{a \cdot b = b \cdot a}$
Assoziativgesetze:	$\mathbf{(a + b) + c = a + (b + c)}$	$\mathbf{(a \cdot b) \cdot c = a \cdot (b \cdot c)}$
Distributivgesetze:	$\mathbf{a \cdot (b + c) = a \cdot b + a \cdot c}$	

Die **reellen Zahlen** haben wir als Punkte auf der Zahlengeraden kennen gelernt. Ebenso hatten wir die rationalen Zahlen auf der Zahlengeraden gekennzeichnet.

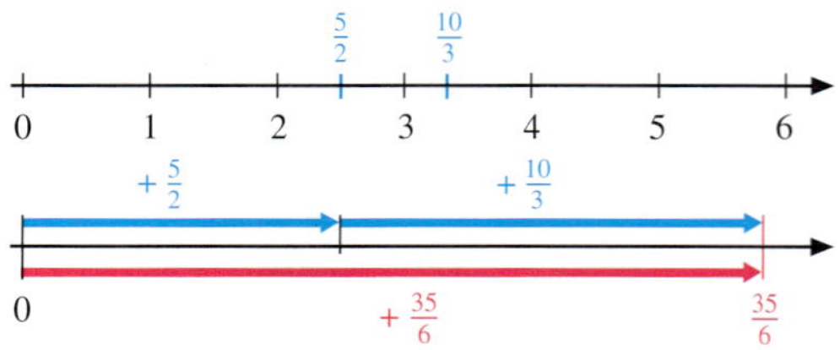

Die Addition rationaler Zahlen wurde als das Hintereinanderlegen der entsprechenden Pfeile veranschaulicht. Der Summe $\frac{5}{2} + \frac{10}{3}$ konnten wir dann die Zahl $\frac{35}{6}$ zuordnen.

Auch für die Summe von $\sqrt{6}$ und $\sqrt{10}$ ergibt sich auf dieselbe Weise eine Stelle auf der Zahlengeraden. Für sie können wir aber keine vereinfachte Schreibweise angeben. Der Name dieser Zahl ist $\sqrt{6} + \sqrt{10}$.

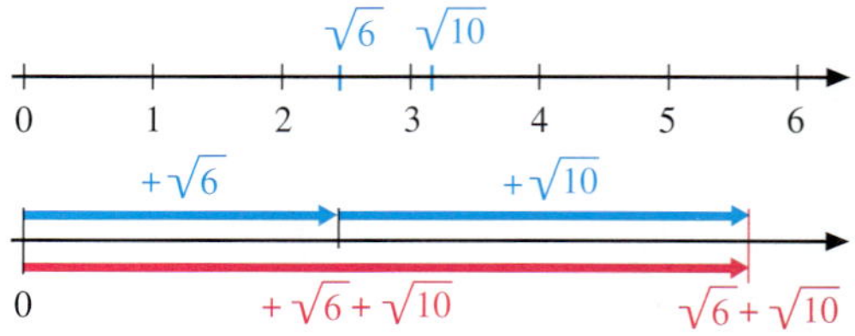

Wie bei rationalen Zahlen wollen wir die Subtraktion (als Addition der Gegenzahl), die Multiplikation (als Streckung eines Pfeils) und die Division (als Multiplikation mit dem Kehrwert) auf reelle Zahlen übertragen. Wegen der gleichartigen Darstellung auf der Zahlengeraden gilt:

Satz

Mit reellen Zahlen kann man nach denselben Gesetzen rechnen wie mit den rationalen Zahlen.

Übungsaufgaben

2. Vereinfache den Term $(7 + x) \cdot \sqrt{8} - \sqrt{8} \cdot x$. Notiere, welche Rechengesetze du anwendest.

3. Vereinfache. Notiere die Rechengesetze, die du anwendest.

a) $\sqrt{5} + \sqrt{5} + \sqrt{5}$ **c)** $\sqrt{5} \cdot (a - 3) - a \cdot \sqrt{5}$ **e)** $\sqrt{14} + \sqrt{14} - 3\sqrt{14}$

b) $\sqrt{11} - 8 \cdot \sqrt{11}$ **d)** $(\sqrt{2} \cdot b) \cdot (a \cdot \sqrt{2})$ **f)** $z \cdot (\sqrt{20} + 4) - 12 - \sqrt{20} \cdot z$

4. Stelle durch Pfeile dar, wie man den Punkt zur angegebenen Zahl auf der Zahlengeraden findet.

a) $\frac{3}{2} - 4$ **b)** $4{,}383883883\ldots - \sqrt{12}$ **c)** $1{,}5 \cdot 2{,}4414441\ldots$

5. **a)** Auch die Umformungsregeln für Gleichungen gelten in $\mathbb{R}$. Nenne sie.

b) Isoliere x. Welche Umformungsregeln wendest du an?

(1) $\sqrt{7} + 6x = \sqrt{10}$
(2) $\sqrt{20} \cdot x - 4 = -\sqrt{6}$
(3) $\sqrt{45} - \sqrt{5} \cdot x = 0$
(4) $x - 0{,}202002000\ldots = 10$

$$\sqrt{3} \cdot x = 4 + \sqrt{5} \cdot x \quad | -\sqrt{5} \cdot x$$
$$\sqrt{3} \cdot x - \sqrt{5} \cdot x = 4$$
$$x \cdot (\sqrt{3} - \sqrt{5}) = 4 \quad | : (\sqrt{3} - \sqrt{5})$$
$$x = \frac{4}{\sqrt{3} - \sqrt{5}}$$
Erweitern mit $\sqrt{3} + \sqrt{5}$
$$x = -2(\sqrt{3} + \sqrt{5})$$

5.6.2 Vergleich der Zahlbereiche $\mathbb{N}$, $\mathbb{Q}_+$, $\mathbb{Q}$ und $\mathbb{R}$

Einführung

Du hast bereits verschiedene Zahlbereiche kennen gelernt:
Menge $\mathbb{N}$ der natürlichen Zahlen (einschließlich 0);
Menge $\mathbb{Q}_+$ der Bruchzahlen (das sind die nichtnegativen rationalen Zahlen);
Menge $\mathbb{Q}$ der rationalen Zahlen;
Menge $\mathbb{R}$ der reellen Zahlen.

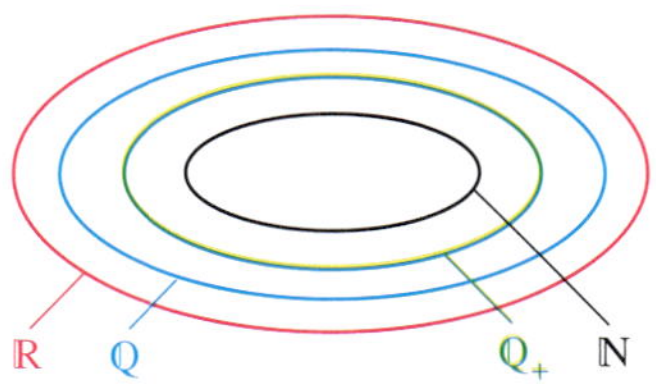

Schrittweise hast du den dir jeweils bekannten Zahlbereich erweitert: $\mathbb{N}$ ist in $\mathbb{Q}_+$ enthalten; $\mathbb{Q}_+$ ist in $\mathbb{Q}$ enthalten und $\mathbb{Q}$ ist schließlich in $\mathbb{R}$ enthalten.

Wir wollen nun rückblickend gemeinsame und unterschiedliche Eigenschaften dieser Zahlbereiche zusammenstellen:

(1) Gemeinsame Eigenschaften der Zahlbereiche

(a) In der Menge $\mathbb{N}$ erhält man beim Addieren und Multiplizieren stets wieder eine natürliche Zahl. Man sagt: Die Addition und die Multiplikation sind in $\mathbb{N}$ *stets ausführbar.*
Entsprechendes gilt für die Addition und die Multiplikation jeweils in $\mathbb{Q}_+$, $\mathbb{Q}$ und $\mathbb{R}$.

(b) Es gelten folgende Rechengesetze:

Kommutativgesetze *(Vertauschungsgesetze)*	**Assoziativgesetze** *(Verbindungsgesetze)*	**Distributivgesetz** *(Verteilungsgesetz)*
$a + b = b + a$	$a + (b + c) = (a + b) + c$	$a \cdot (b + c) = a \cdot b + a \cdot c$
$a \cdot b = b \cdot a$	$a \cdot (b \cdot c) = (a \cdot b) \cdot c$	

(2) Unterschiedliche Eigenschaften der Zahlbereiche

(a) In der Menge $\mathbb{N}$ erhält man beim Dividieren nicht immer eine natürliche Zahl:
$12 : 4 \in \mathbb{N}$, aber $12 : 5 \notin \mathbb{N}$. Die Division ist in $\mathbb{N}$ *nicht immer* ausführbar.
Dagegen ist in $\mathbb{Q}_+$, $\mathbb{Q}$ und $\mathbb{R}$ die Division durch eine von 0 verschiedene Zahl immer ausführbar.

(b) In den Mengen $\mathbb{N}$ und $\mathbb{Q}_+$ erhält man beim Subtrahieren nicht immer eine natürliche Zahl bzw. eine Bruchzahl:
$7 - 3 \in \mathbb{N}$, aber $3 - 7 \notin \mathbb{N}$ bzw. $\frac{3}{4} - \frac{1}{2} \in \mathbb{Q}_+$, aber $\frac{1}{2} - \frac{3}{4} \notin \mathbb{Q}_+$.
Die Subtraktion ist in $\mathbb{N}$ bzw. $\mathbb{Q}_+$ *nicht immer* ausführbar.
Dagegen ist die Subtraktion in $\mathbb{Q}$ und $\mathbb{R}$ *immer* ausführbar.

(c) Bei $\mathbb{N}$ ist auf der Zahlengeraden links von 0 keinem Punkt eine Zahl zugeordnet; ferner liegt zwischen zwei natürlichen Zahlen *nicht immer* eine natürliche Zahl, z. B. nicht zwischen 2 und 3.
Bei $\mathbb{Q}_+$ ist ebenfalls links von 0 keinem Punkt eine Zahl zugeordnet; aber zwischen zwei Bruchzahlen liegt immer wieder eine Bruchzahl, dort liegen sogar unendlich viele Bruchzahlen.
Bei $\mathbb{Q}$ sind auch Punkte links von 0 Zahlen zugeordnet, und zwischen zwei rationalen Zahlen liegen unendlich viele solcher Zahlen.
Jedoch gibt es unendlich viele Punkte auf der Zahlengeraden, denen keine rationale Zahl zugeordnet ist (siehe dazu Seite 174).

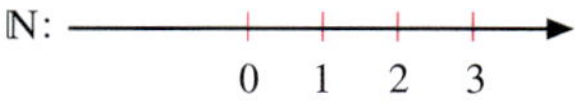

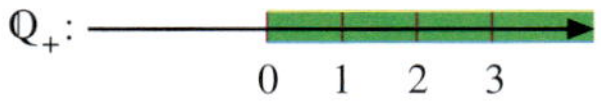

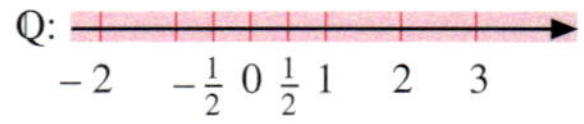

Bei $\mathbb{R}$ ist jedem Punkt auf der Zahlengeraden eine reelle Zahl zugeordnet und umgekehrt. Die Zahlen aus $\mathbb{R} \setminus \mathbb{Q}$, die irrationalen Zahlen, sind nicht nur die Quadratwurzeln aus positiven rationalen Zahlen.

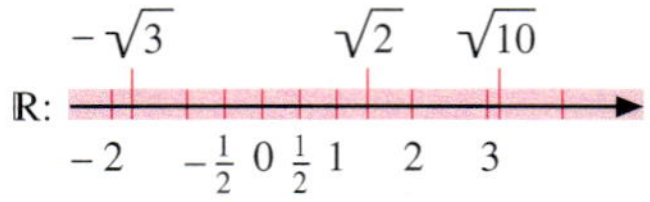

Der deutsche Mathematiker Richard **Dedekind** (1831–1916) hat als Erster eine befriedigende mathematische Theorie der reellen Zahlen entwickelt. Berühmt sind seine Schriften „Stetigkeit und irrationale Zahlen" (1872) und „Was sind und was sollen die Zahlen?" (1888).
Dedekind lehrte als Professor zunächst in Göttingen, später in seiner Heimatstadt Braunschweig.

Übungsaufgaben

1. Ergänze das Diagramm so, dass es auch die Mengen $\mathbb{Z}$ (der ganzen Zahlen) und $\mathbb{R}_+$ (der nichtnegativen reellen Zahlen) enthält. Das vervollständigte Diagramm hat sechs getrennte Gebiete. Beschreibe jedes dieser Gebiete mit Worten. Nenne aus jedem drei Zahlen.

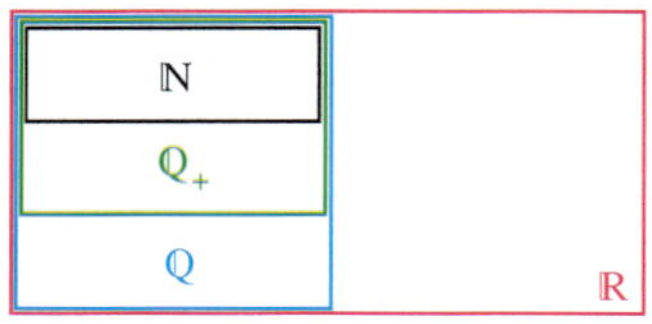

2. Begründe an der Zahlengeraden das Rechengesetz: Für alle $a \in \mathbb{R}$, $b \in \mathbb{R}$, $c \in \mathbb{R}$ gilt:
a) Wenn $a < b$, dann $a + c < b + c$.
b) Wenn $a < b$ und $c < 0$, dann $a \cdot c > b \cdot c$.

3. **a)** Gib eine rationale Zahl an, die zwischen den irrationalen Zahlen $a = 3{,}525225222\ldots$ und $b = 3{,}52552555\ldots$ liegt.
b) Kann man zu zwei verschiedenen reellen Zahlen immer eine rationale [irrationale] Zahl angeben, die dazwischen liegt? Begründe deine Aussage.

4. Beweise: **a)** $\sqrt{\sqrt{2}}$ ist irrational. **b)** Wenn a irrational und positiv ist, dann ist $\sqrt{a}$ irrational.

5. **a)** Beweise indirekt: Wenn a irrational und b rational ist, dann ist $a + b$ irrational.
b) Prüfe die Behauptungen:
(1) Wenn a irrational und b irrational sind, dann ist $a + b$ irrational.
(2) Wenn $a + b$ rational ist, dann sind a rational und b rational.
(3) Wenn a und b rational sind, dann ist $a + b$ rational.

6. Begründe: Der Kehrwert einer irrationalen Zahl ist auch irrational.

5.7 Wurzelgleichungen

Einführung

Wir wollen die Lösungsmenge der Wurzelgleichung $1 + \sqrt{17 - 2x} = x$ bestimmen.
Um die Gleichung nach x auflösen zu können, muss die Wurzel beseitigt werden. Das kann man durch Quadrieren erreichen.
Allerdings ist es nicht sinnvoll, die Gleichung in der gegebenen Form zu quadrieren, da man dann auf der linken Seite wieder einen Wurzelterm erhält. Probiere das aus.
Um die Wurzel zu beseitigen, formen wir die Gleichung zunächst so um, dass die Wurzel isoliert auf einer Seite steht.

$$
\begin{array}{lll}
1 + \sqrt{17 - 2x} & = x & \mid -1 \\
\sqrt{17 - 2x} & = x - 1 & \mid \text{(Quadrieren beider Seiten)} \\
17 - 2x & = (x-1)^2 & \mid \text{(2. binomische Formel)} \\
17 - 2x & = x^2 - 2x + 1 & \mid +2x - 1 \\
16 & = x^2 &
\end{array}
$$

$x = 4$ *oder* $x = -4$

Probe:

$1 + \sqrt{17 - 2 \cdot 4} = 4$ (w?)	
LS: $1 + \sqrt{17 - 2 \cdot 4}$ $= 1 + \sqrt{9}$ $= 1 + 3$ $= 4$	RS: 4

4 ist Lösung der Gleichung.
Lösungsmenge: $L = \{4\}$

$1 + \sqrt{17 - 2 \cdot (-4)} = -4$ (w?)	
LS: $1 + \sqrt{17 - 2 \cdot (-4)}$ $= 1 + \sqrt{25}$ $= 1 + 5$ $= 6$	RS: -4

-4 ist *nicht* Lösung der Gleichung.

Die Rechnung liefert 4 und -4, aber -4 ist keine Lösung der Wurzelgleichung. Woran liegt das?
Ein Umformungsschritt muss keine Äquivalenzumformung sein, d.h. mit ihm hat sich die Lösungsmenge verändert.
Von allen anderen Umformungsschritten außer dem Quadrieren wissen wir, dass es sich um Äquivalenzumformungen handelt. Wir untersuchen daher den Schritt des Quadrierens sowohl für 4 als auch für -4.

Beim Quadrieren einer Gleichung kann also aus einer falschen Aussage eine wahre erzeugt werden. Daher kann die Lösungsmenge der quadrierten Gleichung mehr Lösungen besitzen als die der Ausgangsgleichung, jedoch nicht weniger, d.h. es geht keine Lösung verloren.

Gleichung	Einsetzen von 4 für x	Einsetzen von -4 für x
$\sqrt{17 - 2x} = x - 1$	$\sqrt{9} = 3$ (wahr)	$\sqrt{25} = -5$ (falsch)
$17 - 2x = (x-1)^2$	$9 = 9$ (wahr)	$25 = 25$ (wahr)

Quadrieren ↓ (beidseitig der Tabelle)

Information

(1) Quadrieren einer Gleichung ist keine Äquivalenzumformung

Wenn zwei Zahlen übereinstimmen, dann sind ihre Quadrate gleich: Wenn a = b, dann $a^2 = b^2$.
Die Umkehrung dieser Wenn-dann-Aussage ist: Wenn $a^2 = b^2$, dann a = b.
Dies ist eine falsche Wenn-dann-Aussage, denn z.B. ist $3^2 = (-3)^2$, aber $3 \neq -3$.
Das hat zur Folge, dass nicht jede Lösung der quadrierten Gleichung eine Lösung der Wurzelgleichung sein muss. Beim Quadrieren einer Gleichung kann zwar keine Lösung verloren gehen, aber es kann eine Zahl hinzukommen, die keine Lösung ist.

(2) Lösungsverfahren einer Wurzelgleichung

Schritte beim Lösen einer Wurzelgleichung

(1) Die Gleichung wird zuerst so umgeformt, dass der Wurzelterm alleine auf einer Seite steht (Isolieren).
(2) Beide Seiten der Gleichung werden nun quadriert, um den Wurzelterm zu beseitigen (Quadrieren).
(3) Mit allen Lösungen muss die Probe durchgeführt werden, da das Quadrieren einer Gleichung keine Äquivalenzumformung ist, also Lösungen dazukommen können.
(4) Angabe der Lösungsmenge.

Übungsaufgaben

1. Tim stellt das Zahlenrätsel rechts.

2. Bestimme die Lösungsmenge der Wurzelgleichung.

a) $\sqrt{x^2+5} = x + 1$
b) $\sqrt{2x^2-1} = \sqrt{x^2+8}$
c) $x = 1 + \sqrt{1-2x}$
d) $\sqrt{2y^2-1} = y$
e) $\sqrt{5x^2-3} = 2x$
f) $\sqrt{2u+1} - 1 = u$

3. Kontrolliere folgende Hausaufgaben.

Jan

$\sqrt{4z-4} + 4 = 0$
$\sqrt{4z} - \sqrt{4} + 4 = 0$
$\sqrt{4z} = 2$
$4z = 4$
$z = 1$
$L = \{1\}$

Nora

$\sqrt{4z-4} + 4 = 0$
$4z - 4 + 16 = 0$
$4z = -12$
$z = -3$
$L = \{-3\}$

Marc

$\sqrt{x+1} - \sqrt{x-2} = 1$
$x + 1 + x - 2 = 1$
$2x - 1 = 1$
$x = 1$
$L = \{1\}$

4. Jamina stellt gerne Zahlenrätsel.

a) Ich denke mir eine Zahl, quadriere sie und subtrahiere 75. Ziehe ich daraus die Wurzel, so erhalte ich die Hälfte der Zahl.

b) Ich denke mir eine Zahl, quadriere sie und addiere 32. Ziehe ich daraus die Wurzel, so erhalte ich dasselbe, als wenn ich zur gedachten Zahl 2 addiere.

c) Ich denke mir eine Zahl und addiere 17. Ziehe ich daraus die Wurzel, so erhalte ich dasselbe, als wenn ich aus meiner Zahl die Wurzel ziehe und 1 addiere.

5.8 Aufgaben zur Vertiefung

1. Beweise zunächst die angegebenen Formeln. Setze dann die Folge um zwei Formeln fort und formuliere eine Gesetzmäßigkeit.

a) Für alle $a \geq 0$ gilt: (1) $\sqrt{a^3} = a \cdot \sqrt{a}$ (2) $\sqrt{a^5} = a^2 \cdot \sqrt{a}$ (3) $\sqrt{a^7} = a^3 \cdot \sqrt{a}$

b) Für alle $a \in \mathbb{R}$ gilt: (1) $\sqrt{a^4} = a^2$ (2) $\sqrt{a^6} = |a| \cdot a^2$ (3) $\sqrt{a^8} = a^4$

2. **a)** Bestätige an Beispielen mit dem Taschenrechner und beweise dann für $a > b > 0$: Wenn b klein gegenüber a ist, gilt die Näherungsaussage $\sqrt{a+b} \cdot \sqrt{a-b} \approx a$.

b) Berechne mit dem Ergebnis aus Teilaufgabe a) näherungsweise im Kopf.

(1) $\sqrt{81} \cdot \sqrt{79}$ (2) $\sqrt{20} \cdot \sqrt{21}$ (3) $\sqrt{1{,}99} \cdot \sqrt{2{,}01}$ (4) $\sqrt{250} \cdot \sqrt{260}$

3. Begründe die Näherungsrechnung. Berechne dann näherungsweise im Kopf und prüfe das Ergebnis mit Taschenrechner.

$$\frac{1}{\sqrt{101}-\sqrt{99}} = \frac{\sqrt{101}+\sqrt{99}}{2} \approx \sqrt{100} = 10$$

a) $\frac{1}{\sqrt{65}-\sqrt{63}}$ **b)** $\frac{1}{\sqrt{37}-\sqrt{35}}$ **c)** $\frac{1}{\sqrt{26}-\sqrt{24}}$ **d)** $\frac{1}{\sqrt{17}-\sqrt{15}}$ **e)** $\frac{1}{\sqrt{10}-\sqrt{8}}$

4. Prüfe die Gleichungen des historischen Rechenbuchs (Leonardo von Pisa, um 1220):

(1) $\frac{20-\sqrt{96}}{\sqrt{8}} = \sqrt{50}-\sqrt{12}$ (2) $\frac{100}{4+\sqrt{7}} = 44\frac{4}{9} - 11\frac{1}{9} \cdot \sqrt{7}$

5. Berechne den Term $\frac{1}{\sqrt{a}-1} - \frac{\sqrt{a}}{a-1}$ $\left[\text{den Term } \frac{1}{\sqrt{a}+1} - \frac{\sqrt{a}}{a-1}\right]$ für verschiedene Werte von $a > 1$.
Was fällt auf? Beweise deine Vermutung.

6. **a)** Gegeben sind die reellen Zahlen $a = 0{,}408\ldots$; $b = 0{,}2931\ldots$ Begründe die beiden Einschachtelungen rechts.

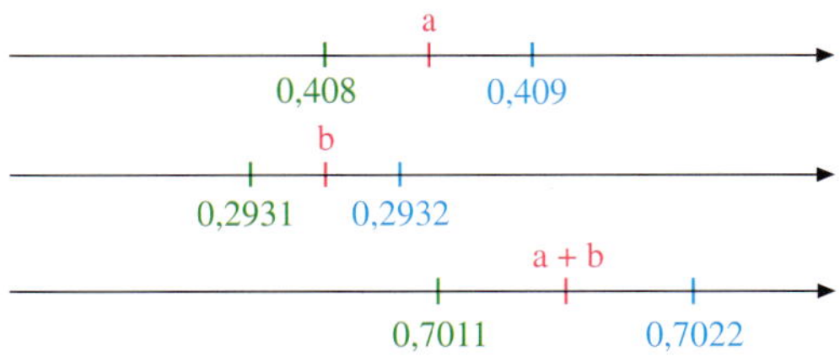

b) Erläutere, warum für die Summe a + b die Darstellung rechts gilt. Gib die Summe mit möglichst vielen gesicherten Dezimalstellen an.

c) Erläutere die Darstellung rechts für das Produkt $a \cdot b$. Zwischen welchen Werten liegt folglich das Produkt $a \cdot b$? Gib das Produkt $a \cdot b$ mit möglichst vielen gesicherten Dezimalstellen an.

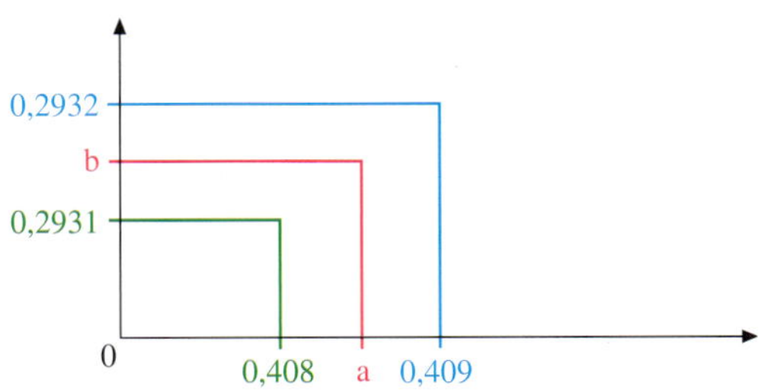

d) Begründe, warum a – b zwischen 0,1148 und 0,1159 liegt. Gib a – b mit möglichst vielen gesicherten Dezimalstellen an.

e) Gib den Quotienten a : b mit möglichst vielen gesicherten Dezimalstellen an.

7. Die Länge a und die Breite b eines Rechtecks sind auf Millimeter gerundet angegeben: $a \approx 32{,}7$ cm; $b \approx 18{,}9$ cm [$a \approx 29{,}7$ cm; $b \approx 21{,}0$ cm]. Berechne so genau wie möglich

a) den Umfang; **b)** den Flächeninhalt; **c)** das Seitenverhältnis a: b.

Im Blickpunkt

Im Blickpunkt

Wie viele rationale und irrationale Zahlen gibt es?

Rationale Zahlen kennst du seit Klasse 7. Du hast damals gedacht, dass die Zahlengerade lückenlos mit rationalen Zahlen gefüllt ist. Mit den Wurzeln aus natürlichen Zahlen, die keine Quadratzahlen sind, hast du erste Lücken auf der Zahlengeraden entdeckt. Als nichtperiodische Dezimalbrüche hast du weitere irrationale Zahlen kennen gelernt. Wir wollen untersuchen, ob die rationalen Zahlen auf der Zahlengeraden mehr Platz einnehmen als die irrationalen Zahlen.

Cantor, Georg

1. **a)** Zu jeder ganzen Zahl kannst du eine unmittelbar darauf folgende nächstgrößere angeben. Untersuche, ob das auch bei den rationalen Zahlen möglich ist. Begründe deine Behauptung.

b) Man kann die rationalen Zahlen dennoch in einer Reihenfolge aufzählend angeben. Der deutsche Mathematiker Georg Cantor (1845 – 1918) hat hierfür einen Trick gefunden.

(1) Übertrage das Zahlenschema in dein Heft; erweitere es dabei um zwei Spalten und zwei Zeilen. Erläutere, warum es für jede rationale Zahl mindestens einen Platz in diesem Zahlenschema gibt.

(2) Durch diagonales Abzählen in diesem Schema kann man nun eine eindeutige Reihenfolge aller rationalen Zahlen festlegen, dabei müssen aber die ungekürzten Brüche übersprungen werden. Dadurch wird jedoch jede rationale Zahl genau einmal erfasst. Jede rationale Zahl hat dann einen eindeutigen Platz in der mit dem *Cantor'schen Diagonalverfahren* bestimmten Reihenfolge:

$0;\ 1;\ -1;\ \frac{1}{2};\ \frac{1}{3};\ -\frac{1}{2};\ 2;\ -2;\ -\frac{1}{3};\ \frac{1}{4};\ \frac{1}{5};\ -\frac{1}{4};\ \frac{2}{3};\ 3;\ -3;\ \frac{3}{2};\ -\frac{2}{3};\ -\frac{1}{5};\ \frac{1}{6};\ \ldots$

In dieser Reihenfolge sind die rationalen Zahlen allerdings nicht nach ihrer Größe geordnet; eine solche Reihenfolge gibt es nicht.
Setze diese Reihenfolge so weit fort, wie es dein Zahlenschema im Heft ermöglicht.

(3) Kinder, die noch nicht zählen können, entscheiden, ob eine Anzahl von Bonbons mit einer Anzahl von Kindern übereinstimmt so: Sie geben jedem Kind einen Bonbon und stellen fest, ob Bonbons oder Kinder ohne Bonbons übrig bleiben. Über solch eine umkehrbar eindeutige Zuordnung wird entschieden, ob die Anzahlen der Elemente zweier Mengen übereinstimmen.
Bei Mengen mit unendlich vielen Elementen wie $\mathbb{N}$ oder $\mathbb{Q}$ kann man die Anzahl der Elemente nicht mit einer Zahl angeben. Erläutere, dass das Cantor'sche Diagonalverfahren eine umkehrbar eindeutige Zuordnung der natürlichen Zahlen zu den rationalen Zahlen liefert.
Was ergibt sich daraus für die „Anzahl" der natürlichen Zahlen im Vergleich zur „Anzahl" der rationalen Zahlen? Dieses Ergebnis erscheint paradox. Erläutere, warum.

2. a) Zeichne eine Zahlengerade, bei der die Strecke von 0 bis 1 die Länge 1 dm hat. Benutze dann für die rationalen Zahlen die Reihenfolge, die sich aus dem Cantor'schen Diagonalverfahren ergibt. Lege um die erste rationale Zahl (die 0) ein Intervall der Länge 1 dm, um die zweite (die 1) ein Intervall der Länge 0,1 dm, um die dritte (die –1) ein Intervall der Länge 0,01 dm usw.

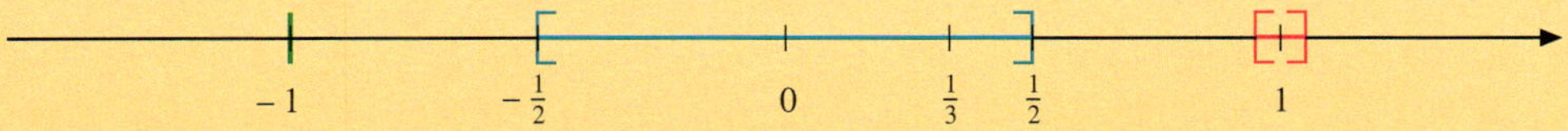

(1) Begründe, dass auf diese Weise alle rationalen Zahlen von den Intervallen überdeckt werden. Zeige auch an Beispielen, dass sich diese Intervalle überschneiden.

(2) Fertige eine neue Zeichnung an, indem du die Intervalle so verschiebst, dass sie nur noch aneinanderstoßen.

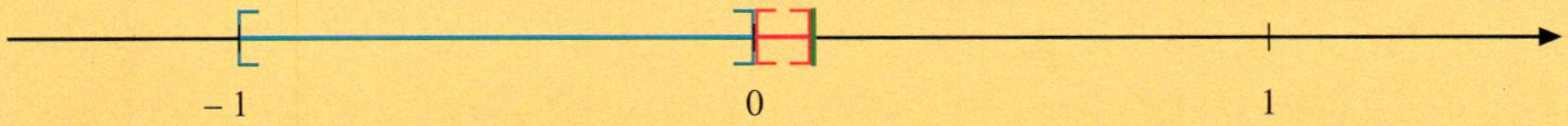

Begründe: Alle Intervalle, mit denen sämtliche rationale Zahlen (und natürlich auch noch etliche irrationale) erfasst wurden, decken dann auf der Zahlengeraden eine Strecke der Länge $1\text{ dm} + 0{,}1\text{ dm} + 0{,}01\text{ dm} + 0{,}001\text{ dm} + \ldots = 1{,}\overline{1}\text{ dm}$ ab.

b) Dieses Verfahren lässt sich natürlich noch verbessern, wenn man für das erste Intervall eine Länge von 0,1 dm wählt.
Welche Gesamtlänge ergibt sich nun für alle Intervalle?

c) Denke dir dieses Verkleinern der Länge des ersten Intervalles fortgesetzt.
Welchen Anteil nehmen die rationalen Zahlen, welchen Anteil die irrationalen Zahlen an der Zahlengeraden ein?

Bist du fit?

1. Berechne im Kopf: **a)** $\sqrt{81}$ **b)** $\sqrt{0{,}25}$ **c)** $\sqrt{\frac{64}{121}}$ **d)** $\sqrt{40000}$ **e)** $\sqrt{6{,}25}$

2. Gib die Seitenlänge eines Quadrates mit dem angegebenen Flächeninhalt an.
a) $49\ \text{cm}^2$ **b)** $169\ \text{cm}^2$ **c)** $7{,}29\ \text{dm}^2$ **d)** $8\ \text{m}^2$ **e)** 150 ha

3. Berechne Kantenlänge und Volumen des Würfels im Kaufhaus Kastens.

STADTKU
Kaufhaus Kastens in Oberstadt neu eröffnet
Blickfang für die Käufer ist ein im Treppenhaus an einer Ecke aufgehängter Würfel, der mit 3 m² echtem Blattgold beschichtet wurde.

4. a) Bestimme ohne Verwendung der Wurzeltaste des Taschenrechners einen Näherungswert für $\sqrt{7}$, der auf 2 Nachkommastellen genau ist.
b) Begründe, dass $\sqrt{7}$ kein abbrechender Dezimalbruch ist.
c) Beweise, dass $\sqrt{7}$ irrational ist.

5. Welche der Zahlen sind rational? Gib für sie eine Darstellung als gewöhnliche Bruchzahl an.
a) 3,4 **c)** 3,404004000… **e)** 3,40 **g)** $\sqrt{4}$ **i)** $3 \cdot \sqrt{4}$ **k)** 3,04
b) $3{,}\overline{4}$ **d)** 3,39 **f)** $\sqrt{3}$ **h)** $4 \cdot \sqrt{3}$ **j)** 3,040440404440444… **l)** 3,040

6. Beschreibe: Woran erkennt man rationale [irrationale] Zahlen in der Dezimalbruchdarstellung?

7. Bestimme die Lösungsmenge der Gleichung.
a) $x^2 = 144$ **b)** $z^2 = 1{,}69$ **c)** $x^2 = -4$ **d)** $u^2 = 0$

8. Bestimme die Definitionsmenge des Wurzelterms.
a) $\sqrt{2x-6}$ **b)** $\sqrt{x^2+4}$ **c)** $\sqrt{9-x^2}$ **d)** $\sqrt{\frac{1}{x+1}}$

9. Vereinfache: **a)** $\sqrt{20} \cdot \sqrt{5}$ **b)** $\sqrt{20} : \sqrt{5}$ **c)** $(\sqrt{20} + \sqrt{5})^2$ **d)** $\sqrt{20} + \sqrt{5}$

Denke an die einschränkende Bedingung!

10. **a)** $\sqrt{9a^2}$ **d)** $\sqrt{6uv} \cdot \sqrt{3v} \cdot \sqrt{8u}$ **g)** $\sqrt{y^2} \cdot \sqrt{y}$ **j)** $(1+\sqrt{a}) \cdot \sqrt{a}$
b) $(\sqrt{5x})^2$ **e)** $\sqrt{0{,}81x^2y^4}$ **h)** $\sqrt{\frac{169a^2}{4b^2c^2}}$ **k)** $(\sqrt{a} + \sqrt{3b})^2$
c) $\sqrt{360} : \sqrt{10}$ **f)** $\sqrt{x^9} \cdot \sqrt{x^3}$ **i)** $\sqrt{a} + \sqrt{4a} - \sqrt{9a^3}$ **l)** $\sqrt{25-10z+z^2}$

11. Ziehe teilweise die Wurzel.
a) $\sqrt{12}$ **b)** $\sqrt{45}$ **c)** $\sqrt{5a^2}$ **d)** $\sqrt{169a^4b^2c}$ **e)** $\sqrt{1{,}44x^2y}$

12. Beseitige die Wurzel im Nenner.
a) $\frac{5}{\sqrt{3}}$ **b)** $\frac{6}{\sqrt{2}}$ **c)** $\frac{a}{\sqrt{z}}$ **d)** $\frac{7}{4-\sqrt{2}}$ **e)** $\frac{a}{b-\sqrt{c}}$ **f)** $\frac{\sqrt{2}}{\sqrt{3}-\sqrt{5}}$

13. Bestimme die Lösungsmenge der Wurzelgleichung.
a) $\sqrt{x^2+1} = 3$ **b)** $\sqrt{x^2+1} = 3x$ **c)** $x - \sqrt{17-2x} = 1$

6. SATZ DES PYTHAGORAS

Rechte Winkel oder rechtwinklige Dreiecke im Heft zu zeichnen, ist nicht schwer, wenn man ein Geodreieck oder zumindest Zirkel und Lineal hat. Aber auch überall in unserer Umgebung werden rechte Winkel benötigt und dort ist es oft nicht so einfach, sie herzustellen.
Handwerker verwenden keine Geodreiecke.
Wie stellen sie rechte Winkel her?
Auf dem Bild siehst du einen Fliesenleger mit drei Leisten, die 30 cm, 40 cm und 50 cm lang sind.

- Zeichne ein solches Dreieck im Maßstab 1 : 10. Was stellst du fest?

Man nimmt an, dass auch schon im alten Ägypten eine Lösung für solche Aufgaben bekannt war: Seilspanner benutzten 12-Knoten-Seile, um rechtwinklige Dreiecke aufzuspannen. Diese wurden unter anderem bei der Ausrichtung von Altären und Bauwerken benutzt.

- Ihr könnt die Methode überprüfen. Markiert auf einem langen Seil 12 gleich große Abschnitte. Einer von euch hält Anfang und Ende zusammen, zwei andere versuchen, die Markierungen zu finden, mit denen sich ein rechtwinkliges Dreieck aufspannen lässt. Wie müssen sie auf die Dreieckseiten verteilt werden?

Das Erzeugen eines rechten Winkels hat etwas zu tun mit Sätzen über rechtwinklige Dreiecke, die du in diesem Kapitel kennen lernst.
Einer dieser Sätze ist nach Pythagoras benannt, der ein bedeutender Philosoph, Mathematiker und Naturwissenschaftler im alten Griechenland war. Gefunden oder bewiesen hat Pythagoras ihn aber nicht. *Der Satz des Pythagoras* war vermutlich schon lange zuvor in Babylon und Indien bekannt.
Mehr über Pythagoras, seine Anhänger, die Pythagoreer, findest du im Internet.

Pythagoras von Samos,
etwa 580 bis etwa 500 v. Chr.

6.1 Satz des Pythagoras

Einführung

Der Bebauungsplan einer Gemeinde schreibt Satteldächer mit einer Dachneigung von 45° vor. Familie Werner plant ein Haus, das 8,00 m breit sein soll.
Wie lang müssen dann die Dachsparren sein, wenn sie 60 cm überstehen sollen?
Wir wollen diese Aufgabe zunächst zeichnerisch und dann rechnerisch lösen.

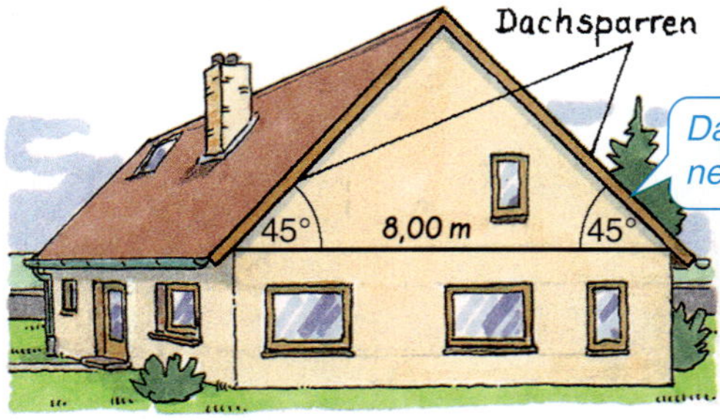

(1) Zeichnerische Lösung

Vorüberlegung: Der Dachgiebel ist ein Dreieck. Da beide Dachneigungen gleich groß sind, ist das Dreieck gleichschenklig. Aus dem Winkelsummensatz folgt, dass der Winkel an der Spitze 90° groß ist. Das Dreieck ist also auch rechtwinklig. Von diesem Dreieck ABC sind die Basis $\overline{AB}$ und die beiden anliegenden Basiswinkel α und β gegeben (Kongruenzsatz wsw).

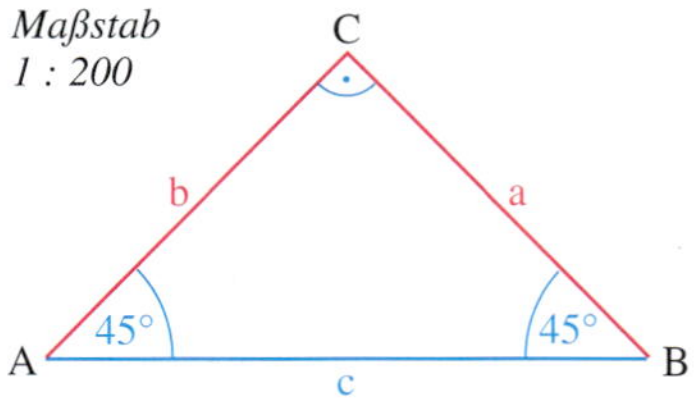

Durch Messen der Strecke $\overline{BC}$ bzw. $\overline{AC}$ erhalten wir: $a = b \approx 5{,}6$ m.
Dazu kommt jeweils noch 0,6 m für den Überstand.

Ergebnis: Die Dachsparren müssen etwa 6,20 m lang sein.

(2) Rechnerische Lösung

Um aus der gegebenen Länge c der Basis des rechtwinklig-gleichschenkligen Dreiecks ABC die gesuchte Schenkellänge a (= b) zu berechnen, müssen wir einen formelmäßigen Zusammenhang zwischen den Längen c und a finden.
Dazu legen wir vier Exemplare des Dreiecks zu einem Quadrat zusammen. Deren Flächeninhalt können wir mithilfe von zwei verschiedenen Formeln angeben:

- Das Quadrat hat die Seitenlänge c, also den Flächeninhalt $A_Q = c^2$.
- Das Quadrat setzt sich aus vier gleichschenklig-rechtwinkligen Dreiecken zusammen, deren Flächeninhalt $A_D = \frac{1}{2}a \cdot b = \frac{1}{2}a \cdot a = \frac{1}{2}a^2$ beträgt.
  Daraus folgt $A_Q = 4 \cdot \frac{1}{2}a^2 = 2a^2$.

Durch den Vergleich dieser beiden Berechnungen des Flächeninhalts des Quadrats erhalten wir:

$2a^2 = c^2 \quad | : 2$

$a^2 = \frac{1}{2}c^2$

$a = \sqrt{\frac{1}{2}c^2}$

$a = \frac{c}{2}\sqrt{2}$

teilweises Wurzelziehen und Wurzel im Nenner beseitigen

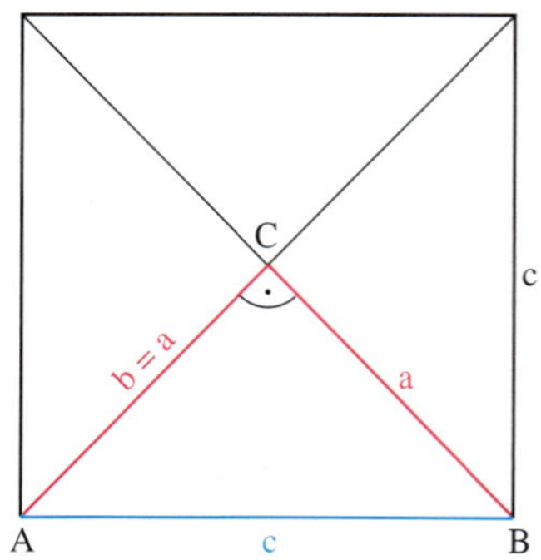

Wir setzen ein: $a = \frac{8\text{ m}}{2} \cdot \sqrt{2} \approx 5{,}66$ m

Dazu kommen noch 0,60 m für den Überstand.

(3) Ergebnis: Die Dachsparren müssen ungefähr 6,26 m lang sein.

Information

(1) Eine geometrische Deutung der Gleichung $c^2 = 2 \cdot a^2$

In der Einführung auf Seite 198 haben wir für ein gleichschenklig-rechtwinkliges Dreieck mit der Basislänge c und der Schenkellänge a durch Betrachtung von Flächeninhalten folgende Gleichung gewonnen:

$c^2 = 2a^2$

Die Figur rechts zeigt uns eine geometrische Deutung dieser Gleichung als Flächensatz.

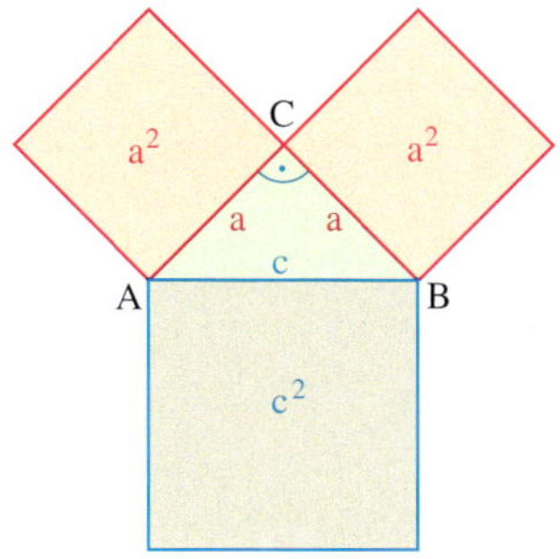

> *Flächensatz für gleichschenklig-rechtwinklige Dreiecke*
>
> Wenn das Dreieck ABC gleichschenklig und rechtwinklig mit $\gamma = 90°$ ist, dann gilt:
>
> Der Flächeninhalt des Quadrates über der Seite $\overline{AB}$ ist gleich der Summe der Flächeninhalte der beiden Quadrate über den Seiten $\overline{BC}$ und $\overline{AC}$.

(2) Ein Flächensatz für beliebige rechtwinklige Dreiecke: Satz des Pythagoras

(a) Verallgemeinerung des obigen Flächensatzes

Wir wollen im Folgenden untersuchen, ob der obige „Flächensatz" nicht nur für gleichschenklig-rechtwinklige Dreiecke, sondern allgemein für rechtwinklige Dreiecke gilt.
Im Bild rechts sind die Quadrate über den Seiten des rechtwinkligen Dreiecks ABC mit den Seitenlängen c = 5 cm, a = 3 cm und b = 4 cm gezeichnet.
An diesem Beispiel erkennen wir die Gleichung $a^2 + b^2 = c^2$:

$(3\text{ cm})^2 + (4\text{ cm})^2 = (5\text{ cm})^2$
$9\text{ cm}^2 + 16\text{ cm}^2 = 25\text{ cm}^2$

Überprüfe das an weiteren Beispielen.

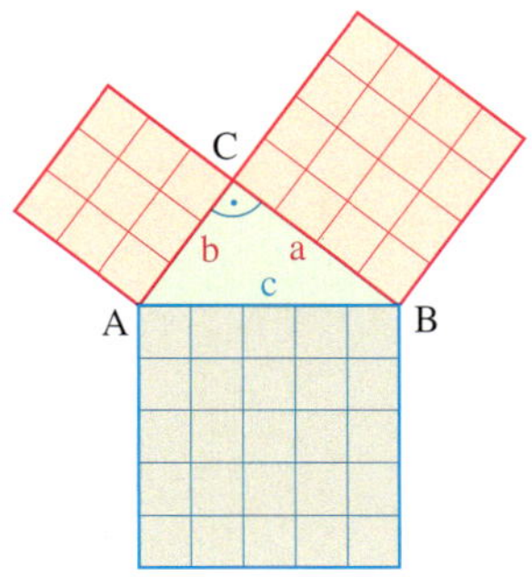

(b) Begriffe am rechtwinkligen Dreieck

Bevor wir die gefundene Vermutung allgemein formulieren, führen wir zwei Begriffe am rechtwinkligen Dreieck ein:

Die dem rechten Winkel gegenüberliegende Seite nennt man **Hypotenuse**, die dem rechten Winkel anliegenden Seiten heißen **Katheten**.

Hypotenuse ⟨griech.⟩
hypo – unten
teinein – spannen
Kathete ⟨griech.⟩
Kathetos – Senkblei

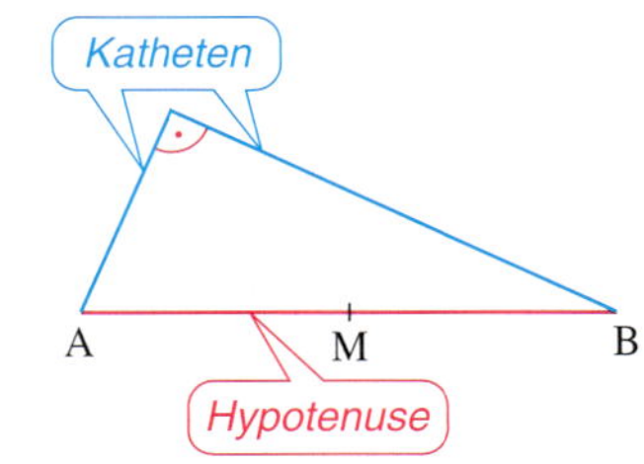

(c) Formulierung eines Flächensatzes für rechtwinklige Dreiecke

> **Satz des Pythagoras**
>
> Wenn das Dreieck ABC *rechtwinklig* ist, dann ist der Flächeninhalt des Hypotenusenquadrates gleich der Summe der Flächeninhalte der beiden Kathetenquadrate:
>
> $\mathbf{c^2 = a^2 + b^2}$ (für $\gamma = 90°$)

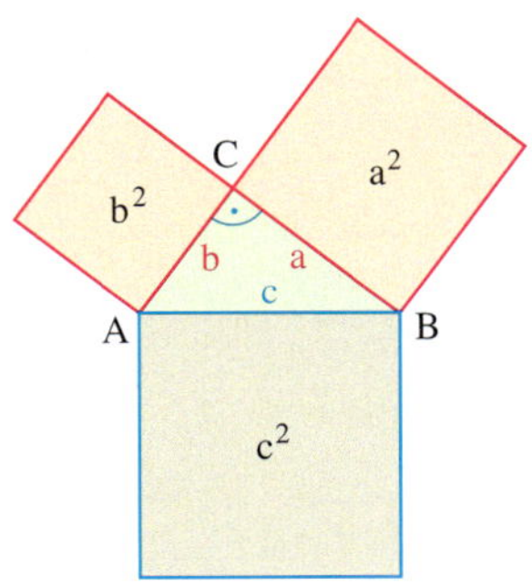

(3) Ein Beweis des Satzes des Pythagoras

Gegeben sei ein rechtwinkliges Dreieck ABC mit der Hypotenuse c und den beiden Katheten a und b. Beim folgenden Beweis zerlegen wir die Quadrate über den Katheten und setzen sie dann geeignet zu dem Quadrat über der Hypotenuse zusammen.

(a)

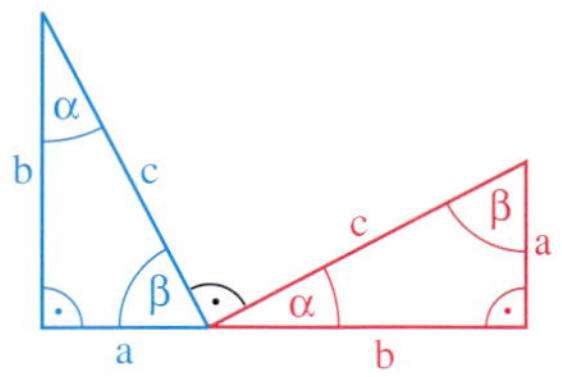

Wir zeichnen mit den gegebenen Seitenlängen das rote und das blaue rechtwinklige Dreieck. Dabei sollen die blaue Kathete a und die rote Kathete b einen gestreckten Winkel bilden. Die Winkel α und β sind zusammen 90° groß, da γ ein rechter Winkel ist. Also bilden die blaue und die rote Hypothenuse c einen rechten Winkel.

(b)

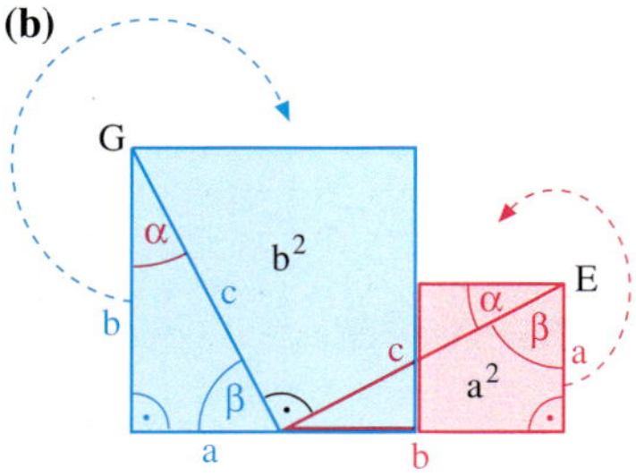

An die blaue Kathete b zeichnen wir ein Quadrat mit der Seitenlänge b und an die rote Kathete a ein Quadrat mit der Seitenlänge a.

Das blau umrandete Dreieck drehen wir um G um 270° im Uhrzeigersinn sowie das rot umrandete Dreieck um E um 270° entgegen den Uhrzeigersinn. Dabei fallen der Scheitel des Winkels β im blauen Dreieck und der Scheitel des Winkels α im roten Dreieck zusammen, denn:

Beide Scheitelpunkte liegen auf der Geraden SH.

Der blaue Scheitelpunkt von β hat von S den Abstand a + b.

Der rote Scheitelpunkt von α hat von S den Abstand b + a.

Den Punkt, auf den die beiden Scheitelpunkte fallen, nennen wir F.

(c)

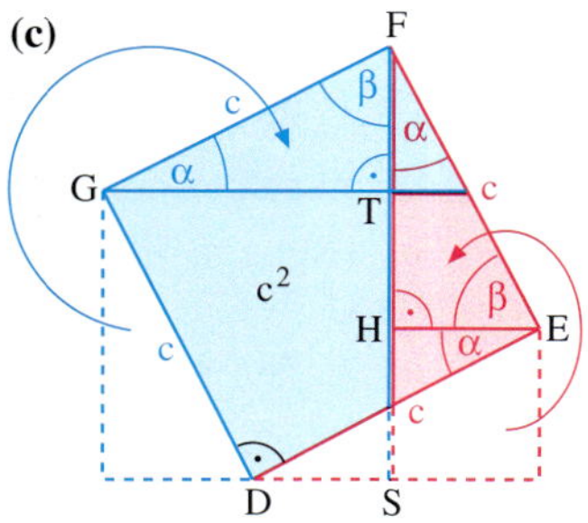

Das Viereck DEFG ist ein Quadrat, denn:

Alle vier Seiten sind gleich lang (Länge c), Viereck DEFG ist also zumindest eine Raute.

Die Winkel bei D und G sind nach Konstruktion rechte Winkel. Da in einer Raute gegenüberliegende Winkel gleich groß sind, sind alle Winkel rechte.

Durch Vergleich entsprechend gefärbter Stücke in Bild (b) und (c) erkennen wir:

$c^2 = a^2 + b^2$

Dieser Beweis ist wegen der Beweisfigur (b) bekannt unter dem Namen „Stuhl der Braut“. Bei den Indern findet man diese Figur schon um 900 n. Chr. Möglicherweise hat man den Satz des Pythagoras dort so bewiesen.

Eine ähnliche Figur für einen Spezialfall (Seitenlängen 3; 4 und 5 beim rechtwinkligen Dreieck) findet man auch in altchinesischen Werken (etwa 1200 v. Chr.).

Diesen und andere Beweise findest du im Internet unter dem Stichwort „Satz des Pythagoras“.

Aufgabe 1

Der Querschnitt des Daches rechts ist ein rechtwinkliges Dreieck. Das Haus soll 7,00 m breit sein. Ein Dachsparren ist 3,50 m lang.

Wie lang ist der andere Dachsparren?

Bisher konntest du ein solches Problem nur zeichnerisch lösen. Löse es nun rechnerisch.

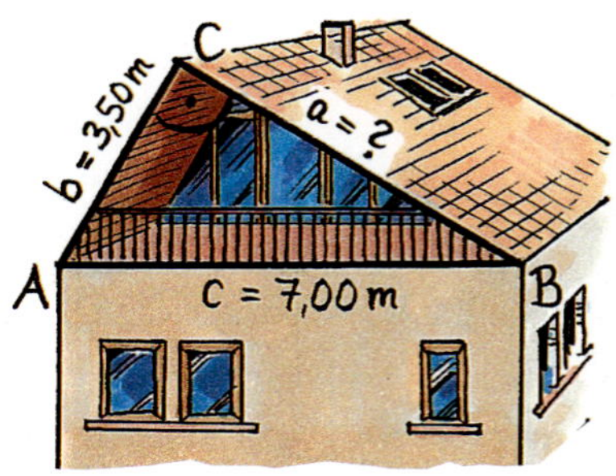

Lösung

Gegeben ist ein rechtwinkliges Dreieck ABC mit der Hypotenusenlänge c = 7 m und einer Kathetenlänge a = 3,50 m.

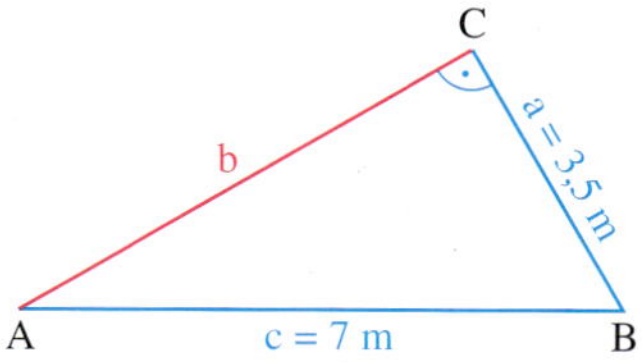

Nach dem Satz des Pythagoras gilt: $a^2 + b^2 = c^2$

Wir lösen nach b auf: $b^2 = c^2 - a^2$, also: $b = \sqrt{c^2 - a^2}$

Einsetzen in die Formel ergibt:

$b = \sqrt{(7\text{ m})^2 - (3{,}5\text{ m})^2} = \sqrt{36{,}75\text{ m}^2} \approx 6{,}06\text{ m}$

Ergebnis: Ein Dachsparren ist ungefähr 6,06 m lang.

Weiterführende Aufgabe

2. *Konstruktion von Strecken mit irrationaler Länge*

Konstruiere eine Strecke der Länge $\sqrt{5}$ cm.

Anleitung: Konstruiere ein geeignetes Dreieck.

Übungsaufgaben

3. **a)** Rechts siehst du eine Bordüre aus hellen und dunklen Granit-Platten.
Für welchen Streifen benötigt man mehr hellen Granit?

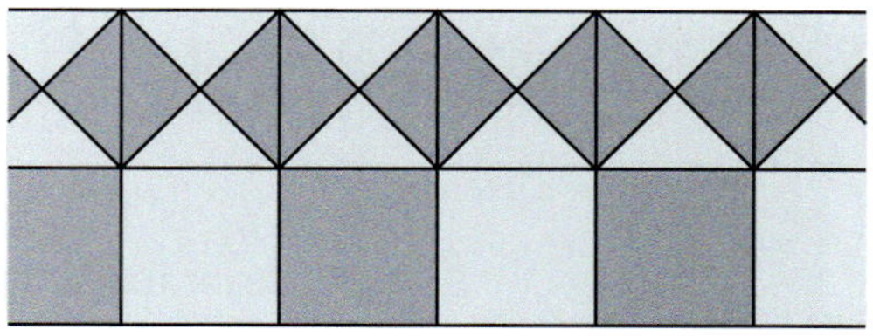

b) Formuliere dein Ergebnis aus Teilaufgabe a) als ein Ergebnis über Quadrate an den Seiten eines rechtwinklig-gleichschenkligen Dreiecks.

DGS

c) Untersuche, ob das Ergebnis von Teilaufgabe b) für beliebige rechtwinklige Dreiecke zutrifft. Lasse dazu von einem dynamischen Geometrie-System ein rechtwinkliges Dreieck zeichnen.
Konstruiere dann an jeder Dreieckseite ein Quadrat. Lasse auch den Flächeninhalt dieser Quadrate berechnen.
Verändere die Form des Dreiecks und beobachte dabei die Flächeninhalte.
Was stellst du fest?

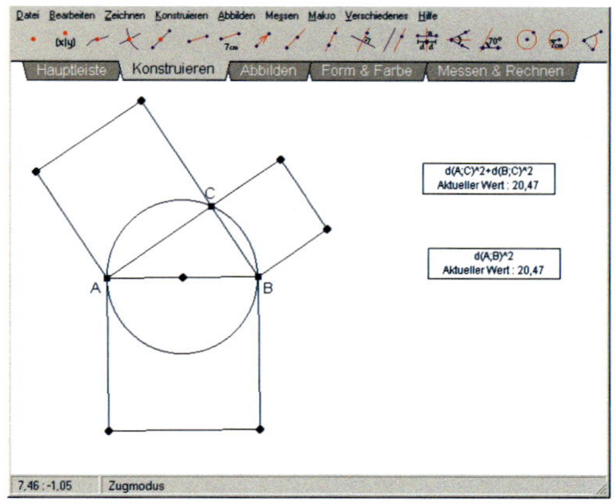

4. Gib für das rechtwinklige Dreieck jeweils die Gleichung nach dem Satz des Pythagoras an. Skizziere zunächst die Dreiecke; färbe die Katheten rot, die Hypotenuse blau.

(1)

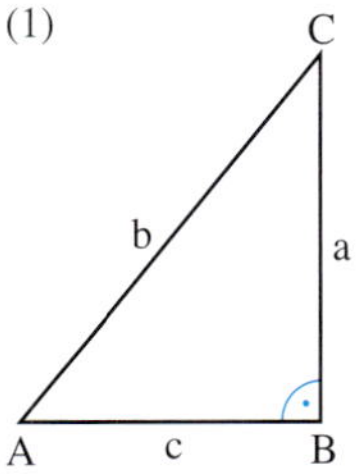

(2)

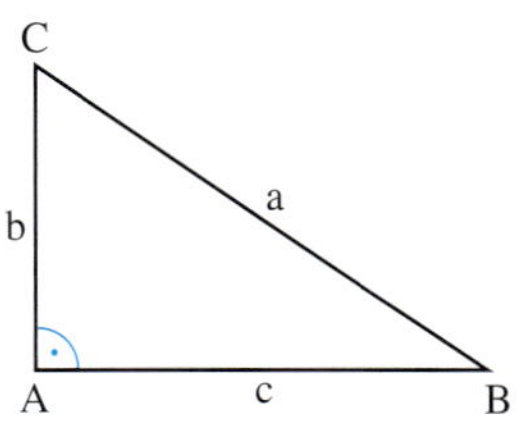

(3)

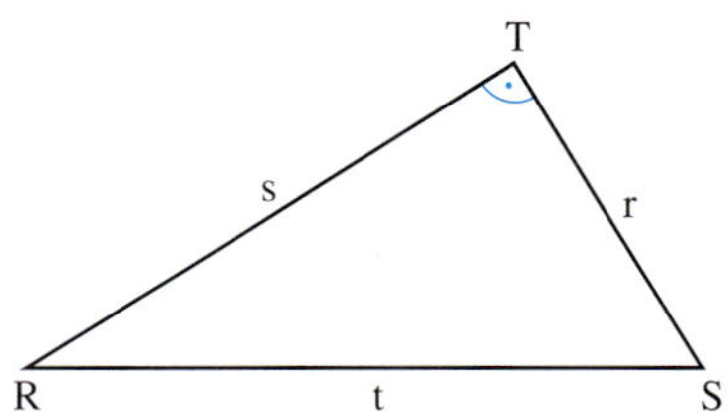

5. Notiere drei Formeln, mit denen man im rechtwinkligen Dreieck ABC aus zwei Seiten die dritte berechnen kann, falls **a)** $\gamma = 90°$; **b)** $\beta = 90°$; **c)** $\alpha = 90°$.

6. Kontrolliere die angegebenen Gleichungen. Berichtige gegebenenfalls.

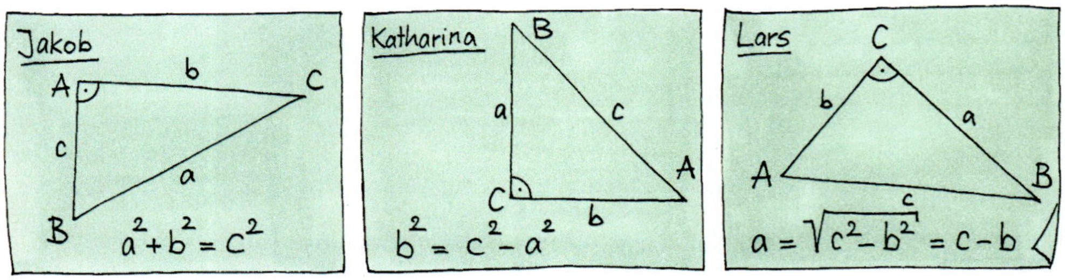

7. Berechne die Länge x der roten Strecke (Maße in cm).

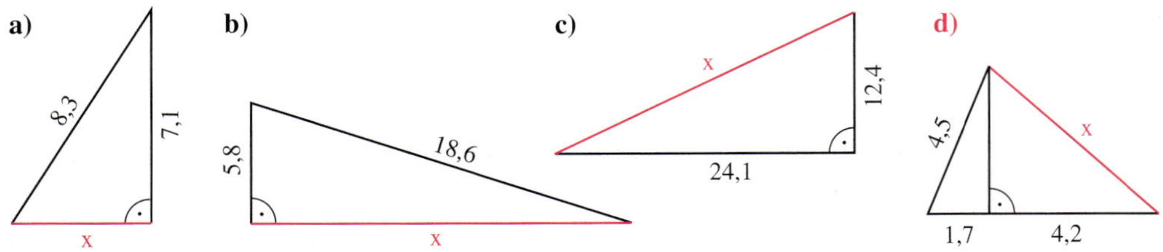

8. In der Figur findest du mehrere rechtwinklige Dreiecke. Notiere sie und gib jeweils nach dem Satz des Pythagoras den Zusammenhang zwischen den Seitenlängen an.

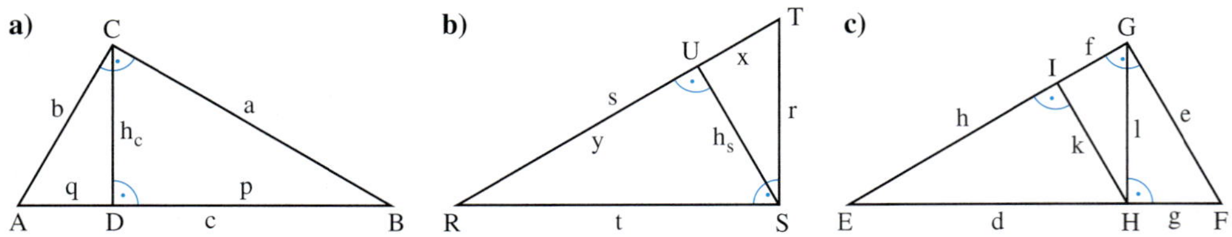

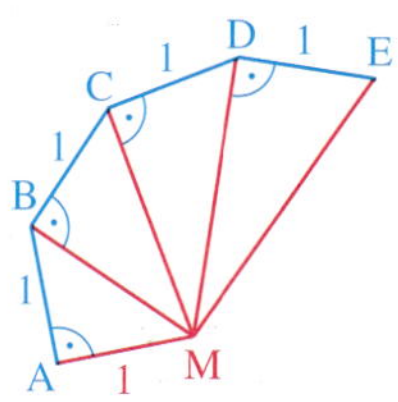

9. Berechne in der Figur links die Länge der Strecken $\overline{MB}$, $\overline{MC}$, $\overline{MD}$, $\overline{ME}$, usw. Setze die *Quadratwurzelspirale* fort. Was fällt auf?

10. **a)** Zeichne ein rechtwinklig-gleichschenkliges Dreieck mit der Basis c = 4 cm. Konstruiere das Hypotenusenquadrat und die beiden Kathetenquadrate.
Ergänze die Figur wie im Bild rechts.

b) Setze die in Teilaufgabe a) erhaltene Figur um eine weitere Stufe fort. Wie groß sind alle Quadrate zusammen? Berechne auch den Umfang der Gesamtfigur.

c) Du kannst die Figur weiter fortsetzen. Was vermutest du über den Flächeninhalt und den Umfang der Gesamtfigur?

11. Die beiden nebenstehenden Figuren zeigen einen weiteren Beweis des Satzes des Pythagoras. Erläutere den Beweis im Einzelnen.

Anmerkung: Weitere Beweise findest du z. B. im Internet unter dem Stichwort „Satz des Pythagoras“.

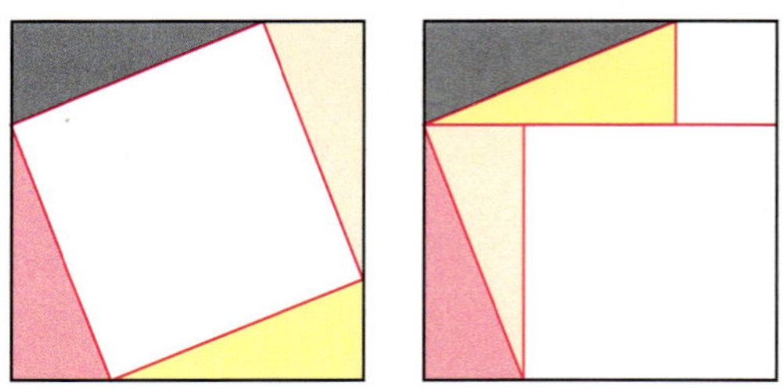

6.2 Berechnen von Streckenlängen

Aufgabe 1

Berechnungen am gleichseitigen Dreieck

In einer Feriensiedlung werden Dachhäuser wie im Bild errichtet.

a) Wie hoch sind die Dachhäuser?

b) Die Giebelflächen sollen mit Holz verschalt werden.
Wie viel m^2 Holz werden für eine Seite benötigt?

Löse die Aufgaben auch allgemein und leite somit jeweils eine Formel her.

Lösung

Die Giebelfläche ist ein gleichseitiges Dreieck, da die beiden Dachneigungen und damit auch der Winkel an der Spitze jeweils 60° betragen.

a) Die Höhe h zur Seite $\overline{AB}$ zerlegt das gleichseitige Dreieck ABC in zwei rechtwinklige Dreiecke ADC und DBC; außerdem halbiert sie die Seite $\overline{AB}$.
Wir betrachten das rechtwinklige Dreieck ADC und wenden den Satz des Pythagoras an:

(1) Berechnen von h

$\left(\frac{a}{2}\right)^2 + h^2 = a^2$

$\left(\frac{7}{2}\text{ m}\right)^2 + h^2 = (7\text{ m})^2$

$h^2 = 49\text{ m}^2 - 12{,}25\text{ m}^2$

$h^2 = 36{,}75\text{ m}^2$

$h = \sqrt{36{,}75\text{ m}^2}$

$h \approx 6{,}06\text{ m}$

(2) Formel für die Höhe h

$\left(\frac{a}{2}\right)^2 + h^2 = a^2$

$h^2 = a^2 - \left(\frac{a}{2}\right)^2$

$h^2 = a^2 - \frac{a^2}{4}$

$h^2 = \frac{3}{4}a^2$

$h = \sqrt{\frac{3}{4}a^2}$

$h = \frac{a}{2}\sqrt{3}$

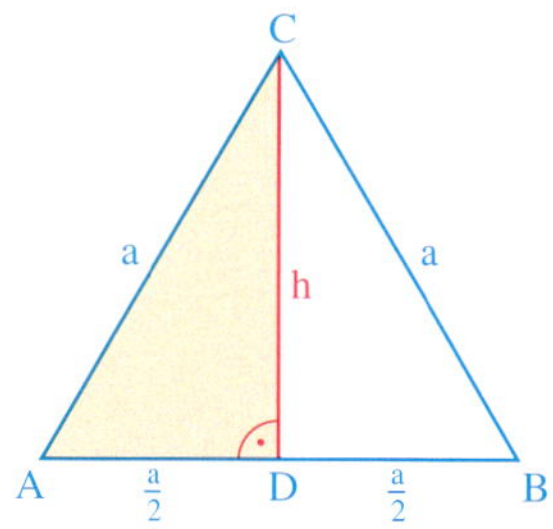

Ergebnis: Die Dachhäuser sind 6,06 m hoch.

b) *(1) Berechnen des Flächeninhalts*

$A = \frac{1}{2} \cdot a \cdot h$

$A = \frac{1}{2} \cdot 7\text{ m} \cdot \sqrt{36{,}75\text{ m}^2}$

$A \approx 21{,}2\text{ m}^2$

(2) Formel für den Flächeninhalt

$A = \frac{1}{2} \cdot a \cdot h$

$A = \frac{1}{2} \cdot a \cdot \frac{a}{2}\sqrt{3}$

$A = \frac{a^2}{4}\sqrt{3}$

Ergebnis: Für eine Giebelfläche werden mindestens 21,2 m^2 Holz benötigt.

Information

Satz

Bei einem *gleichseitigen* Dreieck mit der Seitenlänge a gilt

(1) für die Höhe: $\mathbf{h = \frac{a}{2}\sqrt{3}}$

(2) für den Flächeninhalt: $\mathbf{A = \frac{a^2}{4}\sqrt{3}}$

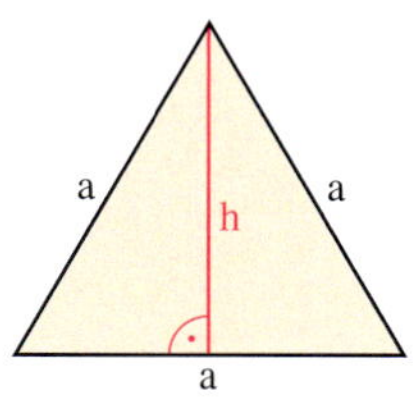

Aufgabe 2

Berechnen von Längen in räumlichen Figuren

Das Bild zeigt eine Kirche mit einem quadratischen Turm und einem pyramidenförmigen Dach. Die Länge der Grundkante des Daches beträgt 9 m, die Höhe des Daches 6 m.

a) Das Turmdach soll neu mit Biberschwanz-Ziegeln (siehe links) gedeckt werden. Für 1 m^2 Dachfläche werden 36 Ziegel benötigt. Wie viele Dachziegel müssen geliefert werden?

b) Die schrägen Kanten sollen mit Firstziegeln gedeckt werden. Für eine 1 m lange Kante benötigt man 4 Firstziegel.
Berechne die Länge der Kanten.
Wie viele Firstziegel müssen geliefert werden?

Lösung

a) *(1) Berechnen der Größe der Dachfläche*

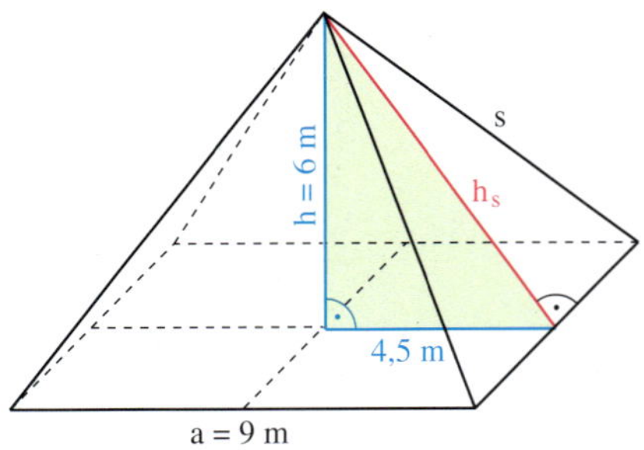

Die Dachfläche besteht aus vier zueinander kongruenten gleichschenkligen Dreiecken. Jedes dieser Dreiecke hat den Flächeninhalt $\frac{a \cdot h_s}{2}$.

Somit folgt für die Dachfläche:

$A = 4 \cdot \frac{a \cdot h_s}{2} = 2 \cdot a \cdot h_s$

Die Kantenlänge a der Pyramide ist bekannt. Die Dreieckshöhe h_s der Seitenfläche müssen wir noch berechnen; sie ist die Hypotenuse in dem grün gefärbten Dreieck.
Nach dem Satz des Pythagoras gilt dann:

$h_s^2 = (6\text{ m})^2 + (4{,}5\text{ m})^2$
$= 36\text{ m}^2 + 20{,}25\text{ m}^2 = 56{,}25\text{ m}^2,$

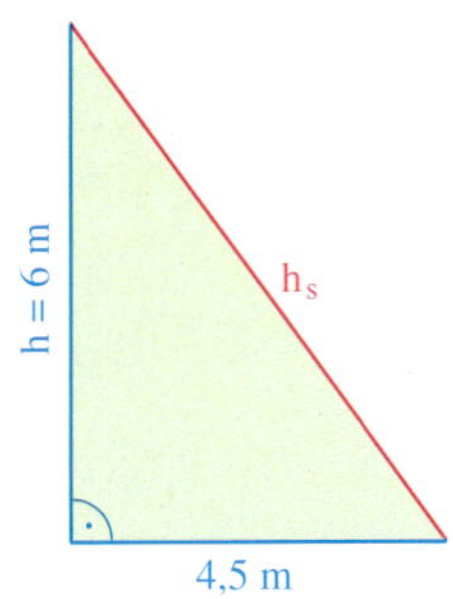

also:

$h_s = 7{,}5\text{ m}$

Damit erhalten wir für die Größe der Dachfläche:

$A = 2 \cdot 9\text{ m} \cdot 7{,}5\text{ m} = 135\text{ m}^2$

(2) Berechnen der Anzahl der Dachziegel

Für 1 m^2 Dachfläche werden 36 Ziegel benötigt. Für 135 m^2 sind es dann $135 \cdot 36 = 4\,860$ Dachziegel.

Ergebnis: Für das Decken des Daches müssen mindestens 4 860 Dachziegel bestellt werden.

b) *(1) Berechnen der Kantenlänge*

Das Dach hat vier schräge Kanten mit jeweils der Länge s. Sie ist die Länge der Hypotenuse in dem grün gefärbten Dreieck.
Nach dem Satz des Pythagoras gilt:

$s^2 = (4{,}5\ m)^2 + (7{,}5\ m)^2$
$\quad = 20{,}25\ m^2 + 56{,}25\ m^2$
$\quad = 76{,}5\ m^2$
$s \approx 8{,}75\ m$

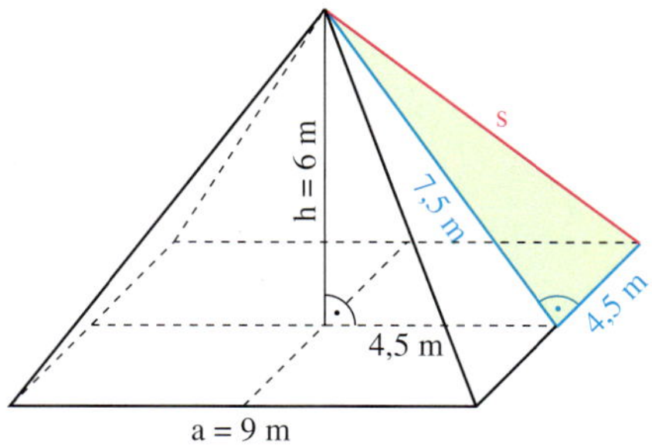

Gesamtlänge der schrägen Kanten:
$4 \cdot s \approx 4 \cdot 8{,}75\ m = 35\ m$

Ergebnis: Die vier schrägen Kanten sind insgesamt 35 m lang.

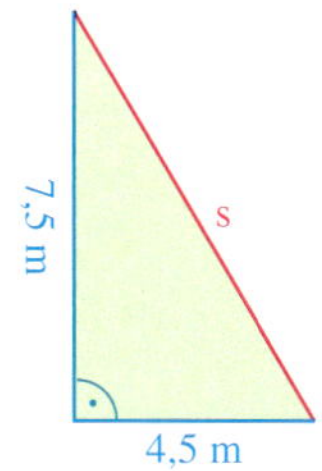

(2) Berechnen der Anzahl k der Firstziegel

$k = 35 \cdot 4 = 140$

Ergebnis: Es werden mindestens 140 Firstziegel benötigt.

Information

Strategie zum Berechnen von Längen

Der Satz des Pythagoras ermöglicht es, bei einem rechtwinkligen Dreieck aus zwei Seitenlängen die dritte Seitenlänge zu berechnen.

Man kann mithilfe des Satzes des Pythagoras Seitenlängen in Vielecken und Körpern berechnen. Dazu muss man rechtwinklige Dreiecke aufsuchen oder durch eine geeignete Hilfslinie ein rechtwinkliges Dreieck einzeichnen. Als Hilfslinien verwendet man häufig die Höhen.

Übungsaufgaben

3. Eine Stehleiter ist zusammengeklappt 2,10 m lang. Wenn sie aufgestellt ist, sind die Fußenden 1,40 m weit voneinander entfernt. Wie hoch reicht die Leiter?

4. Von den beiden Seitenlängen a und b eines Rechtecks sowie der Länge e einer Diagonalen sind zwei gegeben. Berechne die dritte Länge.

a) a = 8 cm; b = 5 cm
b) a = 1,4 dm; e = 3,8 dm
c) e = 5,9 dm; b = 4,7 dm
d) a = 12 cm; b = 20 cm

5. **a)** Von einem gleichseitigen Dreieck ist die Seitenlänge a = 7 cm [1,4 m] gegeben. Berechne die Höhe h und den Flächeninhalt A.

b) Von einem gleichseitigen Dreieck ist die Höhe h = 5 m [4,8 cm] gegeben. Berechne die Seitenlänge a, den Flächeninhalt A und den Umfang u.

c) Von einem gleichseitigen Dreieck ist der Flächeninhalt $A = 35\ cm^2$ $[0{,}50\ m^2]$ gegeben. Berechne die Seitenlänge a, die Höhe h und den Umfang u.

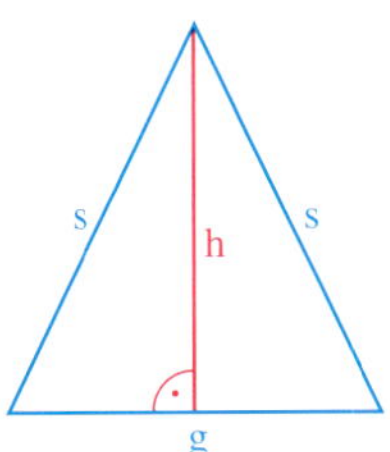

6. Von den drei Größen g, s und h eines gleichschenkligen Dreiecks sind zwei gegeben. Berechne die dritte Größe sowie den Flächeninhalt A und den Umfang u.

a) g = 6 cm; s = 4 cm
b) s = 5 dm; h = 3 dm
c) h = 24 mm; g = 45 mm

7. Ein Neubau ist 11,20 m breit. Die dreieckige Giebelwand hat die Höhe 3,20 m. Die Dachbalken sollen 70 cm überstehen.
Wie lang müssen die Dachbalken sein?

8. Ein gleichschenkliges Dreieck ist durch die Basislänge g und eine Schenkellänge s gegeben.
Leite eine Formel für die Höhe h und den Flächeninhalt A her.

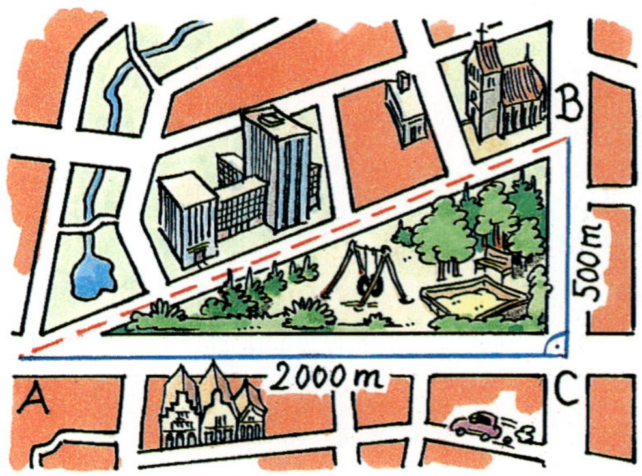

9. Von A nach B führt eine schmale, meist stark befahrene Straße.
Um wie viel Prozent ist der Umweg auf den beiden Hauptstraßen $\overline{AC}$ und $\overline{CB}$ länger als die Abkürzung $\overline{AB}$?

10. Durch einen Sturm ist eine 40 m hohe Fichte in 8,75 m Höhe abgeknickt.
Wie weit liegt die Spitze etwa vom Stamm entfernt?

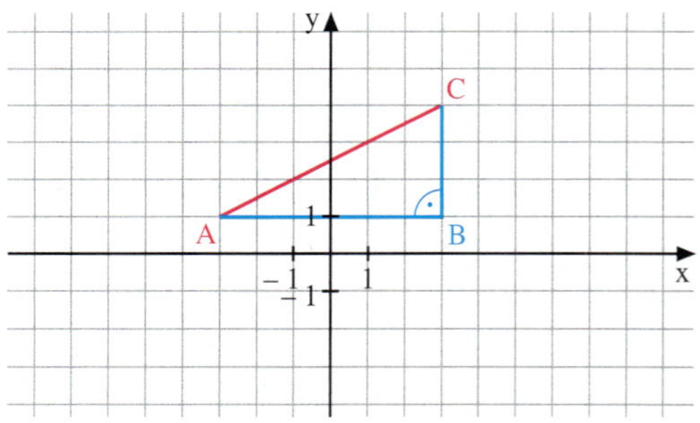

11. Im Koordinatensystem mit der Einheit 1 cm sind die beiden Punkte A und C gegeben. Berechne die Länge der Strecke $\overline{AC}$.
Gib auch den Umfang und den Flächeninhalt des Dreiecks ABC an.

a) A(−3|1) C(3|4)
b) A(2|7) C(7|4)
c) A(−6|3) C(2|−5)
d) A(−4|−6) C(7|4)
e) A(−7|−3) C(−2|−1)
f) $A(x_1|y_1)$ $C(x_2|y_2)$

12. Welchen Abstand haben die Punkte A(3|4), B(7|9), C(−1|5), D(2|−4), E(−3|−1) vom Ursprung eines Koordinatensystems mit der Einheit 1 cm?

13. **a)** In einem Koordinatensystem mit der Einheit 1 cm sind die Punkte A, B und C gegeben. Berechne den Umfang des Dreiecks ABC.
(1) A(1|2); B(6|4); C(4|7) (2) A(−4|−2); B(5|−4); C(0|3)

b) Gegeben ist in einem Koordinatensystem mit der Einheit 1 cm ein Viereck ABCD mit A(1|4), B(9|6), C(8|8) und D(3|7). Berechne den Umfang des Vierecks.

14. In der Mitte zwischen zwei gegenüberliegenden Masten einer Straße ist eine Straßenlaterne befestigt. Der Abstand der Masten beträgt 12 m. Das Befestigungsseil ist 12,10 m lang.
Wie viel hängt das Seil in der Mitte durch?

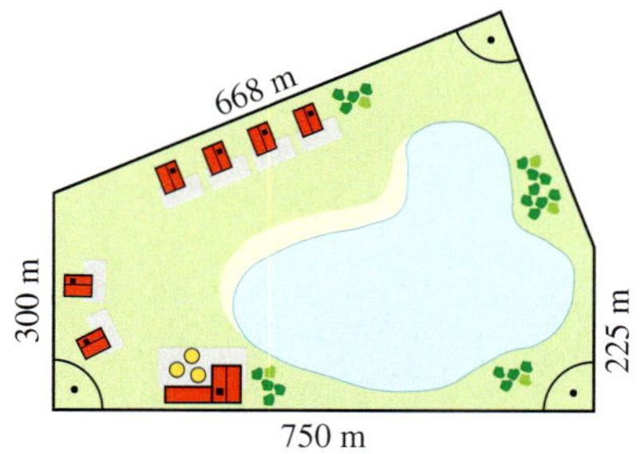

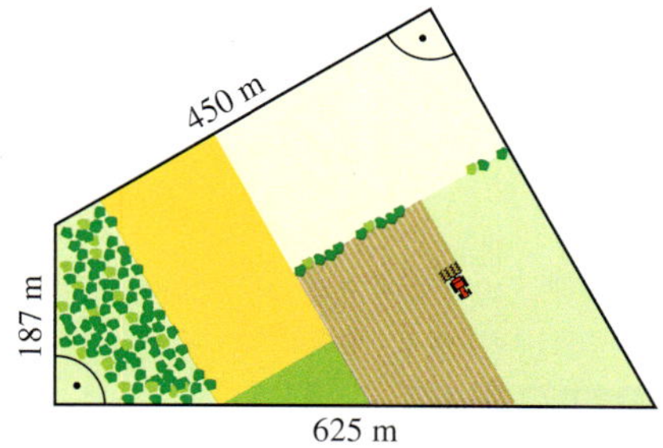

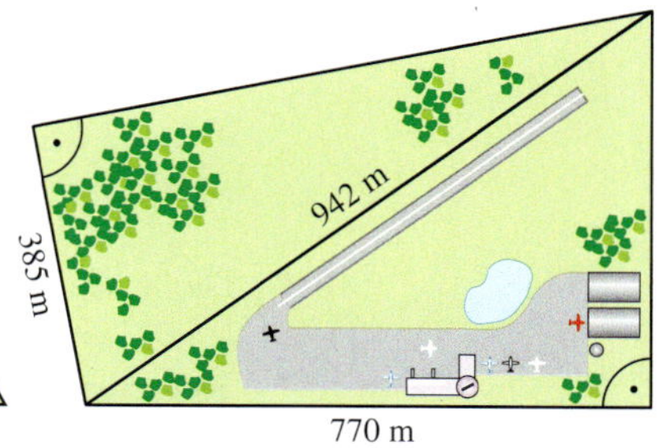

15. Berechne den Umfang und den Flächeninhalt der obigen Grundstücke.

16. Das Bild zeigt den Querschnitt eines 3 m hohen Schutzwalls an einem Fluss.
Die Böschungen sind 4 m und 8,50 m lang und die Dammkrone 2,60 m.
Wie lang ist die Dammsohle?

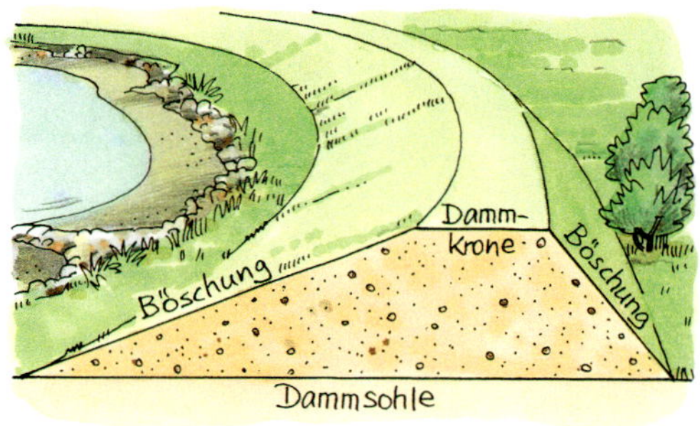

17.

Der Louvre in Paris, bis zur französischen Revolution königliche Residenz, ist heute ein weltberühmtes Kunstmuseum.
Als Haupteingang dient seit einigen Jahren eine 21,60 m hohe gläserne Pyramide mit quadratischer Grundfläche, dessen Seite 35,40 m lang ist. Die Außenfläche wird regelmäßig von Fensterputzern gereinigt.
Wie groß ist diese Fläche?

18. **a)** Gegeben ist eine Pyramide mit quadratischer Grundfläche mit der Grundkante a und der Seitenkante s. Die Spitze liegt orthogonal über dem Mittelpunkt des Quadrates (*quadratische Pyramide*).
Leite eine Formel her für
(1) die Körperhöhe h;
(2) die Höhe h_s einer Seitenfläche;
(3) den Oberflächeninhalt O der Pyramide.

b) Bei einer quadratischen Pyramide ist die Grundkante a = 15 cm und die Seitenkante s = 20 cm lang.
Berechne mithilfe der Formeln aus Teilaufgabe a) die Körperhöhe h, die Höhe h_s einer Seitenfläche und den Oberflächeninhalt O der Pyramide.

c) Bei einer quadratischen Pyramide ist die Grundkante a = 40 m und die Körperhöhe h = 30 m lang.
Berechne die Länge s der Seitenkanten sowie die Höhe h_s der Seitenflächen.

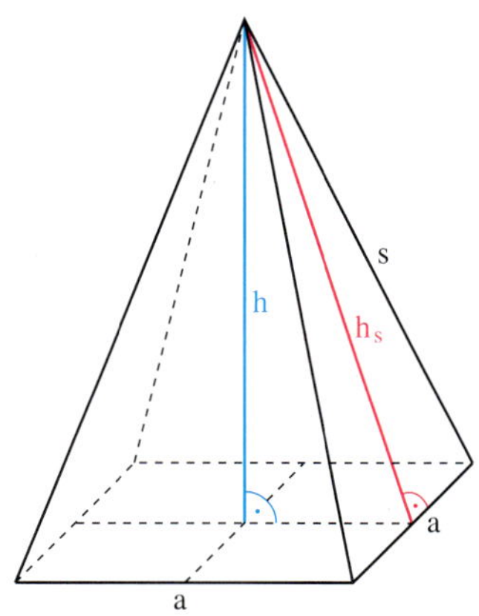

19. Von einer quadratischen Pyramide sind von den Größen a, s, h, h_s zwei Größen gegeben. Berechne die übrigen Größen sowie den Oberflächeninhalt O.

a) a = 3 cm; s = 5 cm **b)** a = 4 cm; h_s = 4,5 cm **c)** s = 5,5 cm; h_s = 4,5 cm **d)** a = 4,4 cm; h = 4,8 cm **e)** s = 6 cm; h = 4,5 cm **f)** h_s = 5,5 cm; h = 3,5 cm

20. Die Cheopspyramide in Ägypten hat eine quadratische Grundfläche mit der Seitenlänge a = 227 m. Die Seitenkanten haben die Länge s = 211 m.

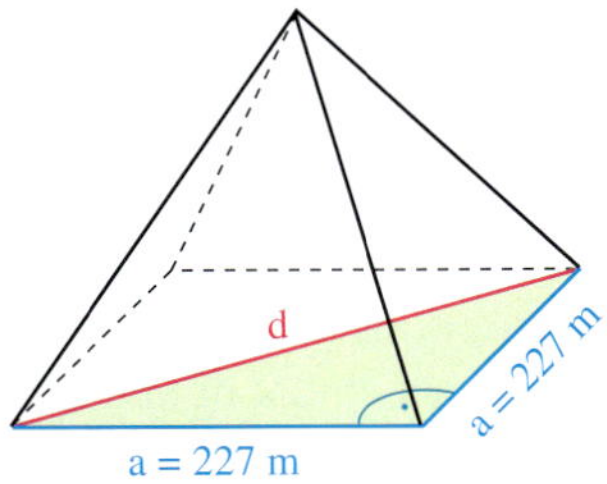

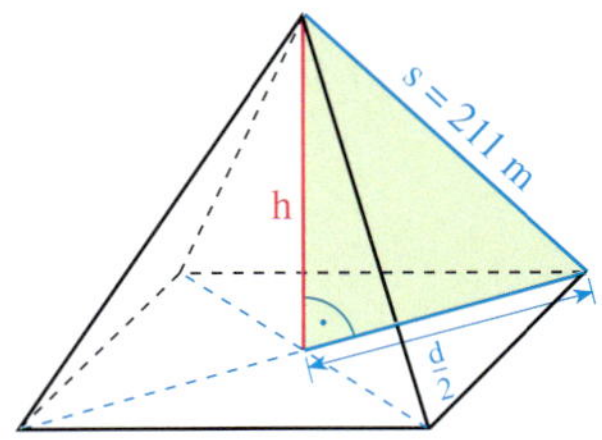

a) Berechne zunächst die Diagonalenlänge d der Grundfläche (Bild Mitte). Runde auf Meter. Berechne dann die Höhe h der Cheopspyramide (Bild rechts). Runde auf Meter.

b) Die Grundkante der Cheopspyramide war ursprünglich 230,3 m, ihre Seitenkante 219,1 m lang. Wie hoch war diese Pyramide ursprünglich?

c) Wie viel Prozent ist die Cheopspyramide heute niedriger als ursprünglich?

21. Ein Wanderer befindet sich an der Stelle A. Von A aus führt ein fast gerader Weg zur Hütte. Auf der Karte mit dem Maßstab 1 : 25 000 ist der Weg (horizontal gemessene Luftlinie) 2,3 cm lang. Die Höhen sind in m über NN angegeben.
Wie lang ist der Weg in Wirklichkeit?

Hinweis: Beachte die Höhenlinien.

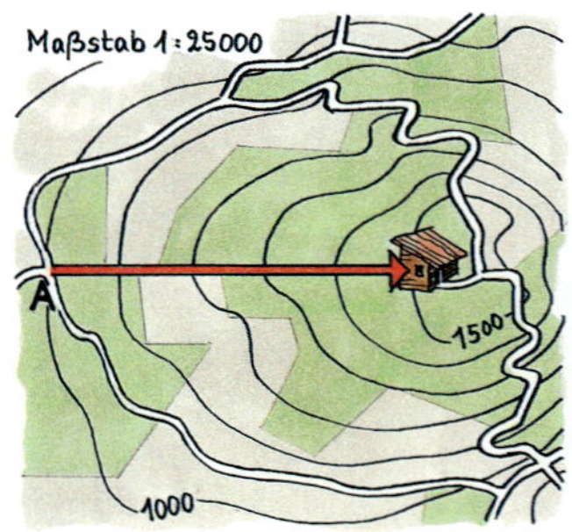

22.

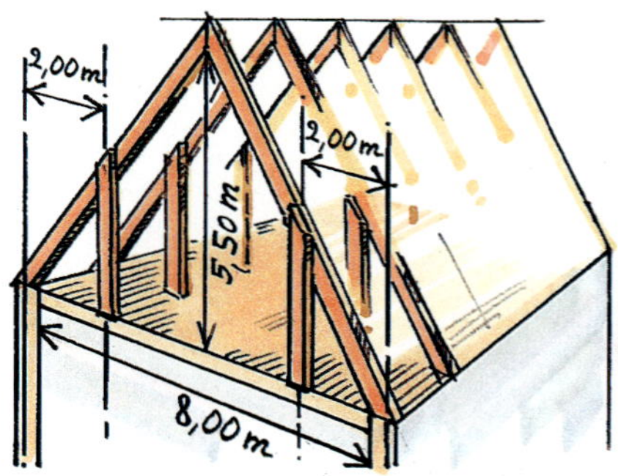

a) Ein Carport hat die in der Zeichnung angegebenen Maße. Die Dachsparren des Pultdaches stehen links und rechts je 30 cm über.
Wie lang sind die Dachsparren?

b) Die Maße eines Satteldaches sind im Bild gegeben.
Berechne die Länge der Dachsparren und der Stützpfosten.

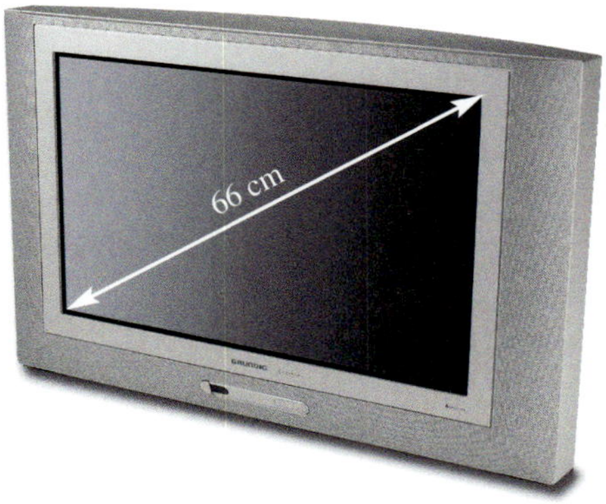

23. Die Hersteller von Fernsehern bieten ihre Geräte an
- mit unterschiedlichen Bildschirmgrößen, das sind die Diagonallängen;
- mit zwei Formaten, nämlich 4 : 3 und 16 : 9; das ist das Verhältnis von Länge zu Breite des Bildschirms.

Bei den technischen Daten eines Fernsehers findet Julia die Angabe: 70 cm-Farbbildröhre (sichtbares Bild: 66 cm).

a) Bestimme für das Format 4 : 3 Länge und Breite des gesamten Bildschirms sowie des sichtbaren Teils.
Wie viel Prozent des Bildschirms ist sichtbar?

b) Löse die Teilaufgabe a) für das Format 16 : 9.
Vergleiche die Bildschirmflächen beider Formate.

24. Auf die Dachreling eines Pizza-Taxis sollen zwei rechteckige Platten für Werbung aufgeschraubt und oben verbunden werden. Das Auto mit Dachreling ist 1,43 m hoch, die Holme der Dachreling sind 2,10 m lang und 1,39 m voneinander entfernt.
Das Auto soll unter einem 2,50 m hohen Carport stehen. Der Sicherheitsabstand in der Höhe soll 10 cm betragen.
Wie groß dürfen die Platten höchstens sein?

25. Der Gartenpavillon hat einen quadratischen Grundriss und 2 m hohe Wände. Das Dach ist eine Pyramide; die Firstbalken sind 3,82 m lang.
Wie hoch ist der Pavillon insgesamt?

26. Eine Tür ist 0,82 m breit und 1,97 m hoch. Eine 2,10 m breite und 3,40 m lange Holzplatte soll durch die Tür getragen werden. Ist das möglich?

27. **a)** Gegeben ist ein Quadrat durch die Seitenlänge a. Begründe die nebenstehende Formel für die Länge d der Diagonalen.

b) Gegeben ist ein Quadrat durch die Diagonale d. Leite eine Formel für den Flächeninhalt A her.

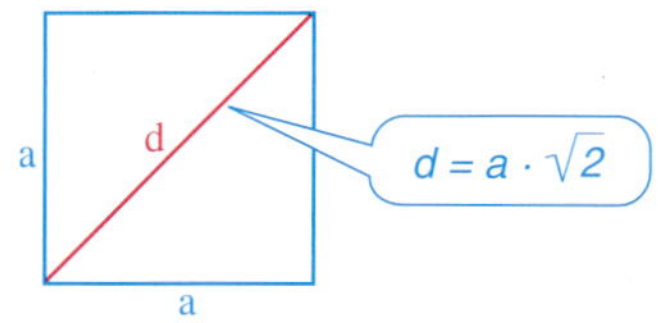

28. **a)** Von einem Quadrat ist die Seitenlänge a = 7 cm [0,8 m] gegeben. Berechne die Länge der Diagonalen.

b) Von einem Quadrat ist die Länge der Diagonalen d = 12 cm [2 m] gegeben. Berechne die Seitenlänge a und den Flächeninhalt A.

Eine Raute ist ein Viereck mit vier gleich langen Seiten.

29. Von den drei Größen a, e und f einer Raute sind zwei gegeben. Berechne die dritte Größe. Berechne auch den Flächeninhalt und den Umfang der Raute.

a) e = 5 cm; f = 7 cm

b) a = 6 mm; e = 9 mm

c) a = 4,8 km; f = 3,1 km

d) e = 4,7 m; f = 3,3 m

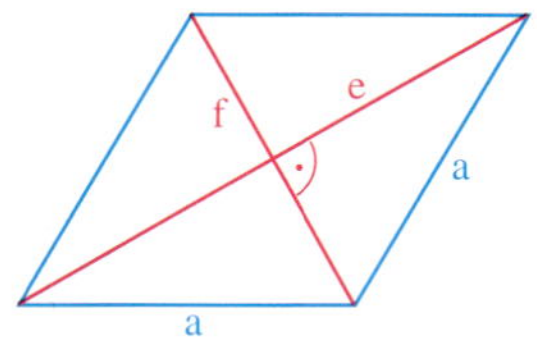

30. Der Flächeninhalt einer Raute beträgt 48 cm². Die Diagonale e ist $1\frac{1}{2}$-mal so lang wie die Diagonale f. Berechne die Seitenlänge der Raute.

31. **a)** Ein regelmäßiges Sechseck ist durch die Seitenlänge a gegeben. Leite eine Formel für den Flächeninhalt des Sechsecks her.

b) Die Seitenlänge eines regelmäßigen Sechsecks beträgt 4 cm [3 cm]. Berechne seinen Flächeninhalt.

c) Der Flächeninhalt eines regelmäßigen Sechsecks beträgt 90 cm². Wie lang sind seine Seiten und der Umfang?

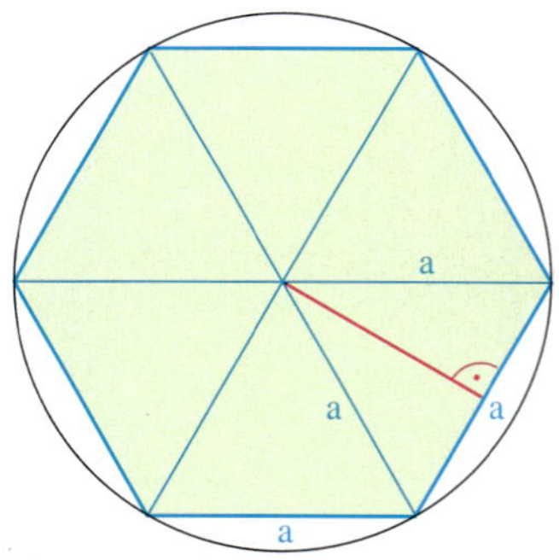

d) Die Pflanzfläche eines Blumenkübels ist ein regelmäßiges Sechseck. Die sechseckige Pflanzfläche hat eine Seitenlänge von 36 cm. Der Kübel soll im Herbst mit Stiefmütterchen bepflanzt werden. Man rechnet mit 45 Pflanzen pro m². Wie viele Stiefmütterchen müssen gekauft werden?

32. Einem Kreis mit dem Radius r ist ein gleichseitiges Dreieck ABC einbeschrieben (siehe Bild).
Begründe: M ist der Schnittpunkt der Seitenhalbierenden des Dreiecks.
Wie lang ist die Dreieckseite a?
Leite eine Formel zur Berechnung der Länge a der Dreieckseite aus dem Radius her.

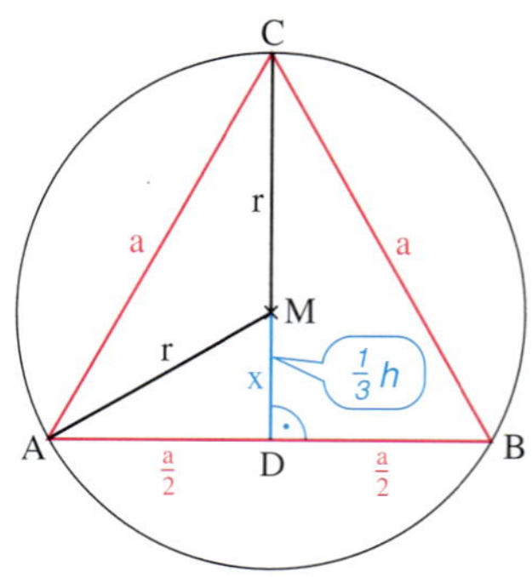

33. **a)** Ein Quader ist durch die Kantenlängen a, b, c gegeben. Leite die Formel für die Länge d der Raumdiagonalen her.

b) Berechne die Längen der Diagonalen der Seitenflächen sowie die Länge der Raumdiagonalen eines Quaders.

(1) a = 7 cm; b = 5 cm; c = 4 cm

(2) a = 6,4 cm; b = 8,9 cm; c = 1,9 cm

c) Von den vier Größen a, b, c und d eines Quaders sind drei gegeben. Berechne die vierte.

(1)	(2)	(3)
a = 2 cm	a = 2,4 cm	b = 4,9 cm
b = 4 cm	c = 1,8 cm	c = 3,7 cm
c = 6 cm	d = 4,6 cm	d = 9,5 cm

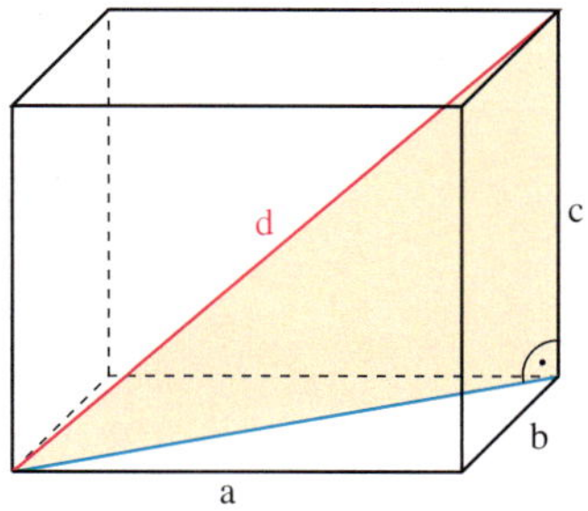

34. **a)** Wie lang ist die Raumdiagonale in einem Würfel mit der Kantenlänge a? Leite eine Formel her.

b) Berechne die Länge einer Flächendiagonalen und die Länge einer Raumdiagonalen eines Würfels mit der Kantenlänge a = 5 cm [a = 3,5 m].

c) Berechne die Kantenlänge und die Länge einer Flächendiagonalen eines Würfels, dessen Raumdiagonale 8 cm [5,3 cm] lang ist.

35. **a)** Von einem Kegel sind der Radius r der Grundfläche sowie die Länge s einer Mantellinie gegeben. Leite eine Formel für die Höhe h des Kegels her.

b) Von den drei Größen r, s und h eines Kegels sind zwei gegeben. Berechne die dritte.

(1) r = 2 cm; s = 4 cm

(2) r = 3 cm; h = 5 cm

(3) s = 6 cm; h = 4,5 cm

(4) r = 2,5 cm; s = 7,2 cm

(5) r = 4,1 m; h = 9,6 m

(6) s = 5,8 m; h = 3,7 m

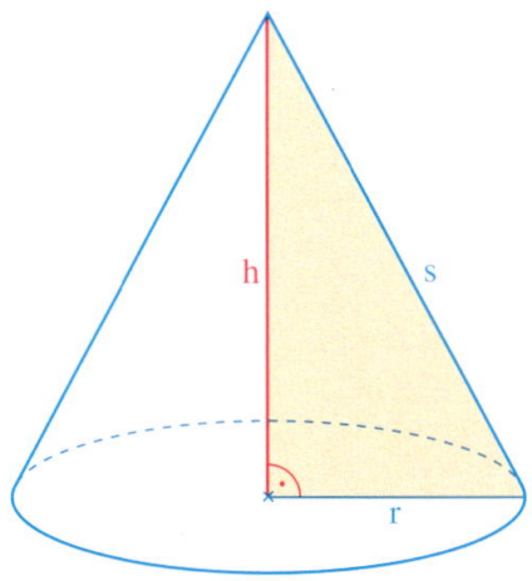

36. Ein *Tetraeder* ist eine von vier gleichseitigen, kongruenten Dreiecken begrenzte Pyramide.

a) Berechne die Höhe h des Tetraeders aus der Kantenlänge a. Beachte, wie der Höhenschnittpunkt H die Seitenhalbierenden im Dreieck teilt.
(Der Höhenschnittpunkt H ist der Schwerpunkt des Grundflächendreiecks).

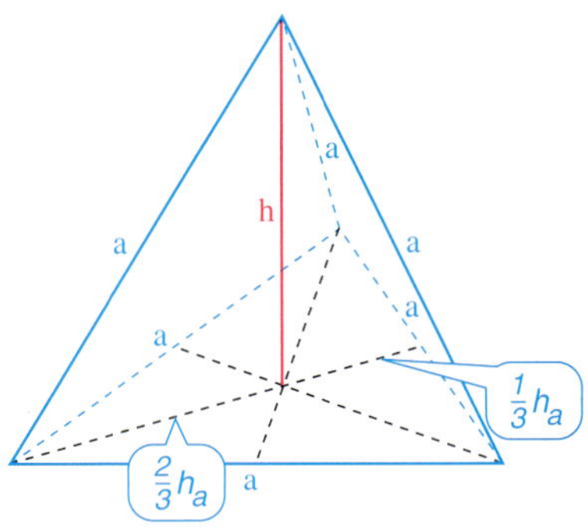

b) Gegeben ist ein Tetraeder mit der Kantenlänge a = 4 cm. Wie hoch ist das Tetraeder?
Berechne auch die Höhe einer Seitenfläche sowie den Oberflächeninhalt.

c) Gegeben ist ein Tetraeder mit der Körperhöhe h = 6 cm. Berechne Kantenlänge und Höhe einer Seitenfläche.

d) Bei einem Tetraeder ist eine Seitenfläche 6 cm [5,7 cm] hoch. Berechne die Länge der Seitenkante sowie die Körperhöhe des Tetraeders.

37. Von den fünf Größen a, b, c, s und h eines Walmdaches sind vier gegeben.
Berechne die fehlende Größe.

a) $a = 13$ m; $b = 7$ m; $h = 8$ m; $c = 9$ m

b) $a = 10{,}5$ m; $b = 6{,}1$ m; $h = 5{,}2$ m; $s = 7{,}2$ m

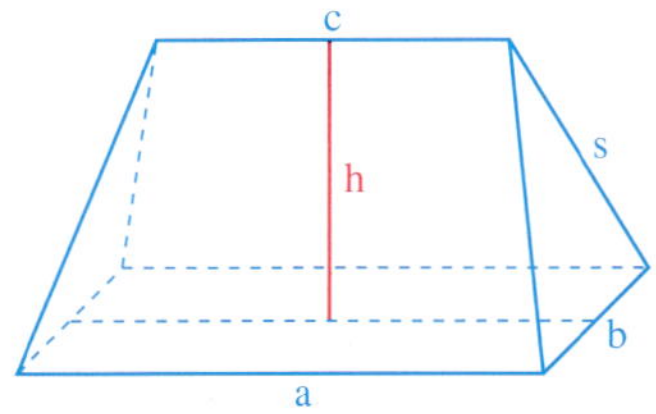

38. Ein *Oktaeder* mit der Kantenlänge a ist von acht gleichseitigen, kongruenten Dreiecken mit der Seitenlänge a begrenzt.

a) Wie viele Raumdiagonalen besitzt ein Oktaeder? Gib jeweils eine Formel für ihre Länge an.

b) Von einem Oktaeder ist die Kantenlänge $a = 4{,}8$ cm [$a = 6{,}4$ cm] gegeben. Berechne die Länge der Raumdiagonalen sowie den Oberflächeninhalt.

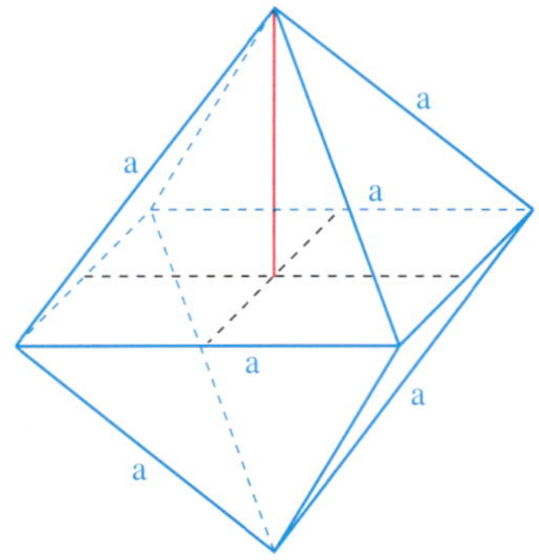

39. In einem rechtwinkligen Dreieck ist die Hypotenuse 65 cm lang, der Umfang beträgt 150 cm. Wie lang ist jede der beiden Katheten?

40. In einer Turnhalle hängt ein Kletterseil so, dass noch 50 cm dieses Seils auf dem Boden liegen. Zieht man das untere Seilende 2,50 m zur Seite, so berührt es gerade noch den Boden. Wie lang ist das Seil?

41. Ein 16 m hoher Baum ist bei einem Sturm in einer bestimmten Höhe abgeknickt; die Baumspitze berührt 12 m vom Stammende den Boden.
In welcher Höhe ist der Baum abgeknickt?

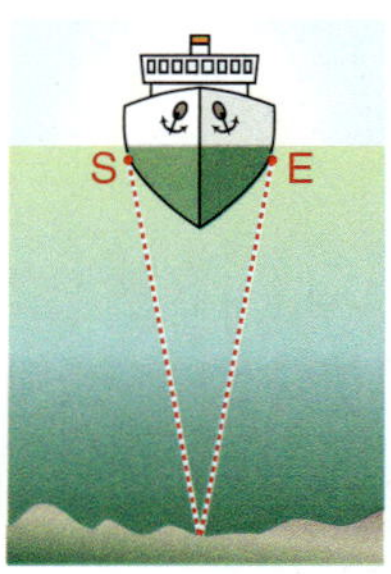

42. Beim Echoloten sendet man Schallwellen mit einem Sender S zum Meeresgrund und empfängt die reflektierten Wellen mit einem Empfänger E. Je tiefer das Meer ist, desto länger dauert es, bis die Schallwellen zurückkehren. Sender und Empfänger befinden sich 1 m unter dem Wasserspiegel am Schiffsrumpf und sind 10 m voneinander entfernt. Im Wasser legt der Schall 1,5 km pro Sekunde zurück. An einer bestimmten Stelle benötigt der Schall $\frac{1}{10}$ Sekunde. Bestimme wie tief an dieser Stelle das Meer ist.

43. Sofia möchte mit einem 14 cm langen Strohhalm aus einer Limonaden-Dose trinken. Diese hat einen Durchmesser von 6 cm und ist 11 cm hoch. Sie befürchtet, dass der Strohhalm in der Dose versinken könnte.
Ihr Freund Robin meint: „Das glaube ich nicht. Ich schätze, dass mindestens 2 cm des Strohhalms aus der Dose herausgucken."
Kontrolliere, wer von beiden Recht hat.
Gib dazu auch an, von welchen Annahmen du bei deinen Überlegungen ausgegangen bist.

6.3 Umkehrung des Satzes des Pythagoras

Einführung

Rechte Winkel werden überall in unserer Umgebung benötigt und dort ist es oft nicht so einfach, sie herzustellen.
Handwerker verwenden keine Geodreiecke.
Wie stellen sie rechte Winkel her?
Auf dem Bild siehst du einen Fliesenleger mit drei Leisten, die 30 cm, 40 cm und 50 cm lang sind.
Zeichne ein solches Dreieck im Maßstab 1 : 10. Was stellst du fest?

Information

Umkehrung des Satzes des Pythagoras

Geht man nach dem Satz des Pythagoras von einem rechtwinkligen Dreieck ABC mit $\gamma = 90°$ aus, so gilt für die Seitenlängen $a^2 + b^2 = c^2$. Der Fliesenleger geht *umgekehrt* vor: Er legt ein Dreieck ABC, für dessen Seitenlängen $a^2 + b^2 = c^2$ gilt. Er erhält dann ein rechtwinkliges Dreieck.
Der Fliesenleger verwendet also die *Umkehrung* des Satzes des Pythagoras:

Kehrsatz des Satzes des Pythagoras
Für jedes Dreieck ABC gilt: Wenn $c^2 = a^2 + b^2$, dann $\gamma = 90°$.

Beweis: Wir können ohne Winkelmessung begründen, dass diese Umkehrung gilt.
Zur Begründung gehen wir von einem rechtwinkligen Dreieck ABC aus (Bild Mitte).
Nach dem Satz des Pythagoras gilt dann: $a^2 + b^2 = c^2$

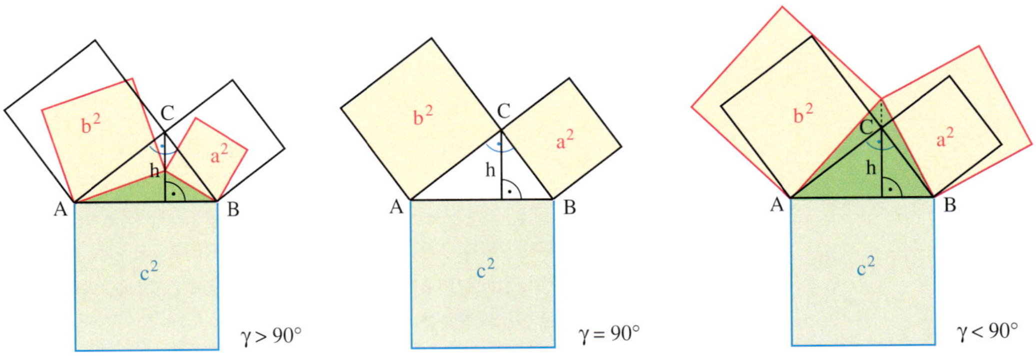

(1) Wir verschieben den Punkt C längs der Höhe h nach *unten* (Bild links); es entsteht ein *stumpfwinkliges* Dreieck ($\gamma > 90°$). Die Seiten a und b werden *kürzer*, also $a^2 + b^2 < c^2$.
(2) Wir verschieben den Punkt C längs der Höhe h nach *oben* (Bild rechts); es entsteht ein *spitzwinkliges Dreieck* ($\gamma < 90°$). Die Seiten a und b werden *länger*, also $a^2 + b^2 > c^2$.

Aus beiden Überlegungen folgt: Wenn Winkel $\gamma \neq 90°$ ist, dann gilt $a^2 + b^2 \neq c^2$. Nur im Falle $\gamma = 90°$ gilt somit $c^2 = a^2 + b^2$.

Anmerkung: Bei einem Beweis geht man in der Regel von der Voraussetzung aus und zeigt im Sinne des Vorwärtsarbeitens die Behauptung. Beim obigen Beweis sind wir vom Gegenteil der Behauptung, also $\gamma \neq 90°$, ausgegangen. Dies führte zu einem Widerspruch zur Voraussetzung. Die Annahme ($\gamma \neq 90°$) muss dann falsch gewesen sein. Diese Art der Begründung nennt man einen *indirekten Beweis*.

Übungsaufgaben

DGS

1. Zeichne mit einem dynamischen Geometrie-Programm ein Dreieck ABC.
Konstruiere dann über den Seiten Quadrate und lasse deren Flächeninhalte berechnen. Verändere die Form des Dreiecks und untersuche, für welche Dreiecke $a^2 + b^2 = c^2$ gilt.

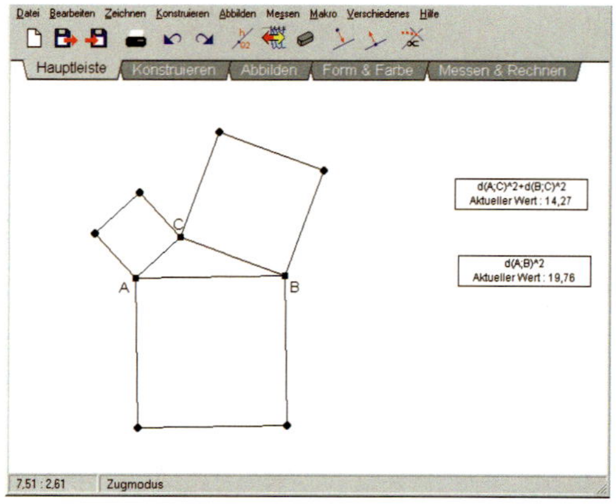

2. Entscheide, ob das Dreieck ABC rechtwinklig, stumpfwinklig oder spitzwinklig ist.

a) a = 8 cm; b = 6 cm; c = 10 cm

b) a = 7 m; b = 9 m; c = 11 m

c) a = 5 cm; b = 4 cm c = 3 cm

d) a = 13 dm b = 5 dm; c = 12 dm

e) a = 23 mm; b = 17 mm; c = 29 mm

3. Auf einem Baugrundstück sind vier Pfähle A, B, C und D gesetzt worden, um die Ecken des zu bauenden Hauses abzustecken. Das Haus soll einen rechteckigen Grundriss mit den Seitenlängen 16 m und 12 m haben. Die Pfähle haben die in der Zeichnung angegebenen Abstände. Der Abstand zwischen C und D wurde nicht vermessen.
Welcher der Winkel bei A bzw. B ist ein rechter Winkel, welcher nicht? Welcher Pfahl steht falsch?

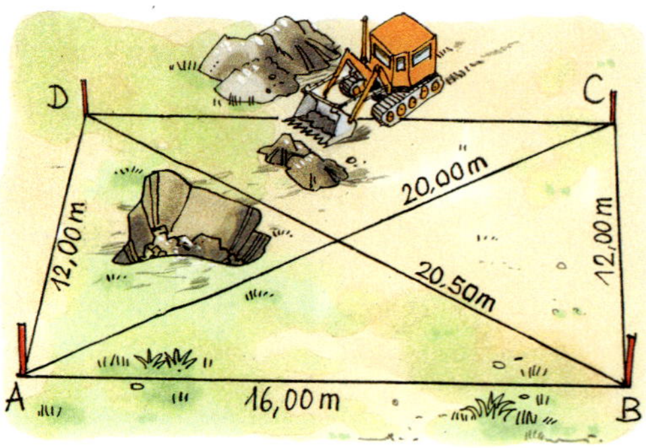

4. a) Im alten Ägypten benutzten Seilspanner 12-Knoten-Seile, um rechtwinklige Dreiecke aufzuspannen. Erläutere ihr Vorgehen.

b) Kann man mit einem „30-Knotenseil" ein rechtwinkliges Dreieck abstecken? Begründe.

c) Findest du andere Knotenseile, um rechtwinklige Dreiecke abzustecken?

5. a) Prüfe, ob das Dreieck ABC mit a = 6 cm, b = 8 cm und c = 10 cm rechtwinklig ist. Begründe.

b) Man nennt das Zahlentripel (6|8|10) aus natürlichen Zahlen **pythagoreisches Zahlentripel**. Ebenso ist (3|4|5) ein solches Zahlentripel.
Entscheide, ob pythagoreische Zahlentripel vorliegen.
(1) (9|12|15) (2) (15|20|25) (3) (5|12|13) (4) (7|18|19)

c) Bilde pythagoreische Zahlentripel: (8|15|□), (□|30|34), (24|□|26), (14|48|□).

d) Finde selbst weitere pythagoreische Zahlentripel. Versuche, Gesetzmäßigkeiten zu entdecken.

6. Du kennst verschiedene Möglichkeiten, einen rechten Winkel zu erzeugen. Beschreibe sie.

7. *Gruppenarbeit:* Im Internet findet ihr mehr über Pythagoras und den nach ihm benannten Satz, sowie über seine Anhänger, die Pythagoreer, und über die griechische Mathematik. Sammelt Material, ordnet es nach verschiedenen Themen und schreibt kleine Artikel, die ihr im Klassenraum aushängen oder euren Mitschüler(innen) vortragen könnt.

6.4 Höhensatz und Kathetensatz des Euklid

Aufgabe 1

Höhensatz des Euklid

Es soll ein Tunnel mit halbkreisförmigem Querschnitt gebaut werden. Die zweispurige Straße soll 11,00 m breit, die beidseitigen, nicht befahrbaren Seitenstreifen jeweils 1,50 m breit sein. Für Lkw, die den Tunnel befahren dürfen, soll in der Höhe ein Sicherheitsabstand von 30 cm angenommen werden.
Was für ein Verkehrsschild zur Höhenbegrenzung muss also am Tunnel angebracht werden?
Entwickle auch eine Formel zur Berechnung der Höhe h.

Lösung

Die geringste Höhe über der Fahrbahn ist über dem Fahrbahnrand bei D. Das Dreieck ABC ist nach dem Satz des Thales rechtwinklig mit dem rechten Winkel bei C, da C auf dem Thaleskreis über der Seite $\overline{AB}$ liegt. Die Höhe zerlegt die Hypotenuse in zwei Hypotenusenabschnitte q und p.

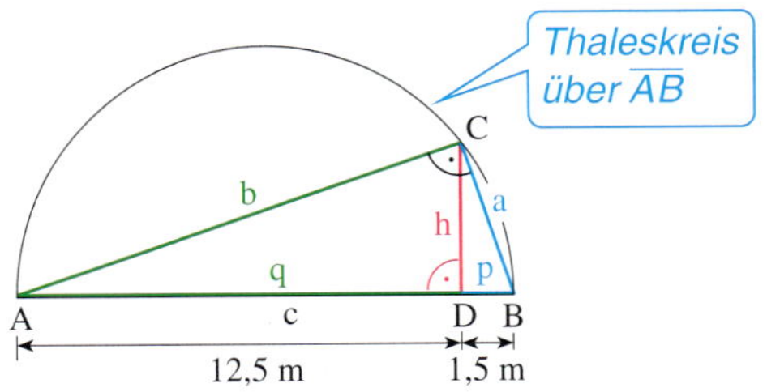

Wir kennen im Dreieck ABC die Längen der beiden Hypotenusenabschnitte:

p = 1,5 m und
q = 11 m + 1,5 m = 12,5 m

Wir wollen die Höhe h berechnen.

Nach dem Satz des Pythagoras gilt für das

(1) Dreieck ADC: $h^2 + (12{,}5\text{ m})^2 = b^2$ | $h^2 + q^2 = b^2$
(2) Dreieck DBC: $h^2 + (1{,}5\text{ m})^2 = a^2$ | $h^2 + p^2 = a^2$
(3) Dreieck ABC: $a^2 + b^2 = (1{,}5\text{ m} + 12{,}5\text{ m})^2$ | $a^2 + b^2 = c^2$

Durch Einsetzen von a^2 und b^2 aus den Gleichungen (1) und (2) in die Gleichung (3) erhalten wir:

$$\begin{aligned}(h^2 + 2{,}25\text{ m}^2) + (h^2 + 156{,}25\text{ m}^2) &= 196\text{ m}^2\\ 2h^2 + 158{,}5\text{ m}^2 &= 196\text{ m}^2\\ 2h^2 &= 37{,}5\text{ m}^2\\ h^2 &= 18{,}75\text{ m}^2\\ h &= \sqrt{18{,}75\text{ m}^2}\\ h &\approx 4{,}33\text{ m}\end{aligned}$$

$$\begin{aligned}(h^2 + p^2) + (h^2 + q^2) &= c^2\\ 2h^2 + p^2 + q^2 &= c^2\\ 2h^2 + p^2 + q^2 &= (p + q)^2\\ 2h^2 + p^2 + q^2 &= p^2 + 2pq + q^2\\ 2h^2 &= 2pq\\ h^2 &= pq\\ h &= \sqrt{pq}\end{aligned}$$

$c = p + q$

Wir runden sinnvoll.

Ergebnis: Bis zu 4 m hohe Lkws dürfen den Tunnel befahren.

Information

(1) Weitere Bezeichnungen im rechtwinkligen Dreieck

Die Höhe zur Hypotenuse zerlegt die Hypotenuse in zwei **Hypotenusenabschnitte:**

p ist die Länge des Hypotenusenabschnitts, der zur Kathete a gehört.

q ist die Länge des Hypotenusenabschnitts, der zur Kathete b gehört.

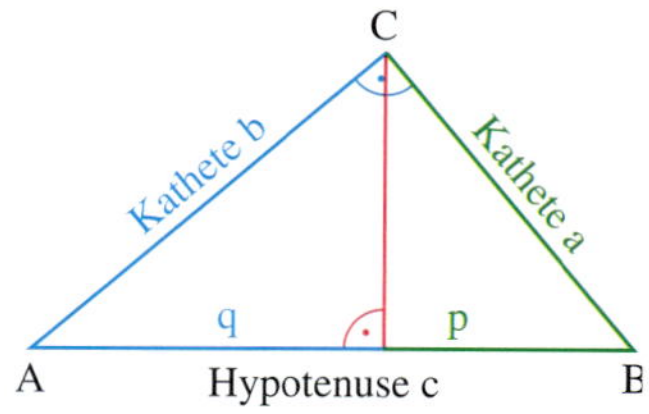

(2) Höhensatz des Euklid

In der Lösung der Aufgabe 1 haben wir die Formel

$h^2 = p \cdot q$ erhalten.

Diese Gleichung können wir wieder geometrisch deuten:

h^2 gibt den Flächeninhalt eines Quadrates über der Höhe an, das Produkt $p \cdot q$ den Flächeninhalt eines Rechtecks aus den beiden Hypotenusenabschnitten.

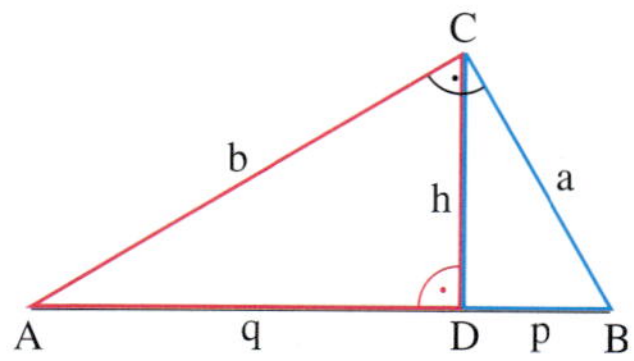

Höhensatz des Euklid

Wenn ein Dreieck *rechtwinklig* ist, dann hat das Höhenquadrat denselben Flächeninhalt wie das Rechteck aus den beiden Hypotenusenabschnitten.

$\mathbf{h^2 = p \cdot q}$

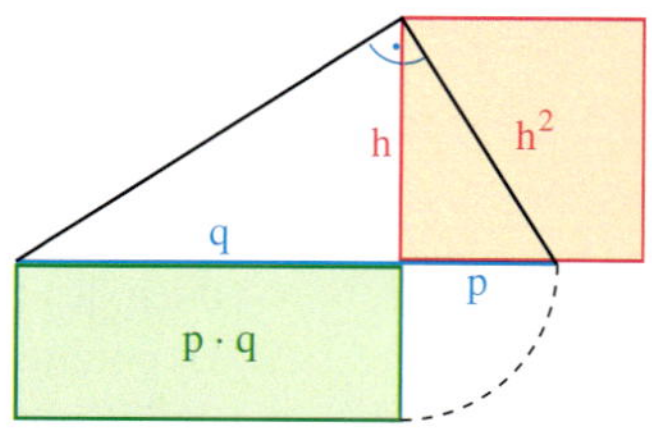

Weiterführende Aufgabe

2. *Kathetensatz des Euklid*

Rechts siehst du ein Sägedach, wie man es oft bei Fabrikhallen findet. Der Dachgiebel ist ein Dreieck. Diese Dächer sind oft teilweise verglast.

Für den Bau eines solchen Daches wird festgelegt:

Der Querschnitt soll aus rechtwinkligen Dreiecken mit den angegebenen Maßen bestehen.

Wie lang müssen die Dachsparren sein?

Entwickle auch eine Formel zur Berechnung einer Kathete.

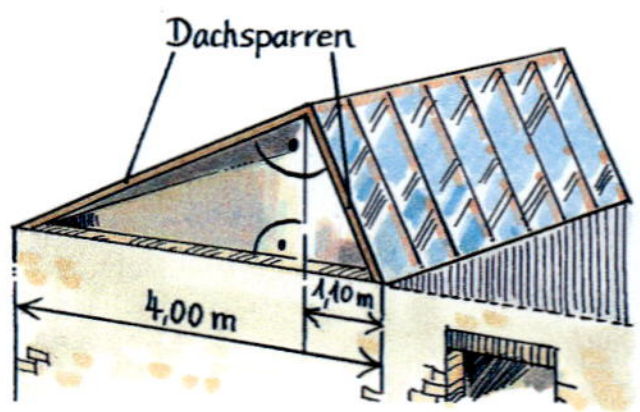

Information

Euklid
(griechischer Mathematiker um 300 v. Chr.)

Kathetensatz des Euklid

Wenn ein Dreieck *rechtwinklig* ist, dann hat das Quadrat über einer Kathete denselben Flächeninhalt wie das Rechteck aus der Hypotenuse und dem zur Kathete gehörenden Hypotenusenabschnitt.

$\mathbf{a^2 = c \cdot p}$ und $\mathbf{b^2 = c \cdot q}$ (für $\gamma = 90°$)

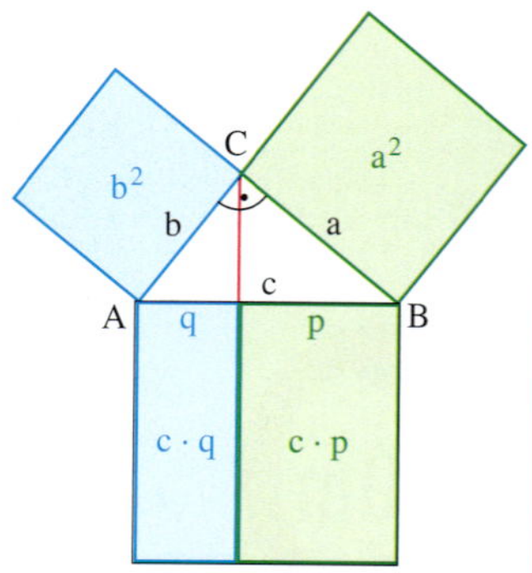

Übungsaufgaben

3. Aus einem 3 cm dicken Rundstab soll eine Leiste mit nebenstehender Querschnittsfläche hergestellt werden. Dazu werden seitlich jeweils 0,5 cm abgeschliffen.
Wie lang ist die Seitenkante $\overline{AB}$ der Leiste?

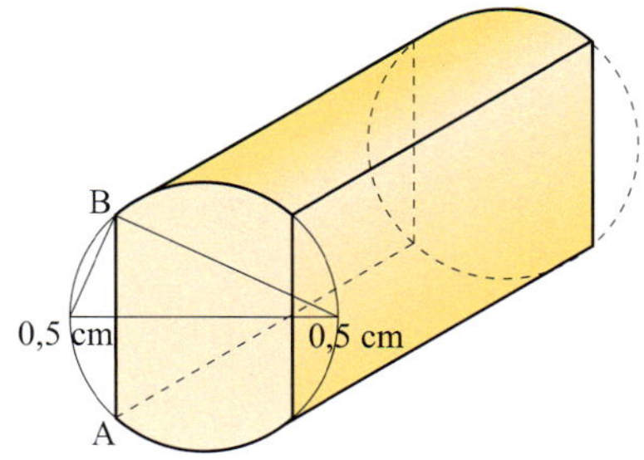

4. Gib für das rechtwinklige Dreieck ABC in den Figuren (1) bis (3) jeweils die Gleichung nach dem Höhensatz an, in Figur (3) auch für die Teildreiecke ADC und DBC.

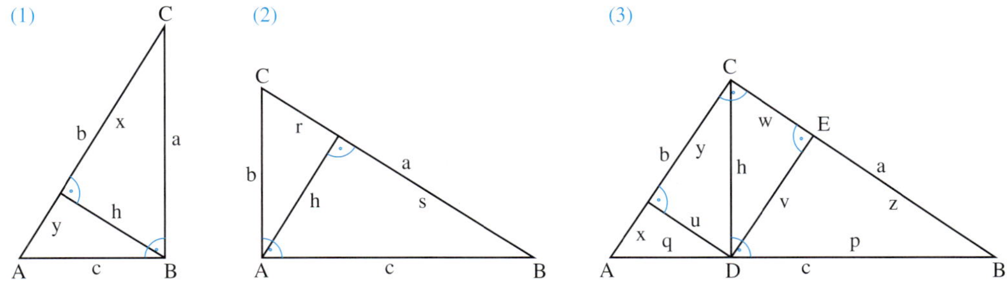

5. Berechne die Länge x der roten Strecke (Maße in cm).

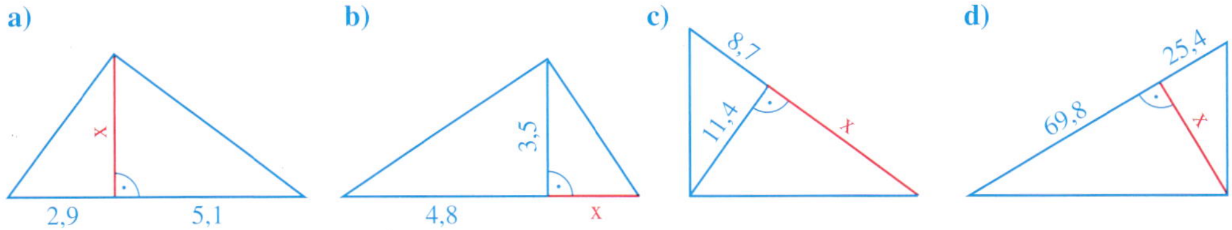

6. Berechne die dritte der drei Längen p, q und h in einem rechtwinkligen Dreieck.

a) p = 13 cm; q = 9 cm
b) h = 7 cm; p = 5 cm
c) h = 20 cm; q = 16 cm
d) p = 8 cm; q = 1,8 dm
e) h = 5,1 cm; p = 22 mm

Berechne auch den Flächeninhalt des Dreiecks.

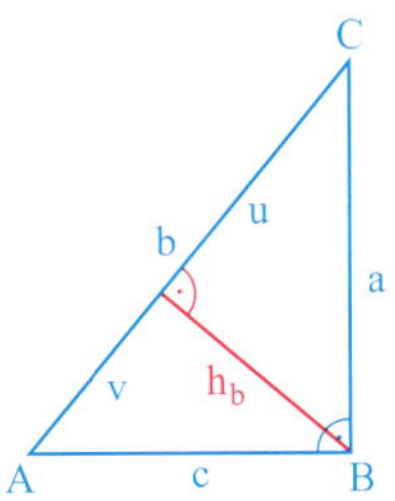

7. Gegeben ist ein Dreieck ABC mit $\beta = 90°$. Berechne die dritte der drei Längen u, v und h_b sowie den Flächeninhalt.

a) u = 12 cm; v = 7 cm
b) h_b = 22 mm; v = 15 mm;
c) h_b = 9,1 m; v = 6,6 m

8. Ein halbkreisförmiges Fenster soll vergittert werden.
Die senkrechten Stäbe sollen 5 cm in das Mauerwerk eingelassen werden.
Wie viel Material wird benötigt?

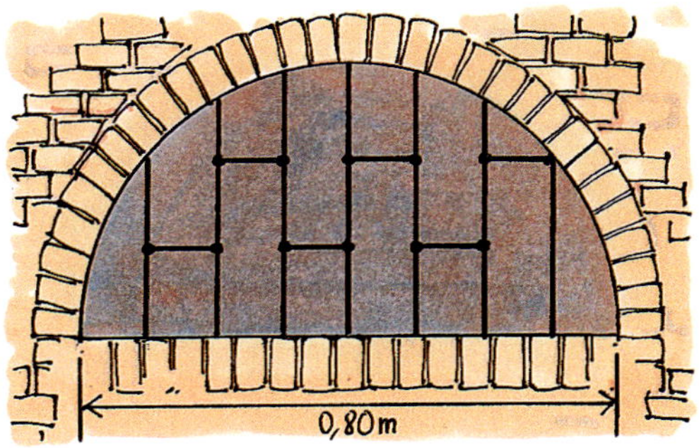

9. 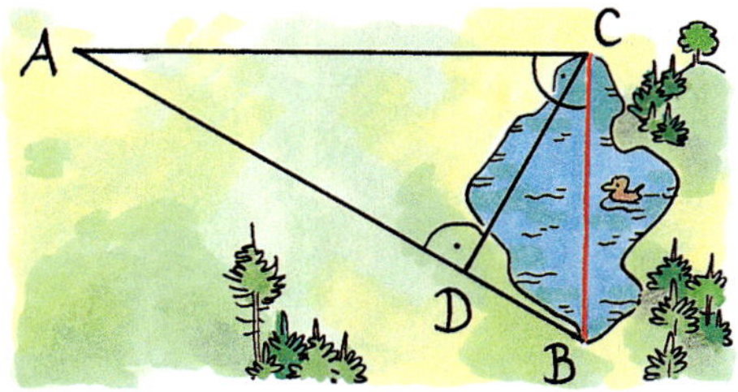

Die Entfernung zweier Anlegestellen B und C eines Sees soll bestimmt werden. Dazu wird eine Strecke $\overline{AB}$ so abgesteckt, dass das Dreieck ABC rechtwinklig bei C ist. Es werden dann die Strecken $\overline{AD}$ und $\overline{DB}$ gemessen:

$|AD| = 340$ m; $|DB| = 130$ m.

Bestimme die Entfernung zwischen B und C.

10. Gib für das rechtwinklige Dreieck ABC in den Figuren (1) bis (3) jeweils die Gleichungen nach dem Kathetensatz an, in Figur (3) auch für die Dreiecke ADC und DBC. Zeichne zunächst das Dreieck ab, färbe die Katheten blau und die Hypotenuse rot.

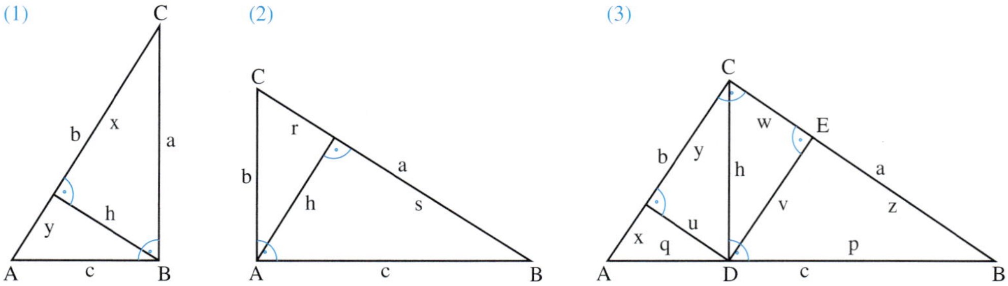

11. Kontrolliere die angegebenen Gleichungen. Berichtige gegebenenfalls.

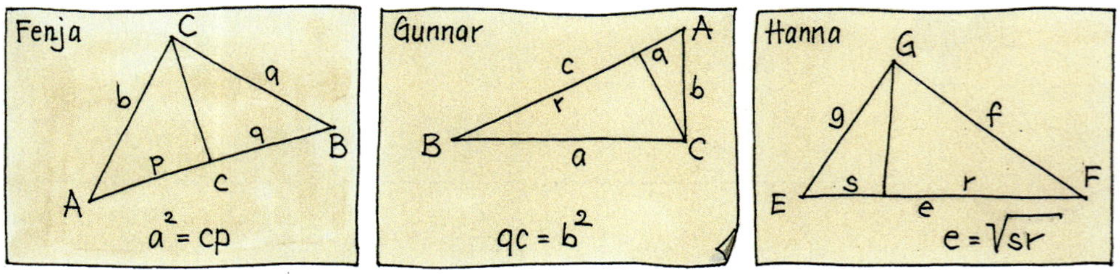

12. In einem Dreieck ABC mit $\gamma = 90°$ sind die Hypotenusenabschnitte $p = 3$ cm und $q = 5$ cm gegeben.

a) Berechne die drei Seitenlängen a, b und c.

b) Konstruiere das Dreieck. Kontrolliere das Ergebnis zu Teilaufgabe a) an der Zeichnung.

c) Berechne den Flächeninhalt des Dreiecks ABC.

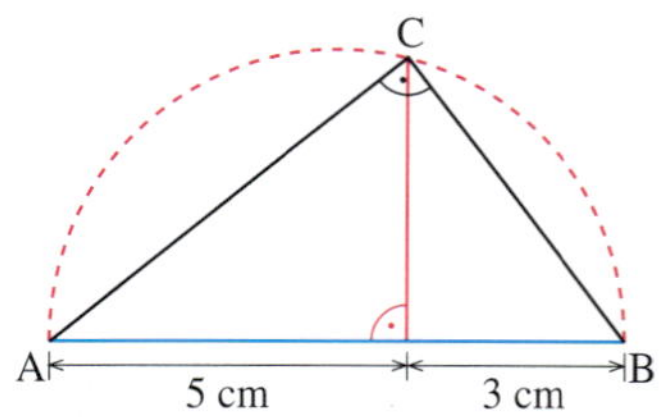

13. In einem rechtwinkligen Dreieck ABC mit $\alpha = 90°$ sind gegeben:

a) $b = 5$ cm, $r = 3$ cm **b)** $c = 36$ mm, $s = 7$ mm **c)** $r = 6$ km, $a = 15$ km

Berechne die übrigen der fünf Längen a, b, c, r, s und den Flächeninhalt des Dreiecks.

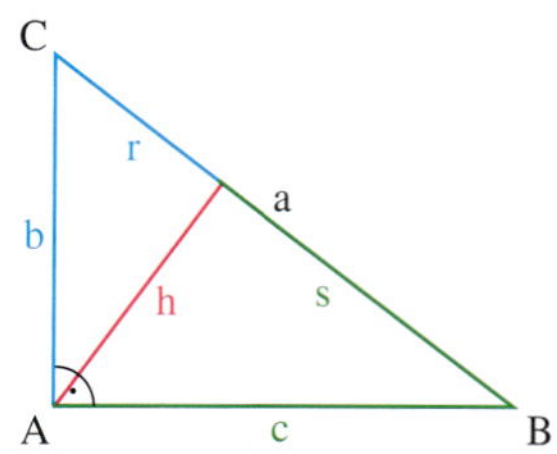

14. Gegeben ist ein rechtwinkliges Dreieck ABC mit den Hypotenusenabschnitten 2,5 cm und 4,5 cm sowie $\alpha = 90°$. Berechne die Seitenlängen a, b und c.

6.5 Aufgaben zur Vertiefung

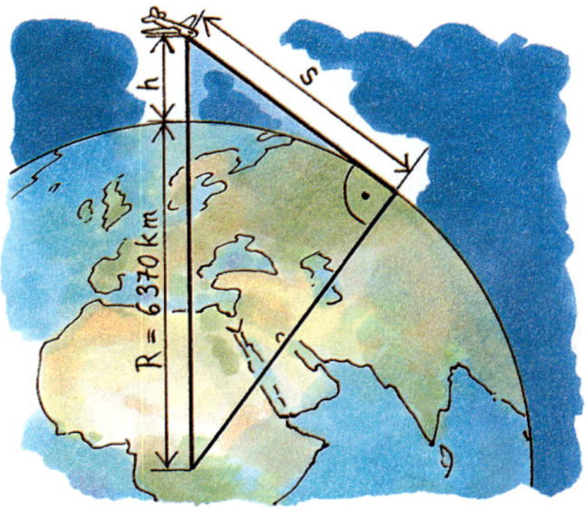

1. **a)** Am Strand der Nordsee fliegt ein Sportflugzeug in 150 m Höhe. Bis zu welcher Entfernung s kann die Pilotin noch Schiffe bis zur Wasserlinie sehen?

b) Wie hoch muss das Flugzeug fliegen, damit die Pilotin 100 km weit sehen kann?

c) Wie weit kann ein Mensch mit der Augenhöhe 1,70 m ins Meer hinaus sehen?

d) Stelle weitere Fragen und beantworte sie.

Hinweis: Die Lichtbrechung wird nicht berücksichtigt. Die Lichtstrahlen sollen geradlinig sein.

2. In einem rechtwinkligen Dreieck ist eine Kathete halb [ein Drittel; ein Viertel] so lang wie die Hypotenuse. Wie lang ist die andere Kathete?

3. Gegeben ist eine Pyramide mit quadratischer Grundfläche.

a) Die Seitenkante s ist doppelt [viermal] so lang wie die Grundkante. Wie hoch ist die Pyramide?

b) Die Körperhöhe ist zweimal [halb] so lang wie die Grundkante. Wie lang ist die Seitenkante?

4. **a)** Gegeben ist die Gleichung $y = -\frac{3}{5}x + 3$ einer Geraden. Berechne den Flächeninhalt der Fläche zwischen der Geraden und den beiden Koordinatenachsen.

b) Gegeben sind Gleichungen $y = \frac{4}{3}x - \frac{8}{3}$ und $y = -0{,}5x + 4{,}5$ zweier Geraden. Berechne den Flächeninhalt der Fläche zwischen den beiden Geraden und der x-Achse.

5. Gegeben ist das Dreieck ABC in einem Koordinatensystem.

a) Bestimme den Flächeninhalt.

b) Berechne die Seitenlängen des Dreiecks.

c) Berechne die Höhen h_a, h_b und h_c. Verwende die Ergebnisse der Teilaufgaben a) und b).

d) Zeige: Wenn die Koordinaten der Eckpunkte des Dreiecks ganzzahlig sind, dann ist der Flächeninhalt ein ganzzahliges Vielfaches von $\frac{1}{2}$.

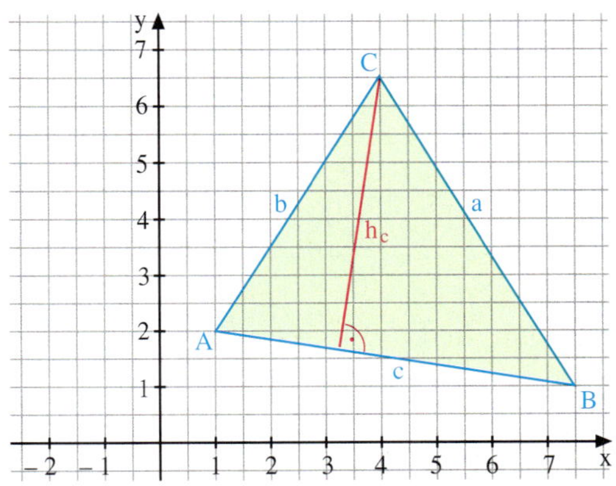

6. Gegeben sind zwei Kreise mit den Radien $r_1 = 5$ cm und $r_2 = 2$ cm. Der Abstand der beiden Mittelpunkte M_1 und M_2 beträgt 10 cm. Die Tangente t berührt die beiden Kreise in P_1 und P_2. Wie lang ist der Tangentenabschnitt $\overline{P_1P_2}$?

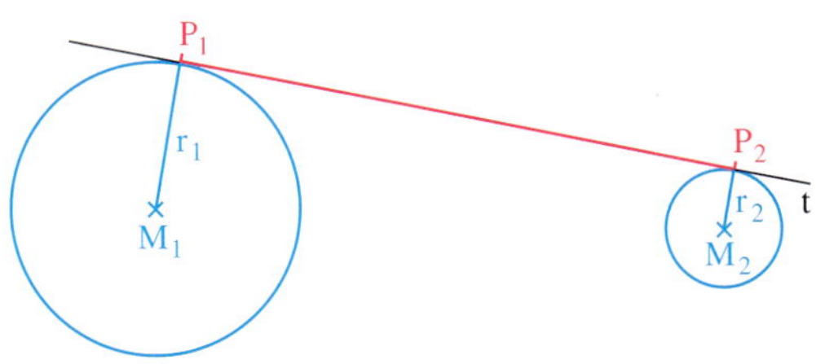

Im Blickpunkt

Im Blickpunkt

Quadratur von Vielecken

1. Berechne zu dem angegebenen Vieleck die Seitenlänge eines flächeninhaltsgleichen Quadrates.

a) Dreieck ABC mit c = 6,5 cm und h_c = 4,7 cm

b) Rechteck mit den Seitenlängen a = 5,5 cm und b = 3,5 cm

c) Parallelogramm mit der Grundseitenlänge g = 5,1 cm und der zugehörigen Höhe h = 3,8 cm

d) Trapez ABCD ($AB \parallel CD$) mit a = 6,2 cm, c = 4,3 cm und h = 3,6 cm

e) regelmäßiges Sechseck mit der Seitenlänge a = 4,4 cm

Zu einem vorgegebenen Vieleck kann man durch *Rechnung* die Seitenlänge eines flächeninhaltgleichen Quadrates ermitteln. Man nennt dies die **arithmetische Quadratur** eines Vielecks.
Im Altertum war die dezimale Schreibweise von Zahlen noch nicht bekannt; die Griechen verwendeten nur natürliche Zahlen und Verhältnisse von natürlichen Zahlen. Eine arithmetische Quadratur war deshalb sehr schwierig. So löste man solche Probleme durch geometrische *Konstruktion* mit Zirkel und Lineal (ohne Messskala). Man spricht in diesem Fall von der **geometrischen Quadratur** eines Vielecks.

Im Folgenden wollen wir Verfahren erarbeiten, mit denen man mithilfe von Zirkel und Geodreieck ein Vieleck in ein flächeninhaltsgleiches Quadrat verwandeln kann.

2. *Quadratur eines Rechtecks*

Gegeben ist ein Rechteck ABCD mit den Seitenlängen a = 5,5 cm und b = 3,5 cm. Verwandle das Rechteck durch geometrische Konstruktion in ein flächeninhaltsgleiches Quadrat

a) mithilfe des Kathetensatzes;

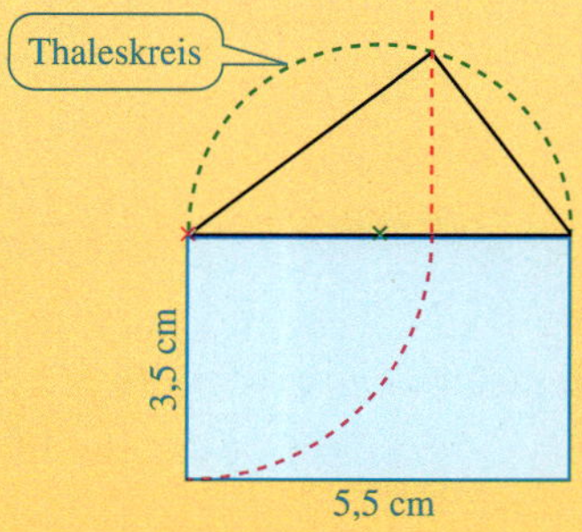

b) mithilfe des Höhensatzes.

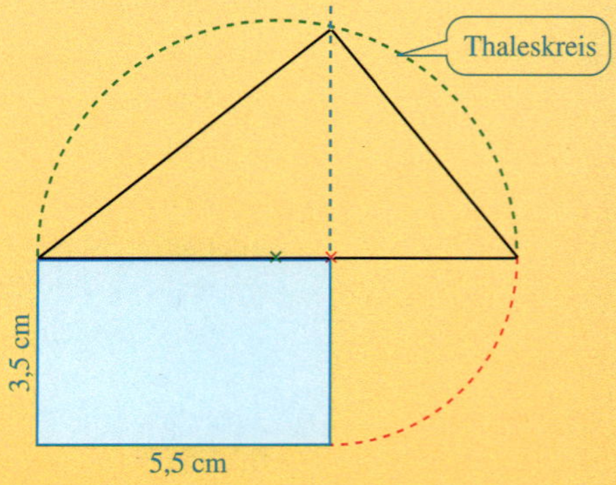

3. Gegeben ist ein Rechteck mit den Seitenlängen a = 3 cm; b = 5 cm [a = 5,5 cm; b = 3,8 cm]. Konstruiere zu diesem Rechteck ein flächeninhaltsgleiches Quadrat.

4. *Quadratur eines Dreiecks*

a) Betrachte die Figur rechts.
M_a und M_b sind die Mittelpunkte der Seiten $\overline{BC}$ bzw. $\overline{AC}$ des Dreiecks ABC.
Begründe: Das Dreieck ABC ist flächeninhaltsgleich zum Rechteck ABDE.

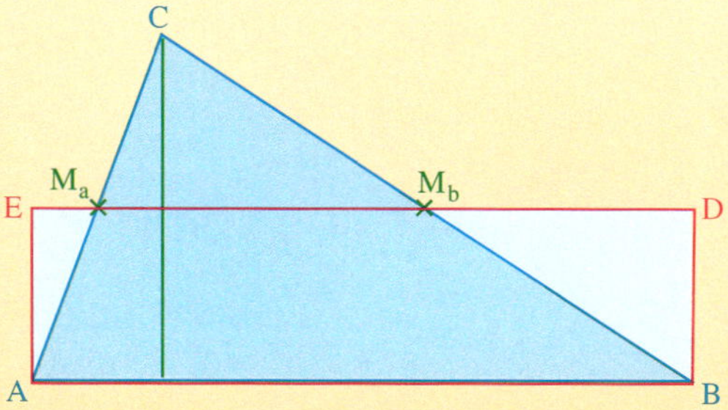

b) Zeichne ein Dreieck ABC; denke auch an verschiedene Typen von Dreiecken. Verwandle jeweils das Dreieck in ein flächeninhaltsgleiches Rechteck; verwandle dann das Rechteck in ein flächeninhaltsgleiches Quadrat.

5. *Umwandlung eines Vierecks in ein flächeninhaltsgleiches Dreieck*

Gegeben ist ein Viereck ABCD. Durch die Diagonale AC ist das Viereck in zwei Teildreiecke ABC und ACD geteilt.
Begründe zunächst: Die Dreiecke ACD und ACD′ sind flächeninhaltsgleich.
Begründe dann: Das Viereck ABCD und das Dreieck ABD′ haben denselben Flächeninhalt.
Bei der Lösung dieser Aufgabe wurde der folgende aus dem 6. Schuljahr bekannte Satz benutzt:

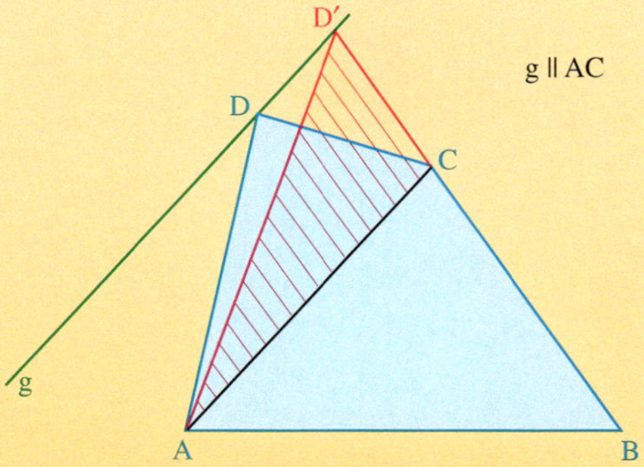

Dreiecke mit gleich langer Grundseite und gleicher Höhe sind flächeninhaltsgleich.

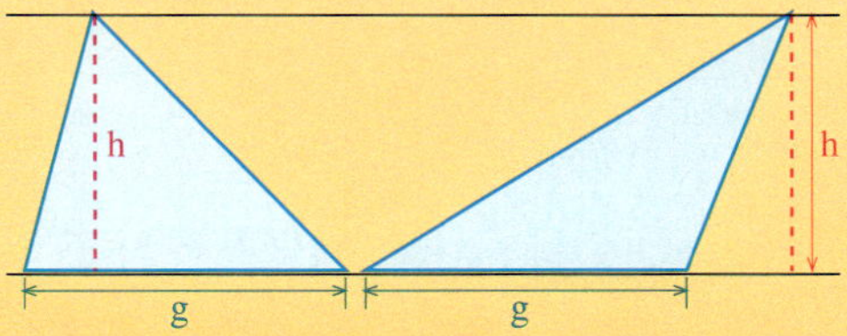

6. *Quadratur eines beliebigen Vierecks*

Konstruiere ein Viereck ABCD aus b = 5,4 cm; c = 3,2 cm; d = 4,4 cm; f = 6,5 cm; α = 65°. Verwandle es dann schrittweise in ein flächeninhaltsgleiches Quadrat.

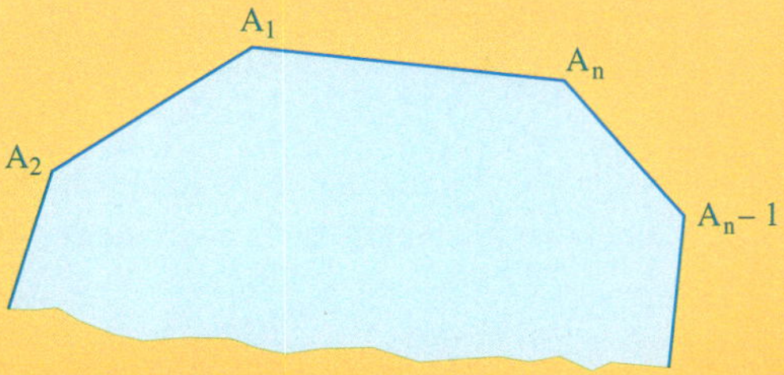

Quadratur eines Vielecks

7. a) Konstruiere ein regelmäßiges Sechseck mit der Seitenlänge a = 4,5 cm. Verwandle es dann schrittweise in ein flächeninhaltsgleiches Quadrat.

b) Begründe: Jedes n-Eck kann man in ein flächeninhaltgleiches (n – 1)-Eck verwandeln.

c) Begründe: Jedes n-Eck kann man in ein flächeninhaltgleiches Quadrat verwandeln.

Bist du fit?

1. Berechne die Länge der roten Seite.

a) **b)** **c)** **d)**

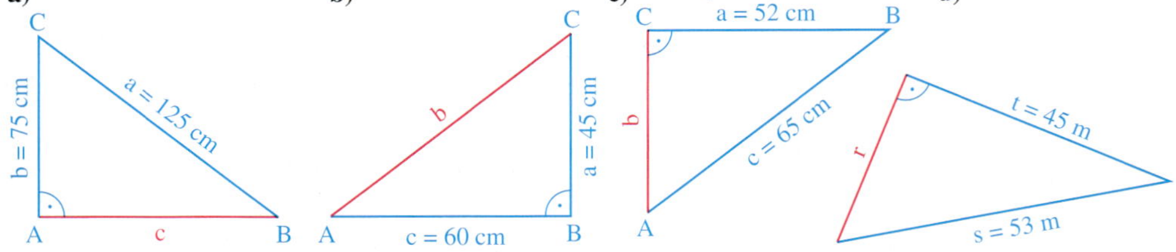

2. Berechne die Höhe und bestimme den Flächeninhalt für

a) ein gleichschenkliges Dreieck mit Schenkellänge s = 85 cm und Basis g = 72 cm;

b) ein gleichseitiges Dreieck mit der Seitenlänge a = 26 cm.

3. Berechne die Längen der rot eingezeichneten Strecken.

a) **b)** **c)**

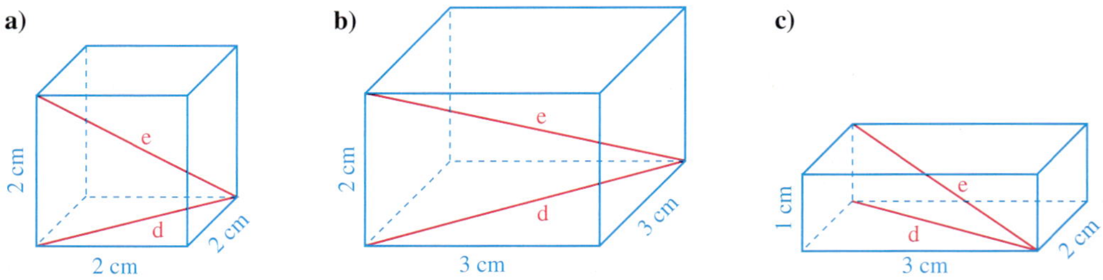

4. Ein 120 m hoher Sendemast soll durch vier Stahlseile abgesichert werden, die in $\frac{3}{4}$ der Höhe befestigt sind. Die Seile sollen 60 m vom Mast entfernt im Boden verankert werden.
Wie viel m Seil werden benötigt?
(Das Durchhängen der Seite soll unberücksichtigt bleiben.)

5. An einer Straße wird ein 60 m langer Lärmschutzwall geplant, dessen Querschnittsfläche ein gleichschenkliges Trapez sein soll.

a) Berechne die Länge s einer Böschung.

b) Beide Böschungen sollen bepflanzt werden. Das Bepflanzen kostet 36 € pro m^2 zusätzlich 19 % Mehrwertsteuer. Berechne die Kosten.

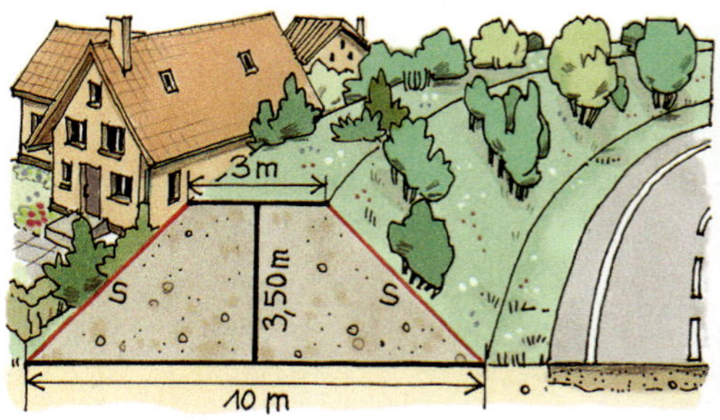

6. Ein Dreieck ABC hat einen rechten Winkel bei C. Berechne die übrigen der sechs Längen a, b, c, p, q und h. Kontrolliere durch Zeichnung. Berechne auch den Flächeninhalt des Dreiecks.

a) b = 6 cm; q = 4 cm **b)** p = 3 cm; q = 4 cm

7. Gegeben ist ein Rechteck mit den Seitenlängen 7 cm und 5 cm. Konstruiere ein dazu flächeninhaltsgleiches Quadrat mithilfe des Kathetensatzes [mithilfe des Höhensatzes].

7. ZENTRISCHE STRECKUNG – STRAHLENSÄTZE

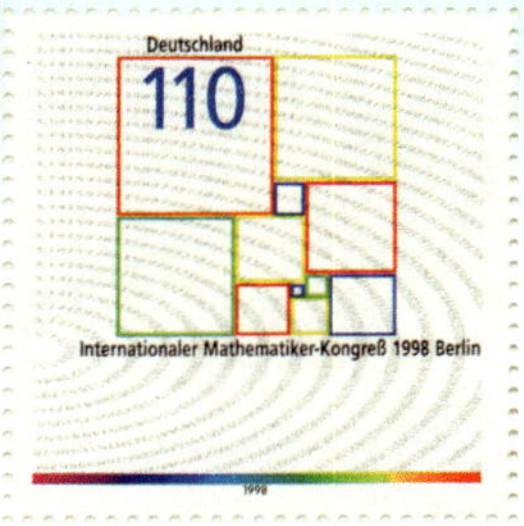

Nicole will im Unterricht ein Referat über Zerlegungen eines Quadrates in Quadrate halten. Als Vorlage dient ihr eine Briefmarke, die 1998 zum Internationalen Mathematikerkongress in Berlin von der Deutschen Post ausgegeben wurde.
Sie zeichnet die Zerlegung des Quadrats mit einem Geometrieprogramm ab.

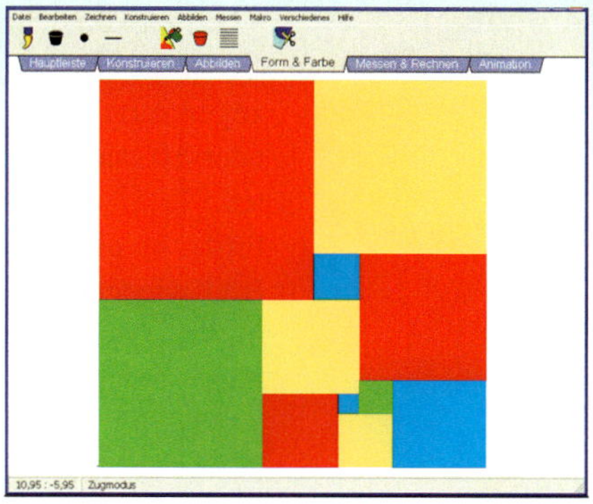

Bei der Projektion der Zeichnung mithilfe eines Beamers erhält Nicole zunächst das linke Bild. Nachdem sie den Beamer anders aufgestellt hat, erhält sie das Bild rechts.

- Was hat Nicole bei der linken Projektion falsch gemacht?
- Vergleiche die Zerlegung des Quadrats in der Zeichnung rechts oben mit den Projektionen auf der Wand.

Das projizierte Bild rechts ist eine maßstäbliche Vergrößerung der Zeichnung oben rechts. Man sagt dann auch: Beide Bilder sind *ähnlich* zueinander.

Mehr über maßstäblich vergrößerte oder verkleinerte, also zueinander ähnliche Figuren, ihre Konstruktion und ihre Eigenschaften erfährst du in diesem Kapitel.

7.1 Zentrische Streckung – Eigenschaften

7.1.1 Maßstäbliches Vergrößern und Verkleinern – Maßstab

Aufgabe 1

Kleinbildkameras liefern Bilder (Negative) der Größe 24 mm × 36 mm. Bei vergrößerten Abzügen kann man z. B. die Formate 9 cm × 13 cm oder 10 cm × 15 cm (Postkartenformat) erhalten.
Prüfe, ob diese vergrößerten Abzüge das ganze Bild wiedergeben, das die Kamera aufgenommen hat, oder ob an einer Seite etwas abgeschnitten wird.

Lösung

Wenn ein Abzug das ganze Bild wiedergeben soll, dann muss sowohl die Länge der Seite $\overline{AB}$ als auch die Länge der Seite $\overline{BC}$ mit *demselben* Faktor k vergrößert werden. Es muss gelten:

$|A'B'| = k \cdot |AB|$ *und* $|B'C'| = k \cdot |BC|$

Wir prüfen dies nach.
Dazu berechnen wir die Vergrößerungsfaktoren k_1 und k_2 für die Breite bzw. die Höhe der Bilder.

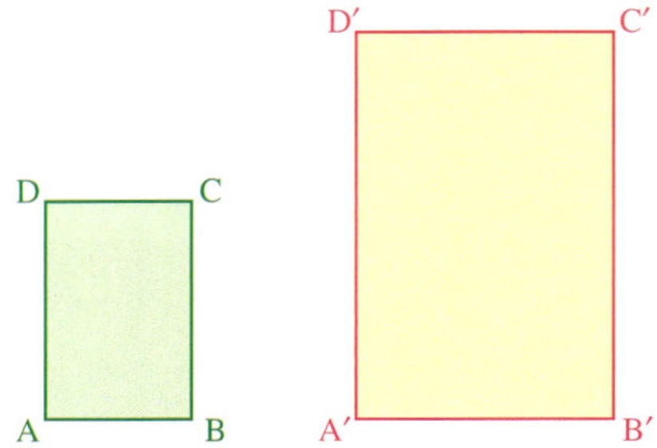

(1) *Abzug der Größe 9 cm × 13 cm:*

$$k_1 = \frac{|A'B'|}{|AB|} = \frac{90\text{ mm}}{24\text{ mm}} = \frac{90}{24} = \frac{15}{4} = 3\tfrac{3}{4}; \qquad k_2 = \frac{|B'C'|}{|BC|} = \frac{130\text{ mm}}{36\text{ mm}} = \frac{130}{36} = \frac{65}{18} = 3\tfrac{11}{18}$$

Die Faktoren stimmen nicht überein.
Der vergrößerte Abzug 9 cm × 13 cm gibt nicht das gesamte Bild der Kamera wieder; an einer Seite ist etwas abgeschnitten.

(2) *Abzug der Größe 10 cm × 15 cm:*

$$k_1 = \frac{|A'B'|}{|AB|} = \frac{100\text{ mm}}{24\text{ mm}} = \frac{100}{24} = \frac{25}{6} = 4\tfrac{1}{6}; \qquad k_2 = \frac{|B'C'|}{|BC|} = \frac{150\text{ mm}}{36\text{ mm}} = \frac{150}{36} = \frac{25}{6} = 4\tfrac{1}{6}$$

Hier stimmen beide Faktoren überein.
Die Vergrößerung 10 cm × 15 cm gibt das gesamte Bild der Kamera wieder.

Weiterführende Aufgaben

Statt durch 4 zu dividieren, kann man auch mit $\frac{1}{4}$ multiplizieren.

2. *Verkleinern einer Figur*

Tanjas Eltern wollen eine neue Wohnung beziehen. Dort erhält Tanja ein Zimmer, das 4,20 m lang und 3,40 m breit ist. Um die Aufstellung ihrer Möbel zu planen, zeichnet sie ein Rechteck für den Grundriss des Zimmers. Für die Länge wählt sie 8,4 cm.
Zeichne den Grundriss maßstäblich verkleinert. Gib auch den Verkleinerungsfaktor an.

3. *Maßstab bei Zeichnungen und Karten als Längenverhältnis*

Der **Maßstab** bei einer Bauzeichnung oder einer Landkarte gibt das Längenverhältnis einer Strecke in der Zeichnung zu der Strecke in der Wirklichkeit an.

a) Auf einer Landkarte (Maßstab 1 : 25 000) ist der Wanderweg zwischen zwei Burgen 32 cm lang. Wie lang ist der Wanderweg in der Wirklichkeit?

b) Auf einer Hinweistafel wird ein Rundwanderweg mit 12,5 km angegeben. Wie lang ist er auf der Wanderkarte (Maßstab 1 : 25 000)?

c) Welche Beziehung besteht zwischen dem Maßstab und dem Verkleinerungsfaktor?

Information

(1) Maßstäbliche Vergrößerungen und Verkleinerungen

Ein Diaprojektor vergrößert; ebenso kann man mit einem Fotokopiergerät vergrößern, aber auch verkleinern. Beim maßstäblichen Vergrößern ist der Faktor k größer als 1, beim maßstäblichen Verkleinern liegt der Faktor zwischen 0 und 1.
Das maßstäbliche Vergrößern bzw. Verkleinern (ohne Verzerren) bedeutet:

- Die Größen einander entsprechender Winkel bleiben erhalten.
- Die Längen aller Strecken werden mit *demselben* positiven Faktor multipliziert.

Man sagt: Originalfigur und die maßstäbliche Vergrößerung bzw. Verkleinerung sind *ähnlich* zueinander. So sind Dia und Bild ähnlich zueinander.

(2) Verhältnis zweier Längen

Bei der Lösung der Aufgaben 1 und 2 haben wir zur Bestimmung des Vergrößerungs- bzw. Verkleinerungsfaktors Längen miteinander verglichen und dann den Quotienten einander entsprechender Seiten gebildet.

Definition

Beim Vergleich zweier Längen a und b bezeichnet man den Bruch $\frac{a}{b}$ bzw. den Quotienten a : b auch als **Längenverhältnis** oder kurz als *Verhältnis*.
Den Bruch $\frac{a}{b}$ bzw. den Quotienten a : b liest man dann auch: *a zu b.*

Beispiel: Gegeben: $|AB| = 0{,}9$ cm und $|CD| = 1{,}5$ cm. Dann gilt:

$$\frac{|AB|}{|CD|} = \frac{0{,}9\text{ cm}}{1{,}5\text{ cm}} = \frac{9}{15} = \frac{3}{5} = 0{,}6 \quad \text{bzw.} \quad |AB| : |CD| = 0{,}9 : 1{,}5 = 9 : 15 = 3 : 5 = 0{,}6$$

Eine Gleichung wie $|AB| : |CD| = 3 : 5$ liest man auch: *|AB| verhält sich zu |CD| wie 3 zu 5.*
Eine solche Gleichung nennt man *Verhältnisgleichung* oder auch *Proportion.*

Beachte: Das Verhältnis zweier Längen ist eine Zahl.

Proportion ⟨lat.⟩ entsprechendes Verhältnis

Übungsaufgaben

4. Das Bild des Künstlers ist eingerahmt worden. Das Bild allein ist ein Rechteck; ebenso das Bild zusammen mit dem Rahmen. Vergleiche beide Rechtecke.
Welche Bedingung muss dazu erfüllt sein, damit das eine Rechteck eine maßstäbliche Vergrößerung des anderen Rechtecks ist?

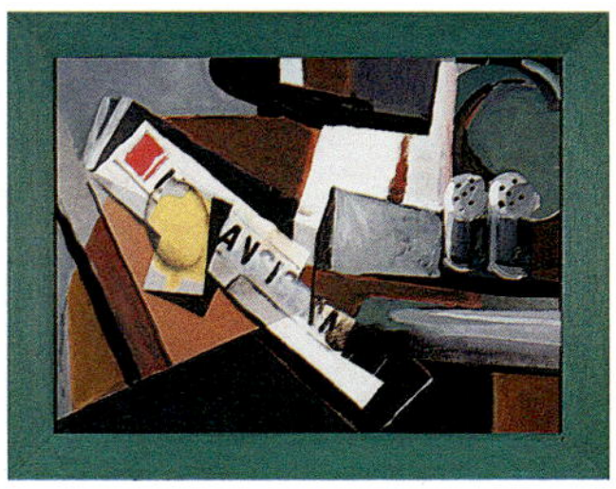

5. **a)** Vergrößere die Figur maßstäblich mit dem Faktor 2.

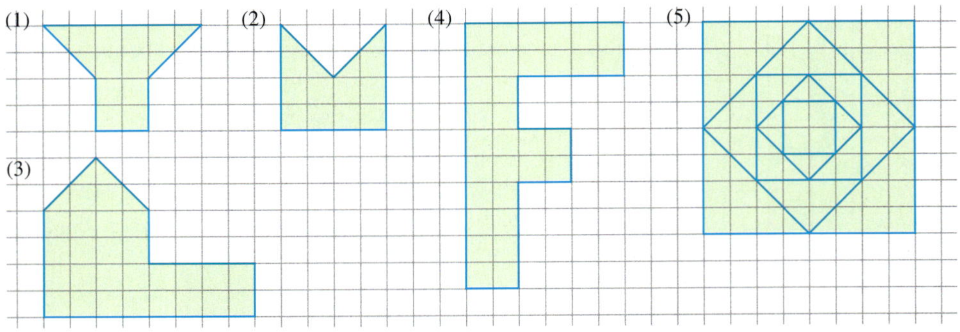

b) Wähle eine Figur aus Teilaufgabe a). Verkleinere sie maßstäblich mit dem Faktor $\frac{1}{2}$.

6. Hier siehst du verschiedene Figuren. Suche zwei Figuren heraus, von denen die eine Figur eine maßstäbliche Vergrößerung bzw. Verkleinerung der anderen ist. Notiere auch den Faktor. Zeichne die beiden Figuren ins Heft und markiere jeweils einander entsprechende Punkte, entsprechende Winkel und Seiten in derselben Farbe.
Suche weitere Paare von Figuren heraus und verfahre entsprechend.

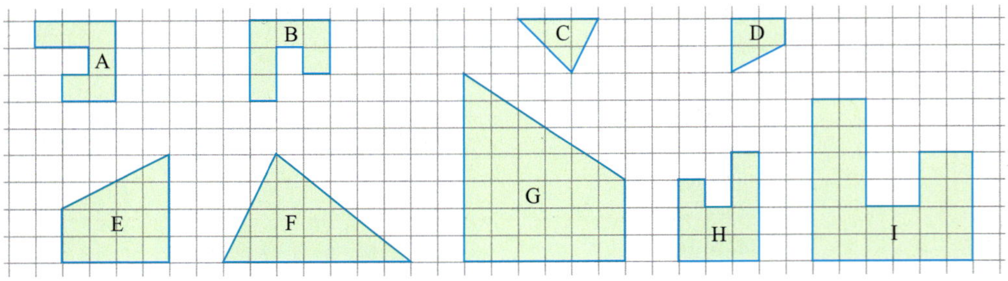

7. Entnimm der Zeichnung das Längenverhältnis $\frac{|PQ|}{|UV|}$, ohne mit dem Lineal zu messen.

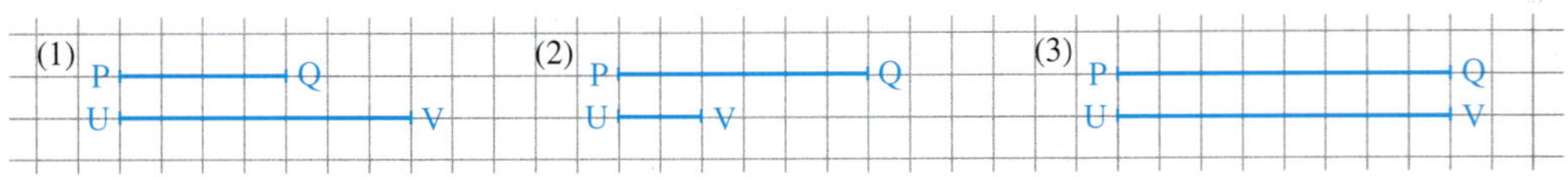

8. Zeichne zwei Strecken $|AB|$ und $|CD|$ mit dem Längenverhältnis:

a) $|AB| : |CD| = 3 : 4$ **b)** $|AB| : |CD| = 5 : 2$ **c)** $\frac{|AB|}{|CD|} = \frac{3}{2}$ **d)** $\frac{|AB|}{|CD|} = 0{,}4$

9. **a)** Bestimme das Längenverhältnis der Strecke $\overline{AB}$ zur Strecke $\overline{CD}$.

(1) $|AB| = \frac{5}{2} \cdot |CD|$ (2) $2 \cdot |CD| = 5 \cdot |AB|$ (3) $|AB| = |CD|$ (4) $7 \cdot |AB| = |CD|$

b) Gegeben ist das Längenverhältnis a : b zweier Strecken. Schreibe a als Vielfaches von b [b als Vielfaches von a].

(1) $a : b = 2 : 3$ (2) $a : b = 5 : 4$ (3) $a : b = 1 : 5$ (4) $a : b = 1 : \sqrt{2}$

10. Das Längenverhältnis $|UV| : |XY|$ zweier Strecken beträgt

(1) $4 : 5$; (2) $1 : 3$; (3) $3 : 1$; (4) $1 : \sqrt{3}$; (5) $\sqrt{2} : \sqrt{3}$.

Berechne die fehlenden Größen für: **a)** $|UV| = 1{,}2$ m **b)** $|XY| = 16$ cm

11. Für ein 24 cm^2 [36 cm^2] großes Rechteck ABCD mit den Seitenlängen a und b gilt: $\frac{b}{a} = \frac{2}{3}$.
Zeichne das Rechteck.

12. Der Kartenausschnitt rechts ist im Maßstab 1 : 5 000 000 gezeichnet. Gib die Luftlinienentfernung der beiden Orte an.

a) Dortmund – Kassel

b) Wiesbaden – Köln

c) Kassel – Frankfurt

d) Köln – Frankfurt

e) Marburg – Paderborn

f) Frankfurt – Göttingen

13. *Gruppenarbeit:*

a) Messt euren Schulhof aus. Zeichnet den Grundriss des Schulhofs. Wählt einen geeigneten Maßstab.

b) Erkundigt euch, in welchen Berufen man maßstäbliche Vergrößerungen oder Verkleinerungen verwendet.

1 pm, gelesen 1 Pikometer, ist der billionste Teil eines Meters.

14. Ein Eisenatom hat einen Radius von 125 pm. Mit welchem Faktor muss es vergrößert werden, damit es so groß ist wie ein

a) Stecknadelkopf (r = 1 mm); **b)** Ball (r = 8 cm)?

7.1.2 Begriff der zentrischen Streckung – Konstruktion der Bildfigur

Einführung

Um zu einer Figur ein kongruentes Bild zu erzeugen, kennen wir mehrere Konstruktionsverfahren: die Spiegelung an einer Achse oder an einem Punkt, die Verschiebung und die Drehung.
Wir suchen nun eine Abbildung, die zu einer Figur, z. B. einer Bauzeichnung, ein maßstäblich vergrößertes oder ein verkleinertes Bild erzeugt.
Um eine Konstruktionsvorschrift zu erarbeiten, wählen wir eine einfache geometrische Figur, nämlich ein Dreieck. Dabei kann uns ein Steckbrett helfen.

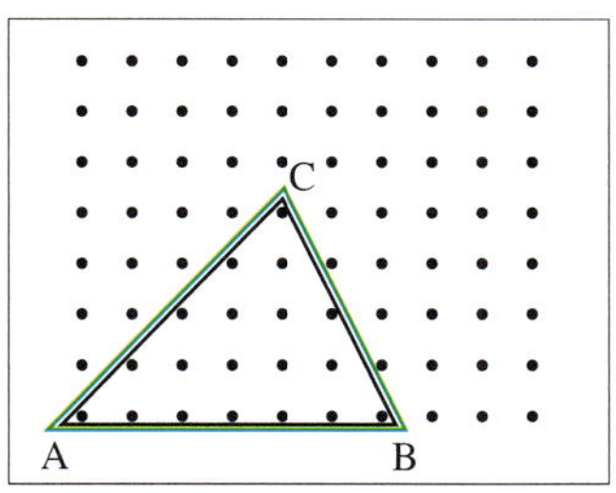

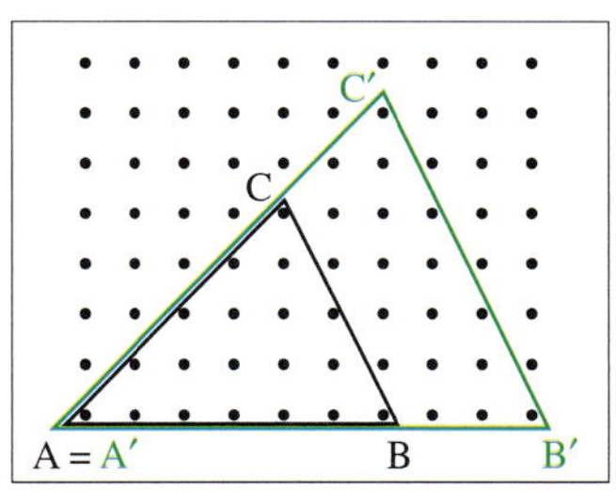

Mit einem schwarzen und einem grünen Gummiring ist ein Dreieck gespannt.
Wir halten das grüne Dreieck bei A fest und ziehen bei B und bei C so weit nach rechts bzw. nach schräg oben, bis die Seiten $\overline{A'B'}$ und $\overline{A'C'}$ des Dreiecks A'B'C' $1\frac{1}{2}$-mal so lang sind wie die Seiten $\overline{AB}$ und $\overline{AC}$ des schwarzen Dreiecks ABC.
Wir fassen das grüne Dreieck A'B'C' als Bild des schwarzen Dreiecks ABC bei einer *Streckung* auf; dabei ist der Punkt A das *Streckzentrum* und $\frac{3}{2}$ der *Streckfaktor*.
Ob dabei die Seite $\overline{B'C'}$ auch $1\frac{1}{2}$-mal so lang ist wie die Seite $\overline{BC}$, werden wir später untersuchen.

Aufgabe 1

Gegeben ist ein Dreieck ABC. Konstruiere durch Streckung ein dazu vergrößertes Bilddreieck A′B′C′ mit dem Streckfaktor (Vergrößerungsfaktor) $\frac{3}{2}$.
Wähle als Streckzentrum

a) den Eckpunkt A,

b) einen Punkt Z außerhalb des Dreiecks.

Beschreibe, wie du die Bildpunkte A′, B′, C′ erhältst.

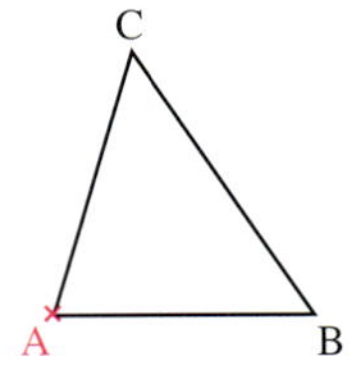

Lösung

Wir verwenden die Idee aus der Einführung von Seite 227.

a) *Konstruktionsbeschreibung:*

(1) Der Eckpunkt A ist das Zentrum der Streckung. A und A′ stimmen also überein.

(2) Zeichne die Halbgerade $\overrightarrow{AB}$ und markiere auf dieser Halbgeraden den Punkt B′ so, dass die Strecke $\overline{A'B'}$ $\frac{3}{2}$-mal so lang ist wie die Strecke $\overline{AB}$.

(3) Konstruiere entsprechend den Punkt C′.

(4) Verbinde die Punkte B′ und C′.

A′B′C′ ist das gewünschte Dreieck.

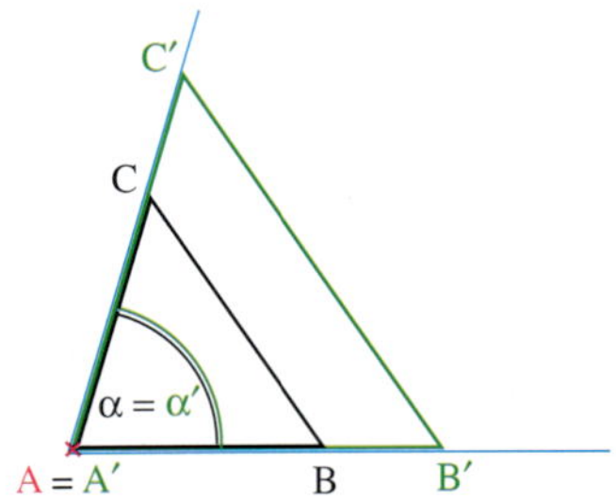

b) *Konstruktionsbeschreibung:*

(1) Zeichne die Halbgerade $\overrightarrow{ZA}$ und markiere auf dieser Halbgeraden den Punkt A′ so, dass die Strecke $\overline{ZA'}$ $\frac{3}{2}$-mal so lang ist wie die Strecke $\overline{ZA}$.

(2) Konstruiere entsprechend die Punkte B′ und C′.

(3) Verbinde die Punkte A′ und B′, B′ und C′ sowie A′ und C′.

A′B′C′ ist das gewünschte Dreieck.

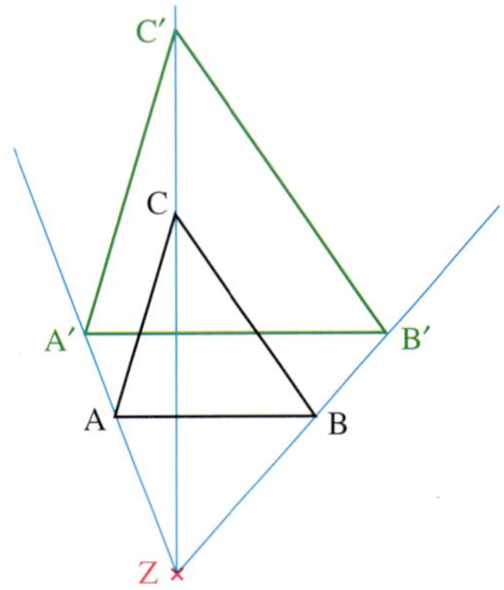

Information

Wir fassen die Punkte A′, B′, C′ als Bildpunkte von A, B, C bei einer neuen Abbildung auf. Diese Abbildung heißt *zentrische Streckung* mit dem *Streckzentrum* A und dem *Streckfaktor* $\frac{3}{2}$. Das Dreieck A′B′C′ ist das Bilddreieck von Dreieck ABC bei dieser zentrischen Streckung. Der Streckfaktor $\frac{3}{2}$ ist hier größer als 1; wir erhalten ein vergrößertes Bild.
Umgekehrt können wir das Dreieck ABC als verkleinertes Bild des Dreiecks A′B′C′ auffassen. Der Streckfaktor ist dann $\frac{2}{3}$, also kleiner als 1.
Wir lösen uns nun von speziellen Figuren wie dem Dreieck und definieren allgemein:

Definition

Eine **zentrische Streckung** wird festgelegt durch das **Streckzentrum Z** und den positiven **Streckfaktor k**.
Zu einem Punkt erhältst du den Bildpunkt wie folgt:

(1) Wenn der Punkt P nicht mit dem Zentrum Z zusammenfällt, dann erhält man den Bildpunkt P′ so:
  (a) Zeichne die Halbgerade $\overrightarrow{ZP}$.
  (b) Zeichne den Punkt P′ auf der Halbgeraden $\overrightarrow{ZP}$ so, dass gilt: $|ZP'| = k \cdot |ZP|$

(2) Der Bildpunkt Z′ von Z fällt mit Z zusammen: $Z' = Z$.

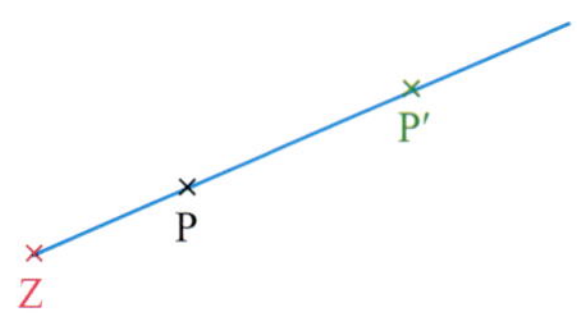

Weiterführende Aufgabe

2. *Zentrische Streckung mit negativem Streckfaktor*

Gegeben ist ein Dreieck ABC und ein Punkt Z.

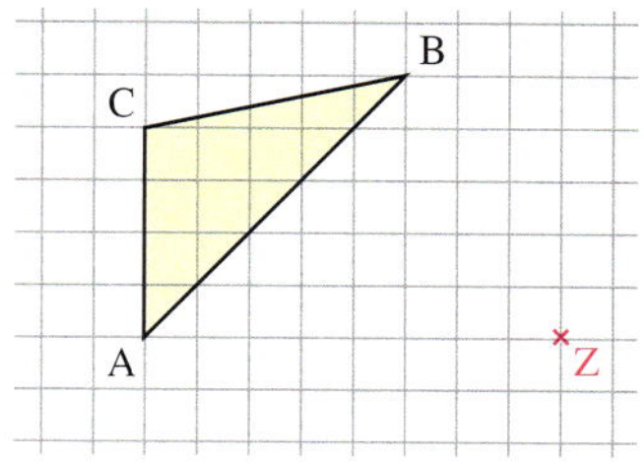

a) Führe zuerst die zentrische Streckung mit dem Streckzentrum Z und dem Streckfaktor $k = \frac{3}{2}$ durch.
Bilde nun das Bilddreieck A*B*C* durch eine Punktspiegelung (Halbdrehung) am Punkt Z ab.
Du erhältst das Bilddreieck A′B′C′.

b) Löse Teilaufgabe a) ohne das Zwischenbild A*B*C*. Beschreibe die Konstruktion.

c) Welche Abbildung erhält man, wenn man zuerst die Punktspiegelung und dann die zentrische Streckung jeweils mit dem Zentrum Z durchführt? Prüfe das am Beispiel dieser Aufgabe.

Information

A′B′C′ ist das Bilddreieck vom Dreieck ABC bei der **Verkettung** der zentrischen Streckung mit dem Streckzentrum Z und dem Streckfaktor $\frac{3}{2}$ und der anschließenden Punktspiegelung an Z. Die Verkettung der zentrischen Streckung mit der Punktspiegelung ist eine *neue* Abbildung. Wir nennen sie eine zentrische Streckung mit Streckzentrum Z und dem negativen Streckfaktor $-\frac{3}{2}$.

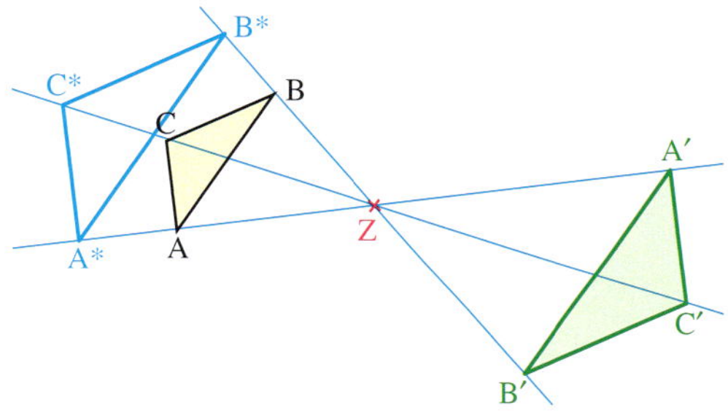

Definition

Bei einer **zentrischen Streckung mit dem Streckzentrum Z und dem negativen Streckfaktor k** ($k < 0$) erhält man den Bildpunkt zu einem Punkt wie folgt:

(1) Wenn der Punkt P nicht mit dem Zentrum Z zusammenfällt, dann erhält man den Bildpunkt P′ so:
  (a) Zeichne die Gerade ZP.
  (b) Zeichne den Punkt P′ auf der Geraden ZP auf der anderen Seite von Z so, dass gilt: $|ZP'| = |k| \cdot |ZP|$

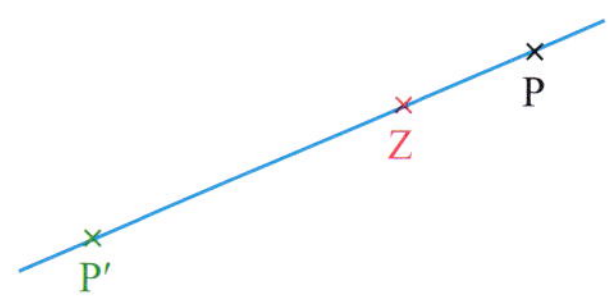

(2) Der Bildpunkt von Z fällt mit Z zusammen: $Z' = Z$

Übungsaufgaben

3. Zeichne ein Rechteck ABCD mit a = 5,8 cm und b = 3,5 cm. Konstruiere ein dazu maßstäblich vergrößertes Bild A′B′C′D′ mit dem Vergrößerungsfaktor 2. Finde verschiedene Möglichkeiten. Beschreibe jeweils, wie du die Bildpunkte A′, B′, C′, und D′ erhältst.

4. Gegeben sind das Viereck ABCD und der Punkt Z.

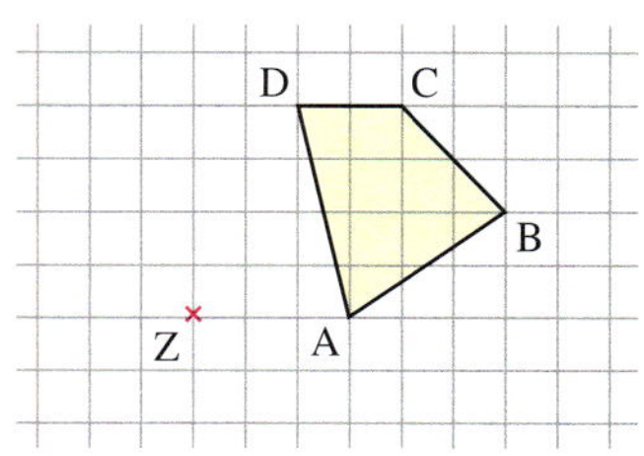

a) Konstruiere das Bild des Vierecks ABCD bei der zentrischen Streckung mit dem Streckzentrum Z und dem Streckfaktor $\frac{3}{2}$.

b) Wähle weitere Punkte innerhalb und außerhalb des Vierecks ABCD und konstruiere auch ihre Bildpunkte bei der zentrischen Streckung aus Teilaufgabe a).

c) Wähle als Zentrum Z einen Punkt (1) innerhalb des Vierecks; (2) auf der Seite $\overline{AB}$.
Konstruiere nun das Bild des Vierecks ABCD bei der zentrischen Streckung mit dem Streckzentrum Z und dem Streckfaktor 3.

5. Zeichne in einem Koordinatensystem mit der Einheit 1 cm das Viereck ABCD mit A(– 2|0), B(4|0), C(4|2) und D(0|4). Ferner ist der Punkt Z(0|– 2) gegeben.
Konstruiere dann das Bild von ABCD bei der zentrischen Streckung mit A [mit Z] als Zentrum und k als Streckfaktor.

a) $k = 2$ **b)** $k = 3$ **c)** $k = \frac{1}{2}$ **d)** $k = -\frac{3}{2}$ **e)** $k = -0{,}5$ **f)** $k = -\frac{3}{4}$

6. Der Punkt P′ ist das Bild des Punktes P bei der zentrischen Streckung mit Streckzentrum Z. Bestimme den Streckfaktor k.

a) P(4|6), P′(6|9), Z(0|0) **b)** P(1|3), P′(0|5), Z(2|1) **c)** P(–7|2), P′(–2|–1), Z(3|–4)

7. Die Punkte P′ und Q′ sind die Bilder von P bzw. Q. Bestimme das Streckzentrum Z sowie den Streckfaktor k.

a) P(4|– 1); P′(8|1)
Q(1|–1); Q′(– 1|1)

b) P(2|0); P′(5|– 6)
Q(0|0); Q′(– 3|– 6)

c) P(2|0); P′(5|– 6)
Q(0|– 8); Q′(6|– 2)

8. Untersuche, ob das Dreieck PQR das Bilddreieck des Dreiecks ABC bei einer zentrischen Streckung ist. Falls ja, gib Streckzentrum und Streckfaktor an.

a) A(– 6|0) P(5|–3)
B(6|0) Q(0|1)
C(–2|8) R(– 2|– 3)

b) A(0|0) P(2|1)
B(8|0) Q(4|5)
C(4|8) R(6|1)

c) A(– 2|– 2) P(– 4|0)
B(6|0) Q(10|4)
C(0|0) R(0|4)

9. Q ist der Bildpunkt von P bei der zentrischen Streckung mit dem Streckzentrum Z und dem Streckfaktor k.

a) Was kannst du über den Streckfaktor k aussagen?

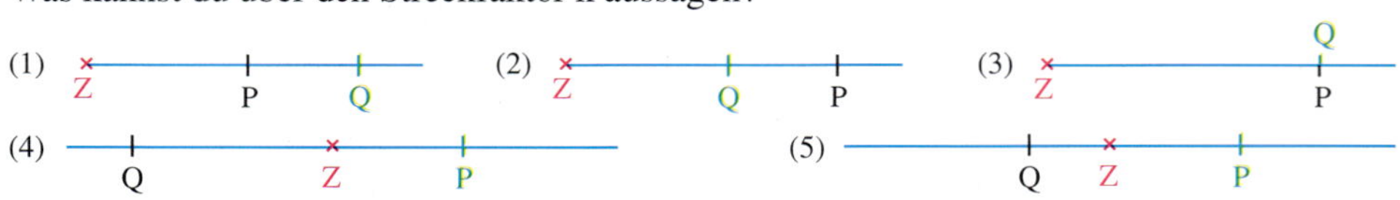

b) Wie ändert sich k, wenn der Punkt Q auf P zuwandert [von P wegwandert]?

c) Welche zentrische Streckung mit dem Zentrum Z bildet umgekehrt Q auf P ab?

DGS **10.** Zeichne mit einem dynamischen Geometrie-System ein Viereck und ein Streckzentrum Z. Erzeuge zur Eingabe des Streckfaktors k im Menü *Messen und Rechnen* ein Zahlobjekt. Im Menü *Abbilden* kannst du dann das Viereck am Zentrum Z strecken. Verändere den Streckfaktor. Wie verändert sich das Bildviereck und seine Lage?

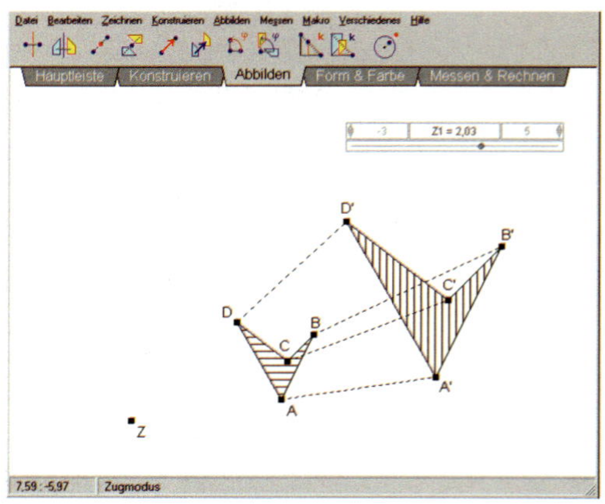

11. Das Dreieck ABC wird durch eine zentrische Streckung mit dem Streckfaktor k auf das Dreieck A′B′C′ abgebildet.

a) Gibt es eine zentrische Streckung, die das Dreieck A′B′C′ auf das Dreieck ABC abbildet? Begründe.

b) Gibt es eine zentrische Streckung, die Dreieck ABC auf sich abbildet? Begründe.

7.1.3 Eigenschaften der zentrischen Streckung

Wir haben die zentrische Streckung eingeführt, um zu einem Vieleck ein dazu maßstäblich vergrößertes oder verkleinertes Vieleck zu konstruieren. Wir wollen nun zeigen, dass die im vorigen Abschnitt 7.1.2 erklärte Abbildung dies tatsächlich leistet. Dazu beschäftigen wir uns zunächst mit Eigenschaften der zentrischen Streckung.

Aufgabe 1

Entscheide, ob die grüne Figur die Bildfigur der schwarzen Figur bei einer zentrischen Streckung sein kann. Begründe.

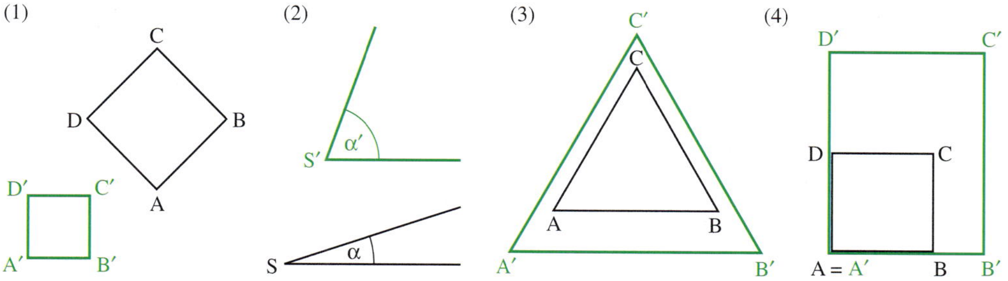

Lösung

Bei (1) handelt es sich *nicht* um eine zentrische Streckung, da z. B. die Seite $\overline{AB}$ und die Seite $\overline{A'B'}$ nicht parallel zueinander sind. Bei den bisherigen Konstruktionen im Abschnitt 7.1.2 haben wir die Erfahrung gemacht, dass bei einer zentrischen Streckung eine Strecke und ihre Bildstrecke bzw. eine Gerade und ihre Bildgerade stets parallel zueinander sind.

Ebenso liegt bei (2) *keine* zentrische Streckung vor, da z. B. α und α' verschieden groß sind. Bei den bisherigen Konstruktionen haben wir erfahren, dass bei einer zentrischen Streckung sich die Größe eines Winkels nicht ändert. Die Schenkel von α und α' müssen nämlich paarweise parallel zueinander sein.

Bei (3) liegt offenbar eine zentrische Streckung vor (siehe Bild rechts). Der gemeinsame Schnittpunkt Z der Geraden A′A, B′B und C′C ist das Streckzentrum, der Streckfaktor beträgt etwa $\frac{3}{2}$.

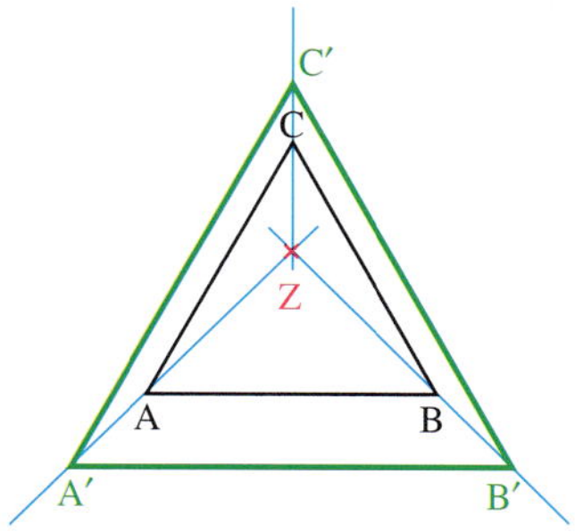

Bei (4) liegt wiederum *keine* zentrische Streckung vor, denn: Die Strecke $\overline{A'B'}$ ist $\frac{3}{2}$-mal so lang wie die Strecke $\overline{AB}$, aber $\overline{A'D'}$ ist doppelt so lang wie $\overline{AD}$. Bei einer zentrischen Streckung mit dem Streckfaktor k ist erfahrungsgemäß das Bild einer Strecke stets k-mal so lang wie die Strecke selbst.

Information

(1) Eigenschaften der zentrischen Streckung

Bei der Lösung der Aufgabe 1 haben wir mit Eigenschaften der zentrischen Streckung argumentiert.

Satz

Für jede *zentrische Streckung* mit einem positiven Streckfaktor k gilt:

(a) Gerade und Bildgerade sind parallel zueinander.
(b) Eine Bildstrecke ist k-mal so lang wie die Originalstrecke.
(c) Winkel und Bildwinkel sind gleich groß.

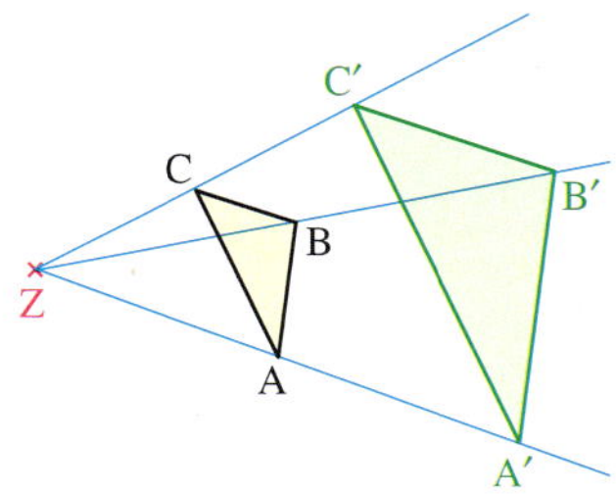

(2) Beweis der Eigenschaften der zentrischen Streckung

Die Eigenschaften in dem Satz auf Seite 231 haben wir bisher an Beispielen erfahren.
Wir wollen nun die Eigenschaften (b) und (c) beweisen.
Zunächst beweisen wir die Eigenschaft (b):

> (b) Eine Bildstrecke $\overline{A'B'}$ ist k-mal so lang wie die Ausgangsstrecke $\overline{AB}$.

Gegeben ist die Strecke $\overline{AB}$ sowie die zentrische Streckung mit dem Streckzentrum Z und dem Streckfaktor k. Wir suchen die Länge der Bildstrecke $\overline{A'B'}$ von $\overline{AB}$, wobei A′ und B′ die Bildpunkte von A bzw. B sind.
Wir unterscheiden hinsichtlich der Lage der Strecke zum Streckzentrum Z zwei Fälle:

Fall 1: Die Strecke $\overline{AB}$ liegt auf einer Geraden durch das Streckzentrum Z

Wir bezeichnen die Bildpunkte von A und B mit A′ und B′. Dann gilt in diesem Fall:

$|ZA'| = k \cdot |ZA|$ und $|ZB'| = k \cdot |ZB|$

Da die Punkte A und B nur die Gerade AB bezeichnen, können wir ohne Einschränkung davon ausgehen, dass B weiter von Z entfernt ist als A von Z.

Aus der Zeichnung entnehmen wir:

$|AB| = |ZB| - |ZA|$ und $|A'B'| = |ZB'| - |ZA'|$

Daraus folgt:

$|A'B'| = |ZB'| - |ZA'| = k \cdot |ZB| - k \cdot |ZA| = k \cdot (|ZB| - |ZA|) = k \cdot |AB|$

Fall 2: Die Strecke $\overline{AB}$ liegt nicht auf einer Geraden durch das Streckzentrum Z

$\overline{A'B'}$ soll die Bildstrecke von $\overline{AB}$ sein, wobei Z nicht auf der Geraden AB liegt. Wir führen nun diesen Fall auf den Fall (1) zurück:

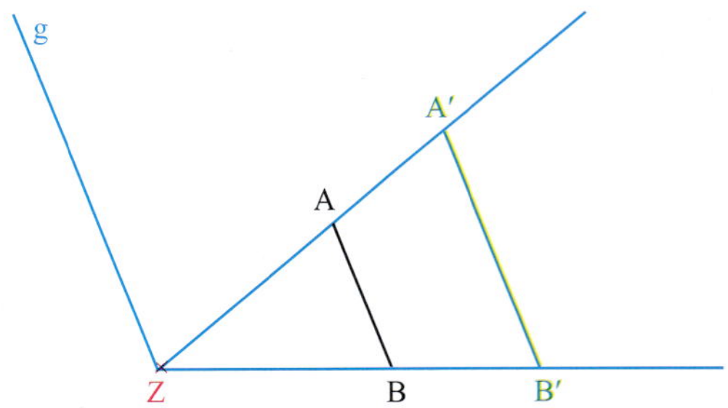

Dazu zeichnen wir die Parallele zu AB durch Z. Diese Gerade g ist auch parallel zu A′B′, weil nach Satz (a) auf Seite 231 unten auch $AB \parallel A'B'$.

Wir tragen nun die Strecken $\overline{AB}$ und $\overline{A'B'}$ auf der Geraden g von Z aus ab. Dazu zeichnen wir zunächst die Parallele zu ZB durch A; sie schneidet g in C.

Da nach Konstruktion ZBAC ein Parallelogramm ist gilt: $|ZC| = |AB|$.

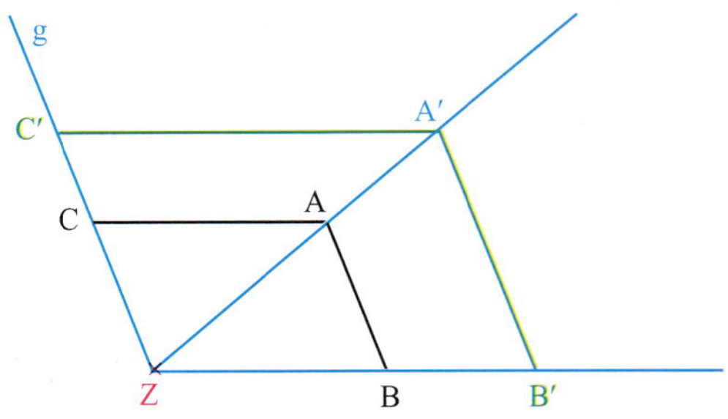

Ebenso zeichnen wir die Parallele zu ZB′ (= ZB) durch A′ und erhalten C′ als Schnitttpunkt mit g. Es gilt: $|ZC'| = |A'B'|$.

C′ ist aber auch der Bildpunkt von C bei der zentrischen Streckung, denn nach Satz (a) ist C′A′ die Bildgerade von CA.

Dann gilt nach Definition der zentrischen Streckung (Seite 228): $|ZC'| = k \cdot |ZC|$.

Da $|ZC'| = |A'B'|$ und $|ZC| = |AB|$,
folgt: $|A'B'| = k \cdot |AB|$.

Wir beweisen nun die Eigenschaft (c):

(c) Winkel und Bildwinkel sind gleich groß.

α' soll der Bildwinkel von Winkel α bei einer zentrischen Streckung mit dem Streckfaktor k und dem Streckzentrum Z sein. Dabei wird der Scheitel A auf den Scheitel A′ abgebildet.
Nach Satz (a) sind die Schenkel paarweise parallel zueinander.
Nach dem Stufenwinkelsatz gilt dann: $\beta = \beta'$ und $\gamma = \gamma'$
Da nun $\alpha = \gamma - \beta$ und $\alpha' = \gamma' - \beta'$ folgt:
$\alpha' = \gamma' - \beta' = \gamma - \beta = \alpha$

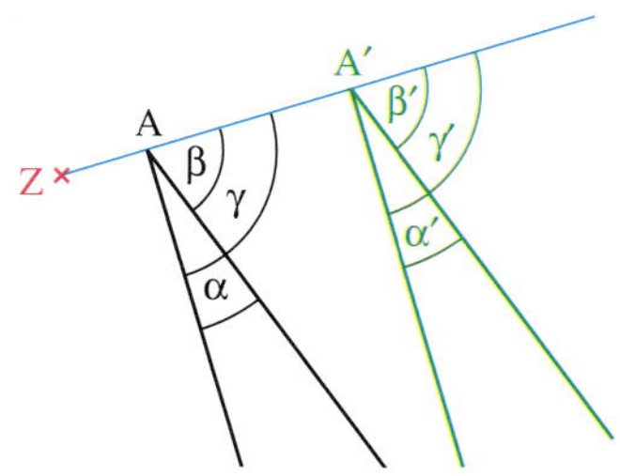

(3) Zentrische Streckungen erzeugen maßstäbliche Vergrößerungen und Verkleinerungen

Wir betrachten noch einmal die Lösung von Aufgabe 1, Seite 228.
Nach Konstruktion ist $\alpha' = \alpha$.
Aufgrund des Satzes (c) ist auch: $\beta' = \beta$ und $\gamma' = \gamma$.
Ferner ist nach Konstruktion:
$|A'B'| = \frac{3}{2} \cdot |AB|$ und $|A'C'| = \frac{3}{2} \cdot |AC|$
Nach dem Satz (b) ist auch:
$|B'C'| = \frac{3}{2} \cdot |BC|$

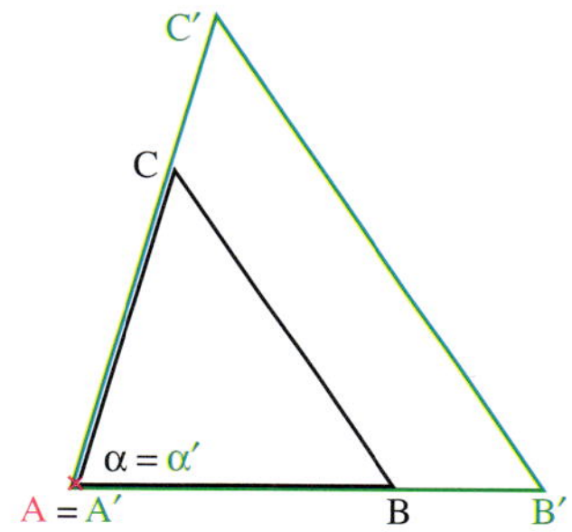

Wir verallgemeinern:
Bildet man ein Vieleck V mithilfe einer zentrischen Streckung mit dem positiven Streckfaktor k ab, so sind die Seitenlängen des Bildvielecks V′ k-mal so lang wie die entsprechenden Seitenlängen des Vielecks V. Entsprechende Innenwinkel von V und V′ sind gleich groß.

Weiterführende Aufgaben

2. *Konstruktion des Bildpunktes mithilfe der Eigenschaften der zentrischen Streckung*

Gegeben ist eine zentrische Streckung durch das Streckzentrum Z, den Punkt A und dessen Bildpunkt A′. Ferner ist der Punkt B gegeben.
Konstruiere den Bildpunkt B′ des Punktes B, ohne den Streckfaktor k zu bestimmen. Begründe die Konstruktion.

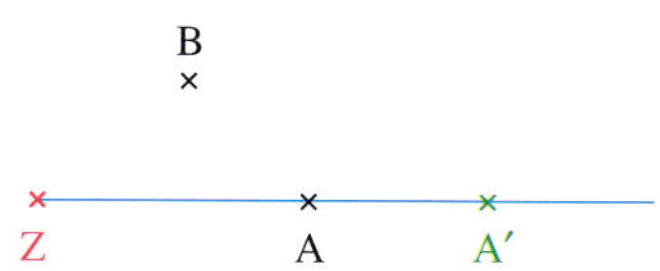

3. *Eigenschaften der zentrischen Streckung mit negativem Streckfaktor*

a) Betrachte die Eigenschaften für eine zentrische Streckung mit positivem Streckfaktor in dem Satz auf Seite 231. Welche dieser Eigenschaften treffen auch für die zentrische Streckung mit negativem Streckfaktor zu?

b) Wie liegen eine Halbgerade und ihre Bildhalbgerade zueinander
(1) bei einer zentrischen Streckung mit positivem Streckfaktor;
(2) bei einer zentrischen Streckung mit negativem Streckfaktor?

Die zentrische Streckung mit negativem Streckfaktor besitzt dieselben Eigenschaften wie die mit positivem Streckfaktor, wenn man die Eigenschaften über die Länge von Strecke und Bildstrecke wie folgt abändert:
(b*) Eine Bildstrecke ist $|k|$-mal so lang wie die Originalstrecke.

4. *Der Storchschnabel als zentrischer Strecker*

Das Gerät im linken Bild heißt *Storchschnabel* (oder *Pantograph*). Damit kann man zu einer Figur die Bildfigur bei einer zentrischen Streckung zeichnen. Der Streckfaktor lässt sich einstellen.

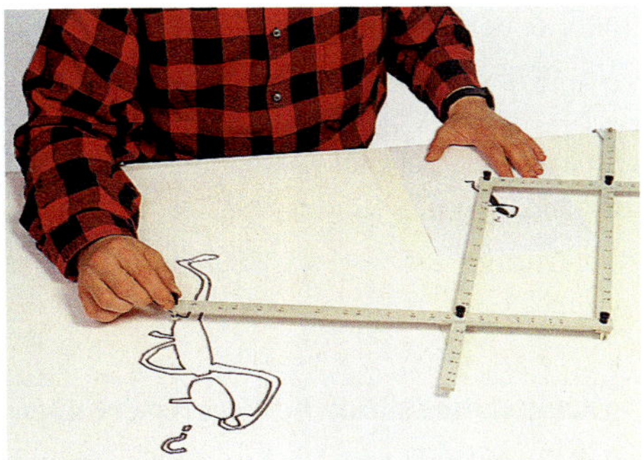

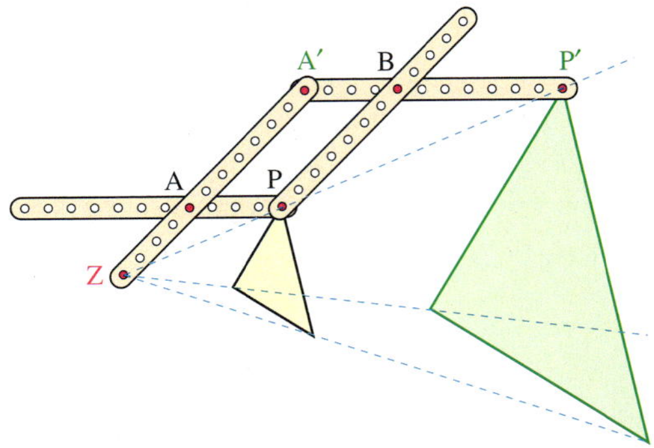

Das Bild rechts zeigt den prinzipiellen Aufbau eines Storchschnabels. Die beiden Latten $\overline{ZA'}$ und $\overline{A'P'}$ sind gleich lang. Beim Zusammenbau muss weiter darauf geachtet werden, dass gilt: $|AP| = |A'B| = |AZ|$ sowie $|AA'| = |PB|$.

a) Begründe: Der Bildpunkt P′ liegt auf der Geraden ZP.
Anleitung: Betrachte die Dreiecke ZPA und ZP′A′.

b) Beweise, dass in jeder Stellung des Storchschnabels $|ZP'| = k \cdot |ZP|$ gilt. Bestimme den Streckfaktor der in der Abbildung dargestellten Einstellung.

c) Verbinde die Latten an anderen Stellen. Welche Streckfaktoren lassen sich einstellen?

d) Wie kann man mit diesem Gerät Verkleinerungen herstellen?

Übungsaufgaben

5. Entscheide jeweils, ob die grüne Figur das Bild der schwarzen Figur bei einer zentrischen Streckung sein kann. Gib gegebenenfalls das Streckzentrum und den Streckfaktor an. Begründe.

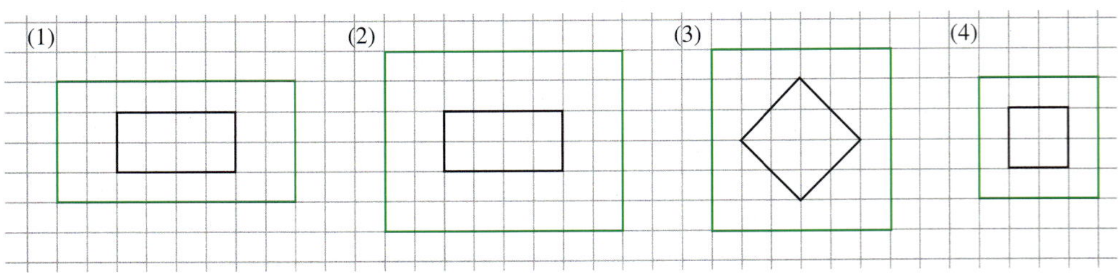

6. Gegeben sind das Streckzentrum Z und ein Dreieck ABC. Konstruiere – ohne mit Längen zu rechnen – die Bildfigur von ABC bei der zentrischen Streckung mit dem Streckfaktor $k = \frac{7}{3}$.
Anleitung: Zeichne zunächst geeignet einen Punkt P und seinen Bildpunkt P′. Benutze dann die Eigenschaften der zentrischen Streckung.

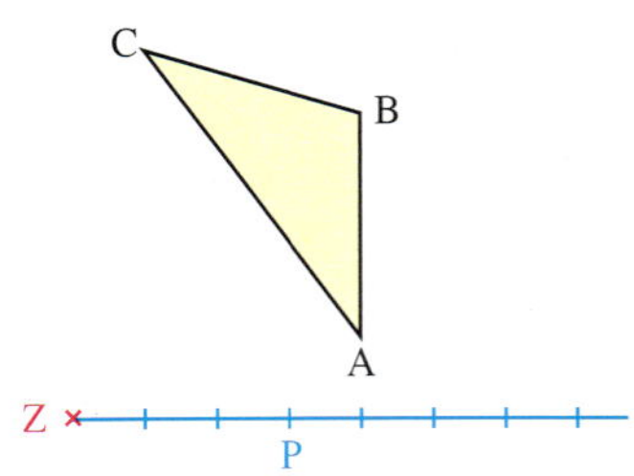

7. Gegeben ist ein beliebiges Dreieck ABC.
Konstruiere – ohne mit Längen zu rechnen – ein Dreieck A′B′C′, dessen Seiten jeweils $\frac{3}{4}$-mal so lang sind wie die entsprechenden Seiten des gegebenen Dreiecks. Wähle dazu eine geeignete zentrische Streckung. Beschreibe die Konstruktion und begründe sie.

8. Zeichne einen Kreis um einen Punkt M_1 mit einem Radius $r_1 = 2$ cm sowie einen Kreis um einen Punkt M_2 mit einem Radius $r_2 = 4$ cm. Beide Mittelpunkte sollen den Abstand 8 cm besitzen. Der eine Kreis soll der Bildkreis des anderen bei einer zentrischen Streckung sein. Konstruiere das Streckzentrum Z.

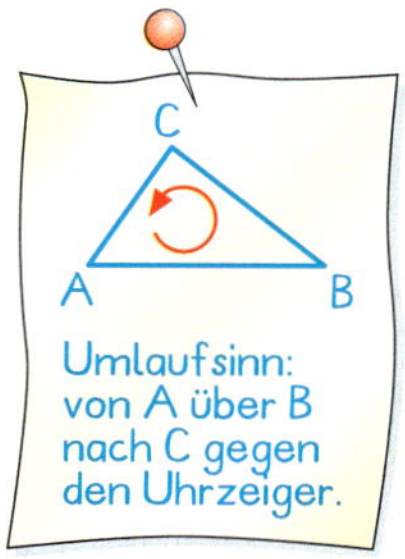

9. Bei einer Achsenspiegelung ändert sich der Umlaufsinn eines Dreiecks, bei einer Drehung und einer Verschiebung ändert er sich nicht. Untersuche dies bei einer zentrischen Streckung.

10. Ein Dreieck ABC hat die Seitenlängen $|AB| = 3{,}6$ cm, $|BC| = 6$ cm und $|CA| = 4{,}2$ cm. Entscheide, ob das Dreieck PQR das Bild von Dreieck ABC bei einer zentrischen Streckung sein kann. Falls ja, gib den Streckfaktor an.

a)	b)	c)	d)
$\lvert PQ\rvert = 2{,}4$ cm	$\lvert PQ\rvert = 9$ cm	$\lvert PQ\rvert = 3{,}0$ cm	$\lvert PQ\rvert = 6{,}6$ cm
$\lvert QR\rvert = 4{,}0$ cm	$\lvert QR\rvert = 15$ cm	$\lvert QR\rvert = 2{,}1$ cm	$\lvert QR\rvert = 11{,}0$ cm
$\lvert RP\rvert = 2{,}8$ cm	$\lvert RP\rvert = 10$ cm	$\lvert RP\rvert = 1{,}8$ cm	$\lvert RP\rvert = 7{,}7$ cm

11. Durch die Punkte $A(-5|0)$ und $A'(-8|-9)$ sowie $B(1|3)$ und $B'(4|-3)$ im Koordinatensystem ist eine zentrische Streckung festgelegt. Konstruiere das Bild von $C(-2|5)$.

12. **a)** Gegeben sind im Koordinatensystem mit der Einheit 1 cm die Punkte $A(4|6)$, $B(2|5)$, $C(3|-4)$, $E(-3|-7)$, $F(-5|8)$ und die zentrische Streckung mit dem Streckzentrum $O(0|0)$ und dem Streckfaktor $k = 2$ $\left[k = \frac{1}{2};\ k = -\frac{1}{2}\right]$.
Konstruiere die Bildpunkte und lies die Koordinaten ab.

b) Begründe: Bildet man den Punkt $P(x|y)$ bei der zentrischen Streckung mit dem Streckzentrum $O(0|0)$ und dem Streckfaktor k ab, so erhält man als Bildpunkt $P(kx|ky)$.

c) Gegeben ist die zentrische Streckung mit dem Zentrum $O(0|0)$ und dem Streckfaktor

(1) $k = 3$; (2) $k = 2{,}5$; (3) $k = \frac{3}{4}$; (4) $k = \frac{6}{5}$.

Berechne die Koordinaten der Bildpunkte von $R(3|4)$, $S(-5|6)$ und $T\left(3{,}2\middle|-\frac{1}{2}\right)$.

DGS **13.** Zeichne mit einem dynamischen Geometrie-System ein Dreieck ABC und strecke es an einem Punkt Z. Nenne das Bilddreieck A′B′C′. Strecke nun das Bilddreieck A′B′C′ ebenfalls am Punkt Z, nenne das entstandene Bilddreieck A″B″C″.

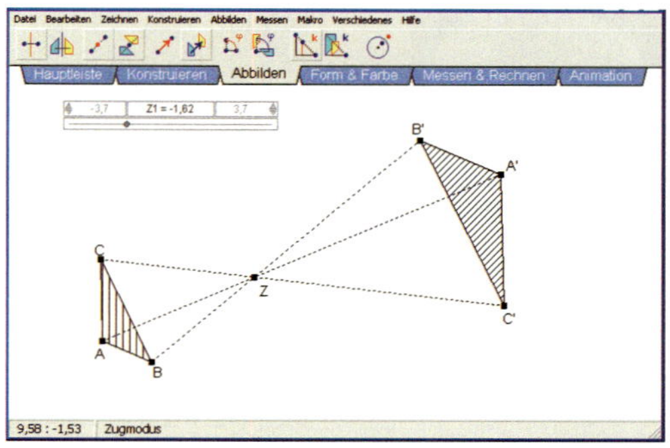

a) Verändere die Streckfaktoren und untersuche, wie du das Dreieck A″B″C″ in einem Schritt aus dem Dreieck ABC erhalten kannst.

b) Beweise deine Vermutung.

DGS **14.** Zeichne mit einem dynamischen Geometrie-System ein Dreieck ABC und strecke es an einem Punkt P. Nenne das Bilddreieck A′B′C′. Strecke nun das Bilddreieck A′B′C′ an einem anderen Punkt Q, nenne das entstandene Bilddreieck A″B″C″.

a) Verändere die Streckfaktoren und untersuche, wie du das Dreieck A″B″C″ in einem Schritt aus dem Dreieck ABC erhalten kannst. Achte auf Sonderfälle für die Streckfaktoren beim Formulieren deiner Vermutung.

b) Ein allgemeiner, vollständiger Beweis der Vermutung ist schwierig. Versuche aber, Teile deiner Vermutung zu beweisen.

Im Blickpunkt

Im Blickpunkt

Irrationale Längenverhältnisse

1. Zeichne ein Quadrat der Seitenlänge 1 dm mit seinen Diagonalen. Zeichne dann um den Schnittpunkt der Diagonalen einen Kreis, der alle vier Seiten des Quadrats berührt. Strecke dann diesen Kreis am Diagonalenschnittpunkt so, dass die vier Eckpunkte des Quadrats auf dem Bildkreis liegen.
Bestimme den Streckfaktor dieser zentrischen Streckung

a) näherungsweise aus der Zeichnung;

b) rechnerisch exakt.

2. Die Schüler von Pythagoras, die Pythagoreer, haben in der Zeit von 580 bis 500 v. Chr. herausgefunden, dass sich das Längenverhältnis von Diagonalenlänge d und Seitenlänge a eines Quadrats nicht mit natürlichen Zahlen beschreiben lässt. D. h. es gibt keine natürlichen Zahlen m und n, sodass gilt: d : a = m : n. Diese Entdeckung löste bei den griechischen Philosophen, auch bei Platon, eine große Erschütterung aus, da man bis vorher geglaubt hatte, dass sich alle Verhältnisse in der Natur, der Musik und auch der Mathematik mithilfe natürlicher Zahlen beschreiben lassen.
Die Griechen haben die Unmöglichkeit durch geometrische Überlegungen bewiesen: Sie haben gezeigt, dass es keine Einheitsstrecke e geben kann, die zugleich in den Seitenlängen und Diagonalen des Quadrats aufgeht. Zwei solcher Strecken heißen *inkommensurabel* zueinander, d. h. nicht gemeinsam messbar.
Gib das Längenverhältnis von Diagonale und Seitenlänge eines Quadrates an und begründe damit, dass es sich nicht mithilfe natürlicher Zahlen beschreiben lässt. Man sagt auch, dass dies ein *irrationales Längenverhältnis* ist.

Platon,
427 bis 347 v. Chr.
griechischer Philosoph

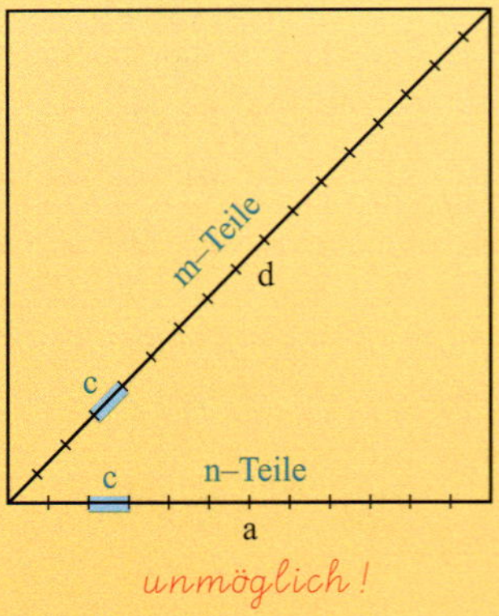

3. *Partnerarbeit:*

a) Findet weitere geometrische Figuren, in denen Strecken vorkommen, deren Längenverhältnis irrational ist.

b) Findet auch eine Figur, in der Strecken mit einem rationalen Längenverhältnis vorkommen.

7.2 Ähnliche Figuren – Eigenschaften

7.2.1 Begriff der Ähnlichkeit

Einführung

Die Dreiecke ABC und DEF stimmen in Form und Größe überein; sie sind *kongruent* zueinander.
Das Dreieck JKL stimmt mit diesen zwar in der Form überein, aber nicht in der Größe. Es ist eine maßstäbliche Vergrößerung der Dreiecke ABC und DEF; man sagt auch: Es ist *ähnlich* zu den Dreiecken ABC und DEF.
Das Dreieck GHI stimmt mit den übrigen weder in Form noch Größe überein.

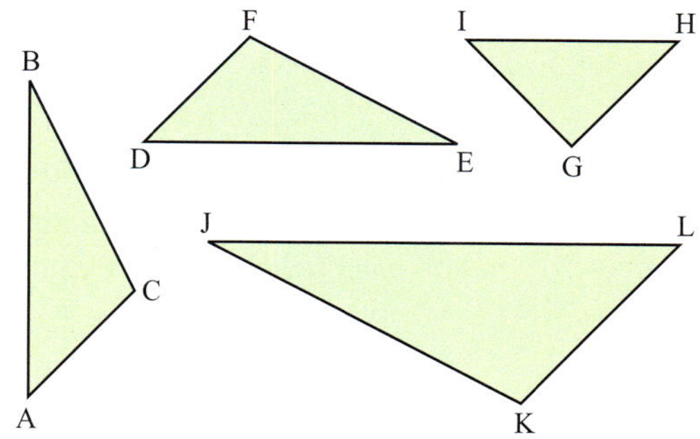

Unser Ziel ist es, den Begriff der Ähnlichkeit mithilfe der zentrischen Streckung zu definieren.

Aufgabe 1

Das Viereck A*B*C*D* ist offenbar eine maßstäbliche Vergrößerung des Vierecks ABCD, wobei alle Seiten von A*B*C*D* doppelt so lang sind wie die entsprechenden Seiten ABCD.
Beispiel: $|A^*B^*| = 2 \cdot |AB|$.

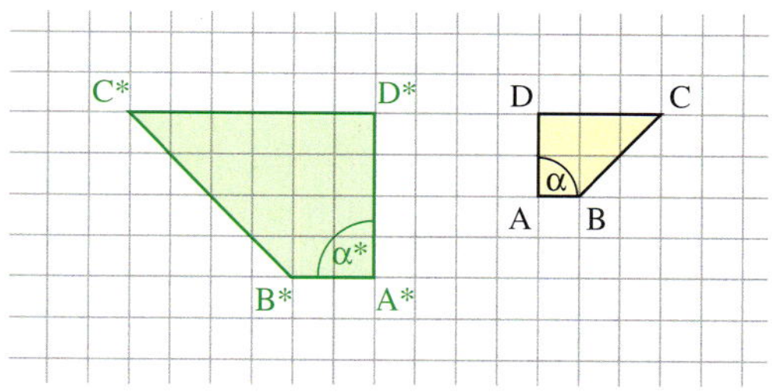

a) Konstruiere zum Viereck ABCD mithilfe einer zentrischen Streckung ein Bildviereck A′B′C′D′, das zum Viereck A*B*C*D* kongruent ist.

b) Man sagt auch, dass das Viereck ABCD ähnlich zum Viereck A*B*C*D* ist. Versuche, anhand der Lösung zu Teilaufgabe a) den Begriff „ähnlich" zu erklären (definieren).

c) Vergleiche jeden Winkel des Vierecks ABCD mit dem entsprechenden Winkel des Vierecks A*B*C*D*. Vergleiche ebenso das Längenverhältnis zweier Seiten des Vierecks ABCD mit dem Längenverhältnis der entsprechenden Seiten des Vierecks A*B*C*D*.

Lösung

a) Eine mögliche zentrische Streckung besitzt das Streckzentrum D und den Streckfaktor 2. Wir erhalten das Viereck A′B′C′D′ als Bildviereck von ABCD.
Aufgrund der Eigenschaften der zentrischen Streckung gilt:
Die Seiten des Bildvierecks A′B′C′D′ sind doppelt so lang wie die entsprechenden Seiten des Vierecks ABCD.

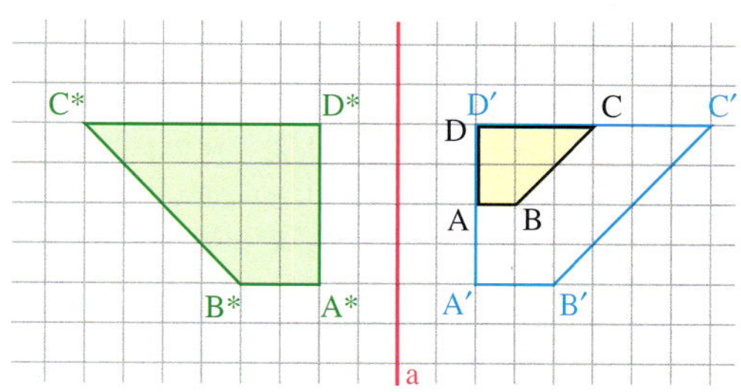

Einander entsprechende Winkel sind gleich groß.
Das Viereck A′B′C′D′ ist offenbar kongruent zum Viereck A*B*C*D*, denn A*B*C*D* ist das Bildviereck von A′B′C′D′ bei der Spiegelung an der Geraden a.

b) Aufgrund der Lösungen zu Teilaufgabe a) erscheint folgende Definition sinnvoll:
Viereck A*B*C*D* ist ähnlich zu Viereck ABCD, wenn man das Viereck ABCD mithilfe einer zentrischen Streckung so abbilden kann, dass das Bildviereck A′B′C′D′ zu dem Viereck A*B*C*D* kongruent ist.

c) Da bei einer zentrischen Streckung und bei einer Kongruenzabbildung (Achsenspiegelung, Punktspiegelung, Verschiebung, Drehung) sich die Größe von Winkeln nicht ändert, stimmen entsprechende Winkel der beiden Vierecke ABCD und A*B*C*D* in der Größe überein.
Wir vergleichen die Längenverhältnisse entsprechender Seiten:

$\frac{|AD|}{|DC|} = \frac{2}{3}$ und $\frac{|A^*D^*|}{|D^*C^*|} = \frac{4}{6} = \frac{2}{3}$; $\frac{|AB|}{|DC|} = \frac{1}{3}$ und $\frac{|A^*B^*|}{|D^*C^*|} = \frac{2}{6} = \frac{1}{3}$.

Information

(1) Definition der Ähnlichkeit beliebiger Figuren

In der Lösung der Aufgabe 1 haben wir die Ähnlichkeit bei Vierecken erklärt. Wir verallgemeinern auf beliebige, auch krummlinig begrenzte Figuren:

Definition

Eine Figur F heißt **ähnlich** zu einer Figur G, wenn man die Figur F mithilfe einer zentrischen Streckung so vergrößern oder verkleinern kann, dass die Bildfigur F′ zu der Figur G kongruent ist.

Wir schreiben F ~ G,
gelesen: *F ist ähnlich zu G.*

Der Streckfaktor k heißt *Ähnlichkeitsfaktor* oder auch *Maßstab*.

Man gibt ihn auch in der folgenden Form an:
a : 1 für $|k| > 1$ oder 1 : a für $|k| < 1$.

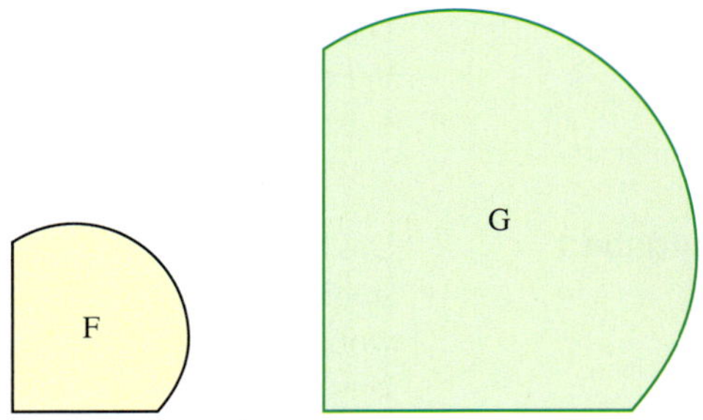

(2) Eigenschaften zueinander ähnlicher Vielecke

Die Lösung der Teilaufgabe 1 c) lässt folgenden Satz vermuten, den wir anschließend beweisen.

Satz

Wenn zwei Vielecke F und G ähnlich zueinander sind, dann gilt:

(1) Einander entsprechende Winkel von F und G sind gleich groß.

(2) Das Längenverhältnis je zweier Seiten von F ist gleich dem Längenverhältnis der beiden entsprechenden Seiten von G.

Umgekehrt folgt aus der Gültigkeit von (1) und (2) die Ähnlichkeit von F und G.

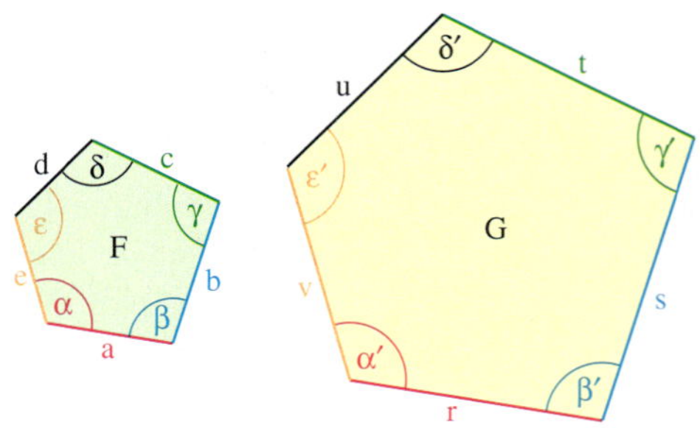

z. B.: $\alpha = \alpha'$; $\gamma = \gamma'$; $\frac{a}{b} = \frac{r}{s}$; $\frac{c}{d} = \frac{t}{u}$

Beweis:

Nach Voraussetzung ist Vieleck F ähnlich zu Vieleck G, d. h. nach Definition kann man das Vieleck F durch eine zentrische Streckung so zu einem Vieleck F′ vergrößern oder verkleinern, dass F′ kongruent zu G ist.

(1) Wir betrachten zunächst die Winkel: Da sich sowohl bei einer zentrischen Streckung als auch bei einer Kongruenzabbildung die Größe eines Winkels nicht ändert, ist jeder Winkel von F genauso groß wie der entsprechende Winkel von G.

(2) Wir betrachten die Längenverhältnisse: $\overline{AB}$ und $\overline{CD}$ sollen zwei beliebige Seiten des Vielecks F sein und $\overline{RS}$ bzw. $\overline{TU}$ die entsprechenden Seiten des Vielecks G.

Wir wollen zeigen: $\frac{|AB|}{|CD|} = \frac{|RS|}{|TU|}$

Es gilt: $\frac{|RS|}{|TU|} = \frac{|A'B'|}{|C'D'|}$ (Die Vielecke F′ und G sind kongruent zueinander.)

$= \frac{k \cdot |AB|}{k \cdot |CD|}$ ($\overline{A'B'}$ ist die Bildstrecke von $\overline{AB}$, $\overline{C'D'}$ Bildstrecke von $\overline{CD}$ bei der zentrischen Streckung mit Streckzentrum Z und Streckfaktor k)

$= \frac{|AB|}{|CD|}$

Weiterführende Aufgaben

2. *Längenverhältnisse entsprechender Seiten bei zueinander ähnlichen Vielecken*

Beweise den folgenden Satz:

Satz

Wenn zwei beliebige Vielecke F und G zueinander ähnlich sind, dann stimmen die Längenverhältnisse entsprechender Seiten überein. Das gemeinsame Längenverhältnis ist der Ähnlichkeitsfaktor k.

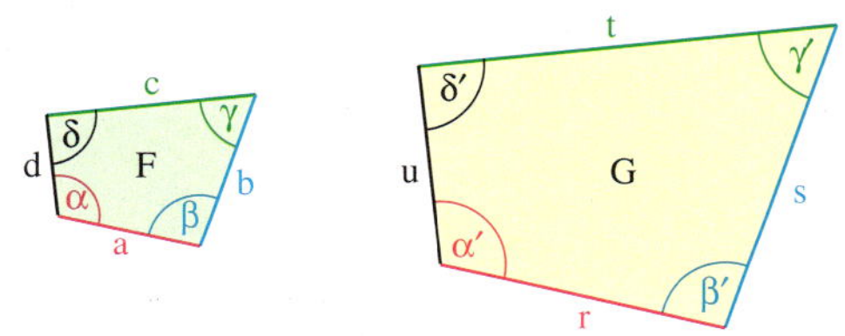

z. B.: $\frac{a}{r} = \frac{b}{s} = \frac{c}{t} = \frac{d}{u} = k$

3. *Kongruenz als Sonderfall der Ähnlichkeit*

Begründe aufgrund der Definition:
Auch zueinander kongruente Figuren sind zueinander ähnlich.

Übungsaufgaben

4. **a)** Auf dem Foto links siehst du eine Mutter mit ihrer Tochter. Man sagt: Beide sehen sich ähnlich.
Vergleiche diesen Begriff „ähnlich“ mit dem aus der Mathematik.

b) Ob zwei Vielecke ähnlich zueinander sind, kannst du leicht prüfen.
Die weißen Rochen in der Grafik haben alle dieselbe Form, sind jedoch verschieden groß; sie sehen sich ähnlich.
Wie könnte man das hier prüfen?

M. C. Escher's „Circle Limit I“ © 2008 The M. C. Escher Company – Holland.
All rights reserved (www.mcescher.com)

5. Zeichne ein Dreieck ABC aus:

a) a = 4 cm; b = 2 cm; c = 5 cm **b)** c = 5,5 cm; γ = 48°; b = 3 cm

Konstruiere dazu ein ähnliches Dreieck A′B′C′ im Maßstab 2 : 1 [1 : 2; 3 : 2; 3: 4].

6. Prüfe, ob die beiden Vielecke ähnlich zueinander sind. Gib gegebenenfalls den Maßstab an.

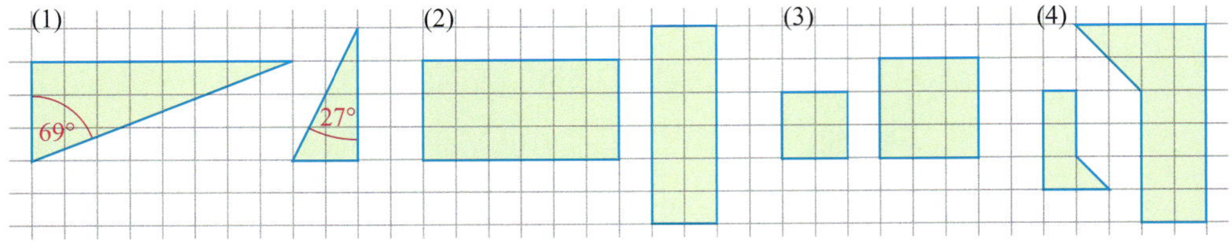

7. Berechne die fehlenden Seitenlängen der zueinander ähnlichen Dreiecke ABC und A′B′C′.

a) a = 3 cm; b = 4 cm; c = 6 cm; a′ = 9 cm

b) a = 4 cm; b = 6 cm; c = 8 cm; c′ = 2 cm

c) a = 5 cm; b = 7 cm; c = 9 cm; a′ = 7,5 cm

d) a = 60 mm; a′ = 45 mm; b′ = 90 mm; c′ = 90 mm

8. Fenja hat eine Aufgabe zu zwei zueinander ähnlichen Dreiecken bearbeitet. Kontrolliere.

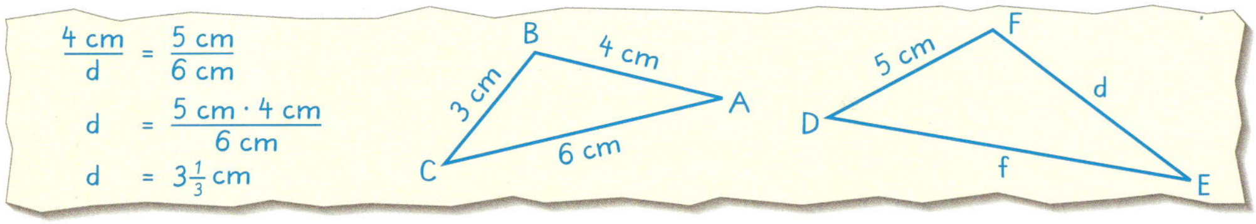

9. Gegeben ist ein Rechteck mit den Seitenlängen 4 cm und 6 cm. Zeichne ein dazu ähnliches Rechteck mit der Seitenlänge 5 cm [9 cm.]

10. Die Vielecke V und V′ sollen ähnlich zueinander sein. Dabei sind a und a′ die Längen zweier entsprechender Seiten von V und V′ sowie u und u′ ihre Umfänge.
Begründe: u : u′ = a : a′.

11. Entscheide, ob die Aussage wahr oder falsch ist. Begründe deine Aussage.
(1) Alle Quadrate sind zueinander ähnlich.
(2) Alle Rechtecke sind zueinander ähnlich.
(3) Alle Rauten sind zueinander ähnlich.
(4) Alle gleichseitigen Dreiecke sind zueinander ähnlich.
(5) Alle gleichschenkligen Dreiecke sind zueinander ähnlich.
(6) Alle Kreise sind zueinander ähnlich.

7.2.2 Flächeninhalt bei zueinander ähnlichen Figuren

Aufgabe 1

a) Von dem Negativ eines Fotos soll ein Poster hergestellt werden. Ein Fotolabor hat nebenstehendes Angebot.
Ist der Preis für das größere Poster gegenüber dem kleineren Poster durch den erhöhten Materialverbrauch gerechtfertigt?

b) Gegeben sei ein Rechteck ABCD mit der Seitenlängen a und b. Das Rechteck A′B′C′D′ entsteht aus ABCD durch Vergrößerung bzw. Verkleinerung mit dem Faktor k.
Welche Beziehung besteht zwischen dem Flächeninhalt des Rechtecks ABCD und dem Flächeninhalt des Rechtecks A′B′C′D′?

Lösung

a) Der Preis für das größere Poster ist etwa dreimal so hoch.
Wir vergleichen nun den Materialverbrauch für das Fotopapier:
Das 20 cm × 30 cm große Poster ist 600 cm^2 groß, das 40 cm × 60 cm große Poster 2 400 cm^2, d.h. der Materialverbrauch beim größeren Poster ist viermal so groß.

Ergebnis: Anteilmäßig ist die Preiserhöhung geringer als der zusätzliche Materialverbrauch.

b) Das Rechteck ABCD besitzt den Flächeninhalt $A_R = a \cdot b$. Es gilt: $a' = k \cdot a$ und $b' = k \cdot b$. Für den Flächeninhalt des Bildrechtecks A′B′C′D′ gilt dann:

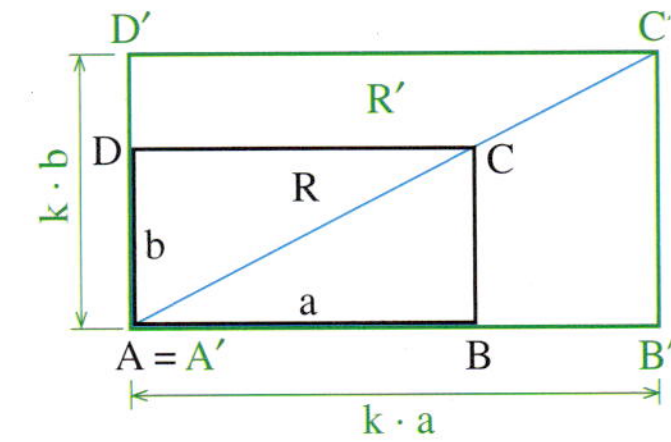

$$A_{R'} = a' \cdot b'$$
$$= k \cdot a \cdot k \cdot b$$
$$= k^2 \cdot a \cdot b$$
$$= k^2 \cdot A_R$$

Ergebnis: Der Flächeninhalt des Rechtecks A′B′C′D′ ist k^2-mal so groß wie der Flächeninhalt des Rechtecks ABCD.

Weiterführende Aufgaben

2. *Beweis des Zusammenhangs zwischen den Flächeninhalten bei zueinander ähnlichen Vielecken*

a) Beweise: Ist das Dreieck D ähnlich zum Dreieck D* und entsteht D* aus D durch maßstäbliches Vergrößern bzw. Verkleinern mit dem Ähnlichkeitsfaktor k, so ist der Flächeninhalt von D* dann k^2-mal so groß wie der Flächeninhalt von D.

b) Beweise den folgenden Satz.

Satz

Ist das Vieleck F ähnlich zum Vieleck G und entsteht G aus F durch maßstäbliches Vergrößern bzw. Verkleinern mit dem Ähnlichkeitsfaktor k, so ist der Flächeninhalt des Vielecks G k^2-mal so groß wie der Flächeninhalt des Vielecks F:

$$\mathbf{A_G = k^2 \cdot A_F}$$

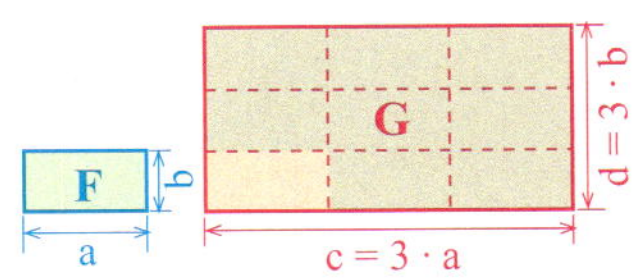

$\mathbf{A_G = 9 \cdot A_F}$

3. *Verhältnis zweier Flächeninhalte*

Man kann auch das *Verhältnis zweier Flächeninhalte* bilden.

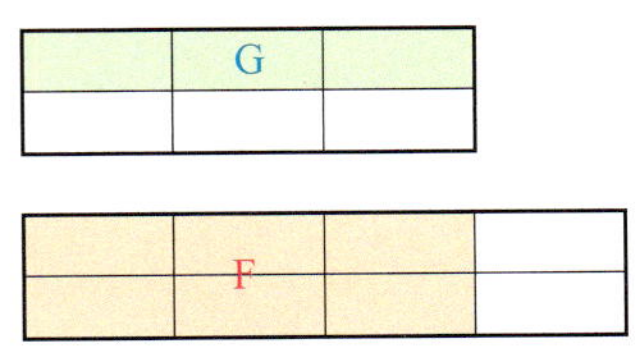

a) Bestimme das *Verhältnis* der Flächeninhalte der gefärbten Flächen G und F.

b) Zwei Quadrate haben die Seitenlänge a = 3 cm bzw. b = 5 cm. Gib das Längenverhältnis der entsprechenden Seiten an. Bestimme dann das Verhältnis $Q_1 : Q_2$ der Flächeninhalte.

c) Begründe: Sind zwei Vielecke F und G ähnlich zueinander und beträgt das Längenverhältnis einander entsprechender Seiten k, so ist das Verhältnis der Flächeninhalte beider Vielecke k^2.

Übungsaufgaben

4. Im Juli 2005 kostete 1 t Rohkaffee 1 400 US-Dollar, im Juli 2003 nur halbsoviel.
Ein Grafiker hat diese Preisentwicklung durch nebenstehende Grafik veranschaulicht. Was meinst du dazu?

5. **a)** Für die beiden Poster in Aufgabe 1 (Seite 240/241) soll ein Rahmen hergestellt werden. Vergleiche auch die Gesamtlänge der Leiste für das größere Poster mit der Länge der Leiste für das kleinere Poster.

b) Begründe: Sind zwei Rechtecke ähnlich zueinander mit dem Ähnlichkeitsfaktor k, so ist das Verhältnis der Umfänge beider Rechtecke ebenfalls k.

c) Verallgemeinere den Satz in Teilaufgabe b) auf Vielecke und begründe ihn.

6. Ein Fotogeschäft bietet nebenstehende Vergrößerungen von einem Fotonegativ zu den angegebenen Preisen an.
Vergleiche die Preise.

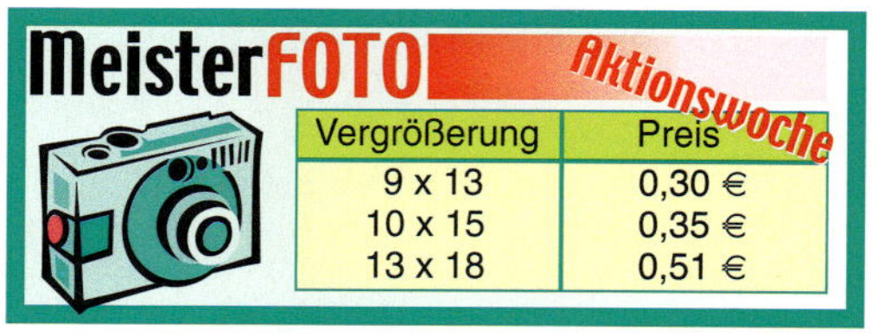

Vergrößerung	Preis
9 x 13	0,30 €
10 x 15	0,35 €
13 x 18	0,51 €

7. Das Rechteck ABCD besitzt die Seitenlängen a = 6,6 cm und b = 3,9 cm. Das dazu ähnliche Rechteck A′B′C′D′ entsteht durch den Ähnlichkeitsfaktor

a) $k = 4$; **b)** $k = \frac{1}{2}$; **c)** $k = \frac{2}{3}$; **d)** $k = \frac{3}{2}$.

Berechne auf zwei verschiedenen Wegen den Flächeninhalt des Rechtecks A′B′C′D′.

8. In einem Dreieck ABC ist c = 6 cm und die zur Seite $\overline{AB}$ gehörende Höhe $h_c = 4$ cm. Das dazu ähnliche Dreieck A′B′C′ entsteht aus ABC durch den Ähnlichkeitsfaktor k. Berechne auf zwei verschiedenen Wegen den Flächeninhalt des Dreiecks A′B′C′.

a) $k = 2$ **b)** $k = \frac{3}{4}$ **c)** $k = 2{,}5$

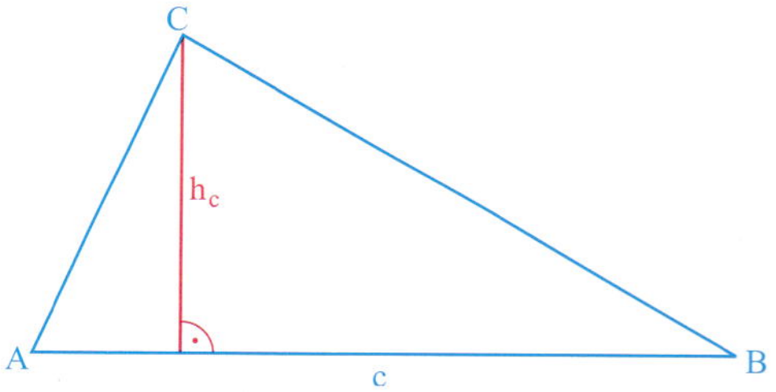

9. Von einem Dreieck ABC ist bekannt: $a = 4{,}8$ cm; $h_a = 2{,}5$ cm.
Das dazu ähnliche Dreieck A′B′C′ besitzt die Höhe $h'_a = 3{,}25$ cm.
Berechne den Flächeninhalt des Dreiecks A′B′C′ auf zwei verschiedenen Wegen.

10. Das rechtwinklige Dreieck ABC mit $\gamma = 90°$ besitzt die Seitenlängen a = 4,5 cm und b = 6 cm. Von dem dazu ähnlichen Dreieck A′B′C′ kennt man a′ = 3,6 cm.
Berechne auf zweierlei Weise den Flächeninhalt und den Umfang des Dreiecks A′B′C′.

11. Ein Viereck ABCD hat den Flächeninhalt 60 cm^2. Berechne den Flächeninhalt des dazu ähnlichen Vierecks A′B′C′D′ bei dem Ähnlichkeitsfaktor $k = 3$ [$k = \frac{4}{5}$; $k = \frac{9}{4}$].

12. Je nach Verwendungszweck wählt man bei der Herstellung von Zeichnungen oder Karten einen geeigneten Maßstab.

a) Wie viel cm (bzw. m bzw. km) in der Wirklichkeit entsprechen 1 cm auf der Zeichnung bzw. Karte?

b) Wie viel cm^2 (bzw. m^2 bzw. km^2) in der Wirklichkeit entsprechen 1 cm^2 auf der Zeichnung bzw. Karte?

Maßstab	Verwendung
1 : 10	Möbelzeichnung
1 : 100	Bauplan
1 : 2500	Flurkarte
1 : 10000	Stadtplan
1 : 25000	Wanderkarte
1 : 50000	Wanderkarte
1 : 200000	Fahrradkarte
1 : 300000	Autokarte

13. Stadtpläne sind in „Planquadrate“ eingeteilt. Der Darmstädter Stadtplan ist im Maßstab 1 : 23 000 gezeichnet. Auf dem Plan sind die Planquadrate durch die blauen Linien markiert.
Wie groß ist das Quadrat in der Wirklichkeit?

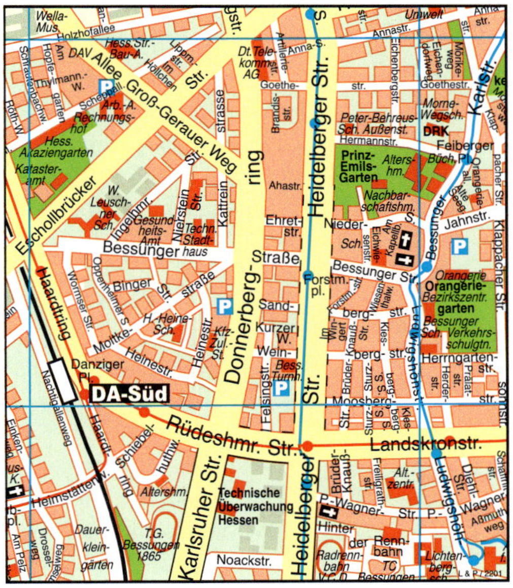

14. Ein Vieleck ABCD besitzt den Flächeninhalt 144 cm². Das dazu ähnliche Vieleck hat den angegebenen Flächeninhalt. Berechne den Ähnlichkeitsfaktor.

a) 81 cm²   **c)** 36 cm²   **e)** 288 cm²
b) 64 cm²   **d)** 576 cm²   **f)** 48 cm²

15. Die Flächeninhalte zweier zueinander ähnlicher Vielecke verhalten sich wie

a) 4 : 1;   **b)** 16 : 9;   **c)** 4 : 5.

In welchem Verhältnis stehen die Seiten zueinander?

16. Papierformate sind genormt. Bei den Schulheften kennst du die Formate DIN A4 (großes Schulheft), DIN A5 (kleines Schulheft) und DIN A 6 (Vokabelheft).
Für die DIN-A-Formate gelten folgende Bedingungen:

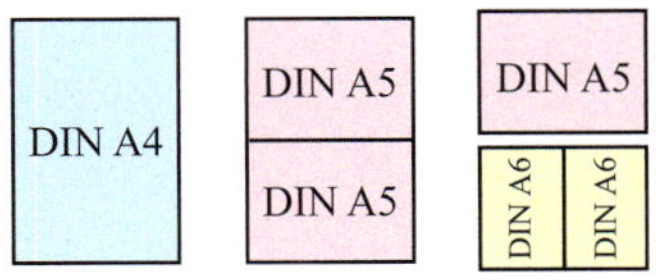

(1) Die Rechtecke sind ähnlich zueinander.
(2) Durch Halbieren der längeren Seite eines Rechtecks erhält man das nächstkleinere DIN-A-Format, z. B. aus DIN A4 entsteht DIN A5.
(3) Ein Rechteck des Formats DIN A0 ist 1 m² groß.

a) Bestimme den Verkleinerungsfaktor.

b) Wie lang sind die Seiten eines Rechtecks vom Format DIN A0, DIN A1, DIN A2, DIN A3, DIN A4, DIN A5, DIN A6?

17. Mit einem Fotokopiergerät kann man von Bildvorlagen verschiedene Vergrößerungen und Verkleinerungen herstellen. Dazu gibt man den gewünschten Vergrößerungs- bzw. Verkleinerungsfaktor k für die Seitenlängen auf dem Tastenfeld ein. Ein Quadrat mit der Seitenlänge a = 8 cm wird mit dem Faktor 141 %, 64 %, 71 %, 200 % kopiert.

a) Berechne die neue Seitenlänge des Quadrates.

b) Um welchen Faktor wird der Flächeninhalt des Quadrates vergrößert bzw. verkleinert?

18. **a)** Alle Längen eines Vielecks werden um 20 % verlängert [verkürzt].
Um wie viel Prozent vergrößert [verkleinert] sich sein Flächeninhalt?

b) Alle Längen eines Vielecks werden um 30 % verkürzt. Um wie viel Prozent verkleinert sich sein Flächeninhalt?

7.2.3 Volumen bei zueinander ähnlichen Körpern

Einführung

Nicht nur ebene Figuren, sondern auch Körper kann man vergrößern oder verkleinern, ohne dass sie dabei verzerrt werden.
Im Bild wird ein Quader durch eine zentrische Streckung im Raum mit dem Streckfaktor $\frac{|ZP'|}{|ZP|}$ vergrößert. Dem Bild kannst du entnehmen:

- Die Größe der Winkel des Quaders bleibt erhalten.
- Für die Kantenlänge der Quader gilt:
  $\frac{a'}{a} = \frac{b'}{b} = \frac{c'}{c} = k$

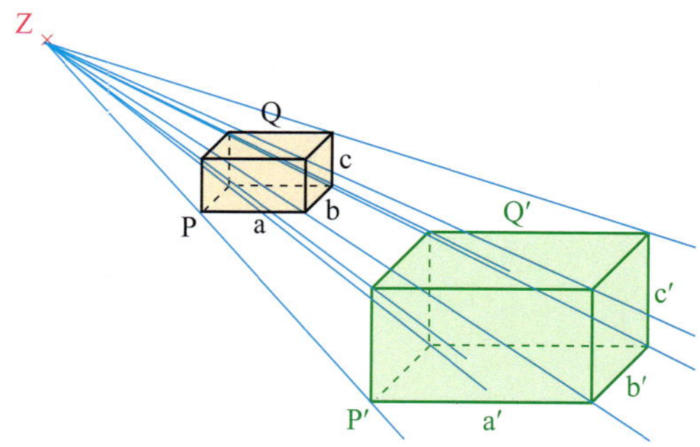

Alle Kantenlängen werden im gleichen Verhältnis k vergrößert.
Wir sagen: Die Quader Q und Q' sind zueinander ähnlich.
Wir vergleichen die Volumina der beiden Quader:
Der Quader Q' hat das Volumen: $V_{Q'} = a' \cdot b' \cdot c' = ka \cdot kb \cdot kc = k^3 \cdot a \cdot b \cdot c = k^3 \cdot V_Q$

Information

(1) Zueinander ähnliche Körper

Wie auch bei ebenen Figuren gilt für Körper allgemein:

Zwei Körper K und K' sind genau dann ähnlich zueinander, wenn
(1) einander entsprechende Winkel von K und K' gleich groß sind und
(2) das Längenverhältnis entsprechender Kanten von K und K' gleich ist.
Das Verhältnis heißt auch hier **Ähnlichkeitsfaktor.** Er stimmt mit dem Streckfaktor überein.
Daraus ergibt sich auch: Entsprechende Flächen am Körper sind zueinander ähnlich.

(2) Volumen zueinander ähnlicher Körper

Wenn zwei Körper K und K' ähnlich zueinander mit dem Ähnlichkeitsfaktor k sind, dann gilt:
Der Körper K' hat das k^3-fache Volumen des Körpers K:
$\mathbf{V_{K'} = k^3 \cdot V_K}$

Längenverhältnis k jedoch Volumenverhältnis k^3

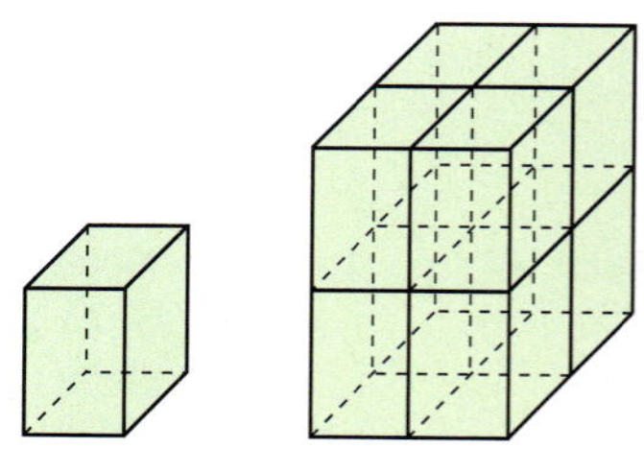

Übungsaufgaben

1. **a)** Zeichne ein Schrägbild des angegebenen Körpers. Lege dann ein Zentrum Z außerhalb des Körpers fest und zeichne das Bild des Körpers bei der zentrischen Streckung mit dem Zentrum Z und dem Streckfaktor $k = \frac{5}{2}$ [k = 3; k = 1,5].
(1) Quader (a = 3 cm; b = 3 cm; c = 2 cm)
(2) Prisma (dreiseitige Grundfläche: a = 3 cm; h_a = 3 cm; Körperhöhe h = 2,5 cm)
(3) Würfel (a = 2,5 cm)

b) Berechne das Volumen der Körper und der dazu ähnlichen Körper von Teilaufgabe a). Bilde jeweils das Verhältnis der Volumina von Bildkörper und Körper und vergleiche es mit dem Streckfaktor (Ähnlichkeitsfaktor).

2. Untersuche nun, wie sich die Oberfläche der Körper aus Aufgabe 2 durch maßstäbliches Vergrößern und Verkleinern verändert. Zeichne dazu Netze der Körper.

3. Welche der Körper sind zueinander ähnlich? (Für jedes Schrägbild gilt: $q = \frac{1}{2}$.)

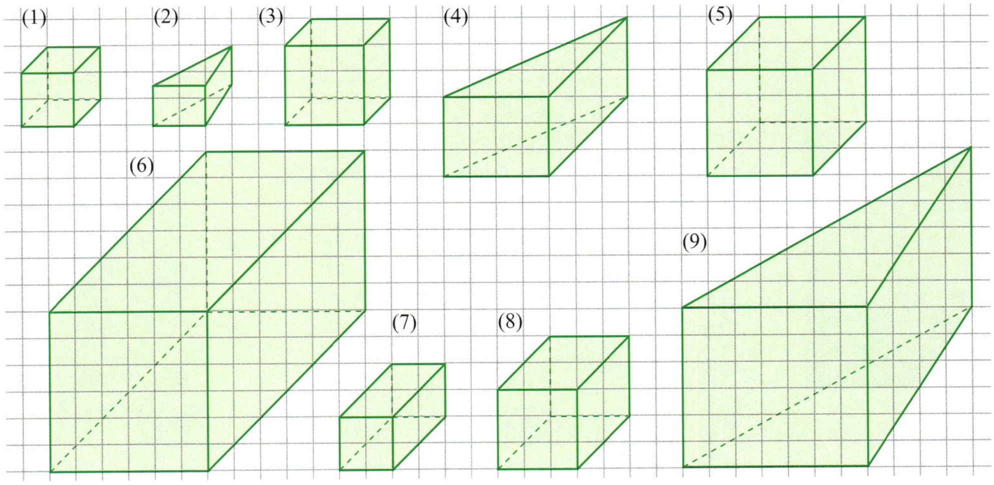

4. Entscheide, ob die Aussage wahr oder falsch ist.
(1) Alle Würfel sind ähnlich zueinander. (2) Alle Quader sind ähnlich zueinander.

5. Wie verändert sich (1) das Volumen, (2) der Oberflächeninhalt eines Quaders, wenn man jede Kantenlänge verdoppelt [verdreifacht; auf das $3\frac{1}{2}$-fache] verlängert?

6. *Gruppenarbeit:* Eine Firma hat den Absatz eines Waschmittels in einem Jahr verdoppelt. Sie stellt dieses Wachstum in einem Werbeprospekt wie im Bild rechts dar.

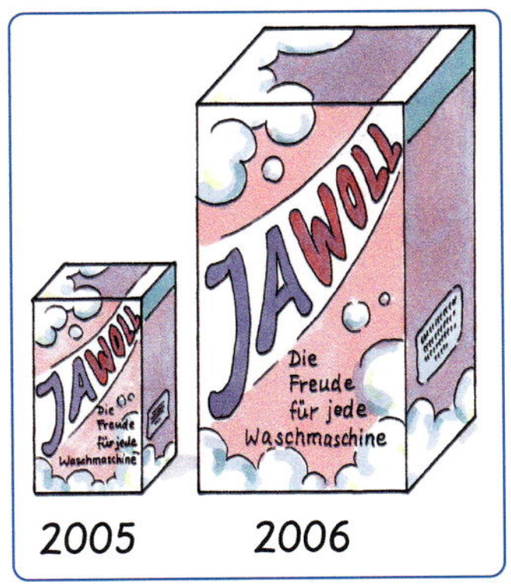

a) Wird der Absatzzuwachs durch die Größenverhältnisse im Bild richtig wiedergegeben? Zeichnet die beiden Quader gegebenenfalls im richtigen Verhältnis.

b) Für ein anderes Waschmittel wurde eine Absatzsteigerung von 64 % erzielt. Erstellt eine Werbeprospektseite, die die Steigerung richtig wiedergibt.

c) Sucht nach grafischen Darstellungen in Zeitungen oder Prospekten, in denen Größenverhältnisse durch ähnliche Körper dargestellt werden. Überprüft, ob die Größenverhältnisse „richtig“ sind.

7. Das Wahrzeichen der Hauptstadt Frankreichs ist der zur Pariser Weltausstellung 1889 erbaute Eiffelturm. Er hat eine Höhe von 304,80 m und wurde aus 9 700 t Stahl gebaut.
Für Touristen werden originalgetreue Modelle mit 12 cm Höhe angefertigt.
Stelle selbst geeignete Fragen und beantworte sie.

8. Ein Straußenei ist einem Hühnerei ähnlich. Maria, Sarah und Lina wollen Waffeln backen. Dazu benötigen sie 3 Hühnereier. Lina: „Statt der 3 Hühnereier könnten wir eigentlich auch ein Straußenei nehmen.“

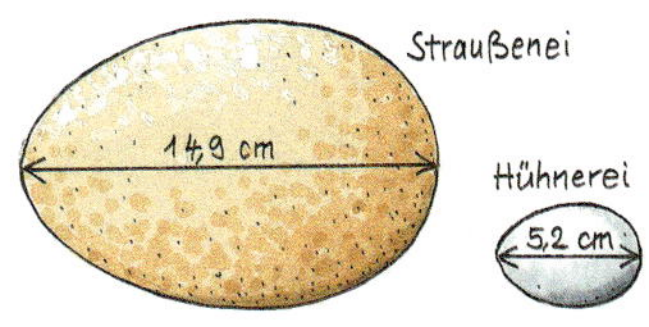

Im Blickpunkt

Im Blickpunkt

Selbstähnlichkeit

Rechts kannst du erkennen, dass ein Farnzweig ähnlich aufgebaut ist wie seine Verästelungen. Man spricht von einer *Selbstähnlichkeit* zwischen dem ganzen Farnzweig und seiner einzelnen Teile. Diese Selbstähnlichkeit kommt in der Natur öfter vor: Zum Beispiel hat jede einzelne Rose eines Romanesco-Kohls die Form des ganzen Kohlkopfes.

1. Du kannst eine dem Farnblatt verwandte Figur mit etwas Geduld selbst herstellen. Arbeite dazu auf einem quer gelegten DIN A4-Blatt.

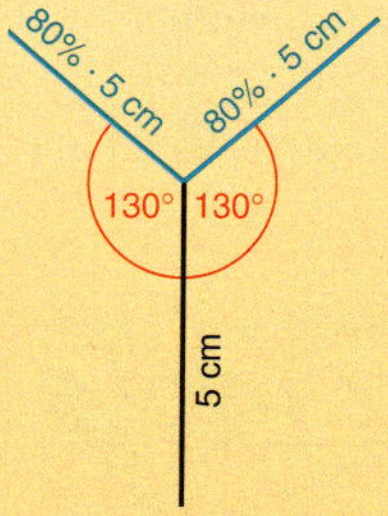

a) Zeichne eine 5 cm lange Strecke. Setze an ein Ende unter einem Winkel von 130° zwei Strecken an, die nur 80% von 5 cm, also 4 cm, lang sind. Füge an das Ende jeder dieser Strecken unter einem Winkel von 130° zwei Strecken, die 80% von 4 cm lang sind. Setze dieses Verfahren noch 4 weitere Schritte fort. Woran erinnert dich das entstandene Gebilde?

b) Die Figur rechts ist auf verwandte Weise durch Ansetzen von auf 80% verkürzten Strecken entstanden. Es sind zwölf Schritte gezeichnet.
Wie unterscheidet sich das Verfahren von dem aus Teilaufgabe a)?

2. Denkt man sich das Verfahren zum Zeichnen der Figuren in Aufgabe 1 unendlich oft fortgesetzt, so hat die entstandene Figur eine besondere Eigenschaft: In Teilen der Figur gibt es verkleinerte Kopien der ganzen Figur.
Man definiert:

> Eine Figur heißt **selbstähnlich**, wenn ein Teil von ihr ähnlich zur ganzen Figur ist.

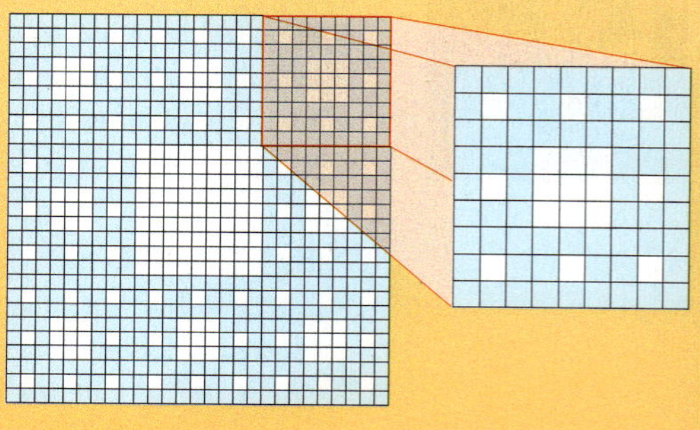

Erläutere diese Definition an den Figuren aus Aufgabe 1.

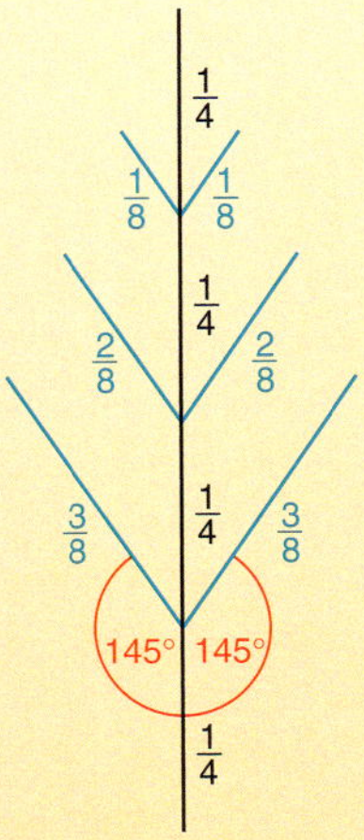

3. Gehe aus von einer 8 cm langen Strecke. Setze daran unter einem Winkel von jeweils 145° Strecken
- nach $\frac{1}{4}$ der Gesamtlänge zwei Strecken, die $\frac{3}{8}$ so lang sind wie die Gesamtstrecke
- nach $\frac{2}{4}$ der Gesamtstrecke zwei Strecken, die $\frac{2}{8}$ so lang sind wie die Gesamtstrecke
- nach $\frac{3}{4}$ der Gesamtstrecke zwei Strecken, die $\frac{1}{8}$ so lang sind wie die Gesamtstrecke

a) Führe das Verfahren für mehrere Schritte durch.

b) Erläutere, dass die nach unendlich vielen Schritten entstandene Figur selbstähnlich ist.

c) Denke dir selbst solche Figuren aus und zeichne sie. Es ist hilfreich, wenn du zum Zeichnen ein geeignetes Computerprogramm verwendest.

4. Die auf folgende Weise entstehende Figur wurde zuerst von dem polnischen Mathematiker W. Sierpinski (1882–1969) beschrieben:
- Zeichne ein gleichseitiges Dreieck mit 18 cm Seitenlänge.
- Verbinde die Mittelpunkte der drei Seiten. Färbe das mittlere Dreieck grün.
- Verfahre mit jedem der drei neu entstandenen weißen Dreiecke ebenso mit dem ersten Dreieck.
- Führe das Verfahren viermal durch.

Begründe, warum diese Figur selbstähnlich genannt wird.

5. Die Kurve rechts hat der schwedische Mathematiker Helge von Koch im Jahre 1904 vorgestellt. Beginne mit einem gleichseitigen Dreieck der Kantenlänge 9 cm. Nimm jeweils in der Mitte $\frac{1}{3}$ der Länge weg und setze dort ein weiteres gleichseitiges Dreieck mit $\frac{1}{3}$ der Ausgangsseitenlänge an. Zeichne die Figurenfolge. Zeichne auch die nächsten zwei Schritte.

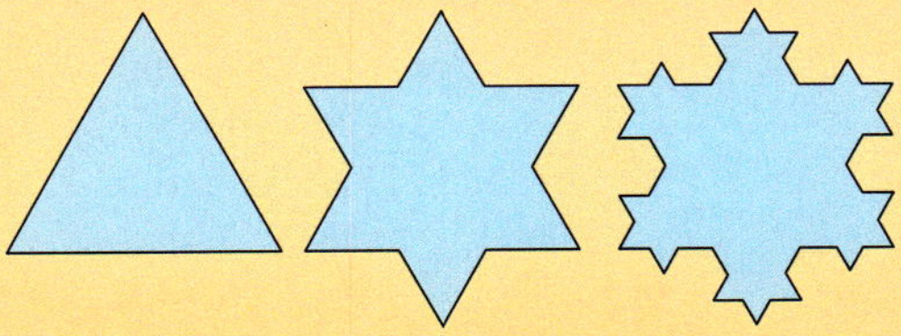

6. Auch Körper können selbstähnlich sein. Ein Beispiel ist der Menger'sche Schwamm, der 1943 von dem österreichischen Mathematiker R. Menger entdeckt wurde. Beschreibe, wie man diesen Schwamm erzeugen kann.

7.3 Ähnlichkeitssätze für Dreiecke – Konstruktionen – Beweise

7.3.1 Ähnlichkeitssätze für Dreiecke

Die Kongruenzsätze gestatten den Nachweis der Kongruenz zweier Dreiecke mithilfe weniger Bedingungen zu Seitenlängen und Winkeln. Will man die Ähnlichkeit zweier Figuren anhand der Definition (Seite 238) überprüfen, so muss man eine zentrische Streckung angeben.
Wir wollen nun untersuchen, ob man wie bei der Kongruenz die Ähnlichkeit zweier Dreiecke mithilfe weniger Stücke der beiden Dreiecke überprüfen kann.

Aufgabe 1

Ähnlichkeitssatz für Dreiecke

Gegeben sind die beiden Dreiecke ABC und A*B*C*, welche in der Größe entsprechender Winkel übereinstimmen:

$\alpha = \alpha^*$, $\beta = \beta^*$ und $\gamma = \gamma^*$.

Beweise:

Dreieck ABC ist ähnlich zu Dreieck A*B*C*.

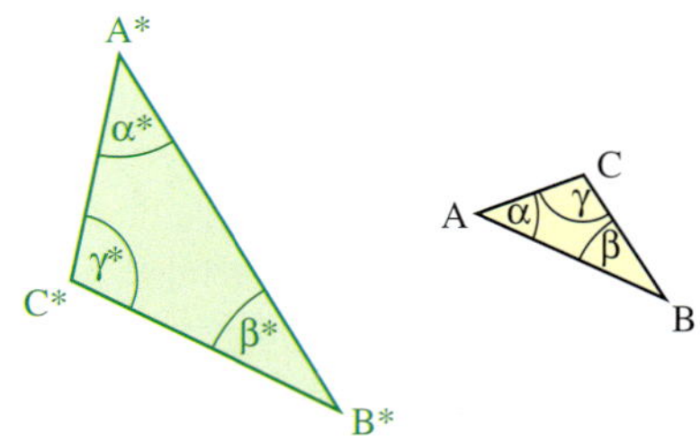

Lösung

Beweisgedanke:

Wir bilden Dreieck ABC durch eine zentrische Streckung in ein Dreieck A′B′C′ ab, welches zu Dreieck A*B*C* kongruent ist.

Beweis: Wir bestimmen das Bilddreieck A′B′C′ von ABC bei einer zentrischen Streckung mit dem Streckzentrum Z und dem Streckfaktor $k = \frac{|A^*B^*|}{|AB|}$.

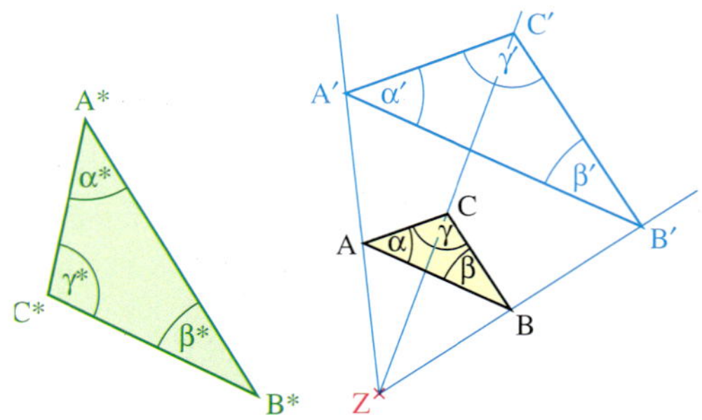

Der Vergleich von Dreieck A′B′C′ mit dem Dreieck A*B*C* zeigt:

(1) $|A'B'| = |A^*B^*|$ (wegen $|A'B'| = k \cdot |AB| = \frac{|A^*B^*|}{|AB|} \cdot |AB| = |A^*B^*|$)

(2) $\alpha' = \alpha^*$ (wegen $\alpha' = \alpha$ und $\alpha = \alpha^*$)

(3) $\beta' = \beta^*$ (wegen $\beta' = \beta$ und $\beta = \beta^*$)

$\gamma' = \gamma^*$ folgt aus dem Winkelsummensatz; die Voraussetzung $\gamma = \gamma^*$ wurde nicht benötigt.

Aus (1) bis (3) folgt nach dem Kongruenzsatz wsw, dass die beiden Dreiecke A′B′C′ und A*B*C* zueinander kongruent sind. Also gilt: Dreieck ABC ist ähnlich zu Dreieck A*B*C*.

Information

Zwei übereinstimmende Winkel reichen schon!

Hauptähnlichkeitssatz

Wenn zwei Dreiecke in der Größe von zwei Winkeln übereinstimmen, dann sind sie ähnlich zueinander.

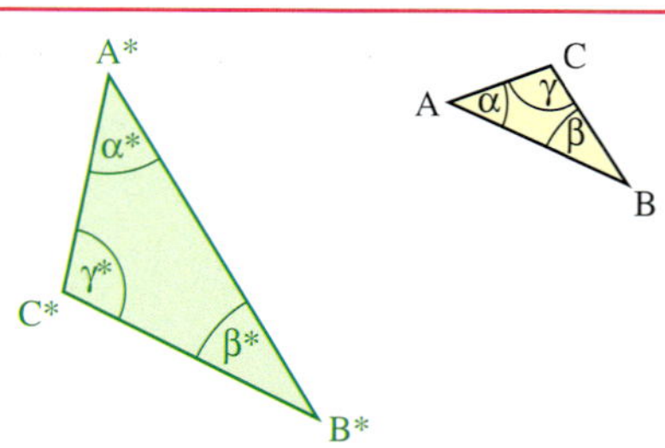

Weiterführende Aufgabe

2. *Weitere Ähnlichkeitssätze für Dreiecke*

a) Gegeben sind zwei Dreiecke ABC und A*B*C*, welche in den Längenverhältnissen je zweier Seiten übereinstimmen (zum Beispiel a = 3 cm, b = 5 cm, c = 6 cm und a* = 6 cm, b* = 10 cm, c* = 12 cm).
Beweise: Dreieck ABC ist ähnlich zu Dreieck A*B*C*.

b) Gegeben sind zwei Dreiecke ABC und A*B*C*, welche in dem Längenverhältnis von zwei Seiten und der Größe des eingeschlossenen Winkels übereinstimmen (zum Beispiel b = 4 cm, α = 55°, c = 6 cm und b* = 2 cm, α^* = 55°, c = 3 cm).
Beweise: Dreieck ABC ist ähnlich zu Dreieck A*B*C*.

c) Gegeben sind zwei Dreiecke ABC und A*B*C*, welche in dem Längenverhältnis von zwei Seiten und der Größe des der längeren Seite gegenüberliegenden Winkels übereinstimmen (zum Beispiel a = 5 cm, b = 3 cm, α = 75° und a* = 4 cm, b* = 2,4 cm, α^* = 75°).
Beweise: Dreieck ABC ist ähnlich zu Dreieck A*B*C*.

In Aufgabe 2 haben wir weitere Ähnlichkeitssätze bewiesen. Diese weisen Parallelen zu den Kongruenzsätzen auf. Man sieht daran deutlich, dass die Kongruenz ein Sonderfall der Ähnlichkeit ist.

Information

Ähnlichkeitssätze für Dreiecke

1. Dreiecke sind ähnlich zueinander, wenn sie in der Größe von zwei Winkeln übereinstimmen (*Hauptähnlichkeitssatz*).

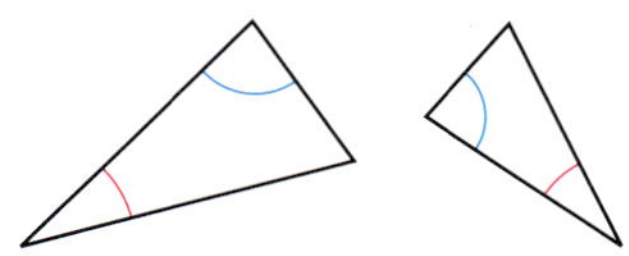

2. Dreiecke sind ähnlich zueinander, wenn sie in den Längenverhältnissen aller drei Seiten übereinstimmen.

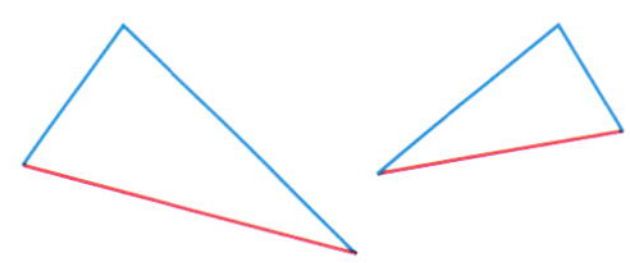

3. Dreiecke sind ähnlich zueinander, wenn sie im Längenverhältnis zweier Seiten und in der Größe des eingeschlossenen Winkels übereinstimmen.

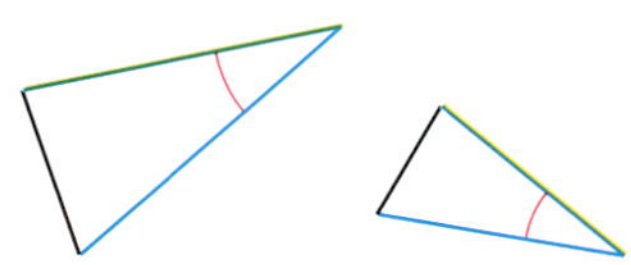

4. Dreiecke sind ähnlich zueinander, wenn sie im Längenverhältnis zweier Seiten und in der Größe des Winkels übereinstimmen, der der größeren Seite gegenüberliegt.

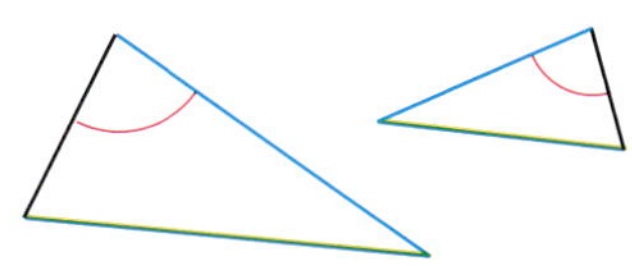

Übungsaufgaben

3. Um die Kongruenz von Dreiecken zu begründen, genügt es, die Übereinstimmung in *drei* geeigneten Stücken (Winkelgrößen, Seitenlängen) nachzuweisen. Gilt Entsprechendes auch bei der Ähnlichkeit?
Untersuche, in wie vielen Winkeln oder Verhältnissen entsprechender Seiten zwei Dreiecke übereinstimmen müssen, um auf die Ähnlichkeit schließen zu können.

4. Zeichne verschiedene Vierecke, die in der Größe entsprechender Winkel übereinstimmen.
Prüfe, ob die Vierecke ähnlich zueinander sind.

5. Gegeben sind zwei Dreiecke ABC und A*B*C*. Entscheide aufgrund der angegebenen Winkelgrößen, ob die Dreiecke zueinander ähnlich sind. Falls das zutrifft, stelle die Gleichungen für die Längenverhältnisse entsprechender Seiten auf.

a) $\alpha = 48°$; $\beta = 35°$; $\alpha^* = 48°$; $\gamma^* = 97°$

b) $\alpha = 37°$; $\beta = 110°$; $\alpha^* = 110°$; $\beta^* = 33°$

c) $\alpha = 65°$; $\gamma = 39°$; $\beta^* = 41°$; $\gamma^* = 74°$

d) $\alpha = 19°$; $\beta = 107°$; $\beta^* = 54°$; $\gamma^* = 107°$

e) $\alpha = 91°$; $\gamma = 44°$; $\alpha^* = 91°$; $\beta^* = 46°$

f) $\beta = 103°$; $\gamma = 29°$; $\alpha^* = 29°$; $\gamma^* = 48°$

6. Ein 1,80 m großer Mann wirft einen 1,35 m langen Schatten. Zu gleicher Zeit wirft ein Baum einen 5,40 m langen Schatten. Wie hoch ist der Baum?

7. Gegeben sind die Dreiecke ABC mit $c = b = 3{,}5$ cm und $\alpha = 50°$ sowie $A_1B_1C_1$ mit $b_1 = a_1 = 5{,}4$ cm und $\alpha_1 = 65°$.
Sind die beiden Dreiecke ähnlich zueinander? Begründe.

8. Gib zu jedem Ähnlichkeitssatz den entsprechenden Kongruenzsatz an.

7.3.2 Konstruieren mithilfe der Ähnlichkeit

Bei den bisherigen Dreieckskonstruktionen hast du die Kongruenzsätze und weitere Sätze wie z. B. den Satz von Thales verwendet. Hier lernst du, den Hauptähnlichkeitssatz bei Dreieckskonstruktionen anzuwenden.

Aufgabe 1

Konstruiere ein Dreieck ABC aus $\alpha = 100°$, $c = 4{,}6$ cm und $c : a = 2 : 3$.

Lösung

Vorüberlegung:

Wir konstruieren zunächst ein Dreieck AB_1C_1 aus $\alpha = 100°$, $c_1 = 2$ cm, $a_1 = 3$ cm (Kongruenzsatz Ssw).
Für dieses Dreieck AB_1C_1 gilt: $c_1 : a_1 = 2 : 3$.
Wir konstruieren dann ein zu AB_1C_1 ähnliches Dreieck ABC mit $c = 4{,}6$ cm.

Planfigur:

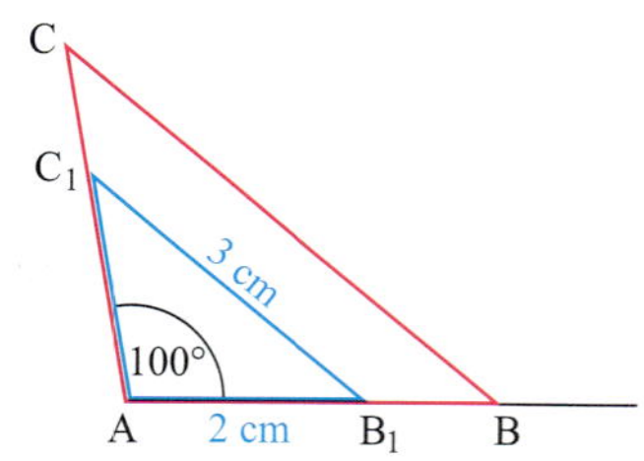

Konstruktionsbeschreibung:

(1) Wir konstruieren ein Dreieck AB_1C_1 aus $\alpha = 100°$, $c = 2$ cm, $a = 3$ cm (Kongruenzsatz Ssw).

(2) Wir verlängern die Strecke $\overline{AB_1}$ über B_1 hinaus bis B, sodass $|AB| = 4{,}6$ cm.

(3) Wir zeichnen die Parallele zu B_1C_1 durch B. Sie schneidet den Schenkel $\overline{AC_1}$ von α im Punkt C.

ABC ist das gesuchte Dreieck, denn es gilt:

$\left.\begin{array}{l}\beta = \beta_1\\ \gamma = \gamma_1\end{array}\right\}$ Stufenwinkelsatz (an geschnittenen Parallelen)

$\alpha = \alpha_1$ nach Konstruktion.

Nach dem Hauptähnlichkeitssatz ist Dreieck ABC ähnlich zu Dreieck $A_1B_1C_1$ und somit $c : a = 2 : 3$.

Konstruktion:

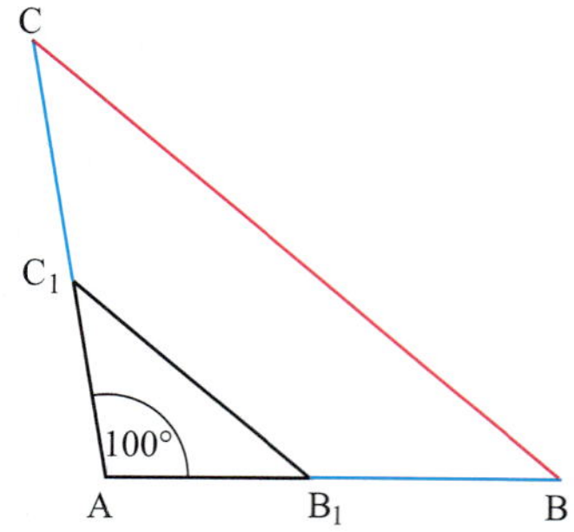

Übungsaufgaben

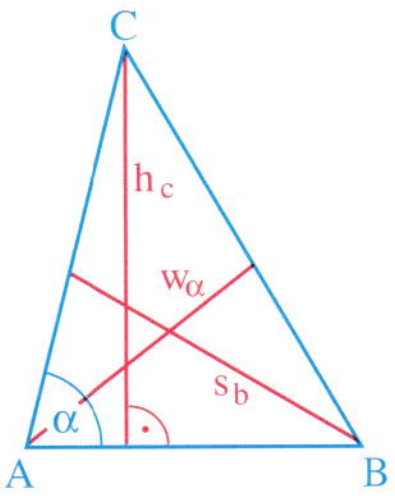

2. Konstruiere ein Dreieck ABC aus $\alpha = 75°$, $\beta = 37°$ und $h_c = 4{,}3$ cm. Beschreibe dein Vorgehen.

3. Konstruiere ein Dreieck ABC aus:

a) $b : c = 3 : 2$; $\alpha = 65°$; $a = 3$ cm

b) $b : c = 9 : 7$; $\beta = 128°$; $c = 6{,}4$ cm

c) $b : c = 9 : 7$; $\alpha = 128°$; $h_b = 3$ cm

d) $c : a = 2 : 3$; $\alpha = 100°$; $h_b = 5$ cm

4. a) Konstruiere ein rechtwinkliges Dreieck ABC ($\gamma = 90°$) mit $a : b = 2 : 3$; $h_c = 2{,}5$ cm.

b) Konstruiere ein gleichschenkliges Dreieck ABC ($a = b$) aus $a : c = 5 : 3$; $h_c = 3$ cm.

5. Aus einem dreieckigen Glasscheibenrest (siehe Bild) soll eine möglichst große quadratische Scheibe ausgeschnitten werden.
Anleitung: Konstruiere zunächst ein beliebiges nicht zu kleines Quadrat AD′E′F′, dessen Seiten AD′ auf $\overline{AB}$ und $\overline{AF'}$ auf $\overline{AC}$ liegen. Vergrößere es dann mit einer zentrischen Streckung so weit wie möglich.

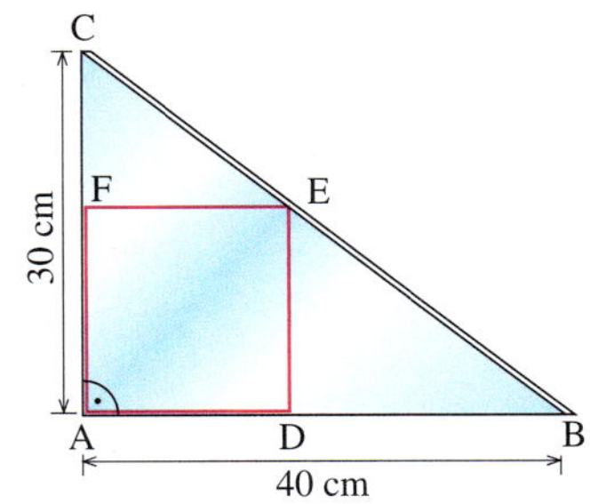

6. Gegeben ist ein rechtwinkliges Dreieck ABC mit dem rechten Winkel bei C. Schreibe dem Dreieck ein Quadrat PQRS ein, wobei P auf $\overline{AB}$, Q auf $\overline{BC}$ und R auf $\overline{CA}$ liegen.

7. Gegeben ist eine Raute. Konstruiere ein Quadrat, dessen Ecken auf den Seiten der Raute liegen.

8. Gegeben ist ein Rechteck ABCD (Bild rechts). Der Punkt M ist der Mittelpunkt der Seite $\overline{CD}$.
Zeige: $|PQ| = \frac{1}{3}|AB|$.

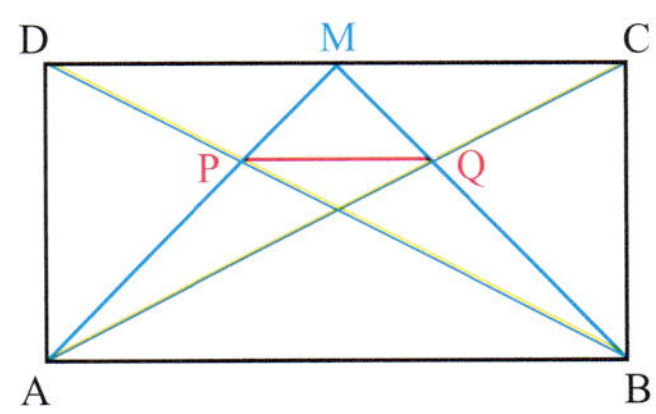

7.3.3 Beweisen mithilfe der Ähnlichkeitssätze für Dreiecke

Aufgabe 1

Beweisen mithilfe der Ähnlichkeitssätze

Die Diagonalen zerlegen das Trapez ABCD mit $AB \| CD$ in vier Dreiecke.
Suche in der Figur zueinander ähnliche Dreiecke. Begründe.

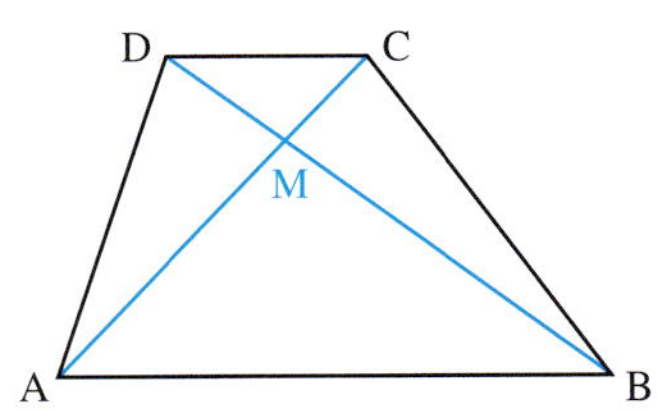

Lösung

Wir vermuten: Dreieck ABM ist ähnlich zum Dreieck CDM.
Wir wissen (Voraussetzung): ABCD ist ein Trapez mit $AB \| CD$.
Wir wollen zeigen (Behauptung): ABM ~ CDM.
Zum Beweis ordnen wir die Ecken der Dreiecke ABM und CDM wie rechts angegeben einander zu. Es gilt:

ABM		CDM
A	↔	C
B	↔	D
M	↔	M

(1) ∢ AMB = ∢ CMD (Scheitelwinkelsatz)
(2) ∢ BAM = ∢ DCM
(3) ∢ MBA = ∢ MDC } (Wechselwinkelsatz)

Also stimmen beide Dreiecke in einander entsprechenden Winkeln überein. Nach dem Hauptähnlichkeitssatz folgt daraus die Ähnlichkeit beider Dreiecke.

Information

Strategie beim Beweisen mithilfe der Ähnlichkeitssätze für Dreiecke

Suche in der Figur zueinander ähnliche Dreiecke.
Zerlege gegebenenfalls die Figur durch Hilfslinien in Dreiecke oder ergänze sie geeignet.

Aufgabe 2

Sehnensatz

Zwei Kreissehnen schneiden sich in einem Punkt S.

Beweise: $a \cdot b = c \cdot d$

Anleitung: Suche in der Figur zwei zueinander ähnliche Dreiecke.

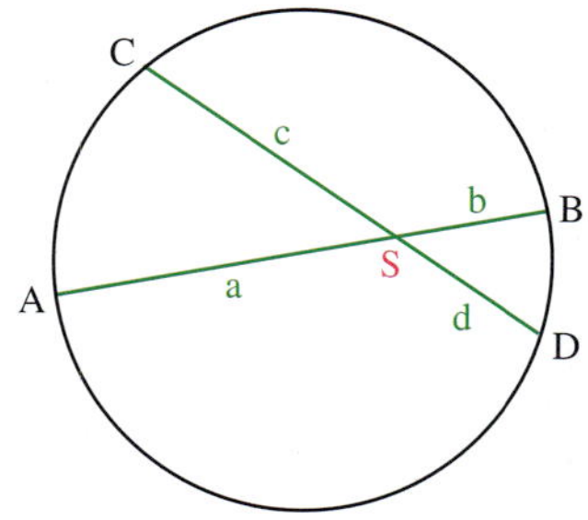

Lösung

Für die beiden Dreiecke ASC und DBS gilt:

(1) Die beiden Winkel bei S sind gleich groß (Scheitelwinkel).
(2) $\alpha = \delta$, denn die beiden Winkel sind Umfangswinkel, die zu derselben Sehne $\overline{CB}$ gehören.
(3) Wegen (1) und (2) stimmen beide Dreiecke in zwei Winkeln überein.
Somit folgt nach dem Hauptähnlichkeitssatz:
Dreieck ASC ist ähnlich zu Dreieck DBS.

Also gilt nach dem Satz über ähnliche Figuren auf Seite 238:
$\frac{a}{c} = \frac{d}{b}$.

Durch Multiplikation beider Seiten der Gleichung mit c und mit b erhält man: $a \cdot b = c \cdot d$.

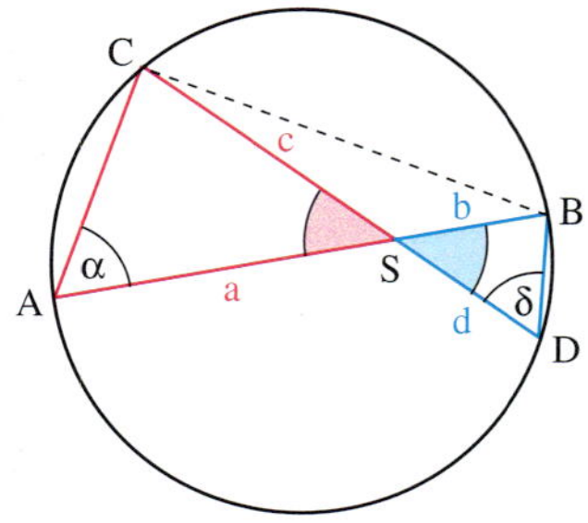

Information

Sehnensatz

Wenn sich zwei Sehnen innerhalb eines Kreises in einem Punkt schneiden, dann ist das Produkt der Längen der beiden Abschnitte auf der einen Sehne gleich dem Produkt der Längen der Abschnitte auf der anderen Sehne.

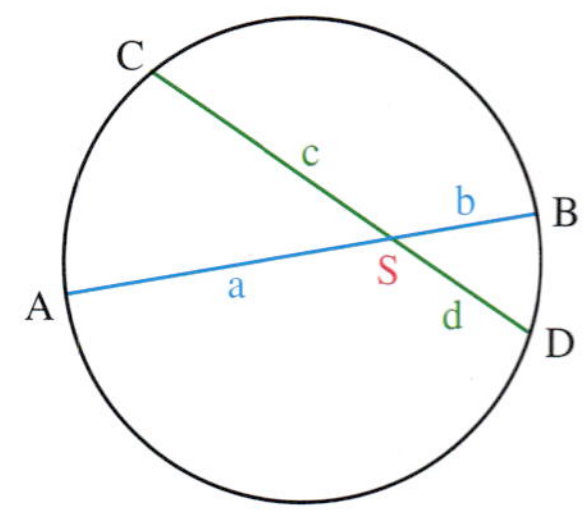

Weiterführende Aufgaben

3. *Sekantensatz*

Zwei Kreissekanten schneiden sich außerhalb des Kreises im Punkt S (Bild rechts).

a) Beweise: $a \cdot b = c \cdot d$.

b) Formuliere den Sekantensatz in Worten.

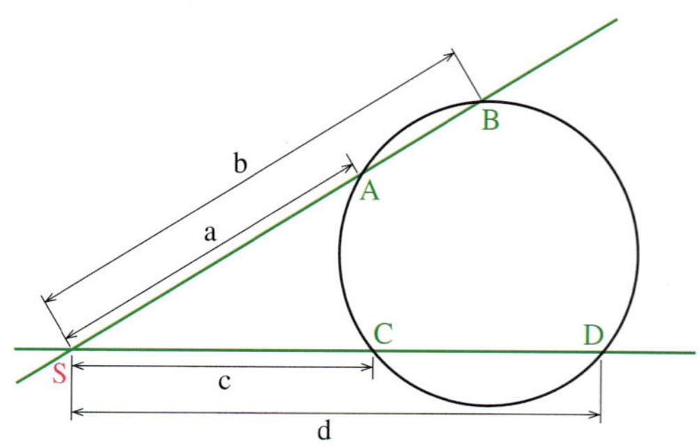

4. *Verwenden der Ähnlichkeitssätze beim Beweisen am rechtwinkligen Dreieck*

ABC sei ein rechtwinkliges Dreieck mit $\gamma = 90°$.

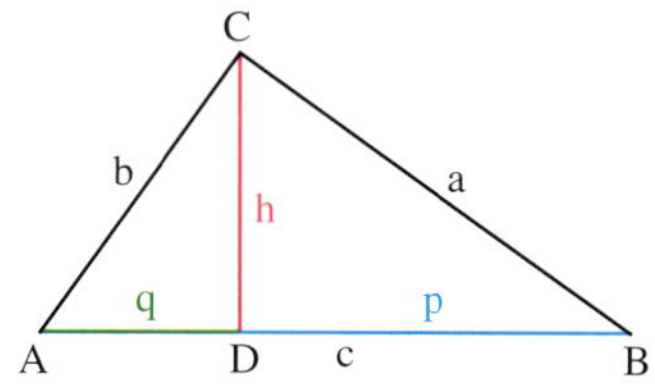

a) Beweise die Ähnlichkeit der Dreiecke ABC und DBC [ABC und ADC]. Folgere hieraus die Gleichung $a^2 = p \cdot c$ [$b^2 = q \cdot c$] (**Kathetensatz**).

b) Beweise die Ähnlichkeit der Dreiecke ADC und DBC. Folgere hieraus die Gleichung $h^2 = p \cdot q$ (**Höhensatz**).

Übungsaufgaben

5. Zeichne ein Dreieck ABC und die Mittelpunkte P, Q und R der drei Seiten $\overline{AB}$, $\overline{BC}$ bzw. $\overline{CA}$. Beweise: Dreieck ABC ist ähnlich zu Dreieck PQR.

6. Beweise die Ähnlichkeit der Dreiecke SAB und SCD rechts. Mache Aussagen über die Längenverhältnisse entsprechender Seiten.

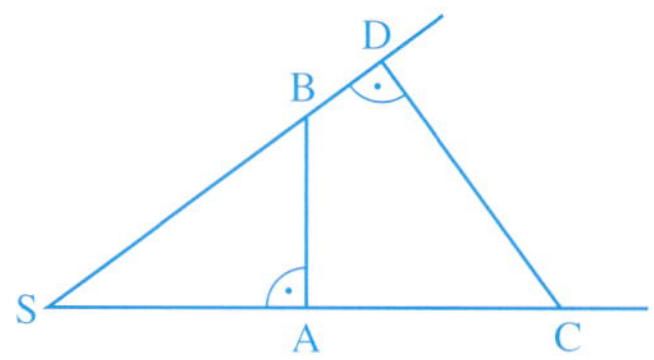

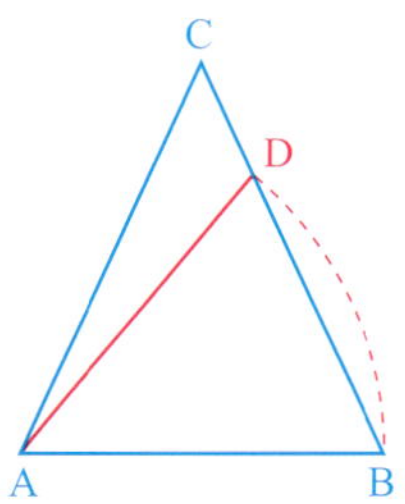

7. Das Dreieck ABC im Bild links soll gleichschenklig mit der Basis $\overline{AB}$ sein. Der Punkt D ist der Schnittpunkt des Kreises um A mit dem Radius $\overline{AB}$.
Welche Dreiecke in der Figur rechts sind ähnlich zueinander? Beweise deine Behauptung.

8. Gegeben ist ein Dreieck ABC. Zeichne zur Seite $\overline{AB}$ eine Parallele, die die beiden anderen Seiten in E bzw. F schneidet.

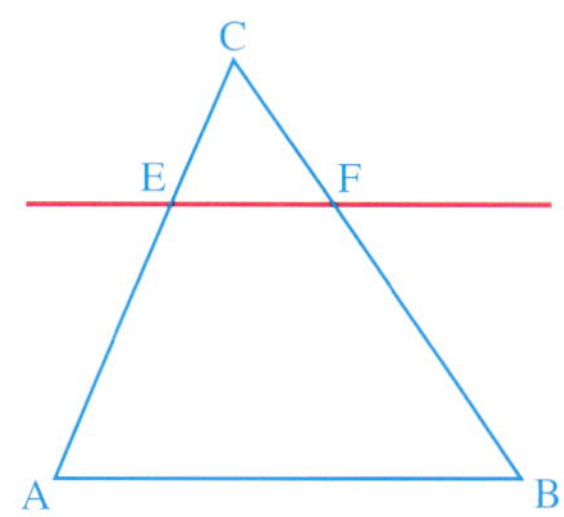

a) Welche Dreiecke sind ähnlich zueinander? Beweise.

b) Die Parallele EF zerlegt das Dreieck ABC in das Dreieck EFC und das Trapez ABFE.
In welchem Verhältnis muss EF die Strecke $\overline{AC}$ teilen, damit der Flächeninhalt von Dreieck EFC sich zu dem Flächeninhalt von Viereck ABFE wie 4 : 9 verhält?

9. Zeichne ein Dreieck ABC und die Mittelpunkte P, Q und R der drei Seiten $\overline{AB}$, $\overline{BC}$ bzw. $\overline{CA}$. Beweise: Dreieck ABC ist ähnlich zu Dreieck PQR.

10. In einem Kreis schneiden sich zwei Sehnen. Die Abschnitte auf der einen Sehne sind 5 cm und 12 cm [5 cm und 7 cm] lang. Ein Abschnitt auf der zweiten Sehne ist 4 cm lang.
Wie lang ist die zweite Seite?

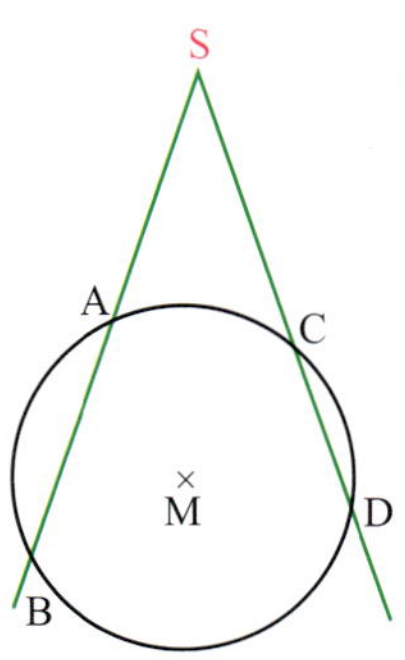

11. Von einem Punkt S aus sind zwei Kreissekanten gezeichnet. Für die Sekantenabschnitte außerhalb des Kreises gilt: $|SA| = 8$ cm und $|SC| = 12$ cm.
Die Sehne $\overline{AB}$ ist 6 cm lang. Wie lang ist die Sehne $\overline{CD}$?

12. Beweise den *Sekanten-Tangenten-Satz*:
Wenn sich beim Kreis eine Tangente und eine Sekante im Punkt S schneiden, dann ist das Produkt der Längen der beiden Sekantenabschnitte $\overline{SC}$ und $\overline{SD}$ gleich dem Quadrat der Länge des Tangentenabschnitts $\overline{SA}$.

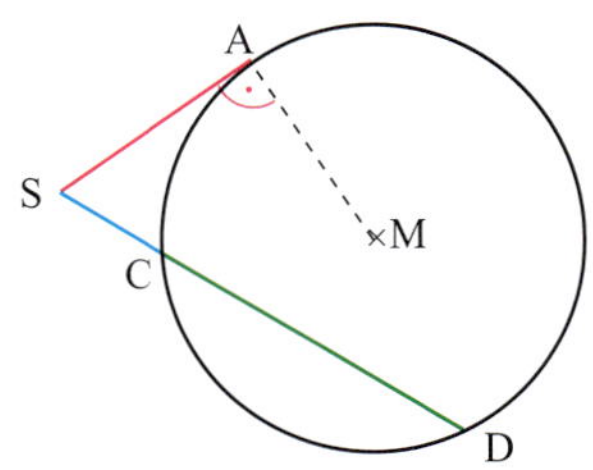

13. Eine 16 cm lange Kreissehne $\overline{AB}$ wird durch den Punkt T im Verhältnis 1 : 3 [3 : 5] zerlegt. Eine zweite Sehne $\overline{CD}$ wird durch den Punkt T halbiert. Wie lang ist die Sehne $\overline{CD}$?

7.4 Strahlensätze

7.4.1 Erster Strahlensatz

Aufgabe 1

Zwischen zwei Balken auf einem Dachboden soll ein Ablagebrett an der Stelle A_1 im Abstand von 1,50 m von der Spitze S angebracht werden. Es steht keine Wasserwaage zur Verfügung.
An welcher Stelle des rechten Balkens muss das Brett befestigt werden?
Wie groß ist die Länge, die du abmessen musst?
Du kannst die Aufgabe zeichnerisch lösen. Löse sie jedoch rechnerisch; stelle dazu eine Gleichung auf.

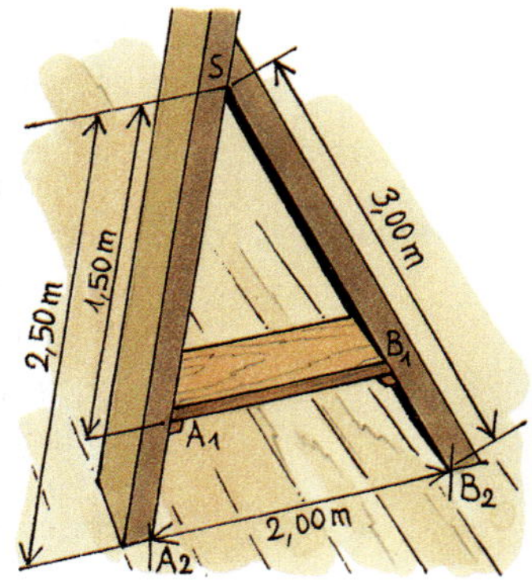

Lösung

Gesucht ist der Auflagepunkt B_1 auf dem rechten Balken.
In der Zeichnung rechts kannst du die Punkte A_1 und B_1 als Bildpunkte von A_2 bzw. B_2 bei einer zentrischen Streckung mit dem Streckzentrum S auffassen, denn
(1) die Punkte A_1 und A_2 liegen auf einer Halbgeraden mit dem Anfangspunkt S, ebenso B_1 und B_2;
(2) die Geraden A_1B_1 und A_2B_2 sollen parallel zueinander sein.
Der positive Streckfaktor ist hier kleiner als 1.

Zur Bestimmung des Auflagepunktes B_1 gibt es zwei Möglichkeiten.

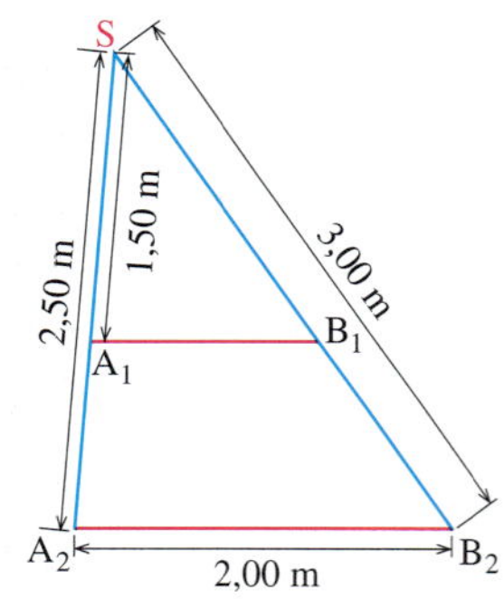

1. Möglichkeit: Wir bestimmen die Länge von $\overline{SB_1}$.
Da A_1 der Bildpunkt von A_2 und B_1 der Bildpunkt von B_2 ist, gilt: $k = \frac{|SA_1|}{|SA_2|}$ und $k = \frac{|SB_1|}{|SB_2|}$.
Wir erhalten damit die Gleichung:

$$\frac{|SB_1|}{|SB_2|} = \frac{|SA_1|}{|SA_2|},$$

eingesetzt: $\frac{|SB_1|}{3{,}00\text{ m}} = \frac{1{,}50\text{ m}}{2{,}50\text{ m}} = 0{,}6$, also: $|SB_1| = 0{,}6 \cdot 3{,}00\text{ m} = 1{,}80\text{ m}$

Ergebnis: Der Auflagepunkt B_1 auf dem rechten Balken ist 1,80 m von der Spitze S entfernt.

2. Möglichkeit: Wir bestimmen die Länge von $\overline{B_1B_2}$. Es gilt offenbar:

(1) $|B_1B_2| = |SB_2| - |SB_1|$ und damit $\frac{|B_1B_2|}{|SB_2|} = \frac{|SB_2|}{|SB_2|} - \frac{|SB_1|}{|SB_2|} = 1 - k.$

(2) $|A_1A_2| = |SA_2| - |SA_1|$ und damit $\frac{|A_1A_2|}{|SA_2|} = \frac{|SA_2|}{|SA_2|} - \frac{|SA_1|}{|SA_2|} = 1 - k.$

Wir erhalten damit die Gleichung:

$$\frac{|B_1B_2|}{|SB_2|} = \frac{|A_1A_2|}{|SA_2|},$$

eingesetzt: $\frac{|B_1B_2|}{3{,}00\text{ m}} = \frac{1{,}00\text{ m}}{2{,}50\text{ m}} = 0{,}4$, also: $|B_1B_2| = 0{,}4 \cdot 3{,}00\text{ m} = 1{,}20\text{ m}$

Ergebnis: Der Auflagepunkt B_1 auf dem rechten Balken ist 1,20 m von B_2 entfernt.

Information

(1) Strahlensatzfigur – Strahlensätze für Halbgeraden

In Anwendungen findet man, wie in der Aufgabe 1, immer wieder geometrische Figuren, in denen zwei Halbgeraden a und b von zwei zueinander parallelen Geraden g und h in vier Punkten geschnitten werden. Eine solche Figur nennt man **Strahlensatzfigur**.
Aus gegebenen Längen werden dann andere berechnet.
Dazu haben wir in der Lösung der Aufgabe 1 (Seite 254) Verhältnisgleichungen aufgestellt. Wir vermuten:

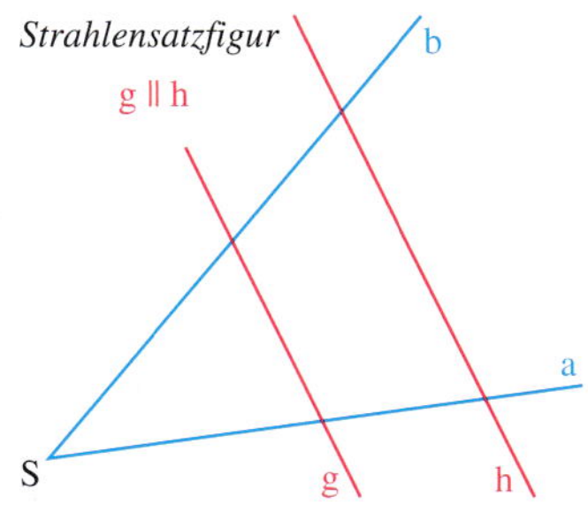

Strahlensätze für Halbgeraden

Gegeben sind zwei Halbgeraden a und b mit gemeinsamem Anfangspunkt S, ferner zwei Geraden g und h, welche die Halbgeraden a und b in vier Punkten A_1, A_2, B_1 und B_2 schneiden.

Erster Strahlensatz:

Wenn die Geraden g und h parallel zueinander sind, dann gilt:

$$\frac{|SA_1|}{|SA_2|} = \frac{|SB_1|}{|SB_2|}$$

Das Längenverhältnis der beiden von S zu den Parallelen führenden Strecken auf der einen Halbgeraden ist gleich dem Längenverhältnis der entsprechenden Strecken auf der anderen Halbgeraden.

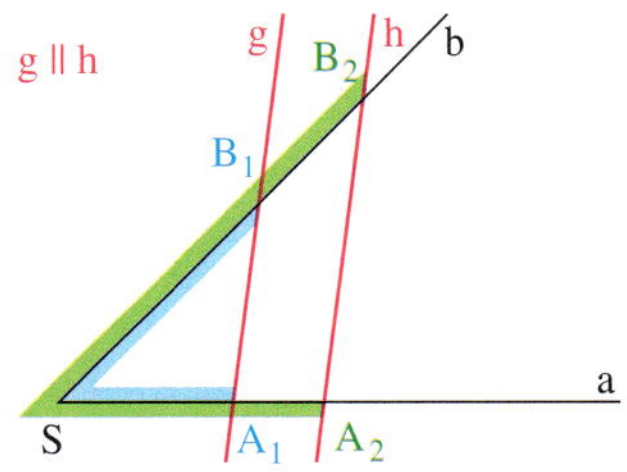

Erweiterter erster Strahlensatz:

Wenn die Geraden g und h parallel zueinander sind, dann gilt:

$$\frac{|SA_1|}{|A_1A_2|} = \frac{|SB_1|}{|B_1B_2|}; \quad \frac{|SA_2|}{|A_1A_2|} = \frac{|SB_2|}{|B_1B_2|}$$

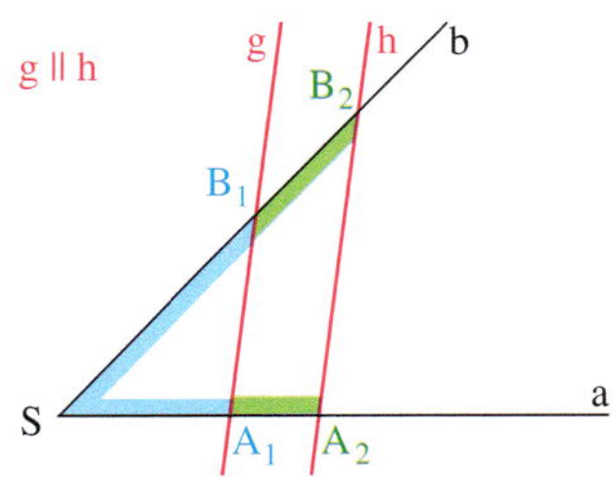

Diese Sätze erlauben es uns, sofort – also ohne Nachweis einer zentrischen Streckung – eine Gleichung für eine gesuchte Länge aufzustellen und diese dann zu berechnen.

(2) Beweis des ersten Strahlensatzes

1. Schritt: Nachweis einer zentrischen Streckung
Wir zeigen zunächst, dass es eine zentrische Streckung mit dem Streckzentrum S gibt, die die Gerade h auf die Gerade g abbildet. Da nach Voraussetzung die Punkte S, A_1, A_2 auf einer Geraden liegen, gibt es eine zentrische Streckung mit dem Streckzentrum S, die den Punkt A_2 auf den Punkt A_1 abbildet.

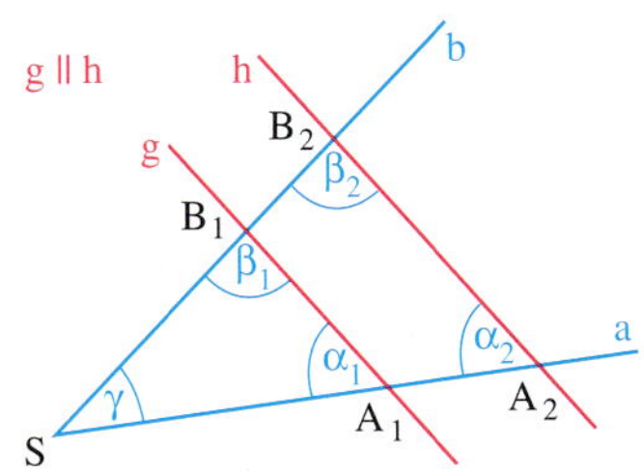

Der Streckfaktor hierfür lautet:

$$k = \frac{|SA_1|}{|SA_2|}$$

Diese zentrische Streckung bildet die Gerade h (= A_2B_2) auf eine dazu parallele Gerade durch A_1 ab. Da es nur eine solche Parallele gibt, stimmt sie mit der gegebenen Geraden g (= A_1B_1) überein. B_1 ist der Bildpunkt von B_2.

2. Schritt: Herleitung der Gleichungen über die Längenverhältnisse

(a) Erster Strahlensatz

Da B_1 der Bildpunkt von B_2 bei der zentrischen Streckung mit S als Streckzentrum und dem Streckfaktor $k = \frac{|SA_1|}{|SA_2|}$ ist, gilt auch $k = \frac{|SA_1|}{|SA_2|} = \frac{|SB_1|}{|SB_2|}$.

(b) Erweiterter erster Strahlensatz

Wir berechnen die Verhältnisse $\frac{|A_1A_2|}{|SA_1|}$ und $\frac{|B_1B_2|}{|SB_1|}$. Es gilt:

$$\frac{|A_1A_2|}{|SA_1|} = \frac{|SA_2| - |SA_1|}{|SA_1|} = \frac{|SA_2|}{|SA_1|} - 1 = \frac{1}{k} - 1 \quad \text{sowie} \quad \frac{|B_1B_2|}{|SB_1|} = \frac{|SB_2| - |SB_1|}{|SB_1|} = \frac{|SB_2|}{|SB_1|} - 1 = \frac{1}{k} - 1$$

Daraus erhalten wir die Verhältnisgleichung: $\frac{|A_1A_2|}{|SA_1|} = \frac{|B_1B_2|}{|SB_1|}$

Durch Bilden des Kehrwertes auf beiden Seiten ergibt sich: $\frac{|SA_1|}{|A_1A_2|} = \frac{|SB_1|}{|B_1B_2|}$

Entsprechend kannst du die Verhältnisgleichung $\frac{|SA_2|}{|A_1A_2|} = \frac{|SB_2|}{|B_1B_2|}$ herleiten.

Weiterführende Aufgaben

2. *1. Strahlensatz für sich schneidende Geraden*

In der nebenstehenden Figur sind a und b zwei Geraden, die sich im Punkt S schneiden. Sie werden von den parallelen Geraden g und h auf verschiedenen Seiten von S geschnitten.

Beweise: $\frac{|SA_1|}{|SA_2|} = \frac{|SB_1|}{|SB_2|}$

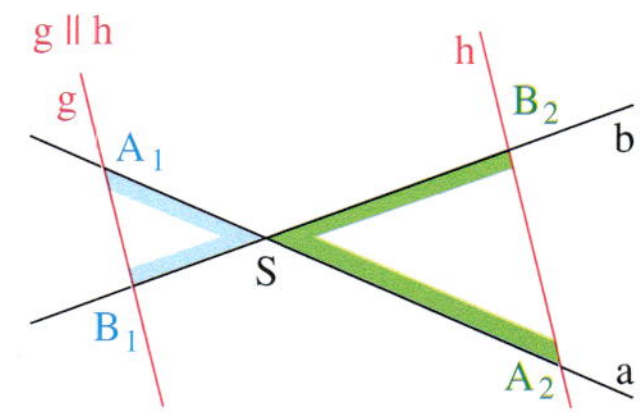

3. *Teilen einer Strecke*

Gegeben ist eine 7 cm lange Strecke $\overline{AB}$.

a) Zerlege die Strecke – ohne zu messen – in drei gleich lange Teilstrecken.
Anleitung: Ergänze die Strecke zu einer geeigneten Strahlensatzfigur.

b) Konstruiere auf der Strecke $\overline{AB}$ einen Punkt C so, dass gilt: $|AC| : |AB| = 3 : 5$. Begründe.

Übungsaufgaben

4. Tim steht unter einer freistehenden, hohen Tanne, deren Schatten 12,50 m lang ist. Tim weiß, er ist 1,55 m groß. Ferner hat er ausgemessen, dass bei diesem Sonnenstand sein Schatten 2,50 m lang ist.
Wie hoch ist die Tanne?
Löse die Aufgabe sowohl zeichnerisch als auch rechnerisch.
Vergleiche.

5. Leite aus den Verhältnisgleichungen des 1. Strahlensatzes her:

a) $\frac{|SA_2|}{|SA_1|} = \frac{|SB_2|}{|SB_1|}$

b) $\frac{|SA_1|}{|SB_1|} = \frac{|SA_2|}{|SB_2|}$

c) $\frac{|A_1A_2|}{|SA_1|} = \frac{|B_1B_2|}{|SB_1|}$

d) $\frac{|SA_1|}{|SB_1|} = \frac{|A_1A_2|}{|B_1B_2|}$

e) $|SA_1| \cdot |SB_2| = |SB_2| \cdot |SA_2|$

f) $|SA_1| \cdot |B_1B_2| = |SB_1| \cdot |A_1A_2|$

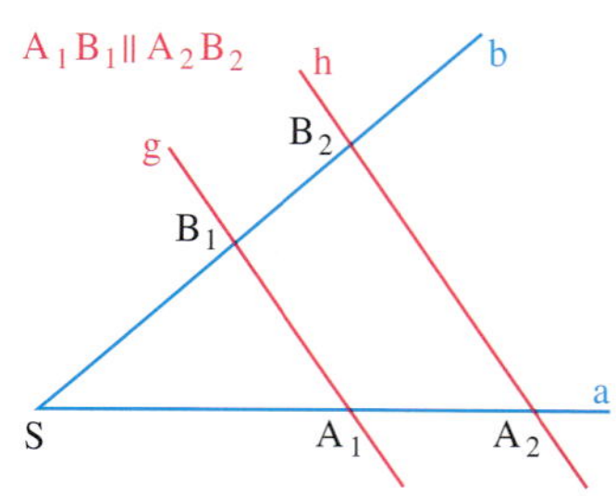

6. Berechne x (Maße in cm).

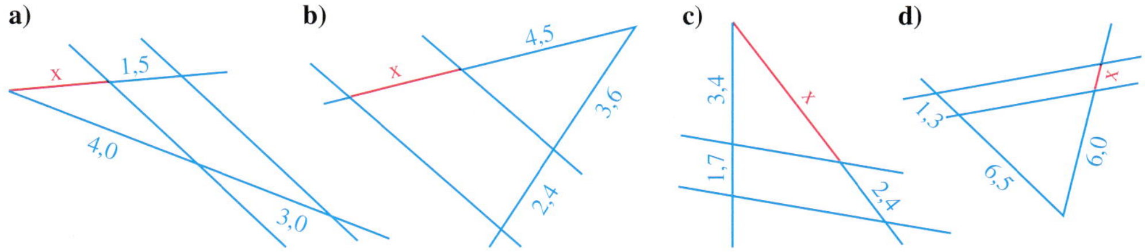

7. Von den vier Längen s_1, s_2, t_1 und t_2 sind drei gegeben. Berechne die vierte Länge.

a) $s_1 = 3{,}0$ cm; $s_2 = 7{,}0$ cm; $t_1 = 4{,}2$ cm

b) $s_1 = 2{,}5$ cm; $t_2 = 3{,}5$ cm; $s_2 = 4{,}0$ cm

c) $s_1 = 4{,}8$ cm; $t_1 = 5{,}4$ cm; $t_2 = 7{,}5$ cm

d) $t_1 = 5{,}2$ cm; $t_2 = 9{,}1$ cm; $s_2 = 6{,}3$ cm

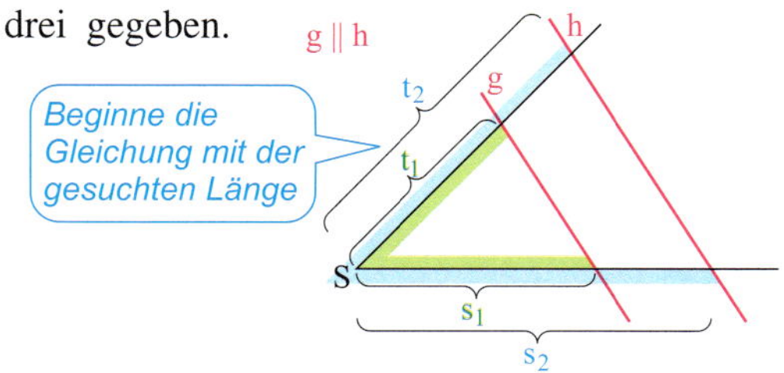

8. Kontrolliere Merles Hausaufgabe.

(1) $\frac{|KL|}{|KM|} = \frac{|MO|}{|MN|}$ (3) $\frac{|ML|}{|MK|} = \frac{|MN|}{|MO|}$

(2) $\frac{|ML|}{|MN|} = \frac{|MO|}{|MK|}$ (4) $\frac{|LK|}{|ML|} = \frac{|ON|}{|NM|}$

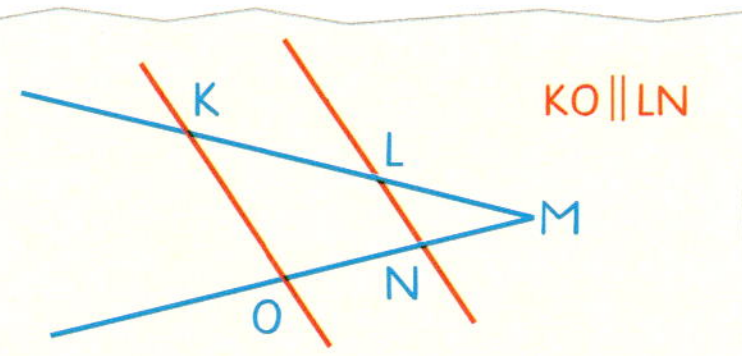

9. Ergänze aufgrund des 1. Strahlensatzes.

a) $\frac{|SB|}{|SA|} = \frac{\square}{\square}$ **d)** $\frac{\square}{|SQ|} = \frac{|SC|}{\square}$ **g)** $\frac{|SP|}{|PQ|} = \frac{\square}{\square}$

b) $\frac{|SP|}{|SR|} = \frac{\square}{\square}$ **e)** $\frac{\square}{\square} = \frac{|SC|}{|SB|}$ **h)** $\frac{|SQ|}{\square} = \frac{\square}{|BC|}$

c) $\frac{|SC|}{\square} = \frac{\square}{|SP|}$ **f)** $\frac{\square}{\square} = \frac{|SQ|}{|SP|}$ **i)** $\frac{|AE|}{\square} = \frac{\square}{|SQ|}$

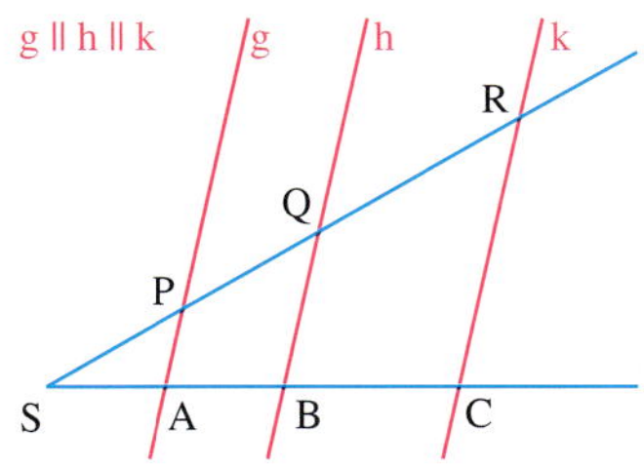

10. Die nebenstehende Figur enthält zwei Strahlensatzfiguren.

a) Versuche, die Strahlensatzfiguren zu entdecken. Zeichne die Figur zweimal in dein Heft und trage jeweils eine Strahlensatzfigur farbig ein.

b) Ergänze durch Anwenden des 1. Strahlensatzes:

$\frac{|AB|}{|AC|} = \frac{\square}{\square}$; $\frac{|CD|}{|CF|} = \frac{\square}{\square}$; $\frac{|AF|}{\square} = \frac{\square}{|AB|}$; $\frac{|AC|}{\square} = \frac{\square}{|CD|}$

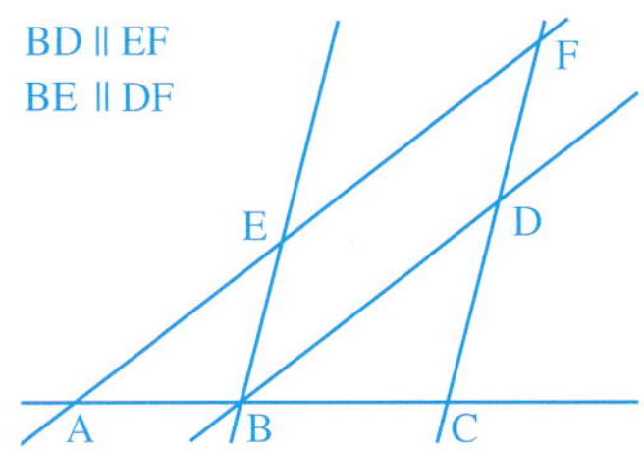

11. Berechne die Längenverhältnisse:

$\frac{|SA|}{|SB|}$, $\frac{|SA|}{|SC|}$, $\frac{|SC|}{|SB|}$, $\frac{|SD|}{|SE|}$, $\frac{|SF|}{|SE|}$, …

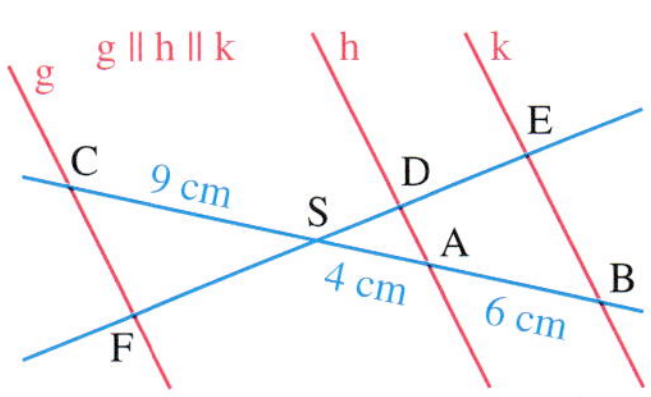

12. Zeichne eine Strecke von 10 cm [12,8 cm] Länge. Zerlege die Strecke – ohne zu messen – in

a) 3, **b)** 9, **c)** 11 gleich lange Teilstrecken.

7.4.2 Zweiter Strahlensatz

Aufgabe 1

Betrachte noch einmal das Bild der Nische in der Aufgabe 1 auf Seite 254.
Wie groß ist die Länge des Brettes?
Du kannst die Länge des Brettes zeichnerisch bestimmen. Berechne sie jedoch, stelle dazu eine Gleichung auf.

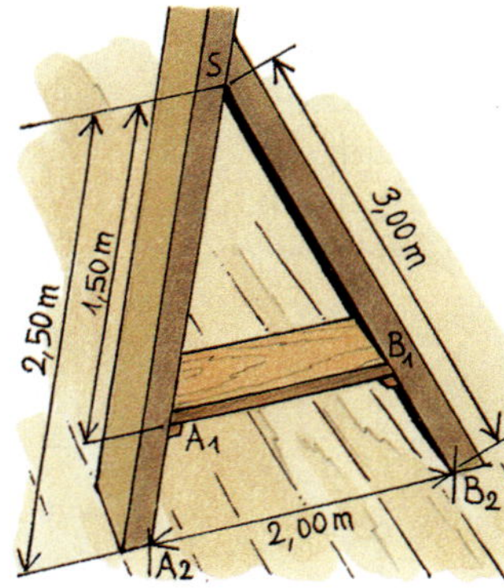

Lösung

Wir fassen die Strecke $\overline{A_1B_1}$ als Bild der Strecke $\overline{A_2B_2}$ bei einer zentrischen Streckung mit dem Streckzentrum S auf. Für den Streckfaktor gilt:

$|SA_1| = k \cdot |SA_2|$, also: $k = \frac{|SA_1|}{|SA_2|}$

Nach der Eigenschaft (b) der zentrischen Streckung (Seite 231) gilt für die Längen von Strecke $\overline{A_2B_2}$ und Bildstrecke $\overline{A_1B_1}$:

$|A_1B_1| = k \cdot |A_2B_2|$, also: $k = \frac{|A_1B_1|}{|A_2B_2|}$

Folglich gilt: $\frac{|A_1B_1|}{|A_2B_2|} = \frac{|SA_1|}{|SA_2|}$

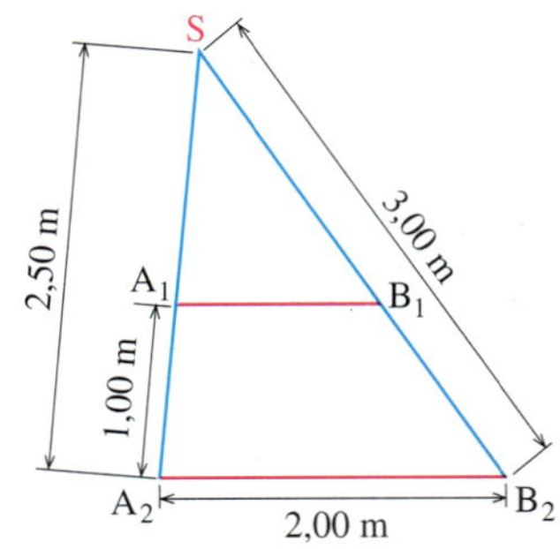

eingesetzt: $\frac{|A_1B_1|}{2\text{ m}} = \frac{1{,}50\text{ m}}{2{,}50\text{ m}} = 0{,}6$, also: $|A_1B_1| = 0{,}6 \cdot 2\text{ m} = 1{,}20\text{ m}$

Ergebnis: Das Brett ist 1,20 m lang.

Information

Die Lösung der Aufgabe 1 führt uns auf eine neue Gleichung für Längenverhältnisse an der Strahlensatzfigur.

Gegeben sind zwei Halbgeraden a und b mit gemeinsamem Anfangspunkt S, ferner zwei Geraden g und h, welche die Halbgeraden a und b in vier Punkten A_1, A_2, B_1 und B_2 schneiden.

Zweiter Strahlensatz:
Wenn die Geraden g und h parallel zueinander sind, dann gilt:

$$\frac{|SA_1|}{|SA_2|} = \frac{|A_1B_1|}{|A_2B_2|} \quad \text{und} \quad \frac{|SB_1|}{|SB_2|} = \frac{|A_1B_1|}{|A_2B_2|}$$

Das Längenverhältnis der beiden von S zu den Parallelen führenden Strecken auf den Halbgeraden ist jeweils gleich dem Längenverhältnis der beiden Strecken auf den zueinander parallelen Geraden.

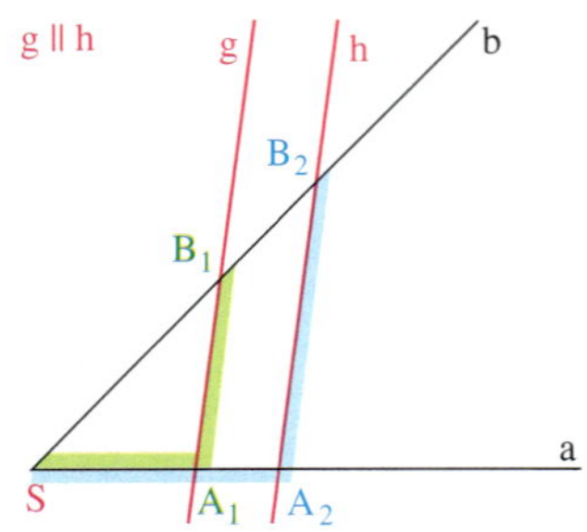

Beweis: Dass es eine zentrische Streckung gibt, haben wir bereits auf der Seite 255 gezeigt. Wir müssen nur noch die Gleichheit der Verhältnisse begründen.
Die Strecke $\overline{A_1B_1}$ ist die Bildstrecke von $\overline{A_2B_2}$.
Also gilt nach Satz (b), Seite 231: $|A_1B_1| = k \cdot |A_2B_2|$ und damit $k = \frac{|A_1B_1|}{|A_2B_2|}$.

Zusammen mit dem 1. Strahlensatz erhalten wir: $\frac{|SA_1|}{|SA_2|} = \frac{|A_1B_1|}{|A_2B_2|}$ und $\frac{|SB_1|}{|SB_2|} = \frac{|A_1B_1|}{|A_2B_2|}$

Weiterführende Aufgabe

2. *Strahlensatz für sich schneidende Geraden*

In der nebenstehenden Figur sind a und b zwei Geraden, die sich im Punkt S schneiden. Sie werden von den parallelen Geraden g und h auf verschiedenen Seiten von S geschnitten.

Beweise: $\frac{|SA_1|}{|SA_2|} = \frac{|A_1B_1|}{|A_2B_2|}$

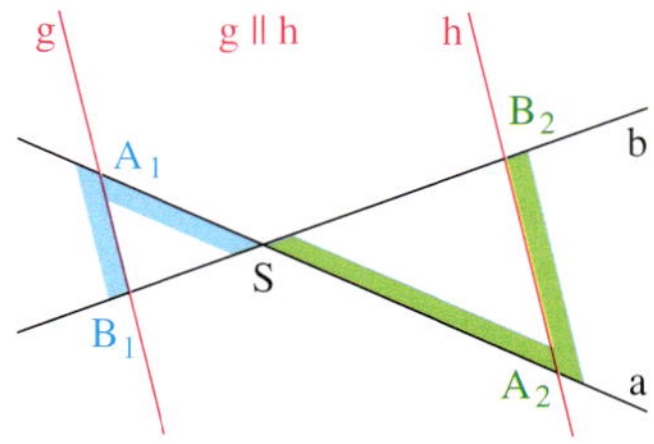

Übungsaufgaben

3. Anne will die Höhe einer Buche bestimmen. Sie stellt wie im Bild einen 1,80 m hohen Stab so auf, dass sich die Schatten der Spitzen vom Stab und Baum decken. Der Baum wirft einen 9,60 m, der Stab einen 2,45 m langen Schatten.
Wie hoch ist der Baum?
Löse die Aufgabe zeichnerisch und auch rechnerisch.
Vergleiche.

4. Leite aus den Verhältnisgleichungen des 2. Strahlensatzes her:

a) $\frac{|SA_2|}{|SA_1|} = \frac{|A_2B_2|}{|A_1B_1|}$ **c)** $\frac{|SB_2|}{|SB_1|} = \frac{|A_2B_2|}{|A_1B_1|}$

b) $\frac{|SA_1|}{|A_1B_1|} = \frac{|SA_2|}{|A_2B_2|}$ **d)** $\frac{|SB_1|}{|A_1B_1|} = \frac{|SB_2|}{|A_2B_2|}$

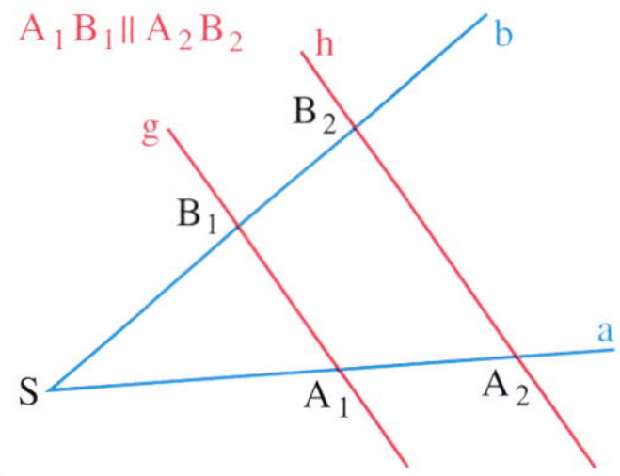

5. Betrachte die Strahlensatzfigur zu Aufgabe 4.
Zeige: Die Dreiecke SA_1B_1 und SA_2B_2 sind ähnlich zueinander.

6. Berechne x (Maße in cm).

a)
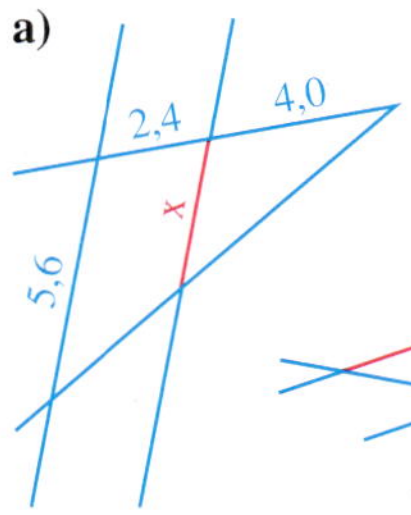

b)
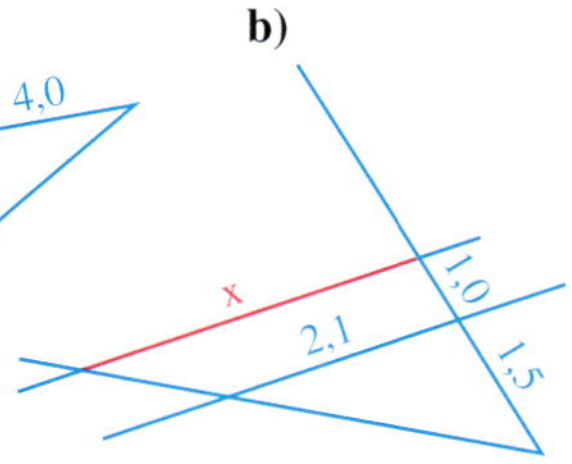

c)
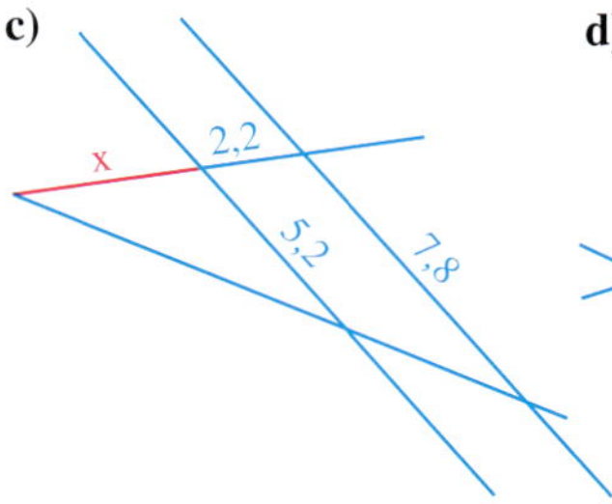

d)
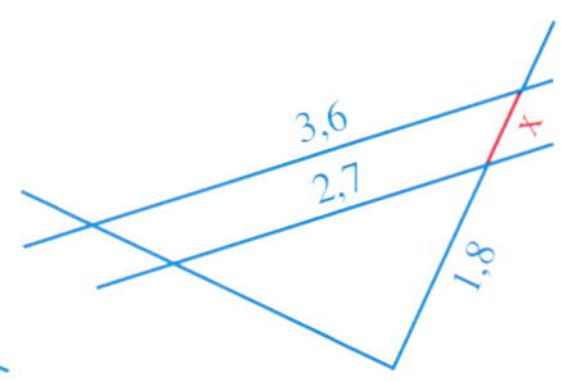

7. Berechne von den sechs Längen s_1, s_2, t_1, t_2, p_1 und p_2 die nicht gegebenen Längen.

a) s_1 = 7,2 cm; t_1 = 6,8 cm; t_2 = 10,2 cm; p_1 = 5,4 cm

b) s_1 = 4,8 cm; t_2 = 11,0 cm; p_1 = 5,4 cm; p_2 = 9,9 cm

c) s_2 = 6,0 cm; t_2 = 7,2 cm; p_1 = 4,9 cm; p_2 = 8,4 cm

d) s_1 = 27 mm; s_2 = 4,5 cm; t_1 = 3,3 cm; p_2 = 40 mm

e) t_1 = 4,2 m; t_2 = 6,4 m; p_2 = 4,8 m; s_1 = 6,3 m

f) t_2 = 5,4 km; s_1 = 3,2 km; s_2 = 4,8 km; p_1 = 3,9 km

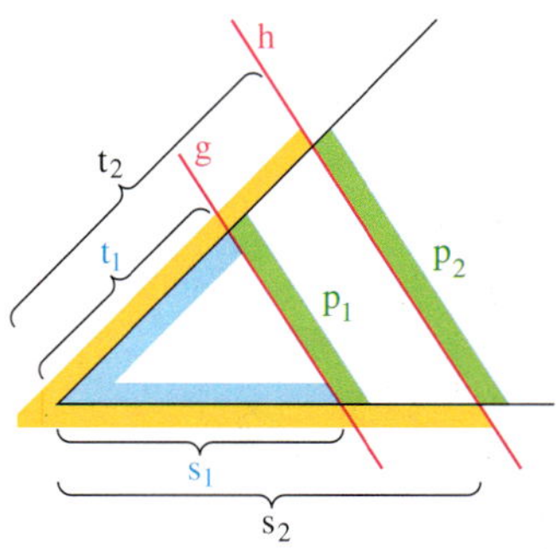

8. Ergänze aufgrund des 2. Strahlensatzes.

(1) $\frac{|AP|}{|BQ|} = \frac{\square}{\square}$ (3) $\frac{|AP|}{\square} = \frac{\square}{|SC|}$ (5) $\frac{\square}{|SB|} = \frac{|AP|}{\square}$

(2) $\frac{|BQ|}{|CR|} = \frac{\square}{\square}$ (4) $\frac{|SP|}{\square} = \frac{\square}{|RC|}$ (6) $\frac{|SB|}{\square} = \frac{\square}{|RC|}$

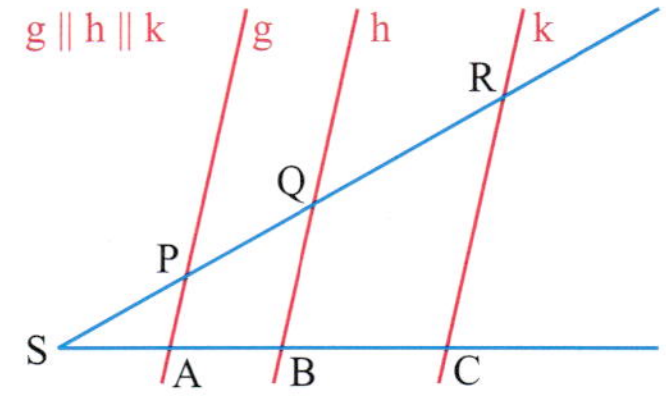

9. Für die Figur rechts gilt BD || EF und BE || DF.
Ergänze durch Anwendung des 2. Strahlensatzes:

$\frac{|AB|}{|AC|} = \frac{\square}{\square}$; $\frac{|BD|}{|AF|} = \frac{\square}{\square}$; $\frac{|CD|}{|CF|} = \frac{\square}{\square}$; $\frac{|BE|}{\square} = \frac{|AB|}{\square}$

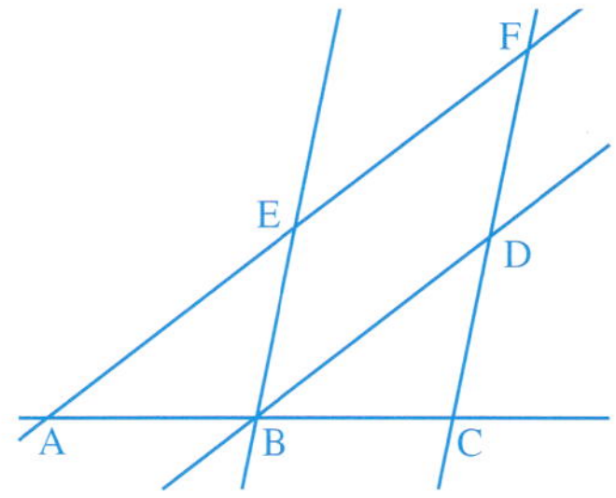

DGS **10.** Zeichne mit einem dynamischen Geometrie-System zwei Geraden, die sich in einem Punkt S schneiden.
Erzeuge auf einer Geraden auf einer Seite von S zwei Punkte A und B und auf der anderen Geraden einen Punkt C. Zeichne die Gerade AC. Zeichne dann die Parallele zu AC durch B. Nenne ihren Schnittpunkt mit der anderen Geraden D.

a) Lasse dir vom Programm die Streckenverhältnisse $\frac{|SB|}{|SA|}$ und $\frac{|SD|}{|SC|}$ berechnen.
Verändere die Lage des Punktes B auf der Geraden. Was stellst du fest?
Formuliere eine Vermutung.

b) Versuche, deine Vermutung zu begründen.

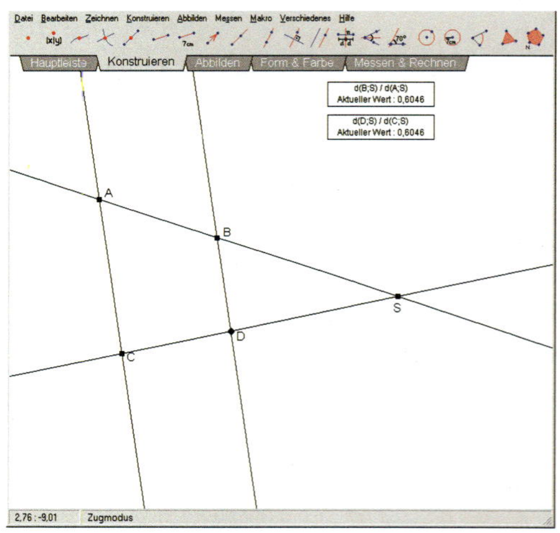

11. Für nebenstehende Figur gilt k || *l*.
Berechne:

a) $\frac{a}{b}$ **b)** $\frac{c}{d}$ **c)** $\frac{a+b}{b}$ **d)** $\frac{f}{e}$ **e)** $\frac{h+g}{h}$

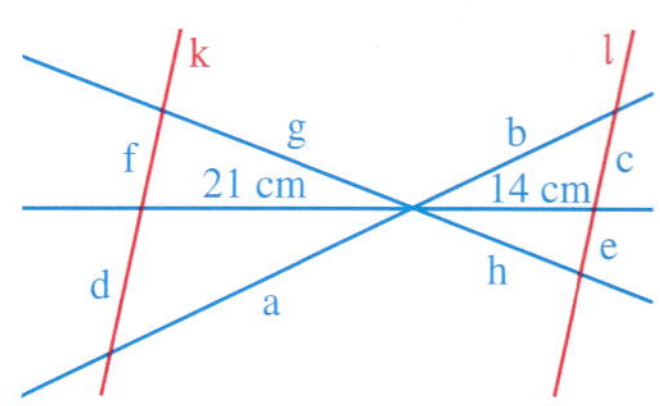

12. Kontrolliere Lennarts Hausaufgabe.

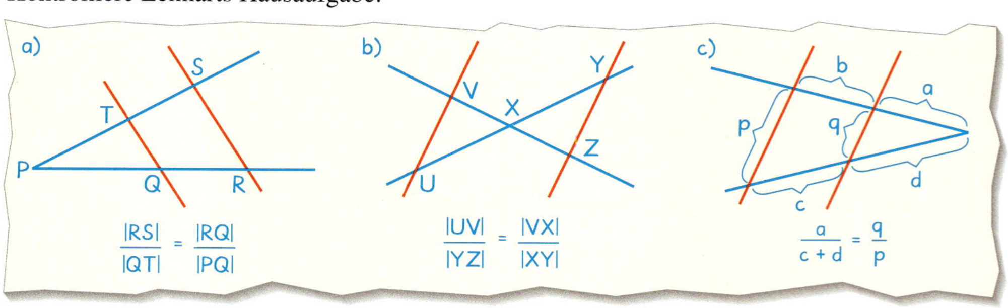

7.4.3 Vermischte Übungen zum 1. und 2. Strahlensatz

1. a) Beweise für die Figur rechts mithilfe der Strahlensätze:

(1) $\frac{|AB|}{|BC|} = \frac{|DE|}{|EF|}$ (2) $\frac{|AB|}{|AC|} = \frac{|DE|}{|DF|}$

b) Es sollen $|SA| = 3$ cm, $|SD| = 4{,}5$ cm, $|SB| = 2{,}4$ cm, $|BC| = 2$ cm, $|DE| = 1{,}8$ cm und $|SF| = 3{,}9$ cm sein.
Berechne die Längen von $|AB|$, $|SE|$, $|EF|$, $|SC|$.
Überlege eine günstige Reihenfolge für die Berechnung.

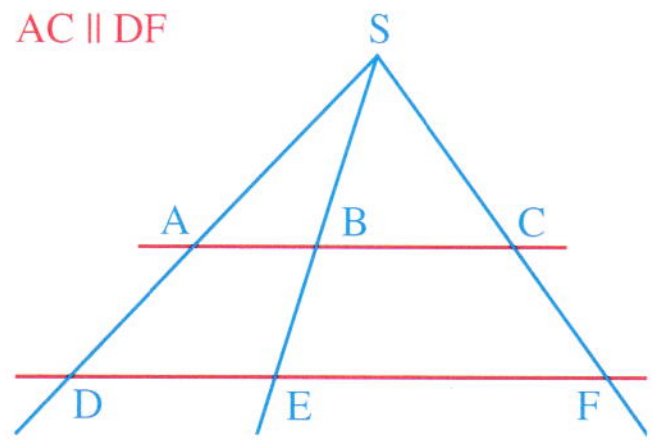

2. a) Beweise für die Figur rechts:

(1) $\frac{|ZP|}{|QR|} = \frac{|ZA|}{|BC|}$ (2) $\frac{|PQ|}{|QR|} = \frac{|AB|}{|BC|}$

b) Es sollen $|ZP| = 2{,}7$ cm, $|QR| = 1{,}9$ cm, $|ZA| = 3{,}5$ cm, $|PQ| = 2{,}3$ cm, $|AP| = 1{,}8$ cm sein.
Berechne die Längen von $|BC|$, $|AB|$, $|BQ|$, $|RC|$.

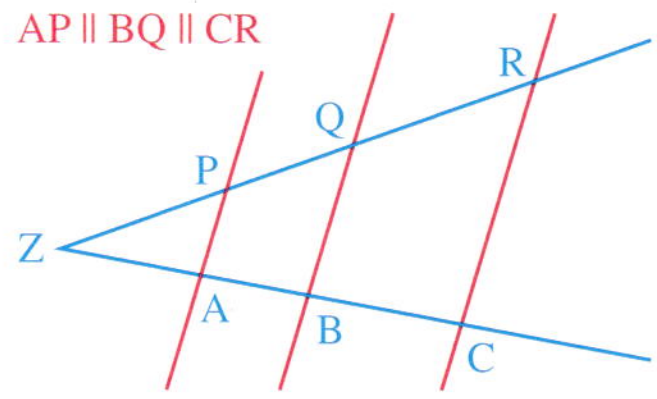

3. Ergänze aufgrund der Strahlensätze:

(1) $\frac{u}{v} = \frac{\square}{\square}$ (4) $\frac{u+v}{r+s} = \frac{\square}{\square}$

(2) $\frac{u}{u+v} = \frac{\square}{\square}$ (5) $\frac{r}{a} = \frac{\square}{\square}$

(3) $\frac{r+s}{r} = \frac{\square}{\square}$ (6) $\frac{u+v}{b} = \frac{\square}{\square}$

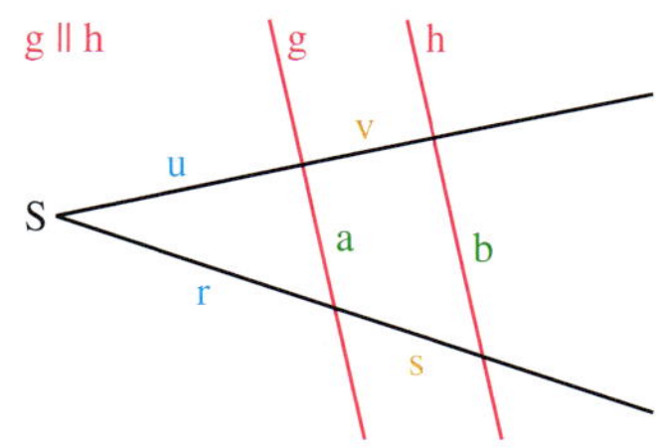

4. Für die nebenstehende Figur gilt $g \parallel h$. Berechne $\frac{x}{y}$, falls gilt:

a) $\frac{u}{v} = 1$; **b)** $\frac{u}{v} = \frac{1}{2}$; **c)** $\frac{u}{v} = \frac{2}{3}$.

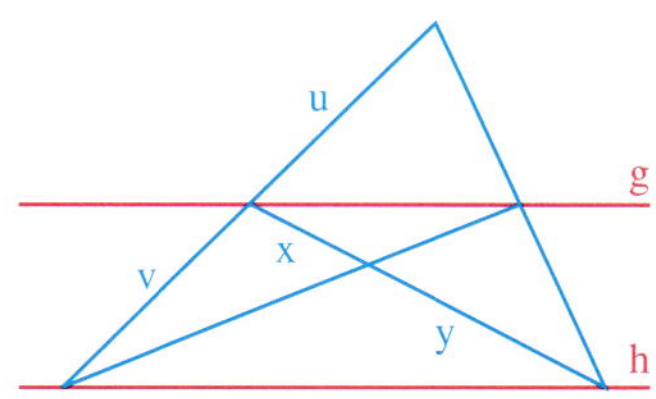

5. Beweise:
Im Parallelogramm halbieren die Diagonalen einander.

6. Kontrolliere Merles Hausaufgaben.

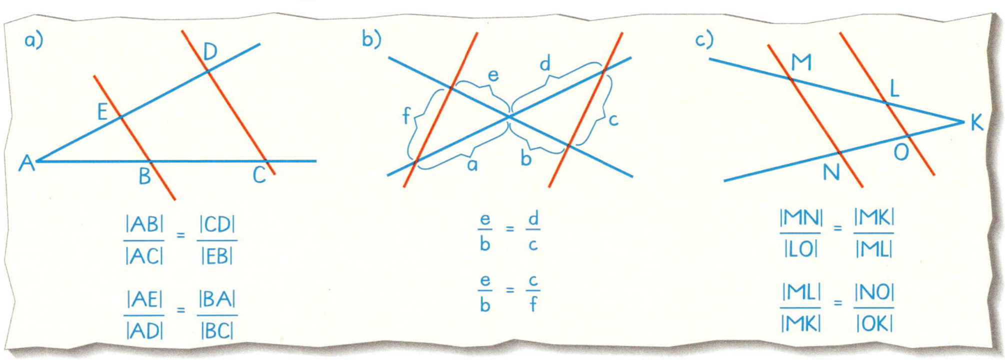

7. In einem Trapez ABCD ist $DC \parallel FE \parallel AB$.
Ferner sind die Längen $|AB| = 7$ cm, $|DC| = 4$ cm, $|BE| = 2$ cm und $|EC| = 1$ cm gegeben.
Wie lang ist die Strecke $\overline{EF}$?

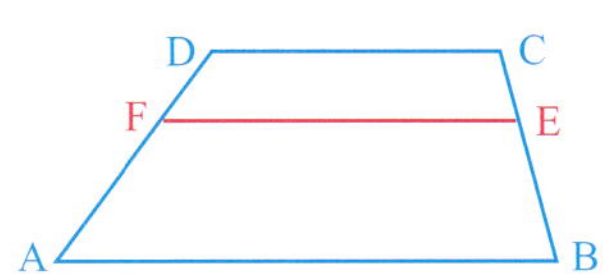

8. Konstruiere ein Trapez ABCD mit $AB \| CD$ aus $a = 5{,}1$ cm, $\alpha = 64°$, $d = 2{,}7$ cm, $c = 1{,}5$ cm. Ergänze das Trapez zu einem Dreieck. Wie lang sind die Seiten dieses Dreiecks?

9. Gegeben ist eine 10 cm lange Strecke $\overline{AB}$.
Konstruiere einen Punkt T auf der Strecke $\overline{AB}$ so, dass gilt: $\frac{|TA|}{|TB|} = \frac{2}{3}$.

10. Ergänze jeweils aufgrund eines Strahlensatzes:

a) $\frac{a}{c} = \frac{\square}{\square}$ **c)** $\frac{g}{h} = \frac{\square}{\square}$ **e)** $\frac{e}{c} = \frac{\square}{\square}$ **g)** $\frac{j}{i} = \frac{\square}{\square}$

b) $\frac{d}{f} = \frac{\square}{\square}$ **d)** $\frac{e}{e+f} = \frac{\square}{\square}$ **f)** $\frac{a+b}{c+d} = \frac{\square}{\square}$ **h)** $\frac{c+d}{d} = \frac{\square}{\square}$

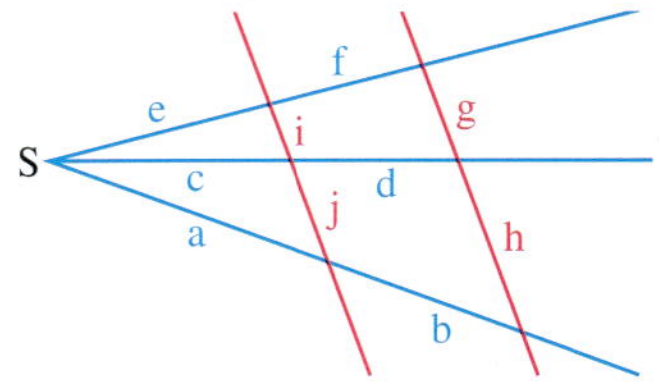

11. Berechne die Längen der rot markierten Strecken (Maße in cm).

a) **b)** **c)**

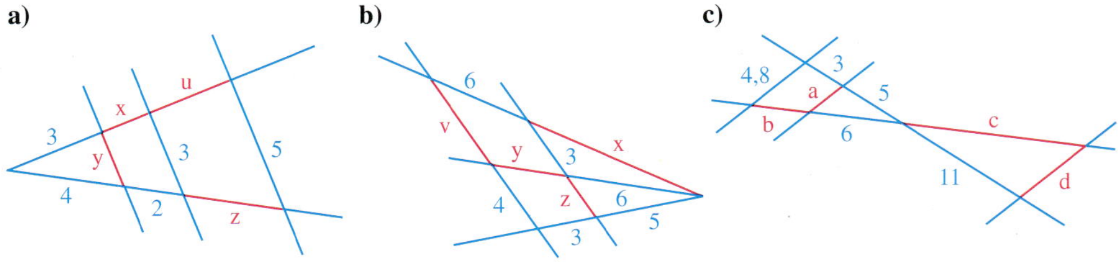

12. In der Zeichnung soll $A_1A_2 \| B_1B_2$ sowie $A_2A_3 \| B_2B_3$ gelten.

Beweise: **a)** $\frac{|B_1B_2|}{|A_1A_2|} = \frac{|B_2B_3|}{|A_2A_3|}$ **b)** $\frac{|SB_1|}{|SA_1|} = \frac{|SB_3|}{|SA_3|}$

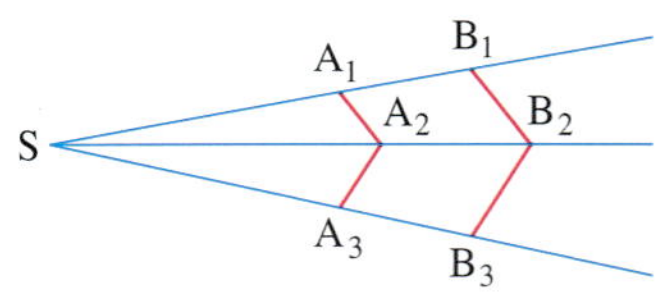

13. Gegeben ist ein Kegel mit dem Radius $r_1 = 5$ cm der Grundfläche und der Höhe $h_1 = 12$ cm.
In welcher Höhe h_2 (von der Grundfläche) muss der Kegel abgeschnitten werden, damit die Schnittfläche den Flächeninhalt $4\,\pi\ \text{cm}^2$ hat?

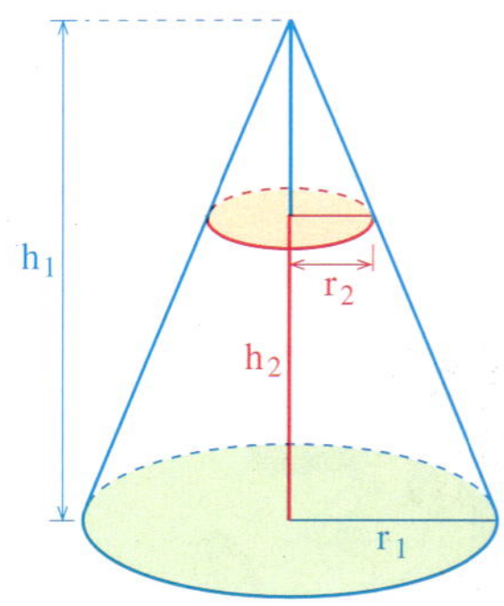

14. Tanjas Daumen ist 2 cm breit. Schließt sie ein Auge und hält sie den Daumen 45 cm vom anderen Auge entfernt, so ist gerade ein 7,32 m breites Fußballtor verdeckt.
Wie weit ist Tanja vom Tor entfernt? Zeichne auch.

15. Die Abbildung unten zeigt einen Proportionalzirkel. Er wird zum Verkleinern oder Vergrößern einer Strecke verwendet. Erläutere seine Wirkungsweise.

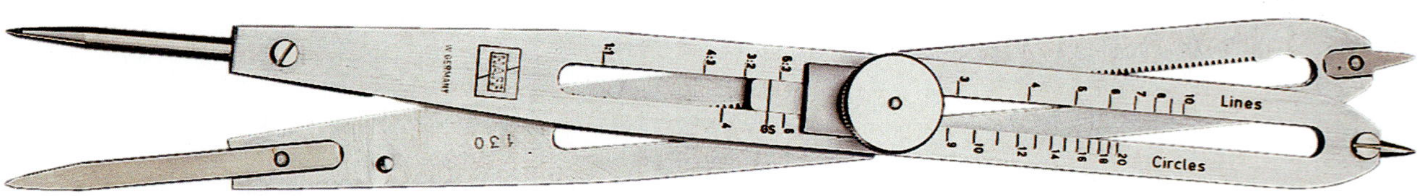

7.5 Berechnen von Längen mithilfe der Strahlensätze *Zum Selbstlernen*

Ziel

Hier lernst du, wie man in komplexen ebenen und räumlichen Figuren Streckenlängen durch Anwenden der Strahlensätze berechnen kann.

Zum Erarbeiten

Anwenden des 2. Strahlensatzes

A Jules Verne schreibt in seinem Roman „Die geheimnisvolle Insel“, wie eine Gruppe von Männern, die auf eine einsame Insel verschlagen wurde, die Höhe einer senkrechten Granitwand bestimmt:

Die geheimnisvolle Insel

Cyrus Smith hatte eine Stange von 4 m Länge vorbereitet, wobei er an seiner eigenen Körpergröße provisorisch Maß genommen hatte. Harbert machte währenddessen ein Senkblei zurecht, das heißt, er band einen Stein an eine Pflanzenfaserschnur. Die Stange rammte der Ingenieur 20 Schritte vom Ufer weg in den Sand und stellte sie mithilfe des Lots senkrecht zum Horizont. Dann legte er sich soweit von der Stange entfernt in den Sand, dass er die Stange sich mit dem Grat der Granitmauer decken sah, und trieb dort einen Pflock in den Boden ...
Die Stange, die 1 m tief im Sand steckte, wurde wieder herausgezogen und mit ihr der Abstand von dem Pflock zu dem Loch, in den die Stange gesteckt war, und die Entfernung vom Pflock zur Wand gemessen. Vom Pflock zur Stange waren es 5 m, vom Pflock zur Granitwand 160 m.

Fertige eine Skizze an und trage die bekannten Längen ein. Berechne dann die Höhe der Granitwand.

Da sowohl die Stange als auch die Granitwand senkrecht sind, sind beide parallel zueinander. Du erhältst also eine Strahlensatzfigur.
Mithilfe des 2. Strahlensatzes ergibt sich die Gleichung:

$\frac{x}{3\text{ m}} = \frac{160\text{ m}}{5\text{ m}}$,

also $5x = 480$ m und somit $x = 96$ m.

Ergebnis: Die Wand ist 96 m hoch.

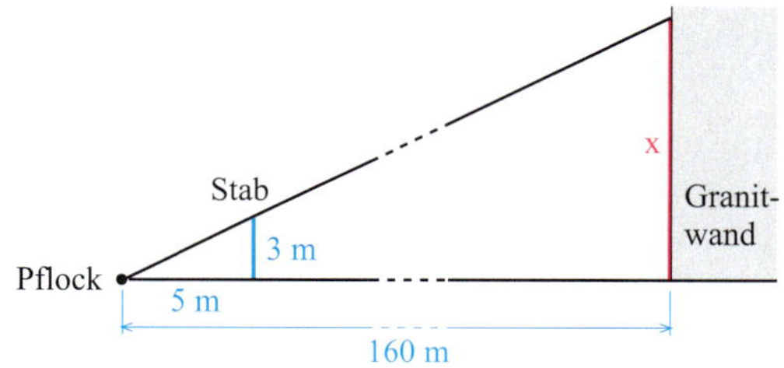

Anwenden des 1. Strahlensatzes

A *Ein Teil eines Teiches soll durch ein Seil abgetrennt werden, das an den Stellen A und B am Ufer befestigt werden soll. Um die Entfernung zwischen A und B zu bestimmen, werden an den Stellen A, B, C, D und E so genannte Fluchtstäbe so aufgestellt, dass BC parallel zu DE ist.*
Es wird gemessen:
$|AC| = 63$ m, $|CE| = 14$ m, $|BD| = 10$ m.

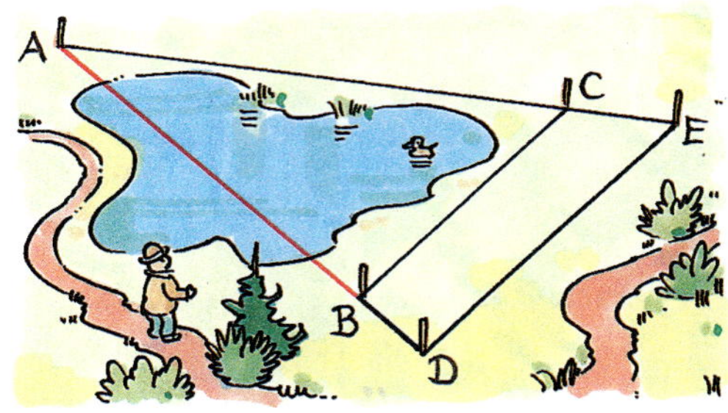

Kann man mit einem 50 m langen Seil A und B miteinander verbinden?

Wegen BC || DE liegt eine Strahlensatzfigur vor. Aufgrund des 1. Strahlensatzes gilt:

$\frac{|AB|}{|BD|} = \frac{|AC|}{|CE|}$, also $\frac{x}{10\text{ m}} = \frac{63\text{ m}}{14\text{ m}}$

Daraus folgt: $x = \frac{10 \cdot 63}{14}\text{ m} = 45\text{ m} < 50\text{ m}$

Ergebnis: Man kann also mit dem Seil A mit B verbinden.

Strategie zur Berechnung von Streckenlängen mithilfe der Strahlensätze
- Zeichne eine Strahlensatzfigur ein, die die gesuchte Strecke enthält.
- Erstelle eine Verhältnisgleichung mithilfe des 1. oder 2. Strahlensatzes und löse sie.

Tipp: Die Gleichung lässt sich am einfachsten lösen, wenn die gesuchte Länge im Zähler des linken Bruches steht.

Zum Üben

1. An den Stellen A und B eines Sees befinden sich Anlegestellen für Tretboote. Um die Entfernung von A und B zu bestimmen, wurden die Längen $|PE| = 96$ m, $|EA| = 58$ m und $|EF| = 66$ m gemessen.
Berechne die Entfernung der Anlegestellen A und B.

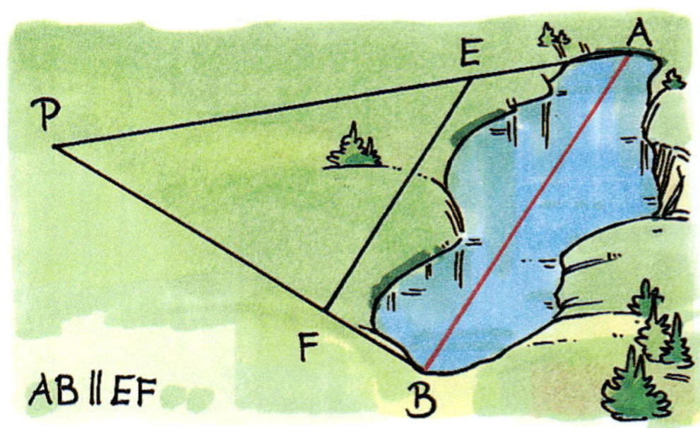

2. Ein senkrecht aufgestellter Stab von 2 m Länge wirft einen 95 cm langen Schatten. Zur gleichen Zeit wirft ein Turm einen Schatten von 10 m Länge.
Fertige zunächst eine Skizze an. Berechne dann die Höhe des Turms.

3. Ein Waldarbeiter bestimmt mithilfe eines *Försterdreiecks* die Höhe eines Baumes.

a) Erläutere die Funktion des Försterdreiecks.
Warum wurde ein Winkel von 45° gewählt?

b) Die Entfernung zum Baum beträgt 21 m.
Wie hoch ist der Baum ungefähr?

Zum Selbstlernen

4. Überlege dir Möglichkeiten, wie du die Breite eines Flusses bestimmen kannst.

5. Zur Messung einer kleinen Öffnung (z. B. einer Flasche) und zur Messung z. B. einer dünnen Holzplatte verwendet man einen *Messkeil* bzw. einen *Keilausschnitt*.
Berechne jeweils die Länge x. Erläutere die Wirkungsweise der Messinstrumente.

(1) Meßkeil

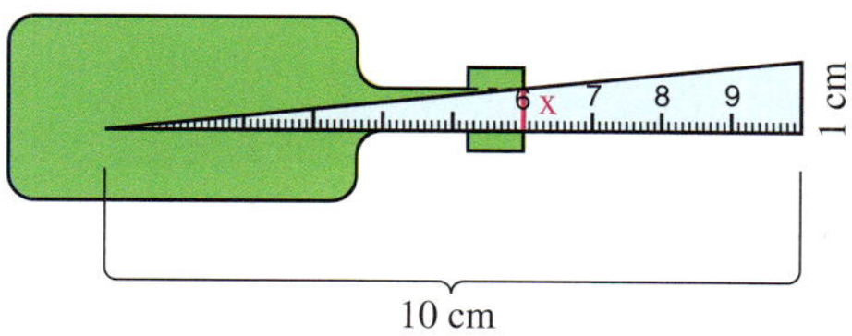

(2) Keilausschnitt

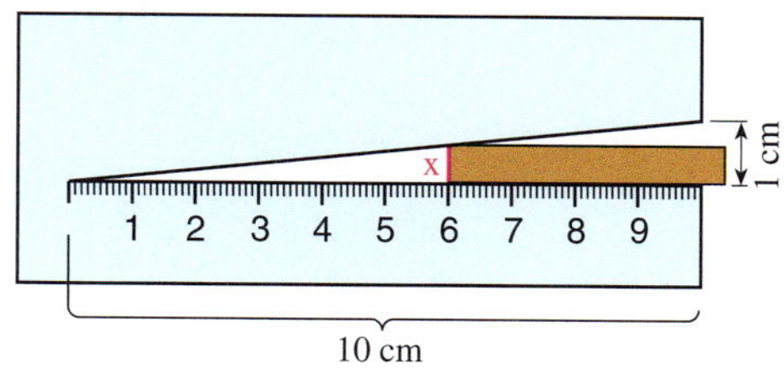

6. Eine einfache Lochkamera kann man sich aus einem Karton herstellen, bei dem auf der einen Seite in der Mitte ein kleines Loch gemacht wird und die gegenüberliegende Seite durch Pergamentpapier, dem „Schirm", ersetzt wird. Du kannst dann auf dem Pergamentpapier ein Bild von Gegenständen erzeugen.

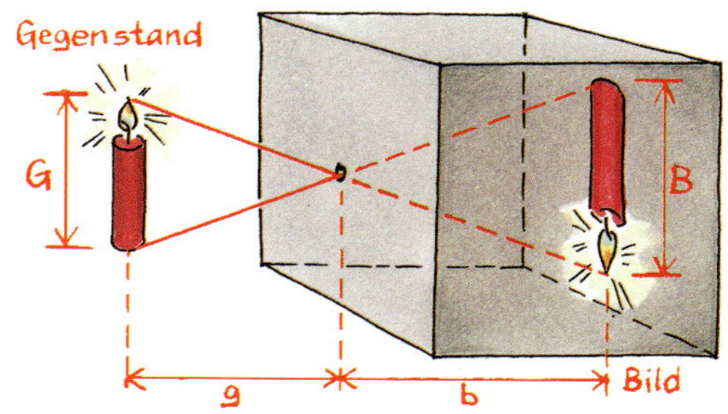

Es sollen G und B die Gegenstands- bzw. Bildgröße sowie g und b die Gegenstands- bzw. Bildweite sein.
Stelle eine Verhältnisgleichung für die Größen g, b und G, B auf.
Wie weit darf ein Gegenstand höchstens von der Kamera entfernt sein, damit sein Abbild noch vergrößert wird?

7. Ein Baum, der von der Lochkamera 30 m entfernt steht, wird 4 cm hoch auf dem Schirm der Kamera abgebildet. Die Kamera ist 12 cm tief. Wie hoch ist der Baum?
Ein gleich großer Baum erscheint 50 % höher auf dem Schirm. Wie weit ist er entfernt?

Erdradius 6370 km

8. Der Mond ist 60 Erdradien von der Erde entfernt.
Hält man einen 7 mm dicken Bleistift im Abstand von etwa 78 cm vor das Auge, so ist der Mond gerade verdeckt.
Welchen Durchmesser hat der Mond etwa? Fertige eine Skizze an.

9. **a)** Erläutere die Arbeitsweise der Messzange? Wozu kann man sie verwenden?

b) Mit welchem Faktor vergrößert die abgebildete Zange die abgegriffenen Größen?

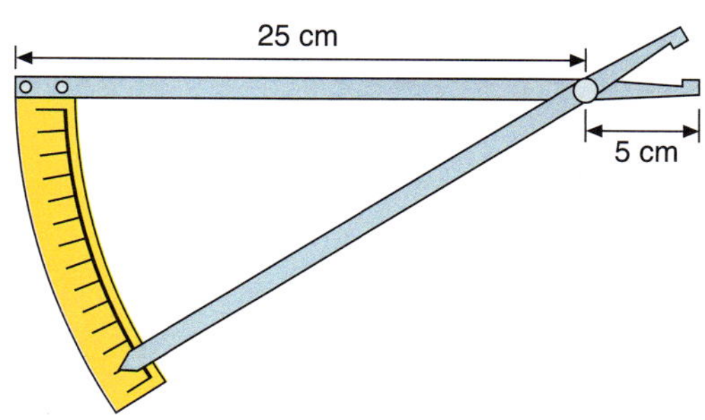

10. Von der Erde aus erscheinen der Mond und die Sonne unter fast dem gleichen Sehwinkel von 0,5°. In welchem Verhältnis stehen ihre Radien, wenn die Entfernung zur Erde $e_M = 1{,}5 \cdot 10^5$ km bzw. zur Sonne $e_S = 3{,}8 \cdot 10^8$ km betragen?

Zum Selbstlernen

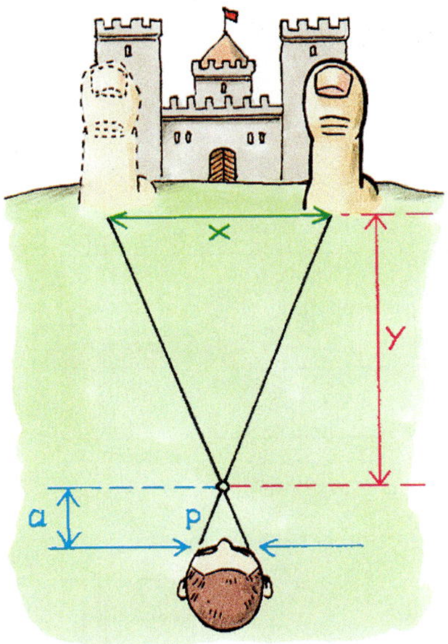

11. Strecke einen Arm aus und visiere den Daumen zunächst mit dem linken Auge, dann mit dem rechten Auge an. Du bemerkst, dass der Daumen einen „Sprung" macht. Diese Tatsache benutzt man, um Entfernungen in der Landschaft zu schätzen (*Daumensprungmethode*).
Verwende in den folgenden Aufgaben als Armlänge a = 64 cm und als Pupillenabstand p = 6 cm.

a) Ein Wanderer sieht ein altes Schloss. Er weiß, das Schloss ist 65 m breit. Der Daumen springt gerade von einer zur anderen Seite.
Wie weit ist er vom Schloss entfernt?

b) Eine Wanderin sieht in der Ferne zwei Burgen. Sie ist von der einen Burg 15 km entfernt. Der Daumen springt gerade von der einen zur anderen Burg.
Wie weit liegen beide Burgen auseinander?

12. Berechne für das nebenstehende Parallelogramm die beiden Längenverhältnisse $\frac{x}{y}$ und $\frac{u}{v}$.

Hinweis: Ergänze die Figur im Heft so, dass eine Strahlensatzfigur entsteht. Zeichne sie rot ein.

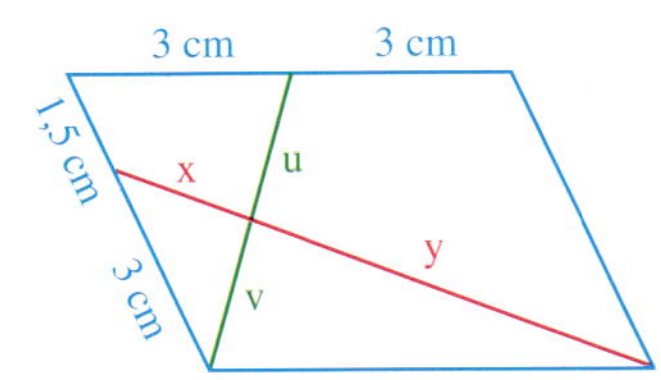

13. Berechne $\frac{x}{y}$ und $\frac{u}{v}$. Der wievielte Teil der Parallelogrammfläche ist rot gefärbt?

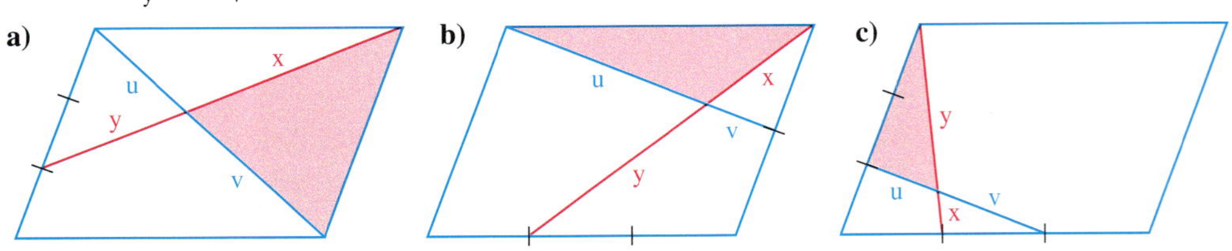

14. Welcher Anteil der Dreiecksfläche ist rot gefärbt? Gib den Anteil auch in Prozent an.

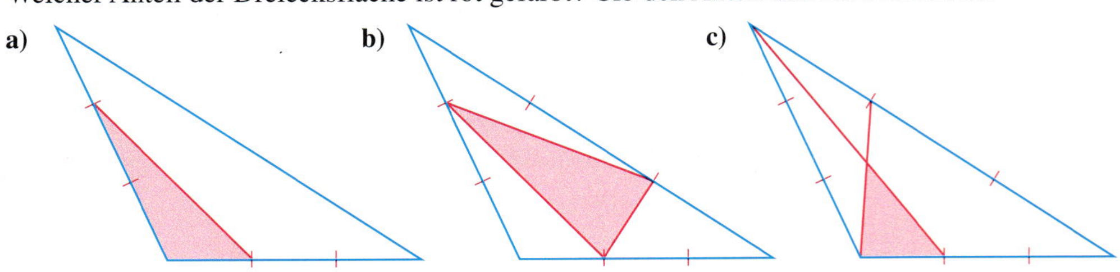

15. In dem gleichschenkligen Trapez rechts sind a = 200 mm, b = 120 mm und c = 56 mm gegeben.
Wie groß ist der Anteil des rot gefärbten Dreiecks an der Gesamtfläche?

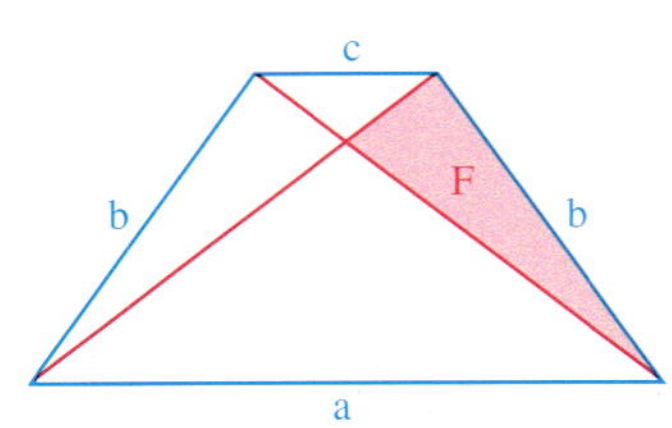

Zum Selbstlernen

7.6 Umkehren des 1. Strahlensatzes für Halbgeraden

Einführung

(1) Zur Umkehrung des 1. Strahlensatzes

In Aufgabe 1 auf Seite 254 haben wir den Auflagepunkt B_1 mithilfe der Längenverhältnisse $\frac{|SA_1|}{|SA_2|} = \frac{|SB_1|}{|SB_2|} = 0{,}6$ unter der *Voraussetzung* bestimmt, dass das Brett parallel zum Boden ($A_1B_1 \| A_2B_2$) ist.

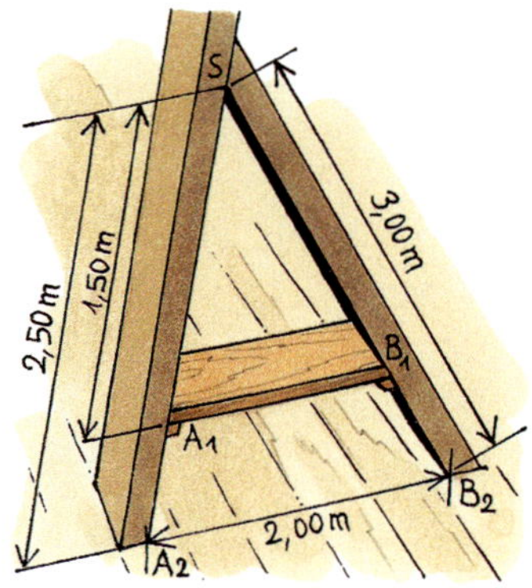

Wir konnten dann allgemein zeigen:

Wenn $g \| h$, dann $\frac{|SA_1|}{|SA_2|} = \frac{|SB_1|}{|SB_2|}$ (1. Strahlensatz).

Wir fragen nun umgekehrt:
Wenn wir den Punkt B_1 mit $\frac{|SA_1|}{|SA_2|} = \frac{|SB_1|}{|SB_2|} = 0{,}6$ wählen, sind wir dann auch sicher, dass das Brett parallel zum Boden ist?

Versuche die vier Punkte A_1, A_2, B_1, B_2 mit dem angegebenen Verhältnis zu zeichnen, wobei aber $A_1B_1 \nparallel A_2B_2$ ist. Das gelingt dir offenbar nicht.
Wir vermuten daher die Gültigkeit des folgenden Kehrsatzes zum 1. Strahlensatz:

Wenn $\frac{|SA_1|}{|SA_2|} = \frac{|SB_1|}{|SB_2|}$, dann $g \| h$.

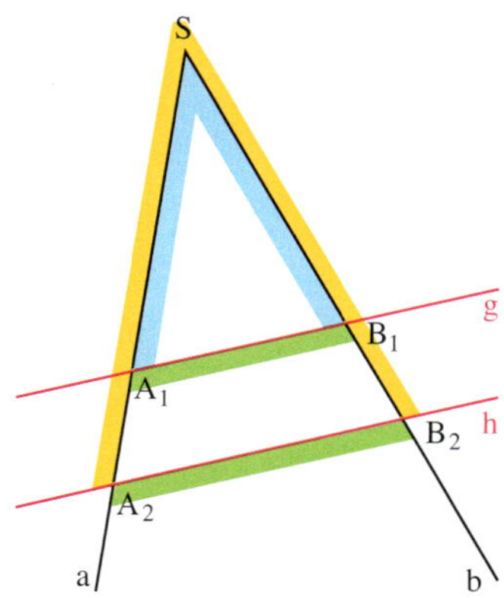

Beweis des Kehrsatzes des 1. Strahlensatzes für Halbgeraden:

Wir setzen $\frac{|SA_1|}{|SA_2|} = \frac{|SB_1|}{|SB_2|}$ voraus und zeigen $g \| h$.

Wir zeichnen die Gerade h ohne besondere Lage zur Geraden g ein (siehe Bild rechts).
Zum Beweis zeichnen wir nun auch die Parallele zu g durch A_2 und nennen sie h^*. Ihren Schnittpunkt mit b nennen wir B_2^*.
Wegen $g \| h^*$ können wir den 1. Strahlensatz anwenden.

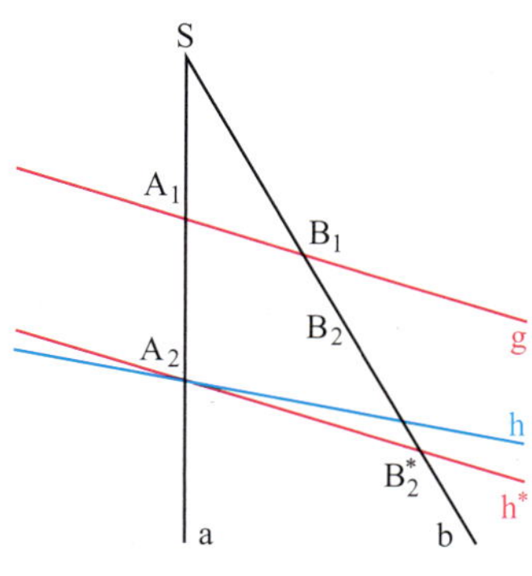

Wir erhalten $\frac{|SA_1|}{|SA_2|} = \frac{|SB_1|}{|SB_2^*|}$.

Andererseits hatten wir $\frac{|SA_1|}{|SA_2|} = \frac{|SB_1|}{|SB_2|}$ vorausgesetzt.

Also gilt $\frac{|SB_1|}{|SB_2^*|} = \frac{|SB_1|}{|SB_2|}$.

Daraus folgt $B_2^* = B_2$.
Das bedeutet aber $h = h^*$, da beide Geraden durch A_2 gehen. Da h^* eine Parallele zu g ist, ist somit auch h parallel zu g.

(2) Zur Umkehrung des 2. Strahlensatzes

In Aufgabe 1 auf Seite 258 haben wir die Länge des Brettes $\overline{A_1B_1}$ mithilfe des Längenverhältnisses $\frac{|A_1B_1|}{|A_2B_2|} = \frac{|SA_1|}{|SA_2|} = 0{,}6$ unter der Voraussetzung bestimmt, dass das Brett parallel zum Boden ist.

Wir konnten dann allgemein zeigen:

Wenn $g \| h$, dann $\frac{|SA_1|}{|SA_2|} = \frac{|A_1B_1|}{|A_2B_2|}$ (2. Strahlensatz).

Wir fragen nun wieder umgekehrt:
Wenn wir ein Brett der Länge $\overline{A_1B_1}$ mit $\frac{|SA_1|}{|SA_2|} = \frac{|A_1B_1|}{|A_2B_2|}$ herstellen und bei A_1 zwischen die Balken einbauen, sind wir dann auch sicher, dass das Brett parallel zum Boden ist?

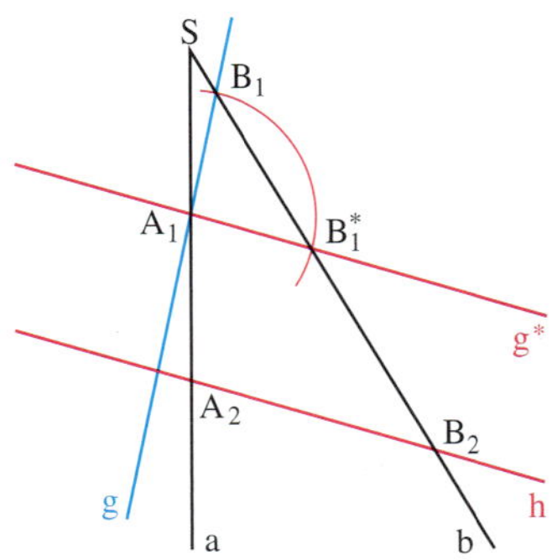

In dem Beispiel rechts ist $g^* \| h$, also gilt nach dem 2. Strahlensatz: $\frac{|A_1B_1^*|}{|A_2B_2|} = \frac{|SA_1|}{|SA_2|}$

Ferner ist im Beispiel $|A_1B_1| = |A_1B_1^*|$.

Deshalb gilt hier auch: $\frac{|A_1B_1|}{|A_2B_2|} = \frac{|SA_1|}{|SA_2|}$

Es gilt aber $g \nparallel h$.

Wir sehen: Für den Auflagepunkt gibt es zwei Möglichkeiten. In einem Fall ist das Brett nicht zum Boden parallel.

Ergebnis: Die Umkehrung des 2. Strahlensatzes ist falsch.

Information

Ein Kehrsatz des 1. Strahlensatzes für Halbgeraden

Gegeben sind zwei Halbgeraden a und b mit gemeinsamem Anfangspunkt S, ferner zwei Geraden g und h, welche die Halbgeraden a und b in den Punkten A_1 und B_1 bzw. A_2 und B_2 schneiden. Dann gilt:

Wenn $\frac{|SA_1|}{|SA_2|} = \frac{|SB_1|}{|SB_2|}$, dann $g \| h$.

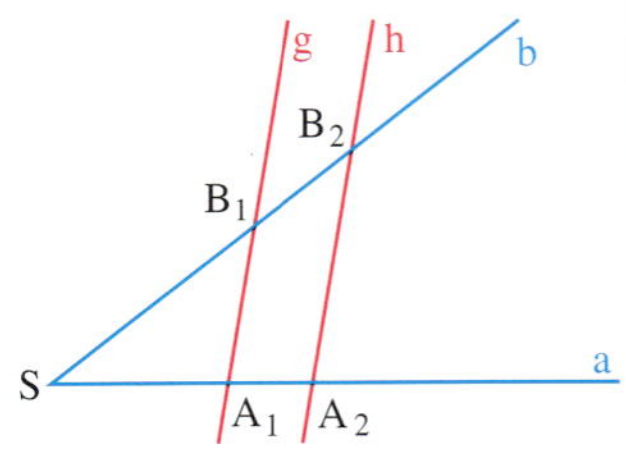

Weiterführende Aufgaben

1. *Eine falsche Umkehrung des erweiterten 1. Strahlensatzes*

Nach dem erweiterten 1. Strahlensatz gilt auch:

Wenn $g \| h$, dann gilt: $\frac{|SA_1|}{|A_1A_2|} = \frac{|SB_1|}{|B_1B_2|}$.

Gib den Kehrsatz an und widerlege ihn.

2. *Mittellinie im Dreieck*

In dem Dreieck ABC sind M_a und M_b die Mittelpunkte der Seiten $\overline{BC}$ und $\overline{AC}$.
Beweise:

(1) $M_aM_b \| AB$

(2) $|M_aM_b| = \frac{1}{2}|AB|$

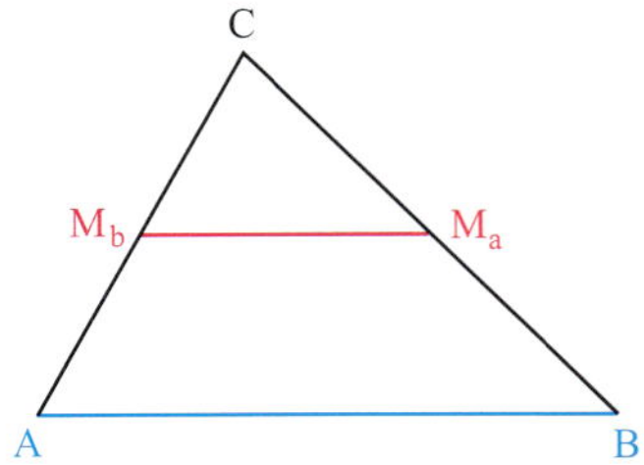

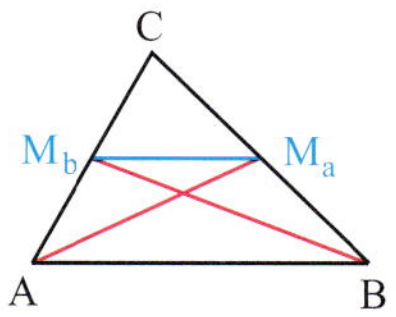

3. *Schwerpunktsatz für Dreiecke*

Gegeben ist ein Dreieck ABC. M_a ist der Mittelpunkt der Seite a und M_b der Mittelpunkt der Seite b, M_c der Mittelpunkt der Seite c.

a) Zeige, dass M_aM_b parallel zu AB ist.

b) AM_a und BM_b schneiden sich in S.
Begründe: $|AS| : |SM_a| = 2 : 1$.

c) Beweise, dass auch CM_c durch S läuft.

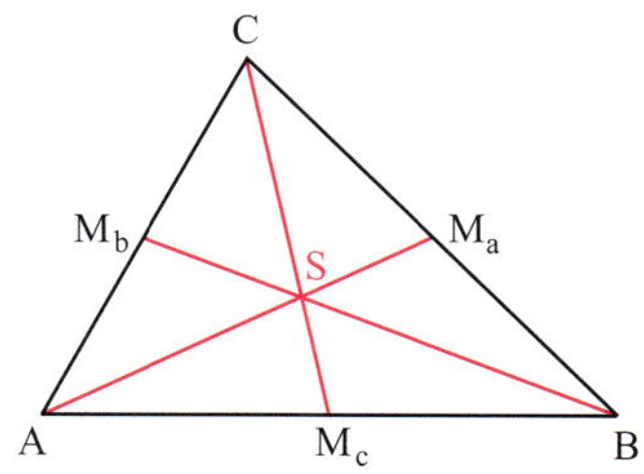

Information

Schwerpunktsatz für Dreiecke

In jedem Dreieck schneiden sich die drei Seitenhalbierenden in *einem* Punkt S, dem **Schwerpunkt** des Dreiecks.
Der Schwerpunkt S teilt jede Seitenhalbierende in zwei Teilstrecken. Die am Eckpunkt liegende Teilstrecke ist doppelt so lang wie die andere.

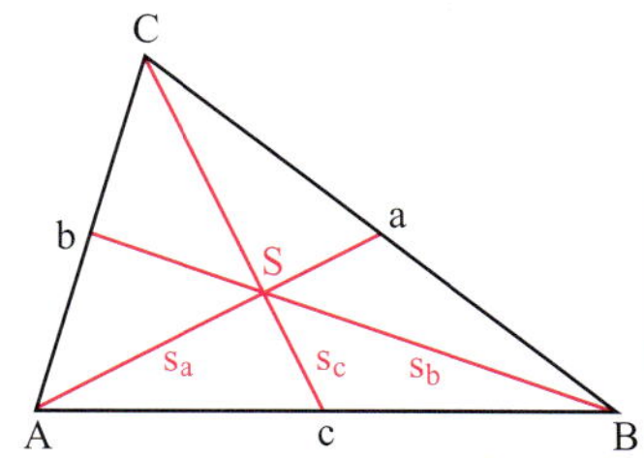

Übungsaufgaben

4. Untersuche, ob auch die Umkehrung des 1. Strahlensatzes für Geraden gilt.

5. In der Figur sind die Längen der vier Strecken $\overline{SA}$, $\overline{SB}$, $\overline{SP}$ und $\overline{SQ}$ bekannt. Entscheide, ob $AP \| BQ$ gilt.

a) $\lvert SA\rvert = 4{,}5$ cm	**b)** $\lvert SA\rvert = 4{,}0$ cm	**c)** $\lvert SA\rvert = 4{,}9$ cm
$\lvert SB\rvert = 7{,}2$ cm	$\lvert SB\rvert = 7{,}2$ cm	$\lvert SB\rvert = 8{,}4$ cm
$\lvert SP\rvert = 5{,}4$ cm	$\lvert SP\rvert = 5{,}5$ cm	$\lvert SP\rvert = 3{,}5$ cm
$\lvert SQ\rvert = 8{,}1$ cm	$\lvert SQ\rvert = 9{,}9$ cm	$\lvert SQ\rvert = 6{,}0$ cm

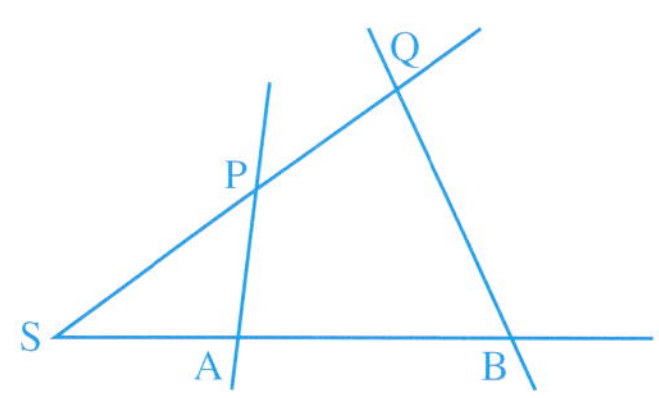

6. Konstruiere eine Figur wie in Aufgabe 5 mit den Maßen: $|SB| = 6$ cm, $|SQ| = 7{,}5$ cm, $|BQ| = 3{,}6$ cm, $|SA| = 4$ cm, $|AP| = 2{,}4$ cm. Zeige, dass diese Aufgabe zwei Lösungen hat und dass nur für eine der beiden Lösungen $AP \| BQ$ gilt.

7. Es sollen R, S, T und U die Mittelpunkte der Seiten des Vierecks ABCD sein.
Beweise:
(1) Das Viereck RSTU ist ein Parallelogramm. Denke auch an Vierecke mit einspringender Ecke.
(2) Der Flächeninhalt des Vierecks RSTU ist halb so groß wie der des Vierecks ABCD, falls es keine einspringende Ecke hat.

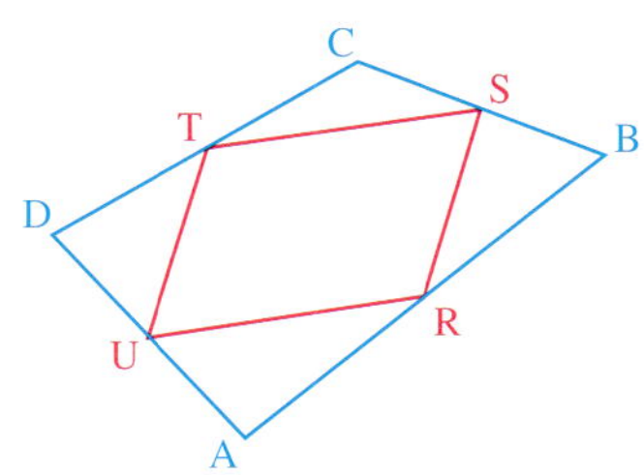

8. Gegeben ist ein Parallelogramm ABCD; es seien M und N die Mittelpunkte der Seiten $\overline{AB}$ und $\overline{CD}$.
Beweise:
(1) Die Geraden AM und CN sind parallel zueinander.
(2) Die Geraden AM und CN zerlegen die Diagonale $\overline{BD}$ in drei gleich große Teilstrecken.

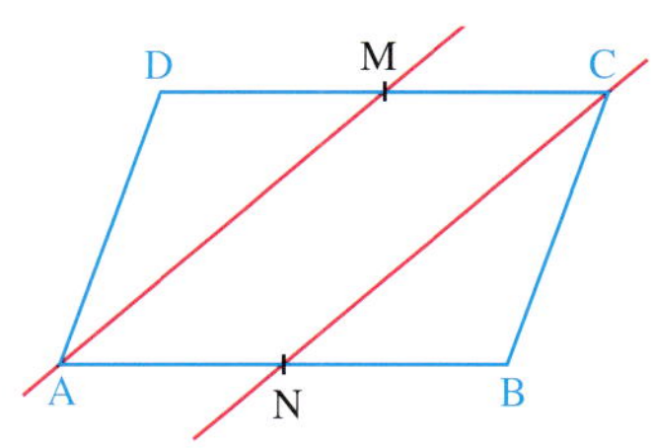

7.7 Aufgaben zur Vertiefung

1. Eine Sammellinse erzeugt von einem Gegenstand ein Bild. Für die Größe G des Gegenstandes, die Größe B des Bildes, den Abstand g des Gegenstandes von der Linse, den Abstand b des Bildes von der Linse sowie die Brennweite f gilt:

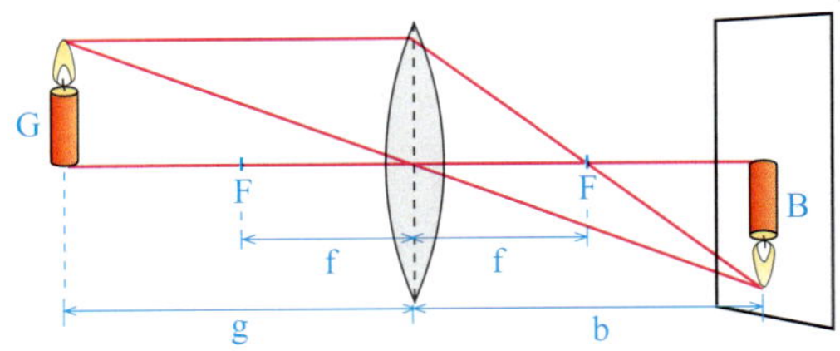

(1) $\frac{G}{B} = \frac{g}{b}$ (2) $\frac{G}{B} = \frac{f}{b-f}$

Gib die Strahlensatzfiguren an. Leite dann die Linsenformel $\frac{1}{g} + \frac{1}{b} = \frac{1}{f}$ her.

2. Man sagt: Der Punkt T teilt die Strecke $\overline{AB}$ (von A aus) im Verhältnis m : n, wenn gilt: $\frac{|TA|}{|TB|} = \frac{m}{n}$.

Liegt T auf der Strecke $\overline{AB}$, so nennt man T einen **inneren Teilpunkt** (kurz: T_i) von $\overline{AB}$, liegt T auf der Verlängerung von $\overline{AB}$, so heißt T ein **äußerer Teilpunkt** (kurz: T_a) von $\overline{AB}$.

a) Gegeben ist eine Strecke $\overline{AB}$, der Länge 5 cm. Konstruiere den inneren Teilpunkt T_i, der die Strecke $\overline{AB}$ von A [von B] aus im Verhältnis 2 : 3 teilt.

b) Gegeben ist eine Strecke $\overline{CD}$ der Länge 7 cm. Konstruiere den äußeren Teilpunkt T_a, der die Strecke $\overline{CD}$ von C [von D] aus im Verhältnis 2 : 3 teilt.

c) Wird die Strecke $\overline{AB}$ durch die Teilpunkte T_i und T_a innen und außen in demselben Verhältnis geteilt, so nennt man diese Teilung **harmonisch**.
Teile eine 10 cm lange Strecke $\overline{AB}$ im Verhältnis 4 : 5 von A [von B] aus harmonisch.

d) Der Punkt T_i teilt $\overline{AB}$ im Verhältnis 3 : 4 [im Verhältnis 7 : 5].
Gib sowohl das Verhältnis $\frac{|AT_i|}{|AB|}$ als auch das Verhältnis $\frac{|BT_i|}{|AB|}$ an.

3. Du weißt: Bei einer Achsenspiegelung, einer Punktspiegelung, einer Verschiebung und einer Drehung sind Figur und Bildfigur *kongruent* zueinander. Man nennt diese Abbildungen daher *Kongruenzabbildungen*.
Bei einer zentrischen Streckung sind Figur und Bildfigur *ähnlich* zueinander. Die Kongruenz ist ein Sonderfall der Ähnlichkeit (Ähnlichkeitsfaktor k = 1). Führt man eine zentrische Streckung und eine Kongruenzabbildung hintereinander aus, so sind Figur und Bildfigur ähnlich zueinander. Man nennt daher die Hintereinanderausführung (Verkettung) einer zentrischen Streckung und einer Kongruenzabbildung eine *Ähnlichkeitsabbildung*.

a) In der Figur rechts sind zu den einzelnen Abbildungen durch Striche nach unten einige, aber nicht alle Spezialfälle angegeben. Daran kannst du z. B. ablesen: Jede Verschiebung ist eine Ähnlichkeitsabbildung. Manche Ähnlichkeitsabbildungen sind Achsenspiegelungen.
Lies weitere Beziehungen ab.

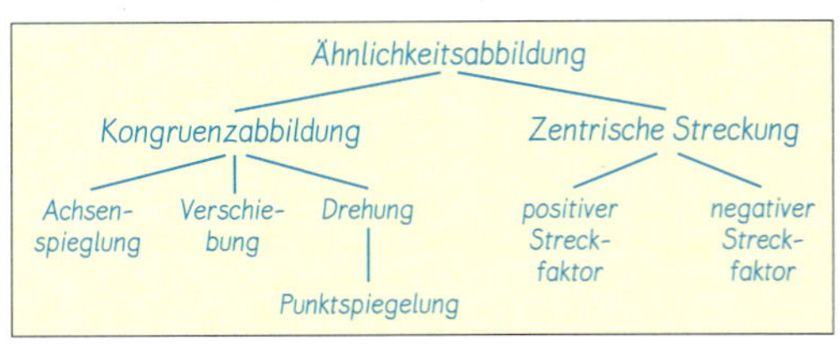

b) Welche Eigenschaften haben Ähnlichkeitsabbildungen?

c) Gib Eigenschaften an, die nicht alle Ähnlichkeitsabbildungen besitzen.

d) Gib Eigenschaften an, die alle Kongruenz-, aber nicht alle Ähnlichkeitsabbildungen haben.

Bist du fit?

1. Welche der Figuren sind ähnlich zueinander? Gib gegebenenfalls den Ähnlichkeitsfaktor an.

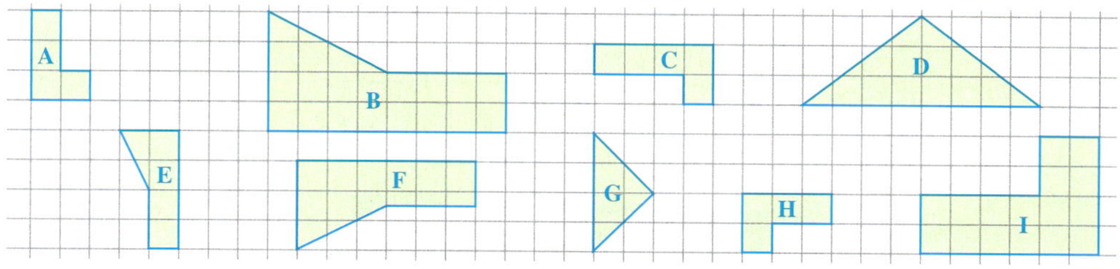

2. Zeichne in ein Koordinatensystem mit der Einheit 1 cm ein Viereck ABCD mit A(–2|–2), B(4|–4), C(7|0) und D(2|6). Konstruiere dann das Bildviereck A′B′C′D′ des Vierecks ABCD bei der zentrischen Streckung mit Z(–2|2) als Streckzentrum und dem Streckfaktor $k = \frac{3}{2}$.

3. Die Punkte P′ und Q′ sind die Bilder von P bzw. Q bei einer zentrischen Streckung. Bestimme das Streckzentrum Z sowie den Streckfaktor k.

a) P(4|–1), P′(8|1), Q(1|–1), Q′(–1|1) **b)** P(3|0), P′(1|–1), Q(–3|2), Q′(–2|0)

4. Zeichne ein Parallelogramm ABCD aus a = 5 cm, b = 3 cm und $\alpha = 40°$.
Konstruiere dann das Bildparallelogramm von ABCD bei der zentrischen Streckung mit dem Eckpunkt A [Mittelpunkt M der Diagonalen] als Streckzentrum und dem Streckfaktor k.

a) k = 1,5 **b)** k = 0,5 **c)** k = –2,5 **d)** $k = -\frac{3}{4}$

5. Von den sechs Längen a_1, a_2, b_1, b_2, c_1 und c_2 sind vier gegeben. Berechne die beiden nicht gegebenen Längen.

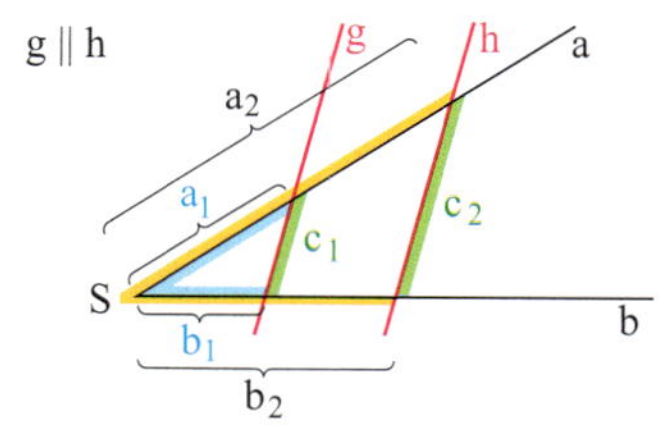

a) $a_1 = 7{,}2$ cm, $b_1 = 4{,}8$ cm, $b_2 = 6{,}4$ cm, $c_1 = 2{,}4$ cm

b) $a_2 = 10{,}5$ dm, $b_1 = 2{,}3$ dm, $c_2 = 5{,}4$ dm, $a_1 = 4{,}2$ dm

c) $a_2 = 8{,}8$ km, $b_2 = 3{,}9$ km, $c_1 = 6{,}3$ km, $c_2 = 4{,}5$ km

6. Um die Breite $\overline{DE}$ eines Flusses zu bestimmen, werden die Punkte A, B, C, D und E wie im Bild abgesteckt und folgende Strecken gemessen:
|BC| = 48 m; |AB| = 84 m; |CD| = 43 m.
Wie breit ist der Fluss?

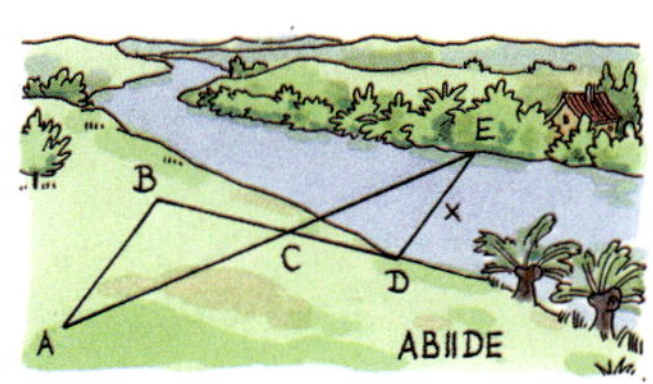

7. Der Schatten eines 1,30 m hohen senkrecht aufgestellten Stabes ist 1,56 m lang. Ein Baum wirft zu derselben Zeit einen 12,75 m langen Schatten.
Wie hoch ist der Baum?

8. Die Wand eines Dachzimmers ist 4 m breit. Sie ist auf der einen Seite 1,40 m und auf der anderen Seite 3,50 m hoch.
Kann man an der Wand einen Schrank aufstellen, der 2,25 m hoch und 2,40 m breit ist?

Projekt

Funktionen – Messen und Darstellen

Vorschlag 1:
Schraubenfeder und Schrauben mit Mutter

Wisst ihr, was eine Schraubenfeder ist? Was passiert, wenn ihr an diese Schraubenfeder ein Gewichtsstück hängt? Was passiert, wenn ihr das Gewicht verdoppelt? Legt eine Messtabelle an und übertrage das Ergebnis in ein Diagramm. Könnt ihr den Zusammenhang mathematisch beschreiben? Wiederholt den Versuch mit anderen dehnbaren Materialien.

Funktion und Zuordnung sind zwar mathematische Fachbegriffe, aber Zuordnungen gibt es auch im täglichen Leben. Ihr wurdet zum Beispiel einer bestimmten Klasse zugeordnet. Die Telefongesellschaft hat jedem Telefonanschluss eine oder mehrere Telefonnummern zugeordnet. Wenn ihr den Tisch deckt, ordnet ihr jedem Gast einen Teller und ein Glas zu. Es ist jedem Auto genau ein Kennzeichen durch die Zulassungsbehörde zugeordnet. Man kann aber Zuordnungen auch mathematisch fassen und durch Funktionen beschreiben. So lässt sich leicht der Preis für einige Kugeln Eis bestimmen, wenn man den Preis für eine Kugel weiß. Oder es ist möglich, durch eine Zuordnungsvorschrift die Preisaufteilung bei einem Lottogewinn für die Tippgemeinschaft zu regeln.
Auch beim naturwissenschaftlichen Arbeiten werden Funktionen gebraucht, um Natur-

Vorschlag 2:
Lottogewinn und Spielplatzwippe

Könnt ihr euch vorstellen, was die Aufteilung des Gewinns bei einem Sechser im Lotto und das Spiel mit der Wippe auf dem Spielplatz gemeinsam haben? Vielleicht hilft euch die Antiproportionalität. Findet noch weitere Zuordnungen aus eurer Umgebung, die antiproportional sind, und stellt sie grafisch dar.

Vorschlag 3:
Schaut euch um in eurer Umwelt!

Findet interessante Zuordnungen in eurer Umwelt. Was wird alles wem zugeordnet? Kann man alle Zuordnungen und Funktionen mathematisch beschreiben? Vielleicht findet ihr neue Zusammenhänge und ihr könnt diese mit einer Formel beschreiben. Ein einfaches Beispiel wären die Parkplatzpreise in einem Parkhaus. Oder Ihr bestimmt den Zusammenhang zwischen Fallzeit und Fallhöhe eines Gegenstandes.

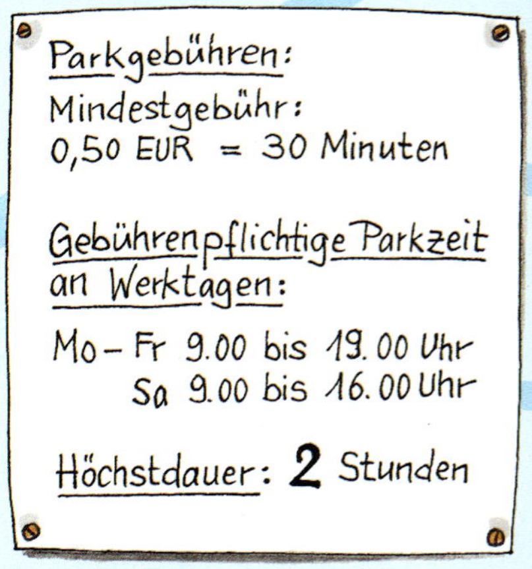

Vorschlag 4:
Flächenmessung mit der Waage

Wisst ihr, wie man die Fläche von Grundstücken, Landkreisen, ja sogar von Bundesländern bestimmen kann? Wenn ihr eine genaue Karte von den Ländereien auftreiben könnt, sind dazu gar keine komplizierten mathematischen Formeln mehr nötig. Ihr braucht nur noch Papier, Schere und eine genaue Waage. Bestimmt z.B. das Gewicht von 10 cm? der Fläche und wiegt anschließend die gesamte Fläche. Habt ihr jetzt eine Idee, wie es weiter gehen könnte? Überprüft eure Ergebnisse durch offizielle Daten.

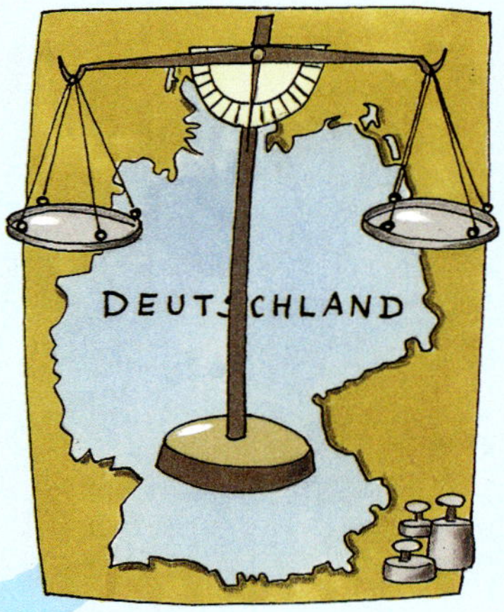

gesetze zu beschreiben. Ihr seht, Funktionen und Zuordnungen können in eurem Leben eine große Rolle spielen. Es wäre schön, wenn ihr eure Funktions- und Messideen in einer kleinen Ausstellung im Schulhaus den Mitschülern zeigt. Wenn ihr dazu ein kleines Quiz entwerft, habt ihr viele Zuschauer eurer Ausstellung. Ihr könnt natürlich auch die Ergebnisse im Rahmen einer kleinen Vortragsrunde vor der Klasse präsentieren. Auch ein kleiner Artikel in der Lokalpresse über besonders interessante Zuordnungen wie Vergleiche von Telefon- und Stromtarifen oder Parkplatzkosten ist denkbar. Hier hilft vielleicht eure Deutschlehrerin oder euer Deutschlehrer.
Wir haben hier für euch ein paar Ideen und Fragen rund um das Funktionenprojekt vorbereitet, die ihr aufgreifen könnt.
Im Internet findet ihr das Projekt unter: *www.elemente-der-mathematik.de*

Vorschlag 5:
Wisst ihr, wie viel Sternlein stehen?

Wie viele Sterne könnte man am Himmel sehen? Was wiegt eigentlich ein Reiskorn oder eine Fliege oder ein Sandkorn? Wie kann man ganz leichte Sachen mit einer großen Waage wiegen? Welches Zuordnungsprinzip steckt hinter all diesen Ideen? Könnt ihr noch andere ganz leichte Sachen wiegen?

Vorschlag 6:
Tarife

Auch Preise gehorchen Zuordnungen. Untersucht doch einmal Telefonkosten bei Mobilfunkanbietern oder Stromtarife verschiedener Gesellschaften. Lassen sich die Preise grafisch darstellen? Welche Zuordnungsvorschriften gelten denn?

Projekt

Pythagoras

Vorschlag 1: Das Leben des Pythagoras

Wer war Pythagoras? Was hat er so den ganzen Tag gemacht? Womit hat er sein Geld verdient? Wo hat er gelebt? Wann hat er gelebt? War er verheiratet?
Fragen über Fragen, wisst ihr noch mehr?

Pythagoras, das griechische Allroundtalent von der Insel Samos, hat sich vor gut 2600 Jahren nicht nur mit Mathematik beschäftigt. Pythagoras interessierte sich auch für Musik, für Dichtkunst und für Religion.
Pythagoras gründete sogar eine Art mathematische Glaubensgemeinschaft und die Mitglieder dieser Gemeinschaft nannten sich Pythagoreer.
Bei diesem Projekt sollt ihr euch näher mit dem Forscher Pythagoras befassen und einen Teil seines damaligen Wissens aufbereiten. Ihr könntet euch entweder der zentralen Satzgruppe des Pythagoras widmen oder den Zahlverhältnissen seiner Musiktheorie. Hier hilft vielleicht eure Musiklehrerin oder euer Musiklehrer.
Neben der Musik hat sich Pythagoras auch intensiv mit den reinen Zahlen beschäftigt, so sind für euch vielleicht die pythagoreischen Zahlentripel interessant.
Ihr könnt auch untersuchen, wie seine mathematischen Entdeckungen bzw. Erkennt-

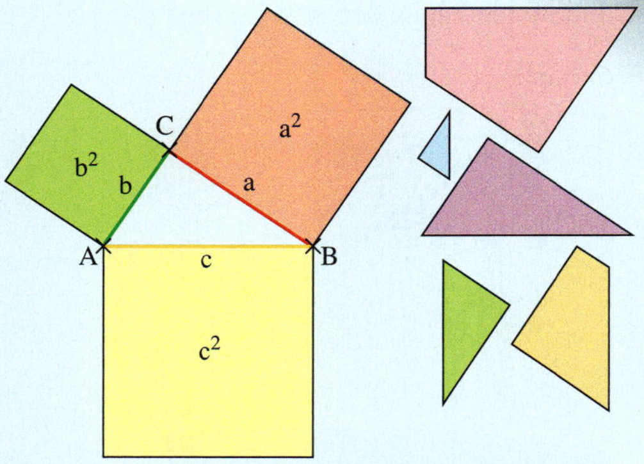

Vorschlag 2: Rund um den Satz des Pythagoras

Findet ihr weitere, schöne Erklärungen für die Richtigkeit des Satzes des Pythagoras?
Es gibt chinesische und indische Beweise.
Könnt ihr die Beweise so aufschreiben, dass sie auch eure Mitschüler verstehen?

Vorschlag 3: Pythagoras und seine Zahlen

„Alles ist Zahl." Pythagoras sieht in den Zahlen das eigentliche Geheimnis und die Bausteine der Welt. Jede der Grundzahlen hat ihre eigene Kraft und Bedeutung.
Mit welchen Zahlen beschäftigte sich Pythagoras noch?
Was ist das besondere an einem pythagoreischen Zahlentripel?
Wie viele gibt es davon?

nisse in der Technik Anwendung fanden. So wird der Satz des Pythagoras z.B. beim Vermessen angewendet.
Sich mit Pythagoras zu beschäftigen, lohnt sich wirklich. Der 20. Präsident der Vereinigten Staaten, J. Garfield, hat sich so intensiv damit beschäftigt, dass sogar ein Beweis nach ihm benannt wurde. Na, wenn das kein Ansporn ist.
Es wäre schön, wenn ihr eure pythagoreischen Ideen in einer kleinen Ausstellung im Schulgebäude zeigen könntet. Ihr könnt natürlich auch die Ergebnisse vor der Klasse präsentieren. Auch ein kleiner Artikel in der Lokalzeitung über ein besonders interessantes Abenteuer des Pythagoras ist denkbar. Hier hilft vielleicht eure Deutschlehrerin oder euer Deutschlehrer.
Wir haben hier für euch ein paar Ideen und Fragen rund um das Pythagorasprojekt vorbereitet, die ihr aufgreifen könnt.
Im Internet findet ihr das Projekt unter *www.elemente-der-mathematik.de*

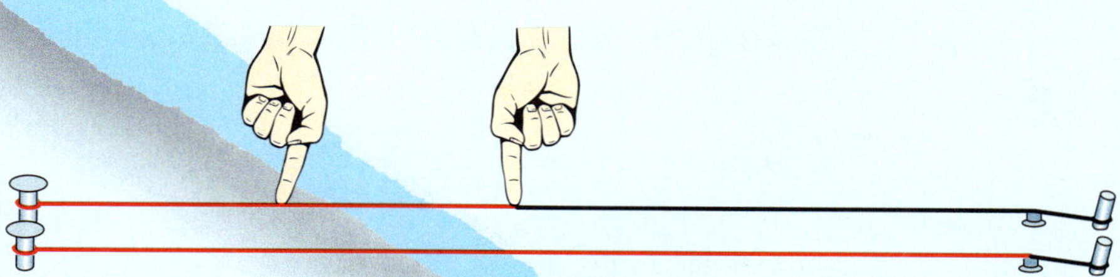

Vorschlag 4:
Pythagoras und seine Musik

Pythagoras ordnete jedem Ton seine eigene Schwingungsfrequenz zu.
Ist das immer noch so?
Mit welchem Musikinstrument hat sich Pythagoras beschäftigt?

Vorschlag 5:
Die Seilspanner

Was sind denn Harpenodapten?
Was haben denn die ägyptischen Seilspanner gemacht?
Wird so ein Verfahren heute noch verwendet?
Beschreibe es.
Führe es selber durch.

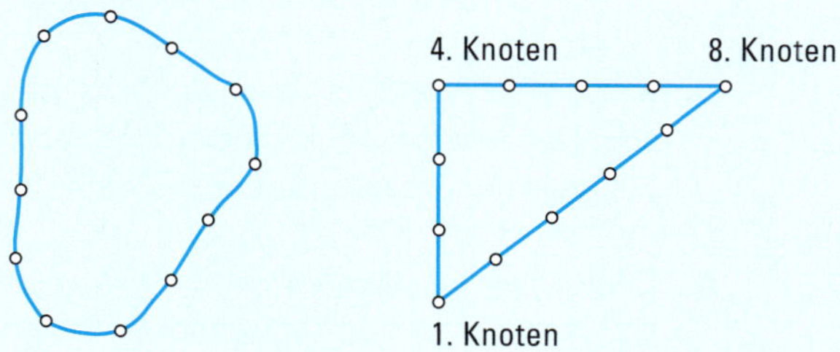

Vorschlag 6:
Anwendungen

Wofür kann man denn den Satz des Pythagoras gebrauchen?
Gibt es Einsatzmöglichkeiten außerhalb der Schule?
Wie weit ist es eigentlich bis zum Horizont?
Wie steckt man rechte Winkel im Gelände ab?

Teste dich – Vermischte Übungen 1

1. Berechne die Lösungsmenge des Gleichungssystems.

a) $\left| \begin{array}{l} 6x + 5y = -2 \\ 2x + y = 5 \end{array} \right|$ **b)** $\left| \begin{array}{l} 4{,}5x - 3y = -2 \\ 3x - 2y = 1 \end{array} \right|$ **c)** $\left| \begin{array}{l} 8x - 2y = 6 \\ 3(6 - x) = 7(3x - y) + y \end{array} \right|$

2. Rechts ist ein drehsymmetrisches Werkstück für eine Maschine abgebildet. Das Werkstück ist 5 mm dick. Bestimme den Materialbedarf und den Umfang.

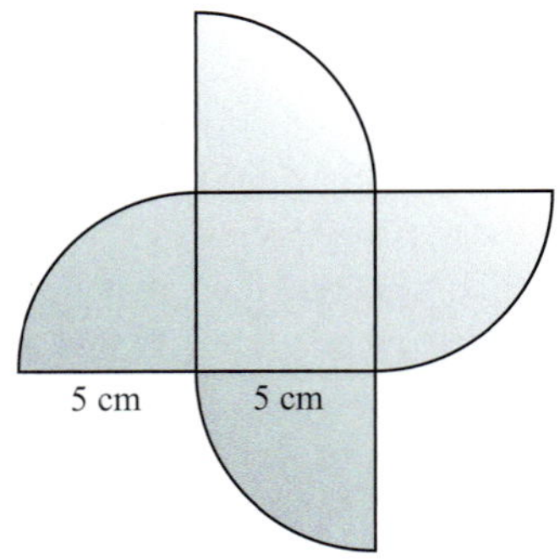

3. In einem gleichschenkligen Dreieck ist der Winkel an der Spitze 58° groß. Welche Seite ist länger, die Basis oder ein Schenkel? Begründe deine Antwort. Konstruiere zur Probe ein gleichschenkliges Dreieck mit Schenkellänge 9 cm und einem Winkel von 58° an der Spitze.

4. In einem Getränkemarkt stehen 3 Stapel mit je 5 Kisten Mineralwasser. Jede Kiste enthält 12 Flaschen mit 0,7 *l* Mineralwasser.

a) Wie viel Liter Mineralwasser sind vorrätig?

b) Wie viele gleichartige Stapel müssten noch angeliefert werden, damit ein Vorrat von mindestens 1 m^3 Mineralwasser vorhanden ist?

c) Erkläre, ob es sich bei der Zuordnung *Anzahl der Flaschen → Menge Mineralwasser* um eine „Je-mehr-desto-mehr"-Zuordnung oder um eine proportionale Zuordnung handelt.

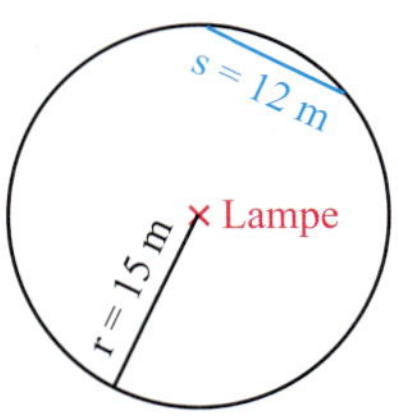

5. In der Mitte eines kreisförmigen Beets mit dem Radius r = 15 m soll eine Lampe installiert werden. Der Schalter soll an einem Weg angebracht werden, der 12 m lang ist. Wie lang muss die Leitung vom Schalter zur Lampe wenigstens sein?

6. Ein Rechteck ist dreimal so breit wie lang. Verkürzt man die längere Seite um 5 cm und verlängert man gleichzeitig die kürzere Seite um dieselbe Länge, so vergrößert sich der Flächeninhalt um 35 cm^2.
Welchen Flächeninhalt hatte das Rechteck?

7. Berechne: **a)** $\frac{4}{9} + \frac{5}{3} \cdot \frac{3}{25}$ **b)** $8 - \left(\frac{2}{3} - \frac{7}{2}\right)$ **c)** $5 \cdot \frac{2}{3} + \left(-\frac{4}{3}\right)^2$

8. Gegeben ist die Funktionsgleichung $y = -\frac{3}{5}x + 4$ für die Gerade g. Begründe *rechnerisch*, ob der Punkt $A(100\,|\,-47)$ unterhalb, auf oder oberhalb von g liegt.

9. Bei einem Stoppschild betragen die Längen der Seiten 37,0 cm. Das Schild ist 3 mm dick. Berechne die Oberfläche und das Volumen des Schildes.

10. Das Beet der Geschwister Ina und Martin ist rechteckig, eine Seite ist länger als die andere. Sie wollen eine Seite eines Beetes um 0,5 m, die andere um 1,5 m verlängern, um mehr ernten zu können. „Welche Seite sollen wir um einen halben Meter und welche um 1,50 m verlängern?" fragt Martin. „Das könnt ihr euch selber aussuchen", sagt ihre Mutter.
Wie können Ina und Martin berechnen, in welchem Fall der Flächeninhalt des neuen Beetes der größere ist, ohne die Seitenlängen des ursprünglichen Beetes auszumessen?

Teste dich – Vermischte Übungen 2

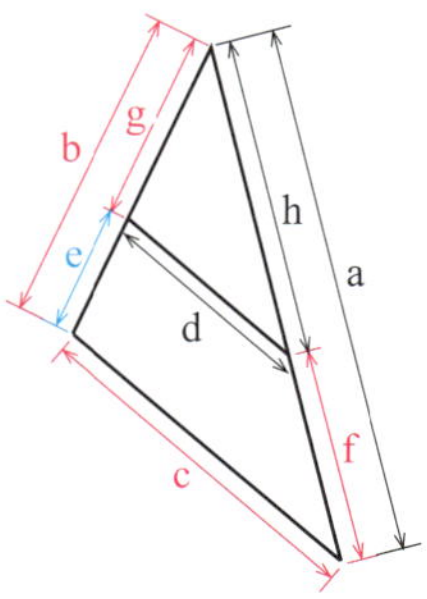

1. Gegeben ist der Term $x(4x + 5) - 2x(7 - 3x) + 10x$.
Berechne jeweils den Wert des Terms für: $x = -7$; $x = -3$; $x = \frac{1}{2}$; $x = 25$; $x = 100$

2. In der Figur links sind die Strecken d und c zueinander parallel. Weiterhin gilt: a = 5 cm; d = 2 cm; h = 3 cm; e = 1,2 cm. Bestimme die Längen der übrigen gekennzeichneten Strecken.

3. Der Umfang eines rechteckigen Bilderrahmens beträgt 86 cm. Die eine Seite ist um 9 cm länger als die andere. Wie lang sind die beiden Seiten des Rahmens?

4. In der Tabelle rechts sind mehrere Funktionswerte einer linearen Funktion f zusammengestellt.

x	2	4	8
f(x)	5	6	8

a) Erkläre, wieso es sich nicht um eine proportionale Funktion handeln kann.

b) Welche Funktionswerte sind den Stellen $x = 0$ und $x = -5$ zugeordnet?

c) Ermittle die Gleichung der Funktion in der Form $y = f(x)$.

5. Schüler wurden zum Sport befragt. Bestimme zu jeder Antwort einen Wert, der das Umfrageergebnis gut wiedergibt.

Welches ist dein Lieblingssport?	Fußball	Tennis	Badminton	Reiten
	58	20	13	23
Wie gerne joggst du?	Gar nicht	Nicht so gern	Etwas	Sehr gerne
	23	37	32	22
Wie viele Sportarten betreibst du?	0	1	2	3
	19	63	27	5

6. a) Im Großhandel sind die Warenpreise netto, d.h. ohne Mehrwertsteuer ausgezeichnet. Hendrik sieht im Großhandel einen MP3-Player zu 149 €. Wie viel kostet dieser einschließlich 19 % Mehrwertsteuer?

b) Robins MP3-Player hat im Einzelhandel 199 € gekostet. Wie viel Mehrwertsteuer ist im Preis enthalten?

c) Ein Elektro-Shop-Markt startet eine große Werbeaktion mit der rechts abgebildeten Anzeige. Überprüfe diese.

7. Um einen kreisförmigen Springbrunnen mit einem Durchmesser von 20 m soll ein ringförmiges Blumenbeet angelegt werden. Dafür sind 3 200 € veranschlagt. Für 1 m² Beet werden 83 € berechnet. Wie breit kann man das Beet machen?

8. Setze geeignete Vorzeichen und Rechenzeichen bzw. Klammern ein.

Teste dich – Vermischte Übungen 3

1. Prüfe, ob die Wertetabellen zu proportionalen Funktionen gehören. Gib gegebenenfalls eine entsprechende Funktionsgleichung an.

a)

x	−2	4	−1,5	−6
y	3,5	−7	2,625	10,5

b)

x	−2	4	−1,5	0
y	5	−7	4	1

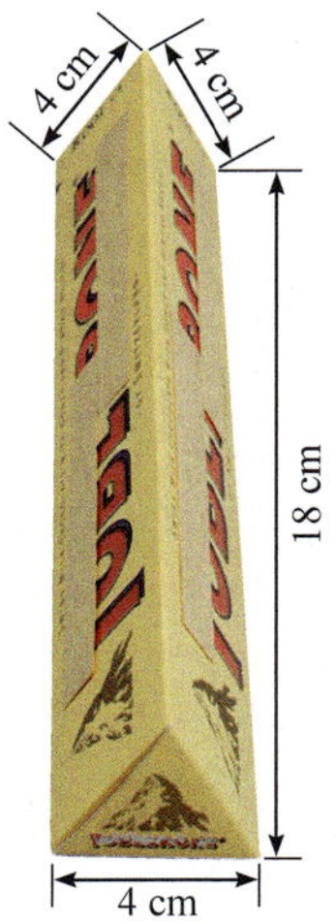

2. **a)** Zeichne ein Schrägbild und ein Netz der Schokoladenschachtel links.

b) Berechne den Materialbedarf und das Fassungsvermögen.

3. Bestimme die lineare Funktion, deren Graph durch A(8,5|−59) und B(0|−29,25) verläuft.

4. Max fährt mit den Inlineskates an den Baggersee zum Baden. Für den Rückweg benötigt er 15 min mehr als auf dem Hinweg. Auf dem Hinweg war seine Geschwindigkeit $12\,\frac{\text{km}}{\text{h}}$, auf dem Rückweg $10{,}5\,\frac{\text{km}}{\text{h}}$.
Wie lange benötigte er für die Strecken? Wie weit ist es bis zum Baggersee?

5. Eine zylinderförmige Regentonne hat innen einen Durchmesser von 78 cm und ist 1,30 m hoch.

a) Berechne, wie viel Material zur Herstellung der Tonne benötigt wird.

b) Herr Prädel sagt: „Dank der kräftigen Regenfälle ist meine Tonne zu $\frac{3}{4}$ gefüllt“.
Wie viel Wasser enthält sie?

c) Die leere Tonne wird mit 300 *l* Regenwasser gefüllt. Wie hoch steht das Wasser?

6. **a)** Ein Taschenrechner zeigt für $\sqrt{7}$ den Wert 2,6457513 an. Begründe, wieso der angezeigte Wert nicht exakt sein kann.

b) Gib jeweils eine reelle Zahl an, sodass ihr Produkt mit $\sqrt{7}$ exakt
(1) den Wert 14 hat; (2) den Wert $-\sqrt{14}$ hat; (3) den Wert $\frac{1}{\sqrt{7}}$ hat.

7. Von einem Dreieck ABC ist bekannt: $a = 5$ cm, $c = 6$ cm und $\alpha = 50°$

a) Konstruiere. Was stellst du fest?

b) Ändere eine der Seitenlängen oben ab, so dass es kein Dreieck mit den dann geforderten Eigenschaften gibt.

c) Ändere eine der Seitenlängen oben ab, so dass es dann – bis auf Kongruenz – nur ein Dreieck mit den dann geforderten Eigenschaften gibt. Begründe mit einem Kongruenzsatz.

8. Ein Fernseher kostet anfangs 500 €. Er wird zunächst um 20 % verteuert; dann wird der neue Preis um 20 % verbilligt. Was kostet er schließlich?
Um wie viel Prozent ist er bezüglich des ursprünglichen Preises teurer oder billiger geworden?

9. Aus einer 120 cm langen Holzleiste sollen die Kanten einer quadratischen Säule hergestellt werden. Anschließend soll diese mit Stoff bespannt werden.

a) Wie hoch wird die Säule, wenn die Seitenlänge der Grundfläche der Säule 5 cm betragen soll? Wie groß ist dann die gesamte Oberfläche der Säule?

b) Mit welchen Maßen soll man die Säule bauen, wenn die Oberfläche der Säule möglichst groß werden soll? Wie groß ist diese Oberfläche? Welche besondere Form hat die gesuchte Säule?

Teste dich – Vermischte Übungen 4

1. Berechne aus den gegebenen Stücken eines rechtwinkligen Dreiecks mit $\gamma = 90°$ die fehlenden Stücke.

	Seite a	Seite b	Seite c	Flächeninhalt A
a)	3,5 cm	4,3 cm		
b)		1,5 dm	2,8 dm	
c)	12,0 cm		17,5 cm	

2. Forme die folgenden Terme mit Klammern in möglichst einfache Summen um:

a) $(x + 1)(x + 2) + (x + 3)(x + 4)$

b) $(x - 1)(x - 2) - (x - 3)(x - 4)$

c) $(2a - 3b)(4a + 5b) - (6b - 4a)(b + a)$

d) $(p + 2u)^2 - (p - 2u)^2$

3. Drei Würfel bilden einen Körper mit einer Oberfläche von $350\ \text{cm}^2$. Berechne das Volumen des Körpers.

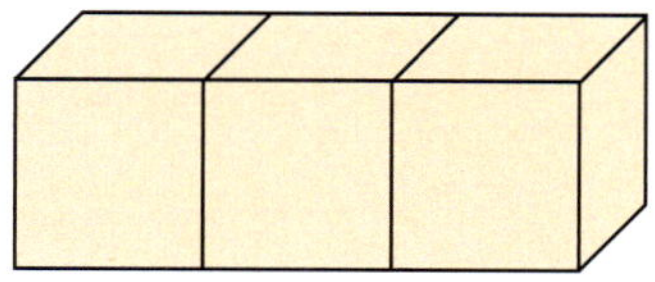

4. Berechne die Funktionsgleichung für die Gerade, die durch die angegebenen Punkte verläuft, falls dies *möglich* ist.

a) $A(3|4)$, $B(5|2)$ **b)** $P(2|3)$, $Q(7|3)$ **c)** $S(4|1)$, $T(4|5)$

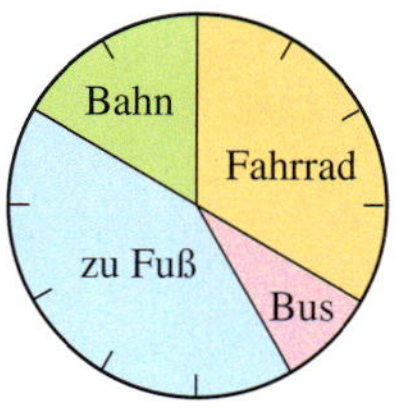

5. Zu Beginn des Schuljahres untersuchte die Schülermitverwaltung, mit welchem Fortbewegungsmittel die Schüler in die Schule kommen.

a) Gib die Anteile für die Fortbewegungsmittel an.

b) Die Schule wird von 960 Schülerinnen und Schülern besucht. Wie viele Schüler kommen zu Fuß, wie viele mit einem öffentlichen Verkehrsmittel?

6. Übertrage die Figuren in dein Heft.

a) Zerlege jede der drei Figuren in mehr als zwei zueinander kongruente Teilfiguren.

b) Erläutere in Sätzen, wann zwei Figuren zueinander kongruent heißen.

c) Zwei Dreiecke sollen zueinander kongruent sein. Gib mögliche Bedingungen dafür an, wie du das überprüfen kannst.

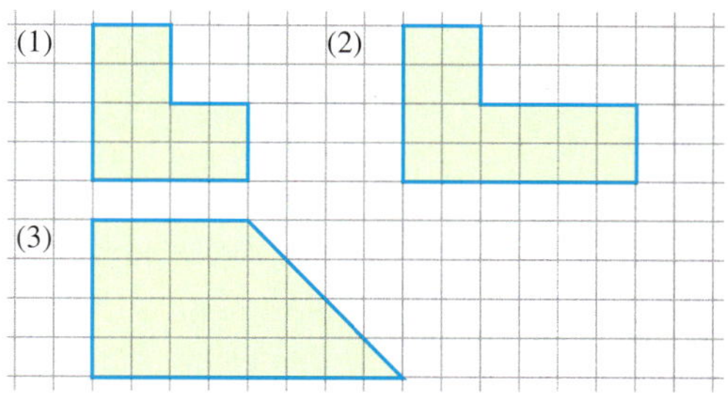

7. Martin hat am Freitag 1 Packung mit je 25 DVD-Rohlingen und 1 Packung mit 25 CD-Rohlingen für insgesamt 14,50 € gekauft. Am Samstag hat er für 1 Packung mit 25 DVD-Rohlingen und 2 Packungen mit je 25 CD-Rohlingen insgesamt 17,75 € bezahlt.
Wie viel kostet ein DVD-Rohling und ein CD-Rohling? Um wie viel Prozent sind DVD-Rohlinge teurer als CD-Rohlinge?

8. Versuche, folgende Fragen über das links dargestellte Brot zu beantworten.

a) Wird das Brot in 24 gleich dicke Scheiben geschnitten, dann ist jede Scheibe 1,2 cm dick. Wie dick wird jede Scheibe, wenn das Brot in 32 gleich dicke Scheiben geschnitten wird?

b) 7 gleich dicke Scheiben des Brotes wiegen 210 g. Wie viel g wiegen 19 Scheiben?

Teste dich – Vermischte Übungen 5

1. **a)** Eine Dosenmilchsorte enthält 4 % Fett. Wie viel Fett befindet sich in 102 g Milch?

b) In einem Waldstück mit 1 250 Bäumen gibt es 400 Nadelbäume. Wie groß ist der prozentuale Anteil der Nadelbäume?

c) Herr Brendt zahlt 865,26 € Steuern. Das sind 19 % seines Gehaltes. Wie hoch ist es?

d) Ein Geschäft verkauft an einem „Aktionstag“ alle Waren um 15 % billiger. Henning kauft einen Zirkel für 6,63 €. Was kostet der Zirkel an anderen Tagen?

2. An einer unfallträchtigen Kreuzung wird ein Kreisel neu geplant.

a) Wie groß ist das Beet in der Mitte? Wie lang ist seine Begrenzung?

b) Berechne, wie groß die neu zu pflasternde Fläche ist.

3. Eine Spiegelgerade g und ein Punkt P, der nicht auf g liegt, sind gegeben. Konstruiere einen Punkt Q so, dass das Viereck PP′Q′Q ein Quadrat ist.

4. Anne dreht die Zahlkärtchen links um, mischt sie und zieht nacheinander zwei davon.

a) Das erste Kärtchen stellt die Zehnerziffer einer Zahl dar, das zweite die Einerziffer. Ist es wahrscheinlicher, eine Zahl über oder eine Zahl unter 44 zu erhalten?

b) Anne betrachtet die Summe der beiden Zahlen als Ergebnis des Versuchs. Bestimme zu jedem Ergebnis die zugehörige Wahrscheinlichkeit.

5. **a)** Berechne den Winkel α.

b) Begründe:
Wenn $g \parallel u$ und $h \parallel v$, dann gilt:
$\alpha + \beta = 180°$

zu **a)**

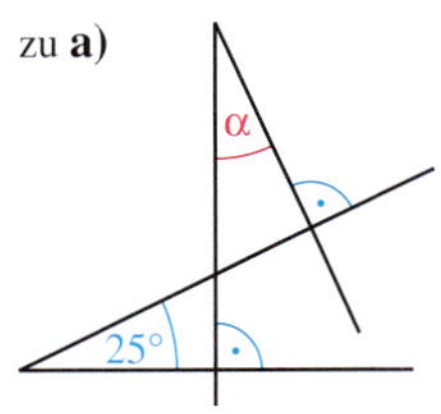

zu **b)**

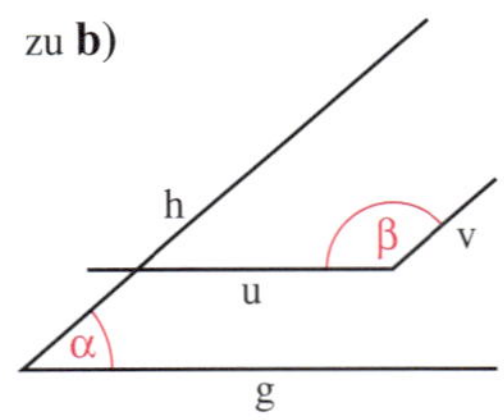

6. Gegeben sind die Funktionsterme
$f(x) = 2x - 3$ und $g(x) = -\frac{3}{5}x + 4$.

a) Zeichne die Graphen von f und g. (Verdeutliche, wie du den Graphen erhalten hast.)

b) Berechne die Schnittpunkte des Graphen von f mit den Koordinatenachsen.

c) Berechne die Koordinaten des Schnittpunkts der Graphen von f und g.

d) Bestimme die Funktion h, deren Graph parallel zu dem von f durch $N(1|0)$ verläuft.

7. Gegeben ist ein regelmäßiges Sechseck. In welchem Verhältnis teilt S die Strecke $\overline{AC}$?

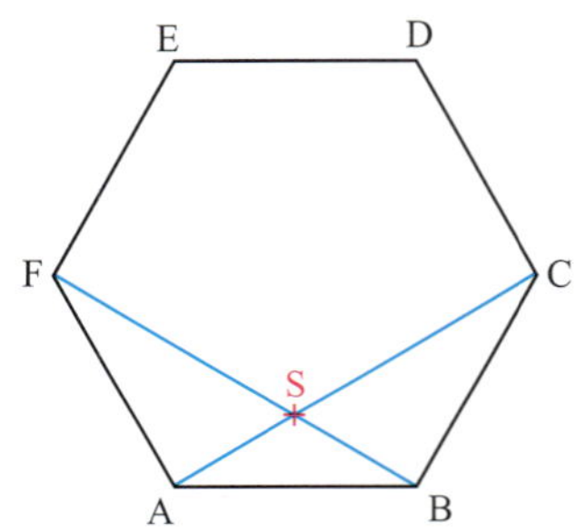

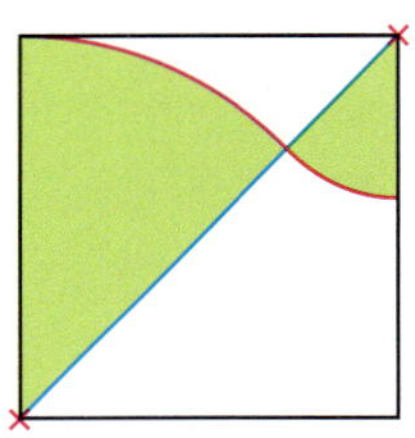

8. Vereinfache:

a) $2x^2 \cdot (-3x^2) \cdot (-5x)$ **b)** $\frac{7}{15}a \cdot \frac{25}{3}a^2 \cdot (-\frac{3}{2}a)$

c) $x(8 - 5x) + 3(x - 3x^2) - 3(2x - 3) \cdot x$

9. Welcher Anteil wurde schraffiert (Bild links)?

Teste dich – Vermischte Übungen 6

1. Ein Backshop hat täglich geöffnet. Herr Hirsch kauft am Freitag zwei Korn-Brötchen und drei Kaiser-Brötchen; dafür zahlt er 1,74 €. Am Samstag kauft er drei Korn-Brötchen und zwei Kaiser-Brötchen; dafür zahlt er 1,96 €.

a) Wie viel Cent kostet ein Korn-Brötchen mehr als ein Kaiser-Brötchen?

b) Sonntags sind alle Brötchen wegen der höheren Personalkosten um den gleichen Betrag teurer. Wie groß ist der Sonntagsaufschlag, wenn man für fünf Korn-Brötchen und fünf Kaiser-Brötchen 4,00 € bezahlen muss?

2. Um die Höhe eines Turms zu bestimmen, werden ein 1,80 m langer Stab $\overline{AD}$ und ein 3 m langer Stab $\overline{BF}$ so aufgestellt, dass man über sie den oberen Rand eines Turms anpeilen kann. In diesen Positionen beträgt der Abstand der Stäbe 1,80 m. Man misst dann den Abstand $\overline{BC}$ des längeren Stabs vom Turm und erhält: $|\overline{BC}| = 21{,}60$ m.
Berechne die Höhe des Turms.

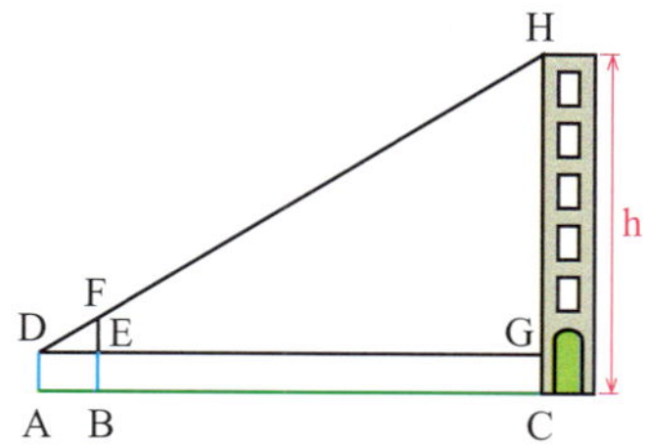

3. Ein Grundstück ist ein Viereck ABCD mit a = 24 m, b = 32 m, c = 22 m, $\beta = 80°$, $\gamma = 105°$.

a) Konstruiere das Grundstück verkleinert. Ist seine Form eindeutig festgelegt?

b) Berechne die Größe des Grundstücks.

c) Wie lang sind die Grundstücksgrenzen insgesamt?

d) Gib Größen an, aus denen das obige Viereck nicht eindeutig konstruierbar ist.

4. Gegeben sind zwei Gruppen von Zahlen:
1. Gruppe: 3,24; −3,42; $\frac{1}{2}$; $\frac{17}{5}$ 2. Gruppe: 1; −2; 3; 4
Wähle aus der ersten Gruppe eine Zahl, dann aus der zweiten Gruppe eine Zahl, so dass deren

a) Summe möglichst groß wird,
b) Differenz möglichst klein wird,
c) Produkt möglichst klein wird,
d) Quotient möglichst groß wird.

Begründe jeweils deine Auswahl.

5. In einem Zweizylinder-Motorrad-Motor bewegen sich die Kolben in zylindrischen Verbrennungskammern auf und ab. Das Gesamtvolumen, das in die Verbrennungskammern passt, nennt man Hubraum des Motors. Nach seiner Größe richtet sich die Fahrzeugsteuer.
Berechne den Hubraum.

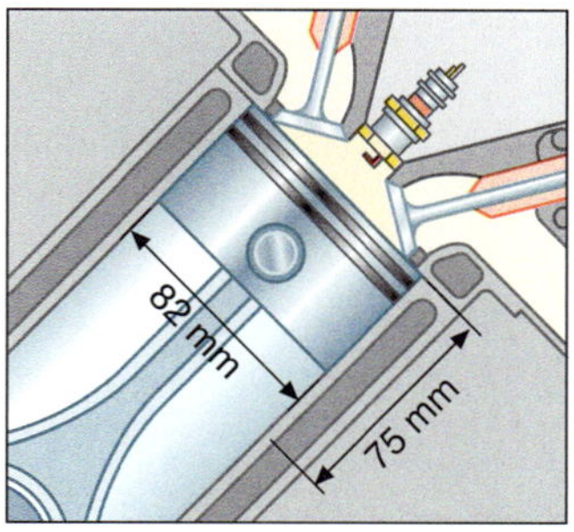

6. Ein Rechteck hat die Seitenlängen 35 cm und 40 cm. Berechne seinen Flächeninhalt.

a) Wie ändert sich der Flächeninhalt, wenn man
– die längere Seite um 5 % verkürzt und die kürzere Seite um 5 % verlängert;
– die kürzere Seite um 5 % verkürzt und die längere um 5 % verlängert;

b) Zeige allgemein für ein Rechteck: Verlängert man die längere Seite um 5 % und verkürzt die kürzere um 5 %, dann erhält man denselben Flächeninhalt, wie wenn man die kürzere Seite um 5 % verlängert und die längere um 5 % verkürzt.

Teste dich – Vermischte Übungen 7

1. Die Zentren des Oberdorfs O und des Unterdorfs U liegen Luftlinie etwa 900 m auseinander. Für das ganze Dorf soll an der laufenden S-Bahn ein Bahnhof so eingerichtet werden, dass die Punkte O und U zum Bahnhof B den gleichen Abstand haben. In einem Koordinatensystem mit der Einheit 100 m gilt: $O(5|9)$, $U(9|1)$. Die S-Bahnlinie verläuft durch die Punkte $S(0|3)$ und $T(3|0)$.

a) Trage die Punkte in ein entsprechendes Koordinatensystem ein.

b) Überprüfe die Entfernung der Strecke $\overline{UO}$.

c) Konstruiere die Lage des Bahnhofs B und gib seine Koordinaten an.

d) Wie weit ist der Bahnhof von den beiden Zentren entfernt?

e) Wo müsste ein Einkaufszentrum E eingerichtet werden, damit die Strecken $\overline{OE}$, $\overline{UE}$ und $\overline{BE}$ alle gleich lang sind?

2. Vereinfache: **a)** $2x \cdot (3x - 4y)$ **b)** $\frac{2}{3}pq \cdot (-\frac{1}{2}p^2) \cdot pq^2$ **c)** $(a^2 - ab - b^2)(a + b)$

3. Um wie viel Prozent ändert sich das Volumen eines Würfels, wenn man die Kantenlänge um 15 % vergrößert? Runde auf Zehntelprozent.

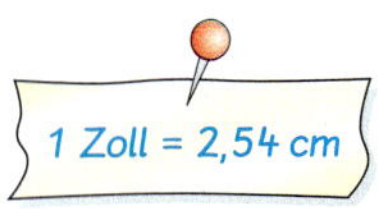

4. Hannes fährt mit seiner kleinen Schwester Laura mit dem Fahrrad in das 4,7 km entfernte Freibad und zurück. Hannes fährt ein 28-Zoll-Fahrrad. Diese Angabe bedeutet, dass der Durchmesser der Räder 28 Zoll beträgt. Sophie fährt ein 26-Zoll-Fahrrad. Wie oft dreht sich auf dieser Fahrt ein Rad bei Hannes' Fahrrad, wie oft bei Sophies Fahrrad?

5. Elisa braucht für ihren Weg zur Schule 12 Minuten, wenn sie mit ihrem Fahrrad durchschnittlich $20\,\frac{km}{h}$ fährt. Bei Gegenwind vermindert sich ihre Geschwindigkeit um 20 %. Um wie viel Prozent ändert sich dabei die Fahrtzeit?

6. Ein Theaterstück wurde an zwei verschiedenen Tagen aufgeführt. Am ersten Tag wurden 280 normale und 60 ermäßigte Eintrittskarten verkauft, wobei die Gesamteinnahme 3 780 € betrug. Am zweiten Tag wurden mit 210 normalen und 80 ermäßigten Karten insgesamt 3 080 € eingenommen. Wie teuer waren die Eintrittskarten?

7. In einem Kasino gewinnt ein Spieler beim vorletzten Spiel 30 % seines Einsatzes. Er hofft auf nochmaliges Glück, verliert aber 125 % des vorherigen Gewinns. Vom ursprünglichen Einsatz bleiben ihm nur noch 407 €. Wie hoch war der Einsatz im vorletzten Spiel?

8. Berechne $-\frac{1}{2} + 3$, $-\frac{1}{2} - 3$, $-\frac{1}{2} \cdot 3$, $-\frac{1}{2} : 3$ und $\left(-\frac{1}{2}\right)^3$.

9. Lukas und Lara zeichnen Rechtecke auf Untersetzer mit kreisförmiger Fläche. Lukas zeichnet ein Quadrat mit größtmöglicher Fläche; Lara entscheidet sich für ein größtmögliches Rechteck, bei dem die kürzere Seite halb so lang wie die andere Seite ist. Welchen Anteil nimmt die Rechteckfläche jeweils von der Kreisfläche ein?

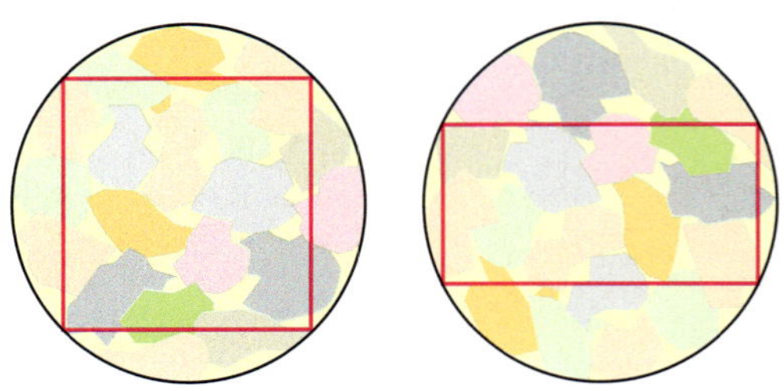

Bist du fit? – Lösungen

Seite 64

1. **a)** $21ab + 3ac$ **b)** $72xy - 96xz$ **c)** $2x^3 + 2x$
d) $-2r^2 + rs$ **e)** $-x + 3$ **f)** $6a^2 - 5a$
g) $27a + 9ab + 2b + 6$ **h)** $14p + 7pq - q^2 - 2q$ **i)** $3u^2 - 14uv + 8v^2$
j) $4x^2 + 12x + 9$ **k)** $16a^2 - 16ab - 4b^2 + 166a$ **l)** $p^2 - 4q^2$

2. **a)** $-129b$ **b)** $4r - 24rs - 4s$
c) $8u - uv - 1$ **d)** 0
e) $13ab - 16b^2$ **f)** $35x + 40xy - 60y - 3$

3. **a)** $L = \left\{x \in \mathbb{Q} \mid x \geq -5\frac{3}{5}\right\}$ **b)** $L = \{0\}$
c) $L = \{-1\}$ **d)** $L = \{1\}$
e) $L = \{4\}$ **f)** $L = \{-4\}$
g) $L = \left\{x \in \mathbb{Q} \mid x \geq -\frac{6}{11}\right\}$ **h)** $L = \{4\}$
i) $L = \{4\}$

4. **a)** *Beispiele:* $2 \cdot a \cdot b + 2 \cdot b \cdot c$ bzw. $2 \cdot b \cdot (2 \cdot a + c) - 2 \cdot a \cdot b$
b) $84\,cm^2$ [$67{,}2\,cm^2$]
c) $2 \cdot b \cdot (2 \cdot a + c) - 2 \cdot a \cdot b = 4 \cdot a \cdot b + 2 \cdot b \cdot c - 2 \cdot a \cdot b = 2 \cdot a \cdot b + 2 \cdot b \cdot c$
d) $2b \cdot (a + b) = 2 \cdot a \cdot b + 2 \cdot b^2$ Der Term ist falsch.
e) 8 cm
f) $a + c + a + b + a + b + c + b + a + b$ oder $4a + 4b + 2c$; 52 cm [38 cm]

5. **a)** $b(12a + 7c)$; $-4(x + y)$
b) $5x(8y - 5z)$; $-5x(x + 2y)$
c) $9(5 - 3ab + 4x^2)$; $12(-2a + 3b)$
d) $0{,}9u(1 - u + u^2)$; $\frac{1}{2}r(1 + r - 3s)$

6. **a)** $(4x + 5y)(4x - 5y)$ **b)** $(8x - 12y)^2 = 16(2x - 3y)^2$ **c)** $5(x + y)^2$

7. Länge der neuen Quadratseite (in cm): x
Länge der ursprünglichen Quadratseite (in cm): x + 1
Gleichung: $(x + 1)^2 = x^2 + 57$; $x = 28$
Das Grundstück ist nun $28\,m \cdot 28\,m = 784\,m^2$ groß (ursprüngliche Größe: $29\,m \cdot 29\,m = 841\,m^2$).

8. Wir wählen zunächst als Beispiel, dass wir 500 ml Essigessenz mit gewöhnlichem Essig zu 10%-igem Essig vermischen wollen.
x ist die Menge an Essig (in ml).
$500 \cdot 0{,}20 + x \cdot 0{,}05 = (500 + x) \cdot 0{,}10$; $L = \{1000\}$
Man muss in diesem Beispiel 1000 ml Essig, also 1 *l* Essig zugeben. Das ist doppelt so viel gewöhnlicher Essig wie Essigessenz. Das ist im Verhältnis 1 : 2. Allgemein erhält man z. B. für die Menge 1 an Essigessenz die Gleichung:
$1 \cdot 0{,}20 + x \cdot 0{,}05 = (1 + x) \cdot 0{,}10$; $L = \{2\}$
Man erhält auch hier das Verhältnis 1 : 2.

Seite 88

1. **a)** $O = 2G + M$
$\approx 2 \cdot \frac{1}{2} \cdot 4\,cm \cdot 3{,}5\,cm + 3 \cdot 4{,}0\,cm \cdot 7{,}0\,cm$
$= 98\,cm^2$
$V = G \cdot h$
$= \frac{1}{2} \cdot 4\,cm \cdot 3{,}5\,cm \cdot 7{,}0\,cm$
$= 49\,cm^3$

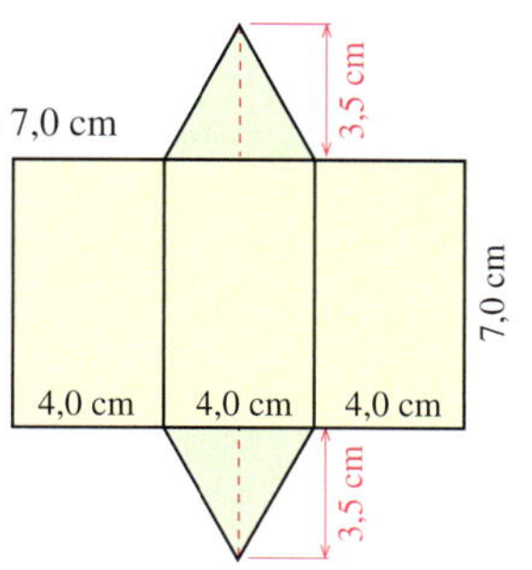

b)

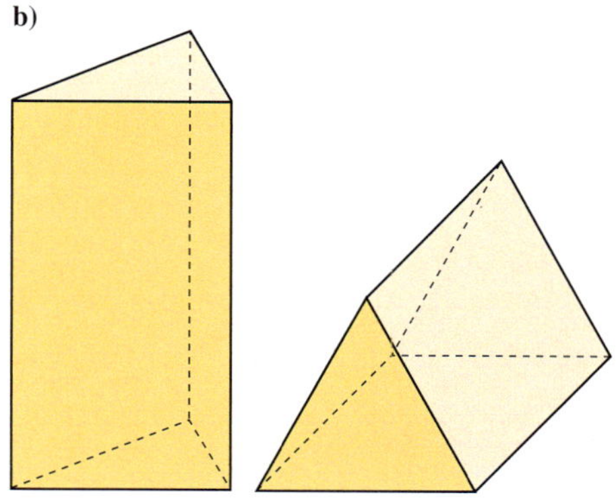

2. **a)** $G = 9{,}55\,cm^2$; $V = 70{,}67\,cm^3$; $M = 108{,}04\,cm^2$; $O = 127{,}14\,cm^2$
b) $G = 11{,}695\,m^2$; $V = 74{,}848\,m^3$; $M = 106{,}944\,m^2$; $O = 130{,}334\,m^2$
c) $G = 14{,}4\,dm^2$; $V = 103{,}68\,dm^3$; $M \approx 149{,}04\,dm^3$; $O \approx 177{,}84\,dm^2$

3. **a)** $V = 884\,cm^2$; $M = 765\,cm^2$; $O = 869\,cm^2$
b) $u = 62\,cm$; $V = 10\,320\,cm^3$; $O = 3\,146\,cm^2$
c) $G = 590\,m^2$; $h = 36\,m$; $V = 21\,240\,m^3$
d) $G = 745\,cm^2$; $h = 38\,cm$; $u = 25{,}5\,cm$

Seite 88

4. a) Grundfläche: $G = 280\ cm^2$; $30\ m^2 = 300\,000\ cm^2$;
$300\,000\ cm^2 : 280\ cm^2 \cdot 1{,}03 \approx 1\,103{,}57$,
Es werden also mindestens 1 104 Steine benötigt.

b) Volumen: $V = 1\,960\ cm^3$; Gewicht eines Steins: $m \approx 4\,900\ g = 4{,}9\ kg$; Gewicht aller Steine: $5\,409{,}6\ kg \approx 5{,}4\ t$.
Der Kleinlaster muss zweimal fahren.

5. $O \approx 125{,}66\ cm^2 \approx 126\ cm^2$; $V \approx 100{,}53\ cm^3 \approx 101\ cm^3$

Bild zu Aufgabe 5

Verkleinert

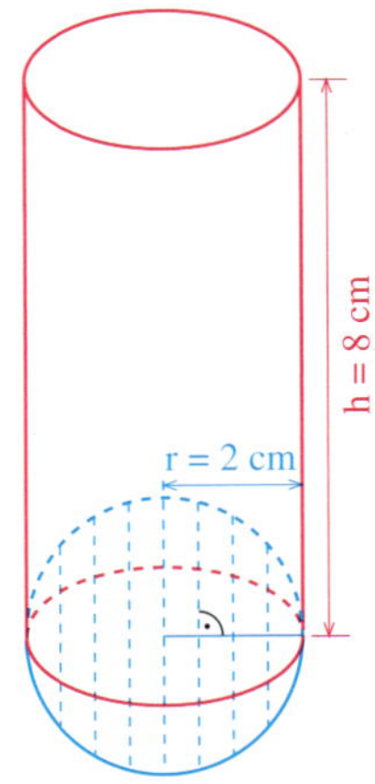

6. a) $A_{Rechteck} = 140\ cm \cdot 70\ cm = 9\,800\ cm^2$
$A_{Tisch} = \pi \cdot (35\ cm)^2 + 70\ cm \cdot 70\ cm \approx 8748{,}45\ cm^2 \approx 8\,750\ cm^2$
$A_{Abfall} = A_{Rechteck} - A_{Tisch} \approx 1\,051{,}55\ cm^2 \approx 1\,050\ cm^2$, also ungefähr 10,7%

b) $V \approx 34\,993{,}8\ cm^3$; $m \approx 97\,983\ g \approx 98\ kg$

7. Volumen des Kupferdrahtes: $V = 17{,}5 : 8{,}9\ cm^3 \approx 1{,}966\ cm^3 = 1966\ mm^3$
Größe der Querschnittsfläche: $A = \frac{2{,}7^2}{4} \cdot \pi\ mm \approx 5{,}73\ mm^2$
Länge des Kupferdrahtes: $l \approx 1966\ mm^3 : 5{,}73\ mm^3 \approx 343\ mm$
Der Draht ist ungefähr 34 cm bis 35 cm lang.

Seite 124

1. a) +20 cm; +20 cm; –10 cm; –24 cm; +20 cm; +28 cm; 0 cm; –14 cm

b) +20 cm um 3.00 Uhr, 5.00 Uhr, 14.00 Uhr, 18.30 Uhr [0 cm um 1.00 Uhr, 7.00 Uhr, 13.00 Uhr, 20.00 Uhr; –20 cm um 9.00 Uhr, 11.30 Uhr, 21.30 Uhr, 23.30 Uhr]

c) Jedem Zeitpunkt ist eindeutig ein Wasserstand zugeordnet;
Zeitpunkt → *Wasserstand* ist eine Funktion.
Zu einem bestimmten Wasserstand gibt es mehrere Zeitpunkte;
Wasserstand → *Zeitpunkt* ist keine Funktion.

2. Gerade durch die Punkte:

a) P(0|0); Q(1|5) **c)** P(0|0); Q(2,5|7) **e)** P(0|1); Q(1|0) **g)** P(0|–2); Q(5|5) **i)** P(0|2); Q(2|1)
b) P(0|0); Q(1|–4) **d)** P(0|0); Q(5|–4,5) **f)** P(0|2,5); Q(1|3,5) **h)** P(0|3); Q(1|0) **j)** P(0|2); Q(1|2)

3. *Beispiele:* **a)** $y = x + 1{,}5$ **b)** $y = \frac{1}{2}x + 1{,}5$ **c)** $y = \frac{3}{4}x + 1$ **d)** $y = -x + 1{,}5$

4. a) P_1, P_3, P_4 **b)** P_2, P_3

5. a) $m = 3$; $c = -2$, also um 2 nach oben **c)** $m = \frac{1}{3}$; $c = 2$, also um 2 nach unten
b) $m = 3$; $c = -1$, also um 1 nach oben

6. (1) $y = \frac{3}{2}x = 1{,}5x$ (4) $y = -\frac{3}{4}x = -0{,}75x$ (7) $y = 3$
(2) $y = \frac{3}{2}x = 1{,}5x + 2$ (5) $y = -\frac{3}{4}x = -0{,}75x - 3$ (8) $y = 0$
(3) $y = \frac{3}{2}x = 1{,}5x - 3$ (6) $y = -\frac{3}{4}x = -0{,}75x + 3$ (9) $y = -2$

7. a) $250\ m + 20 \cdot 5\ m = 350\ m$ **b)** $y = -5x + 350$; Das Absinken dauert 70 s = 1 min 10 s.

8. a) $x = \frac{6}{5} = 1{,}2$ **b)** $x = -2{,}5$

9. Für $x = 20$ erhält man $y = 21 \cdot 20 - 30 = 390$. Der Punkt P liegt also unterhalb der Geraden.

Seite 160

1. a) g_1: $y = -x + 3$ **b)** g_3: $y = \frac{1}{3}x + 1$ **c)** g_5: $y = -3x - 3$ **d)** g_7: $y = \frac{4}{3}x - 2$
g_2: $y = \frac{1}{2}x + 1$ g_4: $y = -\frac{3}{2}x + 3$ g_6: $y = 3$ g_8: $x = 2$

2. a) P_2 **b)** P_4 und P_5 **c)** P_1 **d)** P_3 **e)** P_3 **f)** P_2 und P_5

3. a) $L = \{(5\,|\,3)\}$ **b)** $L = \{(-10\,|\,-4)\}$ **c)** $L = \{(-4\,|\,-7)\}$ **d)** $L = \{(4{,}5\,|\,6{,}5)\}$

4. a) $L = \{(16\,|\,30)\}$ **b)** $L = \{(3\,|\,3)\}$ **c)** $L = \{(8\,|\,9)\}$ **d)** $L = \{(5\,|\,0)\}$

5. a) $L = \{(1\,|\,7)\}$ **c)** $L = \{(-2\,|\,1)\}$ **e)** $L = \left\{\left(\frac{1}{3}\,|\,\frac{1}{2}\right)\right\}$ **g)** $L = \left\{\left(0\,|\,\frac{1}{3}\right)\right\}$
b) $L = \left\{\left(-\frac{1}{2}\,|\,3\right)\right\}$ **d)** $L = \{(0\,|\,2)\}$ **f)** $L = \{\ \}$ **h)** $L = \{(x\,|\,y)\ |\ y = 3x - 2\}$

6. a) $L = \{(1{,}1\,|\,2{,}2)\}$ **b)** $L = \{(x\,|\,y)\ |\ y = 0{,}6x + 1{,}4\}$ **c)** $L = \{(7\,|\,5)\}$

Seite 160

7. x: Anzahl der Einzelzimmer
y: Anzahl der Doppelzimmer
Gleichungssystem: $\left| \begin{array}{l} x + y = 78 \\ x + 2y = 119 \end{array} \right|$ Lösungsmenge: $L = \{(37 \mid 41)\}$

Das Hotel hat 37 Einzelzimmer und 41 Doppelzimmer.

8. a: Länge der Seite, die verlängert wird (in cm)
b: Länge der Seite, die verkürzt wird (in cm)

Gleichungssystem: $\left| \begin{array}{r} 2a + 2b = 28{,}8 \\ (a + 4{,}5) \cdot (b - 3{,}5) = a \cdot b - 17{,}35 \end{array} \right|$; umgeformt: $\left| \begin{array}{r} 2a + 2b = 28{,}8 \\ -3{,}5a + 4{,}5b = -1{,}6 \end{array} \right|$

Lösungsmenge: $L = \{(8{,}3 \mid 6{,}1)\}$

Das Rechteck hat die Seitenlängen 8,3 cm und 6,1 cm. Die Seite, die verlängert wird, ist 8,3 cm lang. Die Seite, die verkürzt wird, ist 6,1 cm lang.

9. t_1: Zeit für die Hinfahrt (in h)
t_2: Zeit für die Rückfahrt (in h)

Gleichungssystem: $\left| \begin{array}{c} t_1 + t_2 = 4 \\ (4{,}5 + 1{,}5)\,t_1 = (4{,}5 - 1{,}5)\,t_2 \end{array} \right|$; umgeformt: $\left| \begin{array}{c} t_1 + t_2 = 4 \\ 6t_1 - 3t_2 = 0 \end{array} \right|$

Lösungsmenge: $L = \left\{1\tfrac{1}{3};\, 2\tfrac{2}{3}\right\}$

Die Hinfahrt dauert 1 h 20 min, die Rückfahrt 2 h 40 min. Die Strecke ist 8 km lang.

Seite 196

1. **a)** 9 **b)** 0,5 **c)** $\frac{8}{11}$ **d)** 200 **e)** 2,5

2. **a)** 7 cm **b)** 13 cm **c)** 2,7 cm **d)** $\sqrt{8}\,\text{m} = 2\sqrt{2}\,\text{m} \approx 2{,}83$ cm **e)** $\sqrt{150\,\text{ha}} = \sqrt{1\,500\,000\,\text{m}^2} = 500\sqrt{6}\,\text{m} \approx 1225$ m

3. a: Kantenlänge des Würfels (in m); O: Größe der Oberfläche (in m^2)
$O = 6a^2 = 3$, mit $a > 0$, also $a = \sqrt{\frac{3}{6}} = \sqrt{\frac{1}{2}} = \frac{1}{2}\sqrt{2} \approx 0{,}71$
Volumen (in m^3): $a^3 = \left(\frac{1}{2}\sqrt{2}\right)^3 = \frac{1}{8} \cdot 2 \cdot \sqrt{2} = \frac{1}{4}\sqrt{2} \approx 0{,}354$
Ergebnis: Der Würfel hat eine Kantenlänge von ungefähr 71 cm und ein Volumen von ungefähr 354 dm^3.

4. **a)** Zum Beispiel mit Intervallschachtelung.
$2^2 < 7 < 3^2$, also liegt $\sqrt{7}$ im Intervall [2; 3]
$2{,}6^2 < 7 < 2{,}7^2$, also liegt $\sqrt{7}$ im Intervall [2,6; 2,7]
$2{,}64^2 < 7 < 2{,}65^2$, also liegt $\sqrt{7}$ im Intervall [2,64; 2,65]
$2{,}645^2 < 7 < 2{,}646^2$, also liegt $\sqrt{7}$ im Intervall [2,645; 2,646]

b) Da man Endnullen weglässt, hätte ein abbrechender Dezimalbruch für $\sqrt{7}$ die möglichen Endziffern 1, 2, …, 9. Beim Quadrieren erhält man die Endziffern 1, 4, 9, 6, 5, 6, 9, 4, 1.
Wir erhalten beim Quadrieren also nie die natürliche Zahl 7. $\sqrt{7}$ kann also kein abbrechender Dezimalbruch sein.

c) *Annahme:* $\sqrt{7} = \frac{m}{n}$, wobei $\frac{m}{n}$ ein gekürzter Bruch ist.
Der Nenner ist ungleich 1, da es keine natürliche Zahl gibt, deren Quadrat 7 ist: $2^2 = 4 < 7$ und $3^2 = 9 > 7$.
Also kann $\sqrt{7}$ keine natürliche Zahl sein und n ist somit ungleich 1.
Quadriert man beide Seiten der Gleichung, so ergibt sich $\frac{m}{n} \cdot \frac{m}{n} = 7$.
Da der Nenner $n \cdot n$ ungleich 1 ist und der Bruch bereits gekürzt ist, kann $\frac{m}{n} \cdot \frac{m}{n}$ nicht gleich der natürlichen Zahl 7 sein.
$\sqrt{7}$ ist nicht als gewöhnlicher Bruch darstellbar, also keine rationale Zahl, also irrational.

5. **a)** $3{,}4 = 3\frac{4}{10} = 3\frac{2}{5}$ **b)** $3{,}\overline{4} = 3\frac{4}{9}$ **c)** irrational
d) $3{,}39 = 3\frac{39}{100}$ **e)** $3{,}40 = 3\frac{40}{100} = 3\frac{4}{10} = 3\frac{2}{5}$ **f)** irrational
g) $\sqrt{4} = 2$ **h)** irrational **i)** $3 \cdot \sqrt{4} = 3 \cdot 2 = 6$
j) $3{,}\overline{04044} = 3\frac{4044}{99\,999} = 3\frac{1348}{33\,333}$ **k)** $3{,}04 = 3\frac{4}{100} = 3\frac{1}{25}$ **l)** $3{,}040 = 3\frac{40}{1000} = 3\frac{4}{100} = 3\frac{1}{25}$

6. Eine Zahl ist rational, wenn der Dezimalbruch abbrechend oder periodisch ist.
[Eine Zahl ist irrational, wenn der Dezimalbruch nichtabbrechend und nichtperiodisch ist.]

7. **a)** $L = \{-12, 12\}$ **b)** $L = \{-1{,}3;\, 1{,}3\}$ **c)** $L = \{\ \}$ **d)** $L = \{0\}$

8. **a)** $D = \{x \in \mathbb{R} \mid x \geq 3\}$ **b)** $D = \mathbb{R}$ **c)** $D = \{x \in \mathbb{R} \mid |x| \leq 3\}$ **d)** $D = \{x \in \mathbb{R} \mid x > -1\}$

Seite 196

9. **a)** $\sqrt{20} \cdot \sqrt{5} = \sqrt{100} = 10$

b) $\sqrt{20} : \sqrt{5} = \sqrt{4} = 2$

c) $(\sqrt{20} + \sqrt{5})^2 = (\sqrt{20})^2 + 2\sqrt{20} \cdot \sqrt{5} + (\sqrt{5})^2 = 20 + 2\sqrt{100} + 5 = 20 + 2 \cdot 10 + 5 = 45$

d) $\sqrt{20} + \sqrt{5} = \sqrt{4 \cdot 5} + \sqrt{5} = \sqrt{4} \cdot \sqrt{5} + \sqrt{5} = 2\sqrt{5} + \sqrt{5} = 3\sqrt{5}$

10. **a)** $3 \cdot |a|$ **e)** $0{,}9 \cdot |x| \cdot y^2$ **i)** $3\sqrt{a} - 3 \cdot a \cdot \sqrt{a} = 3\sqrt{a}\,(1 - a)$ für $a \geq 0$

b) $5x$ für $x \geq 0$ **f)** x^6 für $x \geq 0$ **j)** $a + \sqrt{a}$ für $a \geq 0$

c) 6 **g)** $y\sqrt{y}$ für $y \geq 0$ **k)** $a + 2\sqrt{3ab} + 3b$ für $a \geq 0, b \geq 0$

d) $12uv$ für $u \geq 0, v \geq 0$ **h)** $\frac{13 \cdot |a|}{2 \cdot |b| \cdot |c|}$ für $b \neq 0, c \neq 0$ **l)** $\sqrt{(5 - z)^2} = |5 - z| = |z - 5|$

11. **a)** $2 \cdot \sqrt{3}$ **b)** $3 \cdot \sqrt{5}$ **c)** $|a| \cdot \sqrt{5}$ **d)** $13a^2 \cdot |b| \cdot \sqrt{c}$ **e)** $1{,}2 \cdot |x| \cdot \sqrt{y}$

12. **a)** $\frac{5}{\sqrt{3}} = \frac{5 \cdot \sqrt{3}}{\sqrt{3} \cdot \sqrt{3}} = \frac{5}{3}\sqrt{3}$

b) $\frac{6}{\sqrt{2}} = \frac{6 \cdot \sqrt{2}}{\sqrt{2} \cdot \sqrt{2}} = \frac{6 \cdot \sqrt{2}}{2} = 3\sqrt{2}$

c) $\frac{a}{\sqrt{z}} = \frac{a \cdot \sqrt{z}}{\sqrt{z} \cdot \sqrt{z}} = \frac{a}{z}\sqrt{z}$

d) $\frac{7}{4 - \sqrt{2}} = \frac{7 \cdot (4 + \sqrt{2})}{(4 - \sqrt{2})(4 + \sqrt{2})} = \frac{28 + 7\sqrt{2}}{16 - 2} = \frac{28 + 7\sqrt{2}}{14} = 2 + \frac{1}{2}\sqrt{2}$

e) $\frac{a}{b - \sqrt{c}} = \frac{a \cdot (b + \sqrt{c})}{(b - \sqrt{c})(b + \sqrt{c})} = \frac{ab + a\sqrt{c}}{b^2 - c}$

f) $\frac{\sqrt{2}}{\sqrt{3} - \sqrt{5}} = \frac{\sqrt{2} \cdot (\sqrt{3} + \sqrt{5})}{(\sqrt{3} - \sqrt{5})(\sqrt{3} + \sqrt{5})} = \frac{\sqrt{6} + \sqrt{10}}{3 - 5} = -\frac{1}{2}\sqrt{6} - \frac{1}{2}\sqrt{10}$

13. **a)**

$\sqrt{x^2 + 1} = 3$ | (Quadrieren beider Seiten)

$x^2 + 1 = 9$ | -1

$x^2 = 8$

$x = -\sqrt{8}$ oder $x = \sqrt{8}$

Die Probe zeigt: $-\sqrt{8}$ und $\sqrt{8}$ sind Lösungen der Wurzelgleichung, also $L = \{-\sqrt{8}; \sqrt{8}\}$.

b)

$\sqrt{x^2 + 1} = 3x$ | (Quadrieren beider Seiten)

$x^2 + 1 = 9x^2$ | $-x^2$

$1 = 8x^2$ | $:8$

$\frac{1}{8} = x^2$

$x = -\frac{1}{\sqrt{8}}$ oder $x = \frac{1}{\sqrt{8}}$

Die Probe zeigt: $-\frac{1}{\sqrt{8}}$ ist nicht Lösung der Wurzelgleichung, also $L = \left\{\frac{1}{\sqrt{8}}\right\}$ bzw. umgeformt $L = \left\{\frac{1}{4}\sqrt{2}\right\}$.

c)

$x - \sqrt{17 - 2x} = 1$ | $-\sqrt{17 - 2x} - 1$

$x - 1 = \sqrt{17 - 2x}$ | (Quadrieren beider Seiten)

$x^2 - 2x + 1 = 17 - 2x$ | $-1 + 2x$

$x^2 = 16$

$x = -4$ oder $x = 4$

Die Probe zeigt: -4 ist nicht Lösung der Wurzelgleichung, also $L = \{4\}$.

Seite 222

1. **a)** $c = \sqrt{a^2 - b^2} = 100$ cm **b)** $b = \sqrt{c^2 + a^2} = 75$ cm **c)** $b = \sqrt{c^2 - a^2} = 39$ cm **d)** $r = \sqrt{s^2 - t^2} = 28$ cm

2. **a)** $h = \sqrt{s^2 - \left(\frac{g}{2}\right)^2} = 77$ cm; $A = \frac{g \cdot h}{2} = 2772$ cm²

b) $h = \frac{a}{2}\sqrt{3} = 13 \text{ cm} \cdot \sqrt{3} \approx 22{,}5$ cm; $A = \frac{a^2}{2} \cdot \sqrt{3} = 169 \cdot \sqrt{3} \text{ cm}^2 \approx 292{,}72 \text{ cm}^2$

3. **a)** $d = \sqrt{(2\text{ cm})^2 + (2\text{ cm})^2} = 2 \cdot \sqrt{2}\text{ cm} \approx 2{,}8$ cm
$e = \sqrt{d^2 + (2\text{ cm})^2} = 2\sqrt{3}\text{ cm} \approx 3{,}5$ cm

b) $d = \sqrt{(3\text{ cm})^2 + (3\text{ cm})^2} = 3\sqrt{2}\text{ cm} \approx 4{,}2$ cm
$e = \sqrt{d^2 + (2\text{ cm})^2} = \sqrt{22}\text{ cm} \approx 4{,}7$ cm

c) $d = \sqrt{(3\text{ cm})^2 + (2\text{ cm})^2} = \sqrt{13}\text{ cm} \approx 3{,}6$ cm
$e = \sqrt{d^2 + (1\text{ cm})^2} = \sqrt{14}\text{ cm} \approx 3{,}7$ cm

4. $l = 4 \cdot \sqrt{(60\text{ m})^2 + (\frac{3}{4} \cdot 120\text{ m})^2} = 4 \cdot \sqrt{(60\text{ m})^2 + (90\text{ m})^2} = 4 \cdot 30 \cdot \sqrt{13}\text{ m} \approx 432{,}67\text{ m} \approx 433\text{ m}$

Seite 222

5. a) $s = \sqrt{(3{,}50\,\text{m})^2 + (3{,}50\,\text{m})^2} = 3{,}5 \cdot \sqrt{2}\,\text{m} \approx 4{,}95\,\text{m}$

b) $K = 2 \cdot s \cdot 60\,\text{m} \cdot 36\,\frac{€}{\text{m}^2} \cdot 1{,}19 = 25\,445{,}66\,€$

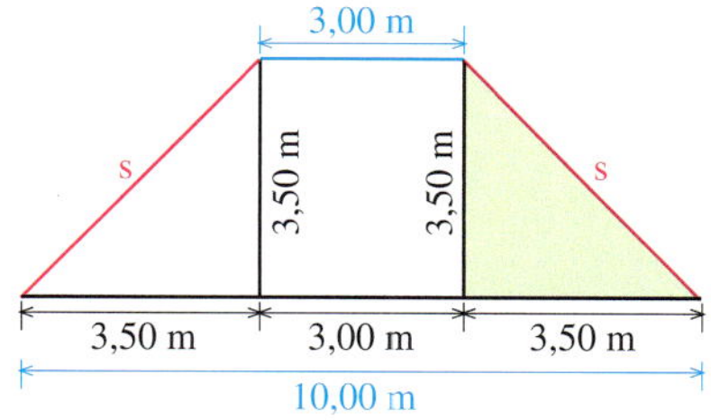

6. Es gibt teilweise mehrere Möglichkeiten, die fehlenden Größen mit dem Satz des Pythagoras, dem Kathetensatz oder dem Höhensatz zu berechnen.

a) $c = \frac{b^2}{q} = 9\,\text{cm}$
$p = c - q = 5\,\text{cm}$
$a = \sqrt{c^2 - b^2} = 3 \cdot \sqrt{5}\,\text{cm} \approx 6{,}7\,\text{cm}$
$h = \sqrt{b^2 - q^2} = 2 \cdot \sqrt{5}\,\text{cm} \approx 4{,}5\,\text{cm}$
$A = \frac{a \cdot b}{2} = \frac{c \cdot h}{2} = 9 \cdot \sqrt{5}\,\text{cm}^2 \approx 20{,}12\,\text{cm}^2$

b) $c = p + q = 7\,\text{cm}$
$a = \sqrt{c \cdot p} = \sqrt{21}\,\text{cm} \approx 4{,}6\,\text{cm}$
$b = \sqrt{c \cdot q} = 2 \cdot \sqrt{7}\,\text{cm} \approx 5{,}3\,\text{cm}$
$h = \sqrt{p \cdot q} = 2 \cdot \sqrt{3}\,\text{cm} \approx 3{,}5\,\text{cm}$
$A = \frac{a \cdot b}{2} = \frac{c \cdot h}{2} = 7 \cdot \sqrt{3}\,\text{cm}^2 \approx 12{,}12\,\text{cm}^2$

7. *Mithilfe des Kathetensatzes:*

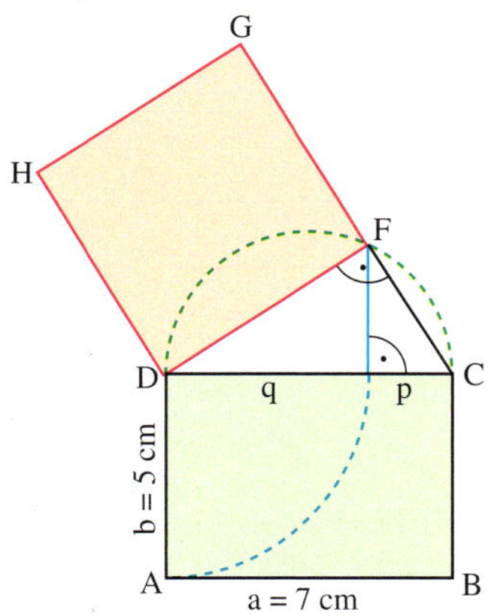

Mithilfe des Höhensatzes:

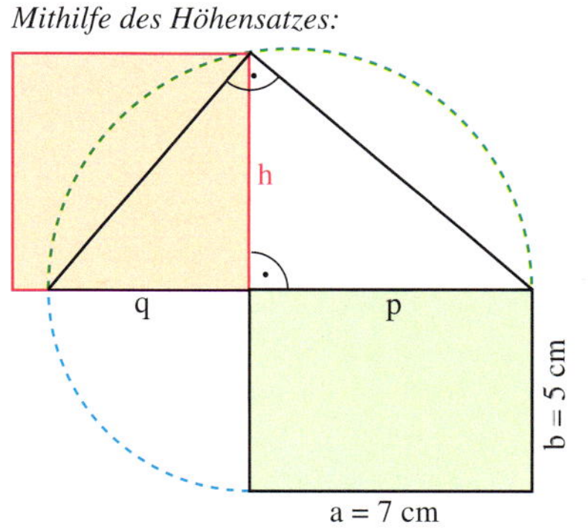

Seite 271

1. A ist ähnlich zu H; Ähnlichkeitsfaktor 1
A ist ähnlich zu I; Ähnlichkeitsfaktor 2
B ist ähnlich zu E; Ähnlichkeitsfaktor $\frac{1}{2}$
B ist ähnlich zu F; Ähnlichkeitsfaktor $\frac{3}{4}$
E ist ähnlich zu B; Ähnlichkeitsfaktor 2
E ist ähnlich zu F; Ähnlichkeitsfaktor $\frac{3}{2}$
F ist ähnlich zu B; Ähnlichkeitsfaktor $\frac{4}{3}$
F ist ähnlich zu E; Ähnlichkeitsfaktor $\frac{2}{3}$
H ist ähnlich zu A; Ähnlichkeitsfaktor 1
H ist ähnlich zu I; Ähnlichkeitsfaktor 2
I ist ähnlich zu A; Ähnlichkeitsfaktor $\frac{1}{2}$
I ist ähnlich zu H; Ähnlichkeitsfaktor $\frac{1}{2}$

2.

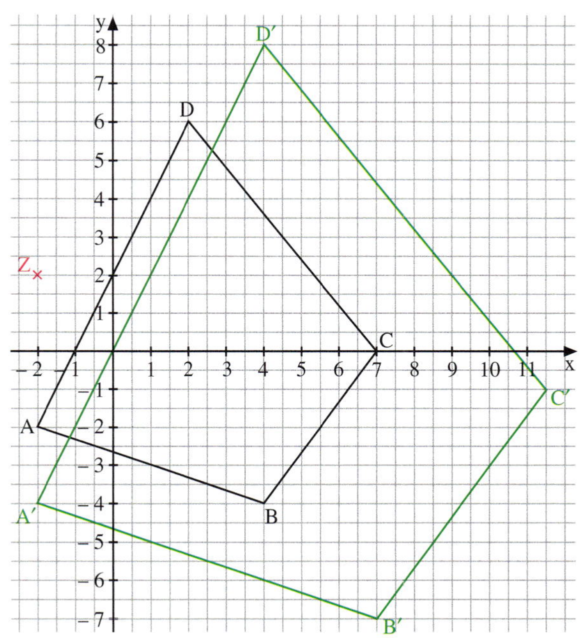

3. a) $Z(2\,|\,-2);\ k = 3$ **b)** $Z(-1\,|\,-2);\ k = \frac{1}{2}$

Seite 271

4. a)

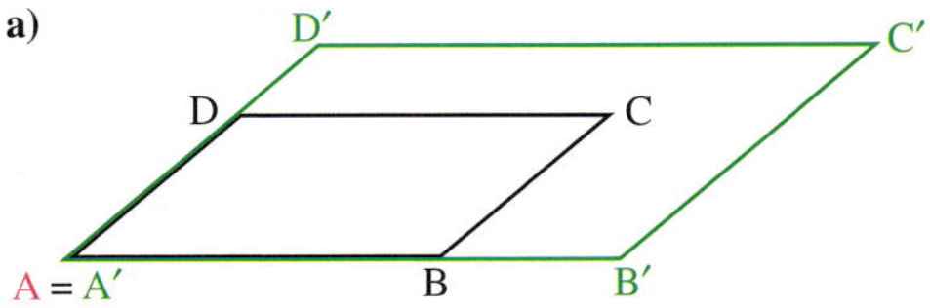

[**a**)]

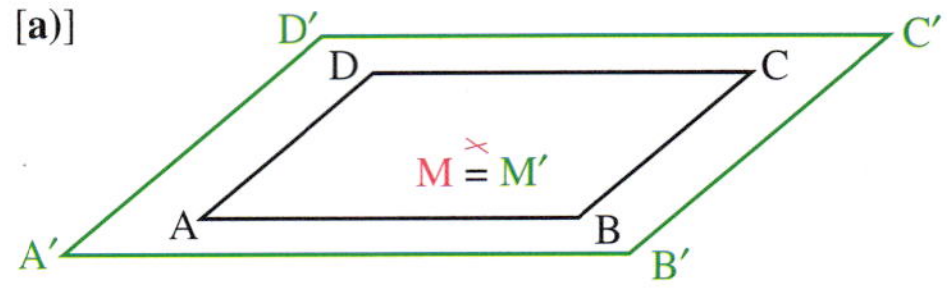

b)

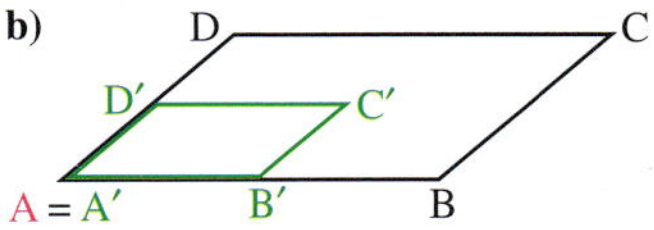

[**b**)]

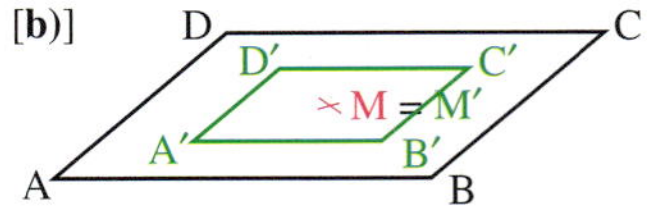

c)

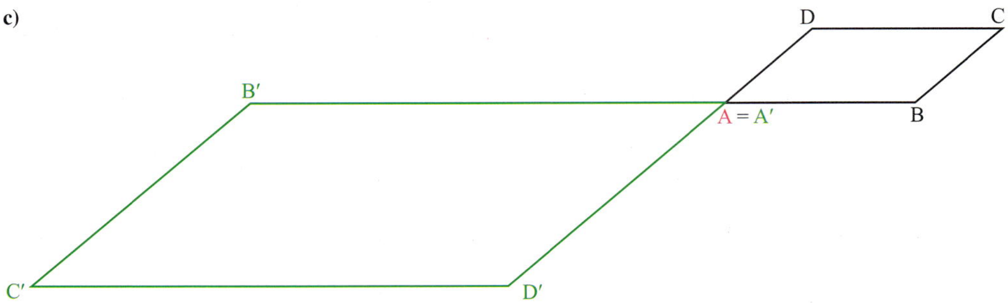

[**c**)]

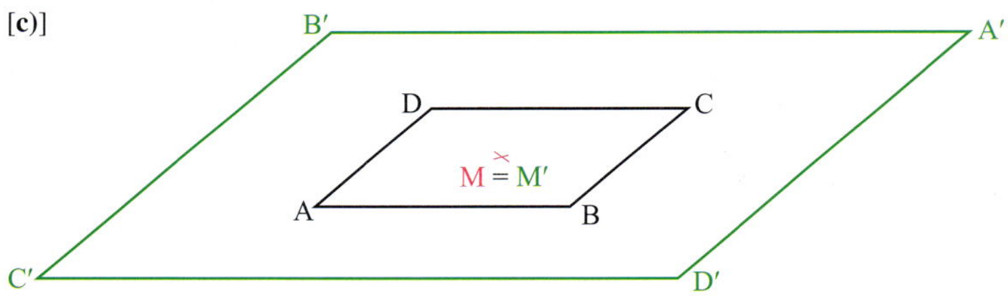

d)

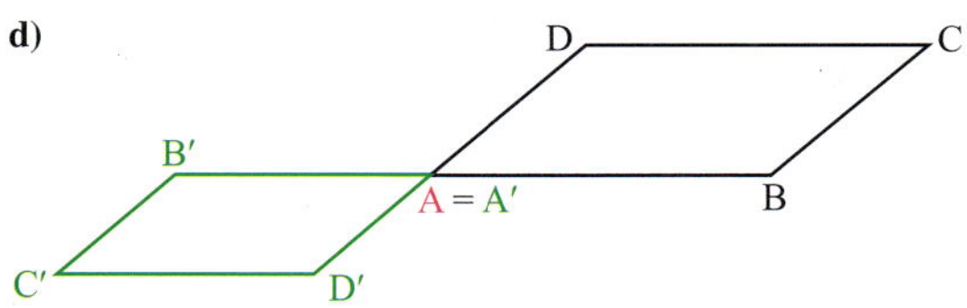

[**d**)]

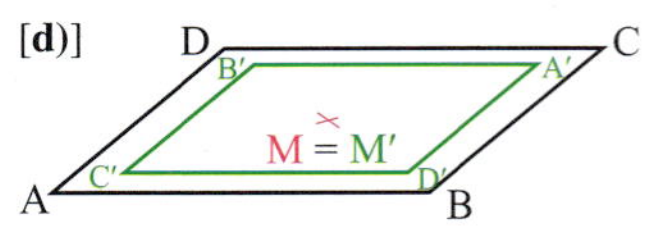

5. a) $a_2 = 9{,}6$ cm; $c_2 = 3{,}2$ cm **b)** $b_2 = 5{,}75$ dm; $c_1 = 2{,}16$ dm **c)** $a_1 = 12{,}32$ km; $b_1 = 5{,}46$ km

6. $x = |DE| = \frac{|CD|}{|BC|} \cdot |AB| = 75{,}25$ m

7. $h = \frac{12{,}75\ \text{m}}{1{,}56\ \text{m}} \cdot 1{,}30\ \text{m} = 10{,}625\ \text{m} \approx 10{,}63 \approx 11\ \text{m}$

8. Mit dem 1. Strahlensatz erhält man:

$\frac{x}{2{,}10\ \text{m}} = \frac{1{,}60\ \text{m}}{4{,}00\ \text{m}}$

$x = 0{,}84$ m

$h = 1{,}40\ \text{m} + 0{,}84\ \text{m} = 2{,}24$ m

Der Schrank dürfte nur 2,24 m hoch sein. Er passt also nicht.

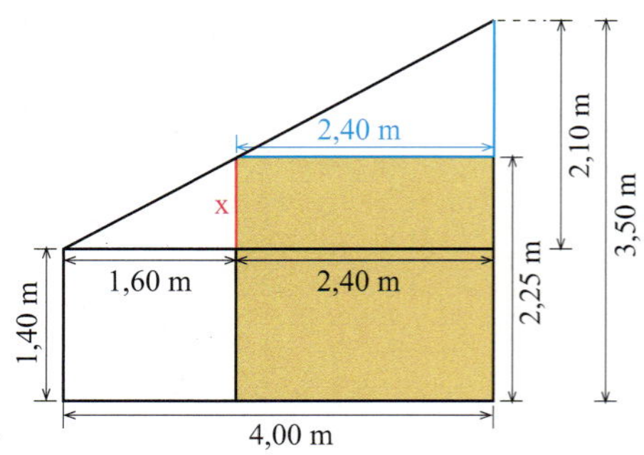

Lösungen zu Teste dich – Vermischte Übungen

Seite 276

Bild zu Aufgabe 3:

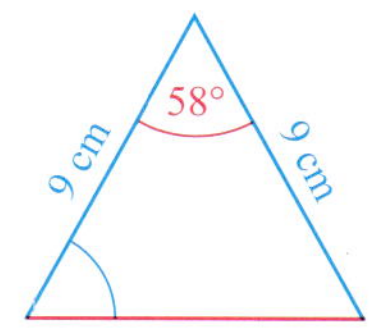

1. **a)** $L = \left\{\left(6\frac{3}{4} \middle| -8\frac{1}{2}\right)\right\} = \{(6{,}75 \,|\, -8{,}5)\}$ **b)** $L = \{\ \}$ **c)** $L = \{(x \,|\, y) \,|\, y = 4x - 3\}$

2. $V = \left((5\text{ cm})^2 + 4 \cdot \frac{1}{4} \cdot \pi \cdot (5\text{ cm})^2\right) \cdot 0{,}5\text{ cm} \approx 51{,}77\text{ cm}^3 \approx 52\text{ cm}^3$

$u = 4 \cdot 5\text{ cm} + 4 \cdot \frac{1}{4} \cdot 2\pi \cdot 5\text{ cm} \approx 51{,}4\text{ cm}$

3. Die Basiswinkel sind 61° groß. Da dem größeren Winkel die längere Seite gegenüberliegt, ist ein Schenkel länger als die Basis.

4. **a)** $0{,}7 \cdot 12 \cdot 5 \cdot 3 = 126$. Es sind 126 *l* Mineralwasser vorrätig.

b) $1\text{ m}^3 = 1\,000\text{ dm}^3 = 1\,000\ l$; $0{,}7 \cdot 12 \cdot 5 = 42$. Ein Stapel enthält 42 *l* Mineralwasser.
$(1\,000 - 126) : 42 \approx 20{,}8$. Es müssten noch 21 Stapel geliefert werden.

c) Es handelt sich um eine proportionale Zuordnung (zum Doppelten gehört das Doppelte, …), also auch um eine „Je-mehr-desto-mehr"-Zuordnung.

5. Mit dem Satz des Pythagoras erhält man:

$d^2 = \sqrt{r^2 - \left(\frac{s}{2}\right)^2} = \sqrt{(15\text{ m})^2 - (6\text{ m})^2} \approx 13{,}75\text{ m}$

Die Leitung sollte also mindestens 13,75 m lang sein.

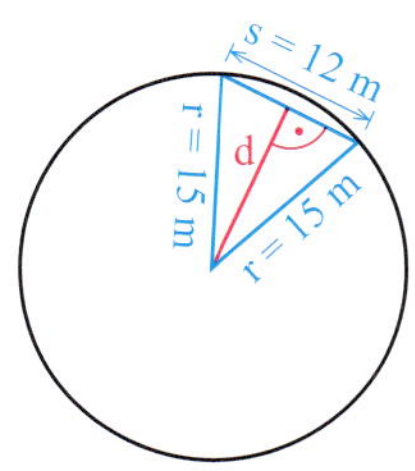

6. Länge der kürzeren Seite des Rechtecks (in cm): x
Länge der längeren Seite des Recktecks (in cm): $3x$

Gleichung:
$$\begin{aligned} 3x \cdot x + 35 &= (3x - 5)(x + 5) \\ 3x^2 + 35 &= 3x^2 + 10x - 25 \\ 60 &= 10x \\ x &= 6 \end{aligned}$$

Die Seiten des ursprünglichen Rechtecks sind 18 cm und 6 cm lang, die Seiten des zweiten Rechtecks 13 cm und 11 cm lang. Die Flächeninhalte betragen 108 cm² und 143 cm².

7. **a)** $\frac{29}{45}$ **b)** $\frac{65}{6} = 10\frac{1}{6}$ **c)** $\frac{46}{9} = 5\frac{1}{9}$

8. Einsetzen von $x = 100$ ergibt: $y = -\frac{3}{5} \cdot 100 + 4 = -56$
Der Punkt $A(100 \,|\, -47)$ liegt oberhalb des Graphen.

9. Nach dem Satz des Pythagoras gilt:

$2a^2 = (37\text{ cm})^2$, also $a = \sqrt{\frac{1369}{2}}\text{ cm} = 26{,}163\ldots\text{ cm}$

Für das Achteck gilt:

$$\begin{aligned} A_{Achteck} &= A_{Quadrat} + 4 \cdot A_{Rechteck} + 4 \cdot A_{Dreieck} \\ &= (37\text{ cm})^2 + 4 \cdot a \cdot 37\text{ cm} + 4 \cdot \tfrac{1}{2}a^2 \\ &\approx 6\,610\text{ cm}^2 \approx 66\text{ dm}^2 \end{aligned}$$

$$\begin{aligned} O &= 2 \cdot A_{Achteck} + u_{Achteck} \cdot 0{,}3\text{ cm} \\ &\approx 2 \cdot 6\,610\text{ cm}^2 + 8 \cdot 37\text{ cm} \cdot 0{,}3\text{ cm} \\ &\approx 13\,309\text{ cm}^2 \approx 133\text{ dm}^2 \end{aligned}$$

$V = A_{Achteck} \cdot 0{,}3\text{ cm} \approx 1\,983\text{ cm}^3 \approx 2\text{ dm}^3$

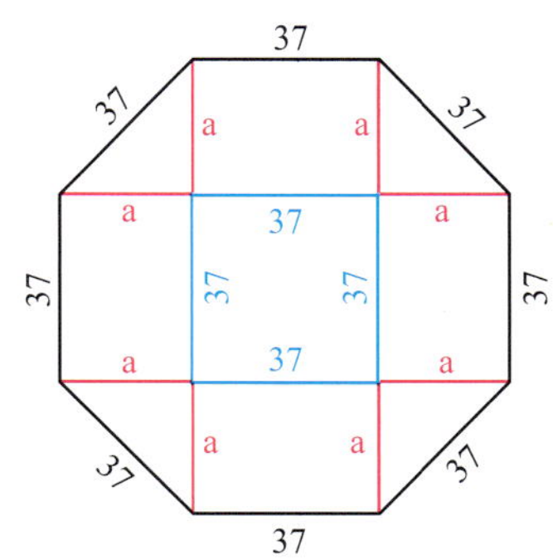

10. Länge der kürzeren Seite des Beetes (in m): x
Länge der längeren Seite des Beetes (in m): $x + a$ (mit $a > 0$)

Terme für die Flächeninhalte:
$(x + 1{,}5)(x + a + 0{,}5) = x^2 + ax + 2x + 1{,}5a + 0{,}75$ (kürzere Seite um 1,5 m, längere um 0,5 m verlängert)
$(x + 0{,}5)(x + a + 1{,}5) = x^2 + ax + 2x + 0{,}5a + 0{,}75$ (kürzere Seite um 0,5 m, längere um 1,5 m verlängert)

Die Terme unterscheiden sich nur in den Gliedern $1{,}5a$ und $0{,}5a$. Wegen $a > 0$ gilt: $1{,}5a > 0{,}5a$
Es ist also günstiger, die kürzere Seite um 1,5 m und die längere Seite um 0,5 m zu verlängern.

Seite 277

1. Vereinfachter Term: $10x^2 + x$ Werte: 483; 87; 3; 6 275; 100 100

2. $f = a - h = 5\text{ cm} - 3\text{ cm} = 2\text{ cm}$ $\frac{c}{a} = \frac{d}{h}$, also $c = \frac{2\text{ cm}}{3\text{ cm}} \cdot 5\text{ cm} = \frac{10}{3}\text{ cm} = 3\frac{1}{3}\text{ cm} \approx 3{,}3\text{ cm}$

$\frac{a}{f} = \frac{b}{e}$, also $b = \frac{5\text{ cm}}{2\text{ cm}} \cdot 1{,}2\text{ cm} = 3\text{ cm}$ $g = b - e = 3\text{ cm} - 1{,}2\text{ cm} = 1{,}8\text{ cm}$

Seite 277

3. Länge der kürzeren Seite des Rahmens (in cm): x Länge der längeren Seite des Rahmens (in cm): x + 9
Gleichung: $2 \cdot (x + x + 9) = 86$, also $x = 17$
Die kürzere Seite ist 17 cm, die längere Seite 26 cm lang.

4. a) Bei einer proportionalen Funktion verdoppelt sich der Funktionswert, wenn der Wert für x verdoppelt wird.
b) Vermindert man x um 1 so vermindert sich der Funktionswert um 0,5. $f(0) = 4$ und $f(-5) = 1{,}5$
c) $y = \frac{1}{2}x + 4$

5. Zum Beispiel in Prozent:

Fußball:	50,9%	Gar nicht:	20,2%	0 Sportarten:	16,7%
Tennis:	17,5%	Nicht so gern:	32,5%	1 Sportart:	55,3%
Badminton:	11,4%	Etwas:	28,1%	2 Sportarten:	23,7%
Reiten:	20,2%	Sehr gerne:	19,3%	3 Sportarten:	4,4%

Abweichungen der Gesamtsumme von 100% entstehen durch Rundungen.

6. a) 149 € · 1,19 = 177,31 €
b) 199 € : 1,19 = 167,23 € (Preis ohne Mehrwertsteuer) Mehrwertsteuer: 199 € – 167,23 € = 31,77 €
c) Die Aussage „Alle Produkte dadurch 19% billiger" ist falsch, da 19% Mehrwertsteuer von dem Preis ohne Mehrwertsteuer berechnet wird.
Beispiel: Preis ohne Mehrwertsteuer: 100 €; Mehrwertsteuer: 19 €; Ersparnis: 19 € von 119 € ≈ 13,8%

7. Breite des Beetes (in m): x
Gleichung: $\left((10 + x)^2 - 10^2\right) \cdot \pi \cdot 83 = 3\,200$, also $x^2 + 20x - \frac{3\,200}{\pi \cdot 83} = 0$
$L = \{\approx -20{,}60;\ \approx 0{,}60\}$ Die Lösung $x = -20{,}60$ entfällt, da x eine Länge ist.
Antwort: Das Beet wird ungefähr 60 cm breit.

8. *Beispiele:* $6 : (-6) + 6 = -1 + 6 = 5$; $6 \cdot 6 : 6 = 36 : 6 = 6$; $6 : 6 + 6 = 1 + 6 = 7$;
$(6 + 6) \cdot (-6) = 12 \cdot (-6) = -72$; $(-6) \cdot 6 + 6 = -36 + 6 = -30$

Seite 278

1. a) Die Wertetabelle gehört zu einer proportionalen Funktion, da die Quotienten der Wertepaare immer gleich sind:
$y : x = -\frac{7}{4} = -1{,}75$ *Funktionsgleichung:* $y = -1{,}75x$
b) Die Wertetabelle gehört nicht zu einer proportionalen Funktion, da die Quotienten der Wertepaare verschieden sind. Es ist eine lineare Funktion. *Funktionsgleichung:* $y = -2x + 1$

2. a)

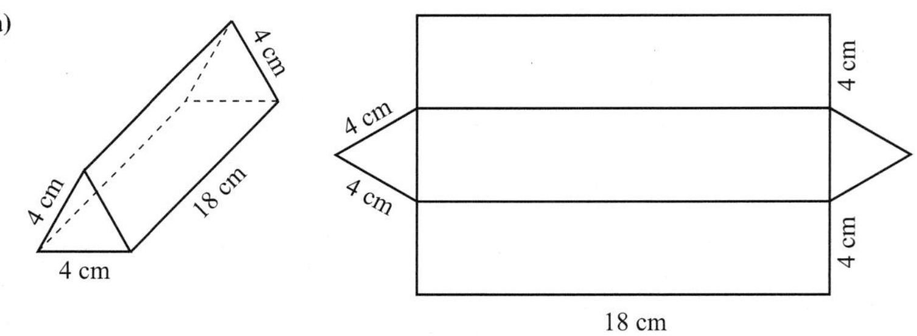

b) Durch Messen erhält man für die Höhe der dreieckigen Grundfläche $h \approx 3{,}5$ cm.
$A \approx 2 \cdot \frac{1}{2} \cdot 4\text{ cm} \cdot 3{,}5\text{ cm} + 3 \cdot 4\text{ cm} \cdot 18\text{ cm} = 230\text{ cm}^2$
$V \approx \frac{1}{2} \cdot 4\text{ cm} \cdot 3{,}5\text{ cm} \cdot 18\text{ cm} = 126\text{ cm}^3$

3. $m = \frac{-29{,}25 - (-59)}{0 - 8{,}5} = -3{,}5$

Da $B(0|-29{,}25)$ auf der y-Achse liegt, beträgt der Ordinatenabschnitt (Achsenabschnitt) –29,25.
Die Funktionsgleichung lautet: $y = -3{,}5x - 29{,}25$

Seite 278

4. Benötigte Zeit für den Hinweg (in Stunden): x
Benötigte Zeit für den Rückweg (in Stunden): $x + \frac{1}{4}$
Länge des Hinwegs (in km): $x \cdot 12$
Länge des Rückwegs (in km): $\left(x + \frac{1}{4}\right) \cdot 10{,}5 = x \cdot 10{,}5 + 2{,}625$
Da Hin- und Rückweg gleich lang sind, erhält man die Gleichung: $12x = 10{,}5x + 2{,}625$, also $x = 1{,}75$
Max benötigt für den Hinweg 1,75 h, also $1\frac{3}{4}$ h bzw. 1 h 45 min.
Für den Rückweg benötigt Max 2 Stunden, denn 1 h 45 min + 15 min = 2 h.
Die Entfernung zum Baggersee beträgt: $1{,}75\text{ h} \cdot 12\,\frac{\text{km}}{\text{h}} = 21\text{ km}$

5. a) Man gibt das Material hier in m^2 an, nicht als Volumen in m^3 bzw. dm^3, da man davon ausgeht, dass die Tonne aus einer Blechplatte hergestellt wird. Man berechnet also die Oberfläche der Tonne (mit Deckel).
$A_O = 2 \cdot \pi \cdot (39\text{ cm})^2 + \pi \cdot 78\text{ cm} \cdot 130\text{ cm} \approx 41\,412\text{ cm}^2$
Man benötigt also mindestens $4{,}15\text{ m}^2$ Blech.

b) $V_{\text{Tonne}} = \pi \cdot (39\text{ cm})^2 \cdot 130\text{ cm} \approx 621\,187\text{ cm}^3 \approx 621\text{ dm}^3$
In der zu $\frac{3}{4}$ gefüllten Tonne sind ungefähr 466 *l* Wasser.

c) $h = 300\text{ dm}^3 : (\pi \cdot (39\text{ cm})^2) = 300\,000\text{ cm}^3 : (\pi \cdot (39\text{ cm})^2) \approx 62{,}8\text{ cm}$
Das Wasser steht fast 63 cm hoch.

6. a) Das Quadrat von 2,6457513 ist nicht gleich 7. (Es enthält als letzte Ziffer die 9, denn $3 \cdot 3 = 9$.)

b) (1) $2 \cdot \sqrt{7} \cdot \sqrt{7} = 2 \cdot 7 = 14$ (2) $-\sqrt{2} \cdot \sqrt{7} = -\sqrt{2 \cdot 7} = -\sqrt{14}$ (3) $\frac{1}{7} \cdot \sqrt{7} = \frac{\sqrt{7}}{\sqrt{7} \cdot \sqrt{7}} = \frac{1}{\sqrt{7}}$

7. a) Es gibt zwei nicht zueinander kongruente Dreiecke:
$a_1 = 5\text{ cm}$; $b_1 \approx 5{,}8\text{ cm}$; $c_1 = 6\text{ cm}$; $\alpha_1 = 50°$; $\beta_1 \approx 63°$; $\gamma_1 \approx 67°$
$a_2 = 5\text{ cm}$; $b_2 \approx 1{,}9\text{ cm}$; $c_2 = 6\text{ cm}$; $\alpha_2 = 50°$; $\beta_2 \approx 17°$; $\gamma_1 \approx 113°$

b) Zum Beispiel $c = 7$ cm.

c) Zum Beispiel $a = 7$ cm. Man erhält nach dem Kongruenzsatz Ssw nur ein Dreieck.
$a = 7\text{ cm}$; $b \approx 9{,}1\text{ cm}$; $c = 6\text{ cm}$; $\alpha = 50°$; $\beta \approx 89°$; $\gamma \approx 41°$

8. Schrittweise Berechnung des neuen Preises: $500\text{ €} \cdot 1{,}2 = 600\text{ €}$; $600\text{ €} \cdot 0{,}8 = 480\text{ €}$
Berechnung des neuen Preises in einem Schritt: $500\text{ €} \cdot 1{,}2 \cdot 0{,}8 = 480\text{ €}$
Der Fernseher ist 20 € billiger geworden, das sind 4%.

9. a) Grund- und Deckfläche besitzen 8 Kanten, die zusammen 40 cm lang sind. Die restlichen 4 Kanten sind also je 20 cm lang. Die Säule ist also 20 cm hoch.
$O = 2 \cdot (5\text{ cm} \cdot 5\text{ cm} + 5\text{ cm} \cdot 20\text{ cm} + 20\text{ cm} \cdot 5\text{ cm}) = 450\text{ cm}^2$

b) Die Säule ist ein Würfel mit der Kantenlänge 10 cm. Die Oberfläche ist 600 cm^2 groß.

Seite 279

1. a) $c \approx 5{,}5\text{ cm}$; $A = 15{,}05\text{ cm}^2$
b) $a \approx 2{,}36\text{ dm} \approx 2{,}4\text{ dm}$; $A \approx 1{,}8\text{ dm}^2$
c) $b \approx 12{,}74\text{ cm} \approx 12{,}7\text{ cm}$; $A \approx \frac{12{,}0\text{ cm} \cdot 12{,}7\text{ cm}}{2} = 76{,}2\text{ cm}^2$

2. a) $2x^2 + 10x + 14$ **b)** $4x - 10$ **c)** $12a^2 - 4ab - 21b^2$ **d)** $8pu$

3. Seitenlänge des Würfels (in cm): a; Größe der Oberfläche (in cm^2): O
$O = 2 \cdot (a^2 + 3a \cdot a + 3a \cdot a) = 14a^2$, also $350 = 14a^2$, also $a^2 = 25$
$a = -5$ oder $a = 5$ ($a = -5$ entfällt als Lösung, da $a > 0$.)
Volumen: $V = 3a^3 = 3 \cdot 125\text{ cm}^3 = 375\text{ cm}^3$

4. a) $f(x) = -x + 7$ **b)** $f(x) = 3$ **c)** Gerade parallel zur y-Achse durch $x = 4$; kein Funktionsterm

5. a) Fahrrad: $\frac{4}{12} = \frac{1}{3} = 33\frac{1}{3}\% \approx 33\%$ Zu Fuß: $\frac{5}{12} = 41\frac{2}{3}\% \approx 42\%$
Bus: $\frac{1}{12} = 8\frac{1}{3} \approx 8\%$ Bahn: $\frac{2}{12} = \frac{1}{6} = 16\frac{2}{3}\% \approx 17\%$

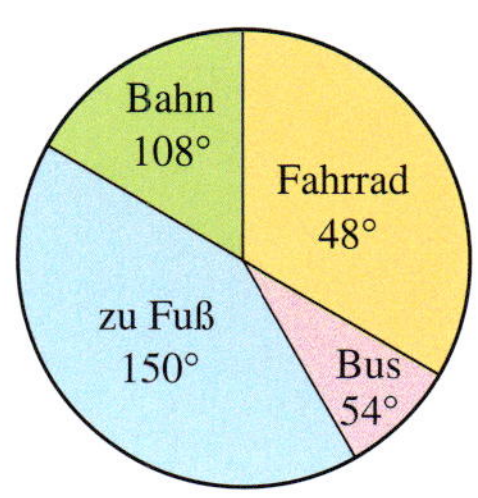

b) Zu Fuß: 400 Bus oder Bahn: 240

c) $\frac{2}{5}$ von $\frac{4}{12} = \frac{2}{15}$; $\frac{1}{5}$ von $\frac{4}{12} = \frac{1}{15}$
Fahrrad: $\frac{4}{12} - \frac{3}{15} = \frac{2}{15} = 13\frac{1}{3}\% \approx 13\%$
Bus: $\frac{1}{12} + \frac{1}{15} = \frac{3}{20} = 15\%$
Zu Fuß: $\frac{5}{12} = 41\frac{2}{3}\% \approx 42\%$
Bahn: $\frac{2}{12} + \frac{2}{15} = \frac{3}{10} = 30\%$

Seite 279

6. a)

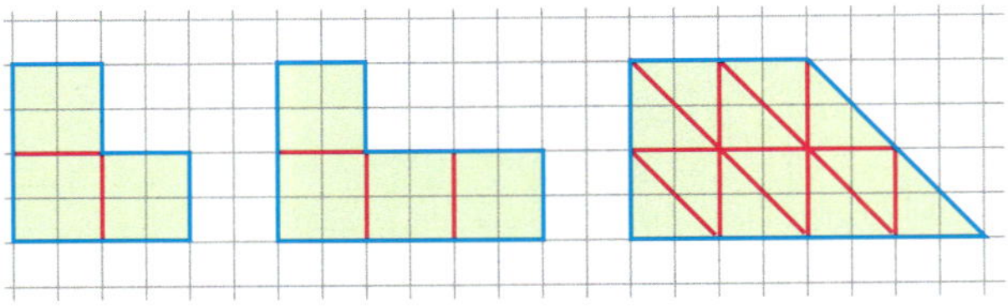

b) Zwei Figuren heißen zueinander kongruent, wenn man sie durch Drehen und Wenden passgenau aufeinander legen kann. (Zwei Figuren heißen zueinander kongruent, wenn sie deckungsgleich sind.)

c) Durch Messen von Seiten und Winkeln und Überprüfen mithilfe der Kongruenzsätze sss, sws, wsw und Ssw.

7. *1. Lösung:*
Preis für ein DVD-Rohling (in €): x   Preis für ein CD-Rohling (in €): y

Gleichungssystem: $\left| \begin{array}{l} 25x + 25y = 14{,}50 \\ 25x + 50y = 17{,}75 \end{array} \right|$ *Lösungsmenge:* $L = \{(0{,}45|0{,}13)\}$

Ein DVD-Rohling kostet 0,45 €, ein CD-Rohling 0,13 €.

2. Lösung:
Der Preisunterschied von 3,25 € entsteht durch die zusätzliche Packung CD-Rohlinge, das sind 0,13 € pro CD-Rohling. Ein DVD-Rohling kostet dann 0,45 €. Ein DVD-Rohling ist ungefähr 246% teurer als ein CD-Rohling.

8. a) $\frac{24 \cdot 1{,}2}{32} = 0{,}9$;   0,9 = 9 mm

b) Die Scheiben sind nicht alle gleich schwer. Die Zuordnung ist nicht proportional. Man kann also nur sagen, dass 19 Scheiben 570 g wiegen, wenn alle Scheiben gleich viel wiegen würden.

Seite 280

1. a) $102\text{ g} \cdot 0{,}04 = 4{,}08\text{ g}$ **c)** $865{,}26\text{ €} : 0{,}19 = 4\,554\text{ €}$

b) $400 : 1\,250 = 0{,}32 = 32\%$ **d)** $6{,}63\text{ €} : 0{,}85 = 7{,}80\text{ €}$

2. a) $A = \pi \cdot (2\text{ m})^2 \approx 12{,}6\text{ m}^2$; $u = \pi \cdot 4\text{ m} \approx 12{,}6\text{ m}$

b) $A = \pi \cdot ((5\text{ m})^2 - (2\text{ m})^2) \approx 65{,}97\text{ m}^2 \approx 66\text{ m}^2$

3. *Konstruktionsbeschreibung*
(1) Konstruiere den Bildpunkt P′ von P bei Spiegelung an g.
(2) Konstruiere die Parallele durch P zu g; nenne die Parallele h.
(3) Konstruiere um P den Kreis mit dem Radius r = |PP′|. Einen Schnittpunkt mit der Parallelen h nenne Q.
(4) Konstruiere den Bildpunkt Q′ von Q bei Spiegelung an g.

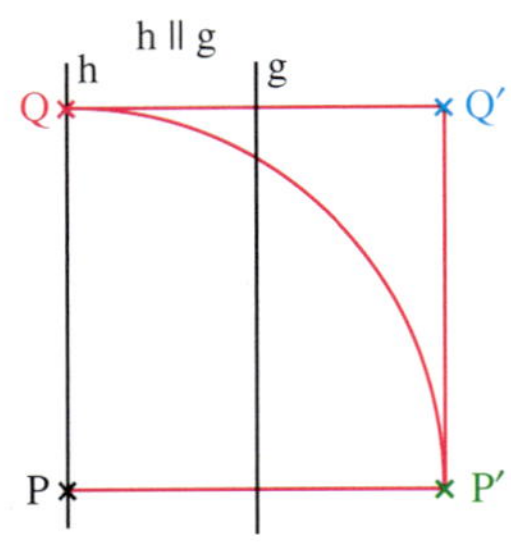

4. Die Ergebnismenge ist:
S = {12; 13; 14; 15; 16; 17; 18; 21; 23; 24; 25; 26; 27; 28; 31; 32; 34; 35; 36; 37; 38; 41; 42; 43; 45; 46; 47; 48; 51; 52; 53; 54; 56; 57; 58; 61; 62; 63; 64; 65; 67; 68; 71; 72; 73; 74; 75; 76; 78; 81; 82; 83; 84; 85; 86; 87}

a) P(Zahl ist kleiner als 44) $= \frac{24}{56} = \frac{3}{7}$;   P(Zahl ist größer als 44) $= \frac{32}{56} = \frac{4}{7}$
Es ist wahrscheinlicher, eine Zahl über 44 zu erhalten.

b) S = {3; 4; 5; 6; 7; 8; 9; 10; 11; 12; 13; 14; 15}
$P(3) = P(4) = P(14) = P(15) = \frac{2}{56} = \frac{1}{28}$ $P(7) = P(8) = P(10) = P(11) = \frac{6}{56} = \frac{3}{28}$
$P(5) = P(6) = P(12) = P(13) = \frac{4}{56} = \frac{2}{28} = \frac{1}{14}$ $P(9) = \frac{8}{56} = \frac{4}{28} = \frac{1}{7}$

5. a) $\gamma_2 = 180° - 90° - 25° = 65°$
(Winkelsumme im Dreieck)
$\gamma_2 = \gamma_1 = 65°$ (Scheitelwinkel)
$\alpha = 180° - 90° - \gamma_2 = 25°$
(Winkelsumme im Dreieck)

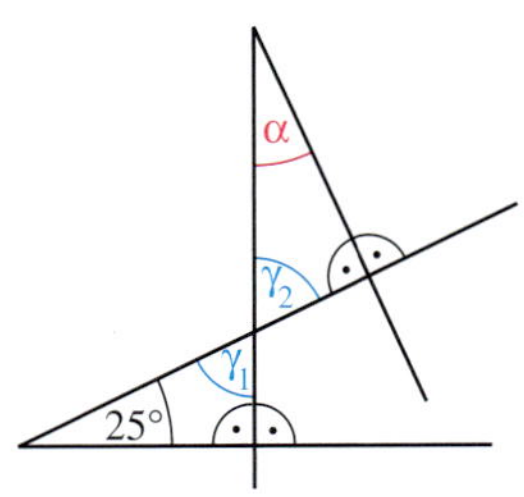

Seite 280

5. b) Das Viereck ABCD ist wegen $AB \| CD$ und $BC \| AD$ ein Parallelogramm.
$\beta_1 = \beta$ (Stufenwinkel an geschnittenen Parallelen)
Im Parallelogramm ABCD gilt: $\alpha + \beta_1 = 180°$
Also auch $\alpha + \beta = \alpha + \beta_1 = 180°$

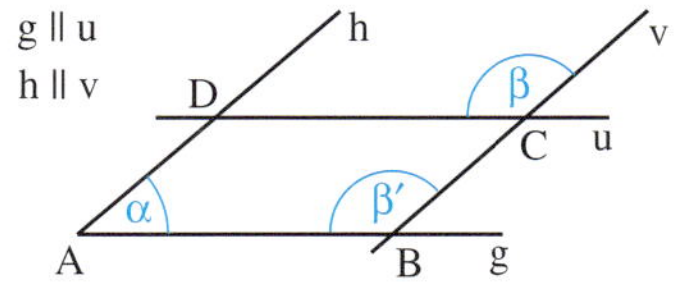

6. a) Der Graph zu f geht durch den Punkt $P(0|-3)$ und hat die Steigung 2.
Der Graph zu g geht durch den Punkt $Q(0|4)$ und hat die Steigung $-\frac{3}{5}$.

b) $S_y(0|-3)$; $S_x(1{,}5|0)$

c) $2x - 3 = -\frac{3}{5}x + 4$; $x = \frac{35}{13}$; $y = \frac{31}{13}$; $S\left(2\frac{9}{13} \middle| 2\frac{5}{13}\right)$

d) $h(x) = 2x + c$; $0 = 2 \cdot 1 + c$; $c = -2$, also $h(x) = 2x - 2$

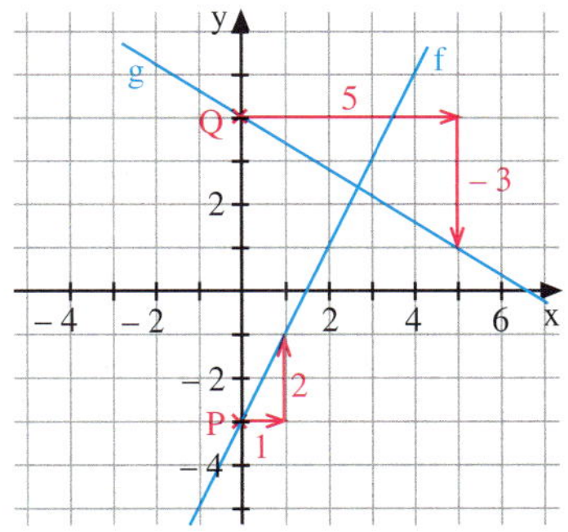

7. $|CF| = 2 \cdot |AB|$; $\frac{|SA|}{|SC|} = \frac{|AB|}{|CF|} = \frac{|AB|}{2 \cdot |AB|} = \frac{1}{2}$

Der Punkt S teilt die Strecke im Verhältnis 1 : 2.

8. a) $30x^5$ **b)** $-5\frac{5}{6}a^4$ **c)** $-20x^2 + 20x = 20x(1 - x)$

9. Wir nehmen 1 als Seitenlänge des Quadrats. Die Diagonale hat dann die Länge $\sqrt{2}$. Die Kreisteile (Achtelkreise) haben die Radien 1 und $\sqrt{2} - 1$.
Der gefärbte Teil hat den Flächeninhalt:
$A_1 = \frac{1}{8}\pi \cdot 1^2 + \frac{1}{8}\pi(\sqrt{2} - 1)^2 \approx 0{,}46$
Es sind ungefähr 46 % der Fläche gefärbt.

Seite 281

1. a) Preis für ein Korn-Brötchen (in €): x Preis für ein Kaiser-Brötchen (in €): y

Gleichungssystem: $\left| \begin{array}{l} 2x + 3y = 1{,}74 \\ 3x + 2y = 1{,}96 \end{array} \right|$ *Lösungsmenge:* $L = \{(0{,}48|0{,}26)\}$

Ein Korn-Brötchen kostet 0,48 €, ein Kaiser-Brötchen 0,26 €.

b) Werktags würden die Brötchen 3,70 € kosten. Der Zuschlag beträgt also 0,03 € pro Brötchen.

2. $\frac{|GH|}{|DG|} = \frac{|EF|}{|DE|}$, also $|GH| = \frac{|EF|}{|DE|} \cdot |DG| = \frac{1{,}2\ \text{m}}{1{,}8\ \text{m}} \cdot 23{,}4\ \text{m} = 15{,}6\ \text{m}$

Der Turm ist 17,4 m hoch.

3. a) Das Viereck ist wegen des Kongruenzsatzes sws für Dreiecke (zweimal) eindeutig konstruierbar.

b) $A \approx \frac{1}{2} \cdot 24\ \text{m} \cdot 33{,}5\ \text{m} + \frac{1}{2} \cdot 32\ \text{m} \cdot 21\ \text{m} = 754{,}75\ \text{m}^2$
Das Grundstück ist etwa 750 m² groß.

c) $u \approx 24\ \text{m} + 32\ \text{m} + 22\ \text{m} + 34\ \text{m} = 112\ \text{m}$

d) Wenn z. B. statt β und γ die Winkel $\alpha = 80°$ und $\beta = 105°$ gegeben sind.

zu **a)**

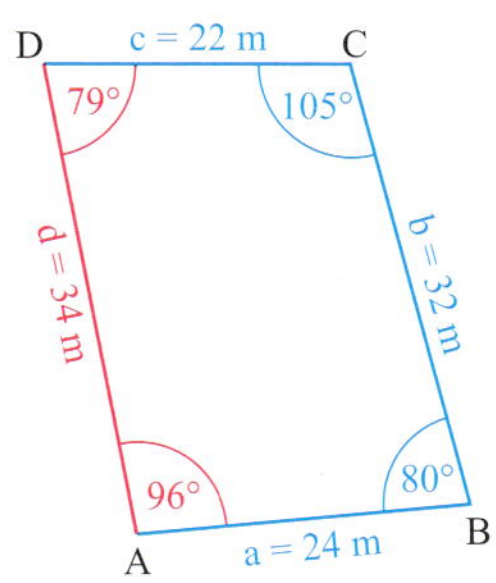

zu **b)**

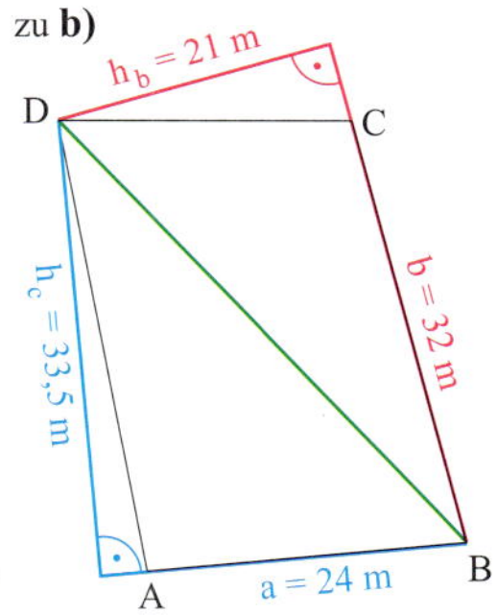

4. a) $\frac{17}{5} + 4 = 7\frac{2}{5} = 7{,}4.$
Man wählt jeweils die größte Zahl.

b) $-3{,}42 - 4 = -7{,}42.$
Man wählt aus der 1. Gruppe die kleinste und aus der 2. Gruppe die größte Zahl.

c) $-3{,}42 \cdot 4 = -13{,}68.$
Man wählt jeweils die Zahl mit dem größten Betrag, wobei eine Zahl negativ und eine Zahl positiv sein muss.

d) $\frac{17}{5} : 1 = \frac{17}{5}$. Beide Zahlen müssen positiv oder beide negativ sein. Der Betrag des Dividenden muss möglichst groß, der Betrag des Divisors möglichst klein sein.

5. Volumen eines Zylinders: $V = \pi \cdot (41\ \text{mm})^2 \cdot 75\ \text{mm} \approx 396\,076\ \text{mm}^3 \approx 400\ \text{cm}^3$
Der Motor hat einen Hubraum von knapp 800 dm³.

6. $A = 35\ \text{cm} \cdot 40\ \text{cm} = 1\,400\ \text{cm}^2$

a) $A_1 = 36{,}75\ \text{cm} \cdot 38\ \text{cm} = 1\,396{,}5\ \text{cm}^2$
$A_2 = 33{,}25\ \text{cm} \cdot 42\ \text{cm} = 1\,396{,}5\ \text{cm}^2$

b) $A_1 = 1{,}05\,a \cdot 0{,}95\,b = 1{,}05 \cdot 0{,}95\,ab$
$A_2 = 0{,}95\,a \cdot 1{,}05\,b = 1{,}05 \cdot 0{,}95\,ab$

Die Flächeninhalte sind gleich groß.

Seite 282

1. **a)** Siehe Bild rechts.

b) $|UO| = \sqrt{(500\text{ m} - 900\text{ m})^2 + (900\text{ m} - 100\text{ m})^2}$
$\approx 894{,}43$ m

Für das zu lösende Problem ist die Rundung auf 900 m zulässig.

c) Der Bahnhof liegt am Schnittpunkt der Mittelsenkrechten zu $\overline{UO}$ und der Geraden ST (S-Bahnlinie). Die ungefähren Koordinaten sind B(1|2).

d) Etwas mehr als 805 m.

e) Den Punkt erhält man als Schnittpunkt der Mittelsenkrechten zu $\overline{OU}$, $\overline{UB}$ und $\overline{BO}$.
Er hat ungefähr die Koordinaten E(5,3|4,2) und ist etwa 485 m von O, U und B entfernt.

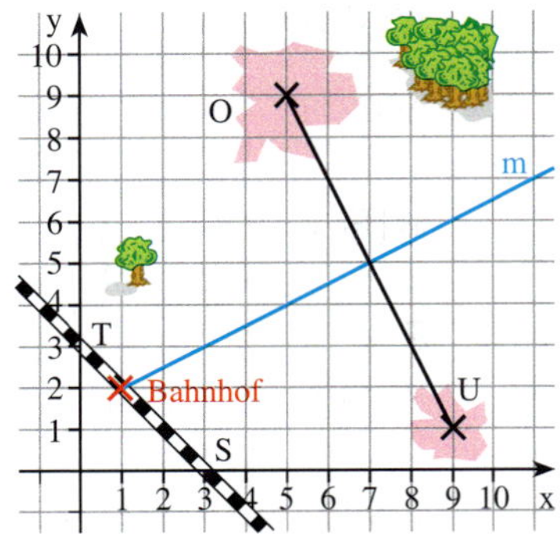

2. **a)** $6x^2 - 8xy$ **b)** $-\frac{1}{3}p^4q^3$ **c)** $a^3 - 2ab^2 - b^3$

3. $\frac{V_{neu}}{V_{alt}} = \frac{1{,}15^3 \cdot a^3}{a^3} = 1{,}15^3 = 1{,}520875$ Das Volumen vergrößert sich um ungefähr 52,1%.

4. Hannes: 470 000 cm: $(\pi \cdot 71{,}12\text{ cm}) \approx 2104$ Sophie: 470 000 cm: $(\pi \cdot 66{,}04\text{ cm}) \approx 2265$

5. Länge des Schulweges: $\frac{1}{5}\text{h} \cdot 20\frac{\text{km}}{\text{h}} = 4$ km Geschwindigkeit bei Gegenwind: $16\frac{\text{km}}{\text{h}}$
Fahrzeit bei Gegenwind: $4\text{ km} : 16\frac{\text{km}}{\text{h}} = \frac{1}{4}\text{h} = 15$ min Änderung der Fahrzeit: 15 min : 12 min = 1,25
Die Fahrzeit erhöht sich um 25%.

6. Preis einer normalen Karte (in €): x Preis einer ermäßigten Karte (in €): y
Gleichungssystem: $\left|\begin{array}{l} 280x + 60y = 3780 \\ 210x + 80y = 3080 \end{array}\right|$ *Lösungsmenge:* L = {(12|7)}
Die normale Karte kostet 12 €, die ermäßigte 7 €.

7. Einsatz im vorletzten Spiel (in €): x
Gleichung: $x + x \cdot 0{,}3 - (x \cdot 0{,}3) \cdot 1{,}25 = 407$, also $x = 440$
Er hat im vorletzten Spiel 440 € eingesetzt.

8. $-\frac{1}{2} + 3 = 2\frac{1}{2}$; $-\frac{1}{2} - 3 = -3\frac{1}{2}$; $-\frac{1}{2} \cdot 3 = -\frac{3}{2} = -1\frac{1}{2}$; $-\frac{1}{2} : 3 = -\frac{1}{6}$; $\left(-\frac{1}{2}\right)^3 = -\frac{1}{8}$

9. $A_{Kreis} = \pi r^2$
Für das Quadrat gilt:
$2a^2 = (2r)^2 = 4r^2$, also $a^2 = 2r^2$, also $a = \sqrt{2} \cdot r$.
$A_{Quadrat} = a^2 = 2r^2$
Für das Rechteck gilt:
$3x^2 = (2r)^2 = 4r^2$, also $x^2 = \frac{4}{3}r^2$,
also $x = \frac{2}{\sqrt{3}}r = \frac{2}{3}\sqrt{3} \cdot r$ und $2x = \frac{4}{3}\sqrt{3} \cdot r$.

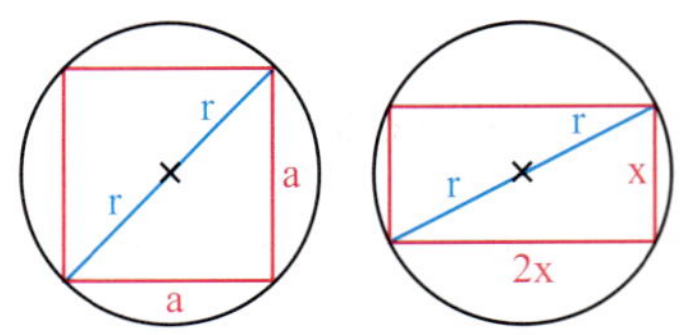

$A_{Rechteck} = \frac{8}{3}r^2$

$$\frac{A_{Quadrat}}{A_{Kreis}} = \frac{2r^2}{\pi r^2} = \frac{2}{\pi} \approx 0{,}637$$

$$\frac{A_{Rechteck}}{A_{Kreis}} = \frac{\frac{8}{3}r^2}{\pi r^2} = \frac{8}{3\pi} \approx 0{,}849$$

Der Flächeninhalt des Quadrates beträgt etwa 63,7% des Flächeninhalts des Kreises.
Der Flächeninhalt des Rechtecks beträgt etwa 84,9% des Flächeninhalts des Kreises.

Mengen

$\mathbb{N}$ [$\mathbb{N}^*$]	Menge der natürlichen Zahlen [ohne null]
$\mathbb{B}$ [$\mathbb{B}^*$]	Menge der Bruchzahlen [ohne null]
$\mathbb{Z}$	Menge der ganzen Zahlen
$\mathbb{Z}_+$ [$\mathbb{Z}_+^*$]	Menge der positiven ganzen Zahlen [ohne null]
$\mathbb{Z}_-$ [$\mathbb{Z}_-^*$]	Menge der negativen ganzen Zahlen [ohne null]
$\mathbb{Q}$	Menge der rationalen Zahlen
$\mathbb{Q}_+$ [$\mathbb{Q}_+^*$]	Menge der positiven rationalen Zahlen [ohne null]
$\mathbb{Q}_-$ [$\mathbb{Q}_-^*$]	Menge der negativen rationalen Zahlen [ohne null]
$\{1, 2, 3\}$	Menge mit den Elementen 1, 2, 3
$\{\ \}$	leere Menge
$a \in M$	a ist Element der Menge M, a gehört zu M

Zahlen

$a = b$	a gleich b
$a \neq b$	a ungleich b
$a < b$	a kleiner b
$a > b$	a größer b
$a \leq b$	a kleiner oder gleich b
$a \geq b$	a größer oder gleich b
$a \approx b$	a ungefähr gleich (rund) b
$\|a\|$	Betrag von a
a^n	Potenz aus Basis a und Exponent n; a hoch n
p %	p Prozent
p ‰	p Promille

Geometrie

AB	Verbindungsgerade durch die Punkte A und B; Gerade durch A und B
$\overline{AB}$	Verbindungsstrecke der Punkte A und B; Strecke mit den Endpunkten A und B
$\|AB\|$	Länge der Strecke $\overline{AB}$
$\overrightarrow{AB}$	Halbgerade mit dem Anfangspunkt A durch den Punkt B
$g \parallel h$	g ist parallel zu h
$g \nparallel h$	g ist nicht parallel zu h
$g \perp h$	g ist orthogonal zu h
$g \not\perp h$	g ist nicht orthogonal zu h
$F \cong G$	F ist kongruent zu G
$P(x \| y)$	Punkt mit den Koordinaten x und y
ABC	Dreieck mit den Eckpunkten A, B und C
ABCD	Viereck mit den Eckpunkten A, B, C und D
$\sphericalangle ASB$	Winkel mit dem Scheitel S und den Schenkeln $\overrightarrow{SA}$ und $\overrightarrow{SB}$, der bei Linksdrehung von $\overrightarrow{SA}$ auf $\overrightarrow{SB}$ entsteht
h_a [h_b; h_c]	Höhe eines Dreiecks zur Seite a [Seite b; Seite c]
w_α [w_β; w_γ]	Länge der Abschnitte der Winkelhalbierenden im Dreieck
s_a [s_b; s_c]	Länge der Seitenhalbierenden eines Dreiecks

Stichwortverzeichnis